"十四五"时期国家重点出版物出版专项规划项目

中国能源革命与先进技术丛书

电气精品教材丛书

U0369028

电力系统基础

李培强　李欣然　编著

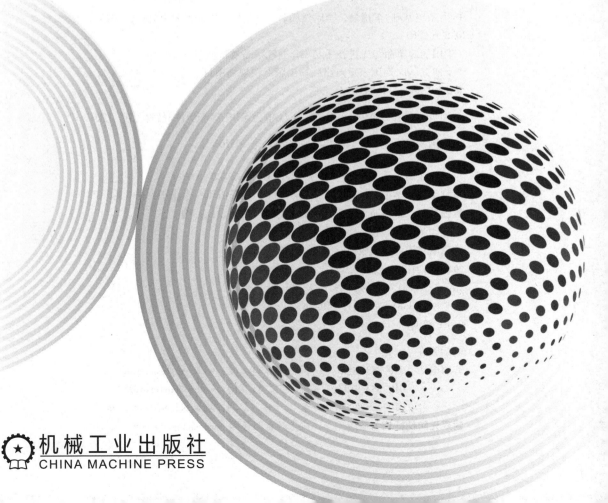

机械工业出版社

CHINA MACHINE PRESS

为响应电气工程及其自动化专业的国际工程教育认证要求，本书作为电气工程及其自动化专业核心课程教材而编写。本书的特点是，强化电气工程一级学科宽口径、厚基础的人才培养目标。鉴于现代电力系统分析工程计算中需要编程实现的行业背景，本书对于电力系统的潮流计算、短路电流计算和故障分析这三类常规理论分析，在讲清基本概念和基本原理的基础上，侧重从应用计算编程的角度进行讲授与阐述。

全书共分 13 章，包括电力系统正常运行、优化调整、短路电流计算等内容。

本书可作为高等院校电气工程及其自动化专业本科生教材使用，也可供从事电力系统运行、规划、设计的技术人员参考。

图书在版编目（CIP）数据

电力系统基础/李培强，李欣然编著. —北京：机械工业出版社，2023.11（2025.6 重印）

（中国能源革命与先进技术丛书. 电气精品教材丛书）

"十四五"时期国家重点出版物出版专项规划项目

ISBN 978-7-111-74164-0

Ⅰ.①电… Ⅱ.①李… ②李… Ⅲ.①电力系统-高等学校-教材 Ⅳ.①TM7

中国国家版本馆 CIP 数据核字（2023）第 205766 号

机械工业出版社（北京市百万庄大街 22 号 邮政编码 100037）
策划编辑：李小平　　　　　　　　　　责任编辑：李小平　杨　琼
责任校对：张婉茹　薄萌钰　韩雪清　　封面设计：鞠　杨
责任印制：刘　媛
北京联兴盛业印刷股份有限公司印刷
2025 年 6 月第 1 版第 2 次印刷
184mm×260mm · 24 印张 · 596 千字
标准书号：ISBN 978-7-111-74164-0
定价：88.00 元

电话服务　　　　　　　　　　网络服务
客服电话：010-88361066　　　机　工　官　网：www.cmpbook.com
　　　　　010-88379833　　　机　工　官　博：weibo.com/cmp1952
　　　　　010-68326294　　　金　书　网：www.golden-book.com
封底无防伪标均为盗版　　　机工教育服务网：www.cmpedu.com

电气工程作为科技革命与工业技术中的核心基础学科，在自动化、信息化、物联网、人工智能的产业进程中都起着非常重要的作用。在当今新一代信息技术、高端装备制造、新能源、新材料、节能环保等战略性新兴产业的引领下，电气工程学科的发展需要更多学术研究型和工程技术型的高素质人才，这种变化也对该领域的人才培养模式和教材体系提出了更高的要求。

由湖南大学电气与信息工程学院和机械工业出版社合作开发的电气精品教材丛书，正是在此背景下诞生的。这套教材联合了国内多所著名高校的优秀教师团队和教学名师参与编写，其中包括首批国家级一流本科课程建设团队。该丛书主要包括基础课程教材和专业核心课程教材，都是难学也难教的科目。编写过程中我们重视基本理论和方法，强调创新思维能力培养，注重对学生完整知识体系的构建。一方面用新的知识和技术来提升学科和教材的内涵；另一方面，采用成熟的新技术使得教材的配套资源数字化和多样化。

本套丛书特色如下：

（1）**突出创新**。这套丛书的作者既是授课多年的教师，同时也是活跃在科研一线的知名专家，对教材、教学和科研都有自己深刻的体悟。教材注重将科技前沿和基本知识点深度融合，以培养学生综合运用知识解决复杂问题的创新思维能力。

（2）**重视配套**。包括丰富的立体化和数字化教学资源（与纸质教材配套的电子教案、多媒体教学课件、微课等数字化出版物），与核心课程教材相配套的习题集及答案、模拟试题，具有通用性、有特色的实验指导等。利用视频或动画讲解理论和技术应用，形象化展示课程知识点及其物理过程，提升课程趣味性和易学性。

（3）**突出重点**。侧重效果好、影响大的基础课程教材、专业核心课程教材、实验实践类教材。注重夯实专业基础，这些课程是提高教学质量的关键。

（4）**注重系列化和完整性**。针对某一专业主干课程有定位清晰的系列教材，提高教材的教学适用性，便于分层教学；也实现了教材的完整性。

（5）**注重工程角色代入**。针对课程基础知识点，采用探究生活中真实案例的选题方式，提高学生学习兴趣。

（6）**注重突出学科特色**。教材多为结合学科、专业的更新换代教材，且体现本地区和不同学校的学科优势与特色。

这套教材的顺利出版，先后得到多所高校的大力支持和很多优秀教学团队的积极参与，在此表示衷心的感谢！也期待这些教材能将先进的教学理念普及到更多的学校，让更多的学生从中受益，进而为提升我国电气领域的整体水平做出贡献。

教材编写工作涉及面广、难度大，一本优秀的教材离不开广大读者的宝贵意见和建议，欢迎广大师生不吝赐教，让我们共同努力，将这套丛书打造得更加完美。

电气精品教材丛书编审委员会

　　本书是为电气工程及其自动化专业本科学生专业核心课程讲授而编写的，全书内容按64个课时安排。内容包括电力系统分析的元件模型、正常运行、优化调整、短路计算等内容，即电力系统稳态分析与电力系统暂态分析中的故障计算内容。核心内容包括：电力系统的基本概念、电力系统的参数和等效网络、电力网络的功率和电压分布计算、复杂电力系统潮流计算的数学模型、电力系统的无功功率平衡和电压调整、电力系统的有功功率平衡和频率调整、短路电流计算的基本原理和方法、电力系统元件的序阻抗和等效电路、电力系统不对称故障的分析和计算。关于电力系统暂态分析的同步发电机基本模型和机电暂态稳定性分析的内容，在本书的姊妹篇《电力系统分析》（李勇等编，机械工业出版社出版）中讲授。这样安排主要是便于电气工程所含的五个二级学科的本科学生掌握电力系统运行与分析的基础知识和基本理论，对于电力系统及其自动化方向的本科生则需要后续再学习"电力系统分析"课程的内容。

　　当前新型电力系统建设正如火如荼地进行中，电力系统分析的理论研究和工程应用得到了飞速发展，但其核心理论基础仍是本书讲授的内容。鉴于现代电力系统分析工程计算中需要编程实现，本书对于电力系统的潮流计算、短路计算和故障分析这三类常规理论分析，在讲清基本概念和基本原理的基础上，侧重从应用计算编程的角度进行讲授与阐述。习题演练是加深和掌握基本概念、基本计算方法的必要手段，更是建立电力系统工程概念的重要途径，因此每章配备了精选的复习题作为课后巩固学习使用。

　　本书编写过程中得到了湖南大学"电力系统分析理论与实践教学团队"全体同仁的大力支持，另外，湖南大学电气与信息工程学院帅智康教授、李勇教授、王华副研究员，机械工业出版社李小平编辑在成书过程中付出了大量的心血，在此一并表示感谢。

　　限于作者的水平和条件，书中难免存在不妥之处，敬请读者批评指正。如有问题或建议请直接联系：lpqcs@ hnu. edu. cn，不胜感激。

编　者

2023 年 9 月于湖南大学知心楼

目录 ◣
Contents

第 1 章　电力系统的基本概念

本章介绍电力系统的基本概念、电力系统发展历程和挑战，最后讲述电力系统基础课程所涵盖的主要内容。

1.1　电力系统的组成

电能是现代社会中最重要、也是最方便的能源。电能具有许多优点，它可以方便地转化为别种形式的能，如机械能、热能、光能、化学能等；它的输送和分配易于实现；它的应用规模也很灵活。因此，电能被极其广泛地应用于工农业、交通运输业、商业贸易、通信以及人民的日常生活中。以电作为动力，可以促进工农业生产的机械化和自动化，保证产品质量，大幅度提高劳动生产率。还需要指出的是，提高电气化程度，以电能代替其他形式的能量，是节约总能源消耗的一个重要途径。

发电厂把别种形式的能量转换成电能，电能经过变压器和不同电压等级的输电线路输送并被分配给用户，再通过各种用电设备转换成适合用户需要的别种能量。这些生产、输送、分配和消费电能的各种电气设备连接在一起而组成的整体称为电力系统。火电厂的汽轮机、锅炉、供热管道和热用户，水电厂的水轮机和水库等则属于与电能生产相关的动力部分。电力系统中输送和分配电能的部分称为电力网，它包括升压变压器、降压变压器和各种电压等级的输电线路（见图 1-1）。

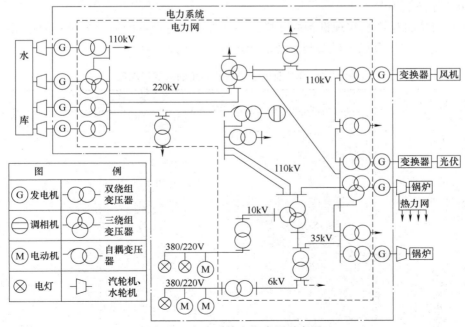

图 1-1　电力系统和电力网示意图

在交流电力系统中，发电机、变压器、输配电设备都是三相的，这些设备之间的连接状况可以用电力系统接线图来表示。为简单起见，电力系统接线图一般都画成单线的，如图1-1所示。

随着电工技术的发展，直流输电作为一种补充的输电方式得到了实际应用。在交流电力系统内或者在两个交流电力系统之间嵌入直流输电系统，便构成了现代交、直流联合系统。直流输电系统由换流设备、直流线路以及相关的附属设备组成，如图1-2所示。

图 1-2　直流输电系统示意图

本书为叙述方便，使读者对某些物理量的含义不致引起混淆，在大部分地方，电阻 γ，电抗 X，电导 G，电纳 B，电位 V 采用小写字母形式表示，以和矩阵中的相应元素相区别。

1.2　电力系统的额定电压和额定频率

电气设备都是按照指定的电压和频率来进行设计与制造的，这个指定的电压和频率分别称为电气设备的额定电压和额定频率。当电气设备在此电压和频率下运行时，将具有最好的技术性能和经济效果。

为了进行成批生产和实现设备的互换，各国都制定有标准的额定电压和额定频率。我国制定的三相交流 3kV 及以上设备与系统的额定线电压见表1-1。

表 1-1　3kV 及以上设备与系统的额定线电压

受电设备与系统额定线电压/kV	供电设备额定线电压/kV	变压器额定线电压/kV	
		一次绕组	二次绕组
3	3.15 *	3 及 3.15	3.15 及 3.3
6	6.3	6 及 6.3	6.3 及 6.6
10	10.5	10 及 10.5	10.5 及 11
	13.8 *	13.8	—
	15.75 *	15.75	—
	18 *	18	—
	20 *	20	—
35	—	35	38.5
110	—	110	121
220	—	220	242

（续）

受电设备与系统额定线电压/kV	供电设备额定线电压/kV	变压器额定线电压/kV	
		一次绕组	二次绕组
330	—	330	363
500	—	500	
1000		1000	

注：带 * 号的数字为发电机专用。

从表 1-1 中可以看到，同一个电压级别下，各种设备的额定电压并不完全相等。为了使各种互相联接的电气设备都能运行在较有利的电压下，各电气设备的额定电压之间有一个相互配合的问题。

电力线路的额定电压和系统的额定电压相等，有时把它们称为网络的额定电压，如 220kV 网络等。

发电机的额定电压与系统的额定电压为同一等级时，发电机的额定电压规定比系统的额定电压高 5%。

变压器额定电压的规定略为复杂。根据变压器在电力系统中传输功率的方向，规定变压器接受功率一侧的绕组为一次绕组，输出功率一侧的绕组为二次绕组。一次绕组的作用相当于受电设备，其额定电压与系统的额定电压相等，但直接与发电机联接时，其额定电压则与发电机的额定电压相等。二次绕组的作用相当于供电设备，考虑其内部电压损耗，规定其额定电压比系统的额定电压高 10%；如果变压器的短路电压小于 7% 或直接（包括通过短距离线路）与用户联接时，则规定其额定电压比系统的额定电压高 5%。为了适应电力系统运行调节的需要，通常在变压器的高压绕组上设计、制造有分接抽头。分接抽头用百分数表示，即表示分接抽头电压与主抽头电压的差值为主抽头电压的百分之几。对于同一电压等级的变压器（升压变压器和降压变压器），即使分接抽头百分值相同，分接抽头的额定电压也不同。图 1-3 所示为用线电压表示的 220kV 电压级具有抽头 $(1\pm2\times2.5\%)U_N$ 的变压器的抽头额定电压。对于 +5% 抽头，升压变压器的抽头额定电压为 242×1.05kV$=254$kV，降压变压器的抽头额定电压则为 220×1.05kV$=231$kV。

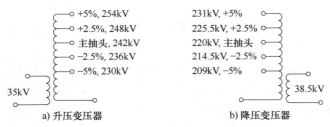

图 1-3　用线电压表示的抽头额定电压

我国规定，电力系统的额定频率为 50Hz，也就是工业用电的标准频率，简称工频。

1.3　电力系统运行的基本特点及对电力系统运行的基本要求

电力系统是由电能的生产、输送、分配和消费的各环节组成的一个整体。与别的工业系统相比较，电力系统的运行具有如下的明显特点：

1）电能不能大量存储。电能的生产、输送、分配和消费实际上是同时进行的。电力系统中，发电厂在任何时刻发出的功率必须等于该时刻用电设备所需的功率与输送、分配环节中的功率损耗之和。

2）电力系统的暂态过程非常短促。电力系统从一种运行状态到另一种运行状态的过渡极为迅速。

3）与国民经济的各部门及人民日常生活有着极为密切的关系。供电的突然中断会带来严重的后果。

对电力系统运行的基本要求是：①保证安全可靠的供电；②要有合乎要求的电能质量；③要有良好的经济性；④尽可能减小对生态环境的有害影响。

保证安全可靠地发、供电是对电力系统运行的首要要求。在运行过程中，供电的突然中断大多由事故引起。必须从各个方面采取措施以防止和减少事故的发生，例如，要严密监视设备的运行状态和认真维修设备以减少其事故；要不断提高运行人员的技术水平以防止人为事故。为了提高系统运行的安全可靠性，还必须配备足够的有功功率电源和无功功率电源；完善电力系统的结构，提高电力系统抵抗干扰的能力，增强系统运行的稳定性；利用计算机对系统的运行进行安全监视和控制等。

整体提高电力系统的安全运行水平，就为保证对用户的不间断供电创造了最基本的条件。根据用户对供电可靠性的不同要求，目前我国将负荷分为以下三级：

第一级负荷：对这一级负荷中断供电的后果是极为严重的。例如，可能发生危及人身安全的事故；使工业生产中的关键设备遭到难以修复的损坏，以致生产秩序长期不能恢复正常，造成国民经济的重大损失；使市政生活的重要部门发生混乱等。

第二级负荷：对这一级负荷中断供电将造成大量减产，使城市中大量居民的正常活动受到影响等。

第三级负荷：不属于第一、二级的，停电影响不大的其他负荷都属于第三级负荷，如工厂的附属车间，小城镇和农村的公共负荷等。对这一级负荷的短时供电中断不会造成重大的损失。

对于以上三个级别的负荷，可以根据不同的具体情况分别采取适当的技术措施来满足它们对供电可靠性的要求。

电压和频率是电气设备设计和制造的基本技术参数，也是衡量电能质量的两个基本指标。我国采用的额定频率为50Hz，正常运行时允许的偏移为±0.2～±0.5Hz。用户供电电压的允许偏移对于35kV及以上电压级为额定值的±5%，对于10kV及以下电压级为额定值的±7%。为保证电压质量，对电压正弦波形畸变率也有限制，波形畸变率是指各次谐波有效值二次方和的方均根值对基波有效值的百分比。对于6～10kV供电电压，波形畸变率不超过4%；对于0.38kV电压，波形畸变率不超过5%。电压和频率超出允许偏移时，不仅会造成废品和减产，还会影响用电设备的安全，严重时甚至会危及整个系统的安全运行。

频率主要取决于系统中的有功功率平衡，系统发出的有功功率不足，频率就偏低。电压则主要取决于系统中的无功功率平衡，无功功率不足时，电压就偏低。因此，要保证良好的电能质量，关键在于系统发出的有功功率和无功功率都应满足在额定频率和额定电压允许偏差下的功率平衡要求。电源要配置得当，还要有适当的调整手段。对系统中的"谐波污染源"要进行有效的限制和治理。

电能生产的规模很大，消耗的能源在国民经济能源总消耗中占的比重很大，而且电能又是国民经济的大多数生产部门的主要动力。因此，提高电能生产的经济性具有十分重要的意义。

为了提高电力系统运行的经济性，必须尽量地降低发电厂的煤耗率（水耗率）、厂用电率和电力网的损耗率。这就是说，要求在电能的生产、输送和分配过程中减少损耗，提高效率。为此，应做好规划设计，合理利用能源；采用高效率低损耗设备；采取措施降低网损；实行经济调度等。

目前我国火电厂装机容量占总容量的 70% 以上，煤炭燃烧会产生大量的二氧化碳、二氧化硫、氮氧化物、粉尘和废渣等，这些排放物都会对生态环境造成有害影响。因此，应该增加新能源和可再生能源的开发和建设，使电能生产符合环境保护标准，也是对电力系统运行的一项基本要求。

1.4　电力系统的接线方式

电力系统的接线方式对于保证安全、优质和经济地向用户供电具有非常重要的作用。电力系统的接线包括发电厂的主接线、变电所的主接线和电力网的接线。这里只对电力网的接线方式进行简略的介绍。

电力网的接线方式通常按供电可靠性分为无备用和有备用两类。在无备用接线的网络中，每一个负荷只能靠一条线路取得电能，放射式、干线式和树状网络即属于这一类（见图 1-4）。这类接线的特点是简单、设备费用较少、运行方便；缺点是供电的可靠性比较低，任一段线路发生故障或检修时，都要中断部分用户的供电。在干线式和树状网络中，当线路较长时，线路末端的电压往往偏低。

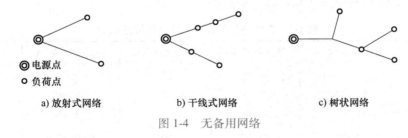

◎电源点
○负荷点

a) 放射式网络　　　　　b) 干线式网络　　　　　c) 树状网络

图 1-4　无备用网络

每一个负荷都只能沿唯一的路径取得电能的网络，称为开式网络。

在有备用的接线方式中，最简单的一类是在上述无备用网络的每一段线路上都采用双回路。这类接线同样具有简单和运行方便的特点，而且供电可靠性和电压质量都有明显的提高，其缺点是设备费用增加很多。

由一个或几个电源点和一个或几个负荷点通过线路连接而成的环形网络（见图 1-5a 和 b）是一类最常见的有备用网络。一般来说，环形网络的供电可靠性是令人满意的，也比较经济；其缺点是运行调度比较复杂。在单电源环网（见图 1-5a）中，当线路 a1 发生故障而开环时，正常线段可能过负荷，负荷节点 1 的电压也明显降低。

另一种常见的有备用接线方式是两端供电网络（见图 1-5c），其供电可靠性相当于有两个电源的环形网络。

a) 单电源环网　　　　b) 双电源环网　　　　c) 两端供电网络

图 1-5　几种常用的有备用网络

对于上述有备用网络，根据实际需要也可以在部分或全部线段采用双回路。在环形网络和两端供电网络中，每一个负荷点至少通过两条线路从不同的方向取得电能，具有这种接线特点的网络又统称为闭式网络。

电力系统中各部分电力网担负着不同的职能，因此对其接线方式的要求也不一样。电力网按其职能可以分为输电网络和配电网络。

输电网络的主要任务是将大容量发电厂的电能可靠而经济地输送到负荷集中地区。输电网络通常由电力系统中电压等级最高的一级或两级电力线路组成。系统中的区域发电厂（经升压站）和枢纽变电所通过输电网络相互联接。对输电网络接线方式的要求主要是：应有足够的可靠性，要满足电力系统运行稳定性的要求，要有助于实现系统的经济调度，要具有对运行方式变更和系统发展的适应性等。

用于联接远离负荷中心地区的大型发电厂的输电干线和向缺乏电源的负荷集中地区供电的输电干线，常采用双回路或多回路。位于负荷中心地区的大型发电厂和枢纽变电所一般是通过环形网络互相联接。

输电网络的电压等级要与系统的规模（容量和供电范围）相适应。表 1-2 列出了各种电压等级的单回架空线路输送功率和输送距离的适直范围。

表 1-2　各级电压单回架空线路的输送能力

额定电压/kV	输送容量/MVA	输送距离/km	额定电压/kV	输送容量/MVA	输送距离/km
3	0.1~1.0	1~3	110	10~50	50~150
6	0.1~1.2	4~15	220	100~500	100~300
10	0.2~2	6~20	330	200~800	200~600
35	2~10	20~50	500	1000~1500	150~850
60	3.5~30	30~100	1000	3500~5000	1000 以上

配电网络的任务是分配电能。配电线路的额定电压一般为 0.4~35kV，有些负荷密度较大的大城市也采用 110kV，甚至 220kV。配电网络的电源点是发电厂（或变电所）相应电压级的母线，负荷点则是低一级的变电所或者直接为用电设备。

配电网络采用哪一类接线，主要取决于负荷的性质。无备用接线只适用于向第三级负荷供电。对于第一级和第二级负荷占较大比重的用户，应由有备用网络供电。

实际电力系统的配电网络比较复杂，往往是由各种不同接线方式的网络组成的。在选择接线方式时，必须考虑的主要因素是：满足用户对供电可靠性和电压质量的要求，运行要灵活方便，要有好的经济指标等。一般都要对多种可能的接线方案进行技术经济比较后才能确定。

1.5　电力系统中性点的运行方式

　　电力系统的中性点指星形联结的变压器或发电机的中性点。这些中性点的运行方式是个很复杂的问题。它关系到绝缘水平、通信干扰、接地保护方式、电压等级、系统接线等很多方面。

　　中性点的运行方式主要分两类：直接接地和不接地。直接接地系统供电可靠性低，因这种系统中一相接地时，出现了除中性点外的另一个接地点，构成了短路回路，接地相电流很大，为了防止损坏设备，必须迅速切除接地相甚至三相。不接地系统供电可靠性高，但对绝缘水平的要求也高。因这种系统中一相接地时，不构成短路回路，接地相电流不大，不必切除接地相，但这时非接地相的对地电压却升高为相电压的$\sqrt{3}$倍。在电压等级较高的系统中，绝缘费用在设备总价格中占相当大比重，降低绝缘水平带来的经济效益很显著，一般就采用中性点直接接地方式，而以其他措施提高供电可靠性。反之，在电压等级较低的系统中，一般就采用中性点不接地方式以提高供电可靠性。在我国，110kV 及以上的系统中性点直接接地，60kV 及以下的系统中性点不接地。

　　从属于中性点不接地方式的还有中性点经消弧线圈接地。所谓消弧线圈，其实就是电抗线圈。可以借由比较图 1-6 和图 1-7 来理解这种消弧线圈的功能。由图 1-6 可见，由于导线对地有电容，中性点不接地系统中一相接地时，接地点接地相电流属容性电流。而且随网络的延伸，该电流也愈益增大，以至完全有可能使接地点电弧不能自行熄灭并引起弧光接地过电压，甚至发展成严重的系统性事故。为避免发生上述情况，可在网络中某些中性点处装设消弧线圈，如图 1-7 所示，由图可见，由于装设了消弧线圈，构成了另一回路，接地点接地相电流中增加了一个感性电流分量，它和装设消弧线圈前的容性电流分量相消，减小了接地点的电流，使电弧易于自行熄灭，提高了供电可靠性。一般认为，对 3~60kV 网络，容性电流超过下列数值时，中性点应装设消弧线圈。

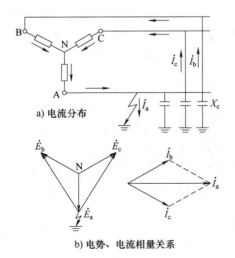

图 1-6　中性点不接地系统的一相接地

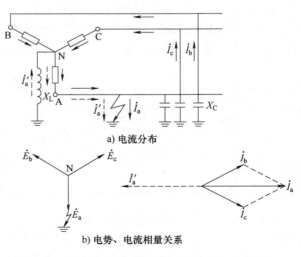

图 1-7　中性点经消弧线圈接地系统的一相接地

3~6kV 网络	30A
10kV 网络	20A
35~60kV 网络	10A

中性点运行方式问题在其他课程中还要讨论。

1.6 我国电力系统的发展历程及新的挑战

1.6.1 我国电力系统的发展历程

我国电力系统发展至今呈现出显著特点，即为满足电力消费需求的增长，电力生产结构不断变化，进而导致电力输送模式持续更新，电力平衡模式也随之从就地平衡、省内平衡、区域平衡发展到全国平衡。

纵观电力工业起步至今，我国电力系统发展可分为 5 个阶段；新中国成立后，我国电力系统随着国民经济水平的不断提升快速发展，大体分为 4 个阶段，见表 1-3。

表 1-3　我国电力系统发展的 4 个阶段

年份/年	特　　点
1882—1949	微小机组、低电压、直配/孤立电网
1949—1978	小机组、低电压、省级电网
1978—2000	大机组、高电压、区域电网
2000—2019	大基地、特高压、全国联网
2020—至今	以双碳为目标，以清洁能源为主体的新型电力系统建设

1. 1882—1949 年的微小机组、低电压、直配/孤立电网

我国电力工业的发展基本和欧美同时起步，表 1-4 列举了我国电力工业与世界电力工业开端的标志性事件。1882 年 7 月 26 日，上海黄浦江边一台 12kW 的蒸汽发电机组，点亮了南京路上 6.4km 长的供电线路上串联的 15 盏弧光电灯，开启了中华民族有电的历史，我国电力系统也正式诞生，这是一个微容量单机、短距离低电压单线、点对点就地供电的简单电力系统。

表 1-4　我国电力工业与世界电力工业开端的标志性事件

年份/年	标志性事件
1875	世界上第一座发电站巴黎火车站电厂建成
1882	英国人创办上海电气公司，我国电力工业诞生
1882	爱迪生在美国建立第一座发电厂
1887	日本东京电灯公司成立

最初，发电、供电都是为了照明，发电厂大多叫电灯厂。到辛亥革命前，我国有 20 余座城市新建电灯厂，全国的发电装机总容量只有 27MW，也相应地有了少量的供电线路，供电方式也只是近距离点对点输送，还没有形成电网。

到 1936 年，全国发电装机总容量 630MW，年发电量 17 亿 kWh，初步形成北京、天津、上海、南京、武汉、广州、南通等大中城市的孤立电力系统。

新中国成立前夕，全国发电装机总容量 1848.6MW，年发电量 43 亿 kWh，除东北有一条 220kV 和几条 154kV 线路外，其他地区最高电压等级还是 33kV、13.2kV、3.3kV 等，电力系统格局是以直配线为主的城市孤立电网。1882 年与 1949 年我国电力系统主要指标对比见表 1-5。

表 1-5 1882 年与 1949 年我国电力系统主要指标对比

技 术 指 标	1882 年	1949 年
装机容量/MW	0.012	1850（世界第 21 位）
最大单机/MW	0.012	25
发电量/亿 kWh	—	43（世界第 25 位）
110kV 及以上线路/万 km	0	0.19
最高电压等级/kV	—	220
跨区输送能力/MW	0（就地、就近平衡）	0（就地、就近平衡）
新能源装机容量/MW	0	0
直流输电规模/（条数/MW）	0/0	0/0

2. 1949—1978 年的小机组、低电压、省级电网

1953 年，我国启动第一个五年计划，电力工业开始规模发展。1954 年，为满足丰满电厂水电外送需要，新中国第一条 220kV 线路——松东李线投运；1955 年，为配合官厅水电站电力送出，我国自行设计和施工的第一条 110kV 输电线路——京官线建成；1956 年，国产第一台 6MW 火电机组在淮南电厂投运；1969 年，我国首座自行设计、施工、设备制造的百万千瓦级水电站刘家峡水电站投运；1972 年为满足刘家峡电厂水电外送需求，我国第一条 330kV 输电线路刘天关线投运。1978 年，我国基本建立起完整的电力工业体系，300MW 机组、330kV 及以下输变电工程实现自设计建设，基于行政区划的省级电网初具规模。

这一时期，虽然省级电网基本形成，但是仍不具备跨区送电能力；电力通过传统的较低电压等级交流电网传输，不具备直流输电能力。1949 年与 1978 年我国电力系统主要指标对比见表 1-6。

表 1-6 1949 年与 1978 年我国电力系统主要指标对比

技 术 指 标	1949 年	1978 年
装机容量/MW	1850（世界第 21 位）	57120（世界第 8 位）
最大单机/MW	25	300
发电量/亿 kWh	43（世界第 25 位）	2565（世界第 7 位）
110kV 及以上线路/万 km	0.19	7.96
最高电压等级/kV	220	220/330
跨区输送能力/MW	0（就地、就近平衡）	0（省内平衡）
新能源装机容量/MW	0	0
直流输电规模/（条数/MW）	0/0	0/0

3. 1978—2000 年的大机组、高电压、区域电网

改革开放为经济社会注入了强大的动力，电力需求随之日益旺盛。为满足"武钢07工程"按时投产，1981 年我国第一条 500kV 超高压输电线路——河南平顶山—湖北武昌输变电工程投产。1988 年年底，葛洲坝水利枢纽工程建成，装机容量达 2715MW。为满足葛洲坝水电外送及上海经济社会发展需求，1989 年±500kV 湖北葛洲坝—上海南桥直流输电工程投运，形成了我国第一个跨省的非同步互联电网，是全国联网的雏形。1994 年 12 月 14 日，世界第一大的水电工程三峡工程正式开工，一批 500kV 联网或连接的输变电工程相继建成投产。

这一时期，300MW 及以上机组成为主力机型，水电发展加快，核电建设起步，电网主网架向 500kV 升级，跨省联网规模不断扩大，基本形成了六大区域电网，即东北、华北、华东、华中、西北和南方电网，西藏电网与主网的互联工程也在紧张实施当中。

六大区域电网形成后，全国电网具备了初级的跨区输送能力，但通道单一、形式单一，且传输容量仅 1160MW；常规机组装机容量迅猛发展的同时，风电开始起步发展，但整体装机容量少，仅 344.8MW。1978 年与 2000 年我国电力系统主要指标对比见表1-7。

表 1-7　1978 年与 2000 年我国电力系统主要指标对比

技术指标	1978 年	2000 年
装机容量/MW	57120（世界第 8 位）	320000（世界第 2 位）
最大单机/MW	300	600
发电量/亿 kWh	2565（世界第 7 位）	14000（世界第 2 位）
220kV 及以上线路/万 km	2.3	16.362
最高电压等级/kV	220/330	500/±500
跨区输送能力/MW	0（省内平衡）	1160
新能源装机容量/MW	0	344.8（全部为风电）
直流输电规模/（条数/MW）	0/0	1/1160

4. 2000—2019 年的大基地、特高压、全国联网

进入 21 世纪，我国经济发展迅猛，2001 年我国已是世界第六大经济体，2010 年超越日本成为世界第二大经济体。电力需求水平日益提高，为满足长江、珠江经济带发展需求，2003 年 7 月 10 日，三左岸电站 2 号机组投产发电并移交三峡电厂，这是三峡工程第一个投产的机组。2008 年 10 月 29 日，右岸 15 号机组投产发电，是三峡右岸电站最后一台发电的机组，此时三峡电站额定装机容量达 18200MW。2012 年 7 月 4 日，世界最大容量水电基地三峡电站 32 台机组全部投运，为保证三峡电站 22400MW 水电的全部送出，国家先后配套建设了 4 项±500kV 直流工程、88 项交流输变电工程。

三峡电站的建设促进了"西电东送、南北互济、全国联网"的电力发展格局形成，2002 年 5 月，川电东送工程实现了川渝与华中主网联网。2009 年 1 月，晋东南—南阳—荆门 1000kV 特高压交流试验示范工程建成，实现了全国电力资源配置的"南北互济"。同时，伴随着云南、四川水电高速开发，云南—广东、向家坝—上海±800kV 特高压直流工程分别于 2009 年、2010 年建成投产，标志着我国电网全面进入特高压交直流混联电网时代。

2009 年 12 月 26 日，《中华人民共和国可再生能源法》的修订全面促进了清洁能源装机的高速增长。截至 2018 年底，全国水电装机 3.52 亿 kW、风电装机 184 亿 kW、太阳能装机 1.74 亿 kW，均达到世界第一。由于水电多集中于西南地区，风、光资源多集中于三北地区，一次清洁能源与负荷中心的远距离逆向分布促进了特高压输电技术的快速发展。截至 2018 年底，全国共投产了"八交十四直"特高压工程，保证了清洁能源的外送需求。

我国电力系统已经实现了全国联网，形成"西电东送""北电南供"电力配置格局。2018 年，全国电力装机达 19 亿 kW，其中 39.8% 为清洁能源；全国跨区输电能力达 1.43 亿 kW，形成或在建 9 大煤电基地、9 大风电基地、13 大水电基地，千万千瓦级直流群达 10 个。

2000 年与 2019 年我国电力系统主要指标对照详见表 1-8。

表 1-8　2000 年与 2019 年我国电力系统主要指标对比

技 术 指 标	2000 年	2019 年
装机容量/GW	320（世界第 2 位）	1900（世界第 1 位）
最大单机/MW	600	1000
发电量/万亿 kWh	1.4（世界第 2 位）	6.99（世界第 1 位）
220kV 及以上线路/万 km	16.362	71.6
最高电压等级/kV	500/±500	1000/±1100
跨区输送能力/GW	1.16	143
新能源装机容量/GW	0.3448（全部为风电）	3.58（世界第 1 位）
直流输电规模/（条数/GW）	1/1.16	35/163.82

三峡工程和特高压输电工程是形成当前电力系统发展格局的标志性工程。能源结构调整、集约化开发、大范围配置是形成当前电力系统发展格局的根本原因。

5. 以双碳为目标，以清洁能源为主体的新型电力系统建设

2020 年 9 月 22 日，国家主席习近平在第七十五届联合国大会一般性辩论上表示，中国将提高国家自主贡献力度，采取更加有力的政策和措施，二氧化碳排放力争于 2030 年前达到峰值，努力争取 2060 年前实现碳中和。以高效化、清洁化、低碳化、智能化为主要特征的能源革命正引领当前世界能源发展的方向和潮流。为抢占能源转型变革先机，我国实施"节约、清洁、安全"的能源发展战略，深化能源供给侧结构性改革，大力发展清洁能源产业。截至 2022 年底，全国累计发电装机容量约 25.6 亿千瓦，稳居世界第一。2023 年，国家能源局公布《新型电力系统发展蓝皮书》，蓝皮书指出电力系统应主动实现"四个转变"：一是电力系统功能定位应从适应社会经济发展改为引领行业升级转变；二是电力供给以由化石能源主导向以新能源支撑为主体的结构转变；三是电力系统由"源网荷"三要素向"源网荷储"四要素转变，电网多种新型技术形态并存；四是电力系统调控运行模式由单向计划调度向源网荷储多元智能互动转变。作为实现"碳达峰、碳中和"目标的重要支撑，储能建设得到我国政府和社会各界的高度重视和大力支持。

1.6.2 我国电网的发展历程及新的挑战

1970 年前，虽然我国出现了若干省级电网的雏形（1958 年初步形成东北、京津唐、晋中、南锡常、合肥、上海、鲁中、郑洛、赣南等地区电力系统，陕甘川滇也围绕省会城市形成了电力系统），但就全国范围而言，多数电力系统仍以 110kV 及以下孤立系统为主。110kV 电网发生故障，只影响本地区的孤立系统，全国电力系统的稳定问题不突出。

1970—1980 年，我国的电网发展处在一个特殊时期，即省级和跨省电网的形成时期，许多地区的电网相继互联，逐步由孤立的 110kV 电力系统互联成 220kV 及以上的全省乃至跨省电力系统。这一时期，电力系统发展处于一个新阶段，无论是电力系统规划设计、基建还是运行管理，都缺少对省级电网、跨省电网形成的客观认识，全国发生电力系统稳定破坏事件 210 次。电力系统安全稳定问题成为当时电网正常运行的主要矛盾。

2000 年后，电网互联格局由省间向跨区、全国联网转变；电力供应格局由严重短缺向相对过剩和短缺与相对过剩交替存在转变；电力工业管理格局由垂直一体化向市场化转变。2018 年以来，电网互联实现了全国联网、跨国联网，电力资源实现了全网统一配置，新能源被大规模开发利用，但大范围消纳受限，电力供应全局过剩与局部短缺的矛盾突出，电力系统形态及运行特性日趋复杂，电力系统安全稳定面临严峻形势和诸多挑战，主要包括以下五个方面。

1. 全国联网格局已经形成、系统复杂程度前所未有

进入 21 世纪，为应对气候变化、保护生态环境、保障能源供应，世界各国纷纷提出能源清洁低碳转型目标，转型进程明显加快。美国在《2022 年能源独立和安全》法案和"太阳计划 2030"中提出大力发展清洁能源技术和能源效率技术，光伏发电到 2030 年占总电量的 20%，2050 年前达 40%；欧盟提出"3 个 20%"减排目标，即至 2020 年，温室气体排放要减少 20%（基准年份为 1990 年），可再生能源占一次能源消费比例提高至 20%，能源效率提高 20%；计划 2030 年前，可再生能源比例进一步提高至 27%，50% 的电力供应来自可再生能源；日本在《能源革新战略》中提出提高能效并大力发展可再生能源，2030 年使可再生能源在电源结构中占比达 22%~24%。

《能源生产和消费革命战略（2016~2030）》提出了我国能源革命中长期的战略目标：2020 年、2030 年、2050 年非化石能源占一次能源消费比例达 15%、20% 及 50% 以上；2030 年非化石能源发电量占全部发电量的比例力争达到 50%。

我国 80% 以上的水电、风电、太阳能资源集中在西部、北部地区，东中部是负荷中心，西部、北部能源基地到东中部负荷中心为 1000~3000km，预计到 2050 年，我国西电东送电力将达 450~550GW，而传统交流最大输电距离仅约 200km，传统直流输电能力不超过 3000MW。从能源转型趋势、资源禀赋特征和大范围配置需求来看，我国电力发展必须走"特高压、全国联网"的道路。

为满足清洁能源送出，我国加快发展特高压及跨区电网。截至 2022 年底跨省、跨区、跨国直流工程达 35 个，并在送、受端形成十大直流群，见表 1-9，全国电网一体化特征显著、交直流耦合特性复杂，单个直流群最大规模达 40GW，大直流或直流群与弱交流之间的矛盾更加突出，交流系统薄弱，易引发交直流连锁反应，制约了资源大范围配置能力。主要表现在：

1）与直流耦合的（如新疆—西北、华北—华中）交流联网通道输电能力普遍在 6GW 以下，而特高压直流或直流群造成的功率冲击达 8~20GW，易造成交流系统稳定破坏。

2）同送同受直流群最大送电水平超过 20GW，受端交流故障引起多回直流同时换相失败时，对受、送端电网均造成巨大冲击，频率、电压等稳定问题突出。

3）随着多直流馈入地区送电水平进一步增加，多馈入短路比不足的问题愈发突出，严重情况下存在电压崩溃风险。

表 1-9 全国送、受端十大直流群一览

直流群名称	送、受端	电压等级/kV	直流群组成	直流群容量/GW
新疆河西直流路	送端	±1100、±800	昌吉、天中、祁韶	28
宁夏直流群	送端	±800、±660	银东、昭沂、灵绍	22
四川直流群	送端	±800	复奉、锦苏、宾金	21.6
三峡直流群	送端	±500	葛南、龙政、宜华、林枫、江城	13.16
云南直流群	送端	±800、±500	楚穗、普侨、新东、金中、牛从	24.8
山东直流群	受端	±800、±660	银东、鲁固、昭沂	24
安徽江苏直流群	受端	±1100、±800、±500	昌吉、锡泰、雁淮、锦苏、龙政	40.2
上海直流群	受端	±800、±500	复奉、葛南、宜华、林枫	13.56
浙江直流群	受端	±800	宾金、灵绍	16
广东直流群	受端	±800、±500	楚穗、普侨、新东、牛从、高肇、兴安、天广、江城	32.4

2. 电能生产向清洁低碳化转变带来的消纳问题比较突出

2022 年全国风光装机达 7.6 亿千瓦，其中，风电装机容量约 3.7 亿千瓦；太阳能发电装机容量约 3.9 亿千瓦。通过综合施策，弃风、弃光实现"双降"，云南、四川弃水电量有所减少，但没有从根本上解决清洁能源的消纳问题。弃风主要集中在新疆、甘肃和内蒙古，三省（区）风电限电量占全国风电限电量的 84%。弃光主要集中在新疆和甘肃，新疆光伏限电量为 21.4 亿 kWh，光伏限电率为 16%；甘肃光伏限电量为 10.3 亿 kWh，光伏限电率为 10%。

影响新能源消纳的因素主要体现在三个方面：1）新能源电力波动性强与系统调节能力不足的矛盾突出。2）网源发展的协调性不够导致新能源大范围消纳受限。3）新能源自身存在技术约束。新能源机组的频率、电压耐受能力与常规火电机组相比较差，故障期间容易因电压或频率异常而大规模脱网，甚至会引发连锁故障，新能源机组的涉网性能不足，也是制约其消纳的重要因素之一。

3. 电力系统中电力电子装置比例剧增、安全运行面临全新挑战

风电、光伏等新能源，直流、FACTS 输电技术，分布式发电及电动汽车等快速发展，造成海量电力电子元件接入源、网、荷三侧，使得电力系统的物理结构更加复杂。特别是新能源和馈入直流等电力电子类电源大量替代常规电源，带来系统转动惯量降低，一次调频能力、动态无功支撑下降，频率、电压稳定性和抗扰动能力恶化等新问题。

由于电力电子装置的快速响应特性，在传统同步系统以工频为基础的稳定问题之外（如功角稳定、低频振荡等问题），出现了中频带（5～300Hz）的新稳定问题。与传统交流系统中同步、异步概念不同，电力电子装置引起次同步/超同步振荡后，可能仍会挂网运行，持续威胁电网安全运行。

4. 新技术的广泛应用，对其认知不充分造成的安全风险逐渐凸显

近年来，为提高新能源消纳能力，柔性直流输电、虚拟电厂、虚拟同步机、物理/化学储能等新技术加快应用（见表1-10），一些新的稳定问题在运行中逐渐暴露出来，如柔性直流输电灵活可控、响应快速，但控制不当可能引起高频率的振荡，造成交直流设备损坏，威胁电力系统安全。

表1-10　近年来新技术的应用情况

投产时间	工程名称	工程描述
2011年12月	国家风光储输示范工程	世界首例的风光储输联合发电模式
2014年7月	舟山±200V五端柔性直流输电工程	世界上已投运的端数最多，单端容量最大的多端柔性直流输电工程
2015年12月	厦门±320kV/1000MW柔性直流输电工程	在运电压等级最高、输送容量最大的柔性直流输电工程
2017年5月	大规模源网荷友好互动系统	世界上容量最大的虚拟电厂
2017年12月	具备虚拟同步机功能的新能源电站	世界首个
2018年12月	鲁能海西州多能互补集成优化示范工程磷酸铁锂电池储能项目	国内最大的电源侧集中式电化学储能电站、国际最大的虚拟同步机电化学储能电站、世界上容量最大的"风光热储调荷"虚拟同步机示范工程
2019年5月	渝鄂±420kV/5GW柔性直流输电工程	世界上电压等级最高、容量最大的柔性直流输电工程

仿真计算表明，柔性直流输电系统还存在增加两侧交流系统短路电流的风险。这一特性改变了以往通过直流联网不会对被连交流系统短路电流水平产生影响的认识。

5. 严重故障范畴扩大，大面积停电风险始终存在

近年来，冰雪、台风、山火、地震等自然灾害造成的电力设施大面积破坏事件频发，对电力系统的安全稳定运行造成巨大挑战。2008年的冰灾造成广东、云南、贵州、湖南等13个省份的电力系统严重受损，多片电网解列；全国停运电力线路36740条，停运变电站2018座；全国停电县（市）多达170个，部分地区停电时间长达10天以上。2017年的"天鸽"台风登陆珠海，电力设施损坏严重，70万用户被迫停电。

受通道资源限制，全国含2回以上特高压直流的密集走廊共18处，最大输电功率超25GW，发生自然灾害或其他外力破坏导致多回线路故障时极易引发大面积停电事故。如浙江、安徽多处存在密集通道，每个密集通道有5～6回特高压交直流线路，最大输送功率超过20GW，一旦一个密集通道的多条交直流线路全部失去，将会造成华东地区大面积停电。受线路路径限制，全国220kV及以上输电线路交叉跨越点超过1万个，多回输电线路交叉同样存在引发大面积停电的风险。

电力系统已成为国家间网络对抗的潜在目标，乌克兰、委内瑞拉等国家或地区多次遭受黑客攻击而发生大规模停电事件，电力监控系统的网络安全已成为大电网安全的重要组成部分。

面对形势与挑战，保障我国电力行业科学发展、电力系统安全稳定运行、能源生产与消费全面转型有着重大意义。

1.7 电力系统分析课程的主要内容与研究工具

1. 主要内容

电力系统分析是一门专业课，也是一门专业基础课，其主要内容是，系统地讲述电力系统运行状况分析计算的基本原理和方法。

当电力系统中各种发电、变电、输配电及用电设备之间的相互联接情况已经确定时，电力系统的运行状态是由一些运行变量（亦称为运行参数）的变化规律来描述的。这些运行变量包括功率、频率、电压、电流、磁链、电动势以及发电机转子间的相对位移角等。

电力系统运行状态一般可区分为稳态和暂态。实际上，由于电力系统存在各种随机扰动（如负荷变动）因素，绝对的稳态是不存在的。在电力系统运行的某一段时间内，如果运行参数只在某一恒定的平均值附近发生微小的变化，我们就称这种状态为稳态。稳态还可以分为正常稳态、故障稳态和故障后稳态。正常稳态是指正常三相对称运行状态，电力系统在绝大多数的时间里处于这种状态。

电力系统暂态一般是指从一种运行状态到另一种运行状态的过渡过程。在暂态中，所有运行参数都发生变化，有些则发生激烈的变化。此外，运行参数发生振荡的运行状态，也是一种暂态。

对电力系统运行状态的分析研究，除了对运行中的电力系统进行实际观测和进行必要的模拟试验外，大量采用的方法是把待研究的系统状态用数学方程式描述出来，运用适当的数学方法和计算工具进行分析计算。描述系统状态的数学方程式反映了各种运行变量间的相互关系，有时也称为系统的数学模型。例如，正弦电势源作用下的 $\gamma\text{-}L$ 电路方程式为

$$L\frac{\mathrm{d}i}{\mathrm{d}t}+Ri=E_\mathrm{m}\sin(\omega t+\alpha)$$

有 n 个节点的复杂网络的节点方程式为

$$\dot{I}_i=Y_{i1}\dot{U}_1+Y_{i2}\dot{U}_2+\cdots+Y_{in}\dot{U}_n=\sum_{i=1}^{n}Y_{ij}\dot{U}_j \quad (i=1,2,\cdots,n)$$

在上述方程式中，E_m、ω、α、i、$\dot{U}_j$、$\dot{I}_i$ 等都是运行变量，系数 R、L、Y_{ij} 等统称为系统参数。系统参数是指系统各元件或其组合在运行中反映其物理特性的参数。各种元件的电阻、电感（或电抗）、电容（或电纳）、时间常数、变压器的电压比以及系统的输入阻抗、转移阻抗等都属于系统参数。系统参数主要取决于元件的结构特点，也与其额定参数密切相关。元件的额定参数（如额定电压、额定电流、额定容量、额定功率因数、额定频率等）反映了对元件结构的设计要求，同时也规定了元件所适用的运行条件。无论对电力系统进行何种状态的分析研究，系统参数的计算都是必不可少的。

本课程内容非常丰富，适用于电气工程及其自动化专业课堂讲授。内容主要是将电路分析的方法应用于电力系统的短路电流计算。在这里，系统的各元件（包括发电设备和用电设备）将被当作电路元件来处理，并用等效电路来代替，电流是分析计算的基本物理量。求取短路电流的关键是阻抗（工程计算中主要是电抗）的计算。系统各元件各序电抗的物理意义及其计算方法，标幺参数的归算，系统的输入阻抗，转移阻抗及计算电抗的求取，节点导纳矩阵（或节点阻抗矩阵）的形成等，在教材中都有比较系统且详细的阐述。对突然短路后的暂态现象的物理分析、同步发电机基本方程式的推导和变换，放在本书的姊妹篇《电力系统分析》中讲授。

对电力系统的运行状况进行更全面的分析，电力系统将被看成是电能生产、输送、分配和消费的统一整体，根据安全、优质和经济供电的要求，分析系统在稳态运行性能，并研究对其运行状态进行调整和改善的原理和方法。在这里，电力系统的发电设备和用电设备将从功率转换的角度去研究其特性对系统运行性能的影响，对于电力网元件则着重分析其在传送功率时产生的电压降落和功率损耗，对于变压器还应考虑其调节电压和无功功率分布的作用。反映电能质量的电压和频率，系统运行的经济性。

2. 研究工具

由于电力系统及其暂态过程的复杂，研究电力系统时，常需借助一定的工具。这些研究工具大致分两类——电力系统的数学模拟和电力系统的物理模拟。

最简单的电力系统数学模拟是直流计算台。它是一种由直流电源和若干可变电阻组成的计算工具。借调整各电阻值来模拟系统各元件参数，并按给定的接线图将它们相互连接，再在各电源点施加直流电压，就可用表计测量模拟系统中的电流、电压分布。这种计算台主要用以计算系统中发生短路时的短路电流，但也可作近似的功率分布计算。

交流计算台的工作原理和直流计算台相似。只是交流计算台可分别以电阻和电抗模拟系统各元件，而且施加在各电源点的交流电压的相位也可调节。因此，交流计算台的用途远较直流计算台广。它可用以计算系统中的功率分布、短路电流以及系统的静态和暂态稳定性等。

通用模拟式电子计算机也可用以研究电力系统。按描述发电机、电动机、自动调节装置等的方程式组将它的积分元件、加法元件、乘法元件等组合为系统各元件并组成整个电力系统的模拟后，就可运用示波器观测以电压表示的、连续变化的、表征系统运行状态的各个变量。因此，这种计算机适合于分析系统的暂态过程，尤其是有自动调节装置时的暂态过程。它的缺点是可供使用的元件数量有限，以致待研究的系统不能过于复杂。

通用数字式电子计算机已广泛用于电力系统的运行、设计和科学研究各个方面。自1956年成功地运用它计算功率分布以来，几乎所有主要的电力系统计算都已使用这种计算机。因此，本书有关章节中将着重介绍这种研究工具的运用。

上列四种研究工具都属数学模拟。它们的共同特点是必须先明确系统及其各元件的数学表示方式方能运用它们计算、分析。除数学模拟外，还有物理模拟，即通常所谓的动态模拟。电力系统动态模拟可看作是一种具体而微的电力系统。其中，发电机、变压器、电动机等都用相应的实物模拟。将它们按给定的结线方式组成模拟系统后，就可运用表计或示波器直接观测其中出现的各种物理现象。因此，不仅系统各元件的数学表示式未知时就可进行动态模拟试验，而且动态模拟的试验结果还可用以检验拟定的数学表示式是否正确。此外，在动态模拟上还可进行自动调节、控制装置的实物试验。这一功能也是各种数学模拟所不具备的。动态模拟的缺点也是待研究系统的规模不能过大，而且模拟装置的参数调整范围有一定的限制。

综上所述，各种研究工具都有其特点和适用范围。取长补短、互相配合才是正确的发展方向。正是沿这一方向，近年来又陆续出现了模拟计算机和数字计算机的组合、模拟计算机和交流计算台组合以及数字计算机、模拟计算机和动态模拟的组合等新型研究工具。

1.8　小结

电力系统是由实现电能生产、输送、分配和消费的各种设备组成的统一整体。电能生产过程的最主要特点是，电能的生产、输送和消费在同一时刻实现。对电力系统运行的基本要求是，安全、优质、经济地向用户供电。电能生产还必须符合环境保护标准。

电力系统中各种电气设备的额定电压和额定频率必须与电力系统的额定电压和额定频率相适应。要了解电源设备和用电设备的额定电压与电力网的额定电压等级的关系。各种不同电压等级的电力线路都有其合理的供电容量和供电范围。

电力网的接线方式反映了电源和电源之间，电源和负荷之间的联接关系。不同功能的电力网对其接线方式有不同的要求。

1.9　复习题

1-1　电能生产的主要特点是什么？电力系统运行的基本要求是什么？

1-2　什么是开式网络？什么是闭式网络？它们各自的优缺点是什么？

1-3　各种电压等级单回架空线路的输送功率和输送距离的适应范围是多少？

1-4　升压变压器和降压变压器的分接头是如何规定的？变压器实际电压比和额定电压比有什么区别？

1-5　为什么要规定额定电压等级？电力系统各元件的额定电压又是如何确定的？

1-6　电力系统的部分接线示于图 1-8，各电压级的额定电压及功率输送方向已标明在图中。

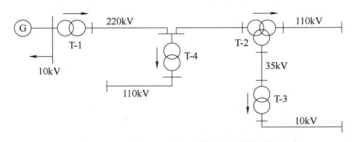

图 1-8　习题 1-6 电力系统的部分接线图

试求：

1）发电机及各变压器高、低压绕组的额定电压。

2）各变压器的额定电压比。

3）设变压器 T-1 工作于+5%抽头、T-2、T-4 工作于主抽头，T-3 工作于−2.5%抽头时，各变压器的实际电压比。

1-7　电力系统的部分接线示于图 1-9，网络的额定电压已标明于图中。

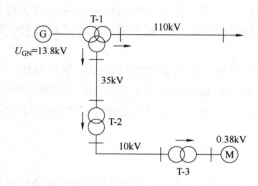

图 1-9　习题 1-7 电力系统的部分接线图

试求：

1）发电机，电动机及变压器高、中、低压绕组的额定电压。

2）设变压器 T-1 高压侧工作于+2.5%抽头，中压侧工作于+5%抽头；T-2 工作于额定抽头；T-3 工作于−2.5% 抽头时，各变压器的实际电压比。

第2章　电力系统的参数和等效网络

从本章开始将转入定量分析和计算。这一章阐述两个问题：电力系统各元件，主要是电力线路和变压器的参数和等效电路，采用标幺制时的电力系统等效网络。

2.1　电力线路的参数和等效电路

电力线路的参数指线路的电阻、电抗、电纳、电导。这里着重讨论使用铝、铜导线架空线路的参数和等效电路。

2.1.1　单位长度线路的参数

1. 铝线、钢芯铝线和铜线线路的参数

（1）电阻

每相导线单位长度的电阻可按下式计算

$$r_1 = \frac{\rho}{S} \tag{2-1}$$

式中，r_1 为导线单位长度的电阻，单位为 Ω/km；ρ 为导线材料的电阻率，单位为 $\Omega \cdot \mathrm{mm}^2/\mathrm{km}$；$S$ 为导线的额定截面积，单位为 mm^2。

在电力系统的计算中，导线材料的电阻率采用下列数值：

铝：$31.5\Omega \cdot \mathrm{mm}^2/\mathrm{km}$；

铜：$18.8\Omega \cdot \mathrm{mm}^2/\mathrm{km}$。

它们略大于这些材料的直流电阻率，因需计及趋肤效应，且绞线每一股线的长度略长于导线长度，而计算时采用的额定截面积又往往略大于实际截面积。

钢芯铝线的电阻，由于可只考虑主要载流部分——铝线部分的载流作用，与同样额定截面积的铝线相同。

实际上，导线的电阻通常可从产品目录或手册中查得。

由于产品目录或手册中查得的通常是 20℃ 时的电阻值，而线路的实际运行温度又往往异于 20℃，必要时可按下式修正

$$r_t = r_{20}[1 + a(t - 20℃)] \tag{2-2}$$

式中，r_t、r_{20} 分别为 t℃、20℃ 时的电阻，单位为 Ω/km；a 为电阻的温度系数；对于铝，$a = 0.0036$；对于铜，$a = 0.00382$。

（2）电抗

线路的电抗是由于导线中有交流电流流通时，在导线周围产生磁场而形成的。三相线路对称排列或虽不对称排列但经整循环换位时，每相导线单位长度的电抗由"电路原理"已

知，可按下式计算

$$x_1 = 2\pi f \left(4.6 \lg \frac{D_m}{r} + 0.5\mu_r \right) 10^{-4} \tag{2-3}$$

式中，x_1 为导线单位长度的电抗，单位为 Ω/km；r 为导线的半径，单位为 cm 或 mm；μ_r 为导线材料的相对磁导率，对铝、铜等，$\mu_r = 1$；f 为交流电的频率，单位为 Hz；D_m 为三相导线的几何平均距离，简称几何均距，单位为 cm 或 mm，其单位应与 r 的单位相同。

$$D_m = \sqrt[3]{D_{ab}D_{bc}D_{ca}}$$

式中，D_{ab}、D_{bc}、D_{ca} 分别为 AB 相之间、BC 相之间、CA 相之间的距离。

如将 $f = 50$，$\mu_r = 1$ 代入式（2-3），可得

$$x_1 = 0.1445 \lg \frac{D_m}{r} + 0.0157 \tag{2-4}$$

上式又可改写为

$$x_1 = 0.1445 \lg \frac{D_m}{r'} \tag{2-5}$$

式中，r' 为导线的几何平均半径，而由式（2-4）不难见，$r' = 0.779r$。

但需指出，式（2-3）~式（2-5）都是按单股导线的条件导得的。对多股铝线或铜线，r'/r 将小于 0.779；而钢芯铝线的 r'/r 则可取 0.95。

由于电抗与几何均距、导线半径之间为对数关系，导线在杆塔上的布置和导线截面积的大小对线路电抗没有显著影响，架空线路的电抗一般都在 0.40Ω/km 左右。在近似计算中，可取这个数值。

分裂导线的采用改变了导线周围的磁场分布，等效地增大了导线半径，从而减小了每相导线的电抗。可以设想，如将每相导线分成若干根，并将它们布置在半径为 r_{eq} 的圆周上，则决定每相导线电抗的将不是每根线的半径 r 而是圆的半径 r_{eq}。在实际应用中，由于结构上的原因，每相导线的分裂数一般不超过 4 根，但都布置在正多角形的顶点。分裂导线的作用如图 2-1 所示。

每相具有 n 根分裂导线的线路电抗仍可用式（2-4）计算，只是式中的第二项应除以 n，第一项中导线的半径应以等效半径 r_{eq} 替代，其值为

$$r_{eq} = \sqrt[n]{ra^{n-1}} \tag{2-6}$$

式中，r 为每根导线的半径；a 为根与根之间的几何均距。

因此，分裂导线线路的电抗为

$$x_1 = 0.1445 \lg \frac{D_m}{r_{eq}} + \frac{0.0157}{n} \tag{2-7}$$

显然，分裂的根数越多，电抗下降也越多。但分裂根数超过 3 根时，电抗的下降已不明显，而

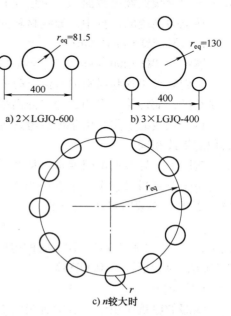

a) 2×LGJQ-600　　b) 3×LGJQ-400

c) n较大时

图 2-1　分裂导线的作用

导线结构、线路的架设和运行都将大为复杂，线路的造价也将因此而增加。

在同一杆塔上布置两回三相线路时，每一回线路的电抗不仅取决于该回线本身电流产生的磁场，而且也与另一回线电流产生的磁场有关。但在实际应用中，当同一杆塔上布置两回线路时，仍可按式（2-4）计算其电抗。因两回线路的互感的影响，在导线中流过对称三相电流时并不大，可略去不计。

（3）电纳

线路的电纳（容纳）是由导线相互间和导线与大地间的电容决定的。三相线路对称排列或虽不对称排列但经整循环换位时，每相导线单位长度的电容由"电路原理"已知，可按下式计算

$$C_1 = \frac{0.0241}{\lg \dfrac{D_m}{r}} \times 10^{-6} \tag{2-8}$$

式中，C_1 为导线单位长度的电容，单位为 F/km；D_m、r 的代表意义与式（2-3）相同。

于是，当频率为 50Hz 时，单位长度的电纳为

$$b_1 = 2\pi f C_1 \frac{7.58}{\lg \dfrac{D_m}{r}} \times 10^{-6} \tag{2-9}$$

式中，b_1 为导线单位长度的电纳，单位为 S/km。

显然，和电抗相似，架空线路的电纳变化也不大，其值一般在 2.85×10^{-6} S/km 左右。

采用分裂导线的线路仍可按式（2-9）计算其电纳，只是这时导线的半径 r 应以由式（2-6）确定的等效半径 r_{eq} 替代。

也和电抗相似，同一杆塔上布置两回线路时，也仍可按式（2-9）计算其电纳。

（4）电导

线路的电导主要是由沿绝缘子的泄漏和电晕现象决定的。沿绝缘子的泄漏通常很小，可略去不计。

电晕现象是强电场作用下导线周围空气的电离现象。导线表面的电场强度超过某一定值时，就会产生电晕。电晕将损耗有功功率，但这有功功率仅与线路电压有关，与线路上流通的电流无关，因而与电晕相对应的是线路的电导。

因为电晕是在导线表面电场强度（对应于线路电压）超过某一定值时才会发生，可先求取这个电压——称电晕起始电压或临界电压 U_{cr}，并根据它的值判断是否要考虑与之对应的电导。电晕临界线电压可按如下的经验公式计算

$$U_{cr} = 84 m_1 m_2 \delta r \lg \frac{D_m}{r} \tag{2-10}$$

式中，U_{cr} 为电晕临界线电压，单位为 kV；m_1 为考虑导线表面状况的系数，称光滑系数；对表面光滑的单线，$m_1 = 1$；对久经使用的单线，$m_1 = 0.98 \sim 0.93$；对绞线，$m_1 = 0.87 \sim 0.83$；m_2 为考虑气象状况的系数，称气象系数；在干燥或晴朗天气，$m_2 = 1$；在有雾、雨、霜、暴风雨时，$m_2 < 1$；在最恶劣情况下，$m_2 = 0.8$；δ 为空气的相对密度：

$$\delta = \frac{3.92b}{273 + t}$$

式中，b 为大气压力（厘米水银柱）；t 为空气温度，单位为℃；D_m、r 的代表意义与式（2-3）相同，但单位都为 cm。

采用分裂导线时，由于导线的分裂减小了电场强度，电晕临界线电压也改变为

$$U_{cr} = 84 m_1 m_2 \delta r f_{na} \lg \frac{D_m}{r_{eq}} \tag{2-11}$$

式中，f_{na} 为与分裂根数 n、根与根之间的几何均距 a 有关的函数：

$$f_{na} = \frac{n}{1 + 2(n-1)\dfrac{r}{a}\sin\dfrac{\pi}{n}}$$

r_{eq}、n、a 的代表意义与式（2-6）相同。

当导线水平排列时，边相导线的电晕临界电压较按式（2-10）和式（2-11）求得的高 6%；中间相导线的电晕临界电压则较按式（2-10）和式（2-11）求得的低 4%。

线路实际电压高于电晕临界电压时，与电晕相对应的电导为

$$g_1 = \frac{\Delta P_g}{U^2} \times 10^{-1} \tag{2-12}$$

式中，g_1 为导线单位长度的电导，单位为 S/km；ΔP_g 为实测的三相线路电晕消耗的总功率，单位为 kW/km；U 为线路线电压，单位为 kV。

应该指出，实际上，经常是在线路设计时就按上列公式校验所选导线的半径能否满足在晴朗天气不发生电晕的要求。如在晴朗天气就要发生电晕，则应加大导线截面或考虑采用扩径导线或分裂导线。规程规定：对普通导线，330kV 电压线路，直径不小于 33.2mm（相当于 LGJQ-600 型）；220kV 电压线路，直径不小于 21.3mm（相当于 LGJQ-240 型）；154kV 电压线路，直径不小于 13.7mm（相当于 LGJ-95 型）；110kV 电压线路，直径不小于 9.6mm（相当于 LGJ-50 型），就可不必验算电晕。

2. 钢导线线路的参数

钢导线与铝、铜导线的主要差别在于钢导线导磁，以致它的两个与磁场直接、间接有关的参数——电抗和电阻与铝、铜导线不同。

由于钢导线导磁，交流电流通过钢导线时，趋肤效应和磁滞效应都很突出，使钢导线的交流电阻比直流电阻大很多。而且，这些效应与磁场的强弱以及通过导线电流的大小有关，这就使钢导线的电阻成了电流的函数。因此，钢导线的电阻难以用分析的方法来决定，只能依靠实测。实测所得的钢导线的电阻可从有关的产品目录或手册中查得。

计算线路电抗的式（2-3）实际上可分为两部分。

第一部分为

$$x_1' = 0.1445 \lg \frac{D_m}{r} \tag{2-13}$$

取决于导线的布置方式和截面积，但与导线是否导磁无关。这部分其实是导线外部磁场所决定的，因而称为导线的外电抗。

第二部分为

$$x_1'' = 0.0157 \mu_r \tag{2-14}$$

只与磁导率 μ_r 有关，从而取决于导线的导磁。这部分其实是导线内部磁场所决定的，因而

称为导线的内电抗。钢导线的磁导率相当大，且与磁场强弱有关。这就使钢导线的内电抗比铝、铜导线大很多，且与通过的电流大小有关。因此，钢导线的内电抗也难以用分析的方法来决定，只能依靠实测。实测所得的钢导线的内电抗可从有关的产品目录或手册中查得。

单位长度钢导线的电抗就是单位长度外电抗和内电抗之和。

至于钢导线的电纳和电导，因与导线是否导磁无关，仍可按求取铝、铜导线电纳、电导的公式来计算。

3. 电缆线路的参数

电缆线路与架空线路的主要差别在于结构，表现在以下几方面：三相导体相互间的距离近得多，导体的截面可能不是圆形；导体外有铝（铅）包和钢铠；绝缘介质不是空气等。这些差别使计算电缆参数的方法较计算架空线路复杂得多。但好在电缆的结构和尺寸是系列化的，这些参数可事先测得。因此，通常不必计算电缆的参数。

例 2-1 220kV 线路使用如图 2-2 所示的带拉线铁塔；使用 LGJQ-400 型导线，直径为 27.2mm，铝线部分截面积为 392mm²；使用由 13 片 X-4.5 型绝缘子组成的绝缘子串，长为 2.6m，悬挂在横担端部。试求该线路单位长度的电阻、电抗、电纳和电晕临界电压。

解：每千米线路的电阻：

$$r_1 = \frac{\rho}{S} = \frac{31.5}{400}\Omega = 0.07875\Omega$$

每千米线路的电抗：

先求三相导线相互间距离 D_{ab}、D_{bc}、D_{ca}，由于绝缘子串长度对每相都相同，它们又都悬挂在横担端部，求三相导线相互间距离时，只需求三根横担端部的距离。由图 2-2 可见

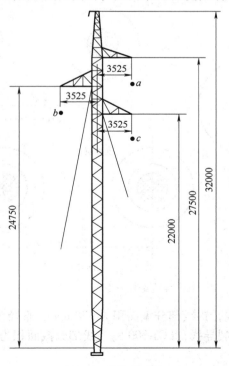

图 2-2 带拉线铁塔

23

$$D_{ab} = \sqrt{(27500-24750)^2 + (2×3525)^2}\, mm = 7567mm$$

$$D_{bc} = D_{ab} = 7567mm; \quad D_{ca} = 5500mm$$

求几何均距

$$D_m = \sqrt[3]{D_{ab}D_{bc}D_{ca}} = \sqrt[3]{7567^2×5500}\, mm = 6803mm$$

最后求 x_1

$$x_1 = 0.1445\lg\frac{D_m}{r} + 0.0157\Omega = 0.1445\lg\frac{6803}{13.6} + 0.0157\Omega = 0.406\Omega$$

每千米线路的电纳：

$$b_1 = \frac{7.58}{\lg\dfrac{D_m}{r}}×10^{-6}S = \frac{7.58}{\lg\dfrac{6803}{13.6}}×10^{-6}S = 2.81×10^{-6}S$$

电晕临界电压：

取 $m_1 = 0.85$, $m_2 = 0.90$, $\delta = 1.0$

$$U_{cr} = 84m_1m_2\delta r\lg\frac{D_m}{r}kV$$

$$= 84×0.85×0.90×1.0×1.36\lg\frac{680}{1.36}kV = 236kV$$

可见该线路不会发生电晕，即 $g_1 = 0$。

例 2-2 330kV 线路的导线结构有如下三种方案（见图 2-3）：

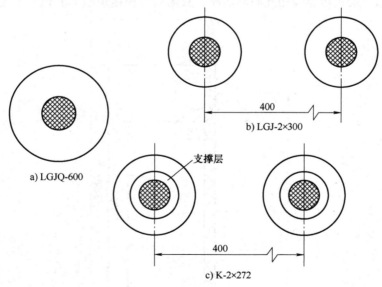

图 2-3 导线结构方案（尺寸与实物同）

1）使用 LGJQ-600 导线，铝线部分截面积为 578mm²，直径为 33.1mm；

2）使用 LGJ-2×300 分裂导线，LGJ-300 的铝线部分截面积为 295mm²，直径为 24.2mm，分裂间距为 400mm；

3）使用 K-2×272 分裂导线，K-272 的铝线部分截面积为 300.8mm²，直径为 27.44mm，

分裂间距为 400mm。

三种方案中，导线都水平排列，相间距离为 8m。

试求这三种方案导线结构的线路每 km 的电阻、电抗、电纳和电晕临界电压。

解：1）每千米线路电阻。

LGJQ-600 $\qquad r_1 = \dfrac{\rho}{S} = \dfrac{31.5}{600}\Omega = 0.0525\Omega$

LGJ-2×300 $\qquad r_1 = \dfrac{\rho}{S} = \dfrac{31.5}{2\times300}\Omega = 0.0525\Omega$

K-2×272 $\qquad r_1 = \dfrac{\rho}{S} = \dfrac{31.5}{2\times272}\Omega = 0.0579\Omega$

2）每千米线路电抗。

对三种方案

$$D_m = \sqrt[3]{D_{ab}D_{bc}D_{ca}} = \sqrt[3]{8000\times8000\times2\times8000}\,\mathrm{mm}$$
$$= 1.26\times8000\,\mathrm{mm} = 10080\,\mathrm{mm}$$

LGJQ-600

$$x_1 = 0.1445\lg\frac{D_m}{r}\Omega + 0.0157\Omega$$
$$= 0.1445\lg\frac{10080}{16.55}\Omega + 0.0157\Omega$$
$$= 0.1445\lg609\,\Omega + 0.0157\Omega = 0.418\Omega$$

LGJ-2×300

先求 r_{eq}
$$r_{eq} = \sqrt[n]{ra^{(n-1)}} = \sqrt[2]{12.1\times400^{(2-1)}}\,\mathrm{mm}$$
$$= \sqrt{4840}\,\mathrm{mm} = 69.57\,\mathrm{mm}$$

$$x_1 = 0.1445\lg\frac{D_m}{r_{eq}}\Omega + \frac{0.0157}{n}\Omega$$
$$= 0.1445\lg\frac{10080}{69.57}\Omega + \frac{0.0157}{2}\Omega = 0.320\Omega$$

K-2×272

先求 r_{eq}
$$r_{eq} = \sqrt[n]{ra^{(n-1)}} = \sqrt[2]{13.72\times400^{(2-1)}}\,\mathrm{mm}$$
$$= \sqrt{5490}\,\mathrm{mm} = 74.10\,\mathrm{mm}$$

$$x_1 = 0.1445\lg\frac{D_m}{r_{eq}}\Omega + \frac{0.0157}{n}\Omega$$
$$= 0.1445\lg\frac{10080}{74.10}\Omega + \frac{0.0157}{2}\Omega = 0.316\Omega$$

3）每千米线路电纳。

LGJQ-600

$$b_1 = \frac{7.58}{\lg\dfrac{D_m}{r}}\times10^{-6}\mathrm{S} = \frac{7.58}{\lg\dfrac{10080}{16.55}}\times10^{-6}\mathrm{S} = 2.72\times10^{-6}\mathrm{S}$$

LGJ-2×300

$$b_1 = \frac{7.58}{\lg \dfrac{D_m}{r_{eq}}} \times 10^{-6} S = \frac{7.58}{\lg \dfrac{10080}{69.57}} \times 10^{-6} S = 3.51 \times 10^{-6} S$$

K-2×272

$$b_1 = \frac{7.58}{\lg \dfrac{D_m}{r_{eq}}} \times 10^{-6} S = \frac{7.58}{\lg \dfrac{10080}{74.10}} \times 10^{-6} S = 3.55 \times 10^{-6} S$$

4）电晕临界电压。

设光滑系数 $m_1 = 0.85$，气象系数 $m_2 = 1.0$，空气相对密度 $\delta = 1.0$，

LGJQ-600

$$U_{cr} = 84 m_1 m_2 \delta r \lg \frac{D_m}{r} kV$$

$$= 84 \times 0.85 \times 1.0 \times 1.0 \times 1.655 \lg \frac{1008}{1.655} kV = 329 kV$$

边相，$1.06 \times 329 kV = 348.74 kV$；中间相，$0.96 \times 329 kV = 315.84 kV$

LGJ-2×300

先求 f_{na}，

$$f_{na} = \frac{n}{1 + 2(n-1)\dfrac{r}{a}\sin\dfrac{x}{n}}$$

$$= \frac{2}{1 + 2(2-1)\dfrac{12.1}{400}\sin\dfrac{x}{2}} = 1.89$$

$$U_{cr} = 84 m_1 m_2 \delta r f_{na} \lg \frac{D_m}{r_{eq}}$$

$$= 84 \times 0.85 \times 1.0 \times 1.0 \times 1.21 \times 1.89 \lg \frac{1008}{6.96} kV = 352 kV$$

边相，$1.06 \times 352 kV = 373.12 kV$；中间相，$0.96 \times 352 kV = 337.92 kV$

K-2×272

先求 f_{na}，

$$f_{na} = \frac{n}{1 + 2(n-1)\dfrac{r}{a}\sin\dfrac{x}{n}}$$

$$= \frac{2}{1 + 2(2-1)\dfrac{13.72}{400}\sin\dfrac{x}{2}} = 1.87$$

$$U_{cr} = 84 m_1 m_2 \delta r f_{na} \lg \frac{D_m}{r_{eq}}$$

$$= 84 \times 0.85 \times 1.0 \times 1.0 \times 1.372 \times 1.87 \lg \frac{1008}{7.41} kV = 391 kV$$

边相，$1.06 \times 391 kV = 414.46 kV$；中间相，$0.96 \times 391 kV = 375.36 kV$

不同导线结构方案参数见表2-1。

表 2-1　不同导线结构方案参数表

导线结构	r_1/Ω	x_1/Ω	b_1/S	U_{cr}/kV	
				边相	中间相
LGJQ-600	0.0525	0.418	2.72×10^{-6}	348.74	315.84
LGJ-2×300	0.0525	0.320	3.51×10^{-6}	373.12	337.92
K-2×272	0.0579	0.316	3.55×10^{-6}	414.46	375.36

分析上表可见：

1）由于三个方案中导线主要载流部分的截面积基本相等，它们的电阻也基本相同。

2）就减小线路电抗而言，采用分裂导线有利，两个分裂导线方案较单导线方案的电抗小30%以上。

3）电抗小的方案电纳必然大，因电抗中外电抗部分与电纳间为反比关系。

4）就避免发生电晕而言，采用分裂扩径导线最合理。单导线即使在晴朗天气中间相仍将发生电晕。

2.1.2　一般线路的等效电路

按式（2-1）、式（2-4）、式（2-9）、式（2-12）求得单位长度导线的电阻、电抗、电纳、电导后，就可作最原始的电力线路等效电路，如图2-4所示。这是单相等效电路，之所以可用单相等效电路代表三相，是由于目前讨论的是三相对称运行状况。

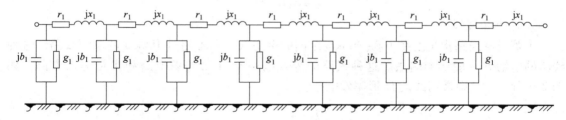

图 2-4　电力线路的单相等效电路

以单相等效电路代表三相虽已简化了不少计算，但由于电力线路的长度往往有数十乃至数百km，如将每km的电阻、电抗、电纳、电导都一一绘于图上，所得的等效电路仍十分复杂。何况，严格说来，电力线路的参数是均匀分布的，即使是极短的一段线段，都有相应大小的电阻、电抗、电纳、电导。换言之，即使是如此复杂的等效电路，也不能认为精确。但好在电力线路一般不长，需分析的又往往只是它们的端点状况——两端电压、电流、功率，通常可不考虑线路的这种分布参数特性，只是在个别情况下才要用双曲函数研究具有均匀分布参数的线路。以下，先讨论一般线路的等效电路。

所谓一般线路，指中等以下长度线路。对架空线路，长度大约为300km，对电缆线路，大约为100km。线路长度不超过这些数值时，可不考虑它们的分布参数特性，而只用将线路参数简单地集中起来的电路表示它们。

在以下的讨论中，以 R、X、G、B 分别表示全线路每相的总电阻、电抗、电导、电纳。

显然，线路长度为 l km 时

$$\begin{cases} R = r_1 l\,\Omega\,;X = x_1 l\,\Omega \\ G = g_1 l\mathrm{S}\,;B = b_1 l\mathrm{S} \end{cases} \tag{2-15}$$

通常，由于线路导线截面积的选择，如前所述，以晴朗天气不发生电晕为前提，而沿绝缘子的泄漏又很小，可设 $G=0$。

1. 短线路

短线路指长度不超过 100km 的架空线路。线路电压不高时，这种线路电纳 B 的影响一般不大，可略去。从而，这种线路的等效电路最简单，只有一串联的总阻抗 $Z=R+\mathrm{j}X$，如图 2-5 所示。

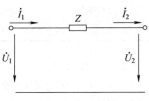

图 2-5　短线路的等效电路

显然，如电缆线路不长，电纳的影响不大时，也可采用这种等效电路。

由图 2-5 可得

$$\begin{bmatrix} \dot{U}_1 \\ \dot{I}_1 \end{bmatrix} = \begin{bmatrix} 1 & Z \\ 0 & 1 \end{bmatrix} \begin{bmatrix} \dot{U}_2 \\ \dot{I}_2 \end{bmatrix} \tag{2-16}$$

将式（2-16）与"电路原理"中介绍过的两端口或四端口网络方程式

$$\begin{bmatrix} \dot{U}_1 \\ \dot{I}_1 \end{bmatrix} = \begin{bmatrix} A & B \\ C & D \end{bmatrix} \begin{bmatrix} \dot{U}_2 \\ \dot{I}_2 \end{bmatrix} \tag{2-17}$$

相比较，可得这种等效电路的通用常数 A、B、C、D 为

$$\begin{cases} A=1\,;B=Z \\ C=0\,;D=1 \end{cases} \tag{2-18}$$

2. 中等长度线路

中等长度线路指长度在 100~300km 之间的架空线路和不超过 100km 的电缆线路。这种线路的电纳 B 一般不能略去。这种线路的等效电路有 Π 形等效电路和 T 形等效电路，如图 2-6 所示，其中常用的是 Π 形等效电路。

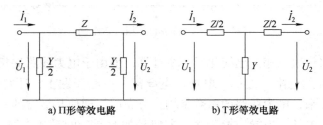

a) Π形等效电路　　　　　　b) T形等效电路

图 2-6　中等长度线路的等效电路

在 Π 形等效电路中，除串联的线路总阻抗 $Z=R+\mathrm{j}X$ 外，还将线路的总导纳 $Y=\mathrm{j}E$ 分为两半，分别并联在线路的始末端。在 T 形等效电路中，线路的总导纳集中在中间，而线路的总阻抗则分为两半，分别串联在它的两侧。因此，这两种电路都是近似的等效电路，而且，相互间并不等效，即它们不能用 Δ-Y 变换公式相互变换。

由图 2-6a 可得流过串联阻抗 Z 的电流为 $\dot{I}_2 + \dfrac{Y}{2}\dot{U}_2$，从而

$$\dot{U}_1 = \left(\dot{I}_2 + \frac{Y}{2}\dot{U}_2 \right) Z + \dot{U}_2$$

流入始端导纳 $\frac{Y}{2}$ 的电流为 $\frac{Y}{2}\dot{U}_1$，从而

$$\dot{I}_1 = \frac{Y}{2}\dot{U}_1 + \frac{Y}{2}\dot{U}_2 + \dot{I}_2$$

由此又可得

$$\begin{bmatrix} \dot{U}_1 \\ \dot{I}_1 \end{bmatrix} = \begin{bmatrix} \dfrac{ZY}{2}+1 & Z \\ Y\left(\dfrac{ZY}{4}+1\right) & \dfrac{ZY}{2}+1 \end{bmatrix} \begin{bmatrix} \dot{U}_2 \\ \dot{I}_2 \end{bmatrix} \tag{2-19}$$

将式（2-19）与式（2-17）相比较，可得这种等效电路的通用常数为

$$\begin{cases} A = \dfrac{ZY}{2}+1; & B = Z \\ C = Y\left(\dfrac{ZY}{4}+1\right); & D = \dfrac{ZY}{2}+1 \end{cases} \tag{2-20}$$

相似地，可得图 2-6b 所示等效电路的通用常数为

$$\begin{cases} A = \dfrac{ZY}{2}+1; & B = Z\left(\dfrac{ZY}{4}+1\right) \\ C = Y; & D = \dfrac{ZY}{2}+1 \end{cases} \tag{2-21}$$

2.1.3　长线路的等效电路

长线路指长度超过 300km 的架空线路和超过 100km 的电缆线路。对这种线路，不能不考虑它们的分布参数特性。

图 2-7 所示为这种长线路的示意图，图中，z_1、y_1 分别表示单位长度线路的阻抗和导纳，即 $z_1 = r_1 + jx_1$，$y_1 = g_1 + jb_1$；$\dot{U}$、$\dot{I}$ 分别表示距线路末端长度为 x 处的电压、电流，$\dot{U}+d\dot{U}$、$\dot{I}+d\dot{I}$ 分别表示距线路末端长度为 $x+dx$ 处的电压、电流；dx 为长度的微元。

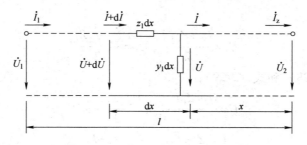

图 2-7　长线路——均匀分布参数电路

由图 2-7 可见，长度为 dx 的线路，串联阻抗中的电压降落为 $\dot{I}z_1 dx$，并联导纳中的分支电流为 $\dot{U}y_1 dx$。从而可列出

$$d\dot{U} = \dot{I}z_1 dx \quad 或 \quad \frac{d\dot{U}}{dx} = \dot{I}z_1 \tag{2-22}$$

$$d\dot{I} = \dot{U}y_1 dx \quad 或 \quad \frac{d\dot{I}}{dx} = \dot{U}y_1 \tag{2-23}$$

取式（2-22）和式（2-23）对 x 的微分，可得

$$\frac{d^2\dot{U}}{dx^2} = z_1 \frac{d\dot{I}}{dx} \tag{2-24}$$

$$\frac{d^2\dot{I}}{dx^2} = y_1 \frac{d\dot{U}}{dx} \tag{2-25}$$

分别将式（2-23）和式（2-22）代入式（2-24）和式（2-25），又可得

$$\frac{d^2\dot{U}}{dx^2} = z_1 y_1 \dot{U} \tag{2-26}$$

$$\frac{d^2\dot{I}}{dx^2} = z_1 y_1 \dot{I} \tag{2-27}$$

式（2-26）的解为

$$\dot{U} = C_1 e^{\sqrt{z_1 y_1}x} + C_2 e^{-\sqrt{z_1 y_1}x}$$

将其微分后代入式（2-22），又可得

$$\dot{I} = \frac{C_1}{\sqrt{z_1/y_1}} e^{\sqrt{z_1 y_1}x} - \frac{C_2}{\sqrt{z_1/y_1}} e^{-\sqrt{z_1 y_1}x}$$

令 $\sqrt{z_1/y_1} = Z_c$、$\sqrt{z_1 y_1} = \gamma$，Z_c 和 γ 分别称为线路的特性阻抗和传播常数，上面两式可改写为

$$\dot{U} = C_1 e^{\gamma x} + C_2 e^{-\gamma x} \tag{2-28}$$

$$\dot{I} = \frac{C_1}{Z_c} e^{\gamma x} - \frac{C_2}{Z_c} e^{-\gamma x} \tag{2-29}$$

计及 $x = 0$ 时，$\dot{U} = \dot{U}_2$、$\dot{I} = \dot{I}_2$，可见

$$\dot{U}_2 = C_1 + C_2, \quad \dot{I}_2 = \frac{C_1 - C_2}{Z_c}$$

从而

$$C_1 = \frac{\dot{U}_2 + Z_c \dot{I}_2}{2}, \quad C_2 = \frac{\dot{U}_2 - \dot{I}_2 Z_c}{2}$$

以此代入式（2-28）和式（2-29），可得

$$\dot{U} = \frac{\dot{U}_2 + Z_c \dot{I}_2}{2} e^{\gamma x} + \frac{\dot{U}_2 - Z_c \dot{I}_2}{2} e^{-\gamma x} \tag{2-30}$$

$$\dot{I} = \frac{\dot{U}_2/Z_c + \dot{I}_2}{2} e^{\gamma x} - \frac{\dot{U}_2 - Z_c \dot{I}_2}{2} e^{-\gamma x} \tag{2-31}$$

考虑到双曲函数有如下定义

$$\sinh\gamma x = \frac{e^{\gamma x} - e^{-\gamma x}}{2}; \quad \cosh\gamma x = \frac{e^{\gamma x} + e^{-\gamma x}}{2}$$

式（2-30）和式（2-31）又可改写如下：

$$\begin{bmatrix} \dot{U} \\ \dot{I} \end{bmatrix} = \begin{bmatrix} \cosh\gamma x & Z_C\sinh\gamma x \\ \dfrac{\sinh\gamma x}{Z_C} & \cosh\gamma x \end{bmatrix} \begin{bmatrix} \dot{U} \\ \dot{I} \end{bmatrix} \tag{2-32}$$

运用上式，可在已知末端电压、电流时，计算沿线路任意点的电压、电流。而如以 $x = l$ 代入，则可得

$$\begin{bmatrix} \dot{U}_1 \\ \dot{I}_1 \end{bmatrix} = \begin{bmatrix} \cosh\gamma l & Z_C\sinh\gamma l \\ \dfrac{\sinh\gamma l}{Z_C} & \cosh\gamma l \end{bmatrix} \begin{bmatrix} \dot{U}_2 \\ \dot{I}_2 \end{bmatrix} \tag{2-33}$$

由此又可见，这种长线路的两端口网络通用常数应分别为

$$\begin{cases} A = \cosh\gamma l; & B = Z_C\sinh\gamma l \\ C = \dfrac{\sinh\gamma l}{Z_C}; & D = \cosh\gamma l \end{cases} \tag{2-34}$$

于是又可见，如只要求计算线路始末端电压、电流、功率，仍可运用类似图 2-6 所示的 Π 形或 T 形等效电路。长线路的等效电路如图 2-8 所示。图中，分别以 Z'、Y' 表示它们的集中参数阻抗、导纳，从而与图 2-6 相区别。按图 2-8a，套用由图 2-6a 导得的式（2-20），并计及式（2-34），可得它的通用常数为

$$A = \frac{Z'Y'}{2} + 1 = \cosh\gamma l; \qquad B = Z' = Z_C\sinh\gamma l$$

$$C = Y'\left(\frac{Z'Y'}{4} + 1\right) = \frac{\sinh\gamma l}{Z_C}; \quad D = \frac{Z'Y'}{2} + 1 = \cosh\gamma l$$

由此可解得

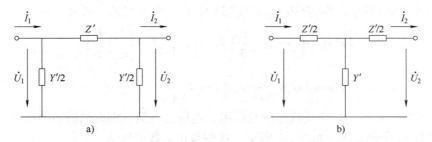

a)　　　　　　　　　　　　　　　　b)

图 2-8　长线路的等效电路

Π 形等效电路：$Z' = Z_C\sinh\gamma l$；$Y' = \dfrac{1}{Z_C}\dfrac{2(\cosh\gamma l - 1)}{\sinh\gamma l}$；

T 形等效电路：$Z' = Z_C\dfrac{2(\cosh\gamma l - 1)}{\sinh\gamma l}$；$Y' = \dfrac{1}{Z_C}\sinh\gamma l$；

$$\begin{cases} Z' = Z_C\sinh\gamma l \\ Y' = \dfrac{1}{Z_C}\dfrac{2(\cosh\gamma l - 1)}{\sinh\gamma l} \end{cases} \tag{2-35}$$

相似地，对图 2-8b，可得

$$\begin{cases} Z' = Z_\mathrm{C} \dfrac{2(\cosh\gamma l - 1)}{\sinh\gamma l} \\[3mm] Y' = \dfrac{1}{Z_\mathrm{C}}\sinh\gamma l \end{cases} \tag{2-36}$$

显然，无论图 2-8a 或 b 都是精确的。但是，由于 Z'、Y' 的表示式中，Z_C、γ 都是复数，它们仍不便于使用。为此，将它们简化如下。

将式（2-35）改写为

$$\begin{cases} Z' = \sqrt{Z/Y}\sinh\sqrt{ZY} = Z\dfrac{\sinh\sqrt{ZY}}{\sqrt{ZY}} \\[3mm] Y' = \sqrt{Y/Z}\dfrac{2(\cosh\sqrt{ZY}-1)}{\sinh\sqrt{ZY}} = Y\dfrac{2(\cosh\sqrt{ZY}-1)}{\sqrt{ZY}\sinh\sqrt{ZY}} \end{cases} \tag{2-37}$$

将式中的双曲函数展开为级数

$$\sinh\sqrt{ZY} = \sqrt{ZY} + \frac{(\sqrt{ZY})^3}{3_\mathrm{I}} + \frac{(\sqrt{ZY})^5}{5_\mathrm{I}} + \frac{(\sqrt{ZY})^7}{7_\mathrm{I}} + \cdots$$

$$\cosh\sqrt{ZY} = 1 + \frac{(\sqrt{ZY})^2}{2_\mathrm{I}} + \frac{(\sqrt{ZY})^4}{4_\mathrm{I}} + \frac{(\sqrt{ZY})^6}{6_\mathrm{I}} + \cdots$$

对不十分长的电力线路，这些级数收敛很快，从而可只取它们的前两、三项代入式（2-37）。代入后，经不太复杂的运算，可得

$$\begin{cases} Z' \approx Z\left(1 + \dfrac{ZY}{6}\right) \\[3mm] Y' \approx Y\left(1 - \dfrac{ZY}{12}\right) \end{cases} \tag{2-38}$$

将 $Z = R + \mathrm{j}X = r_1 l + \mathrm{j}x_1 l$，$Y = G + \mathrm{j}B = g_1 l + \mathrm{j}b_1 l$ 以及 $G = g_1 l = 0$ 代入，展开可得

$$\begin{cases} Z' \approx r_1 l\left(1 - x_1 b_1 \dfrac{l^2}{3}\right) + \mathrm{j}x_1 l\left[1 - \left(x_1 b_1 - \dfrac{r_1^2 b_1}{x_1}\right)\dfrac{l^2}{6}\right] \\[3mm] Y' \approx b_1 l \times r_1 b_1 \dfrac{l^2}{12} + \mathrm{j}b_1 l\left(1 + x_1 b_1 \dfrac{l^2}{12}\right) \end{cases} \tag{2-39}$$

由式（2-39）可见，如将长线路的总电阻、电抗、电纳分别乘以适当的修正系数，就可绘制其简化 Ⅱ 形等效电路，如图 2-9 所示。这些修正系数分别为

$$\begin{cases} k_\mathrm{r} = 1 - x_1 b_1 \dfrac{l^2}{6} \\[3mm] k_\mathrm{x} = 1 - \left(x_1 b_1 - \dfrac{r_1^2 b_1}{x_1}\right)\dfrac{l^2}{6} \\[3mm] k_\mathrm{b} = 1 + x_1 b_1 \dfrac{l^2}{12} \end{cases} \tag{2-40}$$

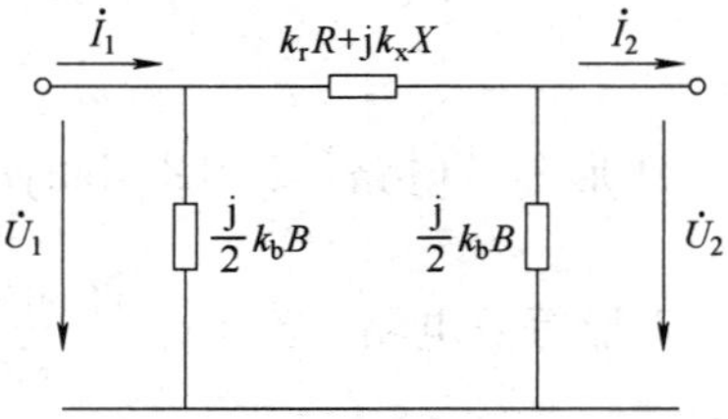

图 2-9　长线路中的简化等效电路

但需注意，由于推导式（2-40）时，只取用了双曲函数的前两、三项，在线路很长时，该式也不适用，应直接使用式（2-37）。反之，线路不长时，这些修正系数都接近于 1，从而可不必修正。

相似地，可作简化 T 形等效电路。但因这种等效电路一般不用，从略。

附带指出，双曲函数除展开为级数外，还可展开为如下的形式

$$\sinh\gamma l = \sinh(\alpha+j\beta)l = \sinh\alpha l\cos\beta l + j\cosh\alpha l\sin\beta l$$

$$\cosh\gamma l = \cosh(\alpha+j\beta)l = \cosh\alpha l\cos\beta l + j\sinh\alpha l\sin\beta l$$

或者为

$$\sinh\gamma l = \sinh(\alpha+j\beta)l = \frac{e^{\alpha l}e^{j\beta l}-e^{-\alpha l}e^{-j\beta l}}{2} = \frac{1}{2}(e^{\alpha l}/\beta l - e^{-\alpha l}/-\beta l)$$

$$\cosh\gamma l = \cosh(\alpha+j\beta)l = \frac{e^{\alpha l}e^{j\beta l}+e^{-\alpha l}e^{-j\beta l}}{2} = \frac{1}{2}(e^{\alpha l}/\beta l + e^{-\alpha l}/-\beta l)$$

这些展开式也常用。

例 2-3　设 330kV 线路采用例 2-2 中的导线结构方案 3)，线路总长为 530km，试作该线路的等效电路。1) 不考虑线路的分布参数特性；2) 近似考虑线路的分布参数特性；3) 精确考虑线路的分布参数特性。

解：由例 2-2 已知该线路每 km 的电阻、电抗、电导、电纳分别为

$$r_1 = 0.0579\Omega;\quad x_1 = 0.316\Omega$$

$$g_1 = 0;\qquad b_1 = 3.55\times10^{-6}S$$

1) 不考虑线路的分布参数特性时。

$$R = r_1 l = 0.0579\times530\Omega = 30.7\Omega$$

$$X = x_1 l = 0.316\times530\Omega = 167.5\Omega$$

$$B = b_1 l = 3.55\times10^{-6}\times530S = 1.88\times10^{-3}S$$

$$\frac{1}{2}B = \frac{1}{2}\times1.88\times10^{-3}S = 0.94\times10^{-3}S$$

按此可作等效电路，如图 2-10a 所示。

2) 近似考虑线路的分布参数特性时。

$$k_r = 1-x_1b_1\frac{l^2}{3} = 1-0.316\times3.55\times10^{-6}\times\frac{530^2}{3} = 0.895$$

$$k_x = 1-\left(x_1b_1-\frac{r_1^2b_1}{x_1}\right)\frac{l^2}{6}$$

$$= 1-\left(0.316\times3.55\times10^{-6}-\frac{0.0579^2\times3.55\times10^{-6}}{0.316}\right)\frac{530^2}{6}$$

$$= 0.949$$

$$k_b = 1+x_1b_1\frac{l^2}{12} = 1+0.316\times3.55\times10^{-6}\times\frac{530^2}{12} = 1.026$$

于是

$$k_rR = 0.895\times30.7\Omega = 27.5\Omega$$

$$k_xX = 0.949\times167.5\Omega = 158.96\Omega$$

$$k_bB = 1.026\times1.88\times10^{-3}S = 1.93\times10^{-3}S$$

$$\frac{1}{2}k_bB = \frac{1}{2}\times1.93\times10^{-3}S = 0.965\times10^{-3}S$$

按此可作等效电路，如图 2-10b 所示。

3）精确考虑线路的分布参数特性时。

先求取 Z_C、γl。而为此，需先求得

$$z_1 = r_1 + jx_1 = (0.0579 + j0.316)\ \Omega = 0.321\angle 79.6°\ \Omega$$

$$y_1 = 0 + jb_1 = j3.55\times10^{-6}\ S = 3.55\times10^{-6}\angle 90°\ S$$

由此可得

$$Z_C = \sqrt{z_1/y_1} = \sqrt{\frac{0.321}{3.55\times10^{-6}}}\angle\frac{79.6°-90°}{2}\ \Omega$$

$$= 300.7\angle -5.2°\ \Omega$$

$$\gamma l = \sqrt{z_1 y_1}\,l = 530\sqrt{0.321\times3.55\times10^{-6}}\angle\frac{79.6°-90°}{2}$$

$$= 530\times0.001067\angle 84.8° = 0.566\angle 84.8°$$

$$= 0.0513 + j0.564 = \alpha l + j\beta l$$

将 $\sinh\gamma l$、$\cosh\gamma l$ 展开。展开时需注意，βl 的单位为弧度。

$$\sinh\gamma l = \sinh(\alpha l + j\beta l) = \sinh(0.0513 + j0.564)$$

$$= \sinh0.0513\cos0.564 + j\cosh0.0513\sin0.564$$

$$= 0.0513\times0.845 + j1.0013\times0.5345$$

$$= 0.0433 + j0.5352 = 0.537\angle 85.37°$$

$$\cosh\gamma l = \cosh(\alpha l + j\beta l) = \cosh(0.0513 + j0.564)$$

$$= \cosh0.0513\cos0.564 + j\sinh0.0513\sin0.564$$

$$= 1.0013\times0.845 + j0.0513\times0.5345$$

$$= 0.846 + j0.02742 = 0.84\angle 1.86°$$

最后可求取 Z'、Y'

$$Z' = Z_C\sinh\gamma l = 300.7\angle -5.2°\times0.537\angle 85.37°\ \Omega$$

$$= 161.5\angle 80.2°\ \Omega = (27.49 + j159.1)\ \Omega$$

$$\frac{Y'}{2} = \frac{1}{Z_C}\frac{\cosh\gamma l - 1}{\sinh\gamma l} = \frac{0.846 + j0.02742 - 1}{300.7\underline{/-5.2°}\times0.537\underline{/85.37°}}\ S$$

$$= \frac{0.1564\underline{/169.9°}}{161.5\underline{/80.2°}}\ S = 0.000968\underline{/89.7°}\ S$$

$$\approx j0.968\times10^{-3}\ S$$

按此可作等效电路，如图 2-10c 所示。

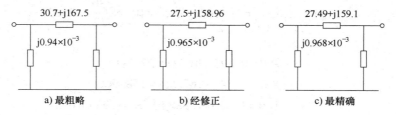

图 2-10　电力线路的等效电路

比较这三种等效电路可见，对这种长度超过 500km 的线路，如不考虑其分布参数特性，将给计算结果带来相当大的误差，其中以电阻值为最，误差大于 10%，电抗次之，电纳更次之。但也可见，近似考虑其分布参数特性，即可得到足够精确的结果。而重要的是，这种近似考虑仅需作简单的算术运算，不必像精确考虑时那样，要进行复数和双曲函数计算。

2.2 变压器、电抗器的参数和等效电路

2.2.1 双绕组变压器的参数和等效电路

1. 阻抗

在电力系统计算中，求取变压器电阻的方法和"电机学"中介绍的相同。由于变压器短路损耗 P_k 近似等于额定电流流过变压器时高低压绕组中的总铜耗

$$P_k \approx P_{cu}$$

而铜耗与电阻之间有如下的关系

$$P_{cu} = 3I_N^2 R_T = 3\left(\frac{S_N}{\sqrt{3}\,U_N}\right)^2 R_T = \frac{S_N^2}{U_N^2} R_T$$

可得

$$P_k \approx \frac{S_N^2}{U_N^2} R_T$$

式中，U_N、S_N 以 V、VA 为单位；P_k 以 W 为单位；如 U_N 改以 kV、S_N 改以 MVA 为单位，则可得

$$R_T = \frac{P_k U_N^2}{1000 S_N^2} \tag{2-41}$$

式中，R_T 为变压器高低压绕组的总电阻，单位为 Ω；P_k 为变压器的短路损耗，单位为 kW；S_N 为变压器的额定容量，单位为 MVA；U_N 为变压器的额定电压，单位为 kV。

在电力系统计算中，求取变压器电抗的方法和"电机学"中介绍的略有不同。由于大容量变压器的阻抗以电抗为主，亦即变压器的电抗和阻抗数值上接近相等，可近似认为变压器的短路电压 $U_k\%$ 与变压器的电抗有如下关系

$$U_k\% \approx \frac{\sqrt{3}\,I_N X_r}{U_N} \times 100\%$$

从而

$$X_T \approx \frac{U_N}{\sqrt{3}\,I_N} \frac{U_k\%}{100} = \frac{U_k\% U_N^2}{100 S_N} \tag{2-42}$$

式中，X_T 为变压器高低压绕组的总电抗，单位为 Ω；$U_k\%$ 为变压器的短路电压百分值；S_N、U_N 的代表意义与式（2-41）相同。

2. 导纳

变压器的励磁支路有两种表示方式，以阻抗表示和以导纳表示。前者在"电机学"中常用，后者则在电力系统计算中常用。它们分别示于图 2-11 中。而与之对应的空载运行时

的电压、电流相量图则示于图 2-12 中。

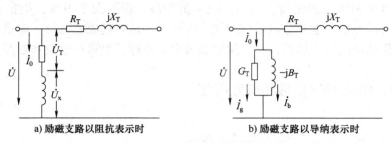

图 2-11 双绕组变压器的等效电路

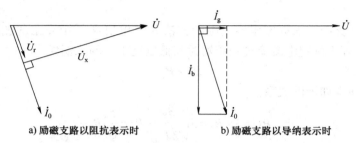

图 2-12 双绕组变压器空载运行时的相量图

变压器励磁支路以导纳表示时，其电导对应的是变压器的铁耗 P_{Fe}。但因变压器的铁耗与变压器的空载损耗近似相等，电导也可与空载损耗相对应。而由图 2-11b 可见，两者之间有如下的关系

$$G_T = \frac{P_0}{1000 U_N^2} \tag{2-43}$$

式中，G_T 为变压器的电导，单位为 S；P_0 为变压器的空载损耗，单位为 kW；U_N 为变压器的额定电压，单位为 kV。

变压器空载电流中流经电纳的部分 I_b 占很大比重，从而它和空载电流 I_0 在数值上接近相等，可以 I_0 代替 I_b 求取变压器的电纳。亦即由于

$$I_b = \frac{U_N}{\sqrt{3}} B_r$$

而

$$I_0 = \frac{I_0'\%}{100} I_N \approx I_b$$

可得

$$\frac{I_0\%}{100} I_N = \frac{U_N}{\sqrt{3}} B_T$$

将 $I_N = \frac{S_N}{\sqrt{3}\, U_N}$ 代入，最后得

$$B_T = \frac{I_0\%}{1000} \frac{S_N}{U_N^2} \tag{2-44}$$

式中，B_T 为变压器的电纳，单位为 S；$I_0\%$ 为变压器的空载电流百分值；U_N、S_N 的代表意义与式（2-43）相同。

求得变压器的阻抗、导纳后，即可作变压器的等效电路。变压器的等效电路有 Γ 形等效电路和 T 形等效电路。在电力系统计算中，通常用 Γ 形等效电路，且将励磁支路接在电源侧。这种等效电路就如图 2-11b 所示。需注意的是，变压器电纳的符号与线路电纳的符号相反，因前者为感性而后者为容性。

2.2.2 三绕组变压器的参数和等效电路

三绕组变压器的等效电路如图 2-13 所示。图中，变压器的励磁支路也以导纳表示。

计算三绕组变压器各绕组阻抗的方法虽与计算双绕组变压器时没有本质区别，但由于三绕组变压器各绕组的容量比有不同组合，而各绕组在铁心上的排列又有不同方式，需注意。

1. 电阻

三绕组变压器按三个绕组容量比的不同有三种不同类型。第一种为 100/100/100%，即三个绕组的容量都等于变压器额定容量。第二种为 100/100/50%，即第三绕组的容量仅为变压器额定容量的 50%。第三种为 100/50/100%，即第二绕组的容量仅为变压器额定容量的 50%。

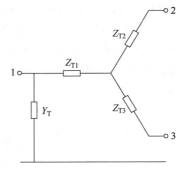

图 2-13　三绕组变压器的等效电路

三绕组变压器出厂时，制造厂应提供三个绕组两两作短路试验时测得的短路损耗。如该变压器属第一种类型，可由提供的短路损耗 $P_{k(1-2)}$、$P_{k(2-3)}$、$P_{k(3-1)}$ 直接按下式求取各绕组的短路损耗

$$\begin{cases} P_{k1} = \dfrac{1}{2}\left[P_{k(1-2)} + P_{k(3-1)} - P_{k(2-3)} \right] \\[2mm] P_{k2} = \dfrac{1}{2}\left[P_{k(1-2)} + P_{k(2-3)} - P_{k(3-1)} \right] \\[2mm] P_{k3} = \dfrac{1}{2}\left[P_{k(2-3)} + P_{k(3-1)} - P_{k(1-2)} \right] \end{cases} \tag{2-45}$$

然后按与双绕组变压器相似的公式计算各绕组电阻

$$\begin{cases} R_{T1} = \dfrac{P_{k1} U_N^2}{1000 S_N^2} \\[3mm] R_{T2} = \dfrac{P_{k2} U_N^2}{1000 S_N^2} \\[3mm] R_{T3} = \dfrac{P_{k3} U_N^2}{1000 S_N^2} \end{cases} \tag{2-46}$$

如该变压器属于第二种和第三种类型，则制造厂提供的短路损耗数据是一对绕组中容量较小的一方达到它本身的额定容量，即 $I_N/2$ 时的值。这时，应首先将各绕组间的短路损耗数据归算为额定电流下的值，再运用上列公式求取各绕组的短路损耗和电阻。例如，对 100/50/100% 类型变压器，制造厂提供的短路损耗 $P_{k(1-2)}$、$P_{k(2-3)}$ 都是第二绕组中流过它本身的额定电流，即二分之一变压器额定电流时测得的数据。因此，应首先将它们归算到对应

于变压器的额定电流

$$
\begin{cases}
P_{k(1-2)} = P'_{k(1-2)}\left(\dfrac{I_N}{I_N/2}\right)^2 = 4P'_{k(1-2)} \\
P_{k(2-3)} = P'_{k(2-3)}\left(\dfrac{I_N}{I_N/2}\right)^2 = 4P'_{k(2-3)}
\end{cases}
\tag{2-47}
$$

然后再按式（2-45）和式（2-46）计算。

有时，对三绕组变压器只给出一个短路损耗——最大短路损耗 $P_{k.max}$。所谓最大短路损耗，指两个 100% 容量绕组中流过额定电流，另一个 100% 或 50% 容量绕组空载时的损耗。由 $P_{k.max}$ 可求得两个 100% 容量绕组的电阻。然后根据"按同一电流密度选择各绕组导线截面积"的变压器设计原则，可得另一个 100% 容量绕组的电阻——就等于这两个绕组之一的电阻；或另一个 50% 容量绕组的电阻——就等于这两个绕组之一电阻的两倍。换言之，这时的计算公式为

$$
\begin{cases}
R_{T(100\%)} = \dfrac{P_{k.max} U_N^2}{2000 S_N^2} \\
R_{T(50\%)} = 2R_{T(100\%)}
\end{cases}
\tag{2-48}
$$

2. 电抗

三绕组变压器按其三个绕组排列方式的不同有两种不同结构——升压结构和降压结构。升压结构变压器的中压绕组最靠近铁心，低压绕组居中，高压绕组在最外层。降压结构变压器的低压绕组最靠近铁心，中压绕组居中，高压绕组仍在最外层。

绕组排列方式不同，绕组间漏抗，从而短路电压也就不同。如设高压、中压、低压绕组分别为第一、二、三绕组，则因升压结构变压器的高、中压绕组相隔最远，两者间漏抗，从而短路电压 $U_{k(1-2)}\%$ 最大，而 $U_{k(2-3)}\%$、$U_{k(3-1)}\%$ 就较小。降压结构变压器的高、低压绕组相隔最远，$U_{k(3-1)}\%$ 最大，而 $U_{k(1-2)}\%$、$U_{k(2-3)}\%$ 则较小。

排列方式虽有不同，但求取两种结构变压器电抗的方法并无不同，即由各绕组两两之间的短路电压 $U_{k(1-2)}\%$、$U_{k(2-3)}\%$、$U_{k(3-1)}\%$ 求出各绕组的短路电压

$$
\begin{cases}
U_{k1}\% = \dfrac{1}{2}\left[U_{k(1-2)}\% + U_{k(3-1)}\% - U_{k(2-3)}\%\right] \\
U_{k2}\% = \dfrac{1}{2}\left[U_{k(1-2)}\% + U_{k(2-3)}\% - U_{k(3-1)}\%\right] \\
U_{k3}\% = \dfrac{1}{2}\left[U_{k(2-3)}\% + U_{k(3-1)}\% - U_{k(1-2)}\%\right]
\end{cases}
\tag{2-49}
$$

再按与双绕组变压器相似的计算公式求各绕组的电抗

$$
\begin{cases}
X_{T1} = \dfrac{U_{k1}\% U_N^2}{100 S_N} \\
X_{T2} = \dfrac{U_{k2}\% U_N^2}{100 S_N} \\
X_{T3} = \dfrac{U_{k3}\% U_N^2}{100 S_N}
\end{cases}
\tag{2-50}
$$

应该指出，和求取电阻时不同，制造厂提供的短路电压总是归算到各绕组中通过变压器额定电流时的数值。因此，计算电抗时，对第二、三类变压器，其短路电压不要再归算。

求取三绕组变压器导纳的方法和求取双绕组变压器导纳的相同。

2.2.3　自耦变压器的参数和等效电路

就端点条件而言，自耦变压器可完全等效于普通变压器，如图 2-14 所示。自耦变压器的短路试验又和普通变压器的相同。自耦变压器参数和等效电路的确定也和普通变压器的无异。需要说明的只是三绕组自耦变压器的容量归算问题，因三绕组自耦变压器第三绕组的容量总小于变压器的额定容量 S_N。而且，制造厂提供的短路试验数据中，不仅短路损耗 P_k，甚至短路电压 $U_k\%$ 有时也是未经归算的数值。如需作这种归算，由前已知，可将短路损耗 $P'_{k(3-1)}$、$P'_{k(2-3)}$ 乘以 $(S_N/S_3)^2$，将短路电压 $U'_{k(3-1)}\%$、$U'_{k(2-3)}\%$ 乘以 S_N/S_3。

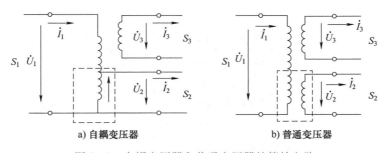

a) 自耦变压器　　　　　　　　b) 普通变压器

图 2-14　自耦变压器和普通变压器的等效电路

例 2-4　三相三绕组水内冷有载调压变压器的部分技术数据见表 2-2

表 2-2　三相三绕组水内冷有载调压变压器短路电压和短路损耗（未经归算）

绕组	高压—中压	高压—低压	中压—低压
短路电压 $U_k\%$	11.55	20.55	8.47
短路损耗/kW	454	243	273

额定容量：30000/30000/20000kVA

额定电压：110/38.5/11kV

空载电流：30.1A

空载损耗：67.4kW

试求变压器的阻抗、导纳，并作 Γ 形等效电路。所有参数都归算至高压侧。

解：1）阻抗。

先将短路损耗归算至对应于变压器额定容量

$$P_{k(1-2)} = 454\text{kW}$$

$$P_{k(3-1)} = \frac{9}{4}P'_{k(3-1)} = \frac{9}{4}\times243\text{kW} = 547\text{kW}$$

$$P_{k(2-3)} = \frac{9}{4}P'_{k(2-3)} = \frac{9}{4}\times273\text{kW} = 614\text{kW}$$

从而

$$P_{k1} = \frac{1}{2} \left[P_{k(1-2)} + P_{k(3-1)} - P_{k(2-3)} \right]$$

$$= \frac{1}{2} \times (454 + 547 - 614) \, kW = 194 \, kW$$

$$P_{k2} = \frac{1}{2} \left[P_{k(1-2)} + P_{k(2-3)} - P_{k(3-1)} \right]$$

$$= \frac{1}{2} \times (454 + 614 - 547) \, kW = 260 \, kW$$

$$P_{k3} = \frac{1}{2} \left[P_{k(2-3)} + P_{k(3-1)} - P_{k(1-2)} \right]$$

$$= \frac{1}{2} \times (614 + 547 - 454) \, kW = 353 \, kW$$

于是

$$R_{T1} = \frac{P_{k1} U_{N1}^2}{1000 S_N^2} = \frac{194 \times 110^2}{1000 \times 30^2} \Omega = 2.60 \, \Omega$$

$$R_{T2} = \frac{P_{k2} U_{N1}^2}{1000 S_N^2} = \frac{260 \times 110^2}{1000 \times 30^2} \Omega = 3.50 \, \Omega$$

$$R_{T3} = \frac{P_{k3} U_{N1}^2}{1000 S_N^2} = \frac{353 \times 110^2}{1000 \times 30^2} \Omega = 4.75 \, \Omega$$

先求出各绕组的短路电压

$$U_{k1}\% = \frac{1}{2} \left[U_{k(1-2)}\% + U_{k(3-1)}\% - U_{k(2-3)}\% \right]$$

$$= \frac{1}{2} \times (11.55\% + 20.55\% - 8.47\%) = 11.82\%$$

$$U_{k2}\% = \frac{1}{2} \left[U_{k(1-2)}\% + U_{k(2-3)}\% - U_{k(3-1)}\% \right]$$

$$= \frac{1}{2} \times (11.55\% + 8.47\% - 20.55\%) = -0.265\%$$

$$U_{k3}\% = \frac{1}{2} \left[U_{k(2-3)}\% + U_{k(3-1)}\% - U_{k(1-2)}\% \right]$$

$$= \frac{1}{2} \times (8.47\% + 20.55\% - 11.55\%) = 8.74\%$$

于是

$$X_{T1} = \frac{U_{k1}\% U_{N1}^2}{100 S_N} = \frac{11.82 \times 110^2}{100 \times 30} \Omega = 47.65 \, \Omega$$

$$X_{T2} = \frac{U_{k2}\% U_{N1}^2}{100 S_N} = \frac{-0.265 \times 110^2}{100 \times 30} \Omega = -1.07 \, \Omega$$

$$X_{T3} = \frac{U_{k3}\% U_{N1}^2}{100 S_N} = \frac{8.74 \times 110^2}{100 \times 30} \Omega = 35.25 \, \Omega$$

中压绕组的等效电抗很小，而且是负值。因变压器属于降压结构，中压绕组居中，高、低压绕组对它的互感影响很强，当超过其本身自感时，等效电抗就呈现负值。三绕组变压器处于居中位置绕组的等效电抗呈现负值是常见现象，但因这负值往往很小，计算时可取其为零。

2）导纳。

$$G_T = \frac{P_0}{1000 U_{N1}^2} = \frac{67.4}{1000 \times 110^2} S = 5.57 \times 10^{-6} S$$

由于此处已知的是空载电流的绝对值而非百分值，可由这绝对值直接求取电纳，即由

$$I_b = \frac{U_{N1}}{\sqrt{3}} B_r$$

得

$$B_r = \frac{\sqrt{3} I_b}{U_{N1}} \approx \frac{\sqrt{3} I_0}{U_{N1}}$$

式中，B_r 的单位为 S；I_0 的单位为 A；U_{N1} 的单位为 V。

将相应数据代入，可得

$$B_r = \frac{\sqrt{3} \times 30.1}{110 \times 10^3} S = 474 \times 10^{-6} S$$

3）等效电路。

三绕组变压器等效电路如图 2-15 所示。

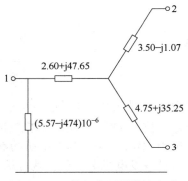

图 2-15　三绕组变压器等效电路

2.2.4　电抗器的参数和等效电路

制造厂提供的电抗器电抗数据往往以百分值表示。这些百分值与以 Ω 为单位的数值之间有如下关系

$$X_R\% = \frac{\sqrt{3} I_N X_R}{U_N} \times 100\%$$

从而

$$X_R = \frac{U_N}{\sqrt{3} I_N} \frac{X_R\%}{100} \tag{2-51}$$

式中，X_R 为电抗器电抗，单位为 Ω；$X_R\%$ 为电抗器电抗的百分值；U_N 为电抗器的额定电压，单位为 kV；I_N 为电抗器的额定电流，单位为 kA。

一般都不计电抗器的电阻。从而，电抗器的等效电路是一个纯电抗。

2.3　发电机、负荷的参数和等效电路

发电机和负荷是电力系统的两个最重要组成部分，它们的特性也最复杂。因而可以认为，发电机和负荷的表示方式，其中包括它们的参数和等效电路，是两个专门问题。但由于分析计算电力系统稳态运行时运用的等效网络往往以发电机的端点为始端，即其中往往不包括发电机元件；而其中的负荷又往往以恒定功率表示，只有在需要深入研究的场合，才计及负荷的静态电压特性，本章中只介绍某些最基本的概念和计算公式。

2.3.1 发电机的电抗和电势

由于发电机定子绕组电阻相对很小，通常可将其略去。

制造厂提供的发电机电抗数据往往以百分值表示。这些百分值与以 Ω 为单位的数值之间有如下关系

$$X_G\% = \frac{\sqrt{3}\,I_N X_G}{U_N} \times 100\%$$

从而

$$X_G = \frac{U_N}{\sqrt{3}\,I_N}\frac{X_G\%}{100}$$

或

$$X_G = \frac{X_G\% U_N^2}{100 S_N} = \frac{X_G\% U_N^2 \cos\varphi_N}{100 P_N} \tag{2-52}$$

式中，X_G 为发电机电抗，单位为 Ω；$X_G\%$ 为发电机电抗的百分值；U_N 为发电机的额定电压，单位为 kV；S_N 为发电机的额定视在功率，单位为 MVA；P_N 为发电机的额定有功功率，单位为 MW；$\cos\varphi_N$ 为发电机的额定功率因数。

求得发电机电抗后，就可求它的电势

$$\dot{E}_G = \dot{U}_G + j\dot{I}_0 X_0 \tag{2-53}$$

式中，$\dot{E}_G$ 为发电机电势，单位为 kV；$\dot{I}_0$ 为发电机的定子电流，单位为 kA；$\dot{U}_G$ 为发电机的端电压，单位为 kV。

求得发电机电抗、电势后，就可作以电压源或电流源表示的发电机的等效电路，如图 2-16 所示。显然，这两种等效电路可以互换。

但需注意，由于发电机的等效电路和其他元件的等效电路一样，也是单相等效电路，上式中、图中的发电机电势 $\dot{E}_G$、定子电流 $\dot{I}_0$、端电压 $\dot{U}_G$ 也都是每相电势、电流、电压。

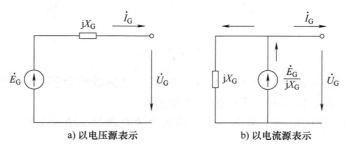

a) 以电压源表示　　　　b) 以电流源表示

图 2-16　发电机的等效电路

至于式（2-52）、式（2-53）或图 2-16 中发电机的电抗、电势究竟应以何值代入，则因所分析的问题和要求的精确度而异。这个问题将在有关章节中讨论，此处从略。

2.3.2 负荷的功率和阻抗

如前所述，负荷可以恒定不变的功率表示。当负荷电流滞后于其端电压，即负荷属感性时，由

$$S_L = \dot{U}_L \dot{I}_L$$

可得

$$S_L = U_L I_L / \delta_u - \delta_i = U_L I_L / \varphi_L = S_L / \varphi_L$$

$$= S_L (\cos\varphi_L + j\sin\varphi_L) = P_L + jQ_L \qquad (2\text{-}54)$$

式中，$\dot{U}_L$ 为负荷的端电压，单位为 kV；$\dot{I}_L$ 为负荷电流的共轭值，单位为 kA；$\delta_u - \delta_i$ 为负荷端电压、负荷电流的相位角，单位为（°）；φ_L 为负荷电流滞后于端电压的角度，即负荷的功率因数角，单位为（°）；S_L 为负荷的视在功率，单位为 MVA；P_L、Q_L 为负荷的有功、无功功率，单位分别为 MW、Mvar。

式中的负荷端电压、负荷电流、负荷功率都是相电压、相电流和每相功率。

计及负荷的静态电压特性时，由于负荷功率与其端电压之间无简单关系可循，常需采取一定的简化假设，例如，设负荷功率与其端电压的二次方成正比。这种假设实际上相当于设负荷的静态电压特性为抛物线，或设代表负荷的阻抗（或导纳）大小和幅角——功率因数角恒定。

由负荷功率求取恒定负荷阻抗或导纳的方法为：由 $S = \dot{U}_L \dot{I}_L$ 得 $\dot{I}_L = \dot{S}_L / \dot{U}_L$；由 $\dot{U}_L / \dot{I}_L = Z_L$ 得 $\dot{I}_L = \dot{U}_L / Z_L$，从而由 $\dot{S}_L / \dot{U}_L = \dot{U}_L / Z_L$ 得

$$Z_L = \dot{U}_L \dot{U}_L / \dot{S}_L = \frac{U_L^2}{S_L} / \varphi_L = \frac{U_L^2}{S_L} (\cos\varphi_L + j\sin\varphi_L)$$

$$= \frac{U_L^2}{S_L^2} (P_L + jQ_L) = R_L + jX_L \qquad (2\text{-}55)$$

由 $\dot{S}_L / \dot{U}_L = \dot{U}_L Y_L$ 得

$$Y_L = \dot{S}_L / \dot{U}_L \dot{U}_L = \frac{S_L}{U_L^2} / -\varphi_L = \frac{S_L}{U_L^2} (\cos\varphi_L - j\sin\varphi_L)$$

$$= \frac{1}{U_L^2} (P_L - jQ_L) = G_L - jB_L \qquad (2\text{-}56)$$

于是

$$\begin{cases} R_L = \dfrac{U_L^2}{S_L}\cos\varphi_L = \dfrac{U_L^2}{S_L}P_L; \\[3mm] X_L = \dfrac{U_L^2}{S_L}\sin\varphi_L = \dfrac{U_L^2}{S_L^2}Q_L \end{cases} \qquad (2\text{-}57)$$

$$\begin{cases} G_L = \dfrac{S_L}{U_L^2}\cos\varphi_L = U_L^2; \\[3mm] B_L = \dfrac{S_L}{U_L^2}\sin\varphi_L = \dfrac{Q_L}{U_L^2} \end{cases} \qquad (2\text{-}58)$$

如代表负荷的导纳写作 $Y_L = G_L + jB_L$，则式（2-58）应改写为

$$\begin{cases} G_L = \dfrac{S_L}{U_L^2}\cos\varphi_L = \dfrac{P_L}{U_L^2}; \\[3mm] B_L = \dfrac{S_L}{U_L^2}\sin\varphi_L = \dfrac{Q_L}{U_L^2} \end{cases} \qquad (2\text{-}58a)$$

求得这些阻抗、导纳后，就可得负荷的等效电路，如图 2-17 所示。它们仍是单相等效电路。在求取这些等效电路中的阻抗、导纳时，既可以单相功率和相电压，也可以三相功率和线电压代入式（2-57）、式（2-58）。

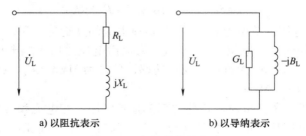

a) 以阻抗表示   b) 以导纳表示

图 2-17 负荷的等效电路

2.4 电力系统的等效网络

2.4.1 电压级的归算

求得各元件的等效电路后，就可根据系统的电气结线图绘制整个系统的等效网络图。这时，只要注意一个问题——电压级的归算问题。

在多电压级电力系统的计算中，常需将阻抗、导纳以及相应的电压、电流归算至同一电压等级——基本级。通常取系统中最高电压级为基本级，如图 2-18 中为 220kV 级。

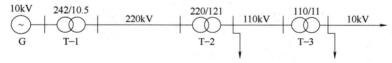

图 2-18 多电压级电力系统

归算时按下式计算

$$\begin{cases} R = R'(k_1 k_2 \cdots k_n)^2 \\ X = X'(k_1 k_2 \cdots k_n)^2 \end{cases} \tag{2-59}$$

$$\begin{cases} G = G'\left(\dfrac{1}{k_1 k_2 \cdots k_n}\right)^2 \\ B = B'\left(\dfrac{1}{k_1 k_2 \cdots k_n}\right)^2 \end{cases} \tag{2-60}$$

相应地

$$U = U'(k_1 k_2 \cdots k_n) \tag{2-61}$$

$$I = I'\left(\dfrac{1}{k_1 k_2 \cdots k_n}\right) \tag{2-62}$$

式中，$k_1 k_2 \cdots k_n$ 为变压器的电压比；R'、X'、G'、B'、U'、I' 分别为归算前的值，单位分别为 Ω、S、kV、A；R、X、G、B、U、I 分别为归算后的值，单位分别为 Ω、S、kV、A。

计算电压比时的方向应从基本级到待归算的一级。例如，图 2-18 中，如选 220kV 级为基本级，变压器 T-1 的电压比应取 242/10.5，T-2 的电压比应取 220/121，T-3 的电压比应取 110/11，即电压比的分子为向基本级一侧的电压，分母为待归算级一侧的电压。

关于电压比的数值，在需要精确计算的场合应取各变压器的实际电压比，如图 2-18 中的 242/10.5、220/121、110/11 等。对精确度要求不高的计算，则可认为：系统各元件的额定电压等于与这些元件所在电压级相对应的"平均额定电压"，而变压器的电压比也取这些平均额定电压的比值。所谓平均额定电压就是对应国家规定的每个电压级再规定一个电压，并认为这电压就是所有属于这电压级各元件的额定电压。

与我国国家规定的额定电压级相对应的平均额定电压见表 2-3。

表 2-3 我国额定电压级及其对应平均额定电压

额定电压级/kV	3	6	10	15	35	60	110	154	220	330
平均额定电压/kV	3.15	6.3	10.5	15.75	37	63	115	162	230	345

它们大约较相应额定电压级的千伏数高 5%。

于是，图 2-18 中各变压器的额定电压和电压比将分别为 230/10.5、230/115、115/10.5，而不再是 242/10.5、220/121、110/11。

引入平均额定电压后，可大大简化计算。不难证明，这时，式（2-59）~式（2-62）可简化如下

$$R = R'(U_{\text{av.b}}/U_{\text{av}})^2 ; X = X'(U_{\text{av.b}}/U_{\text{av}})^2 \tag{2-63}$$

$$G = G'(U_{\text{av}}/U_{\text{av.b}})^2 ; B = B'(U_{\text{av}}/U_{\text{av.b}})^2 \tag{2-64}$$

$$U = U'(U_{\text{av.b}}/U_{\text{av}}) \tag{2-65}$$

$$I = I'(U_{\text{av}}/U_{\text{av.b}}) \tag{2-66}$$

式中，$U_{\text{av.b}}$ 为基本级的平均额定电压，单位为 kV；U_{av} 为待归算级的平均额定电压，单位为 kV。

显然，与此同时，式（2-2）和式（2-3）中推导的所有求取发电机、变压器，乃至负荷电阻、电抗的公式中，都应以平均额定电压 U_{av} 替代额定电压 U_{N}。

例 2-5 电力系统结线图如图 2-19 所示，图中各元件的技术数据见表 2-4，电力系统各元件参数计算见表 2-5。试作该系统的等效网络。作此网络时，1）按变压器的实际电压比；2）按平均额定电压的比值将各参数归算至 220kV 侧。变压器的电阻、导纳，线路的电导，线路 l-3、l-4 的导纳都可略去。发电机的电抗取 x'_{d}。

表 2-4 电力系统各元件的技术数据

符号	名称	容量/MVA	电压/kV	$x_d\%$	$x_q\%$	$x'_d\%$	$x''_d\%$	备注
G	发电机	171	13.8	92.3	59	30.5	24	

符号	名称	容量/MVA	电压/kV	$U_k\%$	P_k/kW	$I_0\%$	P_0/kW	备注
T-1	变压器	180	13.8/242	14	1005	2.5	294	
T-2	变压器	60	110/11	10.5	310	2.5	130	
T-3	变压器	15	35/6.6	8	122	3	39	
AT	自耦变压器	120	220/121/38.5	9 (1-2) 30 (3-1) 20 (2-3)	228 (1) 202 (2) 98 (3)	1.4	185	$U_k\%$已归算至额定容量

（续）

符号	名称	标号	长度/km	电压/kV	电阻/(Ω/km)	电抗/(Ω/km)	电纳/(S/km)	备注
1-1	架空线路	LGJQ-400	150	220	0.08	0.406	2.81×10^{-6}	
1-2	架空线路	LGJ-300	60	110	0.105	0.383	2.98×10^{-6}	
1-3	架空线路	LGJ-185	13	35	0.17	0.38		
1-4	电缆线路	ZLQ2-3×70	2.5	10	0.45	0.08		

符号	名称	型号	电压/kV	电流/kA	$X_R\%$				备注
R	电抗器	NKL	10	0.3	4				

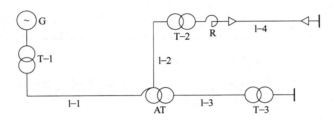

图 2-19　电力系统结线图

解：见表 2-5。

表 2-5　电力系统各元件参数计算

按变压器实际电压比计算	按平均额定电压比值计算
发电机 G 的电抗（取 x_d''）	
$X_G=\dfrac{x_d''\%U_N^2}{100S_N}k_{T1}^2=\dfrac{24\times13.8^2}{100\times171}\times\left(\dfrac{242}{13.8}\right)^2\Omega$ $=82.2\Omega$	$X_G=\dfrac{x_d''\%U_{av}^2}{100S_N}\left(\dfrac{U_{av.b}}{U_{av}}\right)^2=\dfrac{x_d''\%U_{av.b}^2}{100S_N}$ $=\dfrac{24\times230^2}{100\times171}\Omega=74.3\Omega$
变压器 T-1 的电抗	
$X_{T1}=\dfrac{U_k\%U_N^2}{100S_N}=\dfrac{14\times242^2}{100\times180}\Omega=45.6\Omega$	$X_{T1}=\dfrac{U_k\%U_{av.b}^2}{100S_N}=\dfrac{14\times230^2}{100\times180}\Omega=41.2\Omega$
线路 1-1 的电阻、电抗、电纳	
$R_{l1}=r_{l1}=0.08\times150\Omega=12\Omega$ $X_{l1}=x_{l1}=0.406\times150\Omega=60.9\Omega$ $\dfrac{1}{2}B_{l1}=\dfrac{1}{2}b_{l1}=\dfrac{1}{2}\times2.81\times10^{-6}\times150S=21.1\times10^{-5}S$	
自耦变压器 AT 的电抗	
$U_{k1}\%=\dfrac{1}{2}\left[U_{k(1-2)}+U_{k(3-1)}\%-U_{k(2-3)}\%\right]=\dfrac{1}{2}(9\%+30\%-20\%)=9.5\%$ $U_{k2}\%=U_{k(1-2)}\%-U_{k1}\%=9\%-9.5\%=-0.5\%$ $U_{k3}\%=U_{k(3-1)}\%-U_{k1}\%=30\%-9.5\%=20.5\%$	

（续）

按变压器实际电压比计算	按平均额定电压比值计算
自耦变压器 AT 的电抗	
$X_{AT1}=\dfrac{U_{k1}\%U_N^2}{100S_N}=\dfrac{9.5\times220^2}{100\times120}\Omega=38.3\Omega$	$X_{AT1}=\dfrac{U_{k1}\%U_{av.b}^2}{100S_N}=\dfrac{9.5\times230^2}{100\times120}\Omega=41.8\Omega$
$X_{AT2}=\dfrac{U_{k2}\%U_N^2}{100S_N}=\dfrac{-0.5\times220^2}{100\times120}\Omega=-2.02\Omega$	$X_{AT2}=\dfrac{U_{k2}\%U_{av.b}^2}{100S_N}=\dfrac{-0.5\times230^2}{100\times120}\Omega=-2.2\Omega$
$X_{AT3}=\dfrac{U_{k3}\%U_N^2}{100S_N}=\dfrac{20.5\times220^2}{100\times120}\Omega=82.8\Omega$	$X_{AT3}=\dfrac{U_{k3}\%U_{av.b}^2}{100S_N}=\dfrac{20.5\times230^2}{100\times120}\Omega=90.4\Omega$
线路 l-3 的电阻、电抗	
$R_{13}=r_1lk_{AT(1-3)}^2=0.170\times13\times\left(\dfrac{220}{38.5}\right)^2\Omega=72\Omega$	$R_{13}=r_1l\left(\dfrac{U_{av.b}}{U_{av}}\right)^2=0.170\times13\times\left(\dfrac{230}{37}\right)^2\Omega=85.5\Omega$
$X_{13}=x_1lk_{AT(1-3)}^2=0.380\times13\times\left(\dfrac{220}{38.5}\right)^2\Omega=161\Omega$	$X_{13}=x_1l\left(\dfrac{U_{av.b}}{U_{av}}\right)^2=0.380\times13\times\left(\dfrac{230}{37}\right)^2\Omega=191\Omega$
变压器 T-3 的电抗	
$X_{T3}=\dfrac{U_k\%U_N^2}{100S_N}k_{AT(1-3)}^2=\dfrac{8\times35^2}{100\times15}\times\left(\dfrac{220}{38.5}\right)^2\Omega=213\Omega$	$X_{T3}=\dfrac{U_k\%U_{av}^2}{100S_N}\left(\dfrac{U_{av.b}}{U_{av}}\right)^2=\dfrac{U_k\%U_{av.b}^2}{100S_N}=\dfrac{8\times230^2}{100\times15}\Omega=282\Omega$
线路 l-2 的电阻、电抗、电纳	
$R_{12}=r_1lk_{AT(1-2)}^2=0.105\times60\times\left(\dfrac{220}{121}\right)^2\Omega=20.8\Omega$	$R_{12}=r_1l\left(\dfrac{U_{av.b}}{U_{av}}\right)^2=0.105\times60\times\left(\dfrac{230}{115}\right)^2\Omega=25.2\Omega$
$X_{12}=x_1lk_{AT(1-2)}^2=0.383\times60\times\left(\dfrac{220}{121}\right)^2\Omega=75.8\Omega$	$X_{12}=x_1l\left(\dfrac{U_{av.b}}{U_{av}}\right)^2=0.383\times60\times\left(\dfrac{230}{115}\right)^2\Omega=91.9\Omega$
$\dfrac{1}{2}B_{12}=\dfrac{1}{2}b_{1l}\dfrac{1}{k_{AT(1-2)}^2}=\dfrac{1}{2}\times2.98\times10^{-6}\times60\times\left(\dfrac{121}{220}\right)^2 S$ $=27.0\times10^{-6}S$	$\dfrac{1}{2}B_{12}=\dfrac{1}{2}b_{1l}\left(\dfrac{U_{av}}{U_{av.b}}\right)^2=\dfrac{1}{2}\times2.98\times10^{-6}\times60\times\left(\dfrac{115}{230}\right)^2 S$ $=22.4\times10^{-6}S$
变压器 T-2 的电抗	
$X_{T2}=\dfrac{U_k\%U_N^2}{100S_N}k_{AT(1-2)}^2=\dfrac{10.5\times110^2}{100\times60}\times\left(\dfrac{220}{121}\right)^2\Omega=70\Omega$	$X_{T2}=\dfrac{U_k\%U_{av}^2}{100S_N}\left(\dfrac{U_{av.b}}{U_{av}}\right)^2=\dfrac{U_k\%U_{av.b}^2}{100S_N}=\dfrac{10.5\times230^2}{100\times60}\Omega=92.5\Omega$
电抗器 R 的电抗	
$X_R=\dfrac{X_R\%U_N}{100\sqrt3 I_N}[k_{T2}k_{AT(1-2)}]^2$ $=\dfrac{4\times10}{100\sqrt3\times0.3}\times\left(\dfrac{110\times220}{11\times121}\right)^2\Omega=255\Omega$	$X_R=\dfrac{X_R\%U_N}{100\sqrt3 I_N}\left(\dfrac{U_{av.b}}{U_{av}}\right)^2=\dfrac{4\times10}{100\sqrt3\times0.3}\times\left(\dfrac{230}{10.5}\right)^2\Omega=370\Omega$
线路 l-4 的电阻、电抗	
$R_{14}=r_1l[k_{T2}k_{AT(1-2)}]^2=0.45\times2.5\times\left(\dfrac{110\times220}{11\times121}\right)^2\Omega=372\Omega$	$R_{14}=r_1l\left(\dfrac{U_{av.b}}{U_{av}}\right)^2=0.45\times2.5\times\left(\dfrac{230}{10.5}\right)^2\Omega=540\Omega$
$X_{14}=x_1l[k_{T2}k_{AT(1-2)}]^2=0.08\times2.5\times\left(\dfrac{110\times220}{11\times121}\right)^2\Omega=66\Omega$	$X_{14}=x_1l\left(\dfrac{U_{av.b}}{U_{av}}\right)^2=0.08\times2.5\times\left(\dfrac{230}{10.5}\right)^2\Omega=96\Omega$

需注意，按平均额定电压计算时，电抗器的电抗需先按其本身的额定电压、额定电流求得后，再用平均额定电压的比值将其归算至基本级。因电抗器可能不按其额定电压使用，例如，10kV电抗器用于6kV网络。

至少，可运用求得的各元件参数绘制系统的等效网络，如图2-20所示。图中，括号内数字是按平均额定电压的比值计算所得。

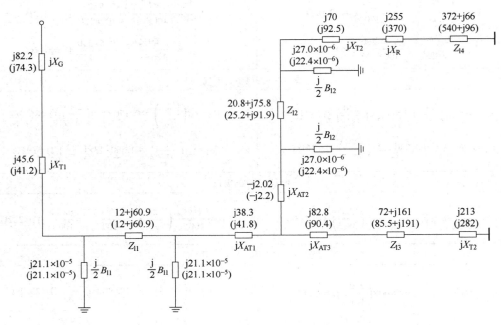

图 2-20 电力系统的等效网络

2.4.2 标幺制

在电力系统的计算中，除了运用上列具有单位的阻抗、导纳、电压、电流、功率进行运算外，还广泛运用没有单位的阻抗、导纳、电压、电流、功率的相对值进行运算。前者称为有名制，后者称为标幺制。标幺制之所以能在相当宽广的范围内取代有名制是由于标幺制具有计算结果清晰、便于迅速判断计算结果的正确性、可大量简化计算等优点。

在标幺制中，上列各量既都以相对值出现，必然要有所相对的基准，即所谓基准值。标幺值、有名值、基准值之间应有如下关系

$$标幺值 = \frac{有名值（\Omega、S、kV、kA、MVA 等）}{基准值（与相应有名值单位相同）} \tag{2-67}$$

按上式，并计及三相对称系统中，线电压为相电压的$\sqrt{3}$倍，三相功率为单相功率的3倍，如取线电压的基准值为相电压基准值的$\sqrt{3}$倍，三相功率的基准值为单相功率基准值的3倍，则线电压和相电压的标幺值数值相等，三相功率和单相功率的标幺值数值相等。而通过运算将会发现，标幺制的这一特点也是它的一个优点。

基准值的单位应与有名值的单位相同，这是选择基准值的一个限制条件。选择基准值的

另一个限制条件是阻抗、导纳、电压、电流、功率的基准值之间也应符合电路的基本关系。如阻抗、导纳的基准值为每相阻抗、导纳；电压、电流的基准值为线电压、线电流；功率的基准值为三相功率，这些基准值之间应有如下的关系

$$\begin{cases} S_B = \sqrt{3}\, U_B I_B \\ U_B = \sqrt{3}\, I_B Z_B \\ Z_B = \dfrac{1}{Y_B} \end{cases} \tag{2-68}$$

式中，Z_B、Y_B 为每相阻抗、导纳的基准值；U_B、I_B 为线电压、线电流的基准值；S_B 为三相功率的基准值。

由此可见，五个基准值中只有两个可以任意选择，其余三个必须根据上列关系派生。通常是，先选定三相功率和线电压的基准值 S_B、U_B，然后按上列关系式求出每相阻抗、导纳和线电流的基准值

$$\begin{cases} Z_B = \dfrac{U_B^2}{S_B} \\[2mm] Y_B = \dfrac{S_B}{U_B^2} \\[2mm] I_B = \dfrac{S_B}{\sqrt{3}\, U_B} \end{cases} \tag{2-69}$$

功率的基准值往往就取系统中某一发电厂的总功率或系统的总功率，也可取某发电机或变压器的额定功率，有时也取某一个整数，如 100MVA、1000MVA 等。电压的基准值往往就取系统中被选作为基本级的额定电压或平均额定电压。例如，图 2-18 中，如选 220kV 电压级为基本级，则可选 220kV 或 230kV 为电压的基准值。

决定了功率、电压的基准值，求得了阻抗、导纳、电流的基准值后，对单一电压级系统，就可根据标幺值的定义，即式（2-67）直接求取这些量的标幺值。但对多电压级系统，还有一个电压级的归算问题。计及电压级的归算而求取标幺值的途径有两条：

1）将系统各元件阻抗、导纳以及系统中各点电压、电流的有名值都归算到同一电压级——基本级，然后除以与基本级相对应的阻抗、导纳、电压、电流基准值，即

$$\begin{cases} Z_* = \dfrac{Z}{Z_B} = Z\dfrac{S_R}{U_B^2} \\[2mm] Y_* = \dfrac{Y}{Y_B} = Y\dfrac{U_B^2}{S_B} \\[2mm] U_* = \dfrac{U}{U_B} \\[2mm] I_* = \dfrac{I}{I_B} = I\dfrac{\sqrt{3}\, U_B}{S_B} \end{cases} \tag{2-70}$$

式中，Z_*、Y_*、U_*、I_* 为阻抗、导纳、电压、电流的标幺值；Z、Y、U、I 为归算到基本

级的阻抗、导纳、电压、电流的有名值；Z_B、Y_B、U_B、I_B、S_B 为与基本级相对应的阻抗、导纳、电压、电流、功率的基准值。

2）将未经归算的各元件阻抗、导纳以及系统中各点电压、电流的有名值除以由基本级归算到这些量所在电压级的阻抗、导纳、电压、电流基准值，即

$$
\begin{cases}
Z_* = \dfrac{Z'}{Z'_B} = Z'\dfrac{S'_R}{U'^2_B} \\[2mm]
Y_* = \dfrac{Y'}{Y'_B} = Y'\dfrac{U'^2_B}{S'_B} \\[2mm]
U_* = \dfrac{U'}{U'_B} \\[2mm]
I_* = \dfrac{I'}{I'_B} = I'\dfrac{\sqrt{3}\,U'_B}{S'_B}
\end{cases}
\tag{2-71}
$$

式中，Z_*、Y_*、U_*、I_* 为阻抗、导纳、电压、电流的标幺值；Z'、Y'、U'、I' 为未经归算的阻抗、导纳、电压、电流的有名值；Z'_B、Y'_B、U'_B、I'_B、S'_B 为由基本级归算到 Z'、Y'、U'、I' 所在电压级的阻抗、导纳、电压、电流、功率的基准值。

这里，Z、Y、U、I 与 Z'、Y'、U'、I' 的关系如式（2-59）～式（2-62），而 Z_B、Y_B、U_B、I_B、S_B 与 Z'_B、Y'_B、U'_B、I'_B、S'_B 的关系则为

$$
\begin{cases}
Z'_B = Z_B\left(\dfrac{1}{k_1 k_2 \cdots k_n}\right)^2 \\[2mm]
Y'_B = Y_B\left(k_1 k_2 \cdots k_n\right)^2 \\[2mm]
U'_B = U_B\left(\dfrac{1}{k_1 k_2 \cdots k_n}\right) \\[2mm]
I'_B = I_B\left(k_1 k_2 \cdots k_n\right) \\[2mm]
S'_B = S_B
\end{cases}
\tag{2-72}
$$

最后一式表明基准功率不存在电压级的归算问题，因 $\sqrt{3}\,U_B I_B = \sqrt{3}\,U'_B I'_B$。

由式（2-70）和式（2-71）可见，这两种方法殊途同归，所得各量的标幺值毫无差别。例如，设图 2-18 中先选定基本级为 220kV 级；基准功率为 100MVA，与这基本级对应的基准电压为 220kV。设图中 110kV 线路未经归算的阻抗为 $Z' = 36.6\Omega$，归算至 220kV 基本级后为 $Z = Z'k^2 = 36.6 \times (220/121)^2\Omega = 121\Omega$。按第一种方法求其标幺值时，先求与 220kV 基本级对应的阻抗基准值 $Z_B = U_B^2/S_B = 220^2/100 = 484\Omega$；然后将归算至 220kV 基本级的 Z 除以这个 Z_B，可得 $Z_* = Z/Z_B = 121/484 = 0.25$。按第二种方法求其标幺值时，先将基准电压由 220kV 基本级归算至线路所在的 110kV 级，$U'_B = U_0/k = 220 \times 121/220 = 121$kV，再求归算至 110kV 的阻抗基准值 $Z'_B = U'^2_B/S_B = 121^2/100\Omega = 146.4\Omega$，最后将未经归算的 Z' 除以这个 Z'_B，也可得 $Z_* = Z'/Z'_B = 36.6/146.4 = 0.25$。

如取平均额定电压的比值代替变压器的实际电压比，上列计算可大为简化。这时，式（2-70）可改写为

$$\begin{cases} Z_* = Z\dfrac{S_B}{U_{av.b}^2} \\[2mm] Y_* = Y\dfrac{U_{av.b}^2}{S_B} \\[2mm] U_* = \dfrac{U}{U_{av.b}} \\[2mm] I_* = I\dfrac{\sqrt{3}\,U_{av.b}}{S_B} \end{cases} \tag{2-73}$$

式中，$U_{av.b}$ 为基本级的平均额定电压。

式（2-71）又可改写为

$$\begin{cases} Z_* = Z'\dfrac{S_B}{U_{av}^2} \\[2mm] Y_* = Y'\dfrac{U_{av}^2}{S_B} \\[2mm] U_* = \dfrac{U'}{U_{av}} \\[2mm] I_* = I'\dfrac{\sqrt{3}\,U_{av}}{S_B} \end{cases} \tag{2-74}$$

式中，U_{av} 为 Z'、Y'、U'、I' 所在电压级的平均额定电压。

这里，Z、Y、U、I 与 Z'、Y'、U'、I' 的关系如式（2-63）~式（2-66）。

如前所述，系统中某些元件的电抗或阻抗，制造厂提供的是以百分值表示的数据。它们其实是以百分数表示的、以这些元件本身额定电压、电流、功率以及相应的阻抗为基准的标幺值。在求取它们以选定的电压、电流、功率以及相应的阻抗为基准的标幺值时，可将式（2-71）与求取它们有名值的计算公式（2-52）、式（2-51）和式（2-42）等合并，得

$$\begin{cases} X_{G*} = \dfrac{X_G\%}{100}\dfrac{U_N^2}{U_B'^2}\dfrac{S_B}{S_N} \\[2mm] X_{R*} = \dfrac{X_R\%}{100}\dfrac{U_N}{U_B'}\dfrac{I_B'}{I_N} \\[2mm] X_{T*} = \dfrac{X_k\%}{100}\dfrac{U_N^2}{U_B'^2}\dfrac{S_B}{S_N} \end{cases} \tag{2-75}$$

如以平均额定电压的比值替代变压器的实际电压比，又可将式（2-74）与式（2-52）、式（2-51）和式（2-42）等合并，得

$$\begin{cases} X_{G*} = \dfrac{X_G\%}{100}\dfrac{U_N^2}{U_{av}^2}\dfrac{S_B}{S_N} \\[2mm] X_{R*} = \dfrac{X_R\%}{100}\dfrac{U_N}{U_{av}}\dfrac{I_B'}{I_N} \\[2mm] X_{T*} = \dfrac{X_k\%}{100}\dfrac{U_N^2}{U_{av}^2}\dfrac{S_B}{S_N} \end{cases} \tag{2-76}$$

如取这些元件本身的额定电压就等于它们所在电压级的平均额定电压，即 $U_N = U_{av}$，式（2-76）可进一步简化为

$$\begin{cases} X_{G*} = \dfrac{X_G\%}{100} \dfrac{S_B}{S_N} \\[3mm] X_{R*} = \dfrac{X_R\%}{100} \dfrac{U_N}{U_{av}} \dfrac{S_B}{\sqrt{3}\,U_{av} I_N} \\[3mm] X_{T*} = \dfrac{X_k\%}{100} \dfrac{S_B}{S_N} \end{cases} \qquad (2\text{-}77)$$

在 X_{R*} 的计算公式中，运用了 $S_B = \sqrt{3}\,U'_B I'_B = \sqrt{3}\,U_{av} I'_B$ 的关系，但未将 U_{av} 与 U_N 相约，因电抗器有时不按其额定电压使用。

最后，将如上讨论归纳如下：

式（2-70）和式（2-71）都是按变压器实际电压比归算电压的精确计算公式。

式（2-73）和式（2-74）都是按平均额定电压的比值归算电压的近似计算公式。

按式（2-70）或式（2-71）计算的结果相同，按式（2-73）或式（2-74）计算的结果相同。

按式（2-70）或式（2-73）计算是先将各量（阻抗、导纳、电压、电流）的有名值归算至基本级，然后在基本级折算为标幺值。

按式（2-71）或式（2-74）计算是先将各量的基准值由基本级归算至其他级，然后"就地"将各量的有名值折算为标幺值。

式（2-75）是由式（2-71）所派生的，因而也是精确计算公式，式（2-76）是由式（2-74）所派生的，因而也是近似计算公式。

式（2-75）和式（2-76）都是"就地"将各量折算为标幺值的计算公式。

式（2-77）则是在式（2-76）的基础上取各元件的额定电压等于各该元件所在电压级的平均额定电压而得的简化公式。这组公式常用。

例 2-6　系统结线图和各元件的技术数据如例 2-5。试按标幺制作其等效网络。取基准功率为 1000MVA，1）220kV 级的基准电压为 220kV，按变压器实际电压比计算，2）220kV 级的基准电压为平均额定电压 230kV，按平均额定电压的比值计算。电力系统各元件参数计算见表 2-5。

解：1）按变压器实际电压比计算时，归算至其他各级的电压、电流基准值分别为

$$U'_{B(220)} = 220\text{kV}$$

$$U'_{B(110)} = U_B \frac{1}{k_{AT(1\text{-}2)}} = 220 \times \frac{121}{220}\text{kV} = 121\text{kV}$$

$$U'_{B(35)} = U_B \frac{1}{k_{AT(1\text{-}3)}} = 220 \times \frac{38.5}{220}\text{kV} = 38.5\text{kV}$$

$$U'_{B(10)} = U_B \frac{1}{k_{AT(1\text{-}2)} k_{T2}} = 220 \times \frac{121}{220} \times \frac{11}{110}\text{kV} = 12.1\text{kV}$$

$$U'_{B(13.8)} = U_B \frac{1}{k_{T1}} = 220 \times \frac{13.8}{242}\text{kV} = 12.55\text{kV}$$

$$I'_{B(220)} = \frac{S_B}{\sqrt{3}\,U'_{B(220)}} = \frac{1000}{\sqrt{3}\times220}\text{kA} = 2.63\text{kA}$$

$$I'_{B(110)} = \frac{S_B}{\sqrt{3}\,U'_{B(110)}} = \frac{1000}{\sqrt{3}\times121}\text{kA} = 4.77\text{kA}$$

$$I'_{B(35)} = \frac{S_B}{\sqrt{3}\,U'_{B(35)}} = \frac{1000}{\sqrt{3}\times38.5}\text{kA} = 15\text{kA}$$

$$I'_{B(10)} = \frac{S_B}{\sqrt{3}\,U'_{B(10)}} = \frac{1000}{\sqrt{3}\times12.1}\text{kA} = 47.7\text{kA}$$

$$I'_{B(13.8)} = \frac{S_B}{\sqrt{3}\,U'_{B(13.8)}} = \frac{1000}{\sqrt{3}\times12.55}\text{kA} = 46\text{kA}$$

2）按平均额定电压比值计算时，归算至其他各级的电压、电流基准值分别为

$$U_{av(220)} = 230\text{kV}；U_{av(110)} = 115\text{kV}$$

$$U_{av(35)} = 37\text{kV}；U_{av(10)} = 10.5\text{kV}$$

13.8kV 级未规定平均额定电压，取 $U_{av(13.8)} = 13.8\text{kV}$

$$I'_{B(220)} = \frac{S_B}{\sqrt{3}\,U_{av(220)}} = \frac{1000}{\sqrt{3}\times230}\text{kA} = 2.51\text{kA}$$

$$I'_{B(110)} = \frac{S_B}{\sqrt{3}\,U_{av(110)}} = \frac{1000}{\sqrt{3}\times115}\text{kA} = 5.02\text{kA}$$

$$I'_{B(35)} = \frac{S_B}{\sqrt{3}\,U_{av(35)}} = \frac{1000}{\sqrt{3}\times37}\text{kA} = 15.62\text{kA}$$

$$I'_{B(10)} = \frac{S_B}{\sqrt{3}\,U_{av(10)}} = \frac{1000}{\sqrt{3}\times10.5}\text{kA} = 54.8\text{kA}$$

$$I'_{B(13.8)} = \frac{S_B}{\sqrt{3}\,U_{av(13.8)}} = \frac{1000}{\sqrt{3}\times13.8}\text{kA} = 41.8\text{kA}$$

具体见表 2-6。

表 2-6　电力系统各元件参数计算

按变压器实际电压比计算	按平均额定电压比值计算
发电机 G 的电抗（取 x''_d）	
$X_{G*} = \dfrac{x''_d\%\,U_N^2\,S_B}{100\,U'^2_{B(13.8)}\,S_N} = \dfrac{24\times13.8^2\times1000}{100\times12.55^2\times171} = 1.697$	$X_{G*} = \dfrac{x''_d\%\,S_B}{100\,S_N} = \dfrac{24\times1000}{100\times171} = 1.40$
变压器 T-1 的电抗	
$X_{T1*} = \dfrac{U_k\%\,U_N^2\,S_B}{100\,U'^2_{B(220)}\,S_N} = \dfrac{14\times242^2\times1000}{100\times220^2\times180} = 0.94$	$X_{T1*} = \dfrac{U_k\%\,S_B}{100\,S_N} = \dfrac{14\times1000}{100\times180} = 0.778$
线路 l-1 的电阻、电抗、电纳	
$R_{l1*} = r_{l1}\dfrac{S_B}{U'^2_{B(220)}} = 0.08\times150\times\dfrac{1000}{220^2} = 0.248$	$R_{l1*} = r_{l1}\dfrac{S_B}{U^2_{av(220)}} = 0.08\times150\times\dfrac{1000}{230^2} = 0.227$

（续）

按变压器实际电压比计算	按平均额定电压比值计算
线路 l-1 的电阻、电抗、电纳	

$$X_{11*} = x_{11}\frac{S_B}{U_{B(220)}^{'2}} = 0.406\times150\times\frac{1000}{220^2} = 1.26$$

$$\frac{1}{2}B_{11*} = \frac{1}{2}b_{11}\frac{U_{B(220)}^{'2}}{S_B} = \frac{1}{2}\times2.81\times10^{-6}\times150\times\frac{220^2}{1000}$$
$$= 10.2\times10^{-3}$$

$$X_{11*} = x_{11}\frac{S_B}{U_{av(220)}^2} = 0.406\times150\times\frac{1000}{230^2} = 1.15$$

$$\frac{1}{2}B_{11*} = \frac{1}{2}b_{11}\frac{U_{av(220)}^2}{S_B} = \frac{1}{2}\times2.81\times10^{-6}\times150\times\frac{230^2}{1000}$$
$$= 11.15\times10^{-3}$$

| **自耦变压器 AT 的电抗** | |
| **由例 2-5 已知，$U_{k1}\% = 9.5\%$；$U_{k2}\% = -0.5\%$；$U_{k3}\% = 20.5\%$** | |

$$X_{AT1*} = \frac{U_{k1}\%U_N^2S_B}{100U_{B(220)}^{'2}S_N} = \frac{9.5\times220^2\times1000}{100\times220^2\times120} = 0.79$$

$$X_{AT2*} = \frac{U_{k2}\%U_N^2S_B}{100U_{B(220)}^{'2}S_N} = \frac{-0.5\times220^2\times1000}{100\times220^2\times120} = -0.0416$$

$$X_{AT3*} = \frac{U_{k3}\%U_N^2S_B}{100U_{B(220)}^{'2}S_N} = \frac{20.5\times220^2\times1000}{100\times220^2\times120} = 1.71$$

$$X_{AT1*} = \frac{U_{k1}\%S_B}{100S_N} = \frac{9.5\times1000}{100\times120} = 0.79$$

$$X_{AT2*} = \frac{U_{k2}\%S_B}{100S_N} = \frac{-0.5\times1000}{100\times120} = -0.0416$$

$$X_{AT3*} = \frac{U_{k3}\%S_B}{100S_N} = \frac{20.5\times1000}{100\times120} = 1.71$$

| **线路 l-3 的电阻、电抗** | |

$$R_{13*} = r_1l\frac{S_B}{U_{B(35)}^{'2}} = 0.170\times13\times\frac{1000}{38.5^2} = 1.491$$

$$X_{13*} = x_1l\frac{S_B}{U_{B(35)}^{'2}} = 0.380\times13\times\frac{1000}{38.5^2} = 3.34$$

$$R_{13*} = r_1l\frac{S_B}{U_{av(35)}^2} = 0.170\times13\times\frac{1000}{37^2} = 1.615$$

$$X_{13*} = x_1l\frac{S_B}{U_{av(35)}^2} = 0.380\times13\times\frac{1000}{37^2} = 3.61$$

| **变压器 T-3 的电抗** | |

$$X_{T3*} = \frac{U_k^2\%U_N^2S_B}{100U_{B(35)}^{'2}S_N} = \frac{8\times35^2\times1000}{100\times38.5^2\times15} = 4.41$$

$$X_{T3*} = \frac{U_k\%S_B}{100S_N} = \frac{8\times1000}{100\times15} = 5.34$$

| **线路 l-2 的电阻、电抗、电纳** | |

$$R_{12*} = r_1l\frac{S_B}{U_{B(110)}^{'2}} = 0.105\times60\times\frac{1000}{121^2} = 0.431$$

$$X_{12*} = x_1l\frac{S_B}{U_{B(110)}^{'2}} = 0.383\times60\times\frac{1000}{121^2} = 1.57$$

$$\frac{1}{2}B_{12*} = \frac{1}{2}b_{11}\frac{U_{B(110)}^{'2}}{S_B} = \frac{1}{2}\times2.98\times10^{-6}\times60\times\frac{121^2}{1000}$$
$$= 1.31\times10^{-3}$$

$$R_{12*} = r_1l\frac{S_B}{U_{av(110)}^2} = 0.105\times60\times\frac{1000}{115^2} = 0.477$$

$$X_{12*} = x_1l\frac{S_B}{U_{av(110)}^2} = 0.383\times60\times\frac{1000}{115^2} = 1.74$$

$$\frac{1}{2}B_{12*} = \frac{1}{2}b_{11}\frac{U_{av(110)}^2}{S_B} = \frac{1}{2}\times2.98\times10^{-6}\times60\times\frac{115^2}{1000}$$
$$= 1.182\times10^{-3}$$

| **变压器 T-2 的电抗** | |

$$X_{T2*} = \frac{U_k\%U_N^2S_B}{100U_{B(110)}^{'2}S_N} = \frac{10.5\times110^2\times1000}{100\times121^2\times60} = 1.445$$

$$X_{T2*} = \frac{U_k\%S_B}{100S_N} = \frac{10.5\times1000}{100\times60} = 1.75$$

| **电抗器 R 的电抗** | |

$$X_{R*} = \frac{X_B\%U_NI_{B(10)}^{'}}{100U_{B(10)}^{'}I_N} = \frac{4\times10\times47.7}{100\times12.1\times0.3} = 5.26$$

$$X_{R*} = \frac{X_B\%U_NS_B}{100U_{av(10)}\sqrt{3}U_{av(10)}I_N} = \frac{4\times10\times1000}{100\times10.5\sqrt{3}\times10.5\times0.3} = 6.98$$

（续）

按变压器实际电压比计算	按平均额定电压比值计算
线路 l-4 的电阻、电抗	
$R_{14*} = r_1 l \dfrac{S_B}{U_{B(10)}'^2} = 0.45 \times 2.5 \times \dfrac{1000}{12.1^2} = 7.69$	$R_{14*} = r_1 l \dfrac{S_B}{U_{av(10)}^2} = 0.45 \times 2.5 \times \dfrac{1000}{10.5^2} = 10.2$
$X_{14*} = x_1 l \dfrac{S_B}{U_{B(10)}'^2} = 0.08 \times 2.5 \times \dfrac{1000}{12.1^2} = 1.37$	$X_{14*} = x_1 l \dfrac{S_B}{U_{av(10)}^2} = 0.08 \times 2.5 \times \dfrac{1000}{10.5^2} = 1.815$

至此，可绘制以标幺制表示的系统等效网络，如图 2-21 所示。

事实上，本例中所有标幺值都可由例 2-5 中已求得的有名值直接折算，虽然这样做反而要增加计算工作量。

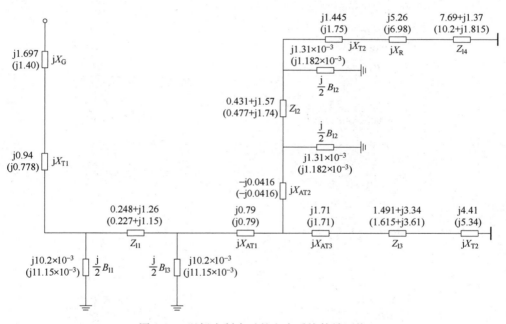

图 2-21　以标幺制表示的电力系统等效网络

2.4.3　电力系统的等效网络

实际上，以上已讨论了制定电力系统等效网络的全过程。以下仅需做些整理、归纳。

制定电力系统等效网络的方法分为两大类：

有名制——系统所有参数和变量都以有名单位，如 Ω、S、kV、kA（A）、MVA（VA）等表示；

标幺制——系统所有参数和变量都以与它们同名基准值相对的标幺值表示，因此都没有单位。

对多电压级系统，因不同电压级间归算方法的不同，如上的两类又可再分为两类：

精确计算法——变压器的电压比采用其实际电压比，而各元件的额定电压也取它们的实际额定电压；

近似计算法——变压器的电压比采用平均额定电压的比值，各元件的额定电压则取它们所在电压级的平均额定电压。

这四类方法的计算公式可归纳如下。

1. 有名制（见表 2-7）

表 2-7　有名制

元件名称	精确计算法	近似计算法
发电机	$X_G = \dfrac{X_G\% U_N^2}{100 S_N}(k_1 k_2 \cdots k_n)^2$	$X_G = \dfrac{X_G\% U_{av.b}^2}{100 S_N}$
变压器	$R_T = \dfrac{P_k U_N^2}{1000 S_N^2}(k_1 k_2 \cdots k_n)^2$ $X_T = \dfrac{U_k\% U_N^2}{100 S_N}(k_1 k_2 \cdots k_n)^2$ $G_T = \dfrac{P_0}{1000 U_N^2}\left(\dfrac{1}{k_1 k_2 \cdots k_n}\right)^2$ $B_T = \dfrac{I_0\% S_N}{1000 U_N^2}\left(\dfrac{1}{k_1 k_2 \cdots k_n}\right)^2$	$R_T = \dfrac{P_k U_{av.b}^2}{1000 S_N^2}$ $X_T = \dfrac{U_k\% U_{av.b}^2}{100 S_N}$ $G_T = \dfrac{P_0}{1000 U_{av.b}^2}$ $B_T = \dfrac{I_0\% S_N}{1000 U_{av.b}^2}$
线路	$R_1 = r_1 l(k_1 k_2 \cdots k_n)^2$ $X_1 = x_1 l(k_1 k_2 \cdots k_n)^2$ $B_1 = b_1 l\left(\dfrac{1}{k_1 k_2 \cdots k_n}\right)^2$	$R_1 = r_1 l\dfrac{U_{av.b}^2}{U_{av}^2}$ $X_1 = x_1 l\dfrac{U_{av.b}^2}{U_{av}^2}$ $B_1 = b_1 l\dfrac{U_{av}^2}{U_{av.b}^2}$
电抗器	$X_R = \dfrac{X_R\%}{100}\dfrac{U_N}{\sqrt{3} I_N}(k_1 k_2 \cdots k_n)^2$	$X_R = \dfrac{X_R\%}{100}\dfrac{U_N U_{av.b}^2}{\sqrt{3} I_N U_{av}^2}$
负荷	$R_L = \dfrac{U_L^2}{S_L}\cos\varphi_L (k_1 k_2 \cdots k_n)^2$ $X_L = \dfrac{U_L^2}{S_L}\sin\varphi_L (k_1 k_2 \cdots k_n)^2$ $G_L = \dfrac{S_L}{U_L^2}\cos\varphi_L \left(\dfrac{1}{k_1 k_2 \cdots k_n}\right)^2$ $B_L = \dfrac{S_L}{U_L^2}\sin\varphi_L \left(\dfrac{1}{k_1 k_2 \cdots k_n}\right)^2$	$R_L = \dfrac{U_{av.b}^2}{S_L}\cos\varphi_L$ $X_L = \dfrac{U_{av.b}^2}{S_L}\sin\varphi_L$ $G_L = \dfrac{S_L}{U_{av.b}^2}\cos\varphi_L$ $B_L = \dfrac{S_L}{U_{av.b}^2}\sin\varphi_L$

注：在近似计算负荷阻抗或导纳时，设负荷端电压 U_L 等于该级平均额定电压 U_{av}。

2. 标幺制（见表 2-8）

表 2-8 标幺制

元件名称	精确计算法	近似计算法
发电机	$X_{G*} = \dfrac{X_G\% U_N^2 S_B}{100 U_B'^2 S_N}$	$X_{G*} = \dfrac{X_G\% S_B}{100 S_N}$
变压器	$R_{T*} = \dfrac{P_k U_N^2 S_B}{1000 U_B'^2 S_N^2}$ $X_{T*} = \dfrac{U_k\% U_N^2 S_B}{100 U_B'^2 S_N}$ $G_{T*} = \dfrac{P_0 U_B'^2}{1000 S_B U_N^2}$ $B_{T*} = \dfrac{I_0\% U_B'^2 S_N}{1000 U_N^2 S_B}$	$R_{T*} = \dfrac{P_k S_B}{1000 S_N^2}$ $X_{T*} = \dfrac{U_k\% S_B}{100 S_N}$ $G_{T*} = \dfrac{P_0}{1000 S_B}$ $B_{T*} = \dfrac{I_0\% S_N}{1000 S_B}$
线路	$R_{1*} = r_1 l \dfrac{S_B}{U_B'^2}$ $X_{1*} = x_1 l \dfrac{S_B}{U_B'^2}$ $B_{1*} = b_1 l \dfrac{U_B'^2}{S_B}$	$R_{1*} = r_1 l \dfrac{S_B}{U_{av}^2}$ $X_{1*} = x_1 l \dfrac{S_B}{U_{av}^2}$ $B_{1*} = b_1 l \dfrac{U_{av}^2}{S_B}$
电抗器	$X_{R*} = \dfrac{X_R\% U_N I_B'}{100 U_B' I_N}$ $X_{R*} = \dfrac{X_R\% U_N I_B'}{100 U_B' I_N}$	$X_{R*} = \dfrac{X_R\% U_N I_B'}{100 U_B' I_N}$ $X_{R*} = \dfrac{X_R\%}{100} \dfrac{U_N S_B}{\sqrt{3} I_N U_{av}^2}$
负荷	$R_{L*} = \dfrac{U_L^2 S_B}{U_B'^2 S_L}\cos\varphi_L$ $X_{L*} = \dfrac{U_L^2 S_B}{U_B'^2 S_L}\sin\varphi_L$ $G_{L*} = \dfrac{U_B'^2 S_L}{U_L^2 S_B}\cos\varphi_L$ $B_{L*} = \dfrac{U_B'^2 S_L}{U_L^2 S_B}\sin\varphi_L$	$R_{L*} = \dfrac{S_B}{S_L}\cos\varphi_L$ $X_{L*} = \dfrac{S_B}{S_L}\sin\varphi_L$ $G_{L*} = \dfrac{S_L}{S_B}\cos\varphi_L$ $B_{L*} = \dfrac{S_L}{S_B}\sin\varphi_L$

注：在近似计算负荷阻抗或导纳时，设负荷端电压 U_L 等于该级平均额定电压 U_{av}。

上列四类计算方法中，常用的是有名制的精确计算法和标幺制。但前者一般只用于稳态运行方式的计算。

因计算内容和要求的不同，某些元件的某些参数有时可略去：

发电机定子绕组电阻有时可略去；

变压器电导、电阻，甚至电纳有时也可略去；

线路电阻小于电抗的 1/3 时，有时可略去；电导通常可略去；100km 以下架空线路的电纳也可略去；

电抗器电阻通常可略去。

有时，整个元件，甚至部分系统都可不包括在等效网络中。例如，计算系统正常运行方式时，因不必计算发电机本身的运行状况，通常从发电机端点开始计算，发电机元件就不包括在等效网络中。这样，又可进一步简化等效网络。

2.5　小结

本章阐述了两个问题：电力系统各主要元件的参数和等效电路，电力系统的等效网络。

电力系统各主要元件的参数和等效电路中，重点在电力线路，尤其是架空线路。要求能根据导线标号和它们在杆塔上的布置求出线路电阻、电抗、电纳和电晕临界电压，并制定 Π 形等效电路。发电机、变压器、电抗器则由于制造厂已提供了各种技术数据，因此仅需根据这些数据求取等效电路中各参数。负荷只是在很少场合下才以恒定不变的阻抗或导纳表示，本章也介绍了这种负荷阻抗或导纳的计算方法。

在制定多电压级电力系统的等效网络时，需进行电压级的归算，归算分为精确计算和近似计算两类。这两类计算再和有名制、标幺制交织起来，就容易混淆。为便于查考，将这四类计算公式归纳于本章末。分析这些公式可见，对常用的有名制精确计算法和标幺制近似计算法，有某些规律可循。有名制精确计算法的所有计算公式其实都是先求出各元件阻抗、导纳的有名值，然后按变压器的实际变比将其归算到基本级的公式。而标幺制近似计算法则完全避开了电压级的归算，因此，除了线路和电抗器以外，其他元件参数的计算都和电压无关。线路之所以是例外，也只是因为要将有名值折算为标幺值。电抗器如不计其降低电压使用的可能性，将没有特殊之处。

2.6　复习题

2-1　单位长度输电线路采用哪种等效电路？等效电路有哪些主要参数？参数各反映了什么物理现象？

2-2　什么是电力线路的互几何均距和自几何均距？电力系统为什么采用分裂导线？

2-3　架空线路的导线换位有什么作用？电力网中三绕组变压器采用哪种等效电路？

2-4　为什么变压器的 Π 形等效电路能够实现一、二次侧的电压和电流的变换？

2-5　110kV 架空线路长为 70km，导线采用 LGJ-120 型钢芯铝钱，计算半径 γ 为 7.6mm，相间距离为 3.3m，导线分别按等边三角形和水平排列，试计算输电线路的等效电路参数，并比较分析排列方式对参数的影响。

2-6　110kV 架空线路长为 90km，双回路共杆塔，导线及地线在杆塔上的排列如图 2-22 所示，导线采用 LGJ-120 型钢芯铝线，计算半径 γ 为 7.6mm，试计算输电线路的等效电路参数。

2-7　500kV 输电线路长为 600km，采用三分裂导线 3×LGJQ-400，分裂间距为 400mm，三相水平排列，相间距离为 11m，LGJQ-400 导线的计算半径 γ 为 13.6mm。试计算输电线路 Π 形等效电路的参数：

1）不计线路参数的分布特性。

2）近似计及分布特性。

3）精确计及分布特性。

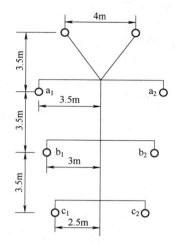

图 2-22　习题 2-6 导线及地线在杆塔上的排列

并对三种条件计算所得的结果进行比较分析。

2-8　一台 SFL$_1$-31500/35 型双绕组三相变压器，额定电压比为 35/11，查得 $\Delta P_0 = 30$kW，$I_0 = 1.2\%$，$\Delta P_S = 177.2$kW，$U_S = 8\%$，求变压器参数归算到高、低压侧的有名值。

2-9　型号为 SFS-40000/220 的三相三绕组变压器，容量比为 100/100/100，额定电压比为 220/38.5/11，查得 $\Delta P_0 = 46.8$kW，$I_0 = 0.9\%$，$\Delta P_{S(1-2)} = 217$kW，$\Delta P_{S(1-3)} = 200.7$kW，$\Delta P_{S(2-3)} = 158.6$kW，$U_{S(1-2)} = 17\%$，$U_{S(1-3)} = 10.5\%$，$U_{S(2-3)} = 6\%$。试求归算到高压侧的变压器参数有名值。

2-10　一台 SFSL-31500/110 型三绕组变压器，额定电压比为 110/38.5/11，容量比为 100/100/66.7，空载损耗为 80kW，励磁功率为 850kvar，短路损耗 $\Delta P_{S(1-2)} = 450$kW，$\Delta P_{S(2-3)} = 1270$kW，$\Delta P_{S(1-3)} = 240$kW，短路电压 $U_{S(1-2)} = 11.5\%$，$U_{S(2-3)} = 8.5\%$，$U_{S(1-3)} = 21\%$。试计算变压器归算到各电压级的参数。

2-11　三台单相三绕组变压器组成三相变压器组，每台单相变压器的数据如下：额定容量为 30000kVA；容量比为 100/100/50；绕组额定电压为 127/69.86/38.5kV；$\Delta P_0 = 19.67$kW；$I_0 = 0.332\%$；$\Delta P'_{S(1-2)} = 111$kW；$\Delta P'_{S(2-3)} = 92.33$kW；$\Delta P'_{S(1-3)} = 88.33$kW；$U_{S(1-2)} = 9.09\%$；$U_{S(2-3)} = 10.75\%$；$U_{S(1-3)} = 16.45\%$。试求三相接成 YN，yn，d 时变压器组的等效电路及归算到低压侧的参数有名值。

2-12　一台三相双绕组变压器，已知：$S_N = 31500$kVA，$k_{TN} = 220/11$，$\Delta P_0 = 59$kW，$I_0 = 3.5\%$，$\Delta P_S = 208$kW，$U_S = 14\%$。

1）计算归算到高压侧的参数有名值。

2）作出 Π 形等效电路并计算其参数。

3）当高压侧运行电压为 210kV，变压器通过额定电流，功率因数为 0.8 时，忽略励磁电流，计算 Π 形等效电路各支路的电流及低压侧的实际电压，并说明不含磁耦合关系的 Π 形等效电路是怎样起到变压器作用的。

2-13　系统接线示于图 2-23，已知各元件参数如下：

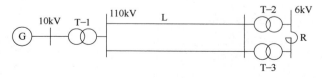

图 2-23　习题 2-13 系统接线图

发电机 G：$S_N = 30MVA$，$U_N = 10.5kV$，$x = 27\%$。

变压器 T-1：$S_N = 31.5MVA$，$k_T = 10.5/121$，$U_S = 10.5\%$。

变压器 T-2、T-3：$S_N = 15MVA$，$k_T = 110/6.6$，$U_S = 10.5\%$。

线路 L：$l = 100km$，$x = 0.4\Omega/km$。

电抗器 R：$U_N = 6kV$，$I_N = 1.5kA$，$x_R = 6\%$。

试作不含磁耦合关系的等效电路并计算其标幺值参数。

2-14　对题 2-13 的电力系统，若选各电压级的额定电压作为基准电压，试作含理想变压器的等效电路并计算其参数的标幺值。

第3章 电力网络的数学模型

电力系统的数学模型是对电力系统运行状态的一种数学描述。通过数学模型可以把电力系统中物理现象的分析归结为某种形式的数学问题。电力系统的数学模型主要包括电力网络的模型、发电机的模型以及负荷的模型。

在电力系统的一般运行分析中，网络元件（线路和变压器）常用恒定参数的等效电路代表。在短路计算中，发电机常表示为具有给定电势源的恒参数支路，负荷也用恒定阻抗表示。整个电力系统的稳态可以用一组代数方程组来描述。怎样建立和求解这样的方程组，就是本章要讨论的主要内容。

3.1 节点导纳矩阵

电力网络的运行状态可用节点方程或回路方程来描述。节点方程以母线电压作为待求量，母线电压能唯一地确定网络的运行状态。知道了母线电压，就很容易算出母线功率、支路功率和电流。无论是潮流计算还是短路计算，节点方程的求解结果都极便于应用。电力系统计算中一般都采用节点方程。本课程中，我们也只介绍节点方程及其应用。

3.1.1 节点方程

在图 3-1a 所示的简单电力系统中，若略去变压器的励磁功率和线路电容，负荷用阻抗表示，便可得到一个有 5 个节点（包括零电位点）和 7 条支路的等效网络，如图 3-1b 所示。将接于节点 1 和 4 的电势源和阻抗的串联组合变换成等效的电流源和导纳的并联组合，便得到图 3-1c 所示的等效网络，其中 $\dot{I}_1 = y_{10}\dot{E}_1$ 和 $\dot{I}_4 = y_{10}\dot{E}_4$ 分别称为节点 1 和 4 的注入电流源。

以令电位点作为计算节点电压的参考点，根据基尔霍夫电流定律，可以写出 4 个独立节点的电流平衡方程为

$$\begin{cases} y_{10}\dot{U}_1 + y_{12}(\dot{U}_1 - \dot{U}_2) = \dot{I}_1 \\ y_{12}(\dot{U}_2 - \dot{U}_1) + y_{20}\dot{U}_2 + y_{23}(\dot{U}_2 - \dot{U}_3) + y_{24}(\dot{U}_2 - \dot{U}_4) = 0 \\ y_{23}(\dot{U}_3 - \dot{U}_2) + y_{34}(\dot{U}_3 - \dot{U}_4) = 0 \\ y_{24}(\dot{U}_4 - \dot{U}_2) + y_{34}(\dot{U}_4 - \dot{U}_3) + y_{40}\dot{U}_4 = \dot{I}_4 \end{cases} \tag{3-1}$$

上述方程组经过整理可以写成

$$\begin{cases} Y_{11}\dot{U}_1 + Y_{12}\dot{U}_2 = \dot{I}_1 \\ Y_{21}\dot{U}_1 + Y_{22}\dot{U}_2 + Y_{23}\dot{U}_3 + Y_{24}\dot{U}_4 = 0 \\ Y_{32}\dot{U}_2 + Y_{33}\dot{U}_3 + Y_{34}\dot{U}_4 = 0 \\ Y_{42}\dot{U}_2 + Y_{43}\dot{U}_3 + Y_{44}\dot{U}_4 = \dot{I}_4 \end{cases} \tag{3-2}$$

式中，$Y_{11}=y_{10}+y_{12}$；$Y_{22}=y_{20}+y_{23}+y_{24}+y_{12}$；$Y_{33}=y_{23}+y_{34}$；$Y_{44}=y_{40}+y_{24}+y_{34}$；$Y_{12}=Y_{21}=-y_{12}$；$Y_{23}=Y_{32}=-y_{23}$；$Y_{24}=Y_{42}=-y_{24}$；$Y_{34}=Y_{43}=-y_{34}$。

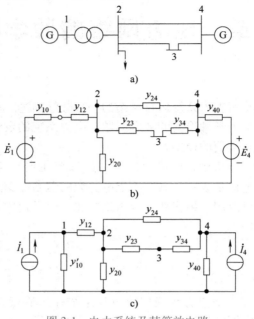

图 3-1　电力系统及其等效电路

一般地，对于有 n 个独立节点的网络，可以列写 n 个节点方程

$$\begin{cases} Y_{11}\dot{U}_1+Y_{12}\dot{U}_2+\cdots+Y_{1n}\dot{U}_n=\dot{I}_1 \\ Y_{21}\dot{U}_1+Y_{22}\dot{U}_2+\cdots+Y_{2n}\dot{U}_n=\dot{I}_2 \\ \quad\vdots \\ Y_{n1}\dot{U}_1+Y_{n2}\dot{U}_2+\cdots+Y_{nn}\dot{U}_n=\dot{I}_n \end{cases} \tag{3-3}$$

也可以用矩阵写成

$$\begin{bmatrix} Y_{11} & Y_{12} & \cdots & Y_{1n} \\ Y_{21} & Y_{22} & \cdots & Y_{2n} \\ \vdots & \vdots & & \vdots \\ Y_{n1} & Y_{n2} & \cdots & Y_{nn} \end{bmatrix} \begin{pmatrix} \dot{U}_1 \\ \dot{U}_2 \\ \vdots \\ \dot{U}_n \end{pmatrix} = \begin{pmatrix} \dot{I}_1 \\ \dot{I}_2 \\ \vdots \\ \dot{I}_n \end{pmatrix} \tag{3-4}$$

或缩记为

$$YU=I$$

矩阵 Y 称为节点导纳矩阵。它的对角线元素 Y_{ii} 称为节点 i 的自导纳，其值等于接于节点 i 的所有支路导纳之和。非对角线元素 Y_{ij} 称为节点 i、j 间的互导纳，它等于直接联接于节点 i、j 间的支路导纳的负值。若节点 i、j 间不存在直接支路，则有 $Y_{ij}=0$。由此可知，节点导纳矩阵是一个稀疏的对称矩阵。

3.1.2　节点导纳矩阵元素的物理意义

现在进一步讨论节点导纳矩阵元素的物理意义。

如果令

$$\dot{U}_k \neq 0, \quad \dot{U}_j = 0 \quad (j=1,2,\cdots,n, j\neq k)$$

代入式（3-3）的各式，可得

$$Y_{ik}\dot{U}_k = \dot{I}_i \qquad (i=1,2,\cdots,n) \tag{3-5}$$

或

$$Y_{ik} = \frac{\dot{I}_i}{\dot{U}_k} \mid \dot{U}_j = 0, \quad j\neq k \tag{3-6}$$

当 $k=i$ 时，式（3-6）说明，当网络中除节点 i 以外所有节点都接地时，从节点 i 注入网络的电流与施加于节点 i 的电压之比，即等于节点 i 的自导纳 Y_{ij}。换句话说，自导纳 Y_{ij} 是节点 i 以外的所有节点都接地时节点 i 对地的总导纳。显然，Y_{ij} 应等于与节点 i 相接的各支路导纳之和，即

$$Y_{ij} = y_{i0} + \sum_j y_{ij} \tag{3-7}$$

式中，y_{i0} 为节点 i 与零电位节点之间的支路导纳；y_{ij} 为节点 i 与节点 j 之间的支路导纳。

当 $k\neq i$ 时，式（3-6）说明，当网络中除节点 k 以外所有节点都接地时，从节点 i 流入网络的电流与施加于节点 k 的电压之比，即节点 k、i 之间的互导纳 Y_{ik} 应等于节点 k、i 之间的支路导纳的负值，即

$$Y_{ik} = -y_{ik} \tag{3-8}$$

不难理解 $Y_{ik} = Y_{ki}$。若节点 i 和 k 没有支路直接相联时，便有 $Y_{ik} = 0$。

节点导纳矩阵的主要特点如下：

1) 导纳矩阵的元素很容易根据网络接线图和支路参数直观地求得，形成节点导纳矩阵的程序比较简单。

2) 导纳矩阵是稀疏矩阵。它的对角线元素一般不为零，但在非对角线元素中则存在不少零元素。在电力系统的接线图中，一般每个节点同平均不超过 3~4 个其他节点有直接的支路联接，因此在导纳矩阵的非对角线元素中每行平均仅有 3~4 个非零元素，其余的都是零元素。如果在程序设计中设法排除零元素的存储和运算，就可以大大地节省存储单元和提高计算速度。

例 3-1 某电力系统的等效网络如图 3-2 所示。已知各元件参数的标幺值如下：

z_{12} = j0.105，k_{21} = 1.05，z_{45} = j0.184，k_{45} = 0.96，z_{24} = 0.03+j0.08，z_{23} = 0.024+j0.065，z_{34} = 0.018+j0.05，$y_{240} = y_{420}$ = j0.02，$y_{230} = y_{320}$ = j0.016，$y_{340} = y_{430}$ = j0.013。试作节点导纳矩阵。

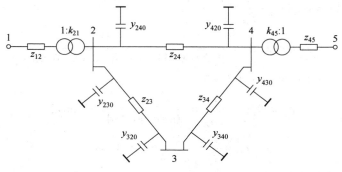

图 3-2 电力系统的等效网络

解：先讨论网络中含有非基准变比的变压器时导纳矩阵元素的计算。设节点 p、q 间接有变压器支路，如图 3-3 所示。根据 Ⅱ 型等效电路，可以写出节点 p、q 的自导纳和节点间的互导纳分别为

$$Y_{pp} = \frac{1}{kz} + \frac{k-1}{kz} = \frac{1}{z}$$

$$Y_{qq} = \frac{1}{kz} + \frac{k-1}{k^2z} = \frac{1}{k^2z}$$

$$Y_{pq} = Y_{qp} = -\frac{1}{kz}$$

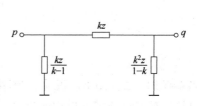

图 3-3　变压器支路的等效电路

计及上述关系，导纳矩阵元素可以逐个计算如下：

$$Y_{11} = \frac{1}{z_{12}} = \frac{1}{j0.105} = -j9.5238$$

$$Y_{12} = Y_{21} = -\frac{1}{k_{21}z_{12}} = -\frac{1}{1.05 \times j0.105} = j9.0703$$

$$Y_{22} = y_{230} + y_{240} + \frac{1}{z_{23}} + \frac{1}{z_{24}} + \frac{1}{k_{21}^2 z_{12}}$$

$$= j0.016 + j0.02 + \frac{1}{0.024 + j0.065} + \frac{1}{0.03 + j0.08} + \frac{1}{1.05^2 \times j0.105}$$

$$= 9.1085 - j33.1002$$

$$Y_{23} = Y_{32} = -\frac{1}{z_{23}} = -\frac{1}{0.024 + j0.065} = -4.9989 + j13.5388$$

$$Y_{24} = Y_{42} = -\frac{1}{z_{24}} = -\frac{1}{0.03 + j0.08} = -4.1096 + j10.9589$$

$$Y_{33} = y_{320} + y_{340} + \frac{1}{z_{23}} + \frac{1}{z_{24}}$$

$$= j0.016 + j0.013 + \frac{1}{0.024 + j0.065} + \frac{1}{0.018 + j0.05}$$

$$= 11.3728 - j31.2151$$

$$Y_{34} = Y_{43} = -\frac{1}{z_{34}} = -\frac{1}{0.018 + j0.05} = -6.3739 + j17.7053$$

$$Y_{44} = y_{420} + y_{430} + \frac{1}{z_{24}} + \frac{1}{z_{34}} + \frac{1}{k_{45}^2 z_{45}}$$

$$= j0.02 + j0.013 + \frac{1}{0.03 + j0.08} + \frac{1}{0.018 + j0.05} + \frac{1}{0.96^2 + j0.184}$$

$$= 10.4835 - j34.5283$$

$$Y_{45} = Y_{54} = -\frac{1}{k_{45}z_{45}} = -\frac{1}{0.96 \times j0.184} = j5.6612$$

$$Y_{55} = \frac{1}{z_{45}} = \frac{1}{j0.184} = -j5.4348$$

将以上计算结果排列成矩阵，便得

$$Y = \begin{bmatrix} 0.0000 & 0.0000 & & \\ -j9.5238 & +j9.0703 & & \\ 0.0000 & 9.1085 & -4.9989 & -4.1096 \\ +j9.0703 & -j33.1002 & +j13.5388 & +j10.9589 \\ & -4.9989 & 11.3728 & -6.3739 \\ & +j13.5388 & -j31.2151 & +j17.7053 \\ & -4.1096 & -6.3739 & 10.4835 & 0.0000 \\ & +j10.9589 & +j17.7053 & -j34.5283 & +j5.6612 \\ & & & 0.0000 & 0.0000 \\ & & & +j5.6612 & -j5.4348 \end{bmatrix}$$

3.1.3 节点导纳矩阵的修改

在电力系统的运行分析中，往往要计算不同接线方式下的运行状态。网络接线改变时，节点导纳矩阵也要作相应的修改。假定在接线改变前导纳矩阵元素为 $Y_{ij}^{(0)}$，接线改变以后应修改为 $Y_{ij} = Y_{ij}^{(0)} + \Delta Y_{ij}$。现在就几种典型的接线变化，说明修改增量 ΔY_{ij} 的计算方法。

1）从网络的原有节点 i 引出一条导纳为 y_{ik} 的支路，同时增加一个节点 k（见图 3-4a）。

由于节点数加 1，导纳矩阵将增加一行一列。新增的对角线元素 $Y_{kk} = y_{ik}$。新增的非对角线元素中，只有 $Y_{ik} = Y_{ki} = -y_{ik}$，其余的元素都为零。矩阵的原有部分，只有节点 i 的自导纳应增加 $\Delta Y_{ii} = y_{ik}$。

2）在网络的原有节点 i、j 之间增加一条导纳为 y_{ij} 的支路（见图 3-4b）。

由于只增加支路不增加节点，故导纳矩阵的阶次不变。因而只要对与节点 i、j 有关的元素分别增添以下的修改增量即可。

$$\Delta Y_{ii} = \Delta Y_{jj} = y_{ij}, \quad \Delta Y_{ij} = \Delta Y_{ji} = -y_{ij}$$

其余的元素都不必修改。

3）在网络的原有节点 i、j 之间切除一条导纳为 y_{ij} 的支路。

这种情况可以当作是在 i、j 节点间增加一条导纳为 $-y_{ij}$ 的支路来处理，因此，导纳矩阵中有关元素的修正增量为

$$\Delta Y_{ii} = \Delta Y_{jj} = -y_{ij}, \quad \Delta Y_{ij} = \Delta Y_{ji} = -y_{ij}$$

其他的网络变更情况，可以仿照上述方法进行处理，或者直接根据导纳矩阵元素的物理意义，导出相应的修改公式。

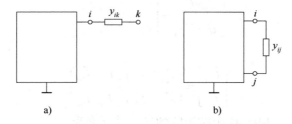

图 3-4　网络接线的改变

例 3-2　在例 3-1 的电力系统中，将接于节点 4、5 之间的变压器的变比由 $k_{45} = 0.96$ 调

整为 $k'_{45}=0.98$，试修改节点导纳矩阵。

解：将节点 p、q 之间的变压器（见图3-3）的电压比由 k 改为 k'，相当于先切除电压比为 k 的变压器，再接入电压比为 k' 的变压器。利用例3-1解答中导出的关系，与节点 p、q 有关的导纳矩阵元素的修正增量应为

$$\Delta Y_{pp}=0, \quad \Delta Y_{qq}=\frac{1}{k'^2 z}-\frac{1}{k^2 z}, \quad \Delta Y_{pq}=\Delta Y_{qp}=-\frac{1}{k' z}+\frac{1}{kz}$$

将上述关系式用于节点4和5，可得

$$\Delta Y_{55}=0, \quad \Delta Y_{44}=\frac{1}{0.98^2\times j0.184}-\frac{1}{0.96^2\times j0.184}=j0.2382$$

$$\Delta Y_{45}=\Delta Y_{54}=-\frac{1}{0.98\times j0.184}+\frac{1}{0.96\times j0.184}=-j0.1155$$

因此，在修改后的节点导纳矩阵中，有

$$Y_{44}=10.4835-j34.5283+j0.2382=10.4835-j34.2901$$

$$Y_{45}=Y_{54}=j5.6612-j0.1155=j5.5457$$

其余的元素都保持原值不变。

3.1.4　支路间存在互感时的节点导纳矩阵

在必须考虑支路之间的互感时，常用的方法是采用一种消去互感的等效电路来代替原来的互感线路组，然后就像无互感的网络一样计算节点导纳矩阵的元素。

现以两条互感支路为例来说明这种处理方法。假定两条支路分别接于节点 p、q 之间和节点 r、s 之间，支路的自阻抗分别为 z_{pq} 和 z_{rs}，支路间的互感阻抗为 z_m，并以小黑点表示互感的同名端（见图3-5a）。这两条支路的电压方程可用矩阵表示为

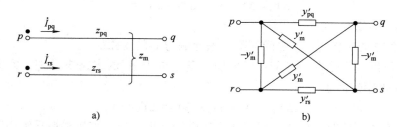

图3-5　互感支路及其等效电路

$$\begin{bmatrix} \dot{U}_p-\dot{U}_q \\ \dot{U}_r-\dot{U}_s \end{bmatrix}=\begin{bmatrix} z_{pq} & z_{rn} \\ z_{rn} & z_{rs} \end{bmatrix}\begin{bmatrix} \dot{i}_{pq} \\ \dot{i}_{rs} \end{bmatrix} \tag{3-9}$$

或者写成

$$\begin{bmatrix} \dot{i}_{pq} \\ \dot{i}_{rs} \end{bmatrix}=\begin{bmatrix} y'_{pq} & y'_{rn} \\ y'_{rn} & y'_{rs} \end{bmatrix}\begin{bmatrix} \dot{U}_p-\dot{U}_q \\ \dot{U}_r-\dot{U}_s \end{bmatrix} \tag{3-10}$$

上式中的导纳矩阵是式（3-9）中阻抗矩阵的逆，其元素为

$$y'_{pq}=\frac{z_{rs}}{z_{rs}z_{pq}-z_m^2}, \quad y'_{rs}=\frac{z_{pq}}{z_{rs}z_{pq}-z_m^2}, \quad y'_m=\frac{z_m}{z_{rs}z_{pq}-z_m^2}$$

将式（3-10）展开，并作适当改写，可得

$$\begin{cases} \dot{I}_{pq} = y'_{pq}(\dot{U}_p - \dot{U}_q) + y'_m(\dot{U}_p - \dot{U}_s) - y'_m(\dot{U}_p - \dot{U}_r) \\ \dot{I}_{rs} = y'_{rs}(\dot{U}_r - \dot{U}_s) + y'_m(\dot{U}_r - \dot{U}_q) - y'_m(\dot{U}_r - \dot{U}_p) \end{cases} \tag{3-11}$$

根据式（3-11）可作出消互感等效电路，如图 3-5b 所示。这是一个有四个顶点六条支路的完全网形电路。原有的两条支路其导纳值分别变为 y'_{pq} 和 y'_{rs}（注意：$y'_{pq} \neq 1/z_{pq}$，$y'_{rs} \neq 1/z_{rs}$）。在原两支路的同名端点之间增加了导纳为 $-y'_m$ 的新支路，异名端点之间则增加了导纳为 y'_m 的新支路。利用这个等效电路，就可以按照无互感的情况计算节点导纳矩阵的有关元素。

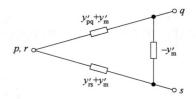

对于有更多互感支路的情况也可以用同样的方法处理。在实际的电力系统中，互感线路常有一端接于同一条母线的情况。若 pq 支路和 rs 支路的节点 p 和 r 接于同一条母线，则在消互感等效电路中，将节点 p 和 r 接在一起即可，所得的三端点等效电路如图 3-6 所示。

图 3-6　一段共节点的互感
支路等效电路

3. 2　网络方程的解法

3. 2. 1　用高斯消去法求解网络方程

在电力系统分析中，网络方程常采用高斯消去法求解。对于导纳型的节点方程，高斯消去法还具有十分明确的物理意义。高斯消去法实际上就是带有节点电流移置的星网变换。

现在我们用按列消元的算法求解方程组（3-3），完成第一次消元后可得

$$\begin{cases} Y_{11}\dot{U}_1 + Y_{12}\dot{U}_2 + \cdots + Y_{1n}\dot{U}_n = \dot{I}_1 \\ Y_{22}^{(1)}\dot{U}_2 + \cdots + Y_{2n}^{|(1)}\dot{U}_n = \dot{I}_2^{(1)} \\ \vdots \\ Y_{2n}^{(1)}\dot{U}_2 + \cdots + Y_{nn}^{|(1)}\dot{U}_n = \dot{I}_n^{(1)} \end{cases} \tag{3-12}$$

式中，$Y_{ij}^{(1)} = Y_{ij} - \dfrac{Y_{il}Y_{jl}}{Y_{11}}$；$\dot{I}_i^{(1)} = \dot{I}_i - \dfrac{Y_{il}}{Y_{11}}\dot{I}_1$

我们将要说明，通过消元运算对原方程组中第 $2 \sim n$ 个方程式的系数和右端项所作的修正，正好反映了带电流移置的星网变换的结果。根据导纳矩阵元素的定义

$$-\frac{Y_{il}}{Y_{11}}\dot{I}_1 = \frac{y_{il}}{\displaystyle\sum_{k=2}^{n} y_{k1}}\dot{I}_1 = \Delta\dot{I}_i^{(1)}$$

可见，节点 i 的电流增量正好等于从节点 1 的电流中移置过来的部分。

系数矩阵非对角线元素的修正增量

$$-\frac{Y_{il}Y_{jl}}{Y_{11}} = -\frac{(-y_{i1})(-y_{j1})}{\displaystyle\sum_{k=2}^{n} y_{k1}}\dot{I}_1 = -y'_{ij}$$

正好等于星网变换后在节点 i、j 间新增支路导纳的负值。

对角线元素的修正增量

$$-\frac{Y_{i1}Y_{1i}}{Y_{11}} = -\frac{y_{i1}y_{1i}}{\sum\limits_{k=2}^{n}y_{k1}} = -\frac{y_{i1}}{\sum\limits_{k=2}^{n}y_{k1}}\left(\sum\limits_{k=2}^{n}y_{k1} - \sum\limits_{\substack{k=2\\k\neq i}}^{n}y_{k1}\right) = -y_{i1} + \sum\limits_{\substack{k=2\\k\neq i}}^{n}y'_{ik}$$

正好就是星网变换后，新接入节点 i 的支路导纳（取正值）和被拆去的支路导纳（取负值）的代数和。

因此，式（3-12）中的第 $2\sim n$ 式恰好是消去节点 1 后网络的节点方程。对式（3-12）再作一次消元，其系数矩阵便演变为

$$\boldsymbol{Y}^{(2)} = \begin{bmatrix} Y_{11} & Y_{12} & Y_{13} & \cdots & Y_{1n} \\ & Y_{22}^{(1)} & Y_{23}^{(1)} & \cdots & Y_{2n}^{(1)} \\ & & Y_{33}^{(2)} & \cdots & Y_{3n}^{(2)} \\ & & & \vdots & \vdots \\ & & Y_{n3}^{(2)} & \cdots & Y_{nn}^{(2)} \end{bmatrix}$$

一般地，作了 k 次消元后所得系数矩阵为 $Y^{(k)}$，且

$$\boldsymbol{Y}^{(k)} = \begin{bmatrix} Y_{11} & \cdots & Y_{1,k+1} & \cdots & Y_{1n} \\ & \ddots & \vdots & & \vdots \\ & & Y_{k+1,k+1}^{(k)} & \cdots & Y_{k+1,n}^{(k)} \\ & & \vdots & & \vdots \\ & & Y_{n,k+1}^{(k)} & \cdots & Y_{nn}^{(k)} \end{bmatrix}$$

式中，右下角的 $n-k$ 阶子块是作完消去节点 $1,2,\cdots,k$ 的星网变换后所得网络的节点导纳矩阵。

对于 n 阶的网络方程，作完 $n-1$ 次消元后方程组的系数矩阵将变为上三角矩阵，即

$$Y^{(n-1)} = \begin{bmatrix} Y_{11} & Y_{12} & \cdots & Y_{1i} & \cdots & Y_{1n} \\ & Y_{22}^{(1)} & \cdots & Y_{2i}^{(1)} & \cdots & Y_{2n}^{(1)} \\ & & \ddots & \vdots & & \vdots \\ & & & Y_{ii}^{(i-1)} & \cdots & Y_{in}^{(i-1)} \\ & & & & \vdots & \vdots \\ & & & & & Y_{nn}^{(n-1)} \end{bmatrix} \qquad (3\text{-}13)$$

矩阵 $Y^{(n-1)}$ 的元素表达式为

$$Y_{ij}^{(i-1)} = Y_{ij} - \sum\limits_{k=1}^{i-1}\frac{Y_{ik}^{(k-1)}Y_{kj}^{(k-1)}}{Y_{kk}^{(k-1)}} \quad (i=1,2,\cdots,n; \quad j=i,i+1,\cdots,n) \qquad (3\text{-}14)$$

式（3-14）右端的各项具有十分明确的物理意义。当 $i\neq j$ 时，Y_{ij} 表示网络在原始状态下节点 i 和节点 j 之间的互导纳，它等于联接节点 i、j 的支路导纳的负值；而在 $\sum$ 符号下的第 k 次消元（即消去 k 号节点的星网变换），在节点 i、j 间出现新支路的导纳。当 $j=i$ 时，Y_{ii} 是网络在原始状态下节点 i 的自导纳，它等于与节点 i 联接的各支路导纳值之和；而在 $\sum$ 符号下的第 k 项，则表示通过第 k 次消元从节点 i 拆去支路的导纳与节点 i 新接入支路的导纳之差。

对任意复杂网络，可以反复地应用星网变换，逐渐消去节点，将网络化简到最简单的形式，并求出其解答。然后，将网络逐步还原，就可确定原始网络的运行状态。这样的解题过程，就是用高斯消去法求解网络方程的过程。搞清楚消去法和星网变换的关系，还有助于利用星网变换来分析消元过程中方程组的系数矩阵的演变情况。

例 3-3　用星网变换求解图 3-7a 所示的网络。

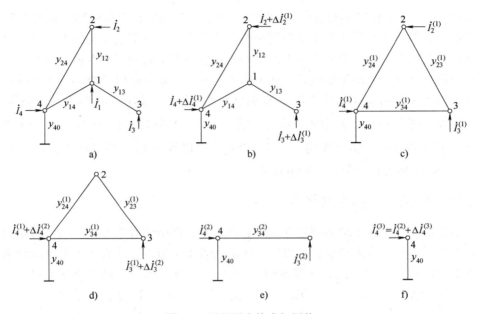

图 3-7　用星网变换求解网络

解：1）将节点 1 的电流 $\dot{I}_1$ 分散移置到节点 2、3 和 4，使这些节点的电流变为

$$\dot{I}_i^{(1)} = \dot{I}_i + \Delta \dot{I}_i^{(1)} = \dot{I}_i + \frac{y_{1i}}{Y_{11}}\dot{I}_i \quad (i = 2,3,4)$$

式中，$Y_{11} = \sum\limits_{k=2}^{4} y_{1k}$。

将支路 y_{12}、y_{13} 和 y_{14} 组成的星形电路变成接于节点 2、3 和 4 的三角形电路，然后将三角形电路中节点 2、4 间的一条支路同原有的支路 y_{24} 合并，便得到图 3-7c 所示的网络，其中

$$y_{23}^{(1)} = \frac{y_{12}y_{13}}{Y_{11}}, \quad y_{34}^{(1)} = \frac{y_{13}y_{14}}{Y_{11}}, \quad y_{24}^{(1)} = y_{24} + \frac{y_{12}y_{13}}{Y_{11}}$$

经过这一步变换，节点 1 被消去，网络的独立节点数减为 3 个。

2）将节点 2 的电流 $\dot{I}_2^{(1)}$ 分散移置到节点 3 和 4，使这两个节点的电流分别变为

$$\dot{I}_3^{(2)} = \dot{I}_3^{(1)} + \Delta \dot{I}_3^{(2)} = \dot{I}_3^{(1)} + \frac{y_{23}^{(1)}}{y_{23}^{(1)} + y_{24}^{(1)}}\dot{I}_2^{(1)}$$

$$\dot{I}_4^{(2)} = \dot{I}_4^{(1)} + \Delta \dot{I}_4^{(2)} = \dot{I}_4^{(1)} + \frac{y_{24}^{(1)}}{y_{23}^{(1)} + y_{24}^{(1)}}\dot{I}_2^{(1)}$$

然后将 $y_{23}^{(1)}$ 和 $y_{24}^{(1)}$ 串联之后再同 $y_{34}^{(1)}$ 并联便得

$$y_{34}^{(2)} = y_{34}^{(1)} + \frac{y_{23}^{(1)} y_{24}^{(1)}}{y_{23}^{(1)} + y_{24}^{(1)}}$$

经过这一步变换，消去节点 2，使网络的独立节点数减为 2 个（见图 3-7e）。

3）把节点 3 的电流 $\dot{I}_3^{(2)}$ 全部移到节点 4，使节点 4 的电流变为

$$\dot{I}_4^{(3)} = \dot{I}_4^{(2)} + \Delta\dot{I}_4^{(3)} = \dot{I}_4^{(2)} + \dot{I}_3^{(2)}$$

然后将支路 $y_{34}^{(1)}$ 舍去，便得到只含一条支路和一个独立节点的最简单网络，如图 3-7f 所示。

必须指出，第 2 步和第 3 步也是星网变换。第 2 步是对以节点 2 为中心的两支路星形电路，第 3 步是对以节点 3 为中心的一支路星形电路作电流移置和星网变换。因为 1 条支路的星形电路可以当作是 k 支路星形电路中除 1 条支路外，其余支路的导纳都等于零的特例。

利用最后得到的网络（见图 3-7f），根据已知的电流 $\dot{I}_4^{(3)}$ 即可算出节点 4 的电压 $\dot{U}_4$。接着把网络还原为图 3-7e 所示的形式，由已知的 $\dot{U}_4$ 和 $\dot{I}_3^{(2)}$ 即可弄出电压 $\dot{U}_3$。下一步把网络还原为图 3-7c 所示的网络，由已知的 $\dot{U}_4$、$\dot{U}_3$ 和 $\dot{I}_2^{(1)}$ 可以算出 $\dot{U}_2$。最后由原始网络和已知的 $\dot{U}_4$、$\dot{U}_3$、$\dot{U}_2$ 和 $\dot{I}_1$ 便可算出节点 1 的电压 $\dot{U}_1$。

3.2.2 用高斯消去法简化网络

高斯消去法不仅可用于求解网络方程，它也是简化网络的有效方法。利用高斯消去法简化网络，既可以逐个地消去节点，也可以一次消去若干个节点。设有 n 个节点的网络，拟消去其中的 1，2，…，m 号节点，保留 $m+1$，$m+2$，…，n 号节点。原网络的方程为

$$\begin{bmatrix} Y_{11} & Y_{12} & \cdots & Y_{1m} & Y_{1,m+1} & \cdots & Y_{1n} \\ Y_{21} & Y_{22} & \cdots & Y_{2m} & Y_{2,m+1} & \cdots & Y_{2n} \\ \vdots & \vdots & & \vdots & \vdots & & \vdots \\ Y_{m1} & Y_{m2} & \cdots & Y_{mm} & Y_{m,m+1} & \cdots & Y_{mm} \\ Y_{m+1,1} & Y_{m+1,2} & \cdots & Y_{m+1,m} & Y_{m+1,m+1} & \cdots & Y_{m+1,n} \\ \vdots & \vdots & & \vdots & \vdots & & \vdots \\ Y_{n1} & Y_{n2} & \cdots & Y_{mm} & Y_{n,m+1} & \cdots & Y_{nn} \end{bmatrix} \begin{bmatrix} \dot{U}_1 \\ \dot{U}_2 \\ \vdots \\ \dot{U}_m \\ \dot{U}_{m+1} \\ \vdots \\ \dot{U}_n \end{bmatrix} = \begin{bmatrix} \dot{I}_1 \\ \dot{I}_2 \\ \vdots \\ \dot{I}_m \\ \dot{I}_{m+1} \\ \vdots \\ \dot{I}_n \end{bmatrix}$$

或按虚线所作的分块缩写成

$$\begin{bmatrix} Y_{AA} & Y_{AB} \\ Y_{BA} & Y_{BB} \end{bmatrix} \begin{bmatrix} U_A \\ U_B \end{bmatrix} = \begin{bmatrix} I_A \\ I_B \end{bmatrix}$$

或者展开写成

$$\begin{cases} Y_{AA} U_A + Y_{AB} U_B = I_A \\ Y_{BA} U_A + Y_{BB} U_B = I_B \end{cases} \tag{3-15}$$

从式（3-15）的第一式解出

$$U_A = Y_{AA}^{-1}(I_A - Y_{AB} U_B)$$

将其代入第二式，经过整理后便得

$$(Y_{BB} - Y_{BA} Y_{AA}^{-1} Y_{AB}) U_B = I_B - Y_{BA} Y_{AA}^{-1} I_A$$

令

$$Y_{BB}' = Y_{BB} - Y_{BA} Y_{AA}^{-1} Y_{AB} \tag{3-16}$$

$$I'_\mathrm{B} = I_\mathrm{B} - Y_\mathrm{BA} Y_\mathrm{AA}^{-1} I_\mathrm{A} \tag{3-17}$$

便得

$$Y'_\mathrm{BB} U_\mathrm{B} = I'_\mathrm{B} \tag{3-18}$$

这就是消去 m 个节点后的网络方程，其中 U_B 为保留节点电压列向量。由于消去了部分节点，网络保留部分的接线发生了变化，同时被消去节点的电流也必须移置到保留节点上来，因此，对导纳矩阵的保留部分以及保留节点的电流都必须作相应的修改。

如果要消去的不是前 m 个节点，而是后 $n-m$ 个节点，读者可以仿照上述方法自己导出有关的计算公式。

在电力系统中往往有许多既不接发电机也不接负荷的节点，这些节点称为联络节点或浮游节点。这些节点的注入电流为零。如果负荷用恒定阻抗表示，则负荷节点也属于这一类节点。消去这类节点时，不存在移置节点电流的问题，只需对节点导纳矩阵作缩减和修改即可。

例 3-4 对图 3-8a 所示的网络，试求消去节点 1、2、3 后的节点导纳矩阵。各支路导纳的标幺值已注明图中。

解： 根据所给条件可以作出如下原网络的节点导纳矩阵。

$$Y = \begin{matrix} & 1 & 2 & 3 & 4 & 5 & 6 \\ 1 \\ 2 \\ 3 \\ 4 \\ 5 \\ 6 \end{matrix} \begin{bmatrix} -\mathrm{j}6.91 & \mathrm{j}0.667 & \mathrm{j}5.33 & \mathrm{j}0.91 & 0 & 0 \\ \mathrm{j}0.667 & -\mathrm{j}7.05 & \mathrm{j}5.33 & 0 & \mathrm{j}1.05 & 0 \\ \mathrm{j}5.33 & \mathrm{j}5.33 & -\mathrm{j}11.66 & 0 & 0 & \mathrm{j}1.0 \\ \mathrm{j}0.91 & 0 & 0 & -\mathrm{j}0.91 & 0 & 0 \\ 0 & \mathrm{j}1.05 & 0 & 0 & -\mathrm{j}1.05 & 0 \\ 0 & 0 & \mathrm{j}1.0 & 0 & 0 & -\mathrm{j}1.0 \end{bmatrix}$$

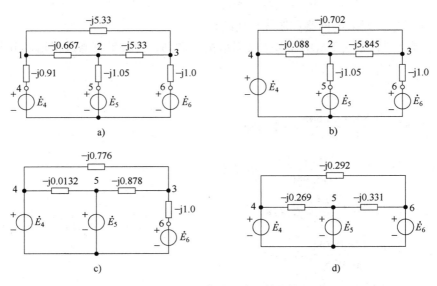

图 3-8 例 3-4 的等效网络及其化简过程

（1）采用逐个地消去节点的算法

1）消去节点 1，删去 Y 中与节点 1 对应的行和列，并按下式修改保留部分元素，得

$$Y_{ij}^{(1)} = Y_{ij} - \frac{Y_{i1}Y_{1j}}{Y_{11}}$$

$$Y_{22}^{(1)} = -j7.05 - \frac{j0.667 \times j0.667}{-j6.91} = -j6.986$$

$$Y_{23}^{(1)} = Y_{32}^{(1)} = j5.33 - \frac{j0.667 \times j5.33}{-j6.91} = j5.845$$

$$Y_{24}^{(1)} = Y_{42}^{(1)} = -\frac{j0.667 \times j0.91}{-j6.91} = j0.088$$

$$Y_{33}^{(1)} = -j11.66 - \frac{j5.33 \times j5.33}{-j6.91} = -j7.550$$

$$Y_{34}^{(1)} = Y_{43}^{(1)} = -\frac{j5.33 \times j0.91}{-j6.91} = j0.702$$

$$Y_{44}^{(1)} = -j0.91 - \frac{j0.91 \times j0.91}{-j6.91} = -j0.790$$

第五行(列)和第六行(列)的元素都保持原值不变。

消去节点 1 后网络的节点导纳矩阵为

$$Y_{(1)} = \begin{array}{c} 2 \\ 3 \\ 4 \\ 5 \\ 6 \end{array} \begin{bmatrix} \overset{2}{-j6.986} & \overset{3}{j5.845} & \overset{4}{j0.088} & \overset{5}{j1.050} & \overset{6}{0} \\ j5.845 & -j7.550 & j0.702 & 0 & j1.000 \\ j0.088 & j0.702 & -j0.790 & 0 & 0 \\ j1.050 & 0 & 0 & -j1.050 & 0 \\ 0 & j1.000 & 0 & 0 & -j1.000 \end{bmatrix}$$

与这个导纳矩阵对应的网络如图 3-8b 所示。

2) 消去节点 2,删去 $Y_{(1)}$ 中与节点 2 对应的行和列,并按下列修改保留部分元素,得

$$Y_{ij}^{(2)} = Y_{ij}^{(1)} - \frac{Y_{i2}^{(1)} Y_{2j}^{(1)}}{Y_{22}^{(1)}}$$

$$Y_{33}^{(2)} = -j7.55 - \frac{j5.845 \times j5.845}{-j6.986} = -j2.660$$

$$Y_{34}^{(2)} = Y_{43}^{(2)} = j0.702 - \frac{j5.845 \times j0.088}{-j6.986} = j0.776$$

$$Y_{35}^{(2)} = Y_{53}^{(2)} = -\frac{j5.845 \times j1.05}{-j6.986} = j0.878$$

$$Y_{44}^{(2)} = -j0.79 - \frac{j0.88 \times j0.088}{-j6.986} = j0.789$$

$$Y_{45}^{(2)} = Y_{54}^{(2)} = -\frac{j0.088 \times j1.05}{-j6.986} = j0.0132$$

$$Y_{55}^{(2)} = -j1.05 - \frac{j1.05 \times j1.05}{-j6.986} = -j0.892$$

其余的元素不必修改。缩减并修改后的导纳矩阵为

$$Y_{(2)} = \begin{array}{c} 3 \\ 4 \\ 5 \\ 6 \end{array} \begin{bmatrix} -j2.660 & j0.776 & j0.878 & j1.000 \\ j0.776 & -j0.789 & j0.0132 & 0 \\ j0.878 & j0.0132 & -j0.892 & 0 \\ j1.000 & 0 & 0 & -j1.000 \end{bmatrix} \begin{array}{cccc} 3 & 4 & 5 & 6 \end{array}$$

与这个导纳矩阵对应的网络如图 3-8c 所示。

3）消去节点 3，删去 $Y_{(2)}$ 中与节点 3 对应的行和列，并用下式

$$Y_{ij}^{(3)} = Y_{ij}^{(2)} - \frac{Y_{i3}^{(2)} Y_{3j}^{(2)}}{Y_{33}^{(2)}}$$

修改保留部分的各元素，最终得到消去节点 1、2、3 后网络的节点导纳矩阵为

$$Y_{(3)} = \begin{array}{c} 4 \\ 5 \\ 6 \end{array} \begin{bmatrix} -j0.561 & j0.269 & j0.292 \\ j0.269 & -j0.602 & j0.331 \\ j0.292 & j0.331 & j0.624 \end{bmatrix} \begin{array}{ccc} 4 & 5 & 6 \end{array}$$

对应的网络如图 3-8d 所示。

（2）一次消去三个节点

对原网络的节点导纳矩阵按虚线分块后可写成

$$Y = \begin{bmatrix} Y_{AA} & Y_{AB} \\ Y_{BA} & Y_{BB} \end{bmatrix}$$

式中，$Y_{AA} = \begin{bmatrix} -j6.910 & j0.667 & j5.330 \\ j0.667 & -j7.050 & j5.330 \\ j5.330 & j5.330 & -j11.660 \end{bmatrix}$；

$$Y_{AB} = Y_{BA} = \begin{bmatrix} j0.910 & 0 & 0 \\ 0 & j1.050 & 0 \\ 0 & 0 & j1.000 \end{bmatrix}$$；

$$Y_{BB} = \begin{bmatrix} -j0.910 & 0 & 0 \\ 0 & -j1.050 & 0 \\ 0 & 0 & -j1.000 \end{bmatrix}$$。

先算出 Y_{AA} 逆矩阵

$$Y_{AA}^{-1} = \begin{bmatrix} j0.419 & j0.282 & j0.321 \\ j0.282 & j0.406 & j0.315 \\ j0.321 & j0.315 & j0.376 \end{bmatrix}$$

然后根据式（3-16）即可求得

$$Y_{BB}' = Y_{BB} - Y_{BA} Y_{AA}^{-1} Y_{AB} = \begin{bmatrix} -j0.562 & j0.270 & j0.292 \\ j0.270 & -j0.602 & j0.331 \\ j0.292 & j0.331 & -j0.623 \end{bmatrix}$$

3.3 节点阻抗矩阵

3.3.1 节点阻抗矩阵元素的物理意义

在电力系统计算中，节点方程也常写成阻抗形式，即

$$ZI = U \tag{3-19}$$

式中，$Z = Y^{-1}$ 是 n 阶方阵，称为网络的节点阻抗矩阵。

式 (3-19) 可展开写成

$$\begin{bmatrix} Z_{11} & Z_{12} & \cdots & Z_{1n} \\ Z_{21} & Z_{22} & \cdots & Z_{2m} \\ \vdots & \vdots & & \vdots \\ Z_{n1} & Z_{n2} & \cdots & Z_{nn} \end{bmatrix} \begin{bmatrix} \dot{I}_1 \\ \dot{I}_2 \\ \vdots \\ \dot{I}_n \end{bmatrix} = \begin{bmatrix} \dot{U}_1 \\ \dot{U}_2 \\ \vdots \\ \dot{U}_n \end{bmatrix} \tag{3-20}$$

或者写成

$$\sum_{j=1}^{n} Z_{ij} \dot{I}_j = \dot{U}_i \quad (i = 1, 2, \cdots, n)$$

节点阻抗矩阵的对角线元素 Z_{ii} 称为节点 i 的自阻抗或输入阻抗，非对角线元素 Z_{ij} 称为节点 i 和节点 j 之间的互阻抗或转移阻抗。请注意，后续章节中对转移阻抗另有定义，因此，本书对节点阻抗矩阵的非对角线元素只用互阻抗这一术语。

现在讨论自阻抗和互阻抗的物理意义。如果令

$$\dot{I}_k \neq 0, \ \dot{I}_j = 0 \quad (j = 1, 2, \cdots, n, j \neq k)$$

代入式 (3-20)，可得

$$Z_{ik} \dot{I}_k = \dot{U}_i \quad (i = 1, 2, \cdots, n)$$

或

$$Z_{ik} = \frac{\dot{U}_i}{\dot{I}_k} \Big|_{\dot{I}_j = 0, j \neq k} \tag{3-21}$$

式 (3-21) 说明，当在节点 k 单独注入电流，而所有其他节点的注入电流都等于零时，在节点 k 产生的电压与注入电流之比，即等于节点 k 的自阻抗 Z_{kk}；在节点 i 产生的电压与节点 k 的注入电流之比，即等于节点 k 和节点 i 之间的互阻抗 Z_{kk}。若注入节点 k 的电流正好是 1 单位，则节点 k 的电压在数值上即等于自阻抗 Z_{kk}；节点 i 的电压在数值上即等于互阻抗 Z_{kk}。

因此，Z_{kk} 可以当作是从节点 k 向整个网络看进去的对地总阻抗，或者是把节点 k 作为一端，参考节点（即地）为另一端，从这两个端点看进去的无源两端网络的等效阻抗。依次在各个节点单独注入电流，计算出网络中的电压分布，从而可求得阻抗矩阵的全部元素。由此可见，节点阻抗矩阵元素的计算是相当复杂的，不可能从网络的接线图和支路参数直观地求出。

还需指出，我们所考虑的电力网络一般是连通的，网络的各部分之间存在着电的或磁的联系。单独在节点 k 注入电流，总会在任一节点 i 出现电压，因此，阻抗矩阵没有零元素，

是一个满矩阵。

目前常用的求取阻抗矩阵的方法主要有两种：一种是以上述物理概念为基础的支路追加法；另一种是从节点导纳矩阵求取逆阵。

3.3.2　用支路追加法形成节点阻抗矩阵

支路追加法是根据系统的接线图，从某一个与地相连的支路开始，逐步增加支路，扩大阻抗矩阵的阶次，最后形成整个系统的节点阻抗矩阵。现以图 3-9a 所示的网络为例，按每次增加一条支路，图 3-9b ~ h 表示了一种可能的支路追加顺序，即按照如下顺序依次求出相应的节点阻抗矩阵：形成一阶阻抗矩阵（见图 3-9b），阻抗矩阵增为二阶的（见图 3-9c），修改二阶矩阵（见图 3-9d），阻抗矩阵扩大为三阶的（见图 3-9e），阻抗矩阵扩大到四阶（见图 3-9f），修改四阶矩阵（见图 3-9g），再一次修改四阶矩阵（见图 3-9h）。这样便得到了整个网络的节点阻抗矩阵。在支路追加过程中，阻抗矩阵元素的计算和修正始终是以自阻抗和互阻抗的定义作为依据的。

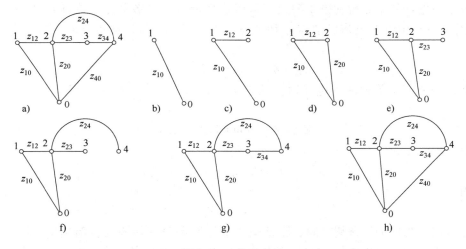

图 3-9　支路追加法

在实际计算中，第一条支路必须是接地支路，以后每次追加的支路必须至少有一个端点与已出现的节点相接。只要遵循这样的条件，支路追加的顺序可以是任意的。但是每一条支路的追加必属于下述两种情况之一：一种是新增支路引出一个新节点，这种情况称为追加树支；另一种是在已有的两个节点间增加新支路，这种情况称为追加连支。追加树支时节点数增加一个，阻抗矩阵便相应地扩大一阶，如图 3-9c、e 和 f 所示的情况。追加连支时网络的节点数不变，阻抗矩阵阶次不变，图 3-9d、g 和 h 所示即属于此种情况。

假定用支路追加法已经形成有 p 个节点的部分网络，以及相应的 p 阶节点阻抗矩阵。下面分别按不同的情况，推导支路追加过程中阻抗矩阵元素的计算公式。

1. 追加树支

从已有的节点 i 接上一条阻抗为 z_{iq} 的支路，引出新节点 q（见图 3-10）。这时网络的节点阻抗矩阵将扩大一阶，由原来的 p 阶变为 $p+1=q$ 阶。设新的阻抗矩阵为

$$\begin{bmatrix} Z_{11} & Z_{12} & \cdots & Z_{1i} & \cdots & Z_{1p} & Z_{1q} \\ Z_{21} & Z_{22} & \cdots & Z_{2i} & \cdots & Z_{2p} & Z_{2q} \\ \vdots & & & \vdots & & \vdots & \vdots \\ Z_{i1} & Z_{i2} & \cdots & Z_{ii} & \cdots & Z_{ip} & Z_{iq} \\ \vdots & & & \vdots & & \vdots & \vdots \\ Z_{p1} & Z_{p2} & \cdots & Z_{pi} & \cdots & Z_{pp} & Z_{pq} \\ Z_{q1} & Z_{q2} & \cdots & Z_{qi} & \cdots & Z_{qp} & Z_{qq} \end{bmatrix}$$

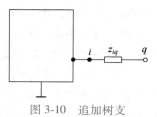

现在讨论阻抗矩阵中各元素的计算。在网络原有部分的任一节点 m 单独注入电流 $\dot{I}_m$，而其余节点的电流均等于零时，由于支路 z_{iq} 并无电流通过，故该支路的接入不会改变网络原有部分的电流和电压分布状况。这就是说，阻抗矩阵中对应于网络原有部分的全部元素（即矩阵中虚线左上方部分）将保持原有数值不变。

图 3-10　追加树支

矩阵中新增加的第 q 行和第 q 列元素可以这样求得。网络中任一节点 m 单独注入电流 $\dot{I}_m$ 时，因支路 z_{iq} 中没有电流，节点 q 和节点 i 的电压应相等，即 $\dot{U}_q = \dot{U}_i$ 或 $Z_{qm}\dot{I}_m = Z_{in}\dot{I}_m$，故有

$$Z_{qm} = Z_{in} \quad (m=1,2,\cdots,p) \tag{3-22}$$

另一方面，当节点 q 单独注入电流时，从网络原有部分看来，都与从节点 i 注入一样，所以有

$$Z_{mq} = Z_{ni} \quad (m=1,2,\cdots,p)$$

这时节点 q 的电压为

$$\dot{U}_q = z_{iq}\dot{I}_q + \dot{U}_i = z_{iq}\dot{I}_q + z_{ii}\dot{I}_q = z_{qq}\dot{I}_q$$

由此可得

$$Z_{qq} = Z_{iq} + Z_{ii} \tag{3-23}$$

综上所述，当增加一条树支时，阻抗矩阵的原有部分保持不变，新增的一行（列）各非对角线元素分别与引出该树支的原有节点的对应行（列）各元素相同。而新增的对角线元素则等于该树支的阻抗与引出该树支的原有节点的自阻抗之和。

如果节点 i 是参考点（接地点），则称新增支路为接地树支。由于恒有 $\dot{U}_i = 0$，根据自阻抗和互阻抗的定义，不难得到

$$\begin{cases} Z_{mq} = Z_{qm} = 0 \quad (m=1,2,\cdots,p) \\ Z_{qq} = z_{iq} \end{cases} \tag{3-24}$$

2. 追加连支

在已有的节点 k 和节点 m 之间追加一条阻抗为 z_{km} 的连支（见图 3-11）。由于不增加新节点，故阻抗矩阵的阶次不变。如果原有各节点的注入电流保持不变，连支 z_{km} 的接入将改变网络中的电压分布状况。因此，对原有矩阵的各元素都要作相应的修改。为了推导矩阵元素的修改公式，我们从计算接入连支后的网络电压分布入手。

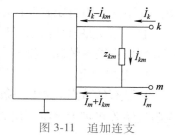

图 3-11　追加连支

如果保持各节点注入电流不变，连支 z_{km} 的接入对网络原有部分的影响就在于，把节点 k 和节点 m 的注入电流分别从 $\dot{I}_k$ 和 $\dot{I}_m$ 改变为 $\dot{I}_k - \dot{I}_{km}$ 和 $\dot{I}_m + \dot{I}_{km}$。这时网络中任一节点 i 的电压可以利用原有的阻抗矩阵元素写为

$$\dot{U}_i = Z_{i1}\dot{I}_1 + Z_{i2}\dot{I}_2 + \cdots + Z_{ik}(\dot{I}_k - \dot{I}_{km}) + \cdots + Z_{im}(\dot{I}_m + \dot{I}_{km}) + \cdots + Z_{ip}\dot{I}_p$$

$$= \sum_{j=1}^{p} Z_{ij}\dot{I}_j - (Z_{ik} - Z_{im})\dot{I}_{km} \tag{3-25}$$

现在要设法用节点注入电流来表示 $\dot{I}_{km}$，从而消去上式中的 $\dot{I}_{km}$，便可求得新的阻抗矩阵元素的计算公式。式（3-25）对任何节点都成立，将它用于节点 k 和节点 m，便得

$$\dot{U}_k = \sum_{j=1}^{p} Z_{kj}\dot{I}_j - (Z_{kk} - Z_{km})\dot{I}_{km}$$

$$\dot{U}_m = \sum_{j=1}^{p} Z_{mj}\dot{I}_j - (Z_{mk} - Z_{mm})\dot{I}_{km}$$

而阻抗为 z_{km} 的连支电压方程为

$$\dot{U}_k - \dot{U}_m = z_{km}\dot{I}_{km}$$

将 $\dot{U}_k$ 和 $\dot{U}_m$ 的表达式代入上式，便可解出

$$\dot{I}_{km} = \frac{1}{Z_{kk} + Z_{mm} - 2Z_{km} + z_{km}} \sum_{j=1}^{p} (Z_{kj} - Z_{mj})\dot{I}_j$$

将 $\dot{I}_{km}$ 的表达式代入式（3-25），经过整理便得

$$\dot{U}_i = \sum_{j=1}^{p} \left[Z_{ij} - \frac{(Z_{ik} - Z_{im})(Z_{kj} - Z_{mj})}{Z_{kk} + Z_{mm} - 2Z_{km} + z_{km}} \right] \dot{I}_j = \sum_{j=1}^{p} Z'_{ij}\dot{I}_j$$

于是有

$$Z'_{ij} = Z_{ij} - \frac{(Z_{ik} - Z_{im})(Z_{kj} - Z_{mj})}{Z_{kk} + Z_{mm} - 2Z_{km} + z_{km}} \quad (i, j = 1, 2, \cdots, p) \tag{3-26}$$

这就是追加连支后阻抗矩阵元素的计算公式，其中 $z_{ij}(i, j = 1, 2, \cdots, p)$ 为连支接入前的原有值。

如果连支所接的节点中，有一个是零电位点，例如 m 为接地点，则称这连支为接地连支，设其阻抗为 z_{k0}，上述计算公式将变为

$$Z'_{ij} = Z_{ij} - \frac{Z_{ik}Z_{kj}}{Z_{kk} + z_{k0}} \tag{3-27}$$

这里顺便讨论一种情况。如果在节点 k、m 之间接入阻抗为零的连支，这就相当于把节点 k、m 合并为一个节点。根据式（3-26），第 k 列和第 m 列的元素将分别为

$$Z'_{ik} = Z_{ik} - \frac{(Z_{ik} - Z_{im})(Z_{kk} - Z_{mk})}{Z_{kk} + Z_{mm} - 2Z_{km}}$$

$$Z'_{im} = Z_{im} - \frac{(Z_{ik} - Z_{im})(Z_{km} - Z_{mm})}{Z_{kk} + Z_{mm} - 2Z_{km}} \quad (i = 1, 2, \cdots, p)$$

可以证明，$Z'_{ik} = Z'_{im}$，同样地，也有 $Z'_{ki} = Z'_{mi}$。

上述关系说明，如将 k、m 两节点短接，经过修改后，第 k 行（列）和第 m 行（列）的对应元素完全相同。只要将原来这两个节点的注入电流合并到其中的一个节点，另一个节

点即可取消并删去阻抗矩阵中对应的行和列，使矩阵降低一阶。

3. 追加变压器支路

电力网络中包含许多变压器。在追加变压器支路时，也可以区分为追加树支和追加连支两种情况。变压器一般用一个等效阻抗同一个理想变压器相串联的支路来表示。

假定在已有 p 个节点的网络中的节点 k 接一变压器树支，并引出新节点 q（见图 3-12a）。这时阻抗矩阵将扩大一阶。因为新接支路没有电流，它的接入不会改变网络原有部分的电压分布状况，因此，阻抗矩阵原有部分的元素将保持不变。

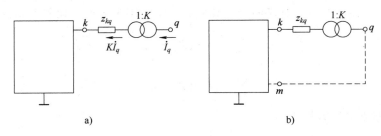

图 3-12　追加变压器树支 a）和连支 b）

新增一行（列）的元素可以这样得。当网络中任一节点 i 单独注入电流 $\dot{I}_t$，而所有其他节点的注入电流都为零时，都有 $\dot{U}_q = K\dot{U}_k$，或 $Z_{qi}\dot{I}_i = KZ_{ki}\dot{I}_i$，因而

$$Z_{qi} = KZ_{ki} \quad (i=1,2,\cdots,p) \tag{3-28}$$

另一方面，当节点 q 单独注入电流 $\dot{I}_q$ 时，从网络原有部分看来，相当于从节点 k 注入电流 $K\dot{I}_q$，故有

$$Z_{iq} = KZ_{ik} \quad (i=1,2,\cdots,p) \tag{3-29}$$

这时，节点 q 的电压将为

$$\dot{U}_q = (\dot{U}_k + z_{kq}K\dot{I}_q)K = (Z_{kk}K\dot{I}_q + z_{kq}K\dot{I}_q)K = Z_{qq}\dot{I}_q$$

由此可得

$$Z_{qq} = (Z_{kk} + z_{kq})K^2 \tag{3-30}$$

在网络的已有节点 k、m 之间追加变压器连支时，阻抗矩阵的阶次不变，但要修改它的全部元素。矩阵元素计算公式的推导可以分两步进行（见图 3-12b）。第一步是从节点 k 追加变压器树支，引出新节点 q，将阻抗矩阵扩大一阶，并按照式（3-28）~式（3-30）计算新增加第 q 行和第 q 列的元素。第二步在节点 q 和节点 m 之间追加阻抗为零的连支，应用式（3-26）修改第一步所得矩阵中除第 q 行和第 q 列以外的全部元素，并将第 q 行和第 q 列舍去。按照上述步骤可以推导出追加变压器连支后阻抗矩阵的元素计算公式为

$$Z'_{ij} = Z_{ij} - \frac{(KZ_{ik} - Z_{im})(KZ_{kj} - Z_{mj})}{(Z_{kk} + Z_{km})K^2 + Z_{mm} - 2KZ_{km}} \quad (i,j=1,2,\cdots,p) \tag{3-31}$$

3.3.3　用线性方程直接解法对导纳矩阵求逆

节点导纳矩阵同节点阻抗矩阵互为逆矩阵。导纳矩阵很容易形成，因此，在电力系统计算中常采用对导纳矩阵求逆的方法来得到阻抗矩阵。矩阵求逆有各种不同的算法，这里只介绍解线性方程组的求逆法。

记单位矩阵为 1，将 $YZ = 1$ 展开为

$$
\begin{bmatrix}
Y_{11} & Y_{12} & \cdots & Y_{1n} \\
Y_{21} & Y_{22} & \cdots & Y_{2n} \\
\vdots & \vdots & & \vdots \\
Y_{n1} & Y_{n2} & \cdots & Y_{nn}
\end{bmatrix}
\begin{bmatrix}
Z_{11} & Z_{12} & \cdots & Z_{1n} \\
Z_{21} & Z_{22} & \cdots & Z_{2n} \\
\vdots & \vdots & & \vdots \\
Z_{n1} & Z_{n2} & \cdots & Z_{nn}
\end{bmatrix}
=
\begin{bmatrix}
1 & & & \\
& 1 & & \\
& & \ddots & \\
& & & 1
\end{bmatrix}
\tag{3-32}
$$

将阻抗矩阵和单位矩阵都按列进行分块，并记

$$
\boldsymbol{Z}_j = \begin{bmatrix} Z_{1j} & Z_{2j} & \cdots & Z_{nj} \end{bmatrix}^{\mathrm{T}}
$$

$$
\boldsymbol{e}_j = \begin{bmatrix} 0 & \cdots & 0 & \underset{\text{第}j\text{个}}{1} & 0 & \cdots & 0 \end{bmatrix}^{\mathrm{T}}
$$

是由阻抗矩阵的第 j 列元素组成的列向量，e_j 是第 j 个元素为 1，其余所有元素为零的单位列向量。这样，就可将方程组（3-32）分解为 n 组方程组，其形式为

$$
\boldsymbol{Y}\boldsymbol{Z}_j = \boldsymbol{e}_j \quad (j = 1, 2, \cdots, n)
\tag{3-33}
$$

方程组（3-33）具有明确的物理意义：若把 e_j 当作节点注入电流的列向量，Z_j 就是节点电压的列向量，当只有节点 j 注入单位电流，其余节点的电流都等于零时，网络各节点的电压在数值上就与阻抗矩阵的第 j 列的对应元素相等。

对节点导纳矩阵进行 LDU 分解，可将方程组（3-33）写成

$$
\mathbf{LDU}\boldsymbol{Z}_j = \boldsymbol{e}_j
$$

这个方程可以分解为三个方程组：

$$
\begin{cases}
\boldsymbol{LF} = \boldsymbol{e}_j \\
\boldsymbol{DH} = \boldsymbol{F} \\
\boldsymbol{UZ}_j = \boldsymbol{H}
\end{cases}
\tag{3-34}
$$

与附录 B 中的方程组（B-27）对比，单位列向量 e_j 相当于常数向量 $\boldsymbol{B}$，阻抗矩阵的第 j 列 Z_j 相当于待求向量 $\boldsymbol{X}$。利用附录 B 中的式（B-22）、式（B-29）和式（B-14），计及 e_j 的特点，可得节点阻抗矩阵第 j 列元素的计算公式为

$$
f_i =
\begin{cases}
0 & i < j \\
1 & i = j \\
-\displaystyle\sum_{k=j}^{i-1} l_{ik} f_k & i > j
\end{cases}
\tag{3-35}
$$

$$
h_i =
\begin{cases}
0 & i < j \\
f_i / d_{ii} & i \geq j
\end{cases}
\tag{3-36}
$$

$$
Z_{ij} = h_i - \sum_{k=i+1}^{n} u_{ik} Z_{kj} \quad i = n, n-1, \cdots, 1
\tag{3-37}
$$

必须注意，由于节点导纳矩阵的元素是复数，三角分解所得的因子矩阵的元素也是复数，因此在应用上述公式时，都要作复数运算。又因为导纳矩阵是对称矩阵，它的因子矩阵 $\boldsymbol{L}$ 和 $\boldsymbol{U}$ 互为转置矩阵，故只需保留其中的一个。只保留 $\boldsymbol{L}$ 矩阵时，式（3-37）中的 u_{ik} 应换成 l_{ki}；只保留 $\boldsymbol{U}$ 矩阵时，式（3-35）中的 l_{ki} 应换成 u_{ki}。

应用式（3-35）~式（3-37），对列标 j 依次取 n，$n-1$，$\cdots$，1，就可以求得阻抗矩阵的全部元素。在实际计算中也可以根据需要只计算某一列或几列的元素。这种求取节点阻抗矩阵元素的方法，灵活方便，演算迅速，很有实用价值。

3.4 节点编号顺序的优化

节点导纳矩阵是稀疏矩阵。如果每个节点所联接的非接地支路平均不超过 4 条，则 Y 矩阵的每一行（或列）的非零元素平均不超过 5 个。对于有 100 个节点的网络，导纳矩阵中的零元素将占 95% 以上；对于有 1000 个节点的网络，导纳矩阵中的零元素将占 99.5% 以上。这些零元素无需存储，也不必参加运算。但是在直接解法中，需要反复应用的则是对 Y 矩阵进行三角分解所得的因子矩阵。在这种分解过程中，Y 矩阵的稀疏性能否保持，或者能保持到什么程度，这是一个值得研究的问题。

对导纳矩阵作三角分解，假定只保留上三角部分，则有 $DU = R = Y^{(n-1)}$。由附录 B 的式（B-23）可知

$$d_{ii} = Y_{ii}^{(i-1)}$$
$$u_{ij} = Y_{ij}^{(i-1)}/d_{ii} = Y_{ij}^{(i-1)}/Y_{ij}^{(i-1)} \quad (i<j)$$

可见矩阵 $Y^{(n-1)}$ 的元素分布状况正好反映了因子矩阵 D 和 U 的元素分布状况。因此，要分析三角分解后能否保持 Y 矩阵的稀疏性，只要比较一下 Y 矩阵的上三角部分与矩阵 $Y^{(n-1)}$ 的元素分布状况就可以了。Y 矩阵的对角线元素一般不为零，D 矩阵的元素也不为零。

至于 $Y^{(n-1)}$ 的非对角线元素，根据式（3-14）为

$$Y_{ij}^{(i-1)} = Y_{ij} - \sum_{k=1}^{i-1} \frac{Y_{ki}^{(k-1)} Y_{kj}^{(k-1)}}{Y_{kk}^{(k-1)}} \quad (i<j)$$

对于这个表达式，一般不考虑右端 $\sum$ 符号下的总和正好等于 Y_{ij} 的情况。因此，若 $Y_{ij} \neq 0$，则也有 $Y_{ij}^{(i-1)} = 0$。当 $Y_{ij} = 0$ 时，如果不考虑 $\sum$ 符号下各项之和正好等于零的情况，则只要符号下有任一项

$$\frac{Y_{ki}^{(k-1)} Y_{kj}^{(k-1)}}{Y_{kk}^{(k-1)}} \neq 0 \quad (k<i<j)$$

便有 $Y_{ij}^{(i-1)} \neq 0$，对于这种情况，我们称之为在 Y 矩阵的三角分解中出现了非零注入元（或"填入"）。根据 3.2 节所作的分析，这一非零项正好是消去节点 k 时在节点 i 和节点 j 之间出现的新支路的导纳值。这就是说，如果节点 i、j 间原先没有直接支路（即 $Y_{ij} = 0$），但在已消去 $k-1$ 个节点的等效网络中，它们都同一个较小编号的节点 $k(k<i<j)$ 有直接支路联系（即 $Y_{ki}^{(k-1)} \neq 0$）和 $Y_{kj}^{(k-1)} \neq 0$），那么在消去节点 k 时，必然会在节点 i 和节点 j 之间出现一条新支路。这就是非零注入元出现的根据。还需指出，根据同样的道理，即使有 $Y_{ij} = 0$，也不一定有 $Y_{ki}^{(k-1)} = 0$。因此，先前消去节点时所出现的新支路，会对以后继续消去节点时非零元的出现产生影响。

节点的编号反映了高斯消去法的消元次序，也代表了星网变换时的节点消去次序。我们对图 3-7a 所示的网络采用不同的节点编号，分析 Y 矩阵三角分解时非零元的注入情况。Y 矩阵只存放上三角部分，以·表示它的非零元素，以×表示消元结束后所得上三角矩阵中的非零注入元。Y 矩阵中上三角部分的非零非对角线元素的数目等于网络的非接地支路数，而与节点的编号无关。但是这些非零元素的分布则取决于节点编号。

在图 3-13 所示的三种节点编号下，Y 矩阵上三角部分都有两个零元素。图 3-13a 所示的

节点编号与图 3-7 的相同。由例 3-3 可知，消去节点 1 时所作的星网变换使节点 2、4 间，节点 2、3 间和节点 3、4 间都出现了新支路。节点 2、4 间的新支路可同原有支路合并，而节点 2、3 间和节点 3、4 间原来是没有支路的，这两条新增支路便构成了三角分解中的非零注入元。如果采用图 3-13b 所示的节点编号，通过星网变换可知，将没有一个非零注入元出现。而在图 3-13c 所示的节点编号下，将出现一个非零注入元，它相当于消去节点 2 时在节点 3、4 间出现的新支路。由此可见，在三角分解中非零注入元的数目同节点编号有密切的关系。

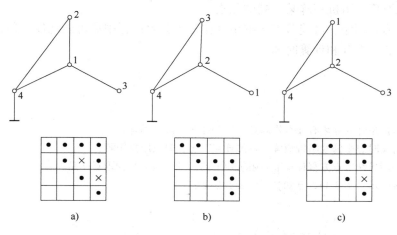

图 3-13　不同节点编号下非零注入元分布状况

一个有 k 条支路的星形电路的中心节点被消去时，将在原星形电路的 k 个顶点之间出现 $C_k^2 = \frac{1}{2}k(k-1)$ 条支路。如果这 k 节点之间，原来已存在 d 条支路，那么新增加的支路数，也就是非零注入元的数目为

$$\Delta p = \frac{1}{2}k(k-1) - d \tag{3-38}$$

为了减少注入元的数目，应该尽量避免先消节点出现大量新增支路的情况。由此可以得到节点编号顺序优化的原则是：消去时增加新支路最少的节点应该优先编号。

在进行节点优化编号时，由于新增支路数 Δp 的计算比较复杂，因此实际上往往略去式（3-38）中的 d，把节点编号顺序优化的原则简化为按节点的联接支路数 k（接地支路除外）最少进行编号。在具体执行时，对联接支路数 k 或新增支路数 Δp 又有不同的算法。如果按网络的原始接线图算出每一节点的 k 值或 Δp 值，并认为这些数值在整个编号过程中都保持不变，则称这种优化编号为静态的。如果在编号过程中，每消去一个节点，都根据网络接线的变化对未消节点的 k 值或 Δp 值进行修改，则称这种优化编号为动态的。显然，动态地按新增支路数最少的原则进行节点编号，效果最佳，但程序最复杂。

3.5　小结

电力网络的稳态可用一组线性代数方程来描述。在电力系统分析中，最常用的是节点分析法。该方法以节点电压为状态量，需要建立节点方程。节点方程有导纳型和阻抗型两种。

根据网络的结构和参数，可以直观地形成节点导纳矩阵。节点导纳矩阵的特点是，高度稀疏、对称和易于修改。

高斯消去法是简化网络、求解网络方程的有效方法。高斯消去法可看作是带电流移置的星网变换的数学概括，消节点的星网变换则可看作是高斯消去法的一种物理背景。

节点阻抗矩阵是节点导纳矩阵的逆。根据节点阻抗矩阵元素的物理意义，可以导出用支路追加法形成阻抗矩阵时各元素的计算公式。采用线性方程组的直接解法求解导纳型网络方程，可以方便地算出阻抗矩阵某一列的元素。

优化节点编号顺序，可使节点导纳矩阵在三角分解过程中尽可能地保持稀疏性，减少非零注入元，以节约内存和计算时间。

3.6 复习题

3-1 节点阻抗矩阵的元素有什么物理意义？为什么一般是满阵？

3-2 追加树支时怎么修改阻抗矩阵？追加连支时怎么修改阻抗矩阵？

3-3 如何利用导纳节点方程计算节点阻抗矩阵的一列元素？其物理意义是什么？

3-4 系统接线示于图 3-14，已知各元件参数如下：

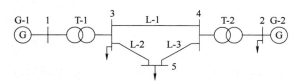

图 3-14 习题 3-4 系统接线图

发电机 G-1：$S_N = 120MVA$，$x_d'' = 0.23$；G-2：$S_N = 60MVA$，$x_d'' = 0.14$。

变压器 T-1：$S_N = 120MVA$，$U_S = 10.5\%$；T-2：$S_N = 60MVA$，$U_S = 10.5\%$。

线路参数：$x_1 = 0.4\Omega/km$，$b_1 = 2.8 \times 10^{-6} S/km$。线路长度 L-1：120km，L-2：80km，L-3：70km。取 $S_B = 120MVA$，$V_B = V_{av}$，试求标幺制下的节点导纳矩阵。

3-5 对图 3-14 所示电力系统，试就下列两种情况分别修改节点导纳矩阵：1）节点 5 发生三相短路；2）线路 L-3 中点发生三相短路。

3-6 在图 3-15 所示的 4 节点网络中，已给出支路阻抗的标幺值和节点编号，试用支路追加法求节点阻抗矩阵。

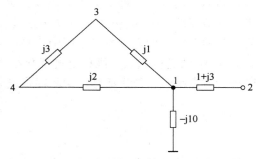

图 3-15 习题 3-6 4 节点网络

3-7 3 节点网络如图 3-16 所示,各支路阻抗标幺值已注明图中。试根据节点导纳矩阵和节点阻抗矩阵元素的物理意义计算各矩阵元素。

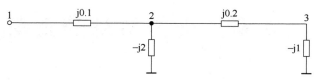

图 3-16 习题 3-7 3 节点网络

3-8 简单网络如图 3-17 所示,已知各支路阻抗标幺值,试用支路追加法形成节点阻抗矩阵。试问,如支路追加顺序不同对计算量有何影响? 如另选一种节点编号,对计算量又将有何影响?

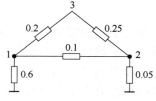

图 3-17 习题 3-8 简单网络

3-9 图 3-18 所示为一 5 节点网络,已知各支路阻抗标幺值及节点编号顺序,则

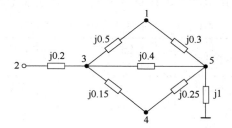

图 3-18 习题 3-9 5 节点网络

1) 形成节点导纳矩阵 $\mathbf{Y}$。
2) 对 $\mathbf{Y}$ 矩阵进行 LDU 分解。
3) 计算与节点 4 对应的一列阻抗矩阵元素。

第4章 电力系统的负荷

本章简要介绍负荷的组成、负荷曲线和负荷特性及其数学描述等问题。

4.1 负荷的组成

系统中所有电力用户的用电设备所消耗的电功率总和就是电力系统的负荷，亦称电力系统的综合用电负荷，它是把不同地区、不同性质的所有用户的负荷总和加起来而得到的。

系统中主要的用电设备大致有异步电动机、同步电动机、电热装置、整流装置和照明设备等。根据用户的性质，用电负荷也可以分为工业负荷、农业负荷、交通运输业负荷和人民生活用电负荷等。在不同性质的用户中，上述各类用电设备消耗功率所占的比重是不同的。在工业负荷中，对于不同的行业，这些用电设备消费功率所占的比重也不相同。某电力系统曾对若干工业部门各类设备用电功率的比重做过统计，其结果见表4-1。

表 4-1　几个工业部门用电设备比重的统计　　　　　　　　　（单位:%）

用电设备	综合性中小工业	纺织工业	化学工业（化肥厂、焦化厂）	化学工业（电化厂）	大型机械加工工业	钢铁工业
异步电动机	79.1	99.8	56.0	13.0	82.5	20.0
同步电动机	3.2		44.0		1.3	10.0
电热装置	17.7	0.2			15.2	70.0
整流装置				87.0	1.2	
合计	100.0	100.0	100.0	100.0	100.0	100.0

综合用电负荷加上电力网的功率损耗就是各发电厂应该供给的功率，称为电力系统的供电负荷。供电负荷再加上发电厂厂用电消耗的功率就是各发电厂应该发出的功率，称为电力系统的发电负荷。

4.2 负荷曲线

实际的系统负荷是随时间变化的，其变化规律可用负荷曲线来描述。常用的负荷曲线有日负荷曲线和年负荷曲线。图4-1所示的电力系统日负荷曲线描述了一天24h负荷的变化情况。负荷曲线中的最大值称为日最大负荷 P_{max}（又称峰荷），最小值称为日最小负荷 P_{min}（又称谷荷）。为了方便计算，实际上常把连续变化的曲线绘制成阶梯形，如图4-1b所示。

根据日负荷曲线可以计算一日的总耗电量，即

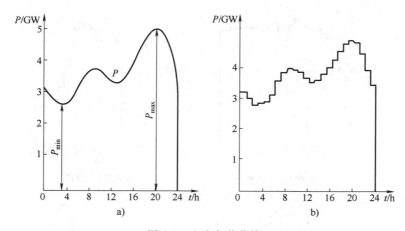

图 4-1　电力负荷曲线

$$W_d = \int_0^{24} P\mathrm{d}t$$

故日平均负荷为

$$P_{av} = \frac{W_d}{24} = \frac{1}{24}\int_0^{24} P\mathrm{d}t \tag{4-1}$$

为了说明负荷曲线的起伏特性，常引用这样两个系数：负荷率 k_m 和最小负荷系数 α。

$$k_m = \frac{P_{av}}{P_{max}} \tag{4-2}$$

$$\alpha = \frac{P_{min}}{P_{max}} \tag{4-3}$$

这两个系数不仅用于日负荷曲线，也可用于其他时间段的负荷曲线。

对于不同性质的用户，负荷曲线是不同的。一般说来，负荷曲线的变化规律取决于负荷的性质、厂矿企业生产发展情况及作息制度、用电地区的地理位置、当地气候条件和人民生活习惯等。三班制连续生产的重工业，例如钢铁工业的日负荷曲线如图 4-2a 所示，曲线比较平坦，最小负荷系数达到 0.85。一班制生产的轻工业，如食品工业的日负荷曲线如图 4-2b 所示，负荷变化幅度大，最小负荷系数只有 0.13。非排灌季节的农业日负荷曲线如图 4-2c 所示，农村加工用电每天仅 12h。市政生活负荷曲线中存在明显的照明用电高峰，如图 4-2d 所示。在电力系统中各用户的日最大负荷不会都在同一时刻出现，日最小负荷也不会在同一时刻出现。因此，系统的最大负荷总是小于各用户最大负荷之和，而系统的最小负荷总是大于各用户最小负荷之和。

日负荷曲线对电力系统的运行非常重要，它是安排日发电计划和确定系统运行方式的重要依据。

年最大负荷曲线描述一年内每月（或每日）最大有功功率负荷变化的情况，它主要用来安排发电设备的检修计划，同时也为制定发电机组或发电厂的扩建或新建计划提供依据。图 4-3 所示为年最大负荷曲线，其中划斜线的面积 A 代表各检修机组的容量和检修时间的乘积之和，B 是系统新装的机组容量。

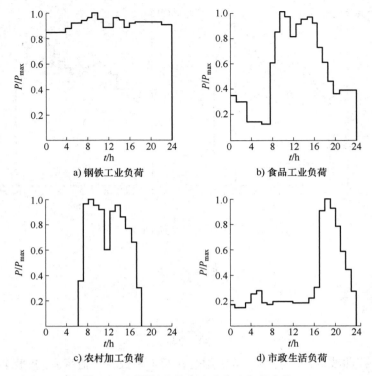

图 4-2　不同行业的有功功率日负荷曲线

　　在电力系统的运行分析中，还经常用到年持续负荷曲线，它按一年中系统负荷的数值大小及其持续小时数顺序排列而绘制成。例如，在全年 8760h 中，有 t_1 小时负荷值为 P_1（即最大值 P_{max}），t_2 小时负荷值为 P_2，t_3 小时负荷值为 P_3，于是可绘出如图 4-4 所示的年持续负荷曲线。在安排发电计划和进行可靠性估算时，常用到这种曲线。

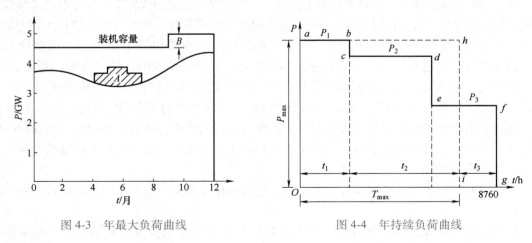

图 4-3　年最大负荷曲线　　　　　　　图 4-4　年持续负荷曲线

　　根据年持续负荷曲线可以确定系统负荷的全年耗电量为

$$W = \int_0^{8760} P \mathrm{d}t$$

如果负荷始终等于最大值 P_{max}，经过 T_{max} 小时后所消耗的电能正好等于全年的实际耗电量，则称 T_{max} 为最大负荷利用小时数，即

$$T_{max} = \frac{W}{P_{max}} = \frac{1}{P_{max}} \int_0^{8760} P dt \tag{4-4}$$

对于图 4-4 所示的年持续负荷曲线，若使矩形面积 $OahiO$ 与面积 $OabcdefgO$ 相等，则线段 $\overline{Oi}$ 即等于 T_{max}。

根据电力系统的运行经验，各类负荷的 T_{max} 的数值大体有一个范围（见表 4-2）。

表 4-2　各类用户的年最大负荷利用小时数

负荷类型	T_{max}/h
户内照明及生活用电	2000~3000
一班制企业用电	1500~2200
二班制企业用电	3000~4500
三班制企业用电	6000~7000
农灌用电	1000~1500

在设计电网时，用户的负荷曲线往往是未知的。如果知道用户的性质，就可以选择适当的 T_{max} 值，从而近似地估算出用户的全年耗电量，即 $W = P_{max}T_{max}$。

4.3　负荷特性与负荷模型的基本概念

在电力系统分析计算中，常将电力网覆盖的广大地区内难以胜数的电力用户合并为数量不多的负荷，分接在不同地区不同电压等级的母线上。每一个负荷都代表一定数量的各类用电设备及相关的变配电设备的组合，这样的组合亦称为综合负荷。各个综合负荷功率大小不等，成分各异。一个综合负荷可能代表一个企业，也可能代表一个地区。

综合负荷的功率一般是要随系统的运行参数（主要是电压和频率）的变化而变化的，反映这种变化规律的曲线或数学表达式称为负荷特性。负荷特性包括动态特性和静态特性。动态特性反映电压和频率急剧变化时负荷功率随时间的变化。静态特性则代表稳态下负荷功率和电压与频率的关系。当频率维持额定值不变时，负荷功率与电压的关系称为负荷的电压静态特性。当负荷端电压维持额定值不变时，负荷功率与频率的关系称为负荷的频率静态特性。各类用户的负荷特性依其用电设备的组成情况而不同，一般是通过实测确定。图 4-5 表示由 6kV 电压供电的中小工业负荷的静态特性。

负荷模型是指在电力系统分析计算中对负荷特性所作的物理模拟或数学描述。显然，负荷模型也可分为动态模型和静态模型。将负荷的静态特性用数学公式表述出来，就是负荷的静态数学模型。负荷的电压静态特性常用以下二次多项式表示。

$$P = P_N [a_p(U/U_N)^2 + b_p(U/U_N) + c_p] \tag{4-5}$$

$$Q = Q_N [a_q(U/U_N)^2 + b_q(U/U_N) + c_q] \tag{4-6}$$

式中，U_N 为额定电压；P_N 和 Q_N 为额定电压时的有功功率和无功功率，各个系数可根据实际的电压静态特性用最小二乘法拟合求得，这些系数应满足

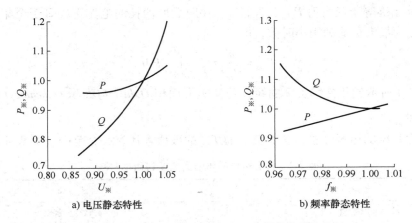

a) 电压静态特性　　　　　　　b) 频率静态特性

图 4-5　由 6kV 电压供电的中小工业负荷的静态特性

负荷组成：异步电动机 79.1%；同步电动机 3.2%；电热电炉 17.7%

$$\begin{cases} a_p+a_p+c_p=1 \\ a_q+a_q+c_q=1 \end{cases} \tag{4-7}$$

式（4-5）和式（4-6）表明，负荷的有功功率和无功功率都由三个部分组成，第一部分与电压的二次方成正比，代表恒定阻抗消耗的功率；第二部分与电压成正比，代表与恒电流负荷相对应的功率；第三部分为恒功率分量。

负荷的频率静态特性也可以用类似的多项式表示。当电压和频率都在额定值附近小幅度变化时，还可以对静态特性作线性化处理，将负荷功率表示为

$$P=P_N(1+k_{pv}\Delta U) \tag{4-8}$$
$$Q=Q_N(1+k_{qv}\Delta U) \tag{4-9}$$

和

$$P=P_N(1+k_{pf}\Delta f) \tag{4-10}$$
$$Q=Q_N(1+k_{qf}\Delta f) \tag{4-11}$$

式中，$\Delta U=(U-U_N)/U_N$；$\Delta f=(f-f_N)/f_N$。

需要同时考虑电压和频率的变化时，也可以采用

$$P=P_N(1+k_{pv}\Delta U)(1+k_{pf}\Delta f) \tag{4-12}$$
$$Q=Q_N(1+k_{qv}\Delta U)(1+k_{qf}\Delta f) \tag{4-13}$$

负荷的静态特性还有另外一种表示形式，如幂函数形式，此处不再列举。

反映负荷动态特性的数学模型一般都由微分方程和代数方程组成，并且根据所研究问题的不同要求采用不同的数学表达式。

建立综合负荷的动态模型，无论是物理模型还是数学模型，都包含制定模型结构和确定模型参数这两个问题。综合负荷所代表的用电设备数量很大，分布很广，种类繁多，其工作状态又带有随机性和时变性（甚至是跃变性），联接各类用电设备的配电网的结构也可能发生变化。由于上述种种情况，怎样才能建立一个既准确又实用的负荷模型的问题至今仍未很好地解决。

在电力系统分析计算中，发电机、变压器和电力线路常用等效电路代表，并由此组成电力系统的等效网络。负荷是电力系统的重要组成部分，用等效电路代表综合负荷是很自然

的，也是合理的。最常采用的综合负荷等效电路有：含源等效阻抗（或导纳）支路、恒定阻抗（或导纳）支路、异步电动机等效电路（即阻抗值随转差而变的阻抗支路）以及这些电路的不同组合。

4.4　综合负荷的数学建模

负荷是电力系统的一个重要组成部分。分析电力系统在各种状态下的行为必须建立负荷的数学模型。建立某一种具体的用电设备的数学模型相对来说并不十分困难，但是在电力系统分析中，没有必要也不可能对成千上万个具体负荷逐个地进行描述。因而本节中所说的负荷是指接在一个节点上的所有电气设备，即除了最末端的各种用电设备外，还可能包括带有载调压分接头的降压变压器，输配电线路，各种无功补偿、调压装置，甚至一些容量很小的发电机等。这些设备通过这个节点从系统中取用的有功功率和无功功率与该节点的电压及系统频率的关系式即称为该节点负荷的数学模型。显然，对于不同的节点，例如住宅区、商业区、工业区和农村，负荷的构成是大不相同的。另外，即使对同一个节点，在不同的时间，如一年中不同的季节、一周中不同的天、一天中不同的小时，负荷的构成也在变化。由于负荷的多样性、随机性和时变性，建立完全精确的数学模型是十分困难的工作。大量的研究表明，负荷的数学模型合适与否可明显地影响系统分析的结论。从系统运行分析与控制的角度讲，不恰当的负荷数学模型会使分析结果与实际不符，或偏保守而降低对系统的利用，或偏乐观而给系统带来潜在的危险。更困难的是，目前尚无法证明采用某种负荷模型对任何扰动都是保守的或者是乐观的。正因为建立负荷数学模型的重要性和复杂性，多年以来，国内外都对这一工作进行了大量的研究而使其成为一个专门的研究领域。建立负荷数学模型的方法有很多，总体上可以分为"统计综合法"与"总体辨测法"两大类。统计综合法是将节点负荷看成个别用户的集合，先将这些用户的用电器分类，并确定各种类型的用电器的平均特性，然后统计出各类用电器所占的比重，从而综合得出总的负荷模型。总体辨测法是先从现场采集测量数据，然后确定一个合适的负荷数学模型结构，再根据现场的测试数据辨识出模型中所含的参数值。两种方法各有优缺点。前者简单易行，但准确性差；后者可以采用现代系统辨识理论对现场测量数据进行分析，从而得出与实际更为接近的数学模型。但是由于实际系统很难使电压、频率大范围变化，因此获得准确的负荷动态特性仍有困难。总之，负荷建模问题目前仍是一个正在研究中的问题，还没有十分成熟的方法。

对负荷模型本身的分类方法有很多。从模型是否反映负荷的动态特性来看，可以分为静态模型和动态模型。显然，静态模型是代数方程式而动态模型是微分方程式。从模型是否线性可分为线性模型与非线性模型。从模型是否与系统频率相关分为电压相关模型和频率相关模型。传统上将既与电压相关也与频率相关的模型归入频率相关模型。从模型的导出方式区分，可分为机理式模型和输入输出式模型。机理式模型有比较明确的物理意义，易于理解，多适用于负荷种类比较单一的情况；非机理式模型主要关心输入输出之间的数学关系。由于篇幅所限，本节接下来将介绍目前常用的几种负荷模型。

最简单的负荷模型是将负荷用恒定阻抗模拟，即认为在暂态过程中负荷的等效阻抗保持不变，其数值由扰动前稳态情况下负荷所吸收的功率和负荷节点的电压来决定。这种模型十分粗略，但由于其简单，在计算精度要求不太高的情况下仍有广泛应用。

4.4.1 负荷的静态特性模型

负荷的静态特性是指当电压或频率变化比较缓慢时，负荷吸收的功率与电压或频率的关系。通常有以下几种形式：

4.4.1.1 用多项式表示的负荷电压静特性和频率静特性

不计频率变化，负荷吸收的功率与节点电压的关系为

$$\begin{cases} P_L = P_{L0}\left[a_P\left(\dfrac{V_L}{V_{L0}}\right)^2 + b_P\left(\dfrac{V_L}{V_{L0}}\right) + c_P \right] = P_{L0}(a_P V_{L*}^2 + b_P V_{L*} + c_P) \\ Q_L = Q_{L0}\left[a_Q\left(\dfrac{V_L}{V_{L0}}\right)^2 + b_Q\left(\dfrac{V_L}{V_{L0}}\right) + c_Q \right] = Q_{L0}(a_Q V_{L*}^2 + b_Q V_{L*} + c_Q) \end{cases} \tag{4-14}$$

式中，P_{L0}、Q_{L0} 和 V_{L0} 分别为扰动前稳态情况下负荷所吸收的有功功率、无功功率和节点电压。参数 a_P、b_P、c_P、a_Q、b_Q 和 c_Q 对于不同的节点取值是不同的，但显然应满足

$$\begin{cases} a_P + b_P + c_P = 1 \\ a_Q + b_Q + c_Q = 1 \end{cases} \tag{4-15}$$

由式（4-14）可见，这种模型实际上相当于认为负荷由三部分组成。系数 a、b 和 c 分别表示了恒定阻抗（Z）、恒定电流（I）和恒定功率（P）部分在节点总负荷中所占的比例。因此这种负荷模型也称为负荷的 *ZIP* 模型。

由于暂态过程中系统频率的变化不大，所以负荷的频率静特性可用直线表示。不计电压变化时节点功率与系统频率的关系为

$$\begin{cases} P_L = P_{L0}\left(1 + k_P\dfrac{f-f_0}{f_0} \right) \\ Q_L = Q_{L0}\left(1 + k_Q\dfrac{f-f_0}{f_0} \right) \end{cases} \tag{4-16}$$

式中，P_{L0}、Q_{L0} 和 f_0 分别为扰动前稳态情况下负荷所吸收的有功功率、无功功率和系统频率。参数 k_P 和 k_Q 对不同的节点取值不同，其物理意义显然是节点功率在稳态运行点对频率变化的导数，即

$$\begin{cases} k_P = \dfrac{f_0}{P_{L0}}\dfrac{\mathrm{d}P_L}{\mathrm{d}f}\bigg|_{f=f_0} = \dfrac{\mathrm{d}P_{L*}}{\mathrm{d}f_*}\bigg|_{f=f_0} \\ k_Q = \dfrac{f_0}{Q_{L0}}\dfrac{\mathrm{d}Q_L}{\mathrm{d}f}\bigg|_{f=f_0} = \dfrac{\mathrm{d}Q_{L*}}{\mathrm{d}f_*}\bigg|_{f=f_0} \end{cases} \tag{4-17}$$

当同时计及电压与频率的变化时，负荷的数学模型为以上两种模型在标幺制表达式下的乘积，即

$$\begin{cases} P_{L*} = (a_P V_{L*}^2 + b_P V_{L*} + c_P)(1 + k_P\Delta f_*) \\ Q_{L*} = (a_Q V_{L*}^2 + b_Q V_{L*} + c_Q)(1 + k_Q\Delta f_*) \end{cases} \tag{4-18}$$

顺便指出，当用于系统计算时，必须注意对基准值进行折算，以使其与系统基准值一致。

4.4.1.2 用指数形式表示的负荷电压静特性

将负荷的电压静特性在稳态运行点附近表示成指数形式，不计频率变化的影响时为

$$\begin{cases} P_{\text{L}} = P_{\text{L0}} \left(\dfrac{V_{\text{L}}}{V_{\text{L0}}} \right)^{\alpha} \\[3mm] Q_{\text{L}} = Q_{\text{L0}} \left(\dfrac{V_{\text{L}}}{V_{\text{L0}}} \right)^{\beta} \end{cases} \tag{4-19}$$

对于综合负荷，其中指数 α 的取值通常在 $0.5 \sim 1.8$；指数 β 的取值随节点不同变化很大，典型值为 $1.5 \sim 6$。

当同时计及频率变化的影响时，

$$\begin{cases} \dfrac{P_{\text{L}}}{P_{\text{L0}}} = \left(\dfrac{V_{\text{L}}}{V_{\text{L0}}} \right)^{\alpha} \left(1 + k_{\text{P}} \dfrac{f - f_0}{f_0} \right) \\[3mm] \dfrac{Q_{\text{L}}}{Q_{\text{L0}}} = \left(\dfrac{V_{\text{L}}}{V_{\text{L0}}} \right)^{\beta} \left(1 + k_{\text{Q}} \dfrac{f - f_0}{f_0} \right) \end{cases} \tag{4-20}$$

必须指出，尽管负荷的静态模型由于其形式简单而在通常的电力系统稳定性计算中得到了广泛的应用，但是必须注意，当所涉及的节点电压幅值变化范围过大时，采用静态模型将使计算的误差过大。例如，由于放电性照明负荷在商业负荷中约占 20% 以上，当电压标幺值低至 0.7 时，灯将熄灭，从而取用的功率为零；当电压恢复时，经过一个短时间的延迟，灯又点亮。有些感应电动机还设有低电压保护，当电压低到某定值时电动机将从电网中切除。另外，电压过高时变压器饱和现象使得无功功率对节点电压的幅值变化十分敏感。以上各种因素使得当电压大范围变化时静态模型将不再直接适用。常用的处理方法是在不同的电压范围采用不同的模型参数，或者当电压低于 $0.3 \sim 0.7$ 时程序将负荷简单处理成恒定阻抗。

4.4.2 负荷的动态特性模型

当电压以较快的速度大范围变化时，采用纯静态负荷模型将带来较大的计算误差。尤其是对电压稳定性问题（亦称负荷稳定性问题）的研究，对负荷模型的精度要求很高。国内外对各种情况下，采用不同的负荷模型对计算结果的影响进行了大量的研究。研究表明，对负荷模型敏感的节点，必须采用动态模型。计算实践中经常把这种节点的负荷看成由两部分组成，一部分采用静态模型，另一部分采用动态模型。现代工业负荷的种类极其繁多，但占份额最大的是感应电动机。因此，负荷的动态特性主要由负荷中的感应电动机的暂态行为决定。下边介绍感应电动机的数学模型。按其数学模型的详细程度可分为计及机电暂态过程和只计及机械暂态过程两种模型。容量大的与容量小的感应电动机有明显不同的动态特性，容量小的只计及机械暂态过程即可。

4.4.2.1 考虑感应电动机机械暂态过程的负荷动态特性模型

这种模型忽略了负荷中感应电动机的电磁暂态过程而只计及感应电动机的机械暂态过程。对于一台感应电动机，由《电机学原理》可知，其动态过程可以由图 4-6 所示的感应电动机的等效电路来模拟。

图 4-6 中，X_1 和 X_2 分别为定子和转子的漏电抗；X_{μ} 为定子与转子间的互阻抗；R_2/s 为转子等效电阻。记系统频率和电动机转速分别为 ω 和 ω_{m}，则图中电动机的转差 $s = (\omega - \omega_{\text{m}})/\omega = 1 - \omega_{\text{m}*}$，服从电动机的转子运动方程

$$T_{\text{JM}} \frac{\mathrm{d}s}{\mathrm{d}t} = T_{\text{mM}} - T_{\text{eM}} \tag{4-21}$$

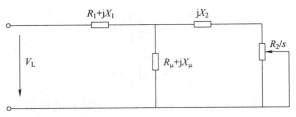

图 4-6　感应电动机的等效电路

式中，T_{JM} 为电动机转子与机械负载的等效转动惯量；T_{mM} 和 T_{eM} 分别为电动机的机械负载转矩与电磁转矩。上式的推导方法与同步发电机转子运动方程的推导方法相同，但需注意转矩的参考正向与同步发电机的相反。由上式可见，当负载转矩大于电磁转矩时感应电动机的转差增大，即转速下降。忽略电磁暂态过程时，感应电动机的电磁转矩可以表示为

$$T_{eM} = \frac{2T_{eMmax}}{\dfrac{s}{s_{cr}} + \dfrac{s_{cr}}{s}} \left(\frac{V_L}{V_{LN}}\right)^2 \tag{4-22}$$

式中，T_{eMmax} 为感应电动机在额定电压下的最大电磁转矩；s_{cr} 为感应电动机静态稳定临界转差。对于确定的感应电动机，不计系统频率变化时，T_{eMmax} 和 s_{cr} 为常数。V_L 和 V_{LN} 分别为感应电动机的端电压和额定端电压。感应电动机的机械转矩与机械负载的性质有关，通常是电动机转速的函数，过去常用下式给出：

$$T_{mM} = k\lfloor \alpha + (1-\alpha) \quad (1-s)^{p_m} \rfloor \tag{4-23}$$

式中，α 为机械负载转矩中与感应电动机转速无关的部分所占的比例；p_m 为与机械负载特性有关的指数；k 为电动机的负荷率。为了使计算程序具有良好的灵活性和兼容性，目前常用的机械转矩表达式为多项式与指数式的和：

$$\frac{T_{mM}}{T_{mM0}} = a_m \left(\frac{\omega_m}{\omega_{m0}}\right)^2 + b_m \frac{\omega_m}{\omega_0} + c_m + d_m \left(\frac{\omega_m}{\omega_{m0}}\right)^\gamma \tag{4-24}$$

式中，T_{mM0} 和 ω_{m0} 分别为扰动发生前的机械转矩与电动机转速；a_m、b_m、c_m、d_m 和 γ 为机械转矩的特征参数。注意参数 c_m 由下式求出：

$$c_m = 1 - (a_m + b_m + d_m) \tag{4-25}$$

由图 4-6 可以得出感应电动机的等效阻抗为

$$Z_M = R_1 + jX_1 + \frac{(R_\mu + jX_\mu)(R_2/s + jX_2)}{(R_\mu + R_2/s) + j(X_\mu + X_2)} \tag{4-26}$$

注意 Z_M 是电动机转差的函数。模型的输入变量为节点电压和系统频率，输出变量为等效阻抗。也就是说，当 V_L 和 ω 随时间变化的规律已知，求解上述方程即可得到 s，从而可以得到任意时刻的等效阻抗 Z_M。

前已述及，节点负荷是指接在节点上的所有电气设备，由于设备种类十分庞杂，因而其动态特性也十分复杂。接下来介绍用典型感应电动机模拟节点负荷的简化方法。注意问题的关键是获得任意时刻节点负荷的等效阻抗。

1）将稳态运行情况下节点负荷吸收的总功率 $P_{L(0)}$ 和 $Q_{L(0)}$ 按一定比例分为两部分。一部分用静态模型模拟，记其功率为 $P_{LS(0)}$ 和 $Q_{LS(0)}$，则对应的等效阻抗为 $Z_{LS(0)} = V_{L(0)}^2 / [P_{LS(0)} - jQ_{LS(0)}]$。另一部分用只考虑机械暂态过程的感应电动机模拟，记等效机的功率为

$P_{LM(0)}$ 和 $Q_{LM(0)}$，则对应等效机的等效阻抗为 $Z_{LM(0)} = V_{L(0)}^2 / [P_{LM(0)} - jQ_{LM(0)}]$。节点负荷的稳态等效阻抗为 $Z_{L(0)} = Z_{LS(0)} // Z_{LM(0)}$。

2）近似认为接在节点上的所有必须计及动态特性的设备都是某种典型感应电动机。这台典型机的模型参数为 $s_{(0)}$、T_{JM}、T_{eMmax}、s_{cr}、R_1、X_1、R_2、X_2、R_μ、X_μ 及 k、α、p_m 或 a_m、b_m、d_m、γ。由式（4-26）可求出典型机的稳态等效阻抗 $Z_{M(0)}$。显然，典型机的稳态等效阻抗未必等于等效机的稳态等效阻抗。

3）注意在暂态过程中，节点电压幅值和系统频率都是随时间变化的，由某种计算方法，求解系统方程及典型机的转子运动方程，可得 t 时刻典型机的转差 $s_{(t)}$、节点电压幅值 $V_{L(t)}$ 及系统频率 $\omega_{(t)}$，由式（4-26）可求出典型机在 t 时刻的等效阻抗 $Z_{M(t)}$；由负荷的静态模型可求出 t 时刻静态负荷的等效阻抗 $Z_{LS(t)}$。

4）认为在任何时刻等效机的等效阻抗与典型机的等效阻抗之比为常数。则等效机在 t 时刻的等效阻抗为

$$Z_{LM(t)} = (c_r + jc_i) Z_{M(t)} \tag{4-27}$$

式中的比例常数可由稳态条件求得：

$$c_r + jc_i = Z_{LM(0)} / Z_{M(0)} \tag{4-28}$$

至此可获得节点负荷在 t 时刻的等效阻抗

$$Z_{L(t)} = Z_{LS(t)} // Z_{LM(t)} \tag{4-29}$$

4.4.2.2 考虑感应电动机机电暂态过程的负荷动态特性模型

与前一种负荷模型相比，这种模型进一步考虑了感应电动机转子绕组中的电磁暂态过程。与同步电动机一样，由于定子绕组中的暂态过程十分迅速，感应电动机也不计定子绕组的电磁暂态过程。以下利用同步电动机数学模型，给出一种简单的推导方法。

实际上，就电动机的暂态过程方程而言，可以将感应电动机看成 d、q 轴完全对称的同步电动机。因此，在某些电力系统暂态分析程序中，就将感应电动机和同步电动机的模型统一处理。当感应电动机单独处理时，为简单起见，在同步电动机数学模型中，不计次暂态过程，认为 f 绕组与 g 绕组结构完全相同但 f 绕组短路。在这些条件下，令 $X_d = X_q = X$，$X_d' = X_q' = X'$，$e_{q2} = e_{d2} = e_q'' = e_d'' = 0$，$p\varphi_d = p\varphi_q = 0$，$T_{d0}' = T_{q0}'$，$\omega = 1 - s$，$R_a = R_1$，便可得标幺制下的感应电动机方程为

$$\begin{cases} v_q = (1-s)(e_q' - X' i_d) - R_1 i_q \\ v_d = (1-s)(e_d' + X' i_q) - R_1 i_d \\ T_{d0}' p e_q' = -e_q' - (X - X') i_d \\ T_{d0}' p e_d' = -e_d' + (X - X') i_q \end{cases} \tag{4-30}$$

上式中的电动机参数 X、X' 和 T_{d0}' 可以由图 4-6 中的参数导出。由于 d、q 轴完全对称及 f 绕组与 g 绕组结构完全相同，显然有

$$X_{af} = X_{ag} = X_\mu \tag{4-31}$$

这样，对定子侧，按同步电抗的定义，可得

$$X = X_d = X_q = X_1 + X_\mu \tag{4-32}$$

同理，对转子侧，有

$$X_f = X_g = X_2 + X_\mu \tag{4-33}$$

将式（4-32）和式（4-33）代入原始参数方程可得

$$X' = X'_d = X'_q = X_1 + \frac{X_2 X_\mu}{X_2 + X_\mu} \tag{4-34}$$

将式（4-33）代入原始参数方程可得

$$T'_{d0} = T'_{q0} = (X_2 + X_\mu)/R_2 \tag{4-35}$$

式（4-30）可以得到简化。将其从电动机自身的 $d-q$ 坐标系变换到系统的统一坐标系 $x-y$ 下。对时间的标幺值求导，有

$$p \begin{bmatrix} A_d \\ A_q \end{bmatrix} = \begin{bmatrix} \sin\delta & -\cos\delta \\ \cos\delta & \sin\delta \end{bmatrix} p \begin{bmatrix} A_x \\ A_y \end{bmatrix} + \begin{bmatrix} \cos\delta & \sin\delta \\ -\sin\delta & \cos\delta \end{bmatrix} \begin{bmatrix} A_x \\ A_y \end{bmatrix} p\delta \tag{4-36}$$

由 δ 的几何意义可知，上式中 $p\delta = -s$。则式（4-30）在 $x-y$ 坐标系下成为

$$\begin{cases} v_x = (1-s)e'_x + (1-s)X'i_y - R_1 i_x \\ v_y = (1-s)e'_y - (1-s)X'i_x - R_1 i_y \end{cases} \tag{4-37}$$

$$\begin{cases} T'_{d0} p e'_x = T'_{d0} s e'_y - e'_x + (X-X')i_y \\ T'_{d0} p e'_y = -T'_{d0} s e'_x - e'_y - (X-X')i_x \end{cases} \tag{4-38}$$

在准稳态的条件下，分别将式（4-36）和式（4-37）中的第二式乘 j 加到第一式上得

$$\dot{V}_L = (1-s)\dot{E}'_M - [R_1 + j(1-s)X']\dot{I}_M \tag{4-39}$$

$$T'_{d0} p \dot{E}'_M = -(1 + js T'_{d0})\dot{E}'_M - j(X-X')\dot{I}_M \tag{4-40}$$

式中，$\dot{V}_L = V_x + jV_y$，$\dot{I}_M = I_x + jI_y$，$\dot{E}'_M = E'_x + jE'_y$。顺便指出，在同步发电机模型中，不计次暂态过程时，由于 d、q 轴不对称，故不能化成式（4-39）和式（4-40）的形式。

注意同步电动机看作感应电动机的条件，可得感应电动机的电磁转矩为

$$T_{eM} = -(e'_q i_q + e'_d i_d) = -(e'_x i_x + e'_y i_y) \tag{4-41}$$

式中的负号是电动机的电磁转矩参考正向与同步电动机的相反所致。必须指出，由于感应电动机的模型沿用了发电机模型，因而电流的参考方向是流出电动机，即流入节点。

这样，式（4-21）、式（4-39）~式（4-41）和式（4-43）的负载机械转矩共同组成了考虑机电暂态过程的电动机数学模型。

负荷的动态数学模型还有其他形式，对于一些容量比较大的特殊负荷，还应单独建立它们的数学模型，例如大型的轧钢机、冶炼金属的电弧炉、电气机车、大型的温控设备、制氯厂、抽水蓄能电厂的同步电动机等。在长期稳定性分析中，变压器饱和效应、有载调压变压器的调整、无功补偿电压调节器的动作、低频低压减载装置的动作等都应在模型中反映。总之，负荷的建模工作还是一个正在发展中的工作。

4.5　小结

系统中所有电力用户的用电设备消耗的电功率的总和就是电力系统的负荷。

日负荷曲线是电力系统安排日发电计划和确定运行方式的重要依据。由于企业生产情况及作息制度不一样，不同行业用户的日负荷曲线形状可能有很大的差异。

年最大负荷曲线主要用来安排发电设备的检修计划，也为制定发电机组或发电厂的扩建或新建计划提供依据。

要掌握负荷率、最小负荷系数和年最大负荷利用小时数等几个概念。

负荷特性反映负荷功率随电压和频率变化而变化的规律。在电力系统分析计算中用来模拟负荷特性的数学公式或等效电路称为负荷的模型。本课程中，进行潮流计算时负荷常用恒定功率表示；在短路和稳定计算中，负荷常用等效电路表示。

4.6 复习题

4-1 何为负荷率和最小负荷系数？

4-2 何为年最大负荷利用小时数？各类用户的年最大负荷利用小时数的取值范围是多少？

4-3 电力系统综合负荷模型采用哪几种等效电路？

4-4 某系统典型日负荷曲线如图 4-7 所示，试计算：日平均负荷、负荷率 k_m、最小负荷系数 α 以及峰谷差 ΔP_m。

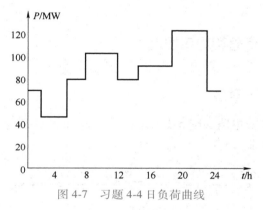

图 4-7 习题 4-4 日负荷曲线

4-5 若图 4-7 所示曲线作为系统全年平均日负荷曲线，试作出系统年持续负荷曲线，并求出年平均负荷及最大负荷利用小时数 T_{max}。

4-6 某工厂用电的年持续负荷曲线如图 4-8 所示。试求：工厂全年平均负荷、全年耗电量及最大负荷利用小时数 T_{max}。

4-7 在给定运行情况下，某工厂 10kV 母线运行电压为 10.3kV，负荷为（10+j5）MVA。以此运行状态为基准值的负荷电压静态特性如图 4-9 所示，若运行电压下降到 10kV，求此时负荷所吸收的功率。

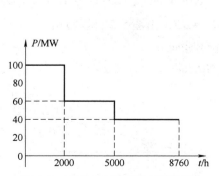

图 4-8 习题 4-6 年持续负荷曲线

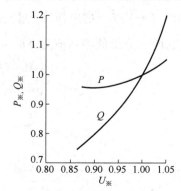

图 4-9 习题 4-7 负荷的电压静态特性

第5章　电力网络的功率和电压分布计算
（简单电力系统的潮流计算）

本章将简述网络元件的电压降落和功率损耗的概念，为简单潮流计算打好基础。潮流计算是电力系统分析中的一种最基本的计算，其任务是对给定的运行条件的系统，确定其运行状态，如各母线上的电压（幅值及相角）、网络中的功率分布及功率损耗等。本章将讲授简单系统潮流计算的方法。

5.1　网络元件的电压降落和功率损耗

5.1.1　网络元件的电压降落

设网络元件的一相等效电路如图5-1所示，其中 R 和 X 分别为一相的电阻和等效电抗，U 和 I 表示相电压和相电流。

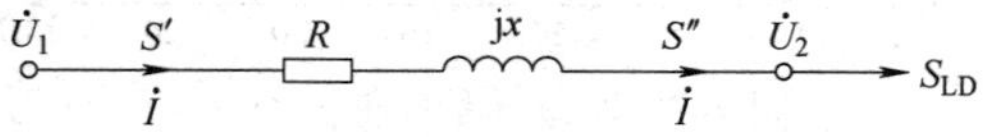

图 5-1　网络元件的一相等效电路

1. 电压降落

网络元件的电压降落是指元件首末端两点电压的相量差，由等效电路图 5-1 可知

$$\dot{U}_1 - \dot{U}_2 = (R + jX)\dot{I} \tag{5-1}$$

以相量 $\dot{U}_2$ 为参考轴，如果 $\dot{I}$ 和 $\cos\varphi_2$ 已知，可作出相量图，如图 5-2a 所示。图中 $\overline{AB}$ 就是电压降相量 $(R + jX)\dot{I}$。把电压降相量分解为与电压相量 $\dot{U}_2$ 同方向和相垂直的两个分量 $\overline{AD}$ 及 $\overline{DB}$，记这两个分量的绝对值为 $\Delta U_2 = \overline{AD}$ 及 $\delta U_2 = \overline{DB}$，由图 5-2 可以写出

$$\begin{cases} \Delta U_2 = RI\cos\varphi_2 + XI\sin\varphi_2 \\ \delta U_2 = XI\cos\varphi_2 + RI\sin\varphi_2 \end{cases} \tag{5-2}$$

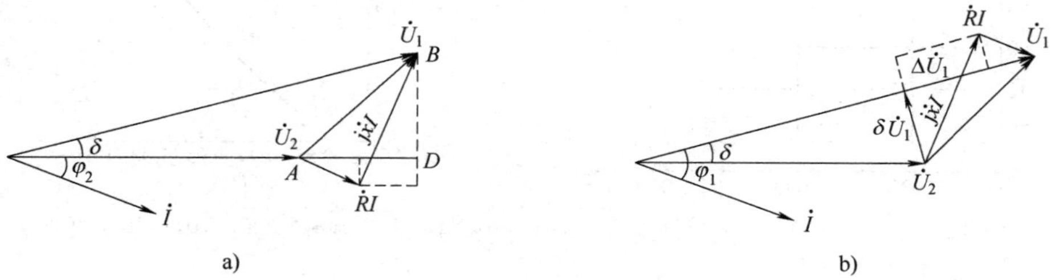

a)

b)

图 5-2　电压降落相量图

于是网络元件的电压降落可以表示为

$$\dot{U}_1 - \dot{U}_2 = (R + jX)\dot{I} = \Delta\dot{U}_2 + \delta\dot{U}_2 \tag{5-3}$$

式中，$\Delta\dot{U}_2$ 和 $\delta\dot{U}_2$ 分别称为电压降落的纵分量和横分量。

在电力网分析中，习惯用功率进行运算。与电压 $\dot{U}_2$ 和电流 $\dot{I}$ 相对应的一相功率为

$$S'' = \dot{U}_2\overset{*}{I} = P'' + jQ'' = U_2 I\cos\varphi_2 + jU_2 I\sin\varphi_2$$

用功率代替电流，可将式（5-2）改写为

$$\begin{cases} \Delta U_2 = \dfrac{P''R + Q''X}{U_2} \\[3mm] \delta U_2 = \dfrac{P''X - Q''R}{U_2} \end{cases} \tag{5-4}$$

而元件首端的相电压为

$$\dot{U}_1 = \dot{U}_2 + \Delta\dot{U}_2 + \delta\dot{U}_2 = U_2 + \frac{P''R + Q''X}{U_2} + j\frac{P''X - Q''R}{U_2} = U_1\angle\delta \tag{5-5}$$

$$U_1 = \sqrt{(U_2 + \Delta U_2)^2 + (\delta U_2)^2} \tag{5-6}$$

$$\delta = \arctan\frac{\delta U_2}{U_2 + \Delta U_2} \tag{5-7}$$

式中，δ 为元件首末端电压相量的相位差。

若以电压相量 $\dot{U}_1$ 作参考轴，且已知电流 $\dot{I}$ 和 $\cos\varphi_1$ 时，也可以把电压降落相量分解为与 $\dot{U}_1$ 同方向和相垂直的两个分量，如图 5-2b 所示，于是

$$\dot{U}_1 - \dot{U}_2 = (R + jX)\dot{I} = \Delta\dot{U}_1 + \delta\dot{U}_1 \tag{5-8}$$

如果再用一相功率

$$S' = \dot{U}_1\overset{*}{I} = P' + jQ' = U_1 I\cos\varphi_1 + jU_1 I\sin\varphi_1$$

表示电流，便得

$$\begin{cases} \Delta U_1 = \dfrac{P'R + Q'X}{U_1} \\[3mm] \delta U_1 = \dfrac{P'X + Q'R}{U_1} \end{cases} \tag{5-9}$$

而元件末端的相电压为

$$\dot{U}_2 = \dot{U}_1 - \Delta\dot{U}_1 - \delta\dot{U}_1 = U_1 - \frac{P'R + Q'X}{U_1} - j\frac{P'X - Q'R}{U_1} = U_2\angle(-\delta) \tag{5-10}$$

$$U_2 = \sqrt{(U_1 - \Delta U_1)^2 + (\delta U_1)^2} \tag{5-11}$$

$$\delta = \arctan\frac{\delta U_1}{U_1 - \Delta U_1} \tag{5-12}$$

图 5-3 所示为电压降落相量的两种分解法。由图可见，$\Delta U_1 \neq \Delta U_2$，$\delta U_1 \neq \delta U_2$。

必须注意，在使用式（5-4）和式（5-9）计算电压降落的纵、横分量时，如果所用的是某一点的功率，就应该取用同一点的电压。

上述公式都是按电流落后于电压，即功率因数角 φ 为正的情况下导出的。如果电流超前于电压，则 φ 应有负值，在以上各公式中的无功功率 Q 也应改变符号。顺便说明，在本

书的所有公式中，Q 代表感性无功功率时，其数值为正；代表容性无功功率时，其数值为负。

2. 电压损耗和电压偏移

通常，我们把两点间电压绝对值之差称为电压损耗，也用 ΔU 表示。由图 5-4 可以看到

$$\Delta U = U_1 - U_2 = \overline{AG}$$

当两点电压之间的相角差 δ 不大时，$\overline{AG}$ 与 $\overline{AD}$ 的长度相差不大，可近似地认为电压损耗就等于电压降落的纵分量。

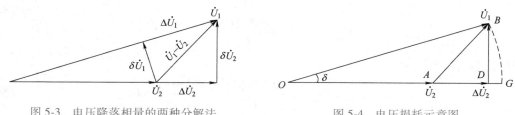

图 5-3　电压降落相量的两种分解法　　　　图 5-4　电压损耗示意图

电压损耗可以用 kV 表示，也可用该元件额定电压的百分数表示。在实际工程中，常需计算从电源点到某负荷点的总电压损耗，显然，总电压损耗将等于从电源点到该负荷点所经各串联元件电压损耗的代数和。

由于传送功率时在网络元件中要产生电压损耗，同一电压级电力网中各点的电压是不相等的。为了衡量电压质量，必须知道网络中某些节点的电压偏移。所谓电压偏移，是指网络中某点的实际电压同网络该处的额定电压之差，可以用 kV 表示，也可以用额定电压的百分数表示。若某点的实际电压为 U，该处的额定电压为 U_N，则用百分数表示的电压偏移为

$$电压偏移(\%) = \frac{U - U_\mathrm{N}}{U_\mathrm{N}} \times 100 \tag{5-13}$$

电力网实际电压的高低对用户的工作是有影响的，而电压的相位则对用户没有什么影响。在讨论电力网的电压水平时，电压损耗和电压偏移是两个常用的概念。

3. 电压降落公式的分析

从电压降落的公式可见，不论从元件的哪一端计算，电压降落的纵、横分量计算公式的结构都是一样的，元件两端的电压幅值差主要由电压降落的纵分量决定，电压的相角差则由横分量确定。在高压输电线的参数中，电抗要比电阻大得多，作为极端的情况，令 $R=0$，便得

$$\Delta U = QX/U, \quad \delta U = PX/U$$

上式说明，在纯电抗元件中，电压降落的纵分量是因传送无功功率而产生，电压降落的横分量则因传送有功功率产生。换句话说，元件两端存在电压幅值差是传送无功功率的条件，存在电压相角差则是传送有功功率的条件。感性无功功率将从电压较高的一端流向电压较低的一端，有功功率则从电压相位超前的一端流向电压相位落后的一端，这是交流电网中关于功率传送的重要概念。实际的网络元件都存在电阻，电流的有功分量流过电阻将会增加电压降落的纵分量，电流的感性无功分量通过电阻则将使电压降落的横分量有所减少。

5.1.2　网络元件的功率损耗

网络元件的功率损耗包括电流通过元件的电阻和等效电抗时产生的功率损耗和电压施加

于元件的对地等效导纳时产生的损耗。

网络元件主要指输电线路和变压器，其等效电路如图 5-5 所示。电流在线路的电阻和电抗上产生的功率损耗为

$$\Delta S_{\mathrm{L}} = \Delta P_{\mathrm{L}} + \mathrm{j}\Delta Q_{\mathrm{L}} = I^2(R+\mathrm{j}X) = \frac{P''^2+Q''^2}{U_2^2}(R+\mathrm{j}X) \tag{5-14}$$

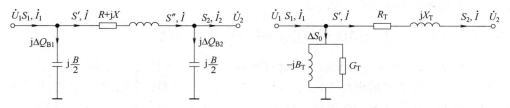

图 5-5　输电线路和变压器的等效电路

或
$$\Delta S_{\mathrm{L}} = \frac{P''^2+Q''^2}{U_1^2}(R+\mathrm{j}X) \tag{5-15}$$

在外加电压的作用下，线路电容将产生无功功率 ΔQ_{B}。作为无功功率损耗，ΔQ_{L} 取正号，ΔQ_{B} 则应取负号。

$$\Delta Q_{\mathrm{B1}} = -\frac{1}{2}BU_1^2, \quad \Delta Q_{\mathrm{B2}} = -\frac{1}{2}BU_2^2 \tag{5-16}$$

变压器绕组电阻和电抗产生的功率损耗，其计算公式与线路的相似，不再列出。变压器的励磁损耗可由等效电路中励磁支路的导纳确定。

$$\Delta S_0 = (G_{\mathrm{T}}+\mathrm{j}B_{\mathrm{T}})U^2 \tag{5-17}$$

实际计算中，变压器的励磁损耗可直接利用空载试验的数据确定，而且一般也不考虑电压变化对它的影响。

$$\Delta S_0 = \Delta P_0 + \mathrm{j}Q_0 = \Delta P_0 + \mathrm{j}\frac{I_0\%}{100}S_{\mathrm{N}} \tag{5-18}$$

式中，ΔP_0 为变压器的空载损耗；$I_0\%$ 为空载电流的百分数；S_{N} 为变压器的额定容量。

对于 35kV 以下的电力网，在简化计算中常略去变压器的励磁功率。

线路首端的输入功率为

$$S_1 = S' + \mathrm{j}\Delta Q_{\mathrm{B1}}$$

末端的输出功率为

$$S_2 = S'' - \mathrm{j}\Delta Q_{\mathrm{B2}}$$

线路末端输出的有功功率 P_2 与首端输入的有功功率 P_1 之比，便是线路的输电效率。

$$输电效率 = \frac{P_2}{P_1} \times 100\%$$

本节的各公式是从单相电路导出的，各式中的电压和功率应为相电压和单相功率。在电力网的实际计算中，习惯采用线电压和三相功率，以上导出的式（5-4）～式（5-7）、式（5-9）～式（5-19）仍然适用。各公式中有关参数的单位如下：阻抗为 Ω，导纳为 S，电压为 kV，功率为 MVA。这里所作的说明，同样适用于本章以下论述的内容。

5.2 开式网络的电压和功率分布计算

开式网络是电力网中结构最简单的一种，一般是由一个电源点通过辐射状网络向若干个负荷节点供电。潮流计算的任务就是要根据给定的网络接线和其他已知条件，计算网络中的功率分布、功率损耗和未知的节点电压。

5.2.1 已知供电点电压和负荷节点功率时的计算方法

在图 5-6a 所示的网络中，供电点 A 通过馈电干线向负荷节点 b、c 和 d 供电，各负荷节点功率已知。如果节点 d 的电压也给定，就可以从节点 d 开始，利用同一点的电压和功率计算第三段线路的电压降落和功率损耗，得到节点 c 的电压，并算出第二段线路末端的功率，然后依次计算第二段线路和第一段线路的电压降落和功率损耗，一次性地求得解答。但是实际的情况并不这么简单，多数的情况是已知电源点电压和负荷节点的功率，要求确定各负荷点电压和网络中的功率分布。在这种情况下，可以采取近似的方法通过迭代计算求得满足一定精度的解答。

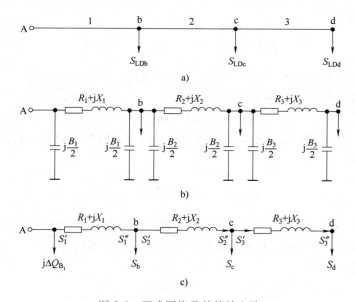

图 5-6　开式网络及其等效电路

在进行电压和功率分布计算以前，先要对网络的等效电路（见图 5-6b）作些简化处理。具体的做法是，将输电线等效电路中的电纳支路都分别用额定电压 U_N 下的充电功率代替，这样，对每段线路的首端和末端的节点都分别加上该段线路充电功率的 1/2。

$$\Delta Q_{Bi} = -\frac{1}{2} B_i U_N^2 \quad (i=1,2,3)$$

为简化起见，再将这些充电功率分别与相应节点的负荷功率合并，便得

$$S_b = S_{LDb} + j\Delta Q_{B1} + j\Delta Q_{B2} = P_{LDb} + j\left[Q_{LDb} - \frac{1}{2}(B_1 + B_2) U_N^2 \right] = P_b + jQ_b$$

$$S_c = S_{LDc} + j\Delta Q_{B_2} + j\Delta Q_{B3} = P_{LDc} + j\left[Q_{LDc} - \frac{1}{2}(B_2 + B_3)U_N^2\right] = P_c + jQ_c$$

$$S_d = S_{LDd} + j\Delta Q_{B3} = P_{LDd} + j\left(Q_{LDd} - \frac{1}{2}B_3 U_N^2\right) = P_d + jQ_d$$

习惯上称 S_b、S_c 和 S_d 为电力网的运算负荷。这样，我们就把原网络简化为由三个集中的阻抗元件相串联，而在四个节点（包括供电点）接有集中负荷的等效网络（见图 5-6c）。

针对图 5-6c 所示的等效网络将按以下两个步骤进行电压和功率分布的计算。

1）从离电源点最远的节点 d 开始，利用线路额定电压，逆着功率传送的方向依次算出各段线路阻抗中的功率损耗和功率分布。对于第三段线路

$$S_3'' = S_d, \quad \Delta S_{L3} = \frac{P_3''^2 + Q_3''^2}{U_N^2}(S_3 + jX_3),$$

$$S_3' = S_3'' + \Delta S_{L3}$$

对于第二段线路

$$S_2'' = S_c + S_3', \quad \Delta S_{L2} = \frac{P_2''^2 + Q_2''^2}{U_N^2}(R_2 + jX_2),$$

$$S_2' = S_2'' + \Delta S_{L2}$$

同样地，可以算出第一段线路的功率 S_1'。

2）利用第一步求得的功率分布，从电源点开始，顺着功率传送方向，依次计算各段线路的电压降落，求出各节点电压。先计算电压 U_b，接着用 U_b 及 S_2' 计算 U_c，最后用 U_c 及 S_3' 计算 U_d。

通过以上两个步骤便完成了第一轮的计算。为了提高计算精度，可以重复以上的计算，在计算功率损耗时可以利用上一轮第二步所求得的节点电压。

上述计算方法也适用于自一个供电点通过辐射状网络向任意多个负荷节点供电的情况。辐射状网络即是树状网络，或简称为树。供电点即是树的根节点，树中不存在任何闭合回路，功率的传送方向是完全确定的，任一条支路都有确定的始节点和终节点。除根节点外，树中的节点可分为叶节点和非叶节点两类。叶节点只同一条支路联接，且为该支路的终节点。非叶节点同两条或两条以上的支路联接，它作为一条支路的终节点，又兼作另一条或多条支路的始节点。对于图 5-7 所示的网络，A 是供电点，即根节点，节点 b、c 和 e 为非叶节点，节点 d、h、f 和 g 为叶节点。

根据前述计算步骤，①从与叶节点联接的支路开始，该支路的末端功率即等于叶节点功率。利用这个功率和对应的节点电压计算支路功率损耗，求得支路的首端功率。当以某节点为始节点的各支路都计算完毕后，便想象将这些支路都拆去，使该节点成为新的叶节点，其节

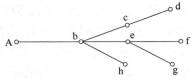

图 5-7　辐射状供电网

点功率等于原有的负荷功率与以该节点为始节点的各支路首端功率之和。于是计算便可延续下去，直到全部支路计算完毕。这一步骤的计算公式如下

$$S_{ij}''^{(k)} = S_j^{(k)} + \sum_{m \in N_j} S_{jm}'^{(k)} \tag{5-19}$$

$$\Delta S_{ij}^{(k)} = \frac{P_{ij}''^{(k)2} + Q_{ij}''^{(k)2}}{U_j^{(k)2}}(r_{ij} + jx_{ij}) \tag{5-20}$$

$$S_{ij}'^{(k)} = S_{ij}''^{(k)} + \Delta S_{ij}^{(k)} \qquad (5\text{-}21)$$

式中，N_j 为以 j 为始节点的支路的终节点集，对图 5-8 所示的情况，$N_j = \{1, p, q\}$。若 j 为叶节点，则 N_j 为空集。k 为迭代计数。

对于第一轮的迭代计算，节点电压取为给定的初值，一般为网络的额定电压。

②利用①所得的支路首端功率和本步骤刚算出的本支路始节点的电压（对电源点为已知电压），从电源点开始逐条支路进行计算，求得各支路终节点的电压，其计算公式为

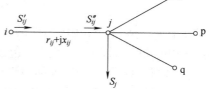

图 5-8　支路功率和电压计算

$$U_j^{(k+1)} = \sqrt{\left(U_i^{(k+1)} - \frac{P_{ij}''^{(k)} r_{ij} + Q_{ij}'^{(k)} x_{ij}}{U_i^{(k+1)}}\right)^2 + \left(\frac{P_{ij}'^{(k)} x_{ij} - Q_{ij}'^{(k)} r_{ij}}{U_i^{(k+1)}}\right)^2} \qquad (5\text{-}22)$$

上述计算公式都很简单，对于规模不大的网络，可手工计算，精度要求不是很高时，作一轮计算即可。若已给定容许误差为 ε，则以

$$\max\{\,|\,U_i^{(k+1)} - U_i^{(k)}\,|\,\} < \varepsilon$$

作为计算收敛的判据。

对于规模较大的网络，最好应用计算机进行计算。在迭代计算开始之前，先要处理好支路的计算顺序问题。现在介绍两种确定支路计算顺序的方法。

第一种方法是，按与叶节点联接的支路排序，并将已排序的支路拆除，在此过程中将不断出现新的叶节点，而与其联接的支路又加入排序行列。这样就可以全部排列好从叶节点向电源点计算功率损耗的支路顺序。其逆序就是进行电压计算的支路顺序。以图 5-7 所示的网络为例，设从节点 d 开始，选支路 cd 作为第一条支路。拆去 cd，节点 c 就变成叶节点，支路 bc 便作为第二条支路，拆去 bc 时没有出现新的叶节点。接着排上 ef 和 eg 支路，拆去该两条支路，e 成为叶节点，于是排上 be 支路，接下来是 bh 和 Ab 支路。当然，从节点 f 开始，按 ef、eg、be、bh、cd、bc、Ab 排序也是一种可行的方案。由此可见，同一排序原则可以有多种不同的实现方案。顺便指出，在节点优化编号中，动态地按联接支路数等于 1 进行节点编号，也能得到与此完全等效的结果。

第二种方法是逐条追加支路。首先从根节点（电源点）开始接出第一条支路，引出一个新节点，以后每次追加的支路都必须从已出现的节点接出，遵循这个原则逐条追加支路，直到全部支路追加完毕。所得到的支路追加顺序即是进行电压计算的支路顺序，其逆序便是功率损耗计算的支路顺序。对图 5-7 所示的网络，Ab、bc、cd、bh、be、ef、eg 就是一种可行的顺序。显而易见，可行的排序方案也不止一种。

无论采取哪一种支路排序方法，其程序实现都不存在什么困难。

按上述方法进行开式网络的潮流计算，不需要形成节点导纳矩阵，不必求解高阶方程组，计算公式简单，收敛迅速，十分实用。

例 5-1　开式网络如图 5-7 所示。各支路阻抗和节点负荷功率如下：$z_{Ab} = (0.54 + j0.65)\ \Omega$，$z_{bc} = (0.62 + j0.5)\ \Omega$，$z_{cd} = (0.6 + j0.35)\ \Omega$，$z_{be} = (0.72 + j0.75)\ \Omega$，$z_{ef} = (1.0 + j0.55)\ \Omega$，$z_{eg} = (0.65 + j0.35)\ \Omega$，$z_{bh} = (0.9 + j0.5)\ \Omega$。$S_b = (0.6 + j0.45)\ \text{kVA}$，$S_c = (0.4 + j0.3)\ \text{kVA}$，$S_d = (0.4 + j0.28)\ \text{kVA}$，$S_e = (0.6 + j0.4)\ \text{kVA}$，$S_f = (0.4 + j0.3)\ \text{kVA}$，$S_g = (0.5 + j0.35)\ \text{kVA}$，

$S_h = (0.5 + j0.4)\,kVA$。设供电点 A 的电压为 $10.5\,kV$，电压容许误差为 $1V$。取电压初值 $U^{(0)} = 10\,kV$，试作潮流计算。

解：先确定功率损耗计算的支路顺序为 cd、bc、ef、eg、be、bh、Ab。每一轮计算的第一步是按式（5-19）~ 式（5-21）依上列支路顺序计算各支路的功率损耗和功率分布；第二步用式（5-22）按上列相反的顺序作电压计算。计算结果见表 5-1 和表 5-2。

表 5-1　迭代过程中各支路的首端功率 S/kVA

迭代计数	1	2
S'_{cd}	0.40143+j0.28083	0.40142+j0.28083
S'_{bc}	0.80750+j0.58573	0.80740+j0.58565
S'_{ef}	0.40250+j0.30138	0.40255+j0.30140
S'_{eg}	0.50242+j0.35130	0.50246+j0.35132
S'_{be}	1.52921+j1.07798	1.52945+j1.07819
S'_{bh}	0.50369+j0.40205	0.50362+j0.40201
S'_{Ab}	3.53849+j2.63384	3.53559+j2.63035

表 5-2　迭代过程中的节点电压 U/kV

迭代计数	1	2
U_b	10.1553	10.1557
U_c	10.0772	10.0776
U_d	10.0435	10.0439
U_e	9.9674	9.9677
U_f	9.9103	9.9107
U_g	9.9223	9.9226
U_h	10.0909	10.0912

经两轮迭代计算，各节点电压误差均在 $0.001\,kV$ 以内，计算到此结束。

在实际的配电网中，负荷并不都接在馈电子线上，在图 5-9a 所示的网络中，节点 b、c 和 d 都接有降压变压器，并且已知其低压侧的负荷功率分别为 S_{LDb}、S_{LDc} 和 S_{LDd}。在这种情况下，应先将负荷功率 S_{LD} 加上相应的变压器的绕组损耗 ΔS_T 和励磁损耗 ΔS_0，以求得变压器高压侧的负荷功率 S'_{LD}。例如，对于节点 b，有

$$S'_{LDb} = S_{LDb} + \Delta S_{Tb} + \Delta S_{0b}$$

式中

$$\Delta S_{Tb} = \frac{P^2_{LDb} + Q^2_{LDb}}{U^2_N}(R_{Tb} + jX_{Tb});\ \ \Delta S_{0b} = \Delta P_{0b} + j\frac{I_0\%}{100}S_{Nb}$$

然后再按照前面所说的方法，加上节点 b 所接线路 1 和 2 的电容功率的一半，便得到电力网在节点 b 的运算负荷为

$$S_b = S'_{LDb} + j\Delta Q_{B_1} + j\Delta Q_{B_2}$$

同样地，可以求得运算负荷 S_c 和 S_d，这样就得到简化的等效电路，如图 5-9b 所示。

如果在图 5-9a 所示的网络中与节点 c 相接的是发电厂，那么严格来讲，该网络已不能算是开式网络了（开式网络只有一个电源点，任一负荷点只能从唯一的路径取得电能）。但

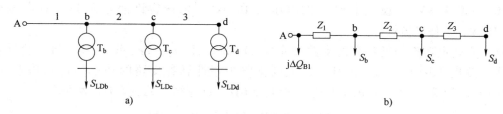

图 5-9　开式网络及其等效电路

是，该网络在结构上仍是辐射状网络，如果发电厂的功率已经给定，则还可以按开式网络处理，把发电机当作一个取用功率为 $-S_G$ 的负荷。于是节点 c 的运算负荷将为

$$S_c = -S_G + \Delta S_{Tc} + \Delta S_{0c} + j\Delta Q_{B_2} + j\Delta Q_{B_3}$$

在电压为 35kV 及以下的架空线路中，常将电纳支路忽略，电力线路仅用阻抗元件代表。

5.2.2　两级电压的开式电力网计算

图 5-10 所示为两级电压的开式网络及其等效电路。变压器的实际电压比为 k，变压器的阻抗已归算到线路 1 的电压级。已知末端功率 S_{LD} 和首端电压 U_A，欲求末端电压 U_d 和网络的功率损耗。对于这种情况，也可以采用前面所讲的方法，由末端向首端逐步算出各点的功率，然后用首端功率和电压算出第一段线路的电压损耗和节点 b 的电压，并依次往后推算出各节点的电压。但需注意，经理想变压器时功率保持不变，而两侧电压之比等于实际电压比 k。

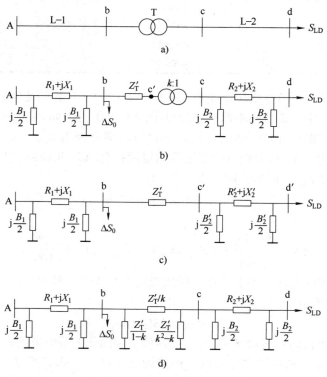

图 5-10　两级电压的开式网络及其等效电路

另一种处理方法是将第二段线路的参数按电压比 k 归算到第一段的电压级，即
$$R_2' = k^2 R_2，X_2' = k^2 X_2，B_2' = B_2/k^2$$

这样就得到图 5-10c 所示的等效电路。这种等效电路的电压和功率计算与一级电压的开式网络的完全一样。但要指出，图 5-10c 中所示的节点 c 和 d 的电压并非该点的实际电压，而是归算到线路 1 的电压级的电压。

对于手算而言，习惯采用有名单位制，上述两种处理方法以第一种较为方便，因为它无需进行线路参数的折算，又能直接求出网络各点的实际电压。

如果用 Ⅱ 形等效电路代表变压器，还可得到图 5-10d 所示的等效电路。手工计算时，还是前两种等效电路比较方便。

应用计算机计算时，各种参数一般都用标幺值表示。

例 **5-2** 在图 5-11a 中，额定电压为 110kV 的双回输电线路，长度为 80km，采用 LGJ-150 导线，其参数为 $r_0 = 0.21\Omega/\text{km}$，$x_0 = 0.416\Omega/\text{km}$，$b_0 = 2.74\times10^{-6}\text{S/km}$。变电所中装有两台三相 110/11kV 的变压器，每台的容量为 15MVA，其参数为：$\Delta P_0 = 40.5\text{kW}$，$\Delta P_S = 128\text{kW}$，$U_S\% = 10.5$，$I_0\% = 3.5$。母线 A 的实际运行电压为 117kV，负荷功率为 $S_{\text{LDb}} = (30 + j12)\text{MVA}$，$S_{\text{LDc}} = (20 + j15)\text{MVA}$。当变压器取主抽头时，求母线 c 的电压。

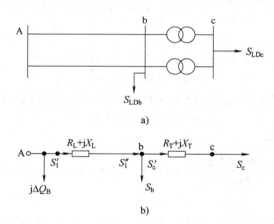

图 5-11　例 5-2 的输电系统接线图及其等效电路

解：1）计算参数并作出等效电路。

输电线路的电阻、等效电抗和电纳分别为

$$R_L = \frac{1}{2}\times80\times0.21\Omega = 8.4\Omega$$

$$X_L = \frac{1}{2}\times80\times0.416\Omega = 16.6\Omega$$

$$B_c = 2\times80\times0.74\times10^{-6}\text{S} = 4.38\times10^{-4}\text{S}$$

由于线路电压未知，可用线路额定电压计算线路产生的充电功率，并将其等分为两部分，便得

$$\Delta Q_B = -\frac{1}{2}B_c U_N^2 = -\frac{1}{2}\times4.38\times10^{-4}\times110^2\text{Mvar} = -2.65\text{Mvar}$$

将 ΔQ_B 分别接于节点 A 和 b，作为节点负荷的一部分。

两台变压器并联运行时，它们的组合电阻、电抗及励磁功率分别为

$$R_T = \frac{1}{2}\frac{\Delta P_S U_N^2}{S_N^2}\times 10^3 = \frac{1}{2}\times\frac{128\times110^2}{15000^2}\times10^3\,\Omega = 3.4\,\Omega$$

$$X_T = \frac{1}{2}\frac{U_S\% U_N^2}{S_N}\times 10 = \frac{1}{2}\times\frac{10.5\times110^2}{15000}\times10\,\Omega = 42.4\,\Omega$$

$$\Delta P_0 + j\Delta Q_0 = 2\left(0.0405 + j\frac{3.5\times15}{100}\right)MVA = (0.08 + j1.05)MVA$$

变压器的励磁功率也作为接于节点 b 的一种负荷，于是节点 b 的总负荷为

$$S_b = (30 + j12 + 0.08 + j1.05 - j2.65)MVA = (30.08 + j10.4)MVA$$

节点 c 的功率即是负荷功率 $S_c = (20 + j15)MVA$

这样就得到图 5-11b 所示的等效电路。

2）计算由母线 A 输出的功率。

先按电力网的额定电压计算电力网中的功率损耗。变压器绕组中的功率损耗为

$$\Delta S_T = \frac{20^2 + 15^2}{110^2}(3.4 + j42.4)MVA = (0.18 + j2.19)MVA$$

由图 5-11b 可知

$$\begin{aligned}S_c' &= S_c + \Delta S_T = (20 + j15 + 0.18 + j2.19)MVA\\ &= (20.08 + j17.19)MVA\end{aligned}$$

$$\begin{aligned}S_1'' &= S_c' + S_b = (20.18 + j17.19 + 30.08 + j10.4)MVA\\ &= (50.26 + j27.59)MVA\end{aligned}$$

线路中的功率损耗为

$$\Delta S_L = \frac{50.26^2 + 27.59^2}{110^2}(8.4 + j16.6)MVA = (2.28 + j4.51)MVA$$

于是可得

$$\begin{aligned}S_1' &= S_1'' + \Delta S_L = (50.26 + j27.59 + 2.28 + j4.51)MVA\\ &= (52.54 + j32.1)MVA\end{aligned}$$

由母线 A 输出的功率为

$$\begin{aligned}S_A &= S_1' + j\Delta Q_B = (52.54 + j32.1 - j2.65)MVA\\ &= (52.54 + j29.45)MVA\end{aligned}$$

3）计算各节点电压。

线路中电压降落的纵、横分量分别为

$$\Delta U_L = \frac{P_1'R_L + Q_1'X_L}{U_A} = \frac{52.54\times8.4 + 32.1\times16.6}{117}kV = 8.3\,kV$$

$$\delta U_L = \frac{P_1'X_L - Q_1'R_L}{U_A} = \frac{52.54\times16.6 - 32.1\times8.4}{117}kV = 5.2\,kV$$

利用式（5-11）可得 b 点电压为

$$U_b = \sqrt{(U_A - \Delta U_L)^2 + (\delta U_L)^2} = \sqrt{(117 - 8.3)^2 + 5.2^2}\,kV = 108.8\,kV$$

变压器中电压降落的纵、横分量分别为

$$\Delta U_\text{T} = \frac{P_\text{c}' R_\text{T} + Q_\text{c}' X_\text{T}}{U_\text{b}} = \frac{20.18 \times 3.4 + 17.19 \times 42.4}{108.8} \text{kV} = 7.3\text{kV}$$

$$\delta U_\text{T} = \frac{P_\text{c}' X_\text{T} - Q_\text{c}' R_\text{T}}{U_\text{b}} = \frac{20.18 \times 42.4 - 17.19 \times 3.4}{108.8} \text{kV} = 7.3\text{kV}$$

归算到高压侧的 c 点电压

$$U_\text{c}' = \sqrt{(U_\text{b} - \Delta U_\text{T})^2 + (\delta U_\text{T})^2} = \sqrt{(108.8 - 7.3)^2 + 7.3^2} \text{kV} = 101.7\text{kV}$$

变电所低压母线 c 的实际电压

$$U_\text{c} = U_\text{c}' \times \frac{11}{110} = 101.7 \times \frac{11}{110} \text{kV} = 10.17\text{kV}$$

如果在上述计算中都将电压降落的横分量略去不计，所得的结果是

$$U_\text{b} = 108.7\text{kV}, \quad U_\text{c}' = 101.4\text{kV}, \quad U_\text{c} = 10.14\text{kV}$$

同计及电压降落横分量的计算结果相比较，误差是很小的。

5.3　简单闭式网络的功率分布计算

简单闭式网络通常是指两端供电网络和简单环形网络。本节将分别介绍这两种网络中功率分布计算的原理和方法。

5.3.1　两端供电网络的功率分布

在图 5-12 所示的两端供电网络中，设 $\dot U_\text{a} \neq \dot U_\text{b}$，根据基尔霍夫电压定律和电流定律，可写出下列方程

$$\begin{cases} \dot U_\text{a} - \dot U_\text{b} = Z_\text{a1} \dot I_1 + Z_{12} \dot I_{12} - Z_\text{b2} \dot I_\text{b2} \\ \dot I_\text{a1} - \dot I_{12} = \dot I_1 \\ \dot I_{12} + \dot I_\text{b2} = \dot I_2 \end{cases} \quad (5\text{-}23)$$

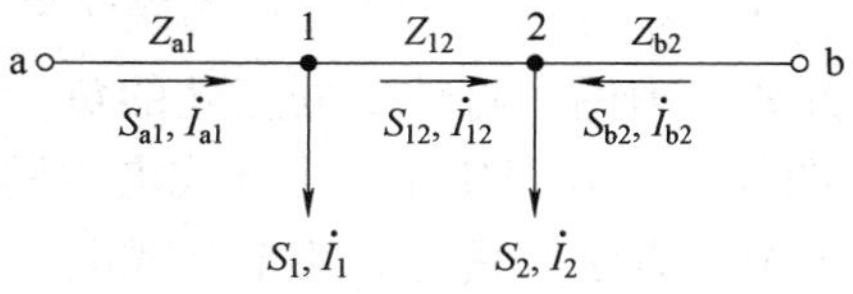

如果已知电源点电压 $\dot U_\text{a}$ 和 $\dot U_\text{b}$ 以及负荷点电流 $\dot I_1$ 和 $\dot I_2$，便可解出

图 5-12　带两个负荷的两端供电网络

$$\begin{cases} \dot I_\text{a1} = \frac{(Z_{12} + Z_\text{b2}) \dot I_1 + Z_\text{b2} \dot I_2}{Z_\text{a1} + Z_{12} + Z_\text{b2}} + \frac{\dot U_\text{a} - \dot U_\text{b}}{Z_\text{a1} + Z_{12} + Z_\text{b2}} \\ \dot I_\text{b2} = \frac{Z_\text{a1} \dot I_1 + (Z_\text{a1} + Z_{12}) \dot I_2}{Z_\text{a1} + Z_{12} + Z_\text{b2}} - \frac{\dot U_\text{a} - \dot U_\text{b}}{Z_\text{a1} + Z_{12} + Z_\text{b2}} \end{cases} \quad (5\text{-}24)$$

上式确定的电流分布是精确的。但是，在电力网中，由于沿线有电压降落，即使线路中通过同一电流，沿线各点的功率也不一样。在电力网的实际计算中，负荷点的已知量一般是功率，而不是电流。为了求取网络中的功率分布，可以采用近似的算法，先忽略网络中的功率损耗，都用相同的电压 $\dot U$ 计算功率，令 $\dot U = U_\text{N} \angle 0°$，并认为 $S \approx U_\text{N} \dot I$，对式（5-24）的各量取共轭值，然后全式乘以 U_N，便得

$$\begin{cases} S_{a1} = \dfrac{(\dot{Z}_{12}+\dot{Z}_{b2})S_1 + \dot{Z}_{b2}S_2}{\dot{Z}_{a1}+\dot{Z}_{12}+\dot{Z}_{b2}} + \dfrac{(\dot{U}_a - \dot{U}_b)U_N}{\dot{Z}_{a1}+\dot{Z}_{12}+\dot{Z}_{b2}} = S_{a1*LD} + S_{cir} \\[4mm] S_{b2} = \dfrac{\dot{Z}_{a1}S_1 + (\dot{Z}_{a1}+\dot{Z}_{12})S_2}{\dot{Z}_{a1}+\dot{Z}_{12}+\dot{Z}_{b2}} - \dfrac{(\dot{U}_a - \dot{U}_b)U_N}{\dot{Z}_{a1}+\dot{Z}_{12}+\dot{Z}_{b2}} = S_{b2*LD} + S_{cir} \end{cases} \tag{5-25}$$

由式（5-25）可见，每个电源点送出的功率都包含两部分，第一部分由负荷功率和网络参数确定，每一个负荷的功率都以该负荷点到两个电源点间的阻抗共轭值成反比的关系分配给两个电源点，而且可以逐个地计算。第二部分与负荷无关，它可以在网络中负荷切除的情况下，由两个供电点的电压差和网络参数确定，通常称这部分功率为循环功率。当两电源点电压相等时，循环功率为零，式（5-25）右端只剩下前一项，从该项的结构可知，在力学中也有类似的公式，一根承担多个集中负荷的横梁，其两个支点的反作用力就相当于电源点输出的功率。

式（5-25）对于单相和三相系统都适用。若 U 为相电压，则 S 为单相功率；若 U 为线电压，则 S 为三相功率。

求出供电点输出的功率 S_{a1} 和 S_{b2} 之后，即可在线路上各点按线路功率和负荷功率相平衡的条件，求出整个电力网中的功率分布。例如，根据节点 1 的功率平衡可得

$$S_{12} = S_{a1} - S_1$$

电力网中功率由两个方向流入的节点称为功率分点，并用符号▼标出，例如图 5-13a 中所示的节点 2。有时有功功率和无功功率分点可能出现在电力网的不同节点，通常就用▼和▽分别表示有功功率和无功功率分点。

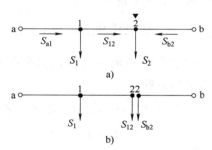

在不计功率损耗求出电力网功率分布之后，我们想象在功率分点（节点 2）将网络解开，使之成为两个开式电力网。将功率分点处的负荷 S_2 也分成 S_{b2} 和 S_{12} 两部分，分别挂在两个开式电力网的终端。然后按照上节的方法分别计算两个开式电力网的功率损耗和功率分布。在计算功率损耗时，网络中各点的未知电压可暂用额定电压代替。当有功功率和无功功率分点不一致时，常选电压较低的分点将网络

图 5-13　两端供电网络的功率分布

解开。

对于沿两端供电线路接有 k 个负荷的情况（见图 5-14），利用上述原理可以确定不计功率损耗时两个电源点送入线路的功率分别为

$$\begin{cases} S_{a1} = \dfrac{\displaystyle\sum_{i=1}^{k} \dot{Z}_i S_i}{\dot{Z}_\Sigma} + \dfrac{(\dot{U}_a - \dot{U}_b)U_N}{\dot{Z}_\Sigma} = S_{a1*LD} + S_{cir} \\[6mm] S_{bk} = \dfrac{\displaystyle\sum_{i=1}^{k} \dot{Z}_i' S_i}{\dot{Z}_\Sigma} - \dfrac{(\dot{U}_a - \dot{U}_b)U_N}{\dot{Z}_\Sigma} = S_{bk*LD} - S_{cir} \end{cases} \tag{5-26}$$

式中，Z_Σ 为整条线路的总阻抗；Z_i 和 Z_i' 分别为第 i 个负荷点到供电点 a 和 b 的总阻抗。

在式（5-26）右端，循环功率的计算是很简单的，而第一项功率的计算则相当复杂。

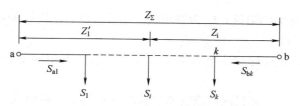

图 5-14　沿线有多个负荷的两端供电网络

为了方便计算，令 $\dfrac{1}{\overset{*}{Z}_\Sigma} = G_\Sigma - jB_\Sigma$，

则有
$$S_{a1*LD} = (G_\Sigma - jB_\Sigma)\sum_{i=1}^{k}(R_i - jX_i)(P_i + jQ_i)$$

$$= (G_\Sigma M - B_\Sigma N) + j(-G_\Sigma N - B_\Sigma M) \tag{5-27}$$

式中，$M = \displaystyle\sum_{i=1}^{k}(P_iR_i + Q_iX_i)$；$N = \displaystyle\sum_{i=1}^{k}(P_iX_i - Q_iR_i)$

$$G_\Sigma = \frac{R_\Sigma}{R_\Sigma^2 + X_\Sigma^2}\ ;\ \ B_\Sigma = \frac{-X_\Sigma}{R_\Sigma^2 + X_\Sigma^2}$$

同理也可以写出供电点 b 送出的负荷功率为
$$S_{bk,LD} = (G_\Sigma M' - B_\Sigma N') + j(-G_\Sigma N' - B_\Sigma M') \tag{5-28}$$

式中，$M' = \displaystyle\sum_{i=1}^{k}(P_iR_i' + Q_iX_i')$；$N' = \displaystyle\sum_{i=1}^{k}(P_iX_i' - Q_iR_i')$

由于循环功率与负荷无关，应有 $S_{a1,LD} + S_{bk,LD} = \displaystyle\sum_{i=1}^{k}S_i$，可以此检验计算结果是否正确。

各段线路的电抗和电阻的比值都相等的网络称为均一电力网。在两端供电的均一电力网中，如果供电点的电压也相等，则式（5-26）便简化为

$$
\begin{cases}
S_{a1} = \dfrac{\displaystyle\sum_{i=1}^{k}S_iR_i\left(1-j\dfrac{X_i}{R_i}\right)}{R_\Sigma\left(1-j\dfrac{X_\Sigma}{R_\Sigma}\right)} = \dfrac{\displaystyle\sum_{i=1}^{k}S_iR_i}{R_\Sigma} = \dfrac{\displaystyle\sum_{i=1}^{k}P_iR_i}{R_\Sigma} + j\dfrac{\displaystyle\sum_{i=1}^{k}Q_iR_i}{R_\Sigma}\\[6mm]
S_{bk} = \dfrac{\displaystyle\sum_{i=1}^{k}S_iR_i'}{R_\Sigma} = \dfrac{\displaystyle\sum_{i=1}^{k}P_iR_i'}{R_\Sigma} + j\dfrac{\displaystyle\sum_{i=1}^{k}Q_iR_i'}{R_\Sigma}
\end{cases} \tag{5-29}
$$

由此可见，在均一电力网中有功功率和无功功率的分布彼此无关，而且可以只利用各线段的电阻（或电抗）分别计算。

对于各线段单位长度的阻抗值都相等的均一网络，式（5-26）便可简化为

$$
\begin{cases}
S_{a1} = \dfrac{\displaystyle\sum_{i=1}^{k}S_i\overset{*}{Z}_0l_i}{\overset{*}{Z}_0l_\Sigma} = \dfrac{\displaystyle\sum_{i=1}^{k}S_il_i}{l_\Sigma} = \dfrac{\displaystyle\sum_{i=1}^{k}P_il_i}{l_\Sigma} + j\dfrac{\displaystyle\sum_{i=1}^{k}Q_il_i}{l_\Sigma}\\[6mm]
S_{bk} = \dfrac{\displaystyle\sum_{i=1}^{k}S_il_i'}{l_\Sigma} = \dfrac{\displaystyle\sum_{i=1}^{k}P_il_i'}{l_\Sigma} + j\dfrac{\displaystyle\sum_{i=1}^{k}Q_il_i'}{l_\Sigma}
\end{cases} \tag{5-30}
$$

式中，Z_0 为单位长度线路的阻抗；l_Σ 为整条线路的总长度；l_i 和 l'_i 分别为从第 i 个负荷点到供电点 a 和 b 的线路长度。

式（5-30）表明，在这种均一电力网中，有功功率和无功功率分布只由线段的长度来决定。

简单环网是指每一节点都只同两条支路相接的环形网络。单电源供电的简单环网可以当作是供电点电压相等的两端供电网络。当简单环网中存在多个电源点时，给定功率的电源点可以当作负荷点处理，而把给定电压的电源点都一分为二，这样便得到若干个已知供电点电压的两端供电网络。

5.3.2　闭式电力网中的电压损耗计算

在不要求特别精确时，闭式电力网中任一线段的电压损耗可用电压降落的纵分量代替，用如下公式计算，即

$$\Delta U = \frac{PR+QX}{U}$$

在不计功率损耗时，U 取电力网的额定电压；计及功率损耗时，如用某一点的功率就应取同一点的电压。

在图 5-13 所示的两端供电网络中，有功功率分点和无功功率分点同在节点 2，因此节点 2 的电压最低。如果有功功率分点和无功功率分点不在同一节点，则只有分别算出各个分点的实际电压，才能确定电压最低点和最大的电压损耗。

对于图 5-15 所示的具有分支线路的两端供电网络，电压最低点可能不在节点 2 而在节点 3，这需由比较计算结果来决定。所以在具有分支线路的闭式电力网中，功率分点只是对干线而言的电压最低点，不一定是整个电力网中的电压最低点。

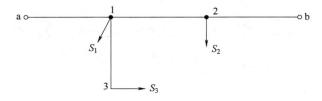

图 5-15　具有分支线路的两端供电网络

例 5-3　图 5-16a 所示为 110kV 闭式电力网，A 为某发电厂的高压母线，其运行电压为 117kV。网络各元件的参数如下。

每千米的参数为

线路 I 、 II 　$r_0 = 0.27\Omega$，$x_0 = 0.423\Omega$，$b_0 = 2.69 \times 10^{-6}S$

线路 III 　$r_0 = 0.45\Omega$，$x_0 = 0.44\Omega$，$b_0 = 2.58 \times 10^{-6}S$

线路 I 的长度为 60km，线路 II 的长度为 50km，线路 III 的长度为 40km。

各变电所每台变压器的额定容量、励磁功率和归算到 110kV 电压级的阻抗分别为

主电所 b

$S_N = 20MVA$，$\Delta S_0 = (0.05+j0.6)MVA$，

$R_T = 4.84\Omega$，$X_T = 63.5\Omega$

变电所 c

$S_N = 10\text{MVA}$, $\Delta S_0 = (0.03+\text{j}0.35)\text{MVA}$,

$R_T = 11.4\Omega$, $X_T = 127\Omega$

负荷功率　$S_{LDb} = (24+\text{j}18)\text{MVA}$,

$\qquad\qquad S_{LDc} = (12+\text{j}9)\text{MVA}$

试求电力网的功率分布及最大电压损耗。

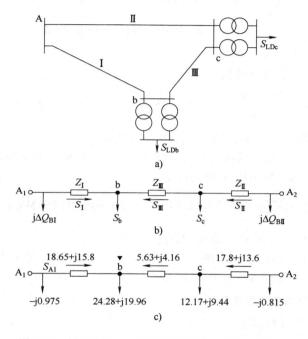

图 5-16　例 5-3 的电力网络及其等效电路和功率分布

解：1）计算网络参数及制定等效电路。

线路 I ：

$$Z_I = (0.27+\text{j}0.423)\times 60\Omega = (16.2+\text{j}25.38)\Omega$$

$$B_I = 2.69\times 10^{-6}\times 60\text{S} = 1.61\times 10^{-4}\text{S}$$

$$2\Delta Q_{BI} = -1.61\times 10^{-4}\times 110^2\text{Mvar} = -1.95\text{Mvar}$$

线路 II ：

$$Z_{II} = (0.27+\text{j}0.423)\times 50\Omega = (13.5+\text{j}21.15)\Omega$$

$$B_{II} = 2.69\times 10^{-6}\times 50\text{S} = 1.35\times 10^{-4}\text{S}$$

$$2\Delta Q_{BII} = -1.35\times 10^{-4}\times 110^2\text{Mvar} = -1.63\text{Mvar}$$

线路 III ：

$$Z_{III} = (0.45+\text{j}0.44)\times 40\Omega = (18+\text{j}17.6)\Omega$$

$$B_{III} = 2.58\times 10^{-6}\times 40\text{S} = 1.03\times 10^{-4}\text{S}$$

$$2\Delta Q_{BIII} = -1.03\times 10^{-4}\times 110^2\text{Mvar} = -1.25\text{Mvar}$$

变电所 b：

$$Z_{Tb} = \frac{1}{2}(4.84+j63.5)\Omega = (2.42+j31.75)\Omega$$

$$\Delta S_{0b} = 2(0.05+j0.6\,MVA = (0.1+j1.2)\,MVA$$

变电所 c：

$$Z_{Tc} = \frac{1}{2}(11.4+j127)\Omega = (5.7+j63.5)\Omega$$

$$\Delta S_{0c} = 2(0.03+j0.35\,MVA = (0.06+j0.7)\,MVA$$

等效电路如图 5-16b 所示。

2）计算节点 b 和 c 的运算负荷。

$$\Delta S_{Tb} = \frac{24^2+18^2}{110^2}(2.42+j31.75)\,MVA = (0.18+j2.36)\,MVA$$

$$S_b = S_{LDb}+\Delta S_{Tb}+\Delta S_{0b}+j\Delta Q_{B\,I}+j\Delta Q_{B\,III}$$
$$= (24+j18+0.18+j2.36+0.1+j1.2-j0.975-j0.625)\,MVA$$
$$= (24.8+j19.96)\,MVA$$

$$\Delta S_T = \frac{12^2+9^2}{110^2}(5.7+j63.5)\,MVA = (0.106+j1.18)\,MVA$$

$$S_c = S_{LD0}+\Delta S_{T0}+\Delta S_{0c}+j\Delta Q_{B\,III}+j\Delta Q_{B\,II}$$
$$= (12+j9+0.106+j1.18+0.06+j0.7-j0.625-j0.815)\,MVA$$
$$= (12.17+j9.44)\,MVA$$

3）计算闭式网络中的功率分布。

$$S_I = \frac{S_b(\dot Z_{II}+\dot Z_{III})+S_c\dot Z_{II}}{\dot Z_I+\dot Z_{II}+\dot Z_{III}}$$
$$= \frac{(24.28+j19.96)(31.5-j38.75)+(12.17+j9.44)(13.5-j21.15)}{47.7-j64.13}\,MVA$$
$$= (18.64+j15.79)\,MVA$$

$$S_{II} = \frac{S_b\dot Z_I+S_c(\dot Z_I+\dot Z_{III})}{\dot Z_I+\dot Z_{II}+\dot Z_{III}}$$
$$= \frac{(24.28+j19.96)(16.2-j25.38)+(12.17+j9.44)(34.2-j42.98)}{47.7-j64.13}\,MVA$$
$$= (17.8+j13.6)\,MVA$$

验算：
$$S_I+S_{II} = (18.64+j15.79+17.8+j13.6)\,MVA = (36.44+j29.39)\,MVA$$
$$S_b+S_c = (24.28+j19.96+12.17+j9.44)\,MVA = (36.44+j29.4)\,MVA$$

可见，计算结果误差很小，无需重算。取
$S_I = (18.65+j15.8)\,MVA$ 继续进行计算。

$$S_{III} = S_b-S_I = (24.28+j19.96-18.65-j15.8)\,MVA = (5.63+j4.16)\,MVA$$

功率分布如图 5-16c 所示。

4）计算电压损耗。

由于线路Ⅰ和Ⅱ的功率均流向节点 b，故节点 b 为功率分点，这点的电压最低。为了计算线路Ⅰ的电压损耗，要用 A 点的电压和功率 $S_{A\,I}$。

$$S_{A\,I} = S_I + \Delta S_{L\,I} = \left[18.65 + j15.8 + \frac{18.65^2 + 15.8^2}{110^2}(16.2 + j25.38)\right] \text{MVA}$$

$$= (19.45 + j17.05)\text{MVA}$$

$$\Delta U_I = \frac{P_{A\,I}R_I + Q_{A\,I}X_I}{U_A} = \frac{19.45 \times 16.2 + 17.05 \times 25.38}{117}\text{kV} = 6.39\text{kV}$$

变电所 b 高压母线的实际电压为

$$U_b = U_A - \Delta U_I = (117 - 6.39)\text{kV} = 110.61\text{kV}$$

5.3.3　含变压器的简单环网的功率分布

先讨论电压比不等的两台升压变压器并联运行时的功率分布。设两台变压器的电压比，即高压侧抽头电压与低压侧额定电压之比，分别为 k_1 和 k_2，且 $k_1 \neq k_2$。不计变压器的导纳支路的等效电路如图 5-17b 所示，Z'_{T1} 及 Z'_{T2} 是归算到高压侧（即图中 B 侧）的变压器阻抗值。

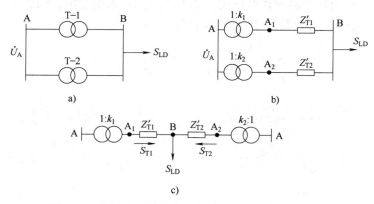

图 5-17　电压比不同的变压器并联运行时的功率分布

如果已给出变压器一次侧的电压 $\dot{U}_A$，则有 $\dot{U}_{A1} = k_1\dot{U}_A$ 和 $\dot{U}_{A2} = k_2\dot{U}_A$。将等效电路从 A 点拆开，使得到一个供电点电压不等的两端供电网络，如图 5-17c 所示。将式（5-25）用于一个负荷的情况，可得

$$\begin{cases} S_{T1} = \dfrac{\dot{Z}'_{T2}S_{LD}}{\dot{Z}'_{T1} + \dot{Z}'_{T2}} + \dfrac{(\dot{U}_{A1} - \dot{U}_{A2})U_{N*H}}{\dot{Z}'_{T1} + \dot{Z}'_{T2}} \\[4mm] S_{T2} = \dfrac{\dot{Z}'_{T2}S_{LD}}{\dot{Z}'_{T1} + \dot{Z}'_{T2}} + \dfrac{(\dot{U}_{A2} - \dot{U}_{A1})U_{N*H}}{\dot{Z}'_{T1} + \dot{Z}'_{T2}} \end{cases} \tag{5-31}$$

式中，k_1 是高压侧的额定电压。

假定循环功率是由节点 A_1 经变压器阻抗流向 A_2，亦即在原电路中为顺时针方向，并令

$$\Delta \dot{E}' = \dot{U}_{A1} - \dot{U}_{A2} = \dot{U}_A(k_1 - k_2) = \dot{U}_A k_2\left(\frac{k_1}{k_2} - 1\right) \tag{5-32}$$

则循环功率为

$$S_{cir} = \frac{(\dot{U}_{A1} - \dot{U}_{A2}) U_{N*H}}{\dot{Z}'_{T1} + \dot{Z}'_{T2}} = \frac{\Delta\dot{E}' U_{N*H}}{\dot{Z}'_{T1} + \dot{Z}'_{T2}} \qquad (5\text{-}33)$$

式中，$\Delta\dot{E}'$ 为环路电势，它是因并联变压器的电压比不等而引起的。循环功率是由环路电势产生的。因此，循环功率的方向同环路电势的作用方向是一致的。当两变压器的电压比相等时 $\Delta\dot{E}' = 0$，循环功率便不存在。

式 (5-31) 说明，变压器的实际功率分布是由变压器电压比相等且供给实际负荷时的功率分布，与不计负荷仅因电压比不同而引起的循环功率叠加而成。

一般情况下，选好循环功率方向后，环路电势便可由环路的开口电压确定，开口处可在高压侧，也可在低压侧，但应与阻抗归算的电压级一致（见图 5-18）。归算到高压侧时

$$\Delta\dot{E}' = \dot{U}_P - \dot{U}_{\dot{P}} = \dot{U}_{P'}\left(\frac{k_1}{k_2} - 1\right) = \dot{U}_{P'}(k_\Sigma - 1) \qquad (5\text{-}34)$$

归算到低压侧时

$$\Delta\dot{E} = \dot{U}_e - \dot{U}_{e'} = \dot{U}_{e'}\left(\frac{k_1}{k_2} - 1\right) = \dot{U}_{e'}(k_\Sigma - 1) \qquad (5\text{-}35)$$

式中，$k_\Sigma = k_1/k_2$，称为环路的等效电压比。如果 $\dot{U}_{P'}$ 和 $\dot{U}_{e'}$ 未能给出，则也可分别以相应电压级的额定电压 U_{N*H} 和 U_{N*L} 代替。于是循环功率便为

$$S_{cir} \approx \frac{U_{N*H}^2(k_\Sigma - 1)}{\dot{Z}'_{T1} + \dot{Z}'_{T2}} \approx \frac{U_{N*L}^2(k_\Sigma - 1)}{\dot{Z}'_{T1} + \dot{Z}'_{T2}} \qquad (5\text{-}36)$$

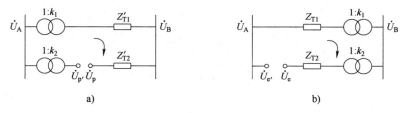

图 5-18　环路电势的确定

例 5-4　电压比分别为 $k_1 = 110/11$ 和 $k_2 = 115.5/11$ 的两台变压器并联运行（见图 5-19a），每台变压器归算到低压侧的电抗均为 1Ω，其电阻和导纳忽略不计。已知低压母线电压为 10kV，负荷功率为 $(16+j12)$MVA，试求变压器的功率分布和高压侧电压。

解：采用本节所讲的近似方法进行计算，步骤如下。

1）假定两台变压器电压比相同，计算其功率分布。因两台变压器电抗相等，故

$$S_{1LD} = S_{2LD} = \frac{1}{2}S_{LD} = \frac{1}{2}(16+j12)\text{MVA} = (8+j6)\text{MVA}$$

2）求循环功率。因为阻抗已归算到低压侧，所以环路电势宜用低压侧的值。若取其假定正向为顺时针方向，则可得

$$\Delta E \approx U_B\left(\frac{k_1}{k_2} - 1\right) = 10\times\left(\frac{10.5}{10} - 1\right)\text{kV} = 0.5\text{kV}$$

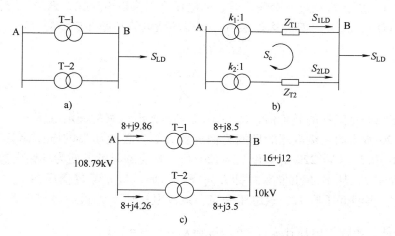

图 5-19　例 5-4 的电路及其功率分布

故循环功率为

$$S_c \approx \frac{U_B \Delta E}{\dot{Z}_{T1} + \dot{Z}_{T2}} = \frac{10 \times 0.5}{-j1 - j1} \text{MVA} = j2.5 \text{MVA}$$

3）计算两台变压器的实际功率分布。

$$S_{T1} = S_{1LD} + S_c = (8 + j6 + j2.5) \text{MVA} = (8 + j8.5) \text{MVA}$$
$$S_{T2} = S_{2LD} - S_c = (8 + j6 - j2.5) \text{MVA} = (8 + j8.5) \text{MVA}$$

4）计算高压侧电压。不计电压降的横分量时，按变压器 T-1 计算可得高压母线电压为

$$U_A = \left(10 + \frac{8.5 \times 1}{10}\right) k_1 = (10 + 0.85) \times 10 \text{kV} = 108.5 \text{kV}$$

按变压器 T-2 计算可得

$$U_A = \left(10 + \frac{3.5 \times 1}{10}\right) k_2 = (10 + 0.35) \times 10.5 \text{kV} = 108.68 \text{kV}$$

计及电压降的横分量，按 T-1 和 T-2 计算可分别得

$$U_A = 108.79 \text{kV}, \quad U_A = 109 \text{kV}$$

5）计算从高压母线输入变压器 T-1 和 T-2 的功率。

$$S'_{T1} = \left(8 + j8.5 + \frac{8^2 + 8.5^2}{10^2} \times j1\right) \text{MVA} = (8 + j9.86) \text{MVA}$$

$$S'_{T2} = \left(8 + j3.5 + \frac{8^2 + 3.5^2}{10^2} \times j1\right) \text{MVA} = (8 + j4.26) \text{MVA}$$

输入高压母线的总功率为

$$S' = S'_{T1} + S'_{T2} = (8 + j9.86 + 8 + j4.26) \text{MVA} = (16 + j14.12) \text{MVA}$$

功率分布如图 5-19c 所示。

对于有多个电压级的环形电力网，环路电势和循环功率确定方法如下。首先，作出等效电路并进行参数归算（变压器的励磁功率和线路的电容都略去不计）。其次，选定环路电势的作用方向，计算环路的等效电压比 k_Σ。事先约定，变压器的电压比等于较高电压级的抽头电压同较低电压级的抽头电压之比。令 k_Σ 的初值等于 1，从环路的任一点出发，沿选定的环路方向绕行一周，每经过一个变压器，遇电压升高乘以电压比，遇电压降低则除以电压比，回到出发点时，k_Σ 便计算完毕。最后，便得环路电势和循环功率的计算公式为

$$\Delta\dot{E} \approx U_N(k_\Sigma - 1) \tag{5-37}$$

$$S_{cir} \approx \frac{\Delta\dot{E}U_N}{\dot{Z}_\Sigma} \tag{5-38}$$

式中，$\dot{Z}_\Sigma$ 为环网的总阻抗的共轭值；U_N 为归算参数的电压级的额定电压。

现以图 5-20 所示的三级电压的环网为例进行计算。各变压器的电压比分别为 $k_a = 121/10.5$，$k_b = 242/10.5$，$k_{c1} = 220/121$ 和 $k_{c2} = 220/11$。选定顺时针方向为环路电势的作用方向。令 k_Σ 的初值等于1，从 B 点出发顺时针方向绕行一周，最先经过变压器 T_a，遇电压降低，除以电压比 k_a，再经变压器 T_b，遇电压升高，乘以电压比 k_b，最后经变压器 T_c，回到出发点，遇电压降低，再除以电压比 k_{c1}。于是得到 $k_\Sigma = \dfrac{k_b}{k_a k_{c1}} = 1.1$。

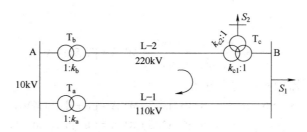

图 5-20 三级电压的环网

由式（5-37）或式（5-38）可见，若 $k_\Sigma = 1$，则 $\Delta E = 0$，循环功率也就不存在。$k_\Sigma = 1$ 说明在环网中运行的各变压器的电压比是相匹配的。循环功率只是在变压器的电压比不匹配（即 $k_\Sigma \neq 1$）的情况下才会出现。如果环网中原来的功率分布在技术上或经济上不太合理，则可以通过调整变压器的电压比，产生某一指定方向的循环功率来改善功率分布。

5.3.4 环网中的潮流控制

在环网中引入环路电势来产生循环功率，是对环网进行潮流控制和改善功率分布的有效手段。

在图 5-21 所示的简单环网中，根据式（5-25）可知其功率分布为

$$S_1 = \frac{S_c\dot{Z}_2 + S_b(\dot{Z}_2 + \dot{Z}_3)}{\dot{Z}_1 + \dot{Z}_2 + \dot{Z}_3}$$

$$S_2 = \frac{S_b\dot{Z}_1 + S_c(\dot{Z}_1 + \dot{Z}_3)}{\dot{Z}_1 + \dot{Z}_2 + \dot{Z}_3}$$

上式说明功率在环形网络中是与阻抗成反比分布的。这种分布称为功率的自然分布。

现在讨论一下，欲使网络的功率损耗为最小，功率应如何分布？图 5-21 所示环网的功率损耗为

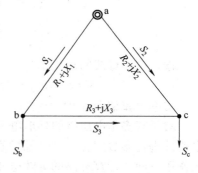

图 5-21 简单环网的功率分布

$$P_L = \frac{P_1^2+Q_1^2}{U^2}R_1 + \frac{P_2^2+Q_2^2}{U^2}R_2 + \frac{P_3^2+Q_3^2}{U^2}R_3$$

$$= \frac{P_1^2+Q_1^2}{U^2}R_1 + \frac{(P_b+P_c-P_1)^2+(Q_b+Q_c-Q_1)^2}{U^2}R_2 + \frac{(P_1-P_b)^2+(Q_1-Q_b)^2}{U^2}R_3$$

将上述分别对 P_1 和 Q_1 取偏导数，并令其等于零便得

$$\frac{\partial P_L}{\partial P_1} = \frac{2P_1}{U^2}R_1 - \frac{2(P_b+P_c-P_1)}{U^2}R_2 + \frac{2(P_1-P_b)}{U^2}R_3 = 0$$

$$\frac{\partial P_L}{\partial Q_1} = \frac{2Q_1}{U^2}R_1 - \frac{2(Q_b+Q_c-Q_1)}{U^2}R_2 + \frac{2(Q_1-Q_b)}{U^2}R_3 = 0$$

由此可以解出

$$\begin{cases} P_{1ec} = \dfrac{P_b(R_2+R_3)+P_cR_2}{R_1+R_2+R_3} \\[3mm] Q_{1ec} = \dfrac{Q_b(R_2+R_3)+Q_cR_2}{R_1+R_2+R_3} \end{cases} \tag{5-39}$$

式（5-39）表明，功率在环形网络中与电阻成反比分布时，功率损耗为最小。我们称这种功率分布为经济分布。只有在每段线路的比值 R/X 都相等的单一网络中，功率的自然分布才与经济分布相符。一般情况下，这两者是有差别的。各段线路的不均匀程度越大，功率损耗的差别就越大。

如果在环网中引入附加电势 $\Delta\dot{E}$，假定其产生与 S_1 同方向的循环功率，且满足条件

$$S_1+S_{cir}=S_{1ec}$$

就可以使功率分布符合经济分布的要求。由此可得所要求的循环功率为

$$S_{cir}=S_{1ec}-S_1=(P_{1ec}-P_1)+j(Q_{1ec}-Q_1)=P_{cir}+jQ_{cir}$$

为产生此循环功率所需的附加电势则为

$$\Delta\dot{E}=Z_\Sigma \dot{S}_{cir}/U_N = \frac{P_{cir}R_\Sigma+Q_{cir}X_\Sigma}{U_N}+j\frac{P_{cir}X_\Sigma-Q_{cir}R_\Sigma}{U_N}=\Delta E_x+j\Delta E_y$$

式中，Z_Σ 为环网的总阻抗；U_N 为网络的额定电压。

调整环网中的变压器电压比，对于比值 X/R 较大的高压网络，其主要作用是改变无功功率的分布。一般情况下，当网络中功率的自然分布不同于所期望的分布时，往往要求同时调整有功功率和无功功率，这就要采用一些附加装置来产生所需的环路电势。这类装置主要有附加调压变压器和基于电力电子技术的一些 FACTS 装置。

（1）利用加压调压变压器产生附加电势

加压调压变压器的原理接线图及其接入系统图如图 5-22 所示。加压调压变压器 2 由电源变压器 3 和串联变压器 4 组成。串联变压器 4 的二次绕组串联在主变压器 1 的引出线上，作为加压绕组。这相当于在线路上串联了一个附加电势。改变附加电势的大小和相位就可以改变线路上电压的大小和相位。通常把附加电势的相位与线路电压的相位相同的变压器称为纵向调压变压器，把附加电势与线路电压有 90° 相位差的变压器称为横向调压变压器，把附加电势与线路电压之间的相位差也能进行调节的调压变压器称为混合型调压变压器。

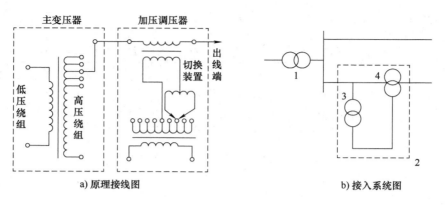

a) 原理接线图　　　　　　　　　　　b) 接入系统图

图 5-22　加压调压变压器的原理接线图及其接入系统图

1—主变压器　2—加压调压变压器　3—电源变压器　4—串联变压器

　　纵向调压变压器的原理接线图和相量图如图 5-23 所示。图中电源变压器的二次绕组供电给串联变压器的励磁绕组，因而在串联变压器的二次绕组中产生附加电势 $\Delta \dot{U}$。当电源变压器取图 5-23a 所示的接线方式时，附加电势的方向与主变压器的相电压方向相同，可以提高线路电压，如图 5-23b 所示。反之，如将串联变压器反接，则可降低线路电压。纵向调压变压器只有纵向电势，它只改变线路电压的大小，不改变线路电压的相位。

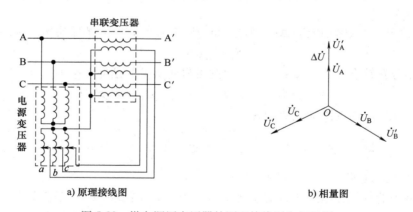

a) 原理接线图　　　　　　　　　　　b) 相量图

图 5-23　纵向调压变压器的原理接线图和相量图

　　横向调压变压器的原理接线图和相量图如图 5-24 所示。如果电源变压器取图示的接线方式，则加压绕组中产生的附加电势的方向与线路的相电压将有 90° 的相位差，故称为横向电势。从相量图中可以看出，由于 $\Delta \dot{U}$ 超前线路电压 90°，调压后的电压 $\dot{U}'_A$ 较调压前的电压 $\dot{U}_A$ 超前一个 β 角，但调压前后电压幅值的改变甚小。如将串联变压器反接，使附加电势反向，则调压后可得到较原电压滞后的线路电压（电压幅值的变化仍很小）。横向调压变压器只产生横向电势，所以它只改变线路电压的相位而几乎不改变电压的大小。

　　混合型调压变压器中既有纵向串联加压变压器，又有横向串联变压器，原理接线图和相量图如图 5-25 所示。它既产生纵向电势 ΔU_y，又产生横向电势 ΔU_x。因此，它既能改变线路电压的大小，又能改变其相位。

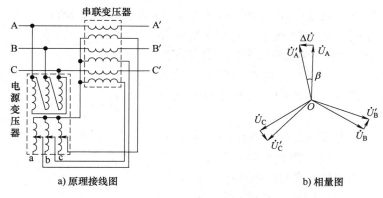

a) 原理接线图　　　　　b) 相量图

图 5-24　横向调压变压器的原理接线图和相量图

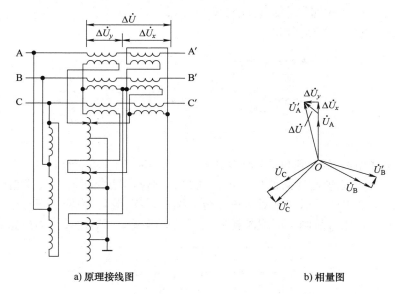

a) 原理接线图　　　　　b) 相量图

图 5-25　混合型调压变压器的原理接线图和相量图

　　加压调压变压器和主变压器配合使用，相当于有载调压变压器，也可以单独串接在线路上使用。对于辐射形网络，它可以作为调压设备。对于环形网络除起调压作用外，还可以改变网络中的功率分布。

　　（2）利用 FACTS 装置实现潮流控制

　　柔性交流输电系统（Flexible AC Transmission System，FACTS）的概念是在 20 世纪 80 年代末由美国的 Hingorani 提出来的。现在 FACTS 技术已成为电力系统新技术的重要发展方向之一，我国也已开展了这一领域的研究。FACTS 的含义是装有电力电子型或其他静止型控制器以加强可控性和增大电力传输能力的交流输电系统。在 FACTS 装置中采用晶闸管取代传统的机械式高压开关或接头转换部件，极大地提高了调节的灵活性和快速性，通过对电压（幅值和相位）和阻抗的迅速调整，可以在不改变电网结构的情况下，加强潮流的可控性和提高电网的传输能力。FACTS 装置的种类有很多，且功能各异。以下将简要介绍几种能在线路中嵌入（或等效于嵌入）附加电势的 FACTS 装置。

静止同步串联补偿器（Static Synchronous Series Compensator，SSSC）是一种静止型同步发电器，其接入系统如图 5-26 所示。它用作串联补偿器，其输出电压与线路电流相差 90°，能在容性到感性的范围内产生一可控的、与线路电流无关的补偿电压，以增大或减小线路的无功电压降，从而控制线路的潮流。

晶闸管控制串联电容器（Thyristor Controlled Series Capacitor，TCSC）是一种容性电抗补偿器，它包括串联电容器组和与其并联的晶闸管控制电抗器，用以构成可调的工频等效电抗，其原理图如图 5-27 所示。它主要用来对长距离输电线路进行参数补偿以提高传输能力。在闭式网络中，它能调整所在线路的总电抗以改变网络的潮流分布。

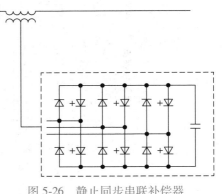

图 5-26　静止同步串联补偿器
接入系统示意图

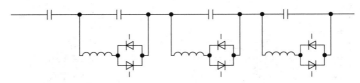

图 5-27　晶闸管控制串联电容器原理图

晶闸管控制移相器（Thyristor Controlled Phase Shifting Transformer，TCPST）的原理接线图如图 5-28 所示。其原理与横向调压变压器相似，通过串联变压器在线路纵向插入与线路相电压相垂直的附加电势，以实现对电压相位的调节。移相器中电源变压器的二次绕组分成匝数不等的若干组，通过晶闸管的通断控制，可以对串联变压器的输出电压进行分级调节。

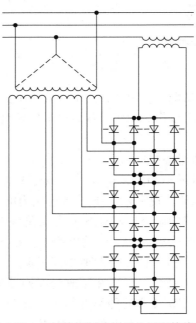

图 5-28　晶闸管控制移相器的原理接线图

统一潮流控制器（Unified Power Flow Controller，UPFC）的原理和接入系统示意图如图 5-29 所示。它的主体部分是通过公共的直流电容联系起来的两个电压源型逆变器。逆变器 1 的交流输出电压通过变压器 T_1 并联接入系统，其主要作用是实现并联无功补偿以控制电压。逆变器 2 的交流输出电压通过变压器 T_2 串联插入线路，其作用相当于 SSSC，但它向线路引入的附加电势不仅幅值可变，相位也可在 $0 \sim 2\pi$ 之间变化。

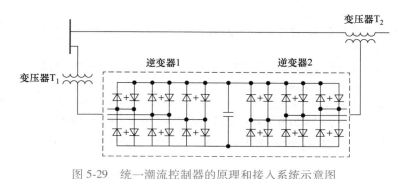

图 5-29　统一潮流控制器的原理和接入系统示意图

5.4　小结

电网元件的电压降落计算不过是欧姆定律的工程应用。在电力网的实际计算中，电流是用功率和电压来表示的，必须掌握用功率表示的电压降落公式的导出和应用条件。要掌握电压降落、电压损耗和电压偏移这三个常用的概念。

在元件的电抗比电阻大得多的高压电网中，感性无功功率从电压高的一端流向电压低的一端，有功功率则从电压相位超前的一端流向相位落后的一端，这是交流电网功率传输的基本规律。

开式网络一般是指由一个电源点通过树状（辐射状）网络向若干个负荷节点供电的网络。潮流计算的已知条件通常是电源点的电压和负荷点的功率，待求的是电源点以外的各节点电压和网络中的功率分布。可以采用逐步逼近的方法，将每一轮的计算分两个步骤进行：第一步，从负荷点开始，逆着功率传送的方向，计算各支路的功率损耗和功率分布；第二步，从电源点开始，顺着功率传送的方向，计算各支路的电压降落（或电压损耗）。支路计算顺序的确定和两个步骤的迭代计算都可以很方便地用计算机来完成。

不计网络损耗时，两端供电网络中每个电源点送出的功率都由两部分组成：第一部分是负荷功率，可按照类似于力学中的力矩平衡公式算出；第二部分是由两端电压不等而产生的循环功率。利用节点功率平衡条件找出功率分点后，就可在该点将原网络拆开，形成两个开式网络。

简单环网是两端供电网络的特例。在带变压器的环网中，当变压器的电压比不匹配时将出现环路电势，并产生相应的循环功率，要掌握由于电压比不匹配而产生的环路电势的计算方法。

环状网络中功率与阻抗成反比分布，这种分布称为自然分布。当功率的自然分布与期望分布不一致时，可通过引入环路电势产生循环功率，使最终合成的功率分布等于（或接近于）期望分布。

各种附加调压变压器和 FACTS 装置中的静止同步串联补偿器、晶闸管控制串联电容器、晶闸管控制移相器和统一潮流控制器等，都是进行潮流控制的有效手段。

5.5 复习题

5-1　什么是电压降落？它的计算公式如何推导得出？如何理解从单相电路导出的公式可以直接应用到三相功率和线电压计算？

5-2　电压降落纵分量和横分量包含哪些内容？这些公式对理解电网传输功率的基本特点有什么启发？

5-3　什么是电压损耗和电压偏移？

5-4　输电系统如图 5-30 所示。已知：每台变压器 $S_N = 100MVA$，$\Delta P_0 = 450kW$，$\Delta Q_0 = 3500kvar$，$\Delta P_S = 1000kW$，$U_S = 12.5\%$，工作在 -5% 的分接头；每回线路长为 250km，$r_1 = 0.08\Omega/km$，$x_1 = 0.4\Omega/km$，$b_1 = 2.8\times10^{-6}S/km$；负荷 $P_{LD} = 150MW$，$\cos\varphi = 0.85$。线路首端电压 $U_A = 245kV$，试分别计算：

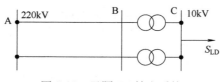

图 5-30　习题 5-4 输电系统

1）输电线路、变压器以及输电系统的电压降落和电压损耗。

2）输电线路首端功率和输电效率。

3）线路首端 A、末端 B 及变压器低压侧 C 的电压偏移。

5-5　110kV 简单环网如图 5-31 所示，导线型号均为 LGJ-95，已知：线路 AB 段长为 40km，AC 段长为 30km，BC 段长为 30km；变电所负荷为 $S_B = (20+j15)MVA$，$S_C = (10+j10)MVA$。

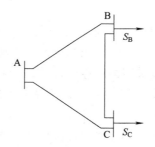

图 5-31　习题 5-5 110kV 简单环网

1）不计功率损耗，试求网络的功率分布，并计算正常闭环运行和切除一条线路运行时的最大电压损耗。

2）若 $U_A = 115kV$，计及功率损耗，重作 1）的计算内容。

3）若将 BC 段导线换为 LGJ-70，重作 1）的计算内容，并比较其结果。

导线参数：LGJ-95　$r_1 = 0.33\Omega/km$，$x_1 = 0.429\Omega/km$，$b_1 = 2.65\times10^{-6}S/km$；

LGJ-70　$r_1 = 0.45\Omega/km$，$x_1 = 0.440\Omega/km$，$b_1 = 2.58\times10^{-6}S/km$。

5-6　在图 5-32 所示的电力系统中，已知条件如下。变压器 T：SFT-40000/110，$\Delta P_S = 200kW$，$U_S = 10.5\%$，$\Delta P_0 = 42kW$，$I_0 = 0.7\%$，$k_T = k_N$。线路 AC 段：$l = 50km$，$r_1 = 0.27\Omega/km$，$x_1 = 0.42\Omega/km$。线路 BC

段：$l = 50\text{km}$，$r_1 = 0.45\Omega/\text{km}$，$x_1 = 0.41\Omega/\text{km}$。线路 AB 段：$l = 40\text{km}$，$r_1 = 0.27\Omega/\text{km}$，$x_1 = 0.42\Omega/\text{km}$。各段线路的导纳均可略去不计。负荷功率：$S_{\text{LDB}} = (25+\text{j}18)\text{MVA}$，$S_{\text{LDD}} = (30+\text{j}20)\text{MVA}$。母线 D 的额定电压为 10kV。当 C 点的运行电压 $U_{\text{C}} = 108\text{kV}$ 时，试求：

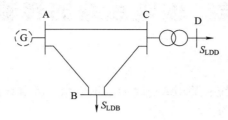

图 5-32　习题 5-6 电力系统

1）网络的功率分布及功率损耗。

2）A、B、C 点的电压。

3）指出功率分点。

5-7　两台型号相同的降压变压器并联运行。已知每台容量为 5.6MVA，额定电压比为 35/10.5，归算到 35kV 侧的阻抗为 $(2.22+\text{j}16.4)\Omega$，10kV 侧的总负荷为 $(8.5+\text{j}5.27)\text{MVA}$。不计变压器内部损耗，试计算：

1）两台变压器电压比相同时，各变压器输出的功率。

2）变压器 T-1 工作在 +2.5% 抽头，变压器 T-2 工作在 -2.5% 抽头，各变压器的输出功率，此时有什么工程问题吗？

3）若两台变压器均可带负荷调压，试作出两台变压器都调整电压比，且调整量超过 5% 的操作步骤。

5-8　两台容量不同的降压变压器并联运行，如图 5-33 所示。变压器的额定容量及归算到 35kV 侧的阻抗分别为：$S_{\text{TN1}} = 10\text{MVA}$，$Z_{\text{T1}} = (0.8+\text{j}9)\Omega$；$S_{\text{TN2}} = 20\text{MVA}$，$Z_{\text{T2}} = (0.4+\text{j}6)\Omega$。负荷 $S_{\text{LD}} = (22.4+\text{j}16.8)\text{MVA}$。不计变压器损耗，试作：

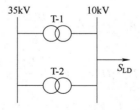

图 5-33　习题 5-8 容量不同的降压变压器并联运行

1）两变压器电压比相同且为额定电压比 $k_{\text{TN}} = 35/11$ 时各台变压器输出的视在功率。

2）两台变压器均有 ±4×2.5% 的分接头，如何调整分接头才能使变压器间的功率分配合理。

3）分析两变压器分接头不同对有功和无功分布的影响。

第6章 输电线路的传输特性

本章将介绍交流电力系统有关功率传输的基本概念，输电线路的功率特性和功率极限、长距离输电线路的运行特性等。

6.1 输电线路的功率特性

输电线路两端电压和电流之间的关系可以用两端口网络（见图 6-1）的通用方程式表示。

$$\begin{cases} \dot{U}_1 = \dot{A}\dot{U}_2 + \dot{B}\dot{I}_2 \\ \dot{I}_1 = \dot{C}\dot{U}_2 + \dot{D}\dot{I}_2 \end{cases} \tag{6-1}$$

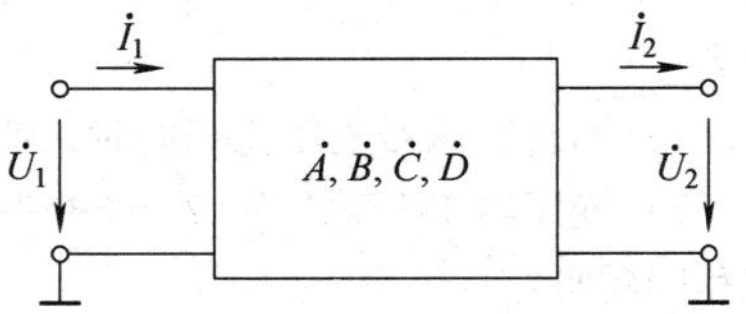

图 6-1 两端口网络

根据上列方程式，计及 $\dot{A}\dot{D} - \dot{B}\dot{C} = 1$，可以解出

$$\begin{cases} \dot{I}_1 = \dfrac{1}{\dot{B}}(\dot{D}\dot{U}_1 - \dot{U}_2) \\ \dot{I}_2 = \dfrac{1}{\dot{B}}(\dot{U}_1 - \dot{A}\dot{U}_2) \end{cases} \tag{6-2}$$

线路两端的功率方程为

$$\begin{cases} S_1 = P_1 + jQ_1 = \dot{U}_1\dot{I}_1 = \dfrac{U_1^2\dot{D}}{\dot{B}} - \dfrac{\dot{U}_1\dot{U}_2}{\dot{B}} \\ S_2 = P_2 + jQ_2 = \dot{U}_2\dot{I}_2 = -\dfrac{U_2^2\dot{A}}{\dot{B}} + \dfrac{\dot{U}_1\dot{U}_2}{\dot{B}} \end{cases} \tag{6-3}$$

令 $\dot{A} = A\angle\theta_A$，$\dot{B} = B\angle\theta_B$，$\dot{D} = D\angle\theta_D$，$\dot{U}_1 = U_1\angle\delta$ 和 $\dot{U}_2 = U_2\angle 0°$，则式（6-3）可写成

$$\begin{cases} S_1 = \dfrac{U_1^2 D}{B}\angle(\theta_B - \theta_D) - \dfrac{U_1 U_2}{B}\angle(\theta_B + \delta) = \dot{\xi}_2 + \dot{\rho}_1 \\ S_2 = -\dfrac{U_2^2 A}{B}\angle(\theta_B - \theta_A) + \dfrac{U_1 U_2}{B}\angle(\theta_B - \delta) = \dot{\xi}_2 + \dot{\rho}_2 \end{cases} \tag{6-4}$$

当电压幅值 U_1 和 U_2 不变时，式（6-4）的两式都是圆的方程，方程中唯一的变量是线路两端电压的相角差 δ。根据式（6-4）作出的输电线路的功率圆图如图 6-2 所示。圆心的位置是固定的，分别由矢量 $\dot{\xi}_1$、$\dot{\xi}_2$ 的端点坐标确定。输电线路为对称两端口网络，$\dot{A} = \dot{D}$，矢量 $\dot{\xi}_1$ 和 $\dot{\xi}_2$ 正好反相，其长度分别正比于首端和末端电压幅值的二次方。两圆半径长度相等，$\rho_1 = \rho_2 = U_1 U_2 / B$。令 $\delta = 0°$ 可以确定半径矢量 $\dot{\rho}_1$ 和 $\dot{\rho}_2$ 的初始方向分别为 $\overline{o_1 m_1}$ 和 $\overline{o_2 m_2}$，它们对于水平轴的偏转角分别为 $\theta_B + 180°$ 和 θ_B，当 δ 由零增大时，$\dot{\rho}_1$ 依逆时针方向旋转，$\dot{\rho}_2$ 则

依顺时针方向旋转。由矢量 $\dot{\rho}_1$ 和 $\dot{\rho}_2$ 的端点坐标即可分别确定线路首端和末端的功率。

当 $\theta_B + \delta = 180°$ 时，半径矢量 $\dot{\rho}_1$ 与水平轴平行，首端有功功率达到最大值；当 $\delta = \theta_B$ 时，末端有功功率达到最大值。

$$\begin{cases} P_{1m} = \mathrm{Re}\left[\dot{\xi}_1\right] + \rho_1 \\ P_{2m} = \mathrm{Re}\left[\dot{\xi}_2\right] + \rho_2 \end{cases} \tag{6-5}$$

这就是输电线路在给定的首、末端电压下所能传送的最大功率，称为功率极限。正常运行时，线路两端电压应在额定值附近，因此，输电线路的功率极限约与线路的额定电压的二次方成正比。

随着首末端电压相位差 δ 的继续增大，有功功率将逐渐减小，当 δ 增大到 180° 附近，末端和首端的有功功率将先后改变符号，有功功率将改变传送方向，变为由末端送往首端。

利用功率圆图还可以分析无功功率的变化情况。当 δ 角较小时，首端的无功功率有负值，随着 δ 角的

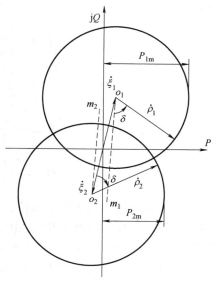

图 6-2　输电线路的功率圆图

增大，首端送出的感性无功功率持续增加，在 δ 角到达 180° 附近时达到最大值。由于末端功率圆大部分位于水平轴的下方，只在 δ 角较小时，末端的无功功率有正值，即可以接受少量的感性无功功率，此后，随着 δ 角的增大，末端不仅接受不到无功功率，反而要向线路注入越来越多的无功功率。上述情况说明，δ 角较小时，线路电流也小，线路电容产生的无功功率超过线路电抗上消耗的无功功率，有少量盈余的无功功率向两端分送。随着 δ 角的增大，线路上的电流大幅度增加，首端和末端都必须向线路提供大量的无功功率以抵偿线路的无功功率损耗。由此可见，当 δ 角大范围变化时，为了维持线路两端的电压有恒定的幅值，无论是首端还是末端都必须拥有充足的无功功率电源，而且还应具备吸收一定数量无功功率的能力。

在电力系统分析计算中，常将输入阻抗和转移阻抗引入功率公式中。对于图 6-1 所示的两端口网络，令 $\dot{U}_2 = 0$，便得

$$\frac{\dot{U}_1}{\dot{I}_1} = \frac{\dot{B}}{\dot{D}} = Z_{11}, \quad \frac{\dot{U}_1}{\dot{I}_2} = \dot{B} = Z_{12}$$

反过来，令 $\dot{U}_1 = 0$，便有

$$\frac{\dot{U}_2}{-\dot{I}_2} = \frac{\dot{B}}{\dot{A}} = Z_{22}$$

式中，Z_{11} 和 Z_{22} 分别为首端和末端的输入阻抗；Z_{12} 为首末端之间的转移阻抗。

记 $Z_{11} = |Z_{11}| \angle \varphi_{11}$，$Z_{22} = |Z_{22}| \angle \varphi_{22}$ 和 $Z_{12} = |Z_{12}| \angle \varphi_{12}$，式 (6-4) 便可写成

$$S_1 = \frac{U_1^2}{|Z_{11}|} \angle \varphi_{11} - \frac{U_1 U_2}{|Z_{12}|} \angle (\varphi_{12} + \delta)$$

$$S_2 = -\frac{U_2^2}{|Z_{22}|} \angle \varphi_{22} + \frac{U_1 U_2}{|Z_{12}|} \angle (\varphi_{12} - \delta)$$

如果再将阻抗角用相应的余角表示，即 $\varphi_{11}=90°-\alpha_{11}$，$\varphi_{22}=90°-\alpha_{22}$ 和 $\varphi_{12}=90°-\alpha_{12}$，并将功率公式展开，便得

$$\begin{cases} P_1 = \dfrac{U_1^2}{|Z_{11}|}\sin\alpha_{11}+\dfrac{U_1 U_2}{|Z_{12}|}\sin(\delta-\alpha_{12}) \\[3mm] Q_1 = \dfrac{U_1^2}{|Z_{11}|}\cos\alpha_{11}-\dfrac{U_1 U_2}{|Z_{12}|}\cos(\delta-\alpha_{12}) \end{cases} \tag{6-6}$$

$$\begin{cases} P_2 = -\dfrac{U_2^2}{|Z_{22}|}\sin\alpha_{22}+\dfrac{U_1 U_2}{|Z_{12}|}\sin(\delta+\alpha_{12}) \\[3mm] Q_2 = -\dfrac{U_2^2}{|Z_{22}|}\cos\alpha_{22}+\dfrac{U_1 U_2}{|Z_{12}|}\cos(\delta+\alpha_{12}) \end{cases} \tag{6-7}$$

上述公式不仅适用于输电线路，也完全适用于可以用两端口网络代替的更为复杂的输电系统。对图 6-3 所示的两发电机系统，可以把两端的发电机的阻抗，变压器和输电线路的阻抗和导纳，以及所接负荷（用等效阻抗表示）全部收入双口网络中。在应用式（6-6）和式（6-7）时，只要用 E_1 和 E_2 分别替代 U_1 和 U_2，用 $\dot{E}_1$ 和 $\dot{E}_2$ 的相位差替代 δ 就可以了。

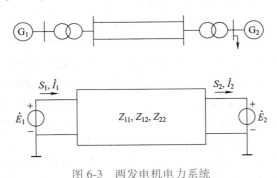

图 6-3　两发电机电力系统

6.2　沿长线的功率传送

在电力系统的运行分析中，对于长度超过 300km 的架空线路和超过 100km 的电缆线路，往往需要考虑线路参数的分布性。

6.2.1　长线的稳态方程

参数沿线均匀分布的长距离输电线（见图 6-4），在正弦电压作用下处于稳态时，其方程式为

$$\begin{cases} \dfrac{\mathrm{d}\dot{U}}{\mathrm{d}x} = (r_0+\mathrm{j}\omega L_0)\dot{I} \\[3mm] \dfrac{\mathrm{d}\dot{I}}{\mathrm{d}x} = (g_0+\mathrm{j}\omega C_0)\dot{U} \end{cases} \tag{6-8}$$

由上述方程可以解出

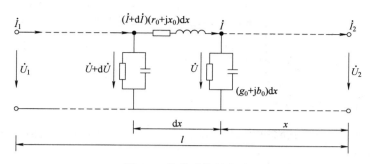

图 6-4 长线路等效电路

$$\begin{cases} \dot{U}=\dfrac{\dot{U}_2+Z_c\dot{I}_2}{2}\mathrm{e}^{\gamma x}+\dfrac{\dot{U}_2-Z_c\dot{I}_2}{2}\mathrm{e}^{-\gamma x} \\[3mm] \dot{I}=\dfrac{\dot{U}_2/Z_c+\dot{I}_2}{2}\mathrm{e}^{\gamma x}-\dfrac{\dot{U}_2/Z_c-\dot{I}_2}{2}\mathrm{e}^{-\gamma x} \end{cases}$$ （6-9）

式中

$$\gamma=\sqrt{(g_0+\mathrm{j}\omega C_0)(r_0+\mathrm{j}\omega L_0)}=\beta+\mathrm{j}a$$
$$Z_c=\sqrt{(r_0+\mathrm{j}\omega L_0)/(g_0+\mathrm{j}\omega C_0)}=|Z_c|\mathrm{e}^{\mathrm{j}\theta_c}$$

由式（6-9）可见，沿线的电压和电流都分别由两项组成：第一项称为电压和电流的正向行波（或入射波）；第二项则称为电压和电流的反向行波（或反射波）。随着时间的增长，正向行波向着 x 减小的方向行进，而反向行波则向 x 增加的方向行进。γ 为传播常数，Z_c 为波阻抗。

行波的基本性质由传播常数决定。传播常数的实部 β 表示行波振幅衰减的特性，称为行波的衰减常数。行波每前进单位长度，其振幅都要减小到原振幅的 $1/\mathrm{e}^{\beta}$。传播常数的虚部 a 表示行波相位变化的特性，称为行波的相位常数。a 的数值代表沿着行波的传播方向相距单位长度的前方处行波在相位上滞后的弧度数。当 $r_0=0$ 和 $g_0=0$ 时，$\beta=0$，所以行波振幅衰减是由线路上的功率损失引起的，而行波沿线路的相位变动主要是由于线路上存在电感和电容。

行波的相位相差为 2π 的两点间的距离称为波长，通常用 λ 表示，即

$$\lambda=\frac{2\pi}{a}=\frac{2\pi}{\omega\sqrt{L_0C_0}}=\frac{1}{f\sqrt{L_0C_0}}$$ （6-10）

行波的传播速度，亦称相位速度，记为

$$\nu_{\omega}=\lambda f=\frac{1}{\sqrt{L_0C_0}}$$ （6-11）

在架空线路上相位速度接近于光速，即 $\nu_{\omega}\approx3\times10^5\mathrm{km/s}$。当 $f=50\mathrm{Hz}$ 时，$\lambda\approx6000\mathrm{km}$。电缆线路的相位常数较架空线的大，行波在电缆中的传播速度也较小，一般只有光速的 $1/4$ 左右。

利用双曲函数可将式（6-9）写成

$$\begin{cases} \dot{U}=\dot{U}_2\cosh\gamma x+\dot{I}_2Z_c\sinh\gamma x \\[3mm] \dot{I}=\dfrac{\dot{U}_2}{Z_c}\sinh\gamma x+\dot{I}_2\cosh\gamma x \end{cases}$$ （6-12）

如果已知线路首端的电压和电流，则距首端 x' 处的电压和电流为

$$\begin{cases} \dot{U}=\dot{U}_1\cosh\gamma x'-\dot{I}_1 Z_c\sinh\gamma x' \\ \dot{I}=-\dfrac{\dot{U}_1}{Z_c}\sinh\gamma x'+\dot{I}_1\cosh\gamma x' \end{cases} \tag{6-13}$$

6.2.2 输电线路的自然功率

若线路终端接一负荷，其阻抗为 Z_2，则有 $\dot{U}_2=Z_2\dot{I}_2$。当负荷阻抗恰等于波阻抗 Z_c 时，式（6-9）便简化为

$$\begin{cases} \dot{U}=\dot{U}_2 e^{\gamma x} \\ \dot{I}=\dot{I}_2 e^{\gamma x} \end{cases} \tag{6-14}$$

可见，反射波没有了。使线路工作在无反射波状态的负荷称为匹配负荷或无反射负荷。由入射波输送到线路末端的功率将完全为负荷所吸收。这时负荷阻抗所消耗的功率便称为自然功率，记为

$$S_n=\frac{U_2^2}{\dot{Z}_c}=\frac{U_2^2}{Z_c}e^{j\theta_c}=P_n+jQ_n$$

由于高压架空线的波阻抗略呈电容性，自然功率也略呈电容性。

如果线路没有损耗，即 $g_0=0$ 和 $r_0=0$，则有

$$S_n=P_n=\frac{U_2^2}{Z_c}=U_2^2\sqrt{\frac{C_0}{L_0}} \tag{6-15}$$

实际上常把 S_n 的实数部分称为自然功率，并用线路的额定电压和波阻抗的模来计算。

自然功率是衡量输电线路传输能力的一个重要数据。提高输电额定电压和减小波阻抗都可以增大自然功率。

采用分裂导线可减小线路电感、增大线路电容，是减小波阻抗的有效办法。对于 500kV 的线路，当每相导线截面给定时，采用常规分裂导线，从单根导线过渡到每相 2 根、3 根至 4 根分裂导线时，波阻抗的数值分别为 375Ω、310Ω、280Ω 和 260Ω。相应地，自然功率分别为 670MW、810MW、900MW 和 960MW。继续增加每相导线的分裂根数，并对分裂导线的排列结构进行优化，即采用所谓紧凑型架空输电线，还可以进一步减小波阻抗。每相 4 分裂的 500kV 紧凑型线路的波阻抗可减小到 210Ω 左右，若将分裂根数增加到 6~10 根，则波阻抗还可下降到 150~100Ω。紧凑型线路在俄罗斯等国已运行多年，近年来我国也有紧凑型线路投入运行。

6.2.3 无损线的功率圆图

对于无损耗输电线 $\dot{A}=\dot{D}=\cos\alpha l$，$\dot{B}=jZ_c\sin\alpha l$，线路两端的功率方程可写成

$$\begin{cases} S_1=j\dfrac{U_1^2}{Z_c}\cot\alpha l-\dfrac{U_1 U_2}{Z_c\sin\alpha l}\angle(\delta+90°) \\ S_2=j\dfrac{U_2^2}{Z_c}\cot\alpha l+\dfrac{U_1 U_2}{Z_c\sin\alpha l}\angle(90°-\delta) \end{cases} \tag{6-16}$$

当两端电压给定时，圆心的坐标和半径的长度都只是线路长度的函数。两圆的半径相等，圆心落在虚轴上。如果 $U_1=U_2$，则两圆彼此对于水平轴为对称，而且圆周同水平轴交

点的横坐标恰等于自然功率。不同长度线路的功率圆图各有其特点。

线路的长度通常是指其几何长度，在电力系统分析中，还用到电气长度的概念。一条线路的电气长度常用它的实际几何长度同工频下的波长之比来衡量。若线路的长度为 l，则它对于波长的相对长度为

$$l_* = \frac{l}{\lambda} = \frac{al}{2\pi}$$

若 $l_* = 1$，便是全波长线路；若 $l_* = 1/2$，则为半波长线路。有时也用全线的总相位常数来说明线路的电气长度。若 $al = 2\pi$ 便称为全波长线路，$al = \pi$ 则称为半波长线路。

线路的功率极限为

$$P_{1m} = P_{2m} = \frac{U_1 U_2}{Z_c \sin al} \tag{6-17}$$

当 $al = \pi/2$ 或 $3/(2\pi)$ 时，即 $l \approx 1500 \text{km}$ 或 4500km，线路的功率极限有最小值，它等于线路的自然功率。当 $al = 0$ 或 π 时，即 $l = 0$ 或 $l \approx 3000 \text{km}$，理论上的功率极限将趋于无限大。

当线路不太长时，式（6-17）中的分母

$$Z_c \sin al \approx Z_c al = \sqrt{L_0/C_0} \sqrt{L_0 C_0} \, \omega l = \omega L_0 l$$

即是线路的总电抗。

图 6-5 所示为长度 $al < \pi/2$ 的线路在两端电压相等时的功率圆图。由圆图可见，由于两圆对横轴对称，两端的无功功率总是大小相等、符号相反。因为首端功率以输入线路为正，末端功率以从线路送出为正，所以，无损线在传送任何有功功率下，线路两端只有同时从系统吸收（或向系统提供）等量的无功功率，才能保持两端电压相等。在运行功角 $\delta < 90°$ 的范围内，当 $P_* < 1$ 时，系统必须从线路两端吸收感性无功功率；而当 $P_* > 1$ 时，系统必须向线路两端送入感性无功功率。

在 $0 < al < \pi/2$ 的范围内，随着线路长度的增加，圆心位置越来越向原点靠拢，圆的半径也越来越小。当 $al = \pi/2$ 时，两圆合二为一，圆心位于原点，具有最小的半径，其值等于给定电压下的自然功率。

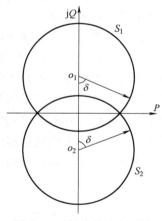

图 6-5　无损线的功率圆图
（$V_1 = V_2$；$al < \pi/2$）

当线路长度为 $\pi/2 < al < \pi$ 时，$\cot al < 0$，首端功率圆的圆心位于横轴之下，末端的圆心则在横轴之上。为了维持线路两端的电压相等，线路两端的无功功率状态正好与前述情况（$al < \pi/2$）相反。随着线路长度的增加，圆心离原点越来越远，半径也越来越大，当 l 接近半波长时，圆心离原点的距离和半径都趋于无限大。

6.2.4　沿长线的电压和电流分布

以无损线为例，令 $\dot{U}_2 = U_2 \angle 0°$，方程式（6-12）便简化为

$$\begin{cases} \dot{U} = U_2 \cos al x + j Z_c \dot{I}_2 \sin al x \\ \dot{I} = j \dfrac{U_2}{Z_c} \sin al x + \dot{I}_2 \cos al x \end{cases} \tag{6-18}$$

设送到线路末端的功率为 $S_2 = P_2 + jQ_2 = U_2 \dot{I}_2 = U_2^2/\dot{Z}_2$。若把 S_2 表示成以自然功率为基准值的标幺值，则有

$$S_{2_*} = S_2/S_n = P_{2_*} + jQ_{2_*} = Z_c/\dot{Z}_2$$

于是式（6-18）中的第一式可以写成

$$\dot{U} = U_2\left(\cos\alpha x + j\frac{Z_c}{Z_2}\sin\alpha x\right) = U_2(\cos\alpha x + Q_{2_*}\sin\alpha x + jP_{2_*}\sin\alpha x) = U_2 k e^{j\theta} \tag{6-19}$$

式中，k 为电压 U 同末端电压 U_2 的幅值比，即

$$k = \frac{U}{U_2} = \sqrt{(\cos\alpha x + Q_{2_*}\sin\alpha x)^2 + (P_{2_*}\sin\alpha x)^2} \tag{6-20}$$

δ 则为电压 $\dot{U}$ 同末端电压的相位差

$$\tan\delta = \frac{P_{2_*}\sin\alpha x}{\cos\alpha x + Q_{2_*}\sin\alpha x} = \frac{P_{2_*}\tan\alpha x}{1 + Q_{2_*}\tan\alpha x} \tag{6-21}$$

同样地，可以得到电流的表达式为

$$\dot{I} = \frac{U_2}{Z_c}[P_{2_*}\cos\alpha x - j(Q_{2_*}\cos\alpha x - \sin\alpha x)] \tag{6-22}$$

在输送不同功率时，式（6-19）～式（6-22）可以用来分析无损线沿线电压和电流分布及其相位变化的情况。

最有典型意义的是输送自然功率的情况。这时 $P_{2_*} = 1$，$Q_{2_*} = 0$，沿线均无反射波存在，k 不随 x 的变化而变化，始终等于 1，且 $\delta = \alpha x$。这就是说沿线电压的幅值处处都相等，而任两点间电压的相位差正好等于线路的相位常数乘以该两点间的距离。电流的情况也完全一样，所以沿线路电流和电压的相量端点的轨迹是圆（见图 6-6a），而且线路任何点的电压和电流都同相位。根据 $U/I = Z_c = \sqrt{L_0/C_0}$ 可知，$U^2\omega C_0 = I^2\omega L_0$，即电流通过线路电感所消耗的无功功率正好等于线路电容产生的无功功率。这就是说，传送自然功率时，线路本身不需要从系统吸取，也不向系统提供无功功率。

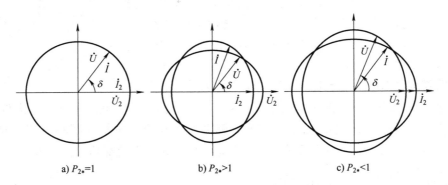

a) $P_{2_*} = 1$ b) $P_{2_*} > 1$ c) $P_{2_*} < 1$

图 6-6　传送纯有功功率时无损线的电压和电流

当受端功率 $Q_{2_*} = 0$ 而有功功率 $P_{2_*} \neq 1$ 时，沿线电压和电流的相量端点的轨迹则变为椭圆，如图 6-6b（当 $P_{2_*} > 1$）和图 6-6c（当 $P_{2_*} < 1$）所示。在每一种情况下，电流椭圆和电压椭圆的轴线都是互相垂直的。

线路末端空载时，$\dot{U} = U_2\cos\alpha x$，$\dot{I} = jU_2\sin\alpha x/Z_c$，沿线电压和电流相量端点的轨迹将分

别变为横轴和纵轴上的一段直线。

当输送的功率不等于自然功率时，线路上任一点的电压同末端电压的相位差 δ 一般不等于该点到末端距离的弧度 ax，只是在线路中的几个特殊点 $ax = x/2$，π，$3\pi/2$ 和 π 上才有 $\delta = ax$。

当 $P_{2*} = 1$，而 $Q_{2*} > 0$ 和 $Q_{2*} < 0$ 时，沿线电压和电流的相量的端点轨迹如图 6-7a 和 b 所示。在每一种情况下，电压椭圆和电流椭圆的轴线都是互相垂直的。如果 Q_{2*} 的绝对值相等，则两种情况下的图形互相成为以虚轴为对称轴的镜像。

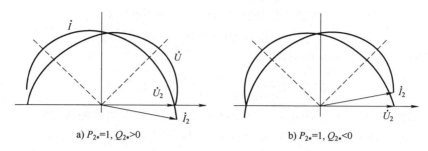

a) $P_{2*}=1$, $Q_{2*}>0$　　　　　　b) $P_{2*}=1$, $Q_{2*}<0$

图 6-7　沿无损线的电压和电流分布

从上述情况可见，只有在传送自然功率时，沿线电压幅值才能保持不变。在其他情况下，沿线电压分布都随传送功率的不同而不同。对于给定长度的输电线路，要特别注意末端空载时的电压升高。

对于长度为 l 的无损线，当 $\dot{I}_2 = 0$ 时，$U_1 = U_2 \cos\alpha l$，末端电压升高的百分比数值为

$$\Delta U\% = \frac{U_2 - U_1}{U_1} \times 100 = \left(\frac{1}{\cos\alpha l} - 1\right) \times 100 \qquad (6\text{-}23)$$

当线路不太长时，$\cos\alpha l \approx 1 - \frac{1}{2}(al)^2$，上述公式又可简化为

$$\Delta U\% = \frac{1}{2}(al)^2 \times 100 = \frac{1}{2}x_0 b_0 l^2 \times 100 \qquad (6\text{-}24)$$

例 6-1　已知 500kV 线路的参数为：$r_0 = 0.0197\Omega/\text{km}$，$x_0 = 0.277\Omega/\text{km}$，$b_0 = 3.974 \times 10^{-6}\text{S/km}$。1）不计电阻，对长度为 100km、200km、300km、400km 和 500km 的线路分别用式（6-23）和式（6-24）计算末端空载电压升高；2）计及电阻，计算 500km 线路的末端空载电压升高。

解：1）先计算线路的相位常数。不计电阻时，有

$$a = \sqrt{x_0 b_0} = \sqrt{0.277 \times 3.974 \times 10^{-6}}\,\text{rad/km} = 1.04919 \times 10^{-3}\,\text{rad/km}$$

利用式（6-23）和式（6-24）计算空载电压升高，结果见表 6-1。

表 6-1　不同长度线路的末端空载电压升高

线路长度 l/km		100	200	300	400	500
空载电压升高	1	0.5529	2.2427	5.1667	9.5025	15.5366
$\Delta U\%$	2	0.5504	2.2016	4.9536	8.8064	13.7600

注：1—按式（6-23）计算，2—按式（6-24）计算。

2）计及电阻时，线路的传播常数为

$$\gamma = \beta + j\alpha = \sqrt{(r_0 + jx_0)jb_0} = \sqrt{(0.0197 + j0.277) \times j3.974 \times 10^{-6}}$$

$$= 3.7267 \times 10^{-5} km^{-1} + j1.04985 \times 10^{-3} rad/km$$

$$\cosh\gamma l = \cosh(\beta l + j\alpha l) = \cosh\beta l \cos\alpha l + j\sinh\beta l \sin\alpha l$$

$$\beta l = 3.7267 \times 10^{-5} \times 500 = 1.86335 \times 10^{-2}$$

$$\alpha l = 1.04985 \times 10^{-3} \times 500 rad = 0.524925 rad$$

$$\cosh(\beta l + j\alpha l) = \cosh(1.86335 \times 10^{-2})\cos0.524925 + j\sinh(1.86335 \times 10^{-2})\sin0.524925$$

$$= 1.0001736 \times 0.865362 + j0.0186346 \times 0.501148$$

$$= 0.865512 + j0.0093387 = 0.865563 \angle 0.6182°$$

末端空载时，$\dot{U}_1 = U_2\cosh\gamma l$，故

$$\Delta U\% = \left(\frac{1}{|\cosh\gamma l|} - 1\right) \times 100 = 15.5317$$

从本例的计算结果可见，简化公式的计算误差随线路长度的增加而增大，当线路长度超过300km时，已不宜采用。线路电阻对空载电压升高的计算结果影响很小。

例6-2　输电线路长为600km，参数为$r_0 = 0.02625\Omega/km$，$x_0 = 0.281\Omega/km$，$b_0 = 3.956 \times 10^{-6} S/km$，$g_0 = 0$。已知线路首末端电压相等，以自然功率为基准值，试分别计算$P_2 = 0$和$P_2 = 1.5$时沿线的电压和电流分布。为了简化计算，可不计电阻。

解：1）计算波阻抗和传播常数。

$$Z_c = \sqrt{x_0/b_0} = \sqrt{0.281/3.956 \times 10^{-6}}\ \Omega = 266.517\Omega$$

$$\alpha = \sqrt{x_0 b_0} = \sqrt{0.281 \times 3.956 \times 10^{-6}}\ rad/km = 1.05434 \times 10^{-3} rad/km$$

2）计算受端无功功率Q_2。

为了能利用式（6-19）和式（6-22）进行电压和电流分布计算，先用$x = l$代入式（6-20）得

$$k = U_1/U_2 = \sqrt{(\cos\alpha l + Q_2\sin\alpha l)^2 + (P_2\sin\alpha l)^2}$$

从中解出

$$Q_2 = -\cos\alpha l + \sqrt{\left(\frac{k}{\sin\alpha l}\right)^2 - P_2^2}$$

已知 $k = 1$，$\alpha l = 1.05434 \times 10^{-3} \times 600 rad = 0.632604 rad$，$\cot\alpha l = -1.36405$，$\sin\alpha l = 0.591247$。由此可以算出

$$P_2 = 0\ 时，\ Q_2 = 0.32729$$

$$P_2 = 1.5\ 时，\ Q_2 = -0.58263$$

3）沿线电压和电流的分布计算。

从线路末端开始，每隔100km计算一次，结果见表6-2（$U_1 = U_2$，$P_2 = 0$）和表6-3（$U_1 = U_2$，$P_2 = 1.5$），其中电压和电流均为标幺值，电压以U_2为基准值，电流以U_2/Z_c为基准值。

表6-2　电压和电流的沿线分布（$P_2 = 0$）

距离 x/km	电压	电压相角/(°)	电流	电流相角/(°)
0	1.00000	0	0.32729	-90
100	1.02889	0	0.22023	-90

（续）

距离 x/km	电压	电压相角/(°)	电流	电流相角/(°)
200	1.04635	0	0.11073	−90
300	1.05220	0	0.00000	
400	1.04635	0	0.11073	90
500	1.02889	0	0.22023	90
600	1.00000	0	0.32729	90

表 6-3　电压和电流的沿线分布（$P_2 = 1.5$）

距离 x/km	电压	电压相角/(°)	电流	电流相角/(°)
0	1.00000	0	1.60918	21.22720
100	0.94639	9.60184	1.64128	24.65378
200	0.91167	20.14417	1.66082	27.97370
300	0.89962	31.24140	1.66738	31.24160
400	0.91167	42.33866	1.66082	34.50950
500	0.94639	52.88100	1.64128	37.82940
600	1.00000	62.48290	1.60918	41.25598

从例 6-2 的计算结果可见，在维持首末端电压相等的条件下，当 $P_2 = 0$ 时，沿线各点电压有所升高，中间点（即 $x = l/2$ 处）电压最高，线路上有多余的感性无功功率向两端分送。这种情况在 $P_2 < 1$ 时普遍存在，只是程度不同而已。当 $P_2 = 1.5$ 时，沿线各点电压有所下降，中间点电压最低，两端都要向线路送入一定数量的无功功率以抵偿线路中的无功功率损耗。这种现象也不同程度地存在于一切 $P_2 > 1$ 的运行状态中。

6.2.5　有损耗线路稳态运行时的电压和电流分布

理想的无损线是不存在的。由于实际架空线路的电阻和电导都比较小，对于无损线运行状态的分析，无论在定性方面还是在定量方面都有助于了解实际输电线路稳态运行的基本特点。当然，具体计算时，应以实际的有损线为依据。

当给定末端电压 $\dot{U}_2$ 和功率 S_2（或电流 $\dot{I}_2$）时，沿线的电压和电流分布可表示为

$$\dot{U} = \frac{1}{2}(\dot{U}_2 + Z_c \dot{I}_2) e^{\beta x} e^{jax} + \frac{1}{2}(\dot{U}_2 - Z_c \dot{I}_2) e^{-\beta x} e^{-jax}$$

$$\dot{I} = \frac{1}{2Z_c}(\dot{U}_2 + Z_c \dot{I}_2) e^{\beta x} e^{jax} - \frac{1}{2Z_c}(\dot{U}_2 - Z_c \dot{I}_2) e^{-\beta x} e^{-jax}$$

由上式可见，电压相量等于两项之和，当 $x = 0$ 时，第一项分量的初值为 $\frac{1}{2}(\dot{U}_2 + Z_c \dot{I}_2)$，随着 x 的增加，该分量逆时针方向转过 ax 角，同时按 $e^{\beta x}$ 的倍数增加相量的长度。第二个分量的初值是 $\frac{1}{2}(\dot{U}_2 - Z_c \dot{I}_2)$，随着 x 的增加，相量顺时针方向转过 ax 角，并按 $e^{-\beta x}$ 的倍数缩短长度。对于给定的 x 值，将上述两项相量相加，便得到该处的电压相量。电流相量是由两项

之差构成的，每一项分量的长度是电压相量中对应分量的 $1/|Z_c|$ 倍，但在相位上则超前电压分量一个角度 $|\theta_c|$（因波阻抗略呈电容性，$|\theta_c|<0$）。图 6-8 所示为沿有损线电压和电流相量端点的轨迹，图中点 $i(i=1,2,\cdots,12)$ 为 $ax=i\pi/6$ 处的相量端点。

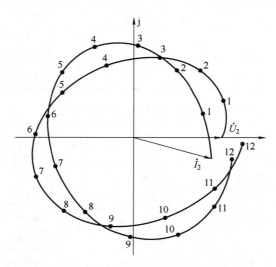

图 6-8　沿有损线电压和电流相量端点的轨迹

6.3　单端供电系统的功率特性

输电线路（或输电系统）的两端都接有强大的电源，能够对两端的电压进行有效的控制时，应用前面两节所讲的功率公式（或圆图）对输电系统进行运行分析是比较方便的。实际上，输电系统首端的电压主要由发电机控制，末端（受端）的电压能否维持不变则同受端系统的情况密切相关。当受端位于电源配置不足的负荷中心地区时，随着传送功率的增加，受端电压将逐渐下降，并对功率传送产生不容忽视的影响。作为极端情况，本节以首端接电源，受端只接负荷的单端供电系统为例，分析功率传送同受端电压的关系。

在图 6-9 所示的简单系统中，同步发电机经过一段线路向负荷节点供电，发电机和输电线路的总阻抗记为 $z_s=|z_s|\angle\theta$，负荷的等效阻抗记为 $z_{LD}=|z_{LD}|<\varphi$，利用电压相量图，根据余弦定理可得

$$E^2=U^2+|z_s|^2I^2+2|z_s|UI\cos(\theta-\varphi)$$

将 $I=U/|z_{LD}|$ 代入，便得

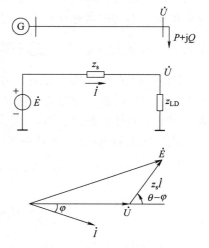

图 6-9　简单供电系统

$$U^2=\frac{E^2}{1+\left|\dfrac{z_s}{z_{LD}}\right|^2+2\left|\dfrac{z_s}{z_{LD}}\right|\cos(\theta-\varphi)} \tag{6-25}$$

系统送到负荷点的功率为

$$P = \frac{U^2}{|z_{LD}|}\cos\varphi = \frac{E^2\cos\varphi/|z_s|}{\left|\dfrac{z_{LD}}{z_s}\right| + \left|\dfrac{z_s}{z_{LD}}\right| + 2\cos(\theta-\varphi)} \qquad (6\text{-}26)$$

当电源电势给定，输电系统阻抗和负荷功率因数一定时，确定受端电压和功率的唯一变量是负荷等效阻抗的模 $|z_{LD}|$，或者比值 $|z_s/z_{LD}|$。当比值 $|z_s/z_{LD}|$ 等于零（即受端开路）或趋于无限大（即受端短路）时，都有 $P=0$。容易证明，当 $|z_s/z_{LD}|=1$ 时，受端功率达到最大值。

$$P_m = \frac{E^2\cos\varphi}{2|z_s|\left[1+\cos(\theta-\varphi)\right]} \qquad (6\text{-}27)$$

这就是在给定输电系统参数和负荷功率因数下受端的功率极限。

当比值 $|z_s/z_{LD}|$ 由零变化到无限大时，受端电压将由 E 单调地下降到零。当 $|z_s/z_{LD}|=1$ 时，受端功率抵达极限，与其对应的受端电压称为临界电压。此时输电系统的电压降落与受端电压幅值相等。记临界电压为

$$U_{cr} = \frac{E}{\sqrt{2\left[1+\cos(\theta-\varphi)\right]}} \qquad (6\text{-}28)$$

图 6-10 所示为受端电压和功率随负荷阻抗而变化的曲线。在电力系统运行分析中，最常用的是受端功率随电压变化而变化的曲线。利用图 6-10 中所示同一 $|z_s/z_{LD}|$ 值下的功率和电压值可以绘制成受端功率和电压的关系曲线，如图 6-11 所示。

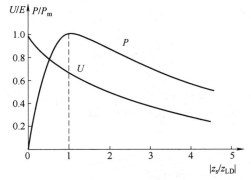

图 6-10 受端电压和功率随负荷阻抗而变化的曲线

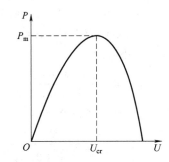

图 6-11 受端功率和电压的关系曲线

从图 6-10 和图 6-11 所示的特性曲线可知，负荷节点从空载开始，随着负荷等效阻抗 z_{LD} 的逐渐减小，伴随受端电压的下降，受端功率 P 将逐渐增大，直到 $|z_{LD}|$ 与 $|z_s|$ 相等时，功率达到极大值。此后，负荷等效阻抗 z_{LD} 的继续减小将导致受端电压和功率的同时下降。了解单端供电系统的这种功率传输特性对于分析负荷节点电压的稳定性是很重要的。

现在再来讨论一下功率极限与负荷功率因数 $\cos\varphi$ 的关系。当受端接有纯有功功率负荷时，$\varphi=0$，功率极限为

$$P_{m(\cos\varphi-1)} = \frac{E^2}{2|z_s|(1+\cos\theta)}$$

若负荷功率因数滞后，即 $\varphi>0$，必有

$$\frac{\cos\varphi}{1+\cos(\theta-\varphi)} < \frac{1}{1+\cos\theta}$$

而且 $\cos\varphi$ 越小（即 φ 越大），功率极限也越小，相应的临界电压也越低。当负荷有超前功率因数时，即 $\varphi<0$，在 φ 角的一定变化范围内，功率极限将会随着 $\cos\varphi$ 的减小而增大，相应的临界电压也会升高。

可以证明，当 $\varphi=-\theta$ 时，功率极限有最大值

$$P_{m*max} = \frac{E^2}{4\mid z_s\mid\cos\theta} = \frac{E^2}{4r_s}$$

这种情况下，输电系统总阻抗 $z_s=r_s+jx_s$ 与负荷等效阻抗 $z_{LD}=r_{LD}+jx_{LD}$ 的关系为

$$\mid z_s\mid = \mid z_{LD}\mid, \quad r_s=r_{LD}, \quad x_s+x_{LD}=0$$

输电系统的感抗 x_s 将被负荷中的容抗 x_{LD} 完全抵偿。此时供电点输出的功率为

$$P_s = \frac{E^2}{r_s+r_{LD}} = \frac{E^2}{2r_s}$$

送达负荷节点的功率只有 P_s 的一半时，输电效率仅为 50%。负荷节点的电压则为 $U=\dfrac{E}{2\cos\theta}$。

例 6-3 简单输电系统如图 6-12 所示。不计线路电容和变压器的空载损耗，归算到 110kV 电压级的输电系统总阻抗 $z_s=(12+j60)\Omega$。若供电点电压能维持 115kV 不变，试计算：1）负荷功率因数 $\cos\varphi=0.90$ 和 0.95 滞后，$\cos\varphi=1.0$，$\cos\varphi=0.95$ 和 0.90 超前时的功率极限和临界电压；2）功率极限的最大值。

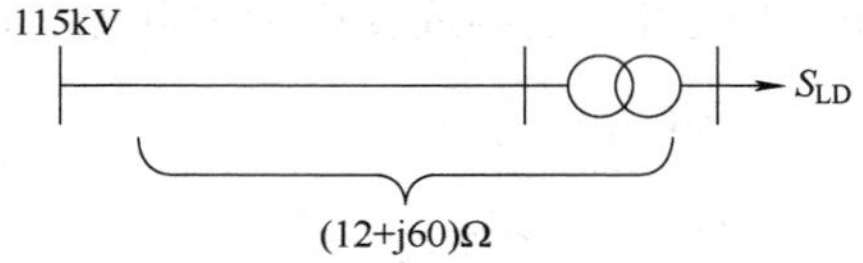

解： 根据题给条件

$$z_s = (12+j60)\Omega = 61.1882\angle 78.69°\Omega, \quad \theta=78.69°$$

$$\cos\varphi=0.90 \text{ 时，} \varphi=\pm25.84°$$

$$\cos\varphi=0.95 \text{ 时，} \varphi=\pm18.19°$$

图 6-12　简单输电系统

$\cos\varphi=0.90$ 滞后时

$$P_m = \frac{E^2\cos\varphi}{2\mid z_s\mid[1+\cos(\theta-\varphi)]} = \frac{115^2\times0.9}{2\times61.1882[1+\cos(78.69°-25.84°)]}\text{MW}$$
$$= 60.64\text{MW}$$

$$U_{cr} = \frac{E}{\sqrt{2[1+\cos(\theta-\varphi)]}} = \frac{115}{\sqrt{2[1+\cos(78.69°-25.84°)]}}\text{kV} = 64.21\text{kV}$$

其他各种情况的计算结果见表 6-4。

表 6-4　功率极限和临界电压随 $\cos\varphi$ 的变化

$\cos\varphi$	0.90 滞后	0.95 滞后	1.0	0.95 超前	0.90 超前
P_m/MW	60.64	68.79	90.35	116.64	129.84
U_{cr}/kV	64.21	66.56	74.35	86.67	93.95

功率极限的最大值为

$$P_{m*max} = \frac{E^2}{4r_s} = \frac{115^2}{4\times12}\text{MW} = 275.52\text{MW}$$

6.4 小结

输电线路（或输电系统）两端的电压给定时，在 P-Q 平面上，首端和末端功率随两端电压相位差的变化而变化的轨迹是圆，利用功率圆图可以方便地分析两端的有功功率和无功功率的变化情况。有功功率的最大值称为功率极限。功率极限的主要部分与两端电压幅值的乘积成正比，而与首端和末端之间的转移阻抗的模成反比。

研究长距离线路的功率传输特性时，必须考虑线路参数的分布性。波阻抗和传播常数是长线最基本的特征参数。波阻抗决定线路传送功率的能力，传播常数说明行波（电压或电流）沿线衰减和相位变化的特性。

当线路受端的负荷阻抗与波阻抗相等时，送到受端的功率便等于自然功率。无损线传送自然功率时，线路电容产生的无功功率正好等于线路电感消耗的无功功率，沿线电流（电压）幅值相等，任一点的电压都和电流同相位。传送功率不等于自然功率时，沿线的电压（电流）分布与两端的情况和线路的总长度有关。长度不超过 1/4 波长的线路，若两端电压相等且维持不变，则当传输功率小于自然功率时线路中间电压将升高，传输功率大于自然功率时线路中间电压将降低。

线路本身的功率极限同线路的长度密切相关。1/4 波长和 3/4 波长无损线的功率极限最小，并等于自然功率。1/2 波长无损线的功率极限趋于无限大。

单端供电系统中，当给定电源电压和系统阻抗时，引起受端功率和电压变化的唯一变量是负荷的等效阻抗。负荷节点从空载开始，随着负荷等效阻抗的减小，受端功率先增后减，而电压则始终单调下降，这是单端供电网络固有的功率传输特性，它对于负荷节点电压稳定性的研究至关重要。

6.5 复习题

6-1 什么是输电线路的功率极限？什么是输电线路的波阻抗？它与哪些参数有关？

6-2 自然功率与线路的长度有关吗？线路极限功率与自然功率有什么关系？

6-3 单端供电系统中负荷功率因数对功率极限有何影响？对临界电压有何影响？

6-4 500kV 交流输电线路长为 650km，采用 4 分裂导线，型号为 $4 \times$ LGJQ-400，导线计算半径 $r = 13.6$mm，分裂间距 $d = 400$mm，三相水平排列，相间距离 $D = 12$m，不计线路电导，试计算：

1）线路的传播常数 γ、衰减常数 β 和相位常数 α。

2）输电线路的波阻抗 Z_c 及自然功率 S_n。

3）四端网络常数 $\dot{A}$、$\dot{B}$、$\dot{C}$ 和 $\dot{D}$。

4）若输电线路用集中参数的 Π 形等效电路表示，求参数的精确值和近似值，并进行比较。

6-5 习题 6-4 的输电线路，不计线路电阻，若线路首端电压等于额定电压，即 $U_1 = 500$kV，试求线路空载时末端电压值及工频过电压倍数。

6-6 欲使习题 6-5 条件下末端电压不大于 $1.1U_N$，若在线路末端装设并联电抗器，试求电抗器在额定电压下的容量。

6-7 习题 6-4 的线路，忽略电阻，若末端电压 $U_2 = U_N = 500$kV，试分别计算末端输出功率为 1.3 倍自然功率、自然功率的 70% 时，首端和线路中间点（即 1/2 长度处）的电压值。

第7章 电力系统的潮流计算

作为研究电力系统稳态运行情况的一种基本电气计算，电力系统常规潮流计算的任务是根据给定的网络结构及运行条件（网络结构包括线路、变电站、电源点的位置等；运行条件是指负荷的大小及电源出力等），求出整个网络的运行状态，其中包括各母线的电压、网络中的功率分布以及功率损耗等。潮流计算是电力系统中应用最为广泛、最基本和最重要的一种电气计算，潮流计算问题在数学上一般属于多元非线性代数方程组的求解问题，必须采用迭代计算方法。

7.1 复杂电力系统潮流计算的数学模型

7.1.1 潮流计算的定解条件

在第3章导出的网络方程式（如节点方程）是潮流计算的基础方程式。如果能够给出电压源（或电流源），直接求解网络方程就可以求得网络内电流和电压的分布。但是在潮流计算中，在网络的运行状态求出以前，无论是电源的电势值，还是节点的注入电流，都无法准确给定。

图 7-1 表示一个三节点的简单电力系统。其网络方程为

$$\dot{I}_i = Y_{i1}\dot{U}_1 + Y_{i2}\dot{U}_2 + Y_{i3}\dot{U}_3 \quad (i = 1, 2, 3) \tag{7-1}$$

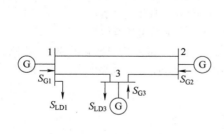
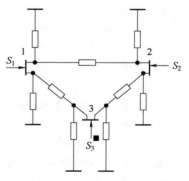

图 7-1　简单电力系统

节点电流可以用节点功率和电压表示

$$\dot{I}_i = \frac{\hat{S}_i}{\hat{U}_i} = \frac{\hat{S}_{Gi} - \hat{S}_{LDi}}{\hat{U}_i} = \frac{(P_{Gi} - P_{LDi}) - j(Q_{Gi} - Q_{LDi})}{\hat{U}_i}$$

把这个关系代入式（7-1），便得

$$\frac{(P_{Gi}-P_{LDi})-j(Q_{Gi}-Q_{LDi})}{\dot{U}_i}=Y_{i1}\dot{U}_1+Y_{i2}\dot{U}_2+Y_{i3}\dot{U}_3 \quad (i=1,2,3) \tag{7-2}$$

这是一组复数方程式，而且是对于 U 的非线性方程，如果把实部和虚部分开便得到 6 个实数方程。但是每一个节点都有 6 个变量：发电机发出的有功功率和无功功率、负荷需要的有功功率和无功功率，以及节点电压的幅值和相位（或对应于某一选定参考直角坐标的实部和虚部）。对于 n 个节点的网络，可列写 $2n$ 个方程，但是却有 $6n$ 个变量。通常把负荷功率作为已知量，并把节点功率 $P_i=P_{Gi}-P_{LDi}$ 和 $Q_i=Q_{Gi}-Q_{LDi}$ 引入网络方程。这样，n 个节点电力系统的潮流方程的一般形式是

$$\frac{P_i-jQ_1}{\dot{U}_i}=\sum_{j=1}^{n}Y_{ij}\dot{U}_j \quad (i=1,2,\cdots,n) \tag{7-3}$$

或

$$P_i+jQ_1=\dot{U}_i\sum_{j=1}^{n}\dot{Y}_{ij}\dot{U}_j \quad (i=1,2,\cdots,n) \tag{7-4}$$

将上述方程的实部和虚部分开，对每一节点可得两个实数方程，但是变量仍有 4 个，即 P、Q、U、δ。我们必须给定其中的 2 个，只留下 2 个作为待求变量，方程组才可以求解。根据电力系统的实际运行条件，按给定变量的不同，一般将节点分为以下三种类型。

（1）PQ 节点

这类节点的有功功率 P 和无功功率 Q 是给定的，节点电压（U，δ）是待求量。通常变电所都是这一类型的节点。由于没有发电设备，故其发电功率为零。有些情况下，系统中某些发电厂送出的功率在一定时间内固定时，该发电厂母线也作为 PQ 节点。因此，电力系统中的绝大多数节点属于这一类型。

网络中还有一类既不接发电机，又没有负荷的联络节点（亦称浮游节点），也可以当作 PQ 节点，其 P、Q 给定值为零。

（2）PU 节点

这类节点的有功功率 P 和电压幅值 U 是给定的，节点的无功功率 Q 和电压的相位 δ 是待求量。这类节点必须有足够的可调无功容量，用以维持给定的电压幅值，因而又称之为电压控制节点。一般是选择有一定无功储备的发电厂和具有可调无功电源设备的变电所作为 PU 节点。在电力系统中，这一类节点的数目很少。

（3）平衡节点

在潮流分布算出以前，网络中的功率损耗是未知的，因此，网络中至少有一个节点的有功功率 P 不能给定，这个节点承担了系统的有功功率平衡，故称之为平衡节点。另外必须选定一个节点，指定其电压相位为零，作为计算各节点电压相位的参考，这个节点称为基准节点。基准节点的电压幅值也是给定的。为了方便计算，常将平衡节点和基准节点选为同一个节点，习惯上称之为平衡节点。平衡节点只有一个，它的电压幅值和相位已给定，而其有功功率和无功功率是待求量。

一般选择主调频发电厂为平衡节点比较合理，但在进行潮流计算时也可以按照别的原则来选择。例如，为了提高导纳矩阵法潮流程序的收敛性，也可以选择出线最多的发电厂作为平衡节点。

从以上的讨论中可以看到，尽管网络方程是线性方程，但是由于在定解条件中不能给定

节点电流，只能给出节点功率，这就使潮流方程变为非线性方程了。因为平衡节点的电压已经给定，所以平衡节点的方程不必参与求解。

7.1.2 潮流计算的约束条件

通过方程的求解所得到的计算结果代表了潮流方程在数学上的一组解答。但这组解答所反映的系统运行状态在工程上是否具有实际意义呢？还需要进行检验。为保证电力系统的正常运行，潮流问题中某些变量应满足一定的约束条件，常用的约束条件有：

（1）电压约束条件

所有的节点电压必须满足以下条件：

$$U_{i\min} \leqslant U_i \leqslant U_{i\max} \quad (i=1,2,\cdots,n) \tag{7-5}$$

从保证电能质量和供电安全的要求来看，电力系统的所有电气设备都必须运行在额定电压附近。PU 节点的电压幅值必须按上述条件给定。因此，这一约束主要是对 PQ 节点而言。

（2）有功功率和无功功率约束条件

所有电源节点的有功功率和无功功率必须满足

$$\begin{cases} P_{Gi\min} \leqslant P_{Gi} \leqslant P_{Gi\max} \\ Q_{Gi\min} \leqslant Q_{Gi} \leqslant Q_{Gi\max} \end{cases} \tag{7-6}$$

PQ 节点的有功功率和无功功率以及 PU 节点的有功功率，在给定时就必须满足式（7-6）所示条件。因此，对平衡节点的 P 和 Q 以及 PU 节点的 Q 应按上述条件进行检验。

（3）相位差约束条件

某些节点之间电压的相位差应满足

$$|\delta_i - \delta_j| < |\delta_i - \delta_j|_{\max} \tag{7-7}$$

为了保证系统运行的稳定性，要求某些输电线路两端的电压相位差不超过一定的数值。因此，潮流计算可以归结为求解一组非线性方程组，并使其解答满足一定的约束条件。如果不能满足，则应修改某些变量的给定值，甚至修改系统的运行方式，重新进行计算。

潮流计算用的节点导纳矩阵，一般只用网络元件（变压器和线路）的参数形成。与短路故障计算用的导纳矩阵可能不同。

潮流计算常用的方法是牛顿-拉夫逊法。

7.2 牛顿-拉夫逊法潮流计算

7.2.1 牛顿-拉夫逊法的基本原理

设有单变量非线性方程

$$f(x) = 0 \tag{7-8}$$

解此方程时，先给出解的近似值 $x^{(0)}$，它与真解的误差为 $\Delta x^{(0)}$，则 $x = x^{(0)} + \Delta x^{(0)}$ 将满足方程式（7-8），即

$$f(x^{(0)} + \Delta x^{(0)}) = 0$$

将上述左边的函数在 $x^{(0)}$ 附近展成泰勒级数，便得

$$f(x^{(0)}+\Delta x^{(0)})=f(x^{(0)})+f'(x^{(0)})\Delta x^{(0)}+f''(x^{(0)})\frac{(\Delta x^{(0)})^2}{2!}+\cdots+f^{(n)}(x^{(0)})\frac{(\Delta x^{(0)n})}{n!}+\cdots \quad (7-9)$$

式中，$f'(x^{(0)})$，$\cdots$，$f^{(n)}(x^{(0)})$ 分别为函数 $f(x)$ 在 $x^{(0)}$ 处的一阶导数，$\cdots$，n 阶导数。

差值 $\Delta x^{(0)}$ 的线性方程式，亦称修正方程式。解此方程可得修正量

$$\Delta x^{(0)}=-\frac{f(x^{(0)})}{f'(x^{(0)})}$$

用所求得的 $\Delta x^{(0)}$ 去修正近似解，便得

$$x^{(1)}=x^{(0)}=\Delta x^{(0)}=x^{(0)}-\frac{f(x^{(0)})}{f'(x^{(0)})}$$

修正后的近似解 $x^{(1)}$ 同真解仍然有误差。为了进一步逼近真解，这样的迭代计算可以反复进行下去，迭代计算的通式是

$$x^{(k+1)}=x^{(k)}-\frac{f(x^{(k)})}{f'(x^{(k)})} \quad (7-10)$$

迭代过程的收敛判据为

$$|f(x^{(k)})|<\varepsilon_1 \quad (7-11)$$

或

$$|\Delta x^{(k)}|<\varepsilon_2 \quad (7-12)$$

式中，ε_1 和 ε_2 为预先给定的小正数。

这种解法的几何意义可以从图 7-2 得到说明。函数 $y=f(x)$ 为图中的曲线。$f(x)=0$ 的解相当于曲线与 x 轴的交点。如果第 k 次迭代中得到 $x^{(k)}$，则过 $[x^{(k)}, y^{(k)}=f(x^{(k)})]$ 点作一切线，此切线同 x 轴的交点便确定了下一个近似解 $x^{(k+1)}$。由此可见，牛顿-拉夫逊法实质上就是切线法，是一种逐步线性化的方法。

牛顿-拉夫逊法不仅用于求解单变量方程，它也是求解多变量非线性代数方程的有效方法。

设有 n 个联立的非线性代数方程

$$\begin{cases} f_1(x_1,x_2,\cdots,x_n)=0 \\ f_2(x_1,x_2,\cdots,x_n)=0 \\ \quad\vdots \\ f_n(x_1,x_2,\cdots,x_n)=0 \end{cases} \quad (7-13)$$

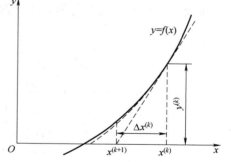

图 7-2　牛顿-拉夫逊法的几何解释

假定已给出各变量的初值 $x_1^{(0)}$，$x_2^{(0)}$，$\cdots$，$x_n^{(0)}$，令 $\Delta x_1^{(0)}$，$\Delta x_2^{(0)}$，$\cdots$，$\Delta x_n^{(0)}$ 分别为各变量的修正量，使其满足方程组（7-13），即

$$\begin{cases} f_1(x_1^{(0)}+\Delta x_1^{(0)},x_2^{(0)}+\Delta x_2^{(0)},\cdots,x_n^{(0)}+\Delta x_n^{(0)})=0 \\ f_2(x_1^{(0)}+\Delta x_1^{(0)},x_2^{(0)}+\Delta x_2^{(0)},\cdots,x_n^{(0)}+\Delta x_n^{(0)})=0 \\ \quad\vdots \\ f_n(x_1^{(0)}+\Delta x_1^{(0)},x_2^{(0)}+\Delta x_2^{(0)},\cdots,x_n^{(0)}+\Delta x_n^{(0)})=0 \end{cases} \quad (7-14)$$

将上式中的 n 个多元函数在初始值附近分别展成泰勒级数，并略去含有 $\Delta x_1^{(0)}$，$\Delta x_2^{(0)}$，$\cdots$，$\Delta x_n^{(0)}$ 的二次及以上阶次的各项，便得

$$\begin{cases} f_1(x_1^{(0)}, x_2^{(0)}, \cdots, x_n^{(0)}) + \dfrac{\partial f_1}{\partial x_1}\bigg|_0 \Delta x_1^{(0)} + \dfrac{\partial f_1}{\partial x_2}\bigg|_0 \Delta x_2^{(0)} + \cdots + \dfrac{\partial f_1}{\partial x_n}\bigg|_0 \Delta x_n^{(0)} = 0 \\[2mm] f_2(x_1^{(0)}, x_2^{(0)}, \cdots, x_n^{(0)}) + \dfrac{\partial f_2}{\partial x_1}\bigg|_0 \Delta x_1^{(0)} + \dfrac{\partial f_2}{\partial x_2}\bigg|_0 \Delta x_2^{(0)} + \cdots + \dfrac{\partial f_2}{\partial x_n}\bigg|_0 \Delta x_n^{(0)} = 0 \\[2mm] \qquad\qquad\qquad\qquad\qquad\qquad\vdots \\[2mm] f_n(x_1^{(0)}, x_2^{(0)}, \cdots, x_n^{(0)}) + \dfrac{\partial f_n}{\partial x_1}\bigg|_0 \Delta x_1^{(0)} + \dfrac{\partial f_n}{\partial x_2}\bigg|_0 \Delta x_2^{(0)} + \cdots + \dfrac{\partial f_n}{\partial x_n}\bigg|_0 \Delta x_n^{(0)} = 0 \end{cases} \tag{7-15}$$

方程组（7-15）也可以写成矩阵形式

$$\begin{bmatrix} f_1(x_1^{(0)}, x_2^{(0)}, \cdots, x_n^{(0)}) \\ f_2(x_1^{(0)}, x_2^{(0)}, \cdots, x_n^{(0)}) \\ \vdots \\ f_n(x_1^{(0)}, x_2^{(0)}, \cdots, x_n^{(0)}) \end{bmatrix} = - \begin{bmatrix} \dfrac{\partial f_1}{\partial x_1}\bigg|_0 & \dfrac{\partial f_1}{\partial x_2}\bigg|_0 & \cdots & \dfrac{\partial f_1}{\partial x_n}\bigg|_0 \\[2mm] \dfrac{\partial f_2}{\partial x_1}\bigg|_0 & \dfrac{\partial f_2}{\partial x_2}\bigg|_0 & \cdots & \dfrac{\partial f_2}{\partial x_n}\bigg|_0 \\[2mm] & \vdots & & \\[2mm] \dfrac{\partial f_n}{\partial x_1}\bigg|_0 & \dfrac{\partial f_n}{\partial x_2}\bigg|_0 & \cdots & \dfrac{\partial f_n}{\partial x_n}\bigg|_0 \end{bmatrix} \begin{bmatrix} \Delta x_1^{(0)} \\ \Delta x_2^{(0)} \\ \vdots \\ \Delta x_n^{(0)} \end{bmatrix} \tag{7-16}$$

式（7-16）是对于修正量 $\Delta x_1^{(0)}$，$\Delta x_2^{(0)}$，$\cdots$，$\Delta x_n^{(0)}$ 的线性方程组，称为牛顿-拉夫逊法的修正方程式。利用高斯消去法或三角分解法可以解出修正量 $\Delta x_1^{(0)}$，$\Delta x_2^{(0)}$，$\cdots$，$\Delta x_n^{(0)}$。然后对初始近似解进行修正

$$x_i^{(1)} = x_i^{(0)} + \Delta x_i^{(0)} \quad (i = 1, 2, \cdots, n) \tag{7-17}$$

如此反复迭代，在进行第 $k+1$ 次迭代时，从求解修正方程式

$$\begin{bmatrix} f_1(x_1^{(k)}, x_2^{(k)}, \cdots, x_n^{(k)}) \\ f_2(x_1^{(k)}, x_2^{(k)}, \cdots, x_n^{(k)}) \\ \vdots \\ f_n(x_1^{(k)}, x_2^{(k)}, \cdots, x_n^{(k)}) \end{bmatrix} = - \begin{bmatrix} \dfrac{\partial f_1}{\partial x_1}\bigg|_k & \dfrac{\partial f_1}{\partial x_2}\bigg|_k & \cdots & \dfrac{\partial f_1}{\partial x_n}\bigg|_k \\[2mm] \dfrac{\partial f_2}{\partial x_1}\bigg|_k & \dfrac{\partial f_2}{\partial x_2}\bigg|_k & \cdots & \dfrac{\partial f_2}{\partial x_n}\bigg|_k \\[2mm] & \vdots & & \\[2mm] \dfrac{\partial f_n}{\partial x_1}\bigg|_k & \dfrac{\partial f_n}{\partial x_2}\bigg|_k & \cdots & \dfrac{\partial f_n}{\partial x_n}\bigg|_k \end{bmatrix} \begin{bmatrix} \Delta x_1^{(k)} \\ \Delta x_2^{(k)} \\ \vdots \\ \Delta x_n^{(k)} \end{bmatrix} \tag{7-18}$$

得到修正量 $\Delta x_1^{(k)}$，$\Delta x_2^{(k)}$，$\cdots$，$\Delta x_n^{(k)}$，并对各变量进行修正

$$x_i^{(k+1)} = x_i^{(k+1)} + \Delta x_i^{(k)} \quad (i = 1, 2, \cdots, n) \tag{7-19}$$

式（7-18）和式（7-19）也可以缩写为

$$\boldsymbol{F}(\boldsymbol{X}^{(k)}) = -\boldsymbol{J}^{(k)} \Delta \boldsymbol{X}^{(k)} \tag{7-20}$$

和

$$\boldsymbol{X}^{(k+1)} = \boldsymbol{X}^{(k)} + \Delta \boldsymbol{X}^{(k)} \tag{7-21}$$

式中，$\boldsymbol{X}$ 和 $\Delta \boldsymbol{X}$ 分别是由 n 个变量和修正量组成的 n 维列向量；$\boldsymbol{F}(\boldsymbol{X})$ 是由 n 个多元函数组成的 n 维列向量；$\boldsymbol{J}$ 是 $n \times n$ 阶方阵，称为雅可比矩阵，它的第 i 行第 j 列元素 $J_{ij} = \dfrac{\partial f_i}{\partial x_j}$ 是第 i 个函数 $f_i(x_1, x_2, \cdots, x_n)$ 对第 j 个变量 x_j 的偏导数；上角标（k）表示 $\boldsymbol{J}$ 矩阵的每一个元素都

在点 $(x_1^{(k)}, x_2^{(k)}, \cdots, x_n^{(k)})$ 处取值。

迭代过程一直进行到满足收敛判据

$$\max\{|f_i(x_1^{(k)}, x_2^{(k)}, \cdots, x_n^{(k)})|\} < \varepsilon_1 \tag{7-22}$$

或

$$\max\{|\Delta x_i^{(k)}|\} < \varepsilon_2 \tag{7-23}$$

为止。ε_1 和 ε_2 为预先给定的小正数。

将牛顿-拉夫逊法用于潮流计算,要求将潮流方程写成形如式(7-13)的形式。由于节点电压可以采用不同的坐标系表示,牛顿-拉夫逊法潮流计算也将相应地采用不同的计算公式。

7.2.2 节点电压用直角坐标表示时的牛顿-拉夫逊法潮流计算

采用直角坐标时,节点电压可表示为

$$\dot{U}_i = e_i + \mathrm{j}f_i$$

导纳矩阵元素则表示为

$$Y_{ij} = G_{ij} + \mathrm{j}B_{ij}$$

将上述表示式代入式(7-4)的右端,展开并分出实部和虚部,便得

$$\begin{cases} P_i = e_i \sum_{j=1}^{n}(G_{ij}e_j - B_{ij}f_j) + f_i \sum_{j=1}^{n}(G_{ij}e_j + B_{ij}f_j) \\ Q_i = f_i \sum_{j=1}^{n}(G_{ij}e_j - B_{ij}f_j) - e_i \sum_{j=1}^{n}(G_{ij}e_j + B_{ij}f_j) \end{cases} \tag{7-24}$$

假定系统中的第 1,2,$\cdots$,m 号节点为 PQ 节点,第 i 个节点的给定功率设为 P_{is} 和 Q_{is},对该节点可列写方程

$$\begin{cases} \Delta P_i = P_{is} - P_i = P_{is} - e_i \sum_{j=1}^{n}(G_{ij}e_j - B_{ij}f_j) - f_i \sum_{j=1}^{n}(G_{ij}e_j + B_{ij}f_j) = 0 \\ \Delta Q_i = Q_{is} - Q_i = Q_{is} - f_i \sum_{j=1}^{n}(G_{ij}e_j - B_{ij}f_j) + e_i \sum_{j=1}^{n}(G_{ij}e_j + B_{ij}f_j) = 0 \end{cases} \tag{7-25}$$

假定系统中的第 $m+1$,$m+2$,$\cdots$,$n-1$ 号节点为 PU 节点,则对其中每一个节点可以列写方程

$$\begin{cases} \Delta P_i = P_{is} - P_i = P_{is} - e_i \sum_{j=1}^{n}(G_{ij}e_j - B_{ij}f_j) - f_i \sum_{j=1}^{n}(G_{ij}e_j + B_{ij}f_j) = 0 \\ \Delta U_i^2 = U_{is}^2 - U_i^2 = U_{is}^2 - (e_i^2 + f_i^2) = 0 \, (i = m+1, m+2, \cdots, n-1) \end{cases} \tag{7-26}$$

第 n 号节点为平衡节点,其电压 $U_n = e_n + \mathrm{j}f_n$ 是给定的,故不参加迭代。

式(7-25)和式(7-26)总共包含了 $2(n-1)$ 个方程,待求的变量有 e_1,f_1,e_2,f_2,$\cdots$,e_{n-1},f_{n-1},也是 $2(n-1)$ 个。我们还可看到,式(7-25)和式(7-26)已经具备了方程组(7-13)的形式。因此,不难写出如下的修正方程式

$$\Delta W = -J\Delta U \tag{7-27}$$

式中,

$$\Delta W = \begin{bmatrix} \Delta P_1 & \Delta Q_1 & \cdots & \Delta P_m & \Delta Q_m & \Delta P_{m+1} & \Delta U_{m+1}^2 & \cdots & \Delta P_{n-1} & \Delta U_{n-1}^2 \end{bmatrix}^{\mathrm{T}}$$

$$\Delta U = \begin{bmatrix} \Delta e_1 & \Delta f_1 & \cdots & \Delta e_m & \Delta f_m & \Delta e_{m+1} & \Delta f_{m+1} & \cdots & \Delta e_{n-1} & \Delta f_{n-1} \end{bmatrix}^{\mathrm{T}}$$

$$J = \begin{bmatrix}
\dfrac{\partial \Delta P_1}{\partial e_1} & \dfrac{\partial \Delta P_1}{\partial f_1} & \cdots & \dfrac{\partial \Delta P_1}{\partial e_m} & \dfrac{\partial \Delta P_1}{\partial f_m} & \dfrac{\partial \Delta P_1}{\partial e_{m+1}} & \dfrac{\partial \Delta P_1}{\partial f_{m+1}} & \cdots & \dfrac{\partial \Delta P_1}{\partial e_{n-1}} & \dfrac{\partial \Delta P_1}{\partial f_{n-1}} \\[2mm]
\dfrac{\partial \Delta Q_1}{\partial e_1} & \dfrac{\partial \Delta Q_1}{\partial f_1} & \cdots & \dfrac{\partial \Delta Q_1}{\partial e_m} & \dfrac{\partial \Delta Q_1}{\partial f_m} & \dfrac{\partial \Delta Q_1}{\partial e_{m+1}} & \dfrac{\partial \Delta Q_1}{\partial f_{m+1}} & \cdots & \dfrac{\partial \Delta Q_1}{\partial e_{n-1}} & \dfrac{\partial \Delta Q_1}{\partial f_{n-1}} \\[1mm]
\vdots & \vdots & & \vdots & \vdots & \vdots & \vdots & & \vdots & \vdots \\[1mm]
\dfrac{\partial \Delta P_m}{\partial e_1} & \dfrac{\partial \Delta P_m}{\partial f_1} & \cdots & \dfrac{\partial \Delta P_m}{\partial e_m} & \dfrac{\partial \Delta P_m}{\partial f_m} & \dfrac{\partial \Delta P_m}{\partial e_{m+1}} & \dfrac{\partial \Delta P_m}{\partial f_{m+1}} & \cdots & \dfrac{\partial \Delta P_m}{\partial e_{n-1}} & \dfrac{\partial \Delta P_m}{\partial f_{n-1}} \\[2mm]
\dfrac{\partial \Delta Q_m}{\partial e_1} & \dfrac{\partial \Delta Q_m}{\partial f_1} & \cdots & \dfrac{\partial \Delta Q_m}{\partial e_m} & \dfrac{\partial \Delta Q_m}{\partial f_m} & \dfrac{\partial \Delta Q_m}{\partial e_{m+1}} & \dfrac{\partial \Delta Q_m}{\partial f_{m+1}} & \cdots & \dfrac{\partial \Delta Q_m}{\partial e_{n-1}} & \dfrac{\partial \Delta Q_m}{\partial f_{n-1}} \\[2mm]
\dfrac{\partial \Delta P_{m+1}}{\partial e_1} & \dfrac{\partial \Delta P_{m+1}}{\partial f_1} & \cdots & \dfrac{\partial \Delta P_{m+1}}{\partial e_m} & \dfrac{\partial \Delta P_{m+1}}{\partial f_m} & \dfrac{\partial \Delta P_{m+1}}{\partial e_{m+1}} & \dfrac{\partial \Delta P_{m+1}}{\partial f_{m+1}} & \cdots & \dfrac{\partial \Delta P_{m+1}}{\partial e_{n-1}} & \dfrac{\partial \Delta P_{m+1}}{\partial f_{n-1}} \\[2mm]
\dfrac{\partial \Delta U_{m+1}^2}{\partial e_1} & \dfrac{\partial \Delta U_{m+1}^2}{\partial f_1} & \cdots & \dfrac{\partial \Delta U_{m+1}^2}{\partial e_m} & \dfrac{\partial \Delta U_{m+1}^2}{\partial f_m} & \dfrac{\partial \Delta U_{m+1}^2}{\partial e_{m+1}} & \dfrac{\partial \Delta U_{m+1}^2}{\partial f_{m+1}} & \cdots & \dfrac{\partial \Delta U_{m+1}^2}{\partial e_{n-1}} & \dfrac{\partial \Delta U_{m+1}^2}{\partial f_{n-1}} \\[1mm]
\vdots & \vdots & & \vdots & \vdots & \vdots & \vdots & & \vdots & \vdots \\[1mm]
\dfrac{\partial \Delta P_{n-1}}{\partial e_1} & \dfrac{\partial \Delta P_{n-1}}{\partial f_1} & \cdots & \dfrac{\partial \Delta P_{n-1}}{\partial e_m} & \dfrac{\partial \Delta P_{n-1}}{\partial f_m} & \dfrac{\partial \Delta P_{n-1}}{\partial e_{m+1}} & \dfrac{\partial \Delta P_{n-1}}{\partial f_{m+1}} & \cdots & \dfrac{\partial \Delta P_{n-1}}{\partial e_{n-1}} & \dfrac{\partial \Delta P_{n-1}}{\partial f_{n-1}} \\[2mm]
\dfrac{\partial \Delta U_{n-1}^2}{\partial e_1} & \dfrac{\partial \Delta U_{n-1}^2}{\partial f_1} & \cdots & \dfrac{\partial \Delta U_{n-1}^2}{\partial e_m} & \dfrac{\partial \Delta U_{n-1}^2}{\partial f_m} & \dfrac{\partial \Delta U_{n-1}^2}{\partial e_{m+1}} & \dfrac{\partial \Delta U_{n-1}^2}{\partial f_{m+1}} & \cdots & \dfrac{\partial \Delta U_{n-1}^2}{\partial e_{n-1}} & \dfrac{\partial \Delta U_{n-1}^2}{\partial f_{n-1}}
\end{bmatrix}$$

上述方程中雅可比矩阵的各元素，可以通过对式(7-25)和式(7-26)求偏导数获得。当 $i \neq j$ 时，有

$$\begin{cases}
\dfrac{\partial \Delta P_i}{\partial e_j} = -\dfrac{\partial \Delta Q_i}{\partial f_j} = -(G_{ij}e_i + B_{ij}f_i) \\[3mm]
\dfrac{\partial \Delta P_i}{\partial f_j} = -\dfrac{\partial \Delta Q_i}{\partial e_j} = B_{ij}e_i - G_{ij}f_i \\[3mm]
\dfrac{\partial \Delta U_i^2}{\partial e_j} = -\dfrac{\partial \Delta U_i^2}{\partial f_j} = 0
\end{cases} \tag{7-28}$$

当 $j = i$ 时，有

$$\begin{cases}
\dfrac{\partial \Delta P_i}{\partial e_i} = -\displaystyle\sum_{k=1}^{n}(G_{ik}e_k - B_{ik}f_k) - G_{ii}e_i - B_{ii}f_i \\[4mm]
\dfrac{\partial \Delta P_i}{\partial f_i} = -\displaystyle\sum_{k=1}^{n}(G_{ik}f_k + B_{ik}e_k) + B_{ii}e_i - G_{ii}f_i \\[4mm]
\dfrac{\partial \Delta Q_i}{\partial e_i} = \displaystyle\sum_{k=1}^{n}(G_{ik}f_k + B_{ik}e_k) + G_{ii}e_i - G_{ii}f_i \\[4mm]
\dfrac{\partial \Delta Q_i}{\partial f_i} = -\displaystyle\sum_{k=1}^{n}(G_{ik}e_k - B_{ik}f_k) + G_{ii}e_i + B_{ii}f_i \\[4mm]
\dfrac{\partial \Delta U_i^2}{\partial e_i} = -2e_i \\[3mm]
\dfrac{\partial \Delta U_i^2}{\partial f_i} = -2f_i
\end{cases} \tag{7-29}$$

修正式（7-27）还可以写成分块矩阵的形式

$$\begin{bmatrix} \Delta W_1 \\ \Delta W_2 \\ \vdots \\ \Delta W_{n-1} \end{bmatrix} = - \begin{bmatrix} J_{11} & J_{12} & \cdots & J_{1,n-1} \\ J_{21} & J_{22} & \cdots & J_{2,n-1} \\ \vdots & \vdots & & \vdots \\ J_{n-1,1} & J_{n-1,2} & \cdots & J_{n-1,n-1} \end{bmatrix} \begin{bmatrix} \Delta U_1 \\ \Delta U_2 \\ \vdots \\ \Delta U_{n-1} \end{bmatrix} \qquad (7\text{-}30)$$

式中，ΔW_i 和 ΔU_i 都是二维列向量；J_{ij} 是 2×2 阶方阵。

$$\Delta U_i = \begin{bmatrix} \Delta e_i \\ \Delta f_i \end{bmatrix}$$

对于 PQ 节点

$$\Delta W_i = \begin{bmatrix} \Delta P_i \\ \Delta Q_i \end{bmatrix}$$

$$J_{ij} = \begin{bmatrix} \dfrac{\partial \Delta P_i}{\partial e_j} & \dfrac{\partial \Delta P_i}{\partial f_j} \\ \dfrac{\partial \Delta Q_i}{\partial e_j} & \dfrac{\partial \Delta Q_i}{\partial f_j} \end{bmatrix} \qquad (7\text{-}31)$$

对于 PU 节点

$$\Delta W_i = \begin{bmatrix} \Delta P_i \\ \Delta U_i^2 \end{bmatrix}$$

$$J_{ij} = \begin{bmatrix} \dfrac{\partial \Delta P_i}{\partial e_j} & \dfrac{\partial \Delta P_i}{\partial f_j} \\ \dfrac{\partial \Delta U_i^2}{\partial e_j} & \dfrac{\partial \Delta U_i^2}{\partial f_j} \end{bmatrix} \qquad (7\text{-}32)$$

从式（7-28）~式（7-32）可以看到，雅可比矩阵有以下特点：

1）雅可比矩阵各元素都是节点电压的函数，它们的数值将在迭代过程中不断地改变。

2）雅可比矩阵的子块 J_{ij} 中的元素的表达式只用到导纳矩阵中的对应元素 Y_{ij}。若 $Y_{ij} = 0$，则必有 $J_{ij} = 0$。因此，式（7-30）中分块形式的雅可比矩阵同节点导纳矩阵一样稀疏，修正方程的求解同样可以应用稀疏矩阵的求解技巧。

3）无论在式（7-27）或式（7-30）中，雅可比矩阵的元素或子块都不具有对称性。

牛顿-拉夫逊法潮流计算程序框图如图 7-3 所示。首先要输入网络的原始数据以及各节点的给定值并形成节点导纳矩阵。输入节点电压初值 $e_i^{(0)}$ 和 $f_i^{(0)}$，置迭代计数 $k=0$。然后开始进入牛顿-拉夫逊法的迭代过程。在进行第 $k+1$ 次迭代时，其计算步骤如下：

1）按上一次迭代算出的节点电压值 $e^{(k)}$ 和 $f^{(k)}$（当 $k=0$ 时即为给定的初值），利用式（7-25）和式（7-26）计算各类节点的不平衡量 $\Delta P_i^{(k)}$、$\Delta Q_i^{(k)}$ 和 $\Delta U_i^{2(k)}$。

2）按式（7-22）所示条件校验收敛，即

$$\max \{ \, | \, \Delta P_i^{(k)}, \Delta Q_i^{(k)}, \Delta U_i^{2(k)} \, | \, \} < \varepsilon \qquad (7\text{-}33)$$

如果收敛，迭代到此结束，转入计算各线路潮流和平衡节点的功率，并打印输出计算结果。不收敛则继续计算。

3）利用式（7-28）和式（7-29）计算雅可比矩阵的各元素。

4）解修正方程式（7-27），求节点电压的修正量 $\Delta e_i^{(k)}$ 和 $\Delta f_i^{(k)}$。

5）修正各节点的电压

$$e_i^{(k+1)} = e_i^{(k)} + \Delta e_i^{(k)} , \quad f_i^{(k+1)} = f_i^{(k)} + \Delta f_i^{(k)} \tag{7-34}$$

6）迭代计数加1，返回第一步继续迭代过程。

迭代结束后，还要算出平衡节点的功率和网络中的功率分布。输电线路功率的计算公式如下（见图7-4）。

$$S_{ij} = P_{ij} + jQ_{ij} = \dot{U}_i \dot{I}_{ij} = U_i^2 \dot{y}_{i0} + \dot{U}_i (\dot{U}_i - \dot{U}_j) \dot{y}_{ij} \tag{7-35}$$

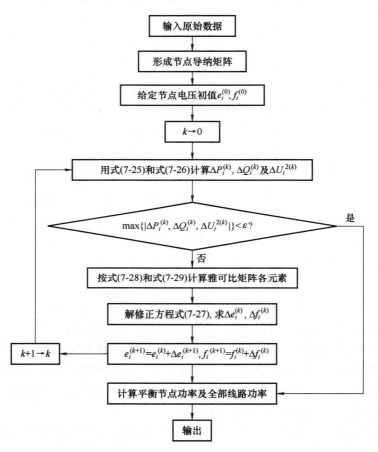

图 7-3　牛顿-拉夫逊法潮流计算程序框图

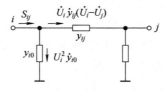

图 7-4　支路功率计算

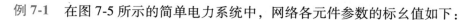

例7-1　在图7-5所示的简单电力系统中，网络各元件参数的标幺值如下：

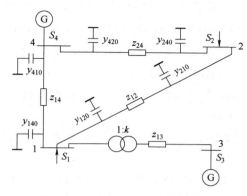

图7-5　例7-1的电力系统接线图

$$z_{12} = 0.10 + j0.40$$
$$y_{120} = y_{210} = j0.01528$$
$$z_{13} = j0.3, \quad k = 1.1$$
$$z_{14} = 0.12 + j0.50$$
$$y_{140} = y_{410} = j0.01920$$
$$z_{24} = 0.08 + j0.40$$
$$y_{240} = y_{420} = j0.01413$$

系统中节点1、2为PQ节点，节点3为PU节点，节点4为平衡节点，已给定

$$P_{1s} + jQ_{1s} = -0.30 - j0.18$$
$$P_{2s} + jQ_{2s} = -0.55 - j0.13$$
$$P_{3s} = 0.5, \quad U_{3s} = 1.10, \quad U_{4s} = 1.05 \angle 0°$$

容许误差 $\varepsilon = 10^{-5}$。试用牛顿-拉夫逊法计算潮流分布。

解：1）按已知网络参数形成节点导纳矩阵如下。

$$Y = \begin{bmatrix} 1.042093 - j8.242876 & -0.588235 + j2.352941 & j3.666667 & -0.453858 + j1.891074 \\ -0.588235 + j2.352941 & 1.069005 - j4.727377 & 0 & -0.480769 + j2.403846 \\ j3.666667 & 0 & -j3.333333 & 0 \\ -0.453858 + j1.891074 & -0.480769 + j2.403846 & 0 & 0.934627 - j4.261590 \end{bmatrix}$$

2）给定节点电压初值。

$$e_1^{(0)} = e_2^{(0)} = 1.0, \quad e_3^{(0)} = 1.1, \quad f_1^{(0)} = f_2^{(0)} = f_3^{(0)} = 0, \quad e_4^{(0)} = 1.05, \quad f_4^{(0)} = 0$$

3）按式（7-25）和式（7-26）计算 ΔP_i、ΔQ_i 和 ΔU_i^2。

$$\Delta P_1^{(0)} = P_{1s} - P_1^{(0)} = P_{1s} - \left[e_1^{(0)} \sum_{j=1}^{4} \left(G_{1j} e_j^{(0)} - B_{1j} f_j^{(0)} \right) + f_1^{(0)} \sum_{j=1}^{4} \left(G_{1j} f_j^{(0)} + B_{1j} e_j^{(0)} \right) \right]$$
$$= -0.30 - (-0.022693) = -0.277307$$

$$\Delta Q_1^{(0)} = Q_{1s} - Q_1^{(0)} = Q_{1s} - \left[f_1^{(0)} \sum_{j=1}^{4} \left(G_{1j} e_j^{(0)} - B_{1j} f_j^{(0)} \right) - e_1^{(0)} \sum_{j=1}^{4} \left(G_{1j} f_j^{(0)} + B_{1j} e_j^{(0)} \right) \right]$$
$$= -0.18 - (-0.129033) = -0.050967$$

同样地，可以算出

$$\Delta P_2^{(0)} = P_{2s} - P_2^{(0)} = -0.55 - (-0.024038) = -0.525962$$

$$\Delta Q_2^{(0)} = Q_{2s} - Q_2^{(0)} = -0.13 - (-0.149602) = 0.019602$$

$$\Delta P_3^{(0)} = P_{3s} - P_3^{(0)} = 0.5 - 0 = 0.5$$

$$\Delta U_3^{2(0)} = |U_{3s}|^2 - |U_3^{(0)}|^2 = 0$$

根据给定的容许误差 $\varepsilon = 10^{-5}$，按式（7-22）校验是否收敛，各节点的不平衡量都未满足收敛条件，于是继续以下计算。

4）按式（7-28）和式（7-29）计算雅可比矩阵各元素，形成雅可比矩阵，得修正方程式如下：

$$-\begin{bmatrix} -1.019400 & -8.371902 & 0.588235 & 2.352941 & 0.000000 & 3.666667 \\ -8.113836 & 1.064786 & 2.352941 & -0.588235 & 3.666667 & 0.000000 \\ 0.588235 & 2.352941 & -1.044966 & -4.876980 & 0.000000 & 0.000000 \\ 2.352941 & -0.588235 & -4.577775 & 1.093043 & 0.000000 & 0.000000 \\ 0.000000 & 4.033333 & 0.000000 & 0.000000 & 0.000000 & -3.666667 \\ 0.000000 & 0.000000 & 0.000000 & 0.000000 & -2.200000 & 0.000000 \end{bmatrix} \times$$

$$\begin{bmatrix} \Delta e_1^{(0)} \\ \Delta f_1^{(0)} \\ \Delta e_2^{(0)} \\ \Delta f_2^{(0)} \\ \Delta e_3^{(0)} \\ \Delta f_3^{(0)} \end{bmatrix} = -\begin{bmatrix} \Delta P_1^{(0)} \\ \Delta Q_1^{(0)} \\ \Delta P_2^{(0)} \\ \Delta Q_2^{(0)} \\ \Delta P_3^{(0)} \\ \Delta Q_3^{2(0)} \end{bmatrix}$$

从上述方程中我们看到，每行元素中绝对值最大的都不在对角线上。为了减少计算过程中的舍入误差，可对上述方程进行适当的调整。把第一行和第二行、第三行和第四行、第五行和第六行分别相互对调，便得方程

$$-\begin{bmatrix} -8.113836 & 1.064786 & 2.352941 & -0.588235 & 3.666667 & 0.000000 \\ -1.019400 & -8.371902 & 0.588235 & 2.352941 & 0.000000 & 3.666667 \\ 2.352941 & -0.588235 & -4.577775 & 1.093043 & 0.000000 & 0.000000 \\ 0.588235 & 2.352941 & -1.044966 & -4.876980 & 0.000000 & 0.000000 \\ 0.000000 & 0.000000 & 0.000000 & 0.000000 & -2.200000 & 0.000000 \\ 0.000000 & 4.033333 & 0.000000 & 0.000000 & 0.000000 & -3.666667 \end{bmatrix} \times$$

$$\begin{bmatrix} \Delta e_1^{(0)} \\ \Delta f_1^{(0)} \\ \Delta e_2^{(0)} \\ \Delta f_2^{(0)} \\ \Delta e_3^{(0)} \\ \Delta f_3^{(0)} \end{bmatrix} = -\begin{bmatrix} \Delta Q_1^{(0)} \\ \Delta P_1^{(0)} \\ \Delta Q_2^{(0)} \\ \Delta P_2^{(0)} \\ \Delta U_3^{2(0)} \\ \Delta P_3^{(0)} \end{bmatrix}$$

5）求解修正方程，得

$$\begin{bmatrix} \Delta e_1^{(0)} \\ \Delta f_1^{(0)} \\ \Delta e_2^{(0)} \\ \Delta f_2^{(0)} \\ \Delta e_3^{(0)} \\ \Delta f_3^{(0)} \end{bmatrix} = \begin{bmatrix} -0.006485 \\ -0.008828 \\ -0.023660 \\ -0.107818 \\ 0.000000 \\ 0.126652 \end{bmatrix}$$

6）按式（7-34）计算节点电压的第一次近似值如下。

$$e_1^{(1)} = e_1^{(0)} + \Delta e_1^{(0)} = 0.993515, \quad f_1^{(1)} = f_1^{(0)} + \Delta f_1^{(0)} = -0.008828$$

$$e_2^{(1)} = e_2^{(0)} + \Delta e_2^{(0)} = 0.976340, \quad f_2^{(1)} = f_2^{(0)} + \Delta f_2^{(0)} = -0.107818$$

$$e_3^{(1)} = e_3^{(0)} + \Delta e_3^{(0)} = 1.100000, \quad f_3^{(1)} = f_3^{(0)} + \Delta f_3^{(0)} = 0.126652$$

这样便结束了第一轮迭代。然后返回第三步重复上述计算。作完第三步后即按式（7-33）校验是否收敛，若已收敛，则迭代结束，转入计算平衡节点的功率和线路潮流分布。否则继续作第四～六步计算。迭代过程中节点电压和不平衡量的变化情况分别列于表 7-1 和表 7-2 中。

表 7-1　迭代过程中节点电压的变化情况

迭代计数 k	节点电压		
	$\dot{U}_1 = e_1 + jf_1$	$\dot{U}_2 = e_2 + jf_2$	$\dot{U}_3 = e_3 + jf_3$
1	0.993515−j0.008828	0.976340−j0.107818	1.100000+j0.126652
2	0.984749−j0.008585	0.959003−j0.108374	1.092446+j0.128933
3	0.984637−j0.008596	0.958690−j0.108387	1.092415+j0.128955

表 7-2　迭代过程中节点不平衡量的变化情况

迭代计数 k	节点不平衡量					
	ΔP_1	ΔQ_1	ΔP_2	ΔQ_2	ΔP_3	ΔQ_3
0	-2.77307×10^{-1}	-5.09669×10^{-2}	-5.25962×10^{-1}	1.96024×10^{-2}	5.0×10^{-1}	0
1	-1.33276×10^{-3}	-2.77691×10^{-3}	-1.35287×10^{-2}	-5.77115×10^{-2}	3.01149×10^{-3}	-1.60408×10^{-2}
2	-3.609606×10^{-5}	-3.66420×10^{-5}	-2.53856×10^{-4}	-1.06001×10^{3}	6.65784×10^{-5}	-6.22030×10^{-5}
3	5.96046×10^{8}	-7.45058×10^{-8}	-5.96046×10^{-8}	-3.42727×10^{-7}	2.98023×10^{-8}	3.17568×10^{-8}

由表中数字可知，经过 3 次迭代计算即已满足收敛条件。收敛后，节点电压用极坐标表示可得

$$\dot{U}_1 = 0.984675 \angle -0.500172°$$

$$\dot{U}_2 = 00.964798 \angle -4.450306°$$

$$\dot{U}_3 = 1.1 \angle 6.732347°$$

7）按式（7-4）计算平衡节点功率，得

$$P_4 + jQ_4 = 0.367883 + j0.264698$$

线路功率分布的计算结果见例 7-2。

7.2.3　节点电压用极坐标表示时的牛顿-拉夫逊法潮流计算

采用极坐标时，节点电压表示为

$$\dot{U}_i = U_i \angle \delta_i = U_i(\cos\delta_i + \mathrm{j}\sin\delta_i)$$

节点功率方程式（7-4）将写成

$$\begin{cases} P_i = U_i \displaystyle\sum_{j=1}^{n} U_j(G_{ij}\cos\delta_{ij} + B_{ij}\sin\delta_{ij}) \\ Q_i = U_i \displaystyle\sum_{j=1}^{n} U_j(G_{ij}\sin\delta_{ij} - B_{ij}\cos\delta_{ij}) \end{cases} \tag{7-36}$$

式中，$\delta_{ij} = \delta_i - \delta_j$，是 i、j 两节点电压的相角差。

式（7-36）把节点功率表示为节点电压的幅值和相角的函数。在有 n 个节点的系统中，假定第 $1 \sim m$ 号节点为 PQ 节点，第 $m+1 \sim n-1$ 号节点为 PU 节点，第 n 号节点为平衡节点。U_n 和 δ_n 是给定的，PU 节点的电压幅值 $U_{m+1} \sim U_{n-1}$ 也是给定的。因此，只剩下 $n-1$ 个节点的电压相角 δ_1，δ_2，$\cdots$，δ_{n-1} 和 m 个节点的电压幅值 U_1，U_2，$\cdots$，U_m 是未知量。

实际上，对于每一个 PQ 节点或每一个 PU 节点都可以列写一个有功功率不平衡量方程式

$$\Delta P_i = P_{is} - P_i = P_{is} - U_i \sum_{j=1}^{n} U_j(G_{ij}\cos\delta_{ij} + B_{ij}\sin\delta_{ij}) = 0 \quad (i = 1, 2, \cdots, n-1) \tag{7-37}$$

而对于每一个 PQ 节点还可以再列写一个无功功率不平衡量方程式

$$\Delta Q_i = Q_{is} - Q_i = Q_{is} - U_i \sum_{j=1}^{n} U_j(G_{ij}\sin\delta_{ij} - B_{ij}\cos\delta_{ij}) = 0 \quad (i = 1, 2, \cdots, m) \tag{7-38}$$

式（7-37）和式（7-38）一共包含了 $n-1+m$ 个方程式，正好同未知量的数目相等，而比直角坐标形式的方程式少了 $n-1-m$ 个。

对于式（7-37）和式（7-38）可以写出修正方程式如下：

$$\begin{bmatrix} \Delta P \\ \Delta Q \end{bmatrix} = - \begin{bmatrix} H & N \\ K & L \end{bmatrix} \begin{bmatrix} \Delta\delta \\ U_{\mathrm{D2}}^{-1}\Delta U \end{bmatrix} \tag{7-39}$$

式中，

$$\begin{cases} \Delta P = \begin{bmatrix} \Delta P_1 \\ \Delta P_2 \\ \vdots \\ \Delta P_{n-1} \end{bmatrix}; \Delta Q = \begin{bmatrix} \Delta Q_1 \\ \Delta Q_2 \\ \vdots \\ \Delta Q_m \end{bmatrix}; \Delta\delta = \begin{bmatrix} \Delta\delta_1 \\ \Delta\delta_2 \\ \vdots \\ \Delta\delta_{n-1} \end{bmatrix} \\[4ex] \Delta U = \begin{bmatrix} \Delta U_1 \\ \Delta U_2 \\ \vdots \\ \Delta U_m \end{bmatrix}; U_{\mathrm{D2}} = \begin{bmatrix} U_1 & & & \\ & U_2 & & \\ & & \ddots & \\ & & & U_m \end{bmatrix} \end{cases} \tag{7-40}$$

H 是 $(n-1) \times (n-1)$ 阶方阵，其元素为 $H_{ij} = \dfrac{\partial \Delta P_i}{\partial \delta_j}$；$N$ 是 $(n-1) \times m$ 阶矩阵，其元素为 $N_{ij} =$

$U_j \dfrac{\partial \Delta P_i}{\partial U_j}$；$\boldsymbol{K}$ 是 $m \times (n-1)$ 阶矩阵，其元素为 $K_{ij} = \dfrac{\partial \Delta Q_i}{\partial \delta_j}$；$\boldsymbol{L}$ 是 $m \times m$ 阶方阵，其元素为 $L_{ij} = U_j \dfrac{\partial \Delta Q_i}{\partial U_j}$。

在这里把节点功率不平衡量对节点电压幅值的偏导数都乘以该节点电压，相应地，把节点电压的修正量都除以该节点的电压幅值，这样，雅可比矩阵元素的表达式就具有比较整齐的形式。

对式（7-37）和式（7-38）求偏导数，可以得到雅可比矩阵元素的表达式如下：

当 $i \neq j$ 时，有

$$\begin{cases} H_{ij} = -U_i U_j (G_{ij}\sin\delta_{ij} - B_{ij}\cos\delta_{ij}) \\ N_{ij} = -U_i U_j (G_{ij}\cos\delta_{ij} + B_{ij}\sin\delta_{ij}) \\ K_{ij} = U_i U_j (G_{ij}\cos\delta_{ij} + B_{ij}\sin\delta_{ij}) \\ L_{ij} = -U_i U_j (G_{ij}\sin\delta_{ij} - B_{ij}\cos\delta_{ij}) \end{cases} \tag{7-41}$$

当 $i = j$ 时，

$$\begin{cases} H_{ij} = U_i^2 B_{ii} + Q_i \\ N_{ij} = -U_i^2 G_{ii} - P_i \\ K_{ij} = U_i^2 G_{ii} - P_i \\ L_{ij} = U_i^2 B_{ii} - Q_i \end{cases} \tag{7-42}$$

计算的步骤和程序框图与直角坐标形式的相似。

例 7-2　节点电压用极坐标表示，对例 7-1 的电力系统作牛顿-拉夫逊法潮流计算。网络参数和给定条件同例 7-1。

解：节点导纳矩阵与例 7-1 的相同。

1）给定节点电压初值：
$$\dot{U}_1^{(0)} = \dot{U}_2^{(0)} = 1.0 \angle 0°, \quad \dot{U}_3^{(0)} = 1.1 \angle 0°$$

2）利用式（7-37）和式（7-38）计算节点功率的不平衡量，得

$$\Delta P_1^{(0)} = P_{1s} - P_1^{(0)} = -0.30 - (-0.022693) = -0.277307$$
$$\Delta P_2^{(0)} = P_{2s} - P_2^{(0)} = -0.55 - (-0.024038) = -0.525962$$
$$\Delta P_3^{(0)} = P_{3s} - P_3^{(0)} = 0.5$$
$$\Delta Q_1^{(0)} = Q_{1s} - Q_1^{(0)} = -0.18 - (-0.129034) = -0.050966$$
$$\Delta Q_2^{(0)} = Q_{2s} - Q_2^{(0)} = -0.13 - (-0.149602) = -0.019602$$

3）用式（7-41）和式（7-42）计算雅可比矩阵各元素，可得

$$\boldsymbol{J}^{(0)} = \begin{bmatrix} -8.371902 & 2.352941 & 4.033333 & -1.019400 & 0.588235 \\ 2.352941 & -4.876980 & 0.000000 & 0.588235 & -1.044966 \\ 4.033333 & 0.000000 & -4.033333 & 0.000000 & 0.000000 \\ 1.064786 & -0.588235 & 0.000000 & -8.113835 & 2.352941 \\ -0.588235 & 1.093043 & 0.000000 & 2.352941 & -4.577775 \end{bmatrix}$$

4）求解修正方程式（7-39）得节点电压的修正量为

$$\Delta\delta_1^{(0)} = -0.505834°, \quad \Delta\delta_2^{(0)} = -6.177500°, \quad \Delta\delta_3^{(0)} = 6.596945°,$$
$$\Delta U_1^{(0)} = -0.006485, \quad \Delta U_2^{(0)} = -0.023660$$

对节点电压进行修正

$$\delta_1^{(1)} = \delta_1^{(0)} + \Delta\delta_1^{(0)} = -0.505834°, \quad \delta_2^{(1)} = \delta_2^{(0)} + \Delta\delta_2^{(0)} = -6.177500°, \quad \delta_3^{(1)} = \delta_3^{(0)} + \Delta\delta_3^{(0)} = 6.596945°,$$
$$U_1^{(1)} = U_1^{(0)} + \Delta U_1^{(0)} = 0.993515, \quad U_2^{(1)} = U_2^{(0)} + \Delta U_2^{(0)} = 0.976340$$

然后返回第二步作下一轮的迭代计算。取 $\varepsilon = 10^{-5}$，经过三次迭代，即满足收敛条件。迭代过程中节点功率不平衡量和电压的变化情况列于表 7-3 和表 7-4 中。

节点或电压的计算结果同例 7-1 的结果是吻合的。迭代的次数相同，也是 3 次。

表 7-3　节点功率不平衡量的变化情况

迭代计数 k	节点功率不平衡量				
	ΔP_1	ΔP_2	ΔP_3	ΔQ_1	ΔQ_2
0	-2.7731×10^{-1}	-5.2596×10^{-1}	5.0×10^{-1}	-5.0966×10^{-2}	1.9602×10^{-2}
1	-3.8631×10^{-5}	-2.0471×10^{-2}	4.5138×10^{-3}	-4.3798×10^{-2}	-2.4539×10^{-2}
2	9.9542×10^{-5}	-4.1948×10^{-4}	7.9285×10^{-5}	-4.5033×10^{-3}	-3.1812×10^{-4}
3	4.1742×10^{-8}	-1.1042×10^{-7}	1.3511×10^{-8}	-6.6572×10^{-8}	-6.6585×10^{-8}

表 7-4　节点电压的变化情况

迭代计数 k	节点电压幅值和相角				
	$\delta_1(°)$	$\delta_2(°)$	$\delta_3(°)$	U_1	U_2
1	-0.505834	-6.177500	6.596945	0.993515	0.976340
2	-0.500797	-6.445191	6.729830	0.984775	0.964952
3	-0.500171	-6.450304	6.732349	0.984675	0.964798

5）按式（7-4）计算平衡节点的功率，得

$$P_4 + jQ_4 = 0.367883 + j0.264698$$

按式（7-35）计算全部线路功率，结果为

$$S_{12} = 0.246244 - j0.014651, \quad S_{24} = -0.310010 - j0.140627$$
$$S_{13} = -0.500001 - j0.029264, \quad S_{31} = 0.500000 + j0.093409$$
$$S_{14} = -0.046244 - j0.136088, \quad S_{41} = 0.048216 + j104522$$
$$S_{21} = -0.239990 + j0.010627, \quad S_{42} = 0.319666 + j0.160176$$

7.3　*P-Q* 分解法潮流计算

采用极坐标形式表示节点电压，能够根据电力系统实际运行状态的物理特点，对牛顿-拉夫逊法潮流计算的数学模型进行合理的简化。

在交流高压电网中，输电线路的电抗要比电阻大得多，系统中母线有功功率的变化主要受电压相位的影响，无功功率的变化则主要受母线电压幅值变化的影响。在修正方程式的系

数矩阵中，偏导数 $\dfrac{\partial \Delta P}{\partial U}$ 和 $\dfrac{\partial \Delta Q}{\partial \delta}$ 的数值相对于偏导数 $\dfrac{\partial \Delta P}{\partial \delta}$ 和 $\dfrac{\partial \Delta Q}{\partial U}$ 是相当小的。作为简化的第一步，可以将式（7-39）中的子块 N 和 K 略去不计，即认为它们的元素都等于零。这样，$n-1+m$ 阶的式（7-39）便分解为一个 $n-1$ 阶和一个 m 阶的方程

$$\Delta P = -H\Delta\delta \tag{7-43}$$

$$\Delta Q = -LU_{\mathrm{D}}^{-1}\Delta U \tag{7-44}$$

这一简化大大地节省了机器内存和解题时间。式（7-43）和式（7-44）表明，节点的有功功率不平衡量只用于修正电压的相位，节点的无功功率不平衡量只用于修正电压的幅值。这两组方程分别轮流进行迭代，这就是所谓有功-无功功率分解法（P-Q 分解法）。

矩阵 H 和 L 的元素都是节点电压幅值和相角差的函数，其数值在迭代过程中是不断变化的。因此，最关键的一步简化就在于，把系数矩阵 H 和 L 简化成常数矩阵。它的根据是什么呢？在一般情况下，线路两端电压的相角差是不大的（不超过 $10° \sim 20°$），因此可以认为

$$\cos\delta_{ij} \approx 1, \quad G_{ij}\sin\delta_{ij} \ll B_{ij}$$

此外，与系统各节点无功功率相适应的导纳 $B_{\mathrm{LD}i}$ 必远小于该节点自导纳的虚部，即

$$B_{\mathrm{LD}i} = \frac{Q_i}{U_i^2} \ll B_{ii} \quad \text{或} \quad Q_i \ll U_i^2 B_{ii}$$

考虑到以上的关系，矩阵 H 和 L 的元素的表达式便被简化成

$$H_{ij} = U_i U_j B_{ij} \quad (i,j = 1,2,\cdots,n-1) \tag{7-45}$$

$$L_{ij} = U_i U_j B_{ij} \quad (i,j = 1,2,\cdots,m) \tag{7-46}$$

而系数矩阵 H 和 L 则可以分别写成

$$H = \begin{bmatrix} U_1 B_{11} U_1 & U_1 B_{12} U_2 & \cdots & U_1 B_{1,n-1} U_{n-1} \\ U_2 B_{21} U_1 & U_2 B_{22} U_2 & \cdots & U_2 B_{2,n-1} U_{n-1} \\ \vdots & \vdots & & \vdots \\ U_{n-1} B_{n-1,1} U_1 & U_{n-1} B_{n-1,2} U_2 & \cdots & U_{n-1} B_{n-1,n-1} U_{n-1} \end{bmatrix}$$

$$= \begin{bmatrix} U_1 & & & \\ & U_2 & & \\ & & \ddots & \\ & & & U_{n-1} \end{bmatrix} \begin{bmatrix} B_{11} & B_{12} & \cdots & B_{1,n-1} \\ B_{21} & B_{22} & \cdots & B_{2,n-1} \\ \vdots & \vdots & & \vdots \\ B_{n-1,1} & B_{n-1,2} & & B_{n-1,n-1} \end{bmatrix}$$

$$= \begin{bmatrix} U_1 & & & \\ & U_2 & & \\ & & \ddots & \\ & & & U_{n-1} \end{bmatrix} = U_{\mathrm{D1}} B' U_{\mathrm{D1}} \tag{7-47}$$

$$L = \begin{bmatrix} U_1 B_{11} U_1 & U_1 B_{12} U_2 & \cdots & U_1 B_{1m} U_m \\ U_2 B_{21} U_1 & U_2 B_{22} U_2 & \cdots & U_2 B_{2m} U_m \\ \vdots & \vdots & & \vdots \\ U_m B_{m1} U_1 & U_m B_{m2} U_2 & \cdots & U_m B_{mm} U_m \end{bmatrix}$$

$$
= \begin{bmatrix} U_1 & & & \\ & U_2 & & \\ & & \ddots & \\ & & & U_m \end{bmatrix} \begin{bmatrix} B_{11} & B_{12} & \cdots & B_{1m} \\ B_{21} & B_{22} & \cdots & B_{2m} \\ \vdots & \vdots & & \vdots \\ B_{m1} & B_{m2} & & B_{mm} \end{bmatrix}
$$

$$
= \begin{bmatrix} U_1 & & & \\ & U_2 & & \\ & & \ddots & \\ & & & U_m \end{bmatrix} = U_{D2} B'' U_{D2} \tag{7-48}
$$

将式（7-47）和式（7-48）分别代入式（7-43）和式（7-44），便得到

$$
\Delta Q = -U_{D2} B'' \Delta U
$$

用 U_{D1}^{-1} 和 U_{D2}^{-1} 分别左乘以上两式便得

$$
U_{D1}^{-1} \Delta P = -B' U_{D1} \Delta \delta \tag{7-49}
$$

$$
U_{D2}^{-1} \Delta Q = -B'' \Delta U \tag{7-50}
$$

这就是简化了的修正方程式，它们也可展开写成

$$
\begin{bmatrix} \dfrac{\Delta P_1}{U_1} \\ \dfrac{\Delta P_2}{U_2} \\ \vdots \\ \dfrac{\Delta P_{n-1}}{U_{n-1}} \end{bmatrix} = - \begin{bmatrix} B_{11} & B_{12} & \cdots & B_{1,n-1} \\ B_{21} & B_{22} & \cdots & B_{2,n-1} \\ \vdots & \vdots & & \vdots \\ B_{n-1,1} & B_{n-1,2} & \cdots & B_{n-1,n-1} \end{bmatrix} \begin{bmatrix} U_1 \Delta \delta_1 \\ U_2 \Delta \delta_2 \\ \vdots \\ U_{n-1} \Delta \delta_{n-1} \end{bmatrix} \tag{7-51}
$$

$$
\begin{bmatrix} \dfrac{\Delta Q_1}{U_1} \\ \dfrac{\Delta Q_2}{U_2} \\ \vdots \\ \dfrac{\Delta Q_m}{U_m} \end{bmatrix} = - \begin{bmatrix} B_{11} & B_{12} & \cdots & B_{1m} \\ B_{21} & B_{22} & \cdots & B_{2m} \\ \vdots & \vdots & & \vdots \\ B_{m1} & B_{m2} & \cdots & B_{mm} \end{bmatrix} \begin{bmatrix} \Delta U_1 \\ \Delta U_2 \\ \vdots \\ \Delta U_m \end{bmatrix} \tag{7-52}
$$

在这两个修正方程式中，系数矩阵都由节点导纳矩阵的虚部构成，只是阶次不同，矩阵 B' 为 $n-1$ 阶，不含平衡节点对应的行和列，矩阵 B'' 为 m 阶，不含平衡节点和 PU 节点所对应的行和列。由于修正方程的系数矩阵为常数矩阵，只要作一次三角分解，即可反复使用，结合采用稀疏技巧，还可进一步地节省机器内存和计算时间。

利用式（7-37）和式（7-38）计算节点功率的不平衡量，用修正方程式（7-51）和式（7-52）解出修正量，并按下述条件

$$
\max\{ |\Delta P_i^{(k)}| \} < \varepsilon_P, \max\{ |\Delta Q_i^{(k)}| \} < \varepsilon_Q
$$

校验收敛，这就是分解法的主要计算内容。$P\text{-}Q$ 分解法潮流计算流程图如图 7-6 所示。其中 K_P、K_Q 分别为 P、Q 迭代收敛状态的标志，收敛时以 0 赋 $K_P(K_Q)$，未收敛时以 1 赋 $K_P(K_Q)$。

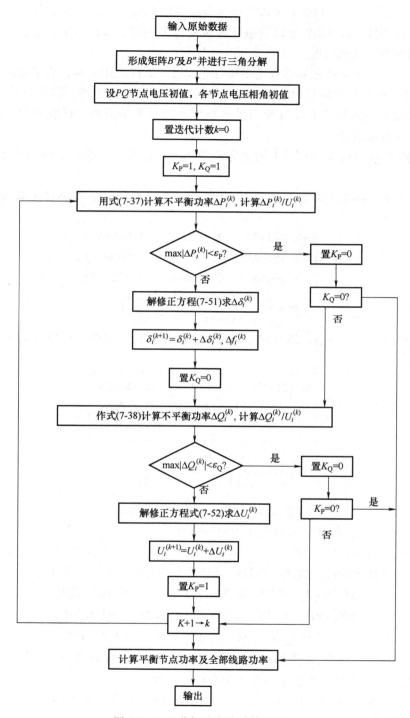

图 7-6　P-Q 分解法潮流计算流程图

　　需要说明，分解法所作的种种简化只涉及解题过程，而收敛条件的校验仍然是以精确的模型为依据，所以计算结果的精度是不受影响的。但要注意，在各种简化条件中，关键是输

电线路的 r/x 比值的大小。110kV 及以上电压等级的架空线的 r/x 比值较小，一般都符合 P-Q 分解法的简化条件。在 35kV 及以下电压等级的电力网中，线路的 r/x 比值较大，在迭代计算中可能出现不收敛的情况。

顺便指出，P-Q 分解法在实际应用中还有些改进。最常采用的是，在形成 P-δ 迭代用的矩阵 B' 时，将一些对有功功率和电压相位影响较小的因素略去不计，即在计算 B' 的对角线元素时，忽略输电线路和变压器 Π 形等效电路中的对地电纳支路。试验表明，这样处理能加快 P-δ 迭代的收敛进程。

例 7-3 用 P-Q 分解法对例 7-1 的电力系统作潮流计算。网络参数和给定条件与例 7-1 的相同。

解： 1）形成有功迭代和无功迭代的简化雅可比矩阵 B' 和 B''，本例直接取用 Y 矩阵元素的虚部。

$$B' = \begin{bmatrix} -8.242877 & 2.352941 & 3.666667 \\ 2.352941 & -4.727377 & 0.000000 \\ 3.666667 & 0.000000 & -3.333333 \end{bmatrix},$$

$$B'' = \begin{bmatrix} -8.242877 & 2.352941 \\ 2.353941 & -4.727377 \end{bmatrix}$$

将 B' 和 B'' 进行三角分解，形成因子表并按上三角存放，对角线位置存放 $1/d_{ii}$，非对角线位置存放 u_{ij}，便得

$$\begin{array}{rrr} -0.121317 & -0.285451 & -0.444829 \\ & -0.246565 & -0.258069 \\ & & -0.698235 \end{array}$$

和

$$\begin{array}{rr} -0.121317 & -0.285451 \\ & -0.246565 \end{array}$$

2）给定 PQ 节点初值和各节点电压相角初值；

$U_1^{(0)} = U_2^{(0)} = 1.0$, $\delta_1^{(0)} = \delta_2^{(0)} = 0$, $U_3 = U_{3s} = 1.1$, $\delta_3^{(0)} = 0$, $\dot{U}_4 = U_{4s} \angle 0° = 1.05 \angle 0°$

3）作第一次有功迭代，按式（7-37）计算节点的有功功率不平衡量。

$$\Delta P_1^{(0)} = P_{1s} - P_1^{(0)} = -0.30 - (-0.022693) = -0.277307$$

$$\Delta P_2^{(0)} = P_{2s} - P_2^{(0)} = -0.55 - (-0.024038) = -0.525962$$

$$\Delta P_3^{(0)} = P_{3s} - P_3^{(0)} = 0.5, \quad \Delta P_1^{(0)} / U_1^{(0)} = -0.277307$$

$$\Delta P_2^{(0)} / U_2^{(0)} = -0.525962, \quad \Delta P_3^{(0)} / U_3^{(0)} = -0.454545$$

解修正方程式（7-51）得各节点电压相角修正量为

$$\Delta \delta_1^{(0)} = -0.737156, \quad \Delta \delta_2^{(0)} = -6.741552, \quad \Delta \delta_3^{(0)} = -6.365626$$

于是有

$$\delta_1^{(1)} = \delta_1^{(0)} + \Delta \delta_1^{(0)} = -0.737156, \quad \delta_2^{(1)} = \delta_2^{(0)} + \Delta \delta_2^{(0)} = -6.741552, \quad \delta_3^{(1)} = \delta_3^{(0)} + \Delta \delta_3^{(0)} = 6.365626$$

4）作第一次无功迭代，按式（7-38）计算节点的无功功率不平衡量，计算时电压相角用最新的修正值。

$$\Delta Q_1^{(0)} = Q_{1s} - Q_1^{(0)} = -0.18 - (-0.140406) = -0.039594$$

$$\Delta Q_2^{(0)} = Q_{2s} - Q_2^{(0)} = -0.13 - (0.001550) = -0.131550$$

$$\Delta Q_1^{(0)} / U_1^{(0)} = -0.039594, \ \Delta Q_2^{(0)} / U_2^{(0)} = -0.131550$$

解修正方程式（7-48），可得各节点电压幅值的修正量为

$$\Delta U_1^{(0)} = -0.014858, \ \Delta U_2^{(0)} = -0.035222$$

于是有

$$U_1^{(1)} = U_1^{(0)} + \Delta U_1^{(0)} = 0.985142, \ U_2^{(1)} = U_2^{(0)} + \Delta U_2^{(0)} = 0.964778$$

到这里为止，第一轮的有功迭代和无功迭代便做完了。接着返回第二步继续计算。迭代过程中节点功率不平衡量和电压的变化情况分别列于表 7-5 和表 7-6 中。

表 7-5　节点功率不平衡量的变化情况

迭代计数 k	节点功率不平衡量				
	ΔP_1	ΔP_2	ΔP_3	ΔQ_1	ΔQ_2
0	-2.77307×10^{-1}	-5.25962×10^{-1}	5.0×10^{-1}	-3.95941×10^{-2}	-1.31550×10^{-2}
1	-3.36263×10^{-5}	1.44463×10^{-2}	8.68907×10^{-3}	-3.69753×10^{-3}	1.58264×10^{-3}
2	-3.47263×10^{-4}	-1.39825×10^{-3}	6.55549×10^{-4}	-1.38740×10^{-4}	-4.41963×10^{-4}
3	2.90953×10^{-6}	7.51808×10^{-6}	3.32111×10^{-6}	-8.66194×10^{-6}	1.34870×10^{-6}
4	-3.04319×10^{-6}	-7.14078×10^{-6}	2.41368×10^{-6}	8.69475×10^{-8}	3.99482×10^{-7}

表 7-6　节点电压的变化情况

迭代计数 k	节点电压幅值和相角				
	U_1	$\delta_1 / (°)$	U_2	$\delta_2 / (°)$	$\delta_3 / (°)$
1	0.985142	-0.737156	0.964778	-6.741552	6.365626
2	0.984727	-0.493512	0.964918	-6.429618	6.729083
3	0.984675	-0.501523	0.964795	-6.451888	6.730507
4	0.984675	-0.500088	0.964798	-6.450180	6.732392

经过四轮迭代，节点功率不平衡量也下降到 10^{-5} 以下，迭代到此结束。

与例 7-1 的计算结果相比较，电压幅值和相角都能够满足计算精度的要求。

7.4　小结

计算机进行复杂系统的潮流计算，首先必须建立潮流问题的数学模型。利用导纳型网络节点方程，将节点注入电流用功率和电压表示。在求解之前，要设定一个平衡节点，并根据系统的实际运行条件将其余的节点分为 PQ 给定节点和 PU 给定节点两类。引入定解条件后，便得到潮流计算用的一组非线性方程。

实际电力系统的潮流计算主要采用牛顿-拉夫逊法。按电压的不同表示方法，牛顿-拉夫逊法潮流计算分为直角坐标形式和极坐标形式两种。牛顿-拉夫逊法有很好的收敛性，但要求有合适的初值。

P-Q 分解法是极坐标形式牛顿-拉夫逊法潮流计算的一种简化算法。要了解这些简化假

设的依据。由于这些简化只涉及修正方程的系数矩阵，并未改变节点功率平衡方程和收敛判据，因而不会降低计算结果的精度。

7.5 复习题

7-1 复杂系统潮流计算中根据定解条件可将节点分为哪几类？怎样为不同类型的节点建立潮流方程？

7-2 叙述应用牛顿-拉夫逊法求解非线性方程的原理和步骤？

7-3 节点电压采用直角坐标和极坐标表示时，如何建立牛顿-拉夫逊法潮流方程和雅可比矩阵？

7-4 $P-Q$ 分解法潮流计算采用哪些简化假设？这些简化假设的依据是什么？

7-5 $P-Q$ 分解法潮流计算采用简化假设对潮流计算结果有什么影响？为什么？

7-6 图 7-7 所示为一多端直流系统，已知线路电阻和节点功率的标幺值如下：$R_{12}=0.02$，$R_{23}=0.04$，$R_{34}=0.04$，$R_{14}=0.01$，$S_1=0.3$，$S_2=-0.2$，$S_3=0.15$。节点 4 为平衡节点，$U_4=1.0$。试用牛顿-拉夫逊法作潮流计算。

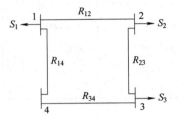

图 7-7 习题 7-6 多端直流系统

7-7 简单电力系统如图 7-8 所示，已知各段线路阻抗和节点功率为：$Z_{12}=(10+j16)\Omega$，$Z_{13}=(13.5+j21)\Omega$，$Z_{23}=(24+j22)\Omega$，$S_{LD2}=(20+j15)\text{MVA}$，$S_{LD3}=(25+j18)\text{MVA}$。节点 1 为平衡节点，$\dot{U}_1=115\angle0°\text{kV}$，试用牛顿-拉夫逊法计算潮流：

1）形成节点导纳矩阵。

2）求第一次迭代用的雅可比矩阵。

3）求解第一次的修正方程。

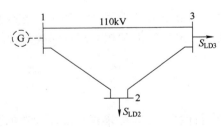

图 7-8 习题 7-7 简单电力系统

7-8 对习题 7-7 电力系统，按所给条件，取允许误差 $\varepsilon=10^{-4}$，用牛顿-拉夫逊法完成潮流计算。

第8章 电力系统的无功功率平衡和电压调整

电压是衡量电能质量的一个重要指标。质量合格的电压应该在供电电压偏移、电压波动和闪变、电网谐波和三相不对称程度这四个方面都能满足国家或行业标准相关规定的要求。本章内容为电力系统各元件的无功功率电压特性、无功功率平衡和各种调压手段的原理及应用等。这些内容主要涉及电压质量指标中的电压偏移问题。

8.1 电力系统的无功功率平衡

保证用户处的电压接近额定值是电力系统运行调整的基本任务之一。电力系统的运行电压水平取决于无功功率的平衡。系统中各种无功电源的无功功率输出（简称无功出力）应能满足系统负荷和网络损耗在额定电压下对无功功率的需求，否则电压就会偏离额定值。为此，先要对无功负荷、网络损耗和各种无功电源的特点作一些说明（假定系统的频率维持在额定值不变）。

8.1.1 无功功率负荷和无功功率损耗

1. 无功功率负荷

异步电动机在电力系统负荷（特别是无功负荷）中占的比重很大。系统无功负荷的电压特性主要由异步电动机决定。异步电动机的简化等效电路如图 8-1 所示，它所消耗的无功功率为

$$Q_M = Q_m + Q_\sigma = \frac{U^2}{X_m} + I^2 X_\sigma \qquad (8-1)$$

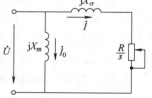

图 8-1 异步电动机的
简化等效电路

式中，Q_m 为励磁功率，它与电压的二次方成正比，实际上，当电压较高时，由于磁饱和的影响，励磁电抗 X_m 的数值还有所下降，因此，励磁功率 Q_m 随电压变化的曲线稍高于二次曲线；Q_σ 为漏抗 X_σ 中的无功损耗，如果负载功率不变，则 $P_M = I^2 R(1-s)/s =$ 常数，当电压降低时，转差将要增大，定子电流随之增大，相应地，在漏抗中的无功损耗 Q_σ 也要增大。综合这两部分无功功率的变化特点，可得图 8-2 所示的曲线。其中 β 为电动机的实际负荷与它的额定负荷之比，称为电动机的受载系数。由图可见，在额定电压附近，电动机的无功功率随电压的升降而增减。当电压明显低于额定值时，无功功率主要由漏抗中的无功损耗决定，因此，随电压下降反而具有上升的性质。

2. 变压器的无功功率损耗

变压器的无功功率损耗 Q_{LT} 包括励磁损耗 ΔQ_0 和漏抗中的损耗 ΔQ_T。

$$Q_{LT} = \Delta Q_0 + \Delta Q_T = U^2 B_T + \left(\frac{S}{U}\right) X_T \approx \frac{I_0\%}{100} S_N + \frac{U_S\% S^2}{100 S_N}\left(\frac{U_N}{U}\right)^2 \qquad (8-2)$$

励磁功率大致与电压的二次方成正比。当通过变压器的视在功率不变时，漏抗中损耗的无功功率与电压的二次方成反比。因此，变压器的无功功率损耗电压特性也与异步电动机的相似。

变压器的无功功率损耗在系统的无功需求中占有相当大的比重。假定一台变压器的空载电流 $I_0\% = 1.5$，短路电压 $U_S\% = 10.5$，由式（8-2）可知，在额定负载下运行时，无功功率的消耗将达额定容量的12%。如果从电源到用户需要经过好几级变压，则变压器中无功功率损耗的数值是相当可观的。

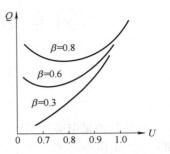

图 8-2　异步电动机的无功功率与端电压的关系

3. 输电线路的无功功率损耗

输电线路用 Π 形等效电路表示（见图 8-3），线路串联电抗中的无功功率损耗 ΔQ_L 与所通过电流的二次方成正比，即

$$\Delta Q_L = \frac{P_1^2 + Q_1^2}{U_1^2} X = \frac{P_2^2 + Q_2^2}{U_2^2} X$$

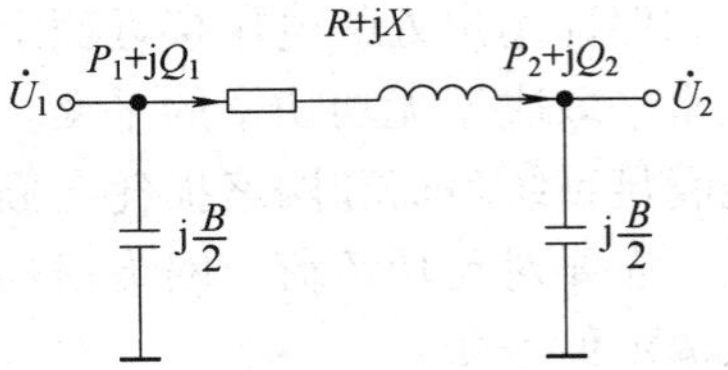

线路电容的充电功率 ΔQ_B 与电压的二次方成正比，当作无功功率损耗时应取负号。

$$\Delta Q_B = -\frac{B}{2}(U_1^2 + U_2^2)$$

图 8-3　输电线路的 Π 形等效电路

$B/2$ 为 Π 形电路中的等效电纳。线路的无功总损耗为

$$\Delta Q_L + \Delta Q_B = \frac{P_1^2 + Q_1^2}{U_1^2} X - \frac{U_1^2 + U_{1S}^2\% S^2}{2} B \qquad (8-3)$$

35kV 及以下的架空线路的充电功率甚小，一般来说，这种线路都是消耗感性无功功率的。对于 110kV 及以上的架空线路，当传输功率较大时，电抗中消耗的无功功率将大于电纳中产生的无功功率，线路成为无功负载；当传输的功率较小（小于自然功率）时，电纳中产生的无功功率，除了抵偿电抗中的损耗以外，还有多余，这时线路就成为无功电源。

此外，为吸收超高压输电线路充电功率而装设的并联电抗器也属于系统的无功负荷。

8.1.2　无功功率电源

电力系统的无功功率电源，除了发电机外，还有同步调相机、静电电容器、静止无功补偿器和近年来发展起来的静止无功发生器，这四种装置又称为无功补偿装置。静电电容器只能吸收容性无功功率（即发出感性无功功率），其余几类补偿装置既能吸收容性无功，又能吸收感性无功。

1. 发电机

发电机既是唯一的有功功率电源，又是最基本的无功功率电源。发电机在额定状态下运行时，可发出无功功率

$$Q_{GN} = S_{GN}\sin\varphi_N = P_{GN}\tan\varphi_N \qquad (8-4)$$

式中，S_{GN}、P_{GN}、φ_N 分别为发电机的额定视在功率、额定有功功率和额定功率因数角。

现在讨论发电机在非额定功率因数下运行时可能发出的无功功率。假定隐极发电机联接在恒压母线上，母线电压为 U_N。发电机的 P-Q 功率极限曲线如图 8-4 所示。图 8-4b 中所示的点 C 是额定运行点。电压降相量 $\overline{AC}$ 的长度代表 $X_d I_N$，正比于定子额定全电流。也可以说，以一定的比例代表发电机的额定视在功率 S_{GN}，它在纵轴上的投影 $\overline{AD}$ 的长度将代表 P_{GN}，在横轴上的投影 $\overline{AB}$ 的长度则代表 Q_{GN}。相量 $\overline{OC}$ 的长度代表空载电势 $\dot{E}$，它正比于发电机的额定励磁电流。当改变功率因数时，发电机发出的有功功率 P 和无功功率 Q 要受定子电流额定值（额定视在功率）、转子电流额定值（空载电势）、原动机出力（额定有功功率）的限制。在图 8-4b 中，以点 A 为圆心，以 $\overline{AC}$ 为半径的圆弧表示额定视在功率的限制；以 O 为圆心，以 $\overline{OC}$ 为半径的圆弧表示额定转子电流的限制；而水平线 $\overline{DC}$ 表示原动机出力的限制。这些限制条件在图中用粗线画出，这就是发电机的 P-Q 极限曲线。从图中可以看到，发电机只有在额定电压、电流和功率因数（即运行点 C）下运行时视在功率才能达到额定值，使其容量得到最充分的利用。发电机降低功率因数运行时，其无功功率输出将受转子电流的限制。

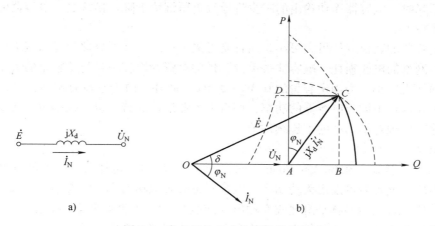

图 8-4　发电机的 P-Q 功率极限曲线

发电机正常运行时以滞后功率因数运行为主，必要时也可以减小励磁电流在超前功率因数下运行，即所谓进相运行，以吸收系统中多余的无功功率。当系统低负荷运行时，输电线路电抗中的无功功率损耗明显减少，线路电容产生的无功功率将有大量剩余，引起系统电压升高。在这种情况下有选择地安排部分发电机进相运行将有助于缓解电压调整的困难。进相运行时，发电机的 δ 角增大，为保证静态稳定，发电机的有功功率输出应随着电势的下降（即发电机吸收无功功率的增加）逐渐减小。图 8-4b 中在 P-Q 平面的第 Ⅱ 象限用虚线示意地画出了按静态稳定约束所确定的运行范围。进相运行时，定子端部漏磁增加，定子端部温升是限制发电机功率输出的又一个重要因素。发电机进相运行对定子端部温升的影响随发电机的类型、结构、容量和冷却方式的不同而异，不易精确计算。对于具体的发电机一般要通过现场试验来确定其进相运行的容许范围。

2. 同步调相机

同步调相机相当于空载运行的同步电动机。在过励磁运行时，它向系统供给感性无功功率，起无功电源的作用；在欠励磁运行时，它从系统吸取感性无功功率，起无功负荷作用。由于实际运行的需要和对稳定性的要求，欠励磁最大容量只有过励磁容量的 50%～65%。装有自动励磁调节装置的同步调相机，能根据装设地点电压的数值平滑改变输出（或吸取）的无功功率，进行电压调节。特别是有强行励磁装置时，在系统故障情况下，还能调整系统的电压，有利于提高系统的稳定性。但是，同步调相机是旋转机械，运行维护比较复杂。它的有功功率损耗较大，在满负荷时为额定容量的 1.5%～5%，容量越小，百分值越大。小容量的调相机每千伏安容量的投资费用也较大。故同步调相机宜于大容量集中使用。此外，同步调相机的响应速度较慢，难以适应动态无功控制的要求。20 世纪 70 年代以来已逐渐被静止无功补偿装置所取代。

3. 静电电容器

静电电容器供给的无功功率 Q_C 与所在节点的电压 U 的二次方成正比，即

$$Q_C = U^2/X_C$$

式中，X_C 为静电电容器的容抗，$X_C = 1/\omega C$。

当节点电压下降时，它供给系统的无功功率将减少。因此，当系统发生故障或由于其他原因电压下降时，电容器无功输出的减少将导致电压继续下降。换言之，电容器的无功功率调节性能比较差。

静电电容器的装设容量可大可小，而且既可集中使用，又可分散装设来就地供应无功功率，以降低网络的电能损耗。电容器每单位容量的投资费用较小且与总容量的大小无关，运行时功率损耗也较小，为额定容量的 0.3%～0.5%。此外，由于它没有旋转部件，维护也较方便。为了在运行中调节电容器的功率，可将电容器连接成若干组，根据负荷的变化，分组投入或切除，实现补偿功率的不连续调节。

4. 静止无功补偿器

静止无功补偿器（Static Var Compensator，SVC）简称静止补偿器，由静电电容器与电抗器并联组成。电容器可发出无功功率，电抗器可吸收无功功率，两者结合起来，再配以适当的调节装置，就成为能够平滑地改变输出（或吸收）无功功率的静止补偿器。

参与组成静止补偿器的部件主要有饱和电抗器、固定电容器、晶闸管控制电抗器和晶闸管投切电容器。实际上应用的静止补偿器大多是由上述部件组成的混合型静止补偿器。以下将简单介绍较常见的几种。

由饱和电抗器与固定电容器并联组成（带有斜率校正）的静止补偿器的电路原理图和伏安特性如图 8-5 所示。饱和电抗器 SR 具有这样的特性，当电压大于某值后，随着电压的升高，铁心急剧饱和。从补偿器的伏安特性可见，在补偿器的工作范围内，电压的少许变化就会引起电流的大幅度变化。与 SR 串联的电容 C_s 是用于斜率校正的，改变 C_s 的大小可以调节补偿器伏安特性的斜率（见图 8-5b 中的虚线）。

由晶闸管控制电抗器 TCR 与固定电容器并联组成的静止补偿器的电路原理图和伏安特性如图 8-6 所示。电抗器与反相并联连接的晶闸管相串联，利用晶闸管的触发角控制来改变通过电抗器的电流，就可以平滑地调整电抗器吸收的基波无功功率。触发角 α 从 90° 变到 180° 时，可使电抗器的基波无功功率从其额定值变到零。

晶闸管控制电抗器也常与晶闸管投切电容器 TSC 并联组成静止补偿器，其原理图如图 8-7a 所示。图中 3 组晶闸管投切电容器和 1 组固定电容器与电抗器并联。固定电容器组

串联接入电感 L_h，起高次谐波滤波器作用。每组晶闸管投切电容器都串联接入一个小电感 L_s，其作用是降低晶闸管开通时可能产生的电流冲击。这种补偿器的伏安特性如图 8-7b 所示，图中数字表示电容器投入的组数。

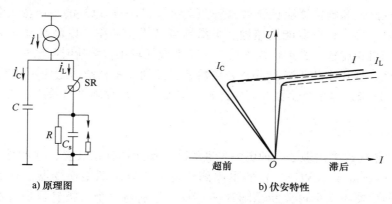

图 8-5 饱和电抗器型静止补偿器的电路原理图和伏安特性

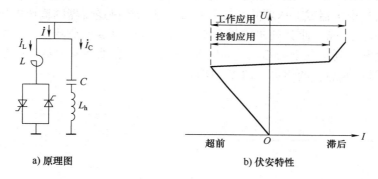

图 8-6 晶闸管控制电抗器型静止补偿器的电路原理图和伏安特性

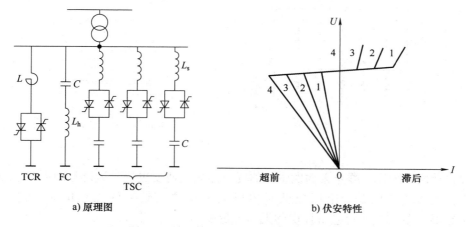

图 8-7 晶闸管投切电容器型静止补偿器

晶闸管投切电容器单独使用时只能作为无功功率电源，发出容性无功，且不能平滑地调节输出的功率，由于晶闸管对控制信号的响应极为迅速，通断次数又不受限制，其运行性能还是明显优于机械开关投切的电容器。

上述各类静止补偿器中，晶闸管投切电容器不会产生谐波，含晶闸管控制电抗器的静止补偿器一般需要装设滤波器以消除高次谐波，图 8-6 和图 8-7 的原理图中与电容 C 串联的电感 L_h 就是高次谐波的调谐电感。饱和电抗器可以利用多铁心和绕组的特殊排列来消除谐波，一种三三柱式饱和电抗器能够消除 $18k\pm1(k=1,2,3,\cdots)$ 以外的一切奇次电流谐波。

电压变化时，静止补偿器能快速地、平滑地调节无功功率，以满足动态无功补偿的需要。与同步调相机相比较，其运行维护简单，功率损耗较小，响应时间较短，对于冲击负荷有较强的适应性，TCR 型和 TSC 型静止补偿器还能做到分相补偿以适应不平衡的负荷变化。20 世纪 70 年代以来，静止补偿器在国外已被大量使用，在我国电力系统中也将得到日益广泛的应用。

5. 静止无功发生器

20 世纪 80 年代以来出现了一种更为先进的静止型无功补偿装置，这就是静止无功发生器（Static Var Generator，SVG）。它的主体部分是一个电压源型逆变器，其电路原理图如图 8-8 所示。逆变器中六个可关断晶闸管（GTO）分别与六个二极管反向并联，适当控制 GTO 的通断，可以把电容 C 上的直流电压转换成与电力系统电压同步的三相交流电压，逆变器的交流侧通过电抗器或变压器并联接入系统。适当控制逆变器的输出电压，就可以灵活地改变 SVG 的运行工况，使其处于容性负荷、感性负荷或零负荷状态。忽略损耗时，SVG 的稳态等效电路和不同工况下的相量图如图 8-9 所示。静止无功发生器也被称为静止同步补偿器（STATCOM）或静止调相机（STATCON）。

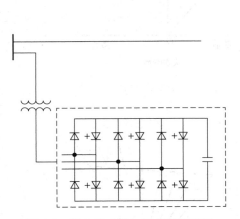 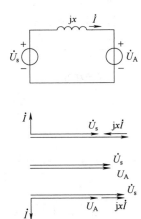

图 8-8　静止无功发生器电路原理图　　图 8-9　静止无功发生器的稳态等效电路和不同工况下的相量图

与静止补偿器相比，静止无功发生器的优点是响应速度更快、运行范围更宽、谐波电流含量更少，尤其重要的是，电压较低时仍可向系统注入较大的无功电流，它的储能元件（如电容器）的容量远比它所提供的无功容量要小。

8.1.3　无功功率平衡

电力系统无功功率平衡的基本要求是：系统中的无功电源可能发出的无功功率应该大于或至少等于负荷所需的无功功率和网络中的无功损耗之和。为了保证运行可靠性和适应无功负荷的增长，系统还必须配置一定的无功备用容量。令 Q_{GC} 为电源供应的无功功率之和、Q_{LD} 为无功负荷之和、Q_L 为网络无功功率损耗之和、Q_{res} 为无功功率备用，则系统中无功功率的平衡关系式为

$$Q_{GC}-Q_{LD}-Q_L=Q_{res} \tag{8-5}$$

$Q_{res}>0$ 表示系统中无功功率可以平衡且有适量的备用；如 $Q_{res}<0$ 则表示系统中无功功率不足，应考虑加设无功补偿装置。

系统无功电源的总出力 Q_{GC} 包括发电机的无功功率 $Q_{G\Sigma}$ 和各种无功补偿设备的无功功率 $Q_{C\Sigma}$，即

$$Q_{GC}=Q_{G\Sigma}+Q_{C\Sigma} \tag{8-6}$$

一般要求发电机接近于额定功率因数运行，故可按额定功率因数计算它所发出的无功功率。此时，如果系统的无功功率能够平衡，则发电机就保持有一定的无功备用，这是因为发电机的有功功率是留有备用的。同步调相机和静电电容器等无功补偿装置按额定容量来计算其无功功率。

总无功负荷 Q_{LD} 按负荷的有功功率和功率因数计算。为了减少输送无功功率引起的网损，我国有关技术导则规定，以 35kV 及以上电压等级直接供电的工业负荷，功率因数要达到 0.90 以上；对其他负荷，功率因数不低于 0.85。

网络的总无功功率损耗 Q_L 包括变压器的无功功率损耗 $Q_{LT\Sigma}$、线路电抗的无功功率损耗 $\Delta Q_{L\Sigma}$ 和线路电纳的无功功率损耗 $\Delta Q_{B\Sigma}$（一般只计算 110kV 及以上电压线路的充电功率），即

$$Q_L=Q_{LT\Sigma}+\Delta Q_{L\Sigma}+\Delta Q_{B\Sigma} \tag{8-7}$$

从改善电压质量和降低网络功率损耗考虑，应该尽量避免通过电网元件大量地传送无功功率。因此，仅从全系统的角度进行无功功率平衡是不够的，更重要的还是应该分地区分电压级地进行无功功率平衡。有时候，某一地区无功功率电源有富余，另一地区则存在缺额，调余补缺往往是不适宜的，这时就应该分别进行处理。在现代大型电力系统中，超高压输电网的线路分布电容能产生大量的无功功率，从系统安全运行考虑，需要装设并联电抗器予以吸收，根据我国有关技术导则，330~500kV 电网应按无功分层就地平衡的基本要求配置高、低压并联电抗器。一般情况下，高、低压并联电抗器的总容量应达到超高压线路充电功率的 90% 以上。在超高压电网配置并联电抗补偿的同时，较低电压等级的配电网络也许要配置必要的并联电容补偿，这种情况是正常的。

电力系统的无功功率平衡应分别按正常最大和最小负荷的运行方式进行计算。必要时还应校验某些设备检修时或故障后运行方式下的无功功率平衡。

根据无功功率平衡的需要，增添必要的无功补偿容量，并按无功功率就地平衡的原则进行补偿容量的分配。小容量的、分散的无功补偿可采用静电电容器；大容量的、配置在系统中枢点的无功补偿则宜采用同步调相机或静止补偿器。

电力系统在不同的运行方式下，可能分别出现无功功率不足和无功功率过剩的情况，在采取补偿措施时应该统筹兼顾，选用既能发出又能吸收无功功率的补偿设备。拥有大量超高压线路的大型电力系统在低谷负荷时，无功功率往往过剩，导致电压升高超出容许范围，如不妥善解决，将危及系统及用户的用电设备的安全运行。为了改善电压质量，除了借助各类补偿装置以外，还应考虑发电机进相（即功率因数超前）运行的可能性。

例 8-1　某输电系统的接线图示于图 8-10a，各元件参数如下：

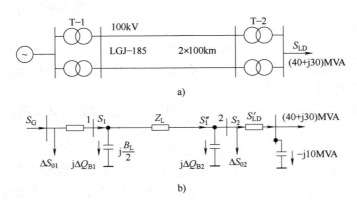

a)

b)

图 8-10　例 8-1 输电系统及其等效电路

发电机：$P_N = 500$MW，$\cos\varphi = 0.85$，$U_N = 10.5$kV。

变压器 T-1：每台 $S_N = 31.5$MVA，$\Delta P_0 = 38.5$kW，$\Delta P_S = 148$kW，$I_0\% = 0.8$，$U_S\% = 10.5$，$k_T = 121/10.5$。

变压器 T-2：电压比 $k_T = 110/11$，其余参数同 T-1。

线路每回每千米：$r_0 = 0.165\Omega$，$x_0 = 0.409\Omega$，$b_0 = 2.82 \times 10^{-6}$S。

试根据无功功率平衡的需要确定无功补偿容量。

解：1）输电系统参数计算。

变压器 T-1 两台并联时

$$R_{T1} = \frac{1}{2} \times \frac{148 \times 121^2}{31500^2} \times 10^3 \Omega = 1.092\Omega$$

$$X_{T1} = \frac{1}{2} \times \frac{10.5}{100} \times \frac{121^2}{31500} \times 10^3 \Omega = 24.402\Omega$$

$$\Delta S_{01} = 2 \times \left(\Delta P_0 + j\frac{I_0\%}{100}S_N \right) = 2 \times \left(0.0385 + j\frac{0.8 \times 31.5}{100} \right) \text{MVA}$$

$$= (0.077 + j0.504)\text{MVA}$$

变压器 T-2 两台并联时

$$R_{T2} = \frac{1}{2} \times \frac{148 \times 110^2}{31500^2} \times 10^3 \Omega = 0.902\Omega$$

$$X_{T2} = \frac{1}{2} \times \frac{10.5}{100} \times \frac{110^2}{31500} \times 10^3 \Omega = 20.167\Omega$$

$$\Delta S_{02} = (0.077 + j0.504)\ \text{MVA}$$

输电线路

$$Z_L = R_L + jX_L = \frac{1}{2} \times (0.165 + j0.409) \times 100\Omega = (8.25 + j20.45)\Omega$$

$$\frac{1}{2}B_L = \frac{1}{2} \times 2 \times 2.82 \times 10^{-6} \times 100\text{S} = 2.82 \times 10^{-4}\text{S}$$

$$\Delta Q_{B1} = \Delta Q_{B2} = -\frac{1}{2}B_L U_N^2 = -2.82 \times 10^{-4} \times 110^2 \, \text{Mvar} = -3.412 \, \text{Mvar}$$

输电系统等效电路如图 8-10b 所示。

2）无补偿的功率平衡计算。

作为初步估算，先用负荷功率计算变压器绕组损耗和线路损耗。

$$R_{LT} = R_{T1} + R_L + R_{T2} = (1.092 + 8.25 + 0.902)\Omega = 10.244\Omega$$

$$X_{LT} = X_{T1} + X_L + X_{T2} = (24.402 + 20.45 + 20.167)\Omega = 65.019\Omega$$

$$\Delta S_{LT} = \frac{40^2 + 30^2}{110^2} \times (10.244 + j65.019)\,\text{MVA} = (2.116 + j13.434)\,\text{MVA}$$

累计到发电机端的输电系统的总功率需求为

$$S_D = S_{LD} + \Delta S_{LT} + \Delta S_{01} + \Delta S_{02} + j\Delta Q_{B1} + j\Delta Q_{B2}$$

$$= (40 + j30 + 2.116 + j13.434 + 0.077 + j0.504 + 0.077 + j0.504 - j3.412 - j3.412)\,\text{MVA}$$

$$= (42.27 + j37.618)\,\text{MVA}$$

若发电机在满足有功需求时按额定功率因数运行，其输出功率为

$$S_G = (42.27 + j42.27 \times \tan\varphi)\,\text{MVA} = (42.27 + j26.196)\,\text{MVA}$$

此时无功缺额达到

$$(37.618 - 26.196)\,\text{Mvar} = 11.422\,\text{Mvar}$$

根据以上对无功功率缺额的初步估算，拟在变压器 T-2 的低压侧设置 10Mvar 补偿容量。补偿前负荷功率因数为 0.8，补偿后可提高到 0.895。计及补偿后线路和变压器绕组损耗还会减少，发电机将能在额定功率因数附近运行。

3）补偿后的功率平衡计算。

补偿后负荷功率为 $S'_{LD} = (40 + j20)\,\text{MVA}$

$$S_2 = \left[40 + j20 + \frac{40^2 + 20^2}{110^2} \times (0.902 + j20.167) + 0.077 + j0.504\right]\text{MVA}$$

$$= (40.226 + j23.837)\,\text{MVA}$$

$$S''_1 = (40.266 + j23.837 - j3.412)\,\text{MVA} = (40.266 + j20.425)\,\text{MVA}$$

$$\Delta S_L = \frac{40.266^2 + 20.425^2}{110^2} \times (8.25 + j20.45)\,\text{MVA} = (1.388 + j3.440)\,\text{MVA}$$

$$S_1 = (40.266 + j20.425 + 1.388 + j3.440 - j3.412)\,\text{MVA}$$

$$= (41.614 + j20.453)\,\text{MVA}$$

$$\Delta S_{T1} = \frac{41.614^2 + 20.453^2}{110^2} \times (1.092 + j24.402)\,\text{MVA}$$

$$= (0.194 + j4.336)\,\text{MVA}$$

输电系统要求发电机输出的功率为

$$S_G = (41.614 + j20.453 + 0.194 + j4.336 + 0.077 + j0.504)\,\text{MVA}$$

$$= (41.885 + j25.293)\,\text{MVA}$$

此时发电机的功率因数 $\cos\varphi = 0.856$。计算结果表明，所选补偿容量是适宜的。

8.1.4　无功功率平衡和电压水平的关系

在电力系统运行中，电源的无功出力在任何时刻都同负荷的无功功率和网络的无功损耗

之和相等，即

$$Q_{GC} = Q_{LD} + Q_L \tag{8-8}$$

问题在于无功功率平衡是在什么样的电压水平下实现的。现在以一个最简单的网络为例来说明。

隐极发电机经过一段线路向负荷供电，略去各元件电阻，用 X 表示发电机电抗与线路电抗之和，等效电路如图 8-11a 所示。假定发电机和负荷的有功功率为定值。根据相量图（见图 8-11b）可以确定发电机送到负荷节点的功率为

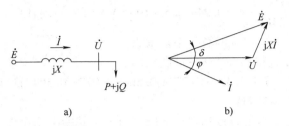

图 8-11　无功功率和电压关系的解释图

$$P = UI\cos\varphi = \frac{EU}{X}\sin\delta$$

$$Q = UI\sin\delta = \frac{EU}{X}\cos\delta - \frac{U^2}{X}$$

当 P 为一定值时，得

$$Q = \sqrt{\left(\frac{EU}{X}\right)^2 - P^2} - \frac{U^2}{X} \tag{8-9}$$

当电动势 E 为一定值时，Q 同 U 的关系如图 8-12 曲线 1 所示，是一条向下开口的抛物线。负荷的主要成分是异步电动机，其无功电压特性如图 8-12 中曲线 2 所示。这两条曲线的交点 a 确定了负荷节点的电压值 U_a，或者说，系统在电压 U_a 下达到了无功功率的平衡。

当负荷增加时，其无功电压特性如图 8-12 中曲线 2′所示。如果系统的无功电源没有相应增加（发电机励磁电流不变，电动势也就不变），电源的无功特性仍然是曲线 1。这时曲线 1 和 2′的交点 $a′$ 就代表了新的无功平衡点，并由此决定了负荷点的电压为 $U_{a′}$。显然 $U_{a′} < U_a$。这说明负荷增加后，系统的无功电源已不能满足在电压 U_a 下无功平衡的需要，因而只好降低电压运行，以取得在较低电压下的无功平衡。如果发电机具有充足的无功备用，通过调节励磁电流，增大发电机的电动势 E，则发电机的无功特性曲线将上移到曲线 1′的位置，从而使曲线 1′和 2′的交点 c

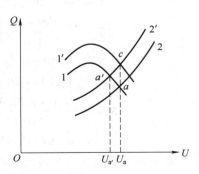

图 8-12　按无功功率确定电压

所确定的负荷节点电压达到或接近原来的数值 U_a。由此可见，系统的无功电源比较充足，能满足较高电压水平下的无功平衡的需要，系统就有较高的运行电压水平；反之，无功不足就反映为运行电压水平偏低。因此，应该力求实现在额定电压下的系统无功功率平衡，并根据这个要求装设必要的无功补偿装置。

电力系统的供电地区幅员宽广，无功功率不宜长距离输送，负荷所需的无功功率应尽量做到就地供应。因此，不仅应实现整个系统的无功功率平衡，还应分别实现各区域的无功功率平衡。

总之，实现无功功率在额定电压附近的平衡是保证电压质量的基本条件。

例 8-2　某输电系统的等效电路如图 8-13 所示。已知电压 $U_1 = 115\text{kV}$ 维持不变。负荷有功功率 $P_{LD} = 40\text{MW}$ 保持恒定，无功功率与电压的二次方成正比，即 $Q_{LD} = Q_0\left(\dfrac{U_2}{110}\right)^2$。试就 $Q_0 = 20\text{Mvar}$ 和 $Q_0 = 30\text{Mvar}$ 两种情况，按无功功率平衡的条件确定节点 2 的电压 U_2。

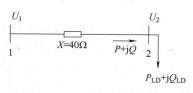

图 8-13　例 8-2 的等效电路

解：用式（8-9）计算线路送到节点 2 的无功功率为

$$Q = \sqrt{\left(\frac{U_1 U_2}{X}\right)^2 - P^2} - \frac{U_2^2}{X} = \sqrt{\left(\frac{115 U_2}{40}\right)^2 - 40^2} - \frac{U_2^2}{40}$$

$$= \sqrt{8.2656 U_2^2 - 1600} - 0.025 U_2^2$$

两种情况下负荷的无功功率分别为 $Q_{LD(1)} = 20 \times \left(\dfrac{U_2}{110}\right)^2$ 和 $Q_{LD(2)} = 30 \times \left(\dfrac{U_2}{110}\right)^2$。表 8-1 列出了 U_2 为不同值时的 Q、$Q_{LD(1)}$ 和 $Q_{LD(2)}$ 的数值。

利用表 8-1 中数据所作的无功电压特性如图 8-14 所示。由图中特性曲线支点可以确定：当 $Q_0 = 20\text{Mvar}$ 时，$U_2 = 107\text{kV}$；当 $Q_0 = 30\text{Mvar}$ 时，$U_2 = 103.7\text{kV}$。

表 8-1　无功功率的电压静特性

U_2/kV	102	103	104	105	106	107	108	109	110
Q/Mvar	30.41	28.19	25.91	23.59	21.21	18.79	16.31	13.79	11.21
$Q_{LD(1)}$/Mvar	17.20	17.54	17.88	18.22	18.57	18.92	19.28	19.64	20
$Q_{LD(2)}$/Mvar	25.80	26.30	26.82	27.33	27.86	28.39	28.92	29.46	30

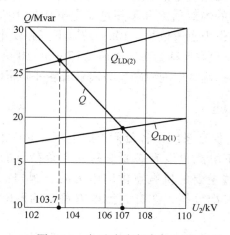

图 8-14　由无功功率确定电压

8.2 电压调整的基本概念

8.2.1 允许电压偏移

　　各种用电设备都是按额定电压来设计制造的。这些设备在额定电压下运行将能取得最佳的效果。电压过大地偏离额定值将对用户产生不良的影响。

　　电力系统常见的用电设备是异步电动机、各种电热设备、照明灯以及近年来日渐增多的家用电器等。异步电动机的电磁转矩是与其端电压的二次方成正比的，当电压降低10%时，转矩大约要降低19%（见图8-15）。如果电动机所拖动的机械负载的阻力矩不变，则电压降低时，电动机的转差增大，定子电流也随之增大，发热增加，绕组温度增高，加速绝缘老化，影响电动机的使用寿命。当端电压太低时，电动机可能由于电磁转矩太小而失速甚至停转；有的会低压脱扣而被切除。电炉等电

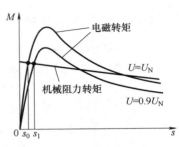

图 8-15　异步电动机的转矩特性

热设备的出力大致与电压的二次方成正比，电压降低就会延长电炉的冶炼时间，降低生产率。电压降低时，电热式照明灯发光不足，影响人的视力和工作效率。电压偏高时，照明设备的寿命将要缩短。

　　电压偏移过大，除了影响用户的正常工作以外，对电力系统本身也有不利影响。电压降低，会使网络中的功率损耗和能量损耗加大，电压过低还可能危及电力系统运行的稳定性；而电压过高时，各种电气设备的绝缘可能受到损害，在超高压网络中还将增加电晕损耗等。

　　在电力系统的正常运行中，随着用电负荷的变化和系统运行方式的改变，网络中的电压损耗也将发生变化。要严格保证所有用户在任何时刻都有额定电压是不可能的，因此，系统运行中各节点出现电压偏移是不可避免的。实际上，大多数用电设备在稍许偏离额定值的电压下运行，仍有良好的技术性能。从技术上和经济上综合考虑，合理地规定供电电压的允许偏移是完全必要的。目前，我国规定的在正常运行情况下供电电压的允许偏移如下：35kV及以上供电电压正、负偏移的绝对值之和不超过额定电压的10%，如供电电压上下偏移同号时，按较大的偏移绝对值作为衡量依据；10kV及以下三相供电电压允许偏移为额定电压的±7%；220V单相供电电压允许偏移为额定电压的+7%和−10%。

　　要使网络各处的电压都达到规定的标准，必须采取各种调压措施。

8.2.2 中枢点的电压管理

　　电力系统调压的目的是保证系统中各负荷点的电压在允许的偏移范围内。但是由于负荷点数目众多又很分散，不可能也没有必要对每一个负荷点的电压进行监视和调整。系统中的负荷点总是通过一些主要的供电点供应电力的，例如：①区域性水、火电厂的高压母线；②枢纽变电所的二次母线；③有大量地方负荷的发电机电压母线。这些供电点称为中枢点。

　　各个负荷点都允许电压有一定的偏移，计及由中枢点到负荷点的馈电线上的电压损耗，

便可确定每个负荷点对中枢点电压的要求。如果能找到中枢点电压的一个允许变化范围，使得由该中枢点供电的所有负荷点的调压要求都能同时得到满足，那么，只要控制中枢点的电压在这个变化范围内就可以了。下面将讨论如何确定中枢点电压的允许变化范围。

假定由中枢点 O 向负荷点 A 和 B 供电（见图 8-16a），两负荷点电压 U_A 和 U_B 的允许变化范围相同，都是 $(0.95 \sim 1.05)U_N$。当线路参数一定时，线路上电压损耗 ΔU_{OA} 和 ΔU_{OB} 分别与点 A 和点 B 的负荷有关。为简单起见，假定两处的日负荷曲线呈两级阶梯形（见图 8-16b），相应地，两段线路的电压损耗的变化曲线如图 8-16c 所示。

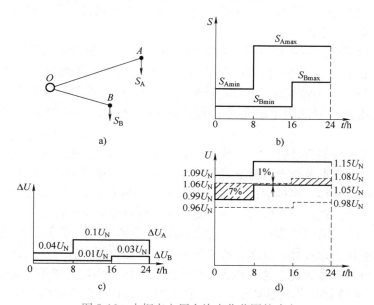

图 8-16　中枢点电压允许变化范围的确定

为了满足负荷节点 A 的调压要求，中枢点电压应该控制的变化范围为

在 0~8h 时

$$U_{O(A)} = U_A + \Delta U_{OA} = (0.95 \sim 1.05)U_N + 0.04U_N = (0.99 \sim 1.09)U_N$$

在 8~24h 时

$$U_{O(A)} = U_A + \Delta U_{OA} = (0.95 \sim 1.05)U_N + 0.10U_N = (1.05 \sim 1.15)U_N$$

同理可以算出负荷节点 B 对中枢点电压变化范围的要求：

在 0~16h 时

$$U_{O(B)} = U_B + \Delta U_{OB} = (0.96 \sim 1.06)U_N$$

在 16~24h 时

$$U_{O(B)} = U_B + \Delta U_{OB} = (0.98 \sim 1.08)U_N$$

将上述要求表示在同一张图上（见图 8-16d）。图中的阴影部分就是同时满足 A、B 两负荷点调压要求的中枢点电压的允许变化范围。由图可见，尽管 A、B 两负荷点的电压有 10% 的变化范围，但是由于两处负荷大小和变化规律不同，因此两段线路的电压损耗数值及变化规律也不相同。为同时满足两负荷点的电压质量要求，中枢点电压的允许变化范围就大大地缩小了，最大时为 7%，最小时仅有 1%。

对于向多个负荷点供电的中枢点，其电压允许变化范围可按两种极端情况确定：在地区负荷最大时，电压最低的负荷点的允许电压下限加上到中枢点的电压损耗等于中枢点的最低电压；在地区负荷最小时，电压最高负荷点的允许电压上限加上到中枢点的电压损耗等于中枢点的最高电压。当中枢点的电压能满足这两个负荷点的要求时，其他各点的电压基本上都能满足。

如果中枢点是发电机电压母线，则除了上述要求外，还应受厂用电设备与发电机的最高允许电压以及为保持系统稳定的最低允许电压的限制。

如果在任何时候，各负荷点所要求的中枢点电压允许变化范围都有公共部分，那么，调整中枢点的电压，使其在公共的允许范围内变动，就可以满足各负荷点的调压要求，而不必在各负荷点再装设调压设备。

可以设想，如果由同一中枢点供电的各用户负荷的变化规律差别很大，调压要求也很不相同，就可能在某些时间段内，各用户的电压质量要求反映到中枢点的电压允许变化范围没有公共部分。这种情况下，仅靠控制中枢点的电压并不能保证所有负荷点的电压偏移都在允许范围内。因此为了满足各负荷点的调压要求，还必须在某些负荷点增设必要的调压设备。

在进行电力系统规划设计时，由系统供电的较低电压等级的电力网往往还未建设，或者尚未完全建成，许多数据及要求未能准确地确定，这就无法按照上述方法作出中枢点的电压曲线。为了进行调压计算，可以根据电力网的性质对中枢点的调压方式提出原则性的要求。为此，一般将中枢点的调压方式分为三类：逆调压、顺调压和常调压。

在大负荷时，线路的电压损耗也大，如果提高中枢点电压，就可以抵偿掉部分电压损耗，使负荷点的电压不致过低。反之，在小负荷时，线路电压损耗也小，适当降低中枢点电压就可使负荷点电压不致过高。这种在大负荷时升高电压，小负荷时降低电压的调压方式称为"逆调压"。一般来讲，采用逆调压方式，在最大负荷时可保持中枢点电压比线路额定电压高 5%，在最小负荷时保持为线路额定电压。供电线路较长、负荷变动较大的中枢点往往要求采用这种调压方式。

中枢点采用逆调压可以改善负荷点的电压质量。但是从发电厂到某些中枢点（例如枢纽变电所）也有电压损耗。若发电机电压一定，则在大负荷时，电压损耗大，中枢点电压自然要低一些；在小负荷时，电压损耗小，中枢点电压要高一些。中枢点电压的这种自然变化规律与逆调压的要求正好相反，所以从调压的角度来看，逆调压的要求较高，较难实现。实际上也没有必要对所有中枢点都采用逆调压方式。对某些供电距离较近或者负荷变动不大的变电所，可以采用"顺调压"的方式。这就是：在大负荷时允许中枢点电压低一些，但不低于线路额定电压的 102.5%；小负荷时允许其电压高一些，但不超过线路额定电压的 107.5%。

介于上述两种调压方式之间的调压方式是恒调压（也叫作常调压），即在任何负荷下，中枢点电压保持为大约恒定的数值，一般较线路额定电压高 2%~5%。

当系统发生事故时，电压损耗比正常情况下的要大，因此对电压质量的要求允许降低一些，通常允许事故时的电压偏移较正常情况下大 5%。

8.2.3 电压调整的基本原理

现在以图 8-17 所示的简单电力系统为例，说明常用的各种调压措施所依据的基本原理。

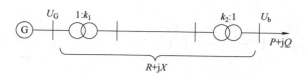

图 8-17　电压调整的原理解释图

发电机通过升压变压器、线路和降压变压器向用户供电。要求调整负荷节点 b 的电压。为简单起见，略去线路的电容功率、变压器的励磁功率和网络的功率损耗。变压器的参数已归算到高压侧。b 点的电压为

$$U_b = (U_G k_1 - \Delta U)/k_2 \approx \left(U_G k_1 - \frac{PR+QX}{U} \right) /k_2 \qquad (8\text{-}10)$$

式中，k_1 和 k_2 分别为升压变压器和降压变压器的电压比；R 和 X 分别为变压器和线路的总电阻和总电抗。

由式（8-10）可见，为了调整用户端电压 U_b 可以采取以下措施：

1）调节励磁电流以改变发电机端电压 U_G。

2）适当选择变压器的电压比。

3）改变线路的参数。

4）改变无功功率的分布。

这些措施将在下面分别进行比较详细的讨论。

8.3　电压调整的措施

8.3.1　发电机调压

现代同步发电机在端电压偏离额定值不超过 $\pm5\%$ 的范围，能够以额定功率运行。大中型同步发电机都装有自动励磁调节装置，可以根据运行情况调节励磁电流来改变其端电压。对于不同类型的供电网络，发电机调压所起的作用是不同的。

由孤立发电厂不经升压直接供电的小型电力网，因供电线路不长，线路上电压损耗不大，故改变发电机端电压（例如实行逆调压）就可以满足负荷点的电压质量要求，而不必另外增加调压设备。这是最经济合理的调压方式。

对于线路较长、供电范围较大、有多级变压的供电系统，从发电厂到最远处的负荷点之间，电压损耗的数值和变化幅度都比较大。图 8-18 所示为多级变压供电系统的电压损耗分布，其各元件在最大和最小负荷时的电压损耗已注明图中。从发电机端到最远处负荷点之间，在最大负荷时的总电压损耗达 35%，最小负荷时的总电压损耗为 15%，其变化幅度达 20%。这时调压的困难不仅在于电压损耗的绝对值过大，而且更主要的是不同运行方式下电压损耗之差（即变化幅度）太大。因而单靠发电机调压是不能解决问题的。在上述情况下，发电机调压主要是为了满足近处地方负荷的电压质量要求，发电机电压在最大负荷时提高 5%，最小负荷时保持为额定电压，采取这种逆调压方式，对于解决多级变压供电系统的调压问题也是有利的。

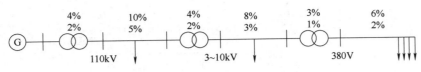

图 8-18　多级变压供电系统的电压损耗分布

对于有若干发电厂并列运行的电力系统，利用发电机调压会出现新的问题。前面提到过，节点的无功功率与节点的电压有密切的关系。例如，两个发电厂相距 60km，由 110kV 线路相联，如果要把一个电厂的 110kV 母线的电压提高 5%，大约要该电厂多输出 25Mvar 的无功功率。因而要求进行电压调整的电厂需有相当充裕的无功容量储备，一般这是不易满足的。此外，在系统内并列运行的发电厂中，调整个别发电厂的母线电压，会引起系统中无功功率的重新分配，这还可能同无功功率的经济分配发生矛盾。所以在大型电力系统中，发电机调压一般只作为一种辅助性的调压措施。

8.3.2　改变变压器电压比调压

改变变压器的电压比可以升高或降低二次绕组的电压。为了实现调压，在双绕组变压器的高压绕组上设有若干个分接头以供选择，其中对应额定电压 U_N 的称为主接头。三绕组变压器一般是在高压绕组和中压绕组设置分接头。变压器的低压绕组不设分接头。改变变压器的电压比调压实际上就是根据调压要求适当选择分接头。

1. 降压变压器分接头的选择

图 8-19 所示为降压变压器。若通过功率为 $P+jQ$，高压侧实际电压为 U_1，归算到高压侧的变压器阻抗为 R_T+jX_T，归算到高压侧的变压器电压损耗为 ΔU_T，低压侧要求得到的电压为 U_2，则有

$$\Delta U_T = (PR_T+QX_T)/U_1$$
$$U_2 = (U_1-\Delta U_T)/k \qquad (8-11)$$

式中，$k=U_{1t}/U_{2N}$ 是变压器的电压比，即高压绕组分接头电压 U_{1t} 和低压绕组额定电压 U_{2N} 之比。

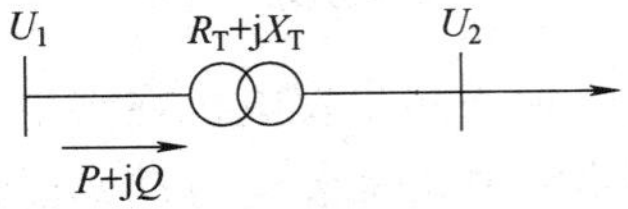

将 k 代入式（8-11），便得高压侧分接头电压

$$U_{1t} = \frac{U_1-\Delta U_T}{U_2} U_{2N} \qquad (8-12)$$

图 8-19　降压变压器

当变压器通过不同的功率时，高压侧电压 U_1、电压损耗 ΔU_T，以及低压侧所要求的电压 U_2 都要发生变化。通过计算可以求出在不同的负荷下为满足低压侧调压要求所应选择的高压侧分接头电压。

普通的双绕组变压器的分接头只能在停电的情况下改变。在正常的运行中，无论负荷怎样变化只能使用一个固定的分接头。这时可以分别算出最大负荷和最小负荷下所要求的分接头电压

$$U_{1tmax} = (U_{1max}-\Delta U_{Tmax})U_{2N}/U_{2max} \qquad (8-13)$$
$$U_{1tmin} = (U_{1min}-\Delta U_{Tmin})U_{2N}/U_{2min} \qquad (8-14)$$

然后取它们的算术平均值，即

$$U_{1t*av} = (U_{1tmax} + U_{1tmin})/2 \qquad (8\text{-}15)$$

根据 U_{1t*av} 值可选择一个与它最接近的分接头。然后根据所选取的分接头校验最大负荷和最小负荷时低压母线上的实际电压是否符合要求。

例 8-3　降压变压器及其等效电路如图 8-20 所示。归算至高压侧的阻抗为 $R_T + jX_T = (2.44+j40)\Omega$。已知在最大和最小负荷时通过变压器的功率分别为 $S_{max} = (28+j14)MVA$ 和 $S_{min} = (10+j6)MVA$，高压侧的电压分别为 $U_{1max} = 110kV$ 和 $U_{1min} = 113kV$。要求低压母线的电压变化不超出 $6.0 \sim 6.6kV$ 的范围，试选择分接头。

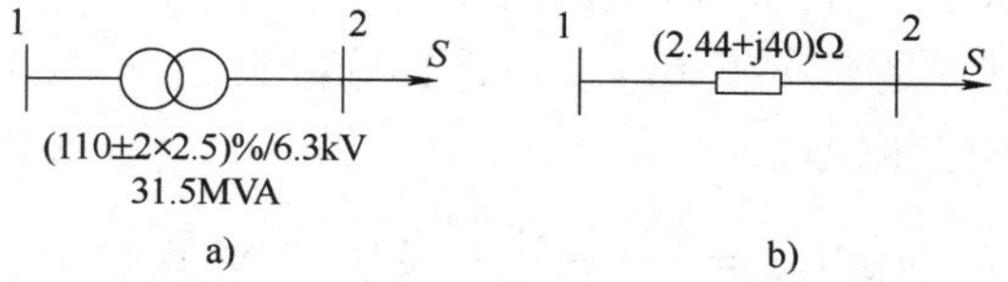

```
  1              2    →S      1    (2.44+j40)Ω    2   →S
  ─┤(  ├────────┤            ─┤├──────[ ]───────┤├──
     (110±2×2.5)%/6.3kV
        31.5MVA
         a)                            b)
```

图 8-20　例 8-3 的降压变压器及其等效电路

解：先计算最大负荷及最小负荷时变压器的电压损耗

$$\Delta U_{Tmax} = \frac{28 \times 2.44 + 14 \times 40}{110}kV = 5.7kV$$

$$\Delta U_{Tmin} = \frac{10 \times 2.44 + 6 \times 40}{113}kV = 2.34kV$$

假定变压器在最大负荷和最小负荷运行时，低压侧的电压分别取为 $U_{2max} = 6kV$ 和 $U_{2min} = 6.6kV$，则由式（8-13）和式（8-14）可得

$$U_{1tmax} = (110-5.7) \times \frac{6.3}{6.0}kV \approx 109.5kV$$

$$U_{1tmin} = (113-2.34) \times \frac{6.3}{6.6}kV \approx 105.6kV$$

取算术平均值

$$U_{1t*av} = (109.5+105.6)kV/2 \approx 107.6kV$$

选最接近的分接头 $U_{1t} = 107.25kV$。按所选分接头校验低压母线的实际电压。

$$U_{2max} = (110-5.7) \times \frac{6.3}{107.25}kV = 6.13kV > 6kV$$

$$U_{2min} = (113-2.34) \times \frac{6.3}{107.25}kV = 6.5kV < 6.6kV$$

由此可见，所选分接头是能满足调压要求的。

2. 升压变压器分接头的选择

选择升压变压器分接头的方法与选择降压变压器的基本相同。由于升压变压器中功率方向是从低压侧送往高压侧的（见图 8-21），故式（8-12）中 ΔU_T 前的符号此时应相反，即应将电压损耗和高压侧电压相加。因而有

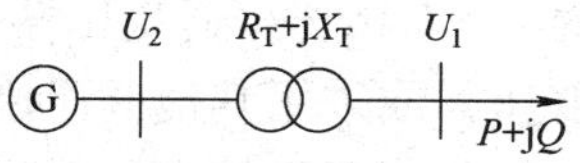

```
      U₂   R_T+jX_T   U₁
 (G)──┤├──────────────┤├──
                        →P+jQ
```

图 8-21　升压变压器

$$U_{1t} = \frac{U_1 + \Delta U_T}{U_2} U_{2N} \qquad (8\text{-}16)$$

式中，U_2 为变压器低压侧的实际电压或给定电压；U_1 为高压侧所要求的电压。

这里要注意升压变压器与降压变压器绕组的额定电压是略有差别的。此外，选择发电厂中升压变压器的分接头时，在最大负荷和最小负荷情况下，要求发电机的端电压都不能超过规定的允许范围。如果在发电机电压母线上有地方负荷，则应当满足地方负荷对发电机母线的调压要求，一般可采用逆调压方式调压。

例 8-4 升压变压器的容量为 31.5MVA，电压比为 (121±2×2.5%)/6.3kV，归算到高压侧的阻抗为 (3+j48)Ω。在最大负荷和最小负荷时通过变压器的功率分别为 $S_{max} = (25+j18)$MVA 和 $S_{min} = (14+j10)$MVA，高压侧的要求电压分别为 $U_{1max} = 120$kV 和 $U_{1min} = 114$kV。发电机电压的可能调整范围是 6.0~6.6kV。试选择分接头。

解： 先计算变压器的电压损耗：

$$\Delta U_{Tmax} = \frac{25 \times 3 + 18 \times 48}{120}kV = 7.825kV$$

$$\Delta U_{Tmin} = \frac{14 \times 3 + 10 \times 48}{114}kV = 4.579kV$$

然后根据所给发电机电压的可能调整范围，利用式（8-16）可以算出

$$U_{1tmax} = \frac{(120+7.825) \times 6.3}{6.0 \sim 6.6}kV = (134.216 \sim 122.015)kV$$

$$U_{1tmin} = \frac{(114+4.579) \times 6.3}{6.0 \sim 6.6}kV = (124.508 \sim 113.189)kV$$

取 U_{1tmax} 的下限与 U_{1tmin} 的上限的算术平均值，得

$$U_{1t*av} = (122.015 + 124.508)kV/2 = 123.262kV$$

选出最接近的标准分接头，其电压 $U_{1t} = 124.025$kV。验算对发电机端电压的实际要求

$$U_{2max} = \frac{U_{2N}}{U_{1t}}(U_{1max} + \Delta U_{Tmax}) = \frac{6.3}{124.025} \times 127.825kV = 6.493kV$$

$$U_{2min} = \frac{U_{2N}}{U_{1t}}(U_{1min} + \Delta U_{Tmin}) = \frac{6.3}{124.025} \times 118.579kV = 6.023kV$$

计算结果表明所选分接头能满足调压要求。

上述选择双绕组变压器分接头的计算公式也适用于三绕组变压器分接头的选择，但需根据变压器的运行方式分别地或依次地逐个进行。

通过以上的例题可以看到，采用固定分接头的变压器进行调压，不可能改变电压损耗的数值，也不能改变负荷变化时二次电压的变化幅度；通过对电压比的适当选择，只能把这一电压变化幅度对于二次额定电压的相对位置进行适当的调整（升高或降低）。如果计及变压器电压损耗在内的总电压损耗，最大负荷和最小负荷时的电压变化幅度（例如 12%）超过了分接头的可能调整范围（例如±5%），或者调压要求的变化趋势与实际的相反（例如逆调压时），则靠选普通变压器的分接头的方法就无法满足调压要求。这时可以装设带负荷调压的变压器或采用其他调压措施。

带负荷调压的变压器通常有两种：一种是本身就具有调压绕组的有载调压变压器；另一种是带有附加调压器的加压调压变压器。

有载调压变压器可以在带负荷的条件下切换分接头，而且调节范围也比较大。采用有载

调压变压器时，可以根据最大负荷算得的 $U_{1\text{tmax}}$ 值和最小负荷算得的 $U_{1\text{tmin}}$ 来分别选择各自合适的分接头。这样就能缩小二次侧电压的变化幅度，甚至改变电压变化的趋势。

加压调压变压器在前面章节已作过介绍，它和主变压器配合使用，相当于有载调压变压器。

8.3.3　利用无功功率补偿调压

无功功率的产生基本上不消耗能源，但是无功功率沿电力网传送却要引起有功功率损耗和电压损耗。合理地配置无功功率补偿容量，以改变电力网的无功潮流分布，可以减少网络中的有功功率损耗和电压损耗，从而改善用户处的电压质量。现在讨论按调压要求选择无功功率补偿容量的问题。

图 8-22 所示为简单电力网络的无功功率补偿，供电点电压 U_1 和负荷功率 $P+jQ$ 已给定，线路电容和变压器的励磁功率略去不计。在未加补偿装置时，若不计电压降落的横分量，便有

$$U_1 = U_2' + \frac{PR+QX}{U_2'}$$

式中，U_2' 为归算到高压侧的变电所低压母线电压。

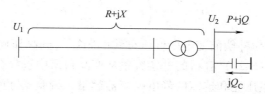

图 8-22　简单电力网络的无功功率补偿

在变电所低压侧设置容量为 Q_C 的无功补偿设备后，网络传送到负荷点的无功功率将变为 $Q-Q_\text{C}$，这时变电所低压母线的归算电压也相应变为 $U_{2\text{c}}'$，故有

$$U_1 = U_{2\text{c}}' + \frac{PR+(Q-Q_\text{C})X}{U_{2\text{c}}'}$$

如果补偿前后 U_1 保持不变，则有

$$U_{2\text{c}}' + \frac{PR+QX}{U_2'} = U_{2\text{c}}' + \frac{PR+(Q-Q_\text{C})X}{U_{2\text{c}}'} \tag{8-17}$$

由此可解得使变电所低压母线的归算电压从 U_2' 改变到 $U_{2\text{c}}'$ 时所需要的无功补偿容量为

$$Q_\text{C} = \frac{U_{2\text{c}}'}{X}\left[(U_{2\text{c}}'-U_2') + \left(\frac{PR+QX}{U_{2\text{c}}'} - \frac{PR+QX}{U_2'}\right)\right] \tag{8-18}$$

式（8-18）方括号中第二项的数值一般很小，可以略去，于是式（8-18）便简化为

$$Q_\text{C} = \frac{U_{2\text{c}}'}{X}(U_{2\text{c}}'-U_2') \tag{8-19}$$

若变压器的电压比选为 k，经过补偿后变电所低压侧要求保持的实际电压为 $U_{2\text{c}}$，则 $U_{2\text{c}}' = kU_{2\text{c}}$。将其代入式（8-19），可得

$$Q_\text{C} = \frac{kU_{2\text{c}}}{X}(kU_{2\text{c}}-U_2') = \frac{k^2 U_{2\text{c}}}{X}\left(U_{2\text{c}} - \frac{U_2'}{k}\right) \tag{8-20}$$

由此可见，补偿容量与调压要求和降压变压器的电压比选择均有关。电压比 k 的选择原则是：在满足调压的要求下，使无功补偿容量为最小。

由于无功补偿设备的性能不同，选择电压比的条件也不相同，现分别阐述如下。

1. 补偿设备为静电电容器

通常在大负荷时降压变电所电压偏低，小负荷时电压偏高。电容器只能发出感性无功功率以提高电压，但电压过高时却不能吸收感性无功功率来使电压降低。为了充分利用补偿容量，在最大负荷时电容器应全部投入，在最小负荷时全部退出。计算步骤如下。

首先，根据调压要求，按最小负荷时没有补偿的情况确定变压器的分接头。令 $U'_{2\min}$ 和 $U_{2\min}$ 分别为最小负荷时低压母线的归算（到高压侧的）电压和要求保持的实际电压，则 $U'_{2\min}/U_{2\min} = U_1/U_{2N}$，由此可算出变压器的分接头电压应为

$$U_1 = \frac{U_{2N} U'_{2\min}}{U_{2\min}}$$

选定与 U_1 最接近的分接头 U_{1t}，并由此确定电压比

$$k = U_{1t}/U_{2N}$$

其次，按最大负荷时的调压要求计算补偿容量，即

$$Q_C = \frac{U_{2c\max}}{X}\left(U_{2c\max} - \frac{U'_{2\max}}{k} \right) k^2 \tag{8-21}$$

式中，$U'_{2\max}$ 和 $U_{2c\max}$ 分别为补偿前变电所低压母线的归算（到高压侧的）电压和补偿后要求保持的实际电压。按式（8-21）算得的补偿容量从产品目录中选择合适的设备。

最后，根据确定的电压比和选定的静电电容器容量，校验实际的电压变化。

2. 补偿设备为同步调相机

同步调相机的特点是既能过励磁运行，发出感性无功功率使电压升高，也能欠励磁运行，吸收感性无功功率使电压降低。如果同步调相机在最大负荷时按额定容量过励磁运行，在最小负荷时按额定容量的 50%~65% 欠励磁运行，那么，同步调相机的容量将得到最充分的利用。

根据上述条件可确定电压比。最大负荷时，同步调相机的容量为

$$Q_C = \frac{U_{2c\max}}{X}\left(U_{2c\max} - \frac{U'_{2\max}}{k} \right) k^2 \tag{8-22}$$

用 a 代表数值范围（0.5~0.65），则最小负荷时同步调相机的容量应为

$$-aQ_C = \frac{U_{2c\min}}{X}\left(U_{2c\min} - \frac{U'_{2\min}}{k} \right) k^2 \tag{8-23}$$

两式相除，得

$$-a = \frac{U_{2c\min}(kU_{2c\min} - U'_{2\min})}{U_{2c\max}(kU_{2c\max} - U'_{2\max})} \tag{8-24}$$

由式（8-24）可解出

$$k = \frac{aU_{2c\max}U'_{2\max} + U_{2c\min}U'_{2\min}}{aU_{2c\max}^2 + U_{2c\min}^2} \tag{8-25}$$

按式（8-25）算出的 k 值选择最接近的分接头电压 U_{1t}，并确定实际电压比 $k = U_{1t}/U_{2N}$，将其代入式（8-22），即可求出需要的同步调相机容量。根据产品目录选出与此容量相近的同步调相机。最后按所选容量进行电压校验。

电压损耗 $\Delta U = \dfrac{PR+QX}{U}$ 中包含两个分量：一个是有功负荷及电阻产生的 PR/U 分量；另一个是无功负荷及电抗产生的 QX/U 分量。利用无功补偿调压的效果与网络性质及负荷情况有关。在低压电力网中，一般导线截面小，线路的电阻比电抗大，负荷的功率因数也高一些，因此 ΔU 中有功功率引起的 PR/U 分量所占的比重大；在高压电力网中，导线截面较大，多数情况下，线路电抗比电阻大，再加上变压器的电抗远大于其电阻，这时 ΔU 中无功功率引起的 QX/U 分量就占很大的比重。例如某系统从水电厂到系统的高压电力网，包括升压和降压变压器在内，其电抗与电阻之比为 8：1。在这种情况下，减少输送无功功率可以产生比较显著的调压效果。反之，对截面不大的架空线路和所有电缆线路，用这种方法调压就不合适。

例 8-5　简单输电系统的输电线路及其等效电路如图 8-23 所示。变压器励磁支路和线路电容被略去。节点 1 归算到高压侧的电压为 118kV，且维持不变。受端低压母线电压要求保持为 10.5kV。试配合降压变压器 T-2 的分接头选择，确定受端应装设的如下无功补偿设备：1）静电电容器；2）同步调相机。

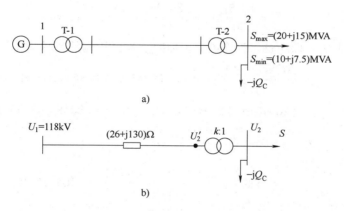

图 8-23　例 8-5 的输电线路及其等效电路

解：1）计算补偿前受端低压母线归算到高压侧的电压。

因为首端电压已知，宜用首端功率计算网络的电压损耗。为此，先按额定电压计算输电系统的功率损耗：

$$\Delta S_{max} = \frac{20^2+15^2}{110^2} \times (26+j130)\,\text{MVA} = (1.34+j6.72)\,\text{MVA}$$

$$\Delta S_{min} = \frac{10^2+7.5^2}{110^2} \times (26+j130)\,\text{MVA} = (0.34+j1.68)\,\text{MVA}$$

于是

$$S_{1max} = S_{max} + \Delta S_{max} = (20+j15+1.34+j6.72)\,\text{MVA}$$
$$= (21.34+j21.72)\,\text{MVA}$$

$$S_{1min} = S_{min} + \Delta S_{min} = (10+j7.5+0.34+j1.68)\,MVA$$
$$= (10.34+j9.18)\,MVA$$

利用首端功率可以算出：

$$U'_{2max} = U_1 - \frac{P_{1max}R + Q_{1max}X}{U_1} = \left(118 - \frac{21.34 \times 26 + 21.72 \times 130}{118}\right)kV = 89.37kV$$

$$U'_{2min} = U_1 - \frac{P_{1min}R + Q_{1min}X}{U_1} = \left(118 - \frac{10.34 \times 26 + 9.18 \times 130}{118}\right)kV = 105.61kV$$

2）选择静电电容器的容量。

① 按最小负荷时无补偿确定变压器的分接头电压。

$$U_1 = \frac{U_{2N}U'_{2min}}{U_{2min}} = \frac{11 \times 105.61}{10.5}kV = 110.69kV$$

最接近的抽头电压为 110kV，由此可得降压变压器的电压比为 $k = \frac{110}{11} = 10$。

② 按式（8-21）求补偿容量。

$$Q_C = \frac{U_{2cmax}}{X}\left(U_{2cmax} - \frac{U'_{2max}}{k}\right)k^2$$
$$= \frac{10.5}{130}\left(10.5 - \frac{89.37}{10}\right)10^2\,Mvar = 12.62\,Mvar$$

③ 取补偿容量 $Q_C = 12Mvar$，验算最大负荷时受端低压侧的实际电压。

$$\Delta S_{cmax} = \frac{20^2 + (15-12)^2}{110^2}(26+j130)\,MVA = (0.88+j4.4)\,MVA$$

$$S_{1cmax} = [20+j(15-12)+0.88+j4.4]\,MVA = (20.88+j7.4)\,MVA$$

$$U'_{2cmax} = U_1 - \frac{P_{1cmax}R + Q_{1cmax}X}{U_1}$$
$$= 118kV - \frac{20.88 \times 26 + 7.4 \times 130}{118}kV = 105.25kV$$

故

$$U_{2cmax} = U'_{2cmax}/k = \frac{105.25}{10}kV = 10.525kV$$

$$U_{2min} = U'_{2min}/k = \frac{105.61}{10}kV = 10.561kV$$

3）选择同步调相机的容量。

① 按式（8-25）确定降压变压器电压比。

$$k = \frac{aU_{2cmax}U'_{2max} + U_{2cmin}U'_{2min}}{aU_{2cmax}^2 + U_{2cmin}^2} = \frac{a \times 10.5 \times 89.37 + 10.5 \times 105.61}{a \times 10.5^2 + 10.5^2}$$
$$= \frac{a \times 89.37 + 105.61}{(1+a) \times 10.5}$$

当 a 分别取为 0.5 和 0.65 时，可相应算出电压比 k 分别为 9.54 和 9.45，选取最接近的标准分接头电压比 $k = 9.5$。

② 按式（8-22）确定同步调相机容量。

$$Q_C = \frac{U_{2cmax}}{X}\left(U_{2cmax} - \frac{U'_{2max}}{k}\right)k^2$$

$$= \frac{10.5}{130}\left(10.5 - \frac{89.37}{9.5}\right)\times 9.5^2 \text{Mvar} = 7.96\text{Mvar}$$

选取最接近标准容量的同步调相机，其额定容量为 7.5MVA。

③ 验算受端低压侧电压。最大负荷时同步调相机按额定容量过励磁运行，因而有

$$\Delta S_{cmax} = \frac{20^2+(15-7.5)^2}{110^2}(26+j130)\text{MVA} = (0.98+j4.9)\text{MVA}$$

最小负荷时同步调相机按 50% 额定容量欠励磁运行，则

$$Q_C = -3.75\text{MVA}$$

$$\Delta S_{cmin} = \frac{10^2+(7.5+3.75)^2}{110^2}(26+j130)\text{MVA}$$

$$= (0.487+j2.434)\text{MVA}$$

$$S_{1cmax} = S_{cmax}+\Delta S_{cmax} = (20+j7.5+0.98+j4.9)\text{MVA}$$

$$= (20.98+j12.4)\text{MVA}$$

$$S_{1cmin} = S_{cmin}+\Delta S_{cmin} = (10+j(7.5+3.75)+0.487+j2.434)\text{MVA}$$

$$= (10.487+j13.684)\text{MVA}$$

$$U_{2max} = \left(U_1 - \frac{P_{1cmax}R+Q_{1cmax}X}{U_1}\right)\Big/k$$

$$= \left(118 - \frac{20.98\times26+12.4\times130}{118}\right)\text{kV}/9.5 = 10.496\text{kV}$$

$$U_{2min} = \left(U_1 - \frac{P_{1cmin}R+Q_{1cmin}X}{U_1}\right)\Big/k$$

$$= \left(118 - \frac{10.487\times26+13.684\times130}{118}\right)\text{kV}/9.5 = 10.59\text{kV}$$

在最小负荷时电压略高于 10.5kV，如果同步调相机按 60% 额定容量欠励磁运行，便得 $U_{2min} = 10.48\text{kV}$。

8.3.4 线路串联电容补偿调压

在线路上串联接入静电电容器，利用电容器的容抗补偿线路的感抗，使电压损耗中 QX/U 分量减小，从而可提高线路末端电压。对图 8-24 所示的架空输电线路，未加串联电容补偿前有

$$\Delta U = \frac{P_1R+Q_1X}{U_1}$$

线路上串联了容抗 X_C 后就改变为

$$\Delta U_C = \frac{P_1R+Q_1(X-X_C)}{U_1}$$

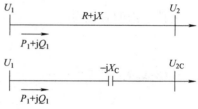

图 8-24　串联电容补偿

上述两种情况下电压损耗之差就是线路末端电压提高的数值，它与电容器容抗的关系为

$$\Delta U - \Delta U_{\text{C}} = Q_1 X_{\text{C}} / U_1$$

即

$$X_{\text{C}} = \frac{U_1(\Delta U - \Delta U_{\text{C}})}{Q_1} \tag{8-26}$$

根据线路末端电压需要提高的数值（$\Delta U - \Delta U_{\text{C}}$），就可求得需要补偿的电容器的容抗值 X_{C}。

线路上串联接入的电容器是由许多单个电容器串、并联组成的（见图 8-25）。如果每台电容器的额定电流为 I_{NC}，额定电压为 U_{NC}，额定容量为 $Q_{\text{NC}} = U_{\text{NC}} I_{\text{NC}}$，则可根据通过的最大负荷电流 I_{Cmax} 和所需的容抗值 X_{C} 分别计算电容器串、并联的台数 n、m 以及三相电容器的总容量 Q_{C}。

$$mI_{\text{NC}} \geq I_{\text{Cmax}} \tag{8-27}$$

$$mU_{\text{NC}} \geq I_{\text{Cmax}} X_{\text{C}} \tag{8-28}$$

$$Q_{\text{C}} = 3mnQ_{\text{NC}} = 3mnU_{\text{NC}}I_{\text{NC}} \tag{8-29}$$

三相总共需要的电容器台数为 $3mn$。

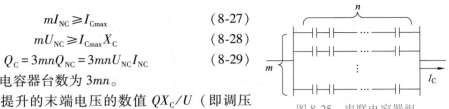

图 8-25　串联电容器组

串联电容器提升的末端电压的数值 QX_{C}/U（即调压效果）随无功负荷大小而变，负荷大时增大，负荷小时减少，正好与调压的要求一致。这是串联电容器调压的一个显著优点。但对负荷功率因数高（$\cos\varphi > 0.95$）或导线截面小的线路，由于 PR/U 分量的比重大，串联补偿的调压效果就很小。故串联电容器调压一般用在供电电压为 35kV 或 10kV、负荷波动大而频繁、功率因数又很低的配电线路上。补偿所需的容抗值 X_{C} 与被补偿线路原来的感抗值 X_{L} 之比

$$k_{\text{C}} = X_{\text{C}} / X_{\text{L}}$$

称为补偿度。在配电网络中以调压为目的的串联电容补偿，其补偿度常接近于 1 或大于 1。

至于超高压输电线路中的串联电容补偿，其作用在于提高输送容量和提高系统运行的稳定性，这将在以后作讨论。

例 8-6　一条 35kV 的线路，全线路阻抗为（10+j10）Ω，输送功率为（7+j6）MVA，线路首端电压为 35kV。欲使线路末端电压不低于 33kV，试确定串联补偿容量。

解：补偿前线路的电压损耗为

$$\Delta U = \frac{7 \times 10 + 6 \times 10}{35} \text{kV} = 3.71 \text{kV}$$

补偿后所要求的电压损耗为

$$\Delta U_{\text{C}} = (35 - 33) \text{kV} = 2 \text{kV}$$

补偿所需的容抗为

$$X_{\text{C}} = \frac{35 \times (3.71 - 2)}{6} \Omega = 9.98 \Omega$$

线路通过的最大电流为

$$I_{\text{max}} = \frac{\sqrt{7^2 + 6^2}}{\sqrt{3} \times 35} \times 1000 \text{A} = 152.1 \text{A}$$

选用额定电压为 $U_{\text{NC}} = 0.6$kV、容量为 $Q_{\text{NC}} = 20$kvar 的单相油浸纸质串联电容器。每个电

容器的额定电流为

$$I_{NC} = \frac{Q_{NC}}{U_{NC}} = \frac{20}{0.6}A = 33.33A$$

每个电容器的电抗为

$$X_{NC} = \frac{U_{NC}}{I_{NC}} = \frac{600}{33.33}\Omega = 18\Omega$$

需要并联的个数

$$m \geqslant \frac{I_{max}}{I_{NC}} = \frac{152.1}{33.33} = 4.56$$

需要串联的个数

$$n \geqslant \frac{I_{max}X_C}{U_{NC}} = \frac{152.1 \times 9.98}{600} = 2.53$$

因此选 $m = 5$ 和 $n = 3$。
总补偿容量为

$$Q_C = 3mnQ_{NC} = 3 \times 5 \times 3 \times 20kvar = 900kvar$$

实际的补偿容抗为

$$X_C = \frac{3X_{NC}}{5} = \frac{3 \times 18}{5}\Omega = 10.8\Omega$$

补偿度为

$$k_C = \frac{X_C}{X_L} = \frac{10.8}{10} = 1.08$$

补偿后的线路末端电压为

$$U_{2C} = 35 - \frac{7 \times 10 + 6 \times (10 - 10.8)}{35}kV = 33.14kV$$

8.4　调压措施的应用

8.4.1　各种调压措施的合理应用

从全局来讲，电压质量问题是电力系统的电压水平问题。为了确保运行中的系统具有正常电压水平，系统拥有的无功功率电源必须满足在正常电压水平下的无功需求。

利用发电机调压不需要增加费用，是发电机直接供电的小系统的主要调压手段。在多机系统中，调节发电机的励磁电流要引起发电机间无功功率的重新分配，应该根据发电机与系统的联接方式和承担有功负荷情况，合理地规定各发电机调压装置的整定值。利用发电机调压时，发电机的无功功率输出不应超过允许的限值。

当系统的无功功率供应比较充裕时，各变电所的调压问题可以通过选择变压器的分接头来解决。当最大负荷和最小负荷两种情况下的电压变化幅度不是很大又不要求逆调压时，适当调整普通变压器的分接头一般就可满足要求。当电压变化幅度比较大或要求逆调压时，宜采用带负荷调压的变压器。有载调压变压器可以装设在枢纽变电所，也可以装设在大容量的用户处。加压调压变压器还可以串联在线路上，对于辐射形线路，其主要目的是为了调压，对于环网，还能改善功率分布。装设在系统间联络线上的串联加压器，还可起隔离作用，使两个系统的电压调整互不影响。

必须指出，在系统无功不足的条件下，不宜采用调整变压器分接头的办法来提高电压。因为当某一地区的电压由于变压器分接头的改变而升高后，该地区所需的无功功率也增大了，这就可能扩大系统的无功缺额，从而导致整个系统的电压水平更加下降。从全局来看，这样做的效果是不好的。

从调压的角度看，并联电容补偿和串联电容补偿的作用都在于减少电压损耗中的 QX/U 分量，并联补偿能减少 Q，串联补偿则能减少 X。只有在电压损耗中 QX/U 分量占有较大比重时，其调压效果才明显。对于 35kV 或 10kV 的较长线路、导线截面积较大（在 70mm^2 以上）、负荷波动大且频繁、功率因数又偏低时，采用串联补偿调压可能比较适宜。这两种调压措施都需要增加设备费用，采用并联补偿时可以从网损节约中得到补偿。

对于 10kV 及以下电压级的电力网，由于负荷分散、容量不大，常按允许电压损耗来选择导线截面积以解决电压质量问题。

上述各种调压措施的具体运用只是一种粗略的概括。对于实际电力系统的调压问题，需要根据具体的情况对可能采用的措施进行技术经济比较后才能找出合理的解决方案。

最后还要指出，在处理电压调整问题时，保证系统在正常运行方式下有合乎标准的电压质量是最基本的要求。此外，还要使系统在某些特殊（例如检修或故障后）运行方式下的电压偏移不超出允许的范围。如果正常状态下的调压措施不能满足这一要求，则还应考虑采取特殊运行方式下的补充调压手段。

8.4.2 各种措施调压效果的综合分析

为了合理地使用各种调压措施，必须对各种措施的调整效果进行综合的分析。

在图 8-26 所示的电力系统中，为了调整节点 3 的电压 U 和输电线 L-1 的无功功率 Q，可能采取的措施有：调节发电机 G-1 和 G-2 的电动势，以改变各发电厂高压母线的电压 U_1 和 U_2；调整变压器 T-4 的电压比；改变无功补偿装置的输出功率 q。我们把电压 U_1 和 U_2、变压器 T-4 的电压比 k 和补偿设备的无功输出 q 作为控制变量，把线路 L-1 的无功功率 Q 和节点 3 的电压 U 作为状态变量。包含上述各量的系统有关部分的等效电路如图 8-26b 所示，其中 R_1+jX_1 是线路 L-1 和变压器 T-4 的阻抗；R_2+jX_2 为线路 L-2 的阻抗；R_3+jX_3 为变压器 T-3 的阻抗；变压器的励磁功率和线路电容均略去不计。为了分析各种措施的调节效果，可以只研究上述各参数的变化量之间的相互关系。于是，等效电路图还可以简化成图 8-26c，图中只注明各运行参数的增量。采用标幺制时，假定电压比未改变前 $k=1$，则电压比变化 Δk 相当于在网络中串入了一个电动势增量 $\Delta e = \Delta k$。由于有功功率不变，电压损耗的变化仅由无功潮流的变化而引起，因而电阻也可不引入该电路图中。略去网络功率损耗对调节效果的影响，根据这个简化的等效电路图可以写出

$$\begin{cases} \Delta U_1 - \Delta U + \Delta k = X_1 \Delta Q \\ \Delta U - \Delta U_2 = X_2(\Delta Q + \Delta q) \end{cases} \qquad (8\text{-}30)$$

由此可以解出

$$\begin{cases} \Delta U = \dfrac{X_2}{X_1+X_2}\Delta U_1 + \dfrac{X_1}{X_1+X_2}\Delta U_2 + \dfrac{X_2}{X_1+X_2}\Delta k + \dfrac{X_1 X_2}{X_1+X_2}\Delta q \\[2mm] \Delta Q = \dfrac{1}{X_1+X_2}\Delta U_1 - \dfrac{1}{X_1+X_2}\Delta U_2 + \dfrac{1}{X_1+X_2}\Delta k - \dfrac{X_2}{X_1+X_2}\Delta q \end{cases} \tag{8-31}$$

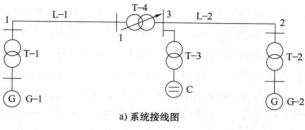

a) 系统接线图

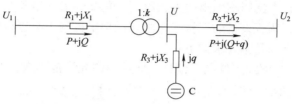

b) 等效电路图

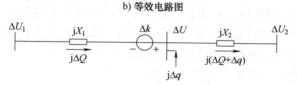

c) 简化等效电路图

图 8-26　综合调压模拟系统

由式（8-31）可见，改变发电机 G-1 的高压母线电压 U_1 或调整变压器的电压比来调整节点 3 的电压，其效果是相同的，而且比值 X_1/X_2 越小，效果越显著。调整发电机 G-2 的高压母线电压对节点 3 电压的影响同比值 X_2/X_1 有关，这个比值越小，影响越显著。改变补偿设备的无功输出对节点 3 电压的影响，则与补偿点同两个发电厂的距离有关，距离越大，效果越好。

改变节点 1 和 2 的电压，对线路 L-1 无功潮流的影响正好相反。当 ΔU_1 和 ΔU_2 的数值相等时，线路 L-1 的无功潮流就可维持不变。改变变压器的电压比 k 对无功功率的影响与改变节点 1 电压的效果相同。补偿设备的无功功率输出增量按与线路电抗成反比的关系向两侧流动，其结果是减小线路 L-1 的无功潮流，而增加线路 L-2 的无功潮流。

以上就是对图 8-26 所示的简单系统所作的简略分析。对于更复杂的系统，也可以写出类似的关系

$$\begin{cases} \Delta U_i = \sum_i A_{Uij}\Delta U_j + \sum_j A_{kij}\Delta k_j + \sum_j A_{qij}\Delta q_j \\[2mm] \Delta Q_L = \sum_i B_{ULj}\Delta U_j + \sum_j B_{kLj}\Delta k_j + \sum_j B_{qLj}\Delta q_j \end{cases} \tag{8-32}$$

式中，

$$A_{Xij} = \frac{\partial U_i}{\partial X_j}; \quad B_{XLj} = \frac{\partial Q_L}{\partial X_j}$$

ΔU_i 为要求控制电压的节点 i 的电压变化量；ΔQ_L 为要求控制无功潮流的线路 L 的无功变化量；ΔX_j（X 代表 U、k、q）为第 j 个调节设备（或控制设备）的调整量。

在电力系统中要求控制电压的节点一般只是中枢点，需要控制无功潮流的也只是少数线路。式（8-32）中的各项系数可以计算，也可以通过系统运行中的实测来确定。一般来说，各种调压措施的调节效果同网络的结构和参数有关。从前面的分析也可以看到，调压设施的设置地点越靠近被控制中枢点调节效果越好。因此，调压设备一般总是分散配置的。为了保证电压质量，在现代电力系统中一般采用各地区分散自动调节电压和集中自动控制相结合的方法。以一个或几个发电厂（或变电所）为中心的地区网络，可根据无功功率就地平衡的原则，在调度中心的统一协调下，自动地维持本地区的一个或几个中枢点的电压在规定的范围内。而对全电力系统有广泛影响的枢纽点的电压、重要环形网络和主干输电线路的无功功率以及各重要无功电源和调压设备的运行状态则均由集中控制中心进行监视和控制。在进行集中自动控制时，应满足的基本要求如下：

1）电力系统内各重要枢纽点的电压偏移应在给定的允许范围内，即

$$\left| \Delta U_i' \right| = \left| \Delta U_{i0} + \Delta U_i \right| = \left| \Delta U_{i0} + \sum_j A_{Xij} \Delta X_j \right| \leqslant \varepsilon_i$$

式中，ΔU_{i0} 和 $\Delta U_i'$ 分别为调整设备动作前和动作后节点 i 的电压对给定值的偏移量；ΔU_i 为由调节设备动作所引起的节点 i 电压的变化量；ε_i 为节点 i 电压对给定值的允许偏移量。

2）在被控制的系统内，线路功率损耗 P_L 为最小。

3）调整设备的运行状态在允许范围内，即

$$X_{j\min} \leqslant X_{j0} + \Delta X_j \leqslant X_{j\max}$$

式中，X_{j0}、$X_{j\max}$ 和 $X_{j\min}$ 分别为调节设备的运行参数的初值、上限值和下限值。

8.5 调压措施的组合和自动调压

8.5.1 分析调压措施组合时的敏感度方程式

由于电力系统的调压问题是综合性的、相互关联的，因此只分析个别的、局部的调压措施则不够全面。将这些调压措施组合起来并研究它们的综合效果，需要作调压问题的敏感度分析。

虽然敏感度方程式的形式不变，保持为

$$\Delta \boldsymbol{x} = S_u \Delta \boldsymbol{u} + S_d \Delta \boldsymbol{d}$$

但因待分析问题的性质不同，作敏感度分析时，变量的分类将不同，方程式中的敏感度矩阵也将不同。分析调压措施组合时的敏感度方程式中，扰动向量 $\boldsymbol{d}$ 往往仍包含各结点负荷的有功功率 P_L 和无功功率 Q_L；控制向量 $\boldsymbol{u}$ 则包含各发电机的电压 U_G、各变压器的电压比 k、各并联补偿设备，如调相机、电容器的无功功率 Q_c；而状态向量 $\boldsymbol{x}$ 则包含各结点的电压 U_i、各支路中流通的无功功率 Q_i。最后一种变量之所以包含在状态向量中是由于分析调压问题的同时，往往也分析网络中的功率损耗或无功功率潮流的最优分布问题。至于控制向量中之所以没有包含串联补偿电容，是因为这种调压措施不常用。

按这样的变量分类，分析调压措施组合时的敏感度方程式可展开如下

$$\begin{bmatrix} \Delta U_i \\ \Delta Q_i \end{bmatrix} = \begin{pmatrix} \dfrac{\partial U_i}{\partial U_G} & \dfrac{\partial U_i}{\partial k} & \dfrac{\partial U_i}{\partial Q_c} \\ \dfrac{\partial Q_s}{\partial U_G} & \dfrac{\partial Q_s}{\partial k} & \dfrac{\partial Q_s}{\partial Q_c} \end{pmatrix} \begin{pmatrix} \Delta U_G \\ \Delta k \\ \Delta Q_c \end{pmatrix} + \begin{pmatrix} \dfrac{\partial U_i}{\partial P_L} & \dfrac{\partial U_i}{\partial Q_L} \\ \dfrac{\partial Q_s}{\partial P_L} & \dfrac{\partial Q_s}{\partial Q_L} \end{pmatrix} \begin{bmatrix} \Delta P_L \\ \Delta Q_L \end{bmatrix} \tag{8-33}$$

如考虑到负荷功率的变动对电压大小和无功功率潮流的影响可单独分析，还可将上式等号右侧第二部分略去而只研究调压措施的调整效果。

8.5.2 分析调压措施组合时的敏感度矩阵

由式（8-33）可见，为分析调压措施的组合，关键在于建立这时的敏感度矩阵 S_u。为建立这矩阵，以图 8-27a 所示的简单系统为例。该系统中共采用三种调压措施：改变发电机端电压、改变变压器电压比、改变并联补偿设备的无功功率。

图 8-27a 所示系统具有图 8-27b 所示的等效网络。在作图 8-27b 时，为了简化分析，略去了各元件的电阻和导纳，并设并联补偿设备直接联接在三绕组变压器高、中压绕组等效电抗的连结点。

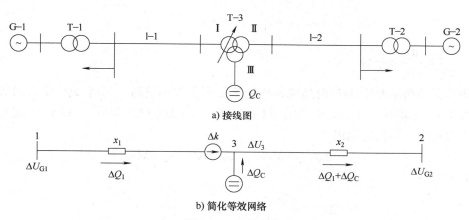

a) 接线图

b) 简化等效网络

图 8-27 简单系统

图中，以 Δk 表示由于三绕组变压器电压比的改变而出现的附加电势；略去负荷，因负荷功率的变动可单独分析。

运用这等效网络就可以求取敏感度矩阵 S_u 中的各元素。但为了避免繁琐，以下仅推导与 U_3、Q_1 有关的各项偏导数。

（1）$\dfrac{\partial U_i}{\partial U_G}$ 和 $\dfrac{\partial Q_s}{\partial U_G}$ 的推导

发电厂 1 发电机端电压改变 ΔU_{G1} 而其他调压措施都不参加调整时，由 $\Delta U_{G1} \approx \Delta Q_1(x_1 + x_2)/U_N$ 可得 $\Delta Q_1 = \Delta U_{G1} U_N/(x_1 + x_2)$。而运用标幺制时，$U_N = 1.0$，从而 $\Delta Q_1 = \Delta U_{G1}/(x_1 + x_2)$。

结点 3 电压的变化量则由图 8-28a 可见为 $\Delta U_3 = \Delta Q_1 x_2 = \Delta U_{G1} x_2/(x_1 + x_2)$。

由此可得

$$\frac{\partial Q_1}{\partial U_{G1}} = \frac{\Delta Q_1}{\Delta U_{G1}} = \frac{1}{x_1 + x_2} ; \frac{\partial U_3}{\partial U_{G1}} = \frac{\Delta U_3}{\Delta U_{G1}} = \frac{x_2}{x_1 + x_2} \tag{8-34}$$

相似地，可得

$$\frac{\partial Q_1}{\partial U_{G1}}=\frac{\Delta Q_1}{\Delta U_{G2}}=-\frac{1}{x_1+x_2}; \quad \frac{\partial U_3}{\partial U_{G2}}=\frac{\Delta U_3}{\Delta U_{G2}}=\frac{x_2}{x_1+x_2} \tag{8-35}$$

需注意，这里设 Q_1 由发电厂 1 流向发电厂 2 为正。

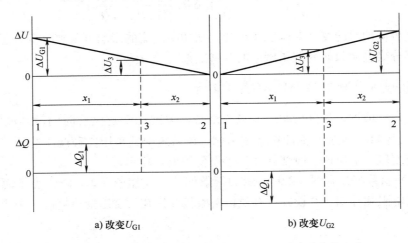

图 8-28　改变发电机端电压时网络中电压和无功功率的变化

（2） $\dfrac{\partial U_i}{\partial Q_c}$ 和 $\dfrac{\partial Q_s}{\partial Q_c}$ 的推导

调相机无功功率改变 ΔQ_c 而其他调压措施都不参加调整时，为将 ΔQ_c 注入网络，调相机端的电压 U_3 必需提高 ΔU_3。而 ΔU_3 又因有 ΔQ_1 和（$\Delta Q_c+\Delta Q_1$）在 x_1 和 x_2 中流通而降落在这两个电抗中。因而可列出

$$-\Delta Q_1 x_1=\Delta U_3; \quad (\Delta Q_c+\Delta Q_1)x_2=\Delta U_3$$

由此可解得

$$\Delta Q_1=-\frac{x_2}{x_1+x_2}\Delta Q_c; \quad \Delta U_3=\frac{x_1 x_2}{x_1+x_2}\Delta Q_c$$

从而

$$\frac{\partial U_3}{\partial Q_c}=\frac{\Delta U_3}{\Delta Q_c}=\frac{x_1 x_2}{x_1+x_2}; \quad \frac{\partial Q_1}{\partial Q_c}=\frac{\Delta Q_1}{\Delta Q_c}=-\frac{x_2}{x_1+x_2} \tag{8-36}$$

观察图 8-29 可见，这时调相机增发的功率 ΔQ_c 实际上将从结点 3 分别流向结点 1、2，即由于调相机增发无功功率，由结点 1 向结点 3 传输的无功功率将有所减少，由结点 3 向结点 2 传输的无功功率将有所增加。

（3） $\dfrac{\partial U_i}{\partial k}$ 和 $\dfrac{\partial Q_s}{\partial k}$ 的推导

如将变压器电压比定义为 $k=U_u/U_r$，则当施加在变压器一次侧的电压不变而将一次绕组的分接头向下移 Δk，例如 2.5%，由于变压器的电压比增大了 2.5%，二次侧的电压相应地要提高 2.5%。这提高的 Δk 相当于一个附加电动势，它的作用是增大发电厂 1 向发电厂 2 传输的无功功率，即将有 $\Delta Q_1=\Delta k/(x_1+x_2)$（见图 8-30）。而与此同时，结点 3 的电压将升高

$\Delta U_3 = \Delta Q_1 x_2 = \Delta k x_2 / (x_1 + x_2)$，由此可得

$$\frac{\partial Q_1}{\partial k} = \frac{\Delta Q_1}{\Delta k} = \frac{1}{x_1 + x_2}; \quad \frac{\partial U_3}{\partial k} = \frac{\Delta U_3}{\Delta k} = \frac{x_2}{x_1 + x_2} \tag{8-37}$$

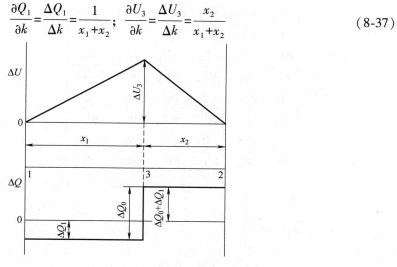

图 8-29　改变调相机功率时网络中电压和无功功率的变化

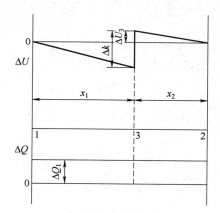

图 8-30　改变变压器电压比时网络中电压和无功功率的变化

根据如上分析，可建立如下的敏感度矩阵 S_u

$$S_u = \begin{pmatrix} \dfrac{\partial U_3}{\partial U_{G1}} & \dfrac{\partial U_3}{\partial U_{G2}} & \dfrac{\partial U_3}{\partial Q_c} & \dfrac{\partial U_3}{\partial k} \\[3mm] \dfrac{\partial Q_1}{\partial U_{G1}} & \dfrac{\partial Q_1}{\partial U_{G2}} & \dfrac{\partial Q_1}{\partial Q_c} & \dfrac{\partial Q_1}{\partial k} \end{pmatrix}$$

$$= \begin{pmatrix} \dfrac{x_2}{x_1 + x_2} & \dfrac{x_1}{x_1 + x_2} & \dfrac{x_1 x_2}{x_1 + x_2} & \dfrac{x_2}{x_1 + x_2} \\[3mm] \dfrac{1}{x_1 + x_2} & \dfrac{-1}{x_1 + x_2} & \dfrac{-x_2}{x_1 + x_2} & \dfrac{1}{x_1 + x_2} \end{pmatrix}$$

$$= \frac{1}{x_1 + x_2} \begin{bmatrix} x_2 & x_1 & x_1 x_2 & x_2 \\ 1 & -1 & x_2 & 1 \end{bmatrix} \tag{8-38}$$

相似地，对图 8-31 所示系统，可得

$$S_u = \begin{pmatrix} \dfrac{\partial U_3}{\partial k_1} & \dfrac{\partial U_3}{\partial k_2} & \dfrac{\partial U_3}{\partial Q_{c1}} & \dfrac{\partial U_3}{\partial Q_{c2}} & \dfrac{\partial U_3}{\partial U_{G1}} & \dfrac{\partial U_3}{\partial U_{G2}} \\[2mm] \dfrac{\partial U_4}{\partial k_1} & \dfrac{\partial U_4}{\partial k_2} & \dfrac{\partial U_4}{\partial Q_{c1}} & \dfrac{\partial U_4}{\partial Q_{c2}} & \dfrac{\partial U_4}{\partial U_{G1}} & \dfrac{\partial U_4}{\partial U_{G2}} \\[2mm] \dfrac{\partial Q_1}{\partial k_1} & \dfrac{\partial Q_1}{\partial k_2} & \dfrac{\partial Q_1}{\partial Q_{c1}} & \dfrac{\partial Q_1}{\partial Q_{c2}} & \dfrac{\partial Q_1}{\partial U_{G1}} & \dfrac{\partial Q_1}{\partial U_{G2}} \\[2mm] \dfrac{\partial Q_2}{\partial k_1} & \dfrac{\partial Q_2}{\partial k_2} & \dfrac{\partial Q_2}{\partial Q_{c1}} & \dfrac{\partial Q_2}{\partial Q_{c2}} & \dfrac{\partial Q_2}{\partial U_{G1}} & \dfrac{\partial Q_2}{\partial U_{G2}} \end{pmatrix}$$

$$= \frac{1}{x_1+x_2+x_3} \begin{pmatrix} x_2+x_3 & -x_1 & x_1(x_1+x_2) & x_1 x_2 & x_2+x_3 & x_1 \\ x_2 & x_2 & x_1 x_2 & x_2(x_1+x_3) & x_2 & x_1+x_3 \\ 1 & 1 & -(x_2+x_3) & -x_2 & 1 & -1 \\ -1 & -1 & -x_1 & -(x_1+x_3) & -1 & 1 \end{pmatrix} \tag{8-39}$$

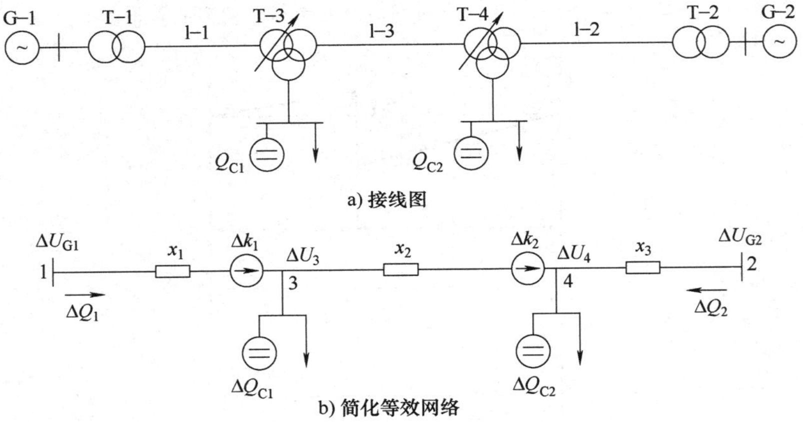

a) 接线图

b) 简化等效网络

图 8-31　简单系统

当网络结构更复杂时，敏感度矩阵的建立可有两种途径。一是运用计算机等计算工具作潮流计算，求各控制变量单独变化时所有状态变量的变化量，按列形成敏感度矩阵，因这些变化量的比值就是敏感度矩阵中相应各列的元素。二是在系统中进行实测，表 8-2 所示就是一个具体系统的实测所得。

表 8-2　实测的敏感度矩阵各元素

状态变量		控制变量							
		变压器电压比（2.5%）		并联电容器/10MVA		220kV 侧发电机电压/千伏		110kV 侧发电机电压/千伏	
		白昼	深夜	白昼	深夜	白昼	深夜	白昼	深夜
电压变化量/kV	变电所 220kV 侧	-0.77	-0.60	0.36	0.48	0.40	0.52	0.67	0.72
	变电所 110kV 侧	0.30	0.43	0.43	0.41	0.15	0.25	0.77	0.78
	220kV 侧发电厂	-0.62	-0.59	—	—	1.00	1.00	0.49	0.62
	110kV 侧发电厂	0.25	0.31	—	—	0.09	0.13	1.00	1.00

（续）

状态变量		控制变量							
		变压器电压比（2.5%）		并联电容器/10MVA		220kV 侧发电机电压/千伏		110kV 侧发电机电压/千伏	
		白昼	深夜	白昼	深夜	白昼	深夜	白昼	深夜
无功功率变化量/Mvar	220kV 线路 1	7.5	6.5	−2.17	−1.67	13.0	—	−4.1	−0.8
	220kV 线路 2	3.5	2.5	−1.83	−2.00	−4.0	—	−0.6	−0.2
	110kV 线路 1	5.0	7.5	2.67	6.33	3.6	—	−15.3	−8.9
	110kV 线路 2	3.0	2.0	2.00	0.50	0.2	—	2.5	1.6

8.5.3 调压措施的组合——调压问题的敏感度分析

形成了相应的敏感度矩阵，几种调压措施组合后的综合效果——调压问题的敏感度分析就显得很简单，因为它无非是将敏感度方程式展开，将相应元素代入求解。这种分析可参见例 8-7，此处从略。表 8-3、表 8-4 中则分别列出了图 8-27 所示简单系统中几种调压措施单独使用和两两组合时的调整效果，供参考。

表 8-3　几种调压措施单独使用时的调整效果

调压措施	改变发电机 1 电压 U_{G1}	改变发电机 2 电压 U_{G2}	改变调相机功率 Q_C	改变变压器电压比 k
电压变化情况				
无功功率变化情况				
调整效果 · 对改变电压 U_3	x_2 越大越显著 $x_2 = \infty$ 即相当于结点 2 处没有电源最显著	x_2 越小越显著 结点 2 处电源容量越大越显著	x_1、x_2 越大越显著 结点 1、2 处电源容量越小越显著	x_2 越大越显著 $x_2 = \infty$，即相当于结点 2 处没有电源最显著
调整效果 · 对改变无功功率分布	结点 1、2 处电源容量越大越显著 x_1、x_2 越小越显著	结点 1、2 处电源容量越大越显著 x_1、x_2 越小越显著	无功功率按 x_1、x_2 的反比向两侧流动	结点 1、2 处电源容量越大越显著 x_1、x_2 越小越显著

表 8-4　几种调压措施两两组合时的调整效果

调压措施	改变发电机 1 电压 U_{G1} 和发电机 2 电压 U_{G2}	改变发电机 1 电压 U_{G1} 和变压器电压比 k	改变发电机 2 电压 U_{G2} 和变压器电压比 k	改变发电机 1 电压 U_{G1} 和调相机功率 Q_C	改变发电机 2 电压 U_{G2} 和调相机功率 Q_C	改变变压器电压比 k 和调相机功率 Q_C
电压变化情况	（图）	（图）	（图）	（图）	（图）	（图）
无功功率变化情况	（图）	（图）	（图）	（图）	（图）	（图）
调整效果 ΔU_3	ΔU_{G1} 或 ΔU_{G2}	0	ΔU_{G2}	ΔU_{G1}	ΔU_{G2}	0
调整效果 ΔQ_1	0	0	0	0	$-\Delta Q_C$	$-\Delta Q_C$
调整效果 条件	$\Delta U_{G1} = \Delta U_{G2}$	$\Delta U_{G1} = -\Delta k$	$\Delta U_{G2} = \Delta k$	$\Delta U_{G1} = x_2 \Delta Q_C$	$\Delta U_{G2} = x_1 \Delta Q_C$	$\Delta k = x_1 \Delta Q_C$
调整特点	可改变整个系统的电压水平，但不改变系统中无功功率的分布	可改变三绕组变压器高压侧的电压水平，但不改变中压侧的电压水平和整个系统中无功功率分布	可改变三绕组变压器中压侧的电压水平，但不改变高压侧电压水平和整个系统中的无功功率分布	可使三绕组变压器高压侧的电压水平随发电机 1 电压的改变而改变，但不改变高压侧的无功功率分布	可使三绕组变压器中压侧的电压水平随发电机 2 电压的改变而改变，但不改变中压侧的无功功率分布	可使调相机增发的无功功率全部向三绕组变压器高压侧输送，但不改变中压侧的电压水平

例 8-7 系统接线图如图 8-32 所示，归算至 110kV 侧的等效网络如图 8-33 所示，原始运行方式如图 8-34 所示。试计算发电机 2 电压升高 6%、变压器电压比减小 2.5%、投入调相机并发出无功功率 10MVA 时，变电所中压母线电压和 110kV 线路上无功功率潮流的变化。

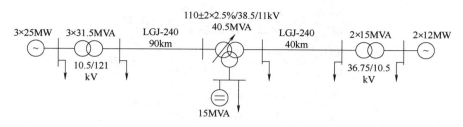

图 8-32 例 8-7 的系统接线图

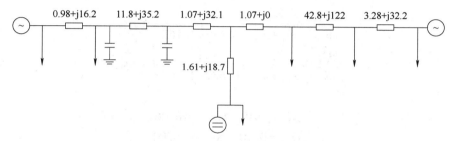

图 8-33 例 8-7 的等效网络

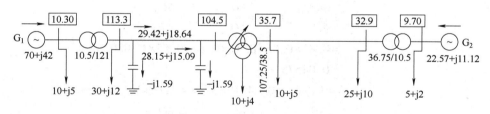

图 8-34 例 8-7 的原始运行方式

解： 由于三绕组变压器中压绕组等效电抗为零，可认为变电所中压母线电压就等于高、中压绕组等效阻抗结点的电压，而调相机则直接连接在这连结点，图 8-33 所示的等效网络就可简化为如图 8-27b 所示。

在这简化等效网络中

$$x_1 = (16.2 + 35.2 + 32.1) \Omega = 83.5 \Omega$$

$$x_2 = (122 + 32.2) \Omega = 154.2 \Omega$$

取 $S_B = 100$MVA、$U_B = 115$kV，将它们折算为标幺值

$$x_{1*} = 83.5 \times \frac{110}{115^2} = 0.632 \quad x_{2*} = 154.2 \times \frac{100}{115^2} = 1.167$$

于是

$$\frac{\partial U_{3*}}{\partial U_{G1*}} = \frac{x_{2*}}{x_{1*}+x_{2*}} = \frac{1.167}{0.632+1.167} = 0.65$$

$$\frac{\partial Q_{1*}}{\partial U_{G1*}} = \frac{1}{x_{1*}+x_{2*}} = \frac{1}{0.632+1.167} = 0.556$$

$$\frac{\partial U_{3*}}{\partial U_{G2*}} = \frac{x_{1*}}{x_{1*}+x_{2*}} = \frac{0.632}{0.632+1.167} = 0.35$$

$$\frac{\partial Q_{1*}}{\partial U_{G2*}} = \frac{-1}{x_{1*}+x_{2*}} = \frac{-1}{0.632+1.167} = -0.556$$

$$\frac{\partial U_{3*}}{\partial Q_{c*}} = \frac{x_{1*}x_{2*}}{x_{1*}+x_{2*}} = \frac{0.632\times1.167}{0.632+1.167} = 0.41$$

$$\frac{\partial Q_{1*}}{\partial Q_{c*}} = \frac{-x_{2*}}{x_{1*}+x_{2*}} = \frac{-1.167}{0.632+1.167} = -0.65$$

$$\frac{\partial U_{3*}}{\partial k_*} = \frac{x_{2*}}{x_{1*}+x_{2*}} = \frac{1.167}{0.632+1.167} = 0.65$$

$$\frac{\partial Q_{1*}}{\partial k_*} = \frac{1}{x_{1*}+x_{2*}} = \frac{1}{0.632+1.167} = 0.556$$

已知

$$\Delta U_{G1*} = 0 \quad \Delta U_{G2*} = 0.06$$
$$\Delta Q_{c*} = 0.10 \quad \Delta k_* = -0.025$$

可得

$$\Delta U_{3*} = \frac{\partial U_{3*}}{\partial U_{G2*}}\Delta U_{G2*} + \frac{\partial U_{3*}}{\partial Q_{c*}}\Delta Q_{c*} + \frac{\partial U_{3*}}{\partial k_*}\Delta k_*$$
$$= 0.35\times0.06 + 0.41\times0.10 + 0.65\times(-0.025)$$
$$= 0.04575$$

$$\Delta U_3 = U_{3*}U_B = 0.04575\times37\text{kV} = 1.69\text{kV}$$

$$\Delta Q_{1*} = \frac{\partial Q_{1*}}{\partial U_{G2*}}\Delta U_{G2*} + \frac{\partial Q_{1*}}{\partial Q_{c*}}\Delta Q_{c*} + \frac{\partial Q_{1*}}{\partial k_*}\Delta k_*$$
$$= -0.556\times0.06 - 0.65\times0.10 + 0.556\times(-0.025)$$
$$= -0.1123$$

$$\Delta Q_1 = \Delta Q_{1*}S_B = -0.1123\times100\text{Mvar} = -11.23\text{Mvar}$$

由原始运行方式已知变电所中压母线电压为 35.7kV，可得调整后该电压为（35.7+
1.69）kV＝37.39kV；110kV 线路上传输的无功功率为 18.64Mvar，可得调整后该无功功率
为（18.64−11.23）Mvar＝7.41Mvar。而将发电厂 2 发电机电压升高 0.06×10.5kV＝0.63kV、
变压器电压比由 107.25/38.5/11 改变为 110/38.5/ 11、投入调相机并发出 10Mvar 无功功
率，按常规潮流分布计算求得的变电所中压母线电压为 37.7kV、110kV 线路上传输的无功
功率则为 7.59Mvar（见图 8-35）。可见运用这种方法近似估算电压和无功功率变化量的结果
还是满意的。误差之由来仍在于求取敏感度矩阵各元素时采取的假设如略去各元件电阻、导
纳等。因此，如能运用实测数据进行计算可得相当精确的结果。

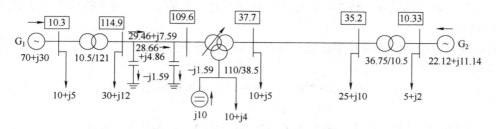

图 8-35　例 8-7 调整后的运行方式

例 8-8　系统接线图如图 8-36 所示。已知该系统有如下的敏感度方程式

$$\Delta U_3 = \left[\frac{\partial U_1}{\partial k_1} \quad \frac{\partial U_3}{\partial U_{G1}}\right]\begin{bmatrix}\Delta k_1 \\ \Delta U_{G1}\end{bmatrix} + \left[\frac{\partial U_3}{\partial P_{L3}} \quad \frac{\partial U_3}{\partial Q_{L3}}\right]\begin{bmatrix}\Delta P_{L3} \\ \Delta Q_{L3}\end{bmatrix}$$

$$= \begin{bmatrix}-0.383 & 0.363\end{bmatrix}\begin{bmatrix}\Delta k_1 \\ \Delta U_{G1}\end{bmatrix} + \begin{bmatrix}-0.01 & -0.04\end{bmatrix}\begin{bmatrix}\Delta P_{L3} \\ \Delta Q_{L3}\end{bmatrix}$$

$$\begin{bmatrix}\Delta Q_{G1} \\ \Delta Q_{G2}\end{bmatrix} = \begin{pmatrix}\dfrac{\partial Q_{G1}}{\partial P_{L3}} & \dfrac{\partial Q_{G1}}{\partial Q_{L3}} \\ \dfrac{\partial Q_{G2}}{\partial P_{L3}} & \dfrac{\partial Q_{G2}}{\partial Q_{L3}}\end{pmatrix}\begin{bmatrix}\Delta P_{L3} \\ \Delta Q_{L2}\end{bmatrix} = \begin{bmatrix}0.08 & 0.40 \\ 0.05 & 0.44\end{bmatrix}\begin{bmatrix}\Delta P_{L3} \\ \Delta Q_{L3}\end{bmatrix}$$

图 8-36　例 8-8 的系统接线图

试分析：1）负荷变化对 U_3、Q_{G1}、Q_{G2} 的影响；2）变压器电压比、发电机电压变化对 U_3 的影响；3）并联电抗器补偿对 U_3 的影响。分析时分不计和计及线路对地电纳 $b = 3.0$ 两种情况。设原始运行方式下 $U_{30} = 0.9789$。

解：1）负荷变化对 U_3、Q_{G1}、Q_{G2} 的影响。

由已知的敏感度方程式可直接列出

$$\Delta U_3 = -0.01\Delta P_{L3} - 0.04\Delta Q_{L3}$$

$$\Delta Q_{G1} = 0.08\Delta P_{L3} + 0.40\Delta Q_{L3}$$

$$\Delta Q_{G2} = 0.05\Delta P_{L3} + 0.44\Delta Q_{L3}$$

由上三式中的第一式可见，负荷增大，负荷端电压将下降，而且，无功负荷的增大与负荷端电压下降之间的关系更密切。由第二、三式可见，负荷减小，发电机的无功功率以及发电机励磁将减小。

如将线路电纳中的无功功率也看作负荷，则负荷将为 $Q'_{L3} = -bU_3^2$。

从而

$$\Delta Q'_{L3} = -2bU_{30}\Delta U_3 = -2 \times 3.0 \times 0.9789\Delta U_3$$
$$= -5.87\Delta U_3$$

将 $\Delta Q'_{L3} = -5.87\Delta U_3$ 代入 $\Delta U_3 = -0.01\Delta P_{L3} - 0.04(\Delta Q_{L3} + \Delta Q'_{L3})$，可得

$$\Delta U_3 = -0.01\Delta P_{L3} - 0.04\Delta Q_{L3} + 0.235\Delta U_3$$

由此可解得

$$\Delta U_3 = \frac{-0.01\Delta P_{L3} - 0.04\Delta Q_{L3}}{1 - 0.235} = -0.013\Delta P_{L3} - 0.052\Delta Q_{L3}$$

由上式可见，计及线路对地电纳时，负荷端电压的敏感度将提高 30%，即负荷增大时，其端电压的下降将较不计线路对地电纳时大 30%。因线路充电功率随负荷端电压的二次方变化，电压的下降将促使通过线路传输的无功功率增大，以致使其下降更多。在采用并联电容器补偿时，同样会发生这种情况，也就是所谓电容器具有负值的电压调节效应。

再将 $\Delta Q'_{L3} = -5.87\Delta U_3$ 代入 $\Delta Q_{G1} = 0.08\Delta P_{L3} + 0.40(\Delta Q_{L3} + \Delta Q'_{L3})$ 和 $\Delta Q_{G2} = 0.05\Delta P_{L3} + 0.44(\Delta Q_{L3} + \Delta Q'_{L3})$，可得

$$\Delta Q_{G1} = 0.08\Delta P_{L3} + 0.40\Delta Q_{L3} - 2.35\Delta U_3$$
$$\Delta Q_{G2} = 0.05\Delta P_{L3} + 0.44\Delta Q_{L3} - 2.58\Delta U_3$$

计及 $\Delta U_3 = -0.013\Delta P_{L3} - 0.052\Delta Q_{L3}$，又可得

$$\Delta Q_{G1} = 0.11\Delta P_{L3} + 0.52\Delta Q_{L3}$$
$$\Delta Q_{G2} = 0.084\Delta P_{L3} + 0.574\Delta Q_{L3}$$

由上两式可见，计及线路电容时，负荷减小，发电机的无功功率以及它的励磁，将减小得较不计线路电纳时更小，以致有可能使发电机超前运行。

2）变压器电压比、发电机电压变化对 U_3 的影响。

由已知的敏感度方程式可列出不计和计及线路对地电纳时

$$\Delta U_3 = -0.383\Delta k_1 - 0.01\Delta P_{L3} - 0.04\Delta Q_{L3}$$
$$\Delta U_3 = -0.383\Delta k_1 - 0.01\Delta P_{L3} - 0.04(\Delta Q_{L3} + \Delta Q'_{L3})$$

计及 $\Delta Q'_{L3} = -5.87\Delta U_3$，可得

$$\Delta U_3 = -0.383\Delta k_1 - 0.01\Delta P_{L3} - 0.04\Delta Q_{L3}$$
$$\Delta U_3 = -0.500\Delta k_3 - 0.013\Delta P_{L3} - 0.052\Delta Q_{L3}$$

由上两式可见，改变变压器电压比是一种有效的调压措施。电压比变化 5%，负荷端电压将变化约 2%，计及线路对地电纳时，这种变化更大。

由敏感度方程式还可列出不计和计及线路对地电纳时

$$\Delta U_3 = 0.363\Delta U_{G1} - 0.01\Delta P_{L3} - 0.04\Delta Q_{L3}$$
$$\Delta U_3 = 0.363\Delta U_{G1} - 0.01\Delta P_{L3} - 0.04(\Delta Q_{L3} + \Delta Q'_{L3})$$

计及 $\Delta Q'_{L3} = -5.87\Delta U_3$，又可得

$$\Delta U_3 = 0.363\Delta U_{G1} - 0.01\Delta P_{L3} - 0.04\Delta Q_{L3}$$
$$\Delta U_3 = 0.474\Delta U_{G1} - 0.013\Delta P_{L3} - 0.052\Delta Q_{L3}$$

由上两式可见，改变发电机电压的效果大体上和改变变压器电压比相似。

3）并联电抗器补偿对 U_3 的影响。

在线路末端设置并联电抗器补偿时，电抗器吸取的无功功率为 $Q''_{L3} = U_3^2/x_L$。从而 $\Delta Q''_{L3} = 2U_{30}\Delta U_3/x_L$。设 $1/x_L$ 分别等于 0、$b/2$、b，即相当于不设并联电抗、并联电抗补偿线路电纳的一半或全部，则 $\Delta Q''_{L3}$ 分别等于 0、$0.937\Delta U_3$、$5.87\Delta U_3$。

以这三种情况代入

$$\Delta U_3 = 0.363\Delta U_{G1} - 0.383\Delta k_1 - 0.01\Delta P_{L3} - 0.04(\Delta Q_{L3} + \Delta Q'_{L3} + \Delta Q''_{L3})$$

并计及 $\Delta Q'_{L3} = -5.87\Delta U_3$，可得 ΔU_3 依次为

$$\Delta U_3 = 0.474\Delta U_{G1} - 0.500\Delta k_1 - 0.013\Delta P_{L3} - 0.052\Delta Q_{L3}$$
$$\Delta U_3 = 0.411\Delta U_{G1} - 0.434\Delta k_1 - 0.011\Delta P_{L3} - 0.045\Delta Q_{L3}$$
$$\Delta U_3 = 0.363\Delta U_{G1} - 0.383\Delta k_1 - 0.010\Delta P_{L3} - 0.040\Delta Q_{L3}$$

比较上列三式可见，并联电抗器的设置将降低负荷端电压对负荷变化的敏感度，即负荷减小时，负荷端电压的上升将比不设电抗器时少。并联电抗器的设置还将降低负荷端电压对变压器电压比、发电机电压变化的敏感度，即为使负荷端电压提高同样幅度，变压器电压比或发电机电压的提高将较不设电抗器时多。

8.5.4　关于无功功率和电压的自动调整

电力系统无功功率和电压的自动调整指部分网络或整个系统无功功率和电压的自动调整，不是指个别发电机或调相机的自动调节励磁。这里也只能就有关方面作一简略介绍。

无功功率和电压调整大体可分为分散调整和集中调整两种类型。

分散调整是以系统中某一个（或某些）发电厂或变电所为中心，自动维持某一个（或某些）电压中枢点电压偏移不越出给定范围的调整方式，如图 8-37 所示。图中，为保持中枢点电压恒定而装设的自动调整电压装置 AVR 作用于无功功率补偿设备，如电容器或调相机，改变它们的功率以改变线路上无功功率的潮流，较大幅度地在图 8-38 中第二、第四象限内调整电压。图 8-38 中的纵横坐标 ΔU、ΔQ 分别表示三绕组变压器二次侧电压的变化量和由电源流向负荷的无功功率的变化量。为保持这个无功功率为定值而装设的自动调整无功功率潮流装置 AQR 则作用于有载调压变压器，改变它的分接头，即改变它的电压比从而线路上无功功率的潮流，较小幅度地在图 8-38 中第一、第三象限内调整电压。这种调整方式可使某一地区电力系统的电压和无功功率潮流都在给定范围内变动，从而保证了系统运行的技术经济指标。

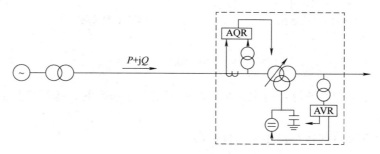

图 8-37　分散自动调压示意图

集中调整涉及的区域较广，是大电力系统采用的调整方式，其中也包括地区网络的分散调整。它是由计算机集中控制系统中各中枢点电压和无功功率潮流的调整方式。采用这种调整方式可在系统中各调整措施都在限额内运行的前提下，保证各中枢点电压偏移不越出允许范围，而且与此同时，使全系统的功率损耗最小。

集中自动调压示意图如图 8-39 所示。在控制中心，对各被控制点的电压、线路输送的有功功率、无功功率以及各调整措施的运行状况进行遥测，并每隔一定时间，例如几分钟，将这些数据输入计算机。如发现某被控制点的电压偏移越出了允许范围，计算机就自动求出为使电压偏移重新纳入允许范围，并使网络损耗最小时各调整措施应有的调整量。按这些调整量各调整措施自动进行调整，并将调整后的运行状况发送回控制中心。

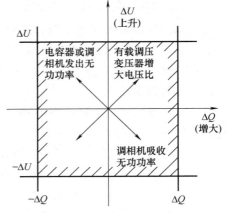

图 8-38　分散自动调压调整范围

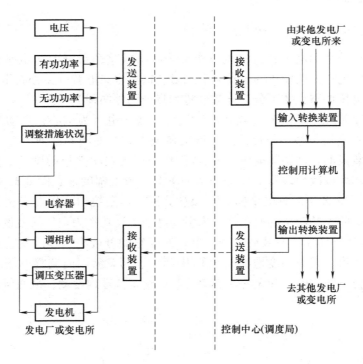

图 8-39　集中自动调压示意图

由此可见，控制中心的计算机主要用以求取满足一定条件的、各控制变量应有的调整量 Δu。这些条件是：

各被控制点的电压偏移不得越出允许范围

$$\Delta U = \Delta U_0 + S_{uU}\Delta u \leqslant \in \tag{8-40a}$$

全系统的功率损耗为最小

$$\Delta P_\Sigma = \min {}_*$$ 　　　　　　　（8-40b）

而与此同时，各控制变量本身也不得越出给定的限额

$$u_{\min} \leqslant u_0 + \Delta u \leqslant u_{\max}$$ 　　　　　　（8-40c）

这里以 S_{uU} 表示由敏感度矩阵 S_u 中与电压大小有关各元素组成的子阵；以 $\in$ 表示允许电压偏移的列向量；以下标"O"表示调整前的值。而这里的控制变量则包括发电机、调相机、电容器等的无功功率和变压器的电压比。

运用计算机解式（8-40a）~ 式（8-40c）并进行调整的过程主要分两部分：先求在式（8-40c）所示的约束条件下能满足式（8-40a）的调整量；再求在式（8-40c）和式（8-40a）所示的约束条件下能满足式（8-40b）的调整量，并进行调整。

为此，首先由式（8-40a）列出目标函数

$$F_S = \sum_{i=1}^{m} \left(\frac{\Delta U_i}{\varepsilon_i} \right)^2 = \sum_{i=1}^{m} f_i \left(\frac{\partial U_i}{\partial u_j} \, , \Delta u_j \right) \quad m \leqslant n$$

并求其对所有 u_j 的偏导数。然后，在所有控制变量 u_j 中选出 $|\partial F_\Sigma / \partial u_j|$ 最大的控制变量，并按 $\partial F_\Sigma / \partial u_j$ 的符号决定其调整方向，进行调整。因调整与最大 $|\partial F_\Sigma / \partial u_j|$ 相对应的控制变量可最有效地减小 ΔU_i。待这控制变量已抵达它的上限或下限，不能再调整时，另选一个 $|\partial F_\Sigma / \partial u_j|$ 最大的控制变量，进行调整。依此顺序继续，直至所有 m 个被控制点的电压都纳入允许范围而后止。

U_i 都纳入允许范围后，就可求满足式（8-40b）的控制变量的调整量。而为此，再由式（8-40b）列出目标函数

$$\Delta P_\Sigma = \sum_{s=1}^{e} \left(\frac{P_s^2 + Q_s^2}{U_s^2} \right) r_s = \sum_{s=1}^{e} f_s \left(\frac{\partial Q_s}{\partial u_j} \, , \Delta u_j \right)$$

并求其对所有 u_j 的偏导数。这里，以 s 表示网络中各支路的编号。同样地，在所有控制变量中选出 $|\partial \Delta F_\Sigma / \partial u_j|$ 最大的控制变量，并按 $\partial \Delta F_\Sigma / \partial u_j$ 的符号决定其调整方向，进行调整。待这个控制变量已抵达它的上限或下限，或抵达由被控制点电压所决定的限额从而不能再调整时，另选一个 $|\partial \Delta F_\Sigma / \partial u_j|$ 最大的控制变量，进行调整。依此顺序继续，直至全系统有功功率损耗最小而后止。不难看到，如上的计算与无功功率电源最优分布的计算实质上完全相同。形式上的差异仅由于这里要计及变压器电压比的变化等，运用了敏感度矩阵的另一个子阵 S_{uQ} 中的各个元素 $\partial Q_s / \partial u_j$。

如上的计算过程可归纳为如图 8-40 所示的原理框图。图中，第 9、18 框分别表示：当某控制变量越出给定的限额时，应将其还原，而且不能期望它在另一轮降低网损或改变电压的调整中发挥作用。第 20 框则表示：如从网损最小出发所作的调整使电压偏移超出允许值，应修改调整量使各点电压重新纳入允许范围，然后再重作这一轮降低网损的计算。

最后需指出，不论采用分散或集中调整，系统中都必须有足够的无功功率储备，而且各种调整措施都应实现自动化，其中包括自动投入或切除电容器、自动切换有载调压变压器的分接头等。

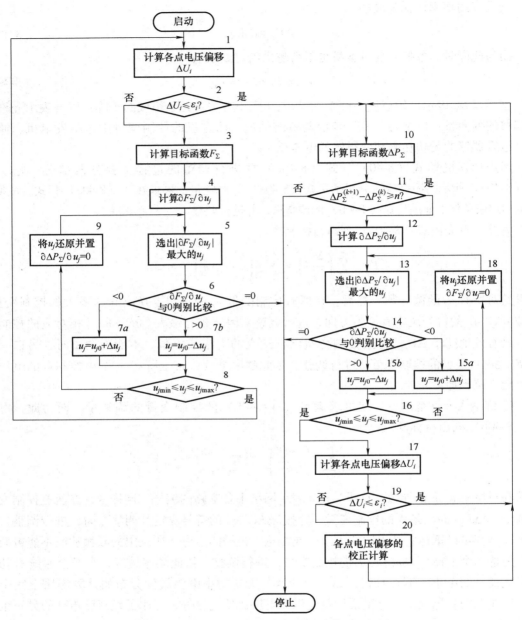

图 8-40 无功功率和电压自动调整计算原理框图

8.6 小结

电力系统的运行电压水平同无功功率平衡密切相关。为了确保系统的运行电压具有正常水平，系统拥有的无功功率电源必须满足正常电压水平下的无功需求，并留有必要的备用容量。现代电力系统在不同的运行方式下可能分别出现无功不足和无功过剩的情况，都应有相应的解决措施。

从改善电压质量和减少网损考虑，必须尽量做到无功功率的就地平衡，尽量减少无功功率长距离的和跨电压级的传送。这是实现有效的电压调整的基本条件。

要掌握各种调压手段的基本原理、具体的技术经济性能、适用条件，以及与各种措施的配合应用等问题。

电压质量问题可以分地区解决。将中枢点电压控制在合理的范围内，再辅以各种分散安排的调压措施，就可以将各用户处的电压保持在容许的偏移范围内。

现代电力系统中的电压和无功功率控制应以实现电力系统的安全、优质和经济运行为目标。本章主要是从保证电压质量方面讨论了无功功率平衡和电压调整问题。

必须指出，随着电力系统规模的扩大，系统的运行条件日趋复杂。对电力系统的无功功率平衡和电压质量问题也要有新的认识。

在电力系统稳态工况下，不仅要做好供求关系紧张条件下的无功功率平衡，也要妥善解决无功功率供过于求时的平衡问题。随着超高压输电线路的发展和城市电网中电缆线路的增多，无功功率过剩的问题将会日显突出。

在电力系统的暂态过程中，充分利用无功动态补偿提供电压支持，是改善电力系统稳定性的重要手段。对新型无功补偿装置的合理控制还能阻尼系统的功率振荡。

在改善电压质量方面，无功补偿不能只限于减小系统的电压偏移，还要能更全面地提高电压质量。

近年来，一些性能优良的新型无功补偿装置，如 SVC 和 SVG 等相继研制成功并投入运行。这些新型设备连同传统的静电电容器和同步调相机将为电力系统的无功补偿设备的配置提供更多的选择，以实现无功补偿的多种功能。

8.7 复习题

8-1 发电机输出功率受到什么限制？请在 PQ 平面上画出发电机极限曲线示意图。

8-2 何谓顺调压、逆调压和常调压？这些调压方式各适用于哪些情况？

8-3 何谓中枢点？如何确定中枢点电压的允许变化范围？

8-4 电压调整有哪些具体措施？请简要说明其工作原理。

8-5 为什么在无功不足的情况下不宜采用调整变压器分接头的办法提高电压？

8-6 35kV 电力网示于图 8-41。已知：线路长为 25km、$r_1 = 0.33\Omega/km$、$x_1 = 0.385\Omega/km$；变压器归算到高压侧的阻抗 $Z_T = (1.63 + j12.2)\Omega$；变电所低压母线额定电压为 10kV；最大负荷 $S_{LDmax} = (4.8 + j3.6)MVA$、最小负荷 $S_{LDmin} = (2.4 + j1.8)MVA$。调压要求最大负荷时不低于 10.25kV、最小负荷时不高于 10.75kV，若线路首端电压维持 36kV 不变，试选变压器分接头。

图 8-41 习题 8-6 电力网

8-7 三绕组降压变压器的等效电路如图 8-42 所示。归算到高压侧的阻抗为：$Z_I = (3 + j65)\Omega$，$Z_{II} = (4 - j1)\Omega$，$Z_{III} = (5 + j30)\Omega$。最大和最小负荷时的功率分布为：$S_{Imax} = (12 + j9)MVA$，$S_{Imin} = (6 + j4)MVA$；$S_{IImax} = (6 + j5)MVA$，$S_{IImin} = (4 + j3)MVA$；$S_{IIImax} = (6 + j4)MVA$、$S_{IIImin} = (2 + j1)MVA$。给出的电压偏移范围为：$U_I = 112 \sim 115kV$、$U_{II} = 35 \sim 38kV$、$U_{III} = 66.5kV$。变压器的电压比为 $110 \pm 2 \times 2.5\%/38.5 \pm 2 \times$

2.5%/6.6，试选高、中压绕组的分接头。

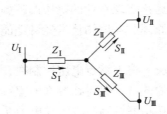

图 8-42　习题 8-7 三绕组降压变压器的等效电路

8-8　在图 8-43 所示网络中，线路和变压器归算到高压侧的阻抗分别为 $Z_L = (17+j40)\,\Omega$ 和 $Z_T = (2.32+j40)\,\Omega$，10kV 侧负荷为 $S_{LDmax} = (30+j18)\,\mathrm{MVA}$、$S_{LDmin} = (12+j9)\,\mathrm{MVA}$。若供电点电压 $U_S = 117\mathrm{kV}$ 保持恒定，变电所低压母线电压要求保持为 10.4kV 不变，试配合变压器分接头（110±2×2.5%）的选择，确定并联补偿无功设备的容量：1）采用静电电容器；2）采用同步调相机。

图 8-43　习题 8-8 图所示网络

8-9　在图 8-43 所示网络中，$U_S = 115\mathrm{kV}$、$S_{LD} = (30+j18)\,\mathrm{MVA}$。

1）当变压器工作在主抽头时，试求低压侧的运行电压。

2）若负荷以 1）求得的电压及此时负荷的功率为基准值的电压静特性为

$$P_{LD_*}(U_*) = 1, \quad Q_{LD_*}(U_*) = 7-21U_* +15U_*^2$$

当变压器分接头调至−2.5%时，求低压母线的运行电压和负荷的无功功率。

第9章 电力系统的有功功率平衡和频率调整

频率是衡量电能质量的重要指标。本章将介绍电力系统的频率静态特性、频率调整的原理、有功功率平衡以及系统负荷在各类电厂间的合理分配等问题。

9.1 频率调整的必要性

衡量电能质量的另一个重要指标是频率,保证电力系统的频率合乎标准也是系统运行调整的一项基本任务。

电力系统中许多用电设备的运行状况都同频率有密切的关系。工业中普遍应用的异步电动机,其转速和输出功率均与频率有关。频率变化时,电动机的转速和输出功率随之变化,因而严重地影响到产品的质量。现代工业、国防和科学研究部门广泛应用各种电子技术设备,如系统频率不稳定,将会影响这些电子技术设备的精确性。频率变化对电力系统的正常运行也是十分有害的,汽轮发电机在额定频率下运行时效率最佳,频率偏高或偏低对叶片都有不良的影响。电厂用的许多机械如给水泵、循环水泵、风机等在频率降低时都要减小出力,降低效率,因而影响发电设备的正常工作,使整个发电厂的有功出力减小,从而导致系统频率的进一步下降。频率降低时,异步电动机和变压器的励磁电流增大,无功功率损耗增加,这些都会使电力系统无功平衡和电压调整增加困难。

频率同发电机的转速有严格的关系。发电机的转速是由作用在机组转轴上的转矩(或功率)平衡所确定的。由原动机输入的机械功率扣除了发电机的励磁损耗和各种机械损耗后,如果能同发电机输出的电磁功率严格地保持平衡,发电机的转速就恒定不变。但是发电机输出的电磁功率是由系统的运行状态决定的,全系统发电机输出的有功功率之总和,在任何时刻都同系统的有功功率负荷(包括各种用电设备所需的有功功率和网络的有功功率损耗)相等。由于电能不能存储,负荷功率的任何变化都立即引起发电机的输出功率的相应变化。这种变化是瞬时出现的。原动机输入功率由于调节系统的相对迟缓无法适应发电机电磁功率的瞬时变化。因此,发电机转轴上转矩的绝对平衡是不存在的,也就是说,严格地维持发电机转速不变或频率不变是不可能的。但是把频率对额定值的偏移限制在一个相当小的范围内则是必要的,也是能够实现的。我国电力系统的额定频率 $f_N = 50Hz$。电力系统正常运行条件下频率偏差极限值为 $\pm 0.2Hz$;当系统容量较小时,偏差限值可以放宽到 $\pm 0.5Hz$。用百分数表示为 $\pm 0.4 \sim \pm 1\%$。

电力系统的负荷时刻都在变化,图9-1所示为有功功率负荷变化示意图。对系统实际负荷变化曲线的分析表明,系统负荷可以看作由以下三种具有不同变化规律的变动负荷所组成:第一种是变化幅度很小,变化周期较短(一般为10s以内)的负荷分量;第二种是变化幅度较大，变化周期较长（一般为 10s~3min）的负荷分量，属于这类负荷的主要有电炉、延压机械、电气机车等；第三种是变化缓慢的持续变动负荷，引起负荷变化的原因主要是工厂的作息制度、人们的生活规律、气象条件的变化等。

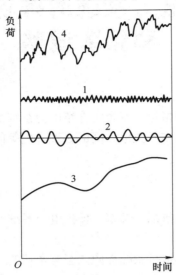

图 9-1　有功功率负荷变化示意图

1—第一种负荷分量　2—第二种负荷分量
3—第三种负荷分量　4—实际的负荷变化曲线

　　负荷的变化将引起频率的相应变化。第一种变化负荷引起的频率偏移将由发电机组的调速器进行调整，这种调整通常称为频率的一次调整。第二种变化负荷引起的频率变动仅靠调速器的作用往往不能将频率偏移限制在容许的范围之内，这时必须有调频器参与频率调整，这种调整通常称为频率的二次调整。

　　电力系统调度部门预先编制的日负荷曲线大体上反映了第三种负荷的变化规律。这一部分负荷将在有功功率平衡的基础上，按照最优化的原则在各发电厂间进行分配。

9.2　电力系统的频率特性

9.2.1　系统负荷的有功功率-频率静态特性

　　当频率变化时，系统中的有功功率负荷也将发生变化。当系统处于运行稳态时，系统中有功负荷随频率的变化特性称为负荷的频率静态特性。

　　根据所需的有功功率与频率的关系可将负荷分成以下五类：

　　1）与频率变化无关的负荷，如照明、电弧炉、电阻炉和整流负荷等。

　　2）与频率的一次方成正比的负荷，负荷的阻力矩等于常数的属于此类，如球磨机、切削机床、往复式水泵、压缩机和卷扬机等。

　　3）与频率的二次方成正比的负荷，如变压器中的涡流损耗。

　　4）与频率的三次方成正比的负荷，如通风机、静水头阻力不大的循环水泵等。

5）与频率的更高次方成正比的负荷，如静水头阻力很大的给水泵。

整个系统的负荷功率与频率的关系可以写成

$$P_D = a_0 P_{DN} + a_1 P_{DN}\left(\frac{f}{f_N}\right) + a_2 P_{DN}\left(\frac{f}{f_N}\right)^2 + a_3 P_{DN}\left(\frac{f}{f_N}\right)^3 + \cdots \tag{9-1}$$

式中，P_D 为频率等于 f 时整个系统的有功负荷；P_{DN} 为频率等于额定值 f_N 时整个系统的有功负荷；$a_i(i=0,1,2,\cdots)$ 为与频率的 i 次方成正比的负荷在 P_{DN} 中所占的份额。显然

$$a_0 + a_1 + a_2 + a_3 + \cdots = 1$$

式（9-1）就是电力系统负荷频率静态特性的数学表达式。若以 P_{DN} 和 f_N 分别作为功率和频率的基准值，以 P_{DN} 去除式（9-1）的各项，便得到用标幺值表示的功率-频率特性

$$P_{D*} = a_0 + a_1 f_* + a_2 f_* + a_3 f_* + \cdots \tag{9-2}$$

多项式（9-2）通常只取到频率的三次方为止，因为与频率的更高次方成正比的负荷所占的比重很小，可以忽略。

当主频率偏离额定值不大时，负荷的频率静态特性常用一条直线近似表示（见图 9-2）。当系统频率略有下降时，负荷成比例自动减小。图中直线的斜率

$$K_D = \tan\beta = \frac{\Delta P_D}{\Delta f} \tag{9-3}$$

或用标幺值表示

$$K_{D*} = \frac{\Delta P_D / P_{DN}}{\Delta f / f_N} = K_D \frac{f_N}{P_{DN}} \tag{9-4}$$

式中，K_D、K_{D*} 称为负荷的频率调节效应系数或简称为负荷的频率调节效应。K_{D*} 的数值取决于全系统各类负荷的比重，不同系统或同一系统不同时刻的 K_{D*} 值都可能不同。

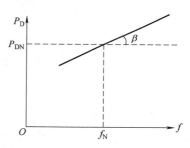

图 9-2　有功负荷的频率静态特性

在实际系统中 $K_{D*} = 1 \sim 3$，它表示频率变化 1% 时，负荷有功功率相应变化 1% ~ 3%。K_{D*} 的具体数值通常由试验或计算求得。K_{D*} 的数值是调度部门必须掌握的一个数据，因为它是考虑按频率减负荷方案和低频率事故时用一次切除负荷来恢复频率的计算依据。

例 9-1　某电力系统中，与频率无关的负荷占 30%，与频率一次方成正比的负荷占 40%，与频率二次方成正比的负荷占 10%，与频率三次方成正比的负荷占 20%。求系统频率由 50Hz 降到 48Hz 和 45Hz 时，相应的负荷变化百分值。

解：1）频率降为 48Hz 时，$f_* = \frac{48}{50} = 0.96$，系统的负荷

$$P_{D*} = a_0 + a_1 f_* + a_2 f_* + a_3 f_*$$
$$= 0.3 + 0.4 \times 0.96 + 0.1 \times 0.96^2 + 0.2 \times 0.96^3 = 0.953$$

负荷变化为

$$\Delta P_{D*} = 1 - 0.953 = 0.047$$

若用百分值表示便有 $\Delta P_D\% = 4.7$。

2）频率降为 45Hz 时，$f_* = \frac{45}{50} = 0.9$，系统负荷

$$P_{D*} = 0.3 + 0.4 \times 0.9 + 0.1 \times 0.9^2 + 0.2 \times 0.9^3 = 0.887$$

相应地 $\Delta P_{D*} = 1 - 0.887 = 0.113$；$\Delta P_D\% = 11.3$。

9.2.2 发电机组的有功功率-频率静态特性

1. 调速系统的工作原理

当系统有功功率平衡遭到破坏，引起频率变化时，原动机的调速系统将自动改变原动机的进汽（水）量，相应增加或减少发电机的出力。当调速器的调节过程结束，建立新的稳态时，发电机的有功出力同频率之间的关系称为发电机组调速器的功率-频率静态特性（简称为功频静态特性）。为了说明这种静态特性，必须对调速系统的作用原理作简要的介绍。

原动机调速系统有很多种，根据测量环节的工作原理，可以分为机械液压调速系统和电气液压调速系统两大类。下面介绍离心式的机械液压调速系统。

离心式的机械液压调速系统由四个部分组成，其结构原理如图9-3所示。

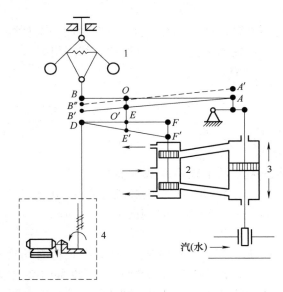

图9-3 原动机机械液压调速系统示意图

1—转速测量元件—离心飞摆及其附件 2—放大元件—错油门（或称配压阀）
3—执行机构—油动机（或称接力器） 4—转速控制机构（或称同步器）

这种调速系统的工作原理如下。

转速测量元件由离心飞摆、弹簧和套筒组成，它与原动机转轴相联接，能直接反映原动机转速的变化。当原动机有某一恒定转速时，作用到飞摆上的离心力、重力及弹簧力在飞摆处于某一定位置时达到平衡，套筒位于 B 点，杠杆 AOB 和 DEF 处在某种平衡位置，错油门的活塞将两个油孔堵塞，使高压油不能进入油动机（接力器），油动机活塞上、下两侧的油压相等，所以活塞不移动，从而使进汽（水）间门的开度也固定不变。当负荷增加时，发电机的有功功率输出也随之增加，原动机的转速（频率）降低，因而使飞摆的离心力减小。在弹簧力和重力的作用下，飞摆靠拢到新的位置才能重新达到各力的平衡。于是套筒从 B 点下移到 B' 点。此时油动机还未动作，所以杠杆 AOB 中的 A 点仍在原处不动，整个杠杆便以 A 点为支点转动，使 O 点下降到 O' 点。杠杆 DEF 的 D 点是固定的，于是 F 点下移，错油门 2 的活塞随之向下移动，打开了通向油动机 3 的油孔，压力油便进入油动机活塞的下部，将活塞向上推，增大调节汽门（或导叶）的开度，增加进汽（水）量，使原动机的输入功率增加，结果机组的转速（频率）便开始回升。随着转速的上升，套筒从 B' 点开始回升，与此同时油动机活塞上移，使杠杆 AOB 的 A 端也跟着上升，于是整个杠杆 AOB 便向上移动，并带动杠杆 DEF 以 D 点为支点向逆时针方向转动。当点 O 以及 DEF 恢复到原来位置时，错油门活塞重新堵住两个油孔，油动机活塞的上、下两侧油压又互相平衡，它就在一个新的位置稳定下来，调整过程便告结束。这时杠杆 AOB 的 A 端由于汽门已开大而略有上升，到达 A' 点的位置，而 O 点仍保持原来位置，相应地 B 端将略有下降，到达 B'' 的位置，与这个位置相对应的转速，将略低于原来的数值。

由此可见，对应着增大了的负荷，发电机组输出功率增加，频率低于初始值；反之，如果负荷减小，则调速器调整的结果使机组输出功率减小，频率高于初始值。这种调整就是频率的一次调整，由调速系统中的 1、2、3 元件按有差特性自动执行。反映调整过程结束后发电机输出功率和频率关系的曲线称为发电机组的功率-频率静态特性，可以近似地表示为一条直线，如图 9-4 所示。

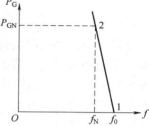

图 9-4　发电机组的功率-频率静态特性

2. 发电机组的静态调差系数

在发电机组的功率-频率静态特性上任取两点 1 和 2。我们定义机组的静态调差系数

$$\delta = -\frac{f_2 - f_1}{P_2 - P_1} = -\frac{\Delta f}{\Delta P} \tag{9-5}$$

以额定参数为基准的标幺值表示时，便有

$$\delta_* = -\frac{\Delta f / f_N}{\Delta P / P_{GN}} = \delta \frac{P_{GN}}{f_N} \tag{9-6}$$

式中的负号是因为调差系数习惯上常取正值，而频率变化量又恰与功率变化量的符号相反。

如果取点 2 为额定运行点，即 $P_2 = P_{GN}$ 和 $f_2 = f_N$；点 1 为空载运行点，即 $P_1 = 0$ 和 $f_1 = f_0$，便得

$$\delta = -\frac{f_N - f_0}{P_{GN}}$$

或

$$\delta_* = -\frac{f_0 - f_N}{f_N}$$

调差系数也叫调差率，可定量表明某台机组负荷改变时相应的转速（频率）偏移。例如，当 $\delta_* = 0.05$，如负荷改变 1%，频率将偏移 0.05%；如负荷改变 20%，则频率将偏移 1%（0.5Hz）。调差系数的倒数就是机组的单位调节功率（或称发电机组功率-频率静态特性系数），即

$$K_G = \frac{1}{\delta} = -\frac{\Delta P_G}{\Delta f} \tag{9-7}$$

或用标幺值表示

$$K_{G*} = \frac{1}{\delta_*} = \frac{1}{\delta} \frac{f_N}{P_{GN}} = K_G \frac{f_N}{P_{GN}} \tag{9-8}$$

K_G 的数值表示频率发生单位变化时发电机组输出功率的变化量，式（9-7）中的负号表示频率下降时发电机组的有功出力是增加的。

与负荷的频率调节效应 K_{D*} 不同，发电机组的调差系数 δ_* 或相应的单位调节功率 K_{G*} 是可以整定的。调差系数的大小对频率偏移的影响很大，调差系数越小（即单位调节功率越大），频率偏移也越小。但是因受机组调速机构的限制，调差系数的调整范围是有限的。通常取

汽轮发电机组： $\qquad$ $\delta_* = 0.04 \sim 0.06$，$K_{G*} = 25 \sim 16.7$
水轮发电机组： $\qquad$ $\delta_* = 0.02 \sim 0.04$，$K_{G*} = 50 \sim 25$

9.2.3 电力系统的有功功率-频率静态特性

要确定电力系统的负荷变化引起的频率波动，需要同时考虑负荷及发电机组两者的调节效应，为简单起见先只考虑一台机组和一个负荷的情况。电力系统的功率-频率静态特性如图 9-5 所示。在原始运行状态下，负荷的功频特性为 $P_D(f)$，它同发电机组静态特性的交点 A 确定了系统的频率为 f_1，发电机组的功率（也就是负荷功率）为 P_1。这就是说，在频率为 f_1 时达到了发电机组有功输出与系统的有功需求之间的平衡。

假定系统的负荷增加了 ΔP_{D0}，其特性曲线变为 $P_D'(f)$。发电机组仍是原来的特性。那么新的稳态运行点将由 $P_D'(f)$ 和发电机组的静态特性的交点 B 决定，与此相应的系统频率为 f_2，频率的变化量为

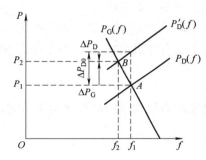

$$\Delta f = f_2 - f_1 < 0$$

发电机组功率输出的增量

$$\Delta P_G = -K_G \Delta f$$

由于负荷的频率调节效应所产生的负荷功率变化为

$$\Delta P_D = K_D \Delta f$$

图 9-5　电力系统的功率-频率
静态特性

当频率下降时，ΔP_D 是负的，故负荷功率的实际增量为

$$\Delta P_{D0} = \Delta P_D = \Delta P_{D0} + K_D \Delta f$$

它应同发电机组的功率增量相平衡，即

$$\Delta P_{D0} + \Delta P_D = \Delta P_G \tag{9-9}$$

或

$$\Delta P_{D0} = \Delta P_G - \Delta P_D = -(K_G + K_D)\Delta f = -K\Delta f \tag{9-10}$$

式（9-10）说明，系统负荷增加时，在发电机组功频特性和负荷本身的调节效应共同作用下又达到了新的功率平衡：一方面，负荷增加，频率下降，发电机按有差调节特性增加输出；另一方面，负荷实际取用的功率也因频率的下降而有所减小。

在式（9-10）中，

$$K = K_G + K_D = -\Delta P_{D0}/\Delta f \tag{9-11}$$

称为系统的功率-频率静态特性系数，或系统的单位调节功率。它表示在计及发电机组和负荷的调节效应时，引起频率单位变化的负荷变化量。根据 K 值的大小，可以确定在允许的频率偏移范围内，系统所能承受的负荷变化量。显然，K 的数值越大，负荷增减引起的频率变化就越小，频率也就越稳定。

采用标幺制时，

$$K_{G*}\frac{P_{GN}}{f_N}+K_{D*}\frac{P_{DN}}{f_N}=-\frac{\Delta P_{D0}}{\Delta f}$$

两端均除以 P_{GN}/f_N，便得

$$K_{G*}\frac{P_{GN}}{P_{DN}}+K_{D*}=-\frac{\Delta P_{D0}/P_{DN}}{\Delta f/f_N}=-\frac{\Delta P_{D0*}}{\Delta f_*}$$

或

$$K_*=k_r K_{G*}+K_{D*}=\frac{-\Delta P_{D0*}}{\Delta f_*} \tag{9-12}$$

式中，$k_r=P_{GN}/P_{DN}$ 为备用系数，表示发电机组额定容量与系统额定频率时的总有功负荷之比。在有备用容量的情况下（$k_r>1$），将相应增大系统的单位调节功率。

如果在初始状态下，发电机组已经满载运行，即运行在图 9-6 中所示的点 A。在点 A 以后，发电机组的静态特性将是一条与横轴平行的直线，在这一段 $K_G=0$。当系统的负荷再增加时，发电机已没有可调节的容量，不能再增加输出了，只有靠频率下降后负荷本身的调节效应的作用来取得新的平衡。这时 $K_*=K_{D*}$。由于 K_{D*} 数值很小，故负荷增加所引起的频率下降就相当严重了。由此可见，系统中有功功率电源的出力不仅应满足在额定频率下系统对有功功率的需求，并且为了适应负荷的增长，还应该有一定的备用容量。

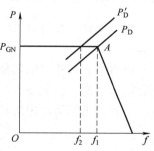

图 9-6　发电机满载时的
功率-频率静态特性

9.3　电力系统的频率调整

9.3.1　频率的一次调整

当 n 台装有调速器的机组并联运行时，可根据各机组的调差系数和单位调节功率算出其等效调差系数 $\delta(\delta_*)$，或算出等效单位调节功率 $K_G(K_{G*})$。

当系统频率变动 Δf 时，第 i 台机组的输出功率增量为

$$\Delta P_{Gi}=-K_{Gi}\Delta f \quad (i=1,2,\cdots,n)$$

n 台机组输出功率总增量为

$$\Delta P_G=\sum_{i=1}^{n}\Delta P_{Gi}=-\sum_{i=1}^{n}K_{Gi}\Delta f=-K_G\Delta f$$

故 n 台机组的等效单位调节功率为

$$K_G=\sum_{i=1}^{n}K_{Gi}=\sum_{i=1}^{n}K_{Gi*}\frac{P_{GiN}}{f_N} \tag{9-13}$$

由此可见，n 台机组的等效单位调节功率远大于一台机组的单位调节功率。在输出功率变动值 ΔP_G 相同的条件下，多台机组并列运行时的频率变化比一台机组运行时的要小得多。

若把 n 台机组用一台等效机组来代表，利用式（9-8），并计及式（9-13），即可求得等效单位调节功率的标幺值为

$$K_{\mathrm{G}*} = \frac{\sum_{i=1}^{n} K_{\mathrm{G}i*} P_{\mathrm{G}i\mathrm{N}}}{P_{\mathrm{GN}}} \tag{9-14}$$

其倒数为等效调差系数，即

$$\delta_* = \frac{1}{K_{\mathrm{G}*}} = \frac{P_{\mathrm{GN}}}{\sum_{i=1}^{n} \dfrac{P_{\mathrm{G}i\mathrm{N}}}{\delta_{i*}}} \tag{9-15}$$

式中，$P_{\mathrm{G}i\mathrm{N}}$ 为第 i 台机组的额定功率；$P_{\mathrm{GN}} = \sum_{i=1}^{n} P_{\mathrm{G}i\mathrm{N}}$ 为全系统 n 台机组额定功率之和。

必须注意，在计算 K_{G} 或 δ 时，如第 j 台机组已满载运行，当负荷增加时应取 $K_{\mathrm{G}j} = 0$ 或 $\delta_j = \infty$。

求出了 n 台机组的等效调差系数 δ 和等效单位调节功率 K_{G} 后，就可像一台机组时一样来分析频率的一次调整。利用式（9-11）可算出负荷功率初始变化量 $\Delta P_{\mathrm{D}0}$ 引起的频率偏差 Δf。而各台机组所承担的功率增量则为

$$\Delta P_{\mathrm{G}i} = -K_{\mathrm{G}i} \Delta f = -\frac{1}{\delta_i} \Delta f = -\frac{\Delta f}{\delta_{i*}} \times \frac{P_{\mathrm{G}i\mathrm{N}}}{f_{\mathrm{N}}}$$

或

$$\frac{\Delta P_{\mathrm{G}i}}{P_{\mathrm{G}i\mathrm{N}}} = -\frac{\Delta f_*}{\delta_{i*}} \tag{9-16}$$

由上式可见，调差系数越小的机组增加的有功出力（相对于本身的额定值）就越多。

例 9-2 某电力系统中，一半机组的容量已完全利用；其余 25% 为火电厂，有 10% 备用容量，其单位调节功率为 16.6；25% 为水电厂，有 20% 的备用容量，其单位调节功率为 25；系统有功负荷的频率调节效应系数 $K_{\mathrm{D}*} = 1.5$。试求：1）系统的单位调节功率 K_*；2）负荷功率增加 5% 时的稳态频率 f；3）如频率容许降低 0.2Hz，系统能够承担的负荷增量。

解：1）计算系统的单位调节功率。

令系统中发电机组的总额定容量等于 1，利用式（9-14）可求出全部发电机组的等效单位调节功率为

$$K_{\mathrm{G}*} = 0.5 \times 0 + 0.25 \times 16.6 + 0.25 \times 25 = 10.4$$

系统负荷功率为

$$P_{\mathrm{D}} = 0.5 + 0.25 \times (1 - 0.1) + 0.25 \times (1 - 0.2) = 0.925$$

系统备用系数为

$$k_{\mathrm{r}} = 1/0.925 = 1.081$$

于是

$$K_* = k_{\mathrm{r}} K_{\mathrm{G}*} + K_{\mathrm{D}*} = 1.081 \times 10.4 + 1.5 = 12.742$$

2）系统负荷增加 5% 时的频率偏移为

$$\Delta f_* = -\frac{\Delta P_*}{K_*} = -\frac{0.05}{12.742} = -3.924 \times 10^{-3}$$

一次调整后的稳态频率为

$$f=(50-0.003924\times50)\,\text{Hz}=49.804\text{Hz}$$

3）频率降低 0.2Hz，$\Delta f_*=-0.004$，则系统能够承担的负荷增量

$$\Delta P_*=-K_*\Delta f_*=-12.742\times(-0.004)=5.097\times10^{-2}$$

或

$$\Delta P=5.097\%$$

例 9-3 同上例，但火电厂容量已全部利用，水电站的备用容量已由 20%降至 10%。

解： 1）计算系统的单位调节功率。

$$K_{\text{G}*}=0.5\times0+0.25\times0+0.25\times25=6.25$$

$$k_{\text{r}}=\frac{1}{0.5+0.25+0.25\times(1-0.1)}=1.026$$

$$K_*=1.026\times6.25+1.5=7.912$$

2）系统负荷增加 5%后，因发电厂的备用容量只有 2.6%，剩下的功率缺额 $\Delta P_*=0.05-0.026=0.024$ 只好由负荷的频率调节效应来抵偿，故有

$$\Delta f_*=-\frac{0.024}{1.5}=0.016$$

$$f=(50-0.016\times50)\,\text{Hz}=49.2\text{Hz}$$

3）频率允许降低 0.2Hz，系统能够承担的负荷增量为

$$\Delta P_*=-K_*\Delta f_*=-7.912\times(-0.004)=0.03165$$

或

$$\Delta P_*=3.165\%$$

此时发电厂承担的部分为

$$\Delta P_{\text{G}*}=1.026\times6.25\times0.004=0.02565$$

上述算例说明，系统的单位调节功率越大，频率就越稳定。系统中发电机组的调差系数不能太小，否则系统的单位调节功率 K_* 的值就不可能很大，而且它还随机组运行状态的不同而变化。备用容量较小时，K_* 亦较小。增加备用容量虽可增大 k_{r} 值以提高 K_*，但备用容量过大时发电设备则得不到充分利用。因此，以系统的功率-频率静态特性为基础的频率一次调整的作用是有限的，它只能适应变化幅度小、变化周期较短的变化负荷。对于变化幅度较大，变化周期较长的变化负荷，一次调整不一定能保证频率偏移在允许范围内。在这种情况下，需要由发电机组的转速控制机构（同步器）来进行频率的二次调整。

9.3.2　频率的二次调整

1. 同步器的工作原理

二次调整由发电机组的转速控制机构——同步器（见图 9-3）来实现。同步器由伺服电动机、蜗轮、蜗杆等装置组成。在人工手动操作或自动装置控制下，伺服电动机既可正转也可反转，因而使杠杆的 D 点上升或下降。从上一节的讨论可知，如果 D 点固定，则当负荷增加引起转速下降时，由机组调速器自动进行的一次调整并不能使转速完全恢复。为了恢复初始的转速，可通过伺服电动机令 D 点上移。这时，由于 E 点不动，杠杆 DEF 便以 E 点为支点转动，使 F 点下降，错油门 2 的油门被打开。于是压力油进入油动机 3，使它的活塞向上移动，开大进汽（水）阀门，增加进汽（水）量，因而使原动机输出功率增加，机组转速随之上升。适当控制 D 点的移动，可使转速恢复到初始值。这时套筒位置较 D 点移动以前升高了一些，整个调速系统处于新的平衡状态。调整的结果使原来的功率-频率静态特性 2

平行右移为特性 1（见图 9-7）。反之，如果机组负荷降低使转速升高，则可通过伺服电动机使 D 点下移来降低机组转速。调整的结果使原来的功率-频率静态特性 2 平行左移为特性 3。当机组负荷变动引起频率变化时，利用同步器平行移动机组功率-频率静态特性来调节系统频率和分配机组间的有功功率，这就是频率的二次调整，也就是通常所说的频率调整。由手动控制同步器的称为人工调频，由自动调频装置控制的称为自动调频。

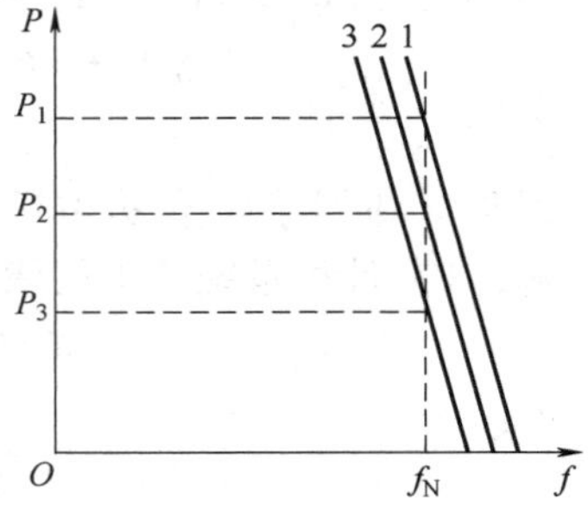

2. 频率的二次调整过程

假定系统中只有一台发电机组向负荷供电，原始运行点为两条特性曲线 $P_G(f)$ 和 $P_D(f)$ 的交点 A，系统的频率为 f_1（见图 9-8）。系统的负荷增加 ΔP_{D0} 后，在还未进行二次调整时，运行点将移到点 B，系统的频率便下降到 f_2。在同步器的作用下，机组的静态特性上移为 $P_G'(f)$，运行点也随之转移到点 B'。此时系统的频率为 f_2'，频率的偏移值为 $\Delta f = f_2' - f_1$。由图可见，系统负荷的初始增量 ΔP_{D0} 由三部分组成：

$$\Delta P_{D0} = \Delta P_G - K_G \Delta f - K_D \Delta f \tag{9-17}$$

式中，ΔP_G 是由二次调整而得到的发电机组的功率增量（见图中 $\overline{AE}$）；$-K_G \Delta f$ 是由一次调整而得到的发电机组的功率增量（见图中 $\overline{EF}$）；$-K_D \Delta f$ 是由负荷本身的调节效应所得到的功率增量（见图中 $\overline{FC}$）。

式（9-17）就是有二次调整时的功率平衡方程。该式也可改写成

$$\Delta P_{D0} - \Delta P_G = -(K_G + K_D)\Delta f = -K\Delta f \tag{9-18}$$

或

$$\Delta f = \frac{\Delta P_{D0} - \Delta P_G}{K} \tag{9-19}$$

由上式可见，进行频率的二次调整并不能改变系统的单位调节功率 K 的数值。由于二次调整增加了发电机的出力，在同样的频率偏移下，系统能承受的负荷变化量增加了，或者说，在相同的负荷变化量下，系统频率的偏移减小了。由图中的虚线可见，当二次调整所得到的发电机组功率增量能完全抵偿负荷的初始增量，即 $\Delta P_{D0} - \Delta P_G = 0$ 时，频率将维持不变（即 $\Delta f = 0$），这样就实现了无差调节。而当二次调整所得到的发电机组功率增量不能满足负荷变化的需要时，不足的部分须由系统的调节效应所产生的功率增量来抵偿，因此系统的频率就不能恢复到原来的数值。

在有许多台机组并联运行的电力系统中，当负荷变化时，配置了调速器的机组，只要还有可调的容量，都毫无例外地按静态特性参加频率的一次调整。频率的二次调整一般只是由一台或少数几台发电机组（一个或几个厂）承担，这些机组（厂）称为主调频机组（厂）。

负荷变化时，如果所有主调频机组（厂）二次调整所得的总发电功率增量足以平衡负荷功率的初始增量 ΔP_{D0}，则系统的频率将恢复到初始值。否则频率将不能保持不变，所出

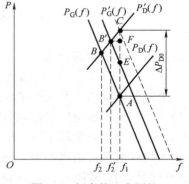

图 9-7　功率-频率静态特性的平移

图 9-8　频率的二次调整

现的功率缺额将根据一次调整的原理部分由所有配置了调速器的机组按静态特性承担，部分由负荷的调节效应所产生的功率增量来补偿。

在有多台机组参加调频的情况下，为了提高系统运行的经济性，还要求按等微增率准则（见第 10 章）在各主调频机组之间分配负荷增量，把频率调整和负荷的经济分配一并加以考虑。

9.3.3 互联系统的频率调整

大型电力系统的供电地区幅员宽广，电源和负荷的分布情况比较复杂，频率调整难免引起网络中潮流的重新分布。如果把整个电力系统看作是由若干个分系统通过联络线联接而成的互联系统，那么在调整频率时，还必须注意联络线交换功率的控制问题。

图 9-9 表示系统 A 和 B 通过联络线组成互联系统。假定系统 A 和 B 的负荷变化量分别为 ΔP_{DA} 和 ΔP_{GB}；由二次调整得到的发电功率增量分别为 ΔP_{GA} 和 ΔP_{GB}；单位调节功率分别为 K_A 和 K_B。联络线交换功率增量为 ΔP_{AB}，以由 A 至 B 为正方向。这样，

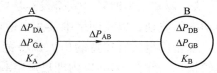

图 9-9　互联系统的功率交换

ΔP_{AB} 对系统 A 相当于负荷增量；对于系统 B 相当于发电功率增量。因此，对于系统 A 有

$$\Delta P_{DA} + \Delta P_{AB} - \Delta P_{GA} = -K_A \Delta f_A$$

对于系统 B 有

$$\Delta P_{DB} - \Delta P_{AB} - \Delta P_{GB} = -K_B \Delta f_B$$

互联系统应有相同的频率，故 $\Delta f_A = \Delta f_B = \Delta f$。于是，由以上两式可解出

$$\Delta f = -\frac{(\Delta P_{DA} + \Delta P_{DB}) - (\Delta P_{GA} + \Delta P_{GB})}{K_A + K_B} = -\frac{\Delta P_D - \Delta P_G}{K} \tag{9-20}$$

$$\Delta P_{AB} = \frac{K_A(\Delta P_{DB} - \Delta P_{GB}) - K_B(\Delta P_{DA} - \Delta P_{GA})}{K_A + K_B} \tag{9-21}$$

式（9-20）表明，若互联系统发电功率的二次调整增量 ΔP_G 能同全系统负荷增量 ΔP_D 相平衡，则可实现无差调节，即 $\Delta f = 0$；否则，将出现频率偏移。

现在讨论联络线交换功率增量。当 A、B 两系统都进行二次调整，而且两系统的功率缺额又恰同其单位调节功率成比例，即满足条件

$$\frac{\Delta P_{DA} - \Delta P_{GA}}{K_A} = \frac{\Delta P_{DB} - \Delta P_{GB}}{K_B} \tag{9-22}$$

时，联络线上的交换功率增量 ΔP_{AB} 便等于零。如果没有功率缺额，则 $\Delta f = 0$。

如果对其中的一个系统（例如系统 B）不进行二次调整，则 $\Delta P_{GB} = 0$，其负荷变化量 ΔP_{DB} 将由系统 A 的二次调整来承担时，联络线的功率增量

$$\Delta P_{AB} = \frac{K_A \Delta P_{DB} - K_B(\Delta P_{DA} - \Delta P_{GA})}{K_A + K_B} = \Delta P_{DB} - \frac{K_B(\Delta P_D - \Delta P_{GA})}{K_A + K_B} \tag{9-23}$$

当互联系统的功率能够平衡时，$\Delta P_D - \Delta P_{GA} = 0$，于是有

$$\Delta P_{AB} = \Delta P_{DB}$$

系统 B 的负荷增量全由联络线的功率增量来平衡，这时联络线的功率增量最大。

在其他情况下，联络线的功率变化量将介于上述两种情况之间。

9.3.4 主调频厂的选择

全系统有调整能力的发电机组都参与频率的一次调整，但只有少数厂（机组）承担频率的二次调整。按照是否承担二次调整，可将所有电厂分为主调频厂、辅助调频厂和非调频厂三类。其中，主调频厂（一般是 1~2 个电厂）负责全系统的频率调整（即二次调整）；辅助调频厂只在系统频率超过某一规定的偏移范围时才参与频率调整，这样的电厂一般也只有少数几个；非调频厂在系统正常运行情况下则按预先给定的负荷曲线发电。

在选择主调频厂（机组）时，主要满足以下条件：

1）拥有足够的调整容量及调整范围。

2）调频机组具有与负荷变化速度相适应的调整速度。

3）调整出力时符合安全及经济的原则。此外，还应考虑由于调频所引起的联络线上交换功率的波动，以及网络中某些中枢点的电压波动是否超出允许范围。

水轮机组具有较宽的出力调整范围，一般可达额定容量的 50% 以上，负荷的增长速度也较快，一般在 1min 以内即可从空载过渡到满载状态，而且操作方便、安全。

火力发电厂的锅炉和汽轮机都受允许的最小技术负荷的限制，其中锅炉为 25%（中温中压）~70%（高温高压）的额定容量，汽轮机为 10%~15% 的额定容量。因此，火力发电厂的出力调整范围不大；而且发电机组的负荷增减速度也受汽轮机各部分热膨胀的限制，不能过快，在 50%~100% 额定负荷范围内，每分钟仅能上升 2%~5%。

所以，从出力调整范围和调整速度来看，水电厂最适宜承担调频任务。但是在安排各类电厂的负荷时，还应考虑整个电力系统运行的经济性。在枯水季节，宜选水电厂作为主调频厂，火电厂中效率较低的机组则承担辅助调频的任务；在丰水季节，为了充分利用水力资源，避免弃水，水电厂宜带稳定的负荷，而由效率不高的中温中压凝汽式火电厂承担调频任务。

9.3.5 频率调整和电压调整的关系

电力系统的有功功率和无功功率需求既同电压有关，也同频率有关。频率或电压的变化都将通过系统的负荷特性同时影响到有功功率和无功功率的平衡。

当系统频率下降时，发电机发出的无功功率将要减少（因为发电机的电势依励磁接线的不同与频率的二次方或三次方成正比变化）；变压器和异步电动机励磁所需的无功功率将要增加，绕组漏抗的无功功率损耗将要减小；线路电容充电功率和电抗的无功损耗都要减少。总的来说，频率下降时，系统的无功需求略有增加。如果系统的无功电源不足，则在频率下降时，将很难维持电压的正常水平。通常频率下降 1%，电压将下降 0.8%~2%。如果系统的无功电源充足，则在频率下降时，为满足正常电压下的无功平衡，发电机将输出更多的无功功率。

当系统频率增高时，发电机电势将要增高，系统的无功需求略有减少，因此系统的电压将要上升。为维持电压的正常水平，发电机的无功出力可以略为减少。

当电力网中电压水平提高时，负荷所需的有功功率将要增加，电力网中的损耗略有减少，系统总的有功需求有所增加。如果有功电源不很充裕，将引起频率的下降。当电压水平降低时，系统总的有功需求将要减少，从而导致频率的升高。在事故后的运行方式下，由于某些发电机（或电厂）退出运行，系统的有功功率和无功功率都感不足时，电压的下降将减少有功的缺额，从而在一定程度上阻止频率的急剧下降。

当系统因有功不足和无功不足而使频率和电压都偏低时，应该首先解决有功功率平衡的问题，因为频率的提高能减少无功功率的缺额，这对于调整电压是有利的。如果首先去提高电压，就会扩大有功的缺额，导致频率更加下降，因而无助于改善系统的运行条件。

最后，还需指出，电力系统在额定参数（电压与频率）附近运行时，电压变化对有功平衡的影响和频率变化对无功平衡的影响都是次要的。正因为如此，才有可能分别处理调压和调频的问题。此外，调频和调压也有所区别。全系统的频率是统一的，调频涉及整个系统；而无功功率平衡和电压调整则有可能按地区解决。当线路有功潮流不超出允许范围时，有功电源的任意分布不会妨碍频率的调整，而无功平衡和调压则同无功电源的合理分布有着密切的关系。

9.4 有功功率平衡和系统负荷在各类发电厂间的合理分配

9.4.1 有功功率平衡和备用容量

在电力系统运行中，所有发电厂发出的有功功率的总和 P_G，在任何时刻都是同系统的总负荷 P_D 相平衡的。P_D 包括用户的有功负荷 $P_{LD\Sigma}$、厂用电有功负荷 $P_{s\Sigma}$ 以及网络的有功损耗 P_L，即

$$P_G - P_D = P_G - (P_{LD\Sigma} + P_{s\Sigma} + P_L) = 0 \tag{9-24}$$

为保证安全和优质的供电，电力系统的有功功率平衡必须在额定运行参数下确立，而且还应具有一定的备用容量。

备用容量按其作用可分为负荷备用、事故备用、检修备用和国民经济备用、按其存在形式可分为旋转备用（也称热备用）和冷备用。

为满足一日中计划外的负荷增加和适应系统中的短时负荷波动而留有的备用称为负荷备用。负荷备用容量的大小应根据系统总负荷大小、运行经验以及系统中各类用户的比重来确定，一般为最大负荷的 2%~5%。

当系统的发电机组由于偶然性事故退出运行时，为保证连续供电所需要的备用称为事故备用。事故备用容量的大小可根据系统中机组的台数、机组容量的大小、机组的故障率以及系统的可靠性指标等来确定，一般为最大负荷的 5%~10%，但不应小于运转中最大一台机组的容量。

当系统中发电设备计划检修时，为保证对用户供电而留有的备用称为检修备用。发电设备运转一段时间后必须进行检修。检修分为大修和小修。大修一般安排在系统负荷的季节性低落期间，即年最大负荷曲线的凹下部分（见图 4-3）；小修一般在节假日进行，以尽量减少检修备用容量。

为满足工农业生产的超计划增长对电力的需求而设置的备用则称为国民经济备用。

从另一角度来看，在任何时刻运转中的所有发电机组的最大可能出力之和都应大于该时刻的总负荷，这两者的差值就构成一种备用容量，通常称为旋转备用（或热备用）容量。旋转备用容量的作用在于即时抵偿由于随机事件引起的功率缺额。这些随机事件包括短时间

的负荷波动、日负荷曲线的预测误差和发电机组因偶然性事故而退出运行等。因此，旋转备用中包含了负荷备用和事故备用。一般情况下，这两种备用容量可以通用，不必按两者之和来确定旋转备用容量，而将一部分事故备用处于停机状态。全部的旋转备用容量都承担频率调整的任务。如果在高峰负荷期间，某台发电机组因事故退出运行，同时又遇负荷突然增加，为保证系统的安全运行，还可采取按频率自动减负荷或水轮发电机组低频自动启动等措施，以防止系统频率过分降低。

系统中处于停机状态，但可随时待命启动的发电设备可能发出的最大功率称为冷备用容量。它作为检修备用、国民经济备用及一部分事故备用。

电力系统拥有适当的备用容量就为保证其安全、优质和经济运行准备了必要的条件。

9.4.2 各类发电厂负荷的合理分配

电力系统中的发电厂主要有火力发电厂、水力发电厂和核能发电厂三类。

各类发电厂由于设备容量、机组规格和使用的动力资源的不同有着不同的技术经济特性。必须结合它们的特点，合理地组织这些发电厂的运行方式，恰当安排它们在电力系统日负荷曲线和年负荷曲线中的位置，以提高系统运行的经济性。

火力发电厂的主要特点如下：

1）火力发电厂在运行中需要支付燃料费用，但它的运行不受自然条件的影响。

2）火力发电设备的效率同蒸汽参数有关，高温高压设备的效率高，中温中压设备的效率较低，低温低压设备的效率更低。

3）受锅炉和汽轮机的最小技术负荷的限制。火力发电厂有功出力的调整范围比较小，其中高温高压设备可以灵活调节的范围最窄，中温中压设备的略宽。负荷的增减速度也慢。机组的投入和退出运行费时长，消耗能量多，且易损坏设备。

4）带有热负荷的火电厂称为热电厂，它采用抽汽供热，其总效率要高于一般的凝汽式火电厂。但是与热负荷相适应的那部分发电功率是不可调节的强迫功率。

水力发电厂的特点如下：

1）不需要支付燃料费用，而且水能是可以再生的资源。但水力发电厂的运行因水库调节性能的不同在不同程度上受自然条件（水文条件）的影响。有调节水库的水力发电厂按水库的调节周期可分为：日调节、季调节、年调节和多年调节等几种，调节周期越长，水力发电厂的运行受自然条件影响越小。有调节水库水力发电厂主要是按调度部门给定的耗水量安排出力。无调节水库的径流式水力发电厂只能按实际来水流量发电。

2）水轮发电机的出力调整范围较宽，负荷增减速度相当快，机组的投入和退出运行费时都很少，操作简便安全，无需额外的耗费。

3）水力枢纽往往兼有防洪、发电、航运、灌溉、养殖、供水和旅游等多方面的效益。水库的发电用水量通常按水库的综合效益来考虑安排，不一定能同电力负荷的需要相一致。因此，只有在火力发电厂的适当配合下才能充分发挥水力发电厂的经济效益。

抽水蓄能发电厂是一种特殊的水力发电厂，它有上下两级水库，在日负荷曲线的低谷期间，它作为负荷向系统吸取有功功率，将下级水库的水抽到上级水库；在高峰负荷期间，自上级水库向下级水库放水，作为发电厂运行向系统发出有功功率。抽水蓄能发电厂的主要作用是调节电力系统有功负荷的峰谷差，其调峰作用如图 9-10 所示。在现代电力系统中，核能发电厂、高参数大容量火力发电机组日益增多，系统的调峰容量日显不足，而且随着社会的发展，用电结构的变化，日负荷曲线的峰谷差还有增大的趋势，建设抽水蓄能发电厂对于改善电力系统的运行条件具有很重要的意义。

核能发电厂同火力发电厂相比，一次性投资大，运行费用小，在运行中也不宜带急剧变动的负荷。反应堆和汽轮机组退出运行和再度投入都很费时，且要增加能量消耗。

为了合理地利用国家的动力资源，降低发电成本，必须根据各类发电厂的技术经济特点，恰当地分配它们承担的负荷，安排好它们在日负荷曲线中的位置。径流式水力发电厂的发电功率，利用防洪、灌溉、航运、供水等其他社会需要的放水量的发电功率，以及在洪水期为避免弃水而满载运行的水力发电厂的发电功率，都属于水力发电厂的不可调功率，必须用于承担基本负荷；

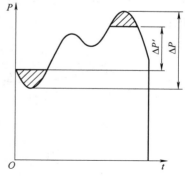

图 9-10   抽水蓄能发电厂的调峰作用

热电厂应承担与热负荷相适应的电负荷；核能发电厂应带稳定负荷。它们都必须安排在日负荷曲线的基本部分，然后对凝汽式火力发电厂按其效率的高低依次由下往上安排。

在夏季丰水期和冬季枯水期各类发电厂在日负荷曲线上的分配示意图如图 9-11 所示。

在丰水期，因水量充足，为了充分利用水力资源，水力发电厂功率基本上属于不可调功率。在枯水期，来水较少，水力发电厂的不可调功率在明显减少，仍带基本负荷。水力发电厂的可调功率应安排在日负荷曲线的尖峰部分，其余各类发电厂的安排顺序不变。抽水蓄能电厂的作用主要是削峰填谷，系统中如有这类发电厂，其在日负荷曲线中的位置如图 9-11 所示。

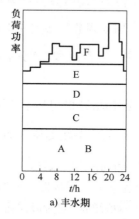

a) 丰水期

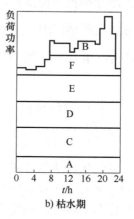

b) 枯水期

图 9-11   各类发电厂在日负荷曲线上的分配示意图

A—水力发电厂的不可调功率   B—水力发电厂的可调功率   C—热电厂   D—核能发电厂

E—高温高压凝汽式火力发电厂   F—中温中压凝汽式火力发电厂

9.5   有功功率和频率的自动调整

1. 调频器的调整方式

实现自动调频，就调频器本身，可有三种调整方式：比例调节、积分调节、微分调节。

比例调节就是按频率偏移的大小控制调频器比例地增减机组功率的调整方式，如图 9-12a 所示。采用这种调整方式时，$\Delta P_{Gn0} \propto \Delta f$，调频机组的功率变化追随系统频率的变化。因此，这种调整方式只能减少系统频率的偏移，不能做到无差调节，如同依靠调速器进行一次调整时一样。

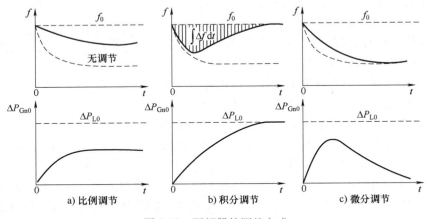

图 9-12　调频器的调整方式

积分调节就是按频率偏移对时间的积分控制调频器增减机组功率的调整方式，如图 9-12b 所示。采用这种调整方式时，$\Delta P_{Gn0} \propto \int \Delta f \mathrm{d}t$，调频机组的功率不断增加或减少，直到 $\int \Delta f \mathrm{d}t$ 不再增大，即图中阴影部分面积不再增大而后止。但因 $\int \Delta f \mathrm{d}t$ 仅在频率恢复原始值时才不再增大，采用这种调整方式自然地实现了无差调节。积分调节的缺点在于负荷变动后的最初阶段 $\int \Delta f \mathrm{d}t$ 还不够大，调频机组功率的增减还不够大，以致这段时间内的频率偏移较其他方式大。

微分调节就是按频率偏移对时间的微分控制调频器增减机组功率的调整方式，如图 9-12c 所示。采用这种调整方式时，$\Delta P_{Gn0} \propto \dfrac{\mathrm{d}\Delta f}{\mathrm{d}t}$，调频机组的功率在负荷变动后的最初阶段，由于系统频率变化较快，增减较快，从而可减小这段时间内的频率偏移。但随着时间的推移，频率趋近某一稳定值，$\mathrm{d}\Delta f/\mathrm{d}t$ 趋近于零，ΔP_{Gn0} 也趋近于零，调频器的调节作用也就逐渐消失。因此，微分调节恰和积分调节相反，只能在负荷变动后的最初阶段发挥作用，随后就逐渐减小，最后则和没有二次调整时完全一样。

综上可见，这三种调整方式都各有优缺点，应采用取长补短将三者综合起来的方式。但如需达到无差调节，积分调节（又称积差调节）是不可少的组成部分。

2. 电力系统的调频方式

电力系统的调频方式除上述按频率调整外，还可按系统内部或系统间联络线上流通的交换功率 P_{ex}，或既按频率又按交换功率调整。这些调频方式又都可分为比例调节、积分调节、微分调节等。但为比较这三种方式的调整效果，以下只讨论它们的无差调节。

按频率调整最终维持的是系统频率恒定，对联络线上的交换功率则不加控制。因此，这种方式只适用于电厂之间联系紧密的系统。按交换功率调整的方式最终维持的是交换功率恒定，对系统频率则不加控制。按频率和交换功率调整是一种分区调整的方式，最终维持的是各分区功率变量的就地平衡。因而，既要控制频率又要控制交换功率，也就是它最终要达到的是分区的 $\Delta P_{L0} - \Delta P_{G0} = 0$ 或 $K\Delta f \mp \Delta P_{ex} = 0$。这种调频方式是大电力系统或联合电力系统中常用的。

为进一步阐明上述三种调频方式的特点，设系统由两部分或两个较小的系统组成。其中，A 系统采用自动二次调频，B 系统仅由调速器进行一次调频。设 A、B 两系统联络线上流通的交换功率 P_{ex} 由 A 至 B 为正值，并以 P_{ab} 表示，则 A、B 两系统中负荷分别变动 ΔP_{LA}、ΔP_{LB} 时，按互联系统计算公式并计及 $\Delta P_{GB} = 0$，可得

$$\begin{cases} \Delta P_{LA} = K_A \Delta f - \Delta P_{ab} + \Delta P_{GA} \\ \Delta P_{LB} = K_B \Delta f + \Delta P_{ab} \end{cases} \tag{9-25}$$

式中，ΔP_{GA} 为 A 系统中调频厂在自动调频装置作用下增减的功率；其他符号的代表意义与前文相同。

A 系统采用不同的调频方式时，以不同的调整准则代入上式，可得相应的 Δf、ΔP_{ab}、ΔP_{GA}。不同调频方式的比较见表 9-1。

表 9-1　不同调频方式的比较

系统调频方式	按频率调整	按交换功率调整	按频率和交换功率调整
调整准则	Δf	$\Delta P_{ab} = 0$	$K_A \Delta f - \Delta P_{ab} = 0$
频率变量 Δf	0	$\Delta P_{LB}/K_B$	$\Delta P_{LB}/(K_A + K_B)$
交换功率变量 ΔP_{ab}	ΔP_{LB}	0	$\Delta P_{LB} K_A/(K_A + K_B)$
A 系统调频厂功率变量 ΔP_{GA}	$\Delta P_{LA} + \Delta P_{LB}$	$\Delta P_{LA} - \dfrac{K_A}{K_B} \Delta P_{LB}$	ΔP_{LA}

观察上表可见，三种不同系统调频方式下，Δf 和 ΔP_{ab} 都只和 ΔP_{LB} 成正比。因按频率调整的结果，$\Delta f = 0$，A、B 两系统中所有机组的调速器和负荷的调节效应都不起作用，它们的负荷增量（$\Delta P_{LA} + \Delta P_{LB}$）要如数由 A 系统中的调频厂补足，通过联络线流向 B 系统的自然应为该系统负荷的增量 ΔP_{LB}。按交换功率调整的结果，$\Delta P_{ab} = 0$，B 系统的负荷增量 ΔP_{LB} 只能在该系统中寻求平衡，B 系统的频率变量从而联合系统的频率变量自然也只和 ΔP_{LB} 有关。按频率和交换功率调整时，A 系统维持了该系统功率变量的就地平衡，$\Delta P_{GA} = \Delta P_{LA}$，系统频率和交换功率的变量自然也只和 ΔP_{LB} 有关。而且，正因 $\Delta P_{GA} = \Delta P_{LA}$、$\Delta P_{GB} = 0$，整个系统就好似只有一次调频一样。三种不同调整方式下的 ΔP_{GA}，按频率调整时，就是 A、B 两系统负荷增量之和（$\Delta P_{LA} + \Delta P_{LB}$）；按频率和交换功率调节时，为维持分区功率变量的就地平衡，就是 A 系统负荷增量 ΔP_{LA}，按交换功率调整时，要小于 A 系统负荷增量 ΔP_{LA}，其差值就是因频率下降 Δf，A 系统中发电机组调速器的调整作用和负荷的调节效应而形成的功率变量 $K_A \Delta f$。

此外，还可以有如例 9-4 所示，同一系统中的几部分或几个系统组成联合系统时，分别采取不同调频方式的方案。

例 9-4　A、B 两系统由联络线相联，相联前的系统单位调节功率 $K_A = K_B = 1250\text{MW/Hz}$。

设两系统的负荷分别增加 100MW、50MW，试计算 A 系统按频率、积分调节，B 系统按频率和交换功率、比例调节（比例常数为 1）时，A、B 两系统中调频厂的功率增量 ΔP_{GA}、ΔP_{GB}。

解：解这一类问题时，由于增加了两个未知数 ΔP_{GA}、ΔP_{GB}，应除原来的系统调频公式外，再增加两个方程式。这两个方程式可由调频器和系统的调整方式列出。本例中由于 A 系统按频率、积分调节，可见 $\Delta f = 0$；B 系统按频率和交换功率、比例调节（比例常数为 1）可见 $\Delta P_{GB} = 1 \times (K_B \Delta f + \Delta P_{ab})$。于是，联立解

$$\Delta P_{LA} + \Delta P_{ab} - \Delta P_{GA} = K_A \Delta f \qquad 100 + \Delta P_{ab} - \Delta P_{GA} = 1250 \Delta f$$

$$\Delta P_{LB} - \Delta P_{ab} - \Delta P_{GB} = K_B \Delta f \qquad 50 - \Delta P_{ab} - \Delta P_{GB} = 1250 \Delta f$$

$$\Delta f = 0 \qquad\qquad\qquad\qquad\qquad \Delta f = 0$$

$$\Delta P_{GB} = K_B \Delta f + \Delta P_{ab} \qquad\qquad \Delta P_{GB} = K_B \Delta f + \Delta P_{ab}$$

可得

$$\Delta P_{GB} = \frac{1}{2} \Delta P_{LB} = 25\text{MW}$$

$$\Delta P_{ab} = \Delta P_{LB} - \Delta P_{GB} = 50 - 25 = 25\text{MW}$$

$$\Delta P_{GA} = \Delta P_{LA} + \Delta P_{ab} = 100 + 25 = 125\text{MW}$$

由本例可见，B 系统按频率和交换功率、比例调节的结果不能维持交换功率恒定，因比例调节属于有差调节。如改为积分调节，即改为无差调节，则按这种调整准则，将第四个方程式改为 $K_B \Delta f + \Delta P_{ab}$，可得

$$\Delta P_{GB} = \Delta P_{LB} = 50\text{MW}$$

$$\Delta P_{ab} = 0$$

$$\Delta P_{GA} = \Delta P_{LA} = 100\text{MW}$$

即完全达到了功率增量的分区平衡。

3. 自动调频装置

为进一步阐明系统自动调频的基本概念，可分析一种自动调频装置的示意图（见图 9-13）。但应指出，这类装置型式繁多，图 9-13 所示不是唯一的。

图 9-13 所示装置分两大部分，一部分设在调度所，另一部分设在各调频厂。其中，1、2 分别为频率和交换功率的测量、比较单元。由 1、2 输出的分别为频率和交换功率的偏移 Δf。3 为综合单元。其中，对由 1、2 输入的 Δf、ΔP_{ex} 进行放大、组合，按系统调频方式的不同而组合为 $K\Delta f$ 或 ΔP_{ex} 或 $K\Delta f \mp \Delta P_{ex}$。这个单元的输出就是在这样大小的频率和交换功率偏移下，全系统应增发（或减发）功率 $\Delta P_{G\Sigma}$ 的信息。4 为比例、积分、微分单元。其中，按调频器调整方式的不同将输入量进行放大、积分或微分。因此，这个单元的输出就是各调频厂进行自动调频时应遵循的调整规律，例如，按频差比例积分调节等。5 为功率分配单元。其中，确定系统应增发（或减发）的功率 $\Delta P_{G\Sigma}$ 应如何分配给各发电厂。因此，这个单元的输出就是各调频厂进行自动调频时应增发（或减发）功率 ΔP_{Ga}、ΔP_{Gb} 等的信息。于是，4、5 两单元输出的综合就完全决定了各调频厂应如何进行二次调频。综合后的信息就通过发送装置 6 分送到各调频厂。在各调频厂，接收装置 7 接收到这些信息后，如不必在厂内机组间再作分配，就可将它直接输至调频机组的调频器 9。而如同时参加调频的机组不止一台，还需再设置一个功率分配单元 8。功率分配单元 8 和功率分配单元 5 的作用相同。

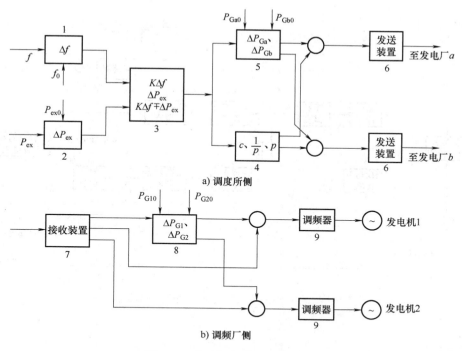

图 9-13　自动调频装置的示意图

由此可见，实行自动调频可使几台机组甚至几个电厂同时调整而不至发生混乱。这正是手动调频所无法达到的。为改善频率质量，提高系统运行的经济性，避免联络线的过负荷等，实行自动调频无疑是一项重要技术措施。

4. 有功功率和频率的自动调整

在结束本章前，可将一、二、三次频率调整的作用原理归纳在图 9-14 中。图中所示是联合系统的一个组成部分——系统 A 的有功功率和频率自动调整系统的检测、调节和执行部件。图中，1、2、3 分别为总功率盈亏、频率检测、交换功率检测单元。其中，频率检测单元的作用在于将测得的总功率盈亏转换为频率偏移。交换功率检测单元则是将总功率盈亏转换为交换功率变化量。频率既然有偏移，就会有负荷的频率调节效应，而且，发电机组的调速器也将动作。这就是 4、5 两个单元所反映的。其中，调速器输出端 $K_{GA}\Delta f$ 表示的就是系统 A 中发电机组的调速器作一次调整时所有的功率调整量 ΔP_{GA}^{t}。频率偏置单元 6 的作用是将频率偏移转换为功率调整量 $K_{tA}\Delta f$。这个因频率变化而要求的功率调整量与交换功率变量 ΔP_{ex} 的合成就是系统 A 中发电机组按频率和交换功率作二、三次调整时应增减的功率 ΔP_{GA}^{0m}。将这 ΔP_{GA}^{0m} 分解为二次调整量 ΔP_{GA}^{0} 和三次调整量 ΔP_{GA}^{m} 则借助于单元 9。这个单元起滤波器作用，只有变化周期长、幅度大的 ΔP_{GA}^{m} 可以通过。7、8 两个单元进行二次调整的自动调频部分。单元 10 可看作为一个计算机，其计算程序因采用的计算方法而异。单元 7、11 都是为保证无差调节而设置的积分元件。单元 12 则是频率的二、三次调整的执行元件，但图中只作出系统 A 中的发电厂 a 作代表。

这样，就将频率的一、二、三次调整汇总在一起了。但应再次指出，通常所谓的频率调整实际仅指频率的二次调整。

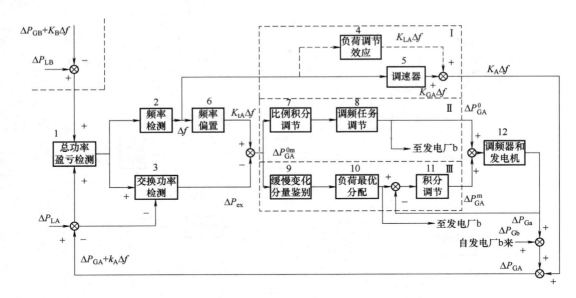

图 9-14 有功功率和频率自动调整作用原理总图

9.6 小结

频率是衡量电能质量的重要指标。实现电力系统在额定频率下的有功功率平衡，并留有必要的备用容量，是保证频率质量的基本前提。要了解有功功率平衡的基本内容及各种备用容量的作用。

负荷变化将引起频率偏移，系统中凡装有调速器，又尚有可调容量的发电机组都自动参与频率调整，这就是频率的一次调整，只能做到有差调节。频率的二次调整由主调频厂承担，调频机组通过调频器移动机组的功率-频率静态特性，改变机组的有功输出以承担系统的负荷变化，可以做到无差调节。主调频厂应有足够的调整容量，具有能适应负荷变化的调整速度，调整功率时还应符合安全与经济的原则。

利用负荷和机组的功率-频率静态特性可以分析频率的调整过程和调整结果。

全系统的频率是统一的，调频问题涉及整个系统，当线路有功功率不超出容许范围时，有功电源的分布不会妨碍频率的调整。而无功功率平衡和调压问题则宜于按地区解决。

在进行各类发电厂的负荷分配时，应根据各类发电厂的技术经济特点，力求做到合理利用国家的动力资源，尽量降低发电能耗和发电成本。

9.7 复习题

9-1 何谓发电机的功率-频率静态特性？它与调速器的调差系数有什么关系？

9-2 何谓负荷的频率调节效应系数？不同的负荷其频率调节效应系数有什么不同？

9-3 何谓频率一次调整？它由发电机哪个机构执行？为什么一次调频是有差的？

9-4 何谓频率二次调整？它由哪个机构执行？为什么二次调频可以做到无差？

9-5 根据各类发电厂的技术经济特性，在不同季节怎样安排它们所承担的负荷曲线中的位置？

9-6 某电力系统的额定频率 $f_N = 50Hz$，负荷的频率静态特性为 $P_{D*} = 0.2 + 0.4f_* + 0.3f_*^2 + 0.1f_*^3$。试求：

1）当系统运行频率为 50Hz 时，负荷的调节效应系数 K_{D*}。

2）当系统运行频率为 48Hz 时，负荷功率变化的百分数及此时的调节效应系数 K_{D*}。

9-7 某电力系统有 4 台额定功率为 100MW 的发电机，每台发电机的调速器的调差系数 $\delta = 4\%$，额定频率 $f_N = 50Hz$，系统总负荷为 $P_D = 320MW$，负荷的频率调节效应系数 $K_D = 0$。在额定频率运行时，若系统增加负荷 60MW，试计算下列两种情况下系统频率的变化值：

1）4 台机组原来平均承担负荷。

2）原来 3 台机组满载，1 台带 20MW 负荷。说明两种情况下频率变化不同的原因。

9-8 系统条件同题 9-7，但负荷的调节效应系数 $K_D = 20MW/Hz$，试作上题同样的计算，并比较分析计算结果。

9-9 系统条件仍如题 9-7，$K_D = 20MW/Hz$，当发电机平均分配负荷，且 2 台发电机参加二次调频时，求频率变化值。

9-10 系统的额定频率为 50Hz，总装机容量为 2000MW，调差系数 $\delta = 5\%$，总负荷 $P_D = 1600MW$，$K_D = 50MW/Hz$，在额定频率下运行时增加负荷 430MW，计算下列两种情况下的频率变化，并说明为什么？

1）所有发电机仅参加一次调频。

2）所有发电机均参加二次调频。

9-11 互联系统如图 9-15 所示。已知两系统发电机的单位调节功率和负荷的频率调节效应：$K_{GA} = 800MW/Hz$，$K_{DA} = 50MW/Hz$，$K_{GB} = 700MW/Hz$，$K_{DB} = 40MW/Hz$。两系统的负荷增量为 $\Delta P_{DA} = 100MW$，$\Delta P_{DB} = 50MW$。当两系统的发电机均参加一次调频时，试求频率和联络线的功率变化量。

图 9-15 习题 9-11 互联系统

9-12 互联系统如图 9-15 所示，已知两系统的有关参数为：$K_{GA} = 270MW/Hz$，$K_{DA} = 21MW/Hz$，$K_{GB} = 480MW/Hz$，$K_{DB} = 39MW/Hz$。此时联络线功率 $\Delta P_{AB} = 300MW$，若系统 B 增加负荷 150MW，试计算：

1）两系统全部发电机仅进行一次调频时的系统频率，联络线功率变化量，A、B 系统发电机及负荷功率的变化量。

2）两系统发电机均参加一次调频，但二次调频仅由 A 系统的调频厂承担，且联络线最大允许输送功率为 400MW，求系统频率的最小变化量。

第 10 章 电力系统的经济运行

电力系统经济运行的基本要求是，在保证整个系统安全可靠和电能质量符合标准的前提下，努力提高电能生产和输送的效率，尽量降低供电的燃料消耗或供电成本。

本章将简要介绍电力网中能量损耗的计算方法、降低网损的技术措施、发电厂间有功负荷的合理分配、无功功率的合理补偿和分配的方法等。

10.1 电力网中的能量损耗

10.1.1 电力网的能量损耗和损耗率

在给定的时间（日、月、季或年）内，系统中所有发电厂的总发电量同厂用电量之差，称为供电量；所有送电、变电和配电环节所损耗的电量，称为电力网损耗电量（或损耗能量）。在同一时间内，电力网损耗电量占供电量的百分比称为电力网损耗率，简称网损率或线损率。

$$\text{电力网损耗率} = \frac{\text{电力网损耗电量}}{\text{供电量}} \times 100\% \tag{10-1}$$

网损率是衡量供电企业管理水平的一项重要的综合性的经济技术指标。

在电力网元件的功率损耗和能量损耗中，有一部分同元件通过的电流（或功率）的二次方成正比，如变压器绕组和线路导线中的损耗就是这样；另一部分则同施加给元件的电压有关，如变压器铁心损耗、电缆和电容器绝缘介质中的损耗等。以变压器为例，如忽略电压变化对铁心损耗的影响，则在给定的运行时间 T 内，变压器的能量损耗为

$$\Delta A_{\text{T}} = \Delta P_0 T + 3 \int_0^T I^2 R_{\text{T}} \times 10^{-3} \mathrm{d}t \tag{10-2}$$

式中，ΔP_0 为功率，单位为 kW；T 为时间，单位为 h；I 为电流，单位为 A；R 为电阻，单位为 Ω；ΔA_{T} 为能量损耗，单位为 kWh。

式（10-2）右端的第一项计算比较简单，第二项计算则较为困难。线路电阻的损耗计算公式也与式（10-2）右端第二项相似，我们着重讨论这部分损耗的计算方法。

10.1.2 线路中能量损耗的计算方法

这里简要介绍两种计算能量损耗的方法：最大负荷损耗时间法和等效功率法。

1. 最大负荷损耗时间法

假定线路向一个集中负荷供电（见图 10-1），在时间 T 内线路的能量损耗为

$$\Delta A_{\text{L}} = \int_0^T \Delta P_{\text{L}} \mathrm{d}t = \int_0^T \frac{S^2}{U^2} R \times 10^{-3} \mathrm{d}t \tag{10-3}$$

式中，S 为视在功率，单位为 kVA；U 为电压，单位为 kV。

如果知道负荷曲线和功率因数，就可以作出电流（或视在功率）的变化曲线，并利用式（10-3）计算在时间 T 内的电能损耗。但是这种算法很繁琐。实际上，在计算能量损耗时，负荷曲线本身就是预计的，又不能确知每一时刻的功率因数，特别是在电网的设计阶段，所能得到的数据就更为粗略。因此，在工程实际中常采用一种简化的方法，即最大负荷损耗时间法来计算能量损耗。

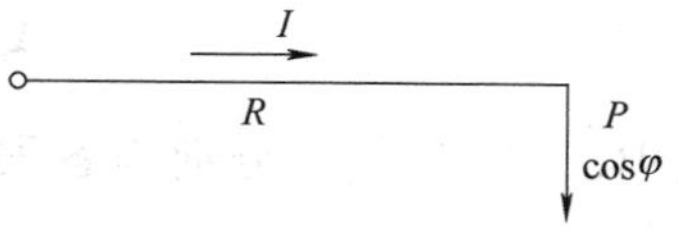

图 10-1　简单供电网络

如果线路中输送的功率一直保持为最大负荷功率 S_{max}，在 τ 小时内的能量损耗恰等于线路全年的实际能量损耗，则称 τ 为最大负荷损耗时间。

$$\Delta A = \int_0^{8760} \frac{S^2}{U^2} R \times 10^{-3} \, \mathrm{d}t = \frac{S_{max}^2}{U^2} R\tau \times 10^{-3} = \Delta P_{max}\tau \times 10^{-3} \tag{10-4}$$

若认为电压接近于恒定，则

$$\tau = \frac{\int_0^{8760} S^2 \mathrm{d}t}{S_{max}^2} \tag{10-5}$$

由上式可见，最大负荷损耗时间 τ 与用视在功率表示的负荷曲线有关。在一定的功率因数下视在功率与有功功率成正比，而有功功率负荷持续曲线的形状在某种程度上可由最大负荷的利用小时 T_{max} 反映出来。可以设想，对于给定的功率因数，τ 同 T_{max} 之间将存在一定的关系。通过对一些典型负荷曲线的分析，得到的最大负荷损耗时间 τ 与最大负荷的利用小时数 T_{max} 的关系见表 10-1。

表 10-1　最大负荷损耗时间 τ 与最大负荷的利用小时数 T_{max} 的关系

T_{max}/h	τ/h				
	$\cos\varphi = 0.80$	$\cos\varphi = 0.85$	$\cos\varphi = 0.90$	$\cos\varphi = 0.95$	$\cos\varphi = 1.00$
2000	1500	1200	1000	800	700
2500	1700	1500	1250	1100	950
3000	2000	1800	1600	1400	1250
3500	2350	2150	2000	1800	1600
4000	2750	2600	2400	2200	2000
4500	3150	3000	2900	2700	2500
5000	3600	3500	3400	3200	3000
5500	4100	4000	3950	3750	3600
6000	4650	4600	4500	4350	4200
6500	5250	5200	5100	5000	4850
7000	5950	5900	5800	5700	5600
7500	6650	6600	6550	6500	6400
8000	7400	—	7350	—	7250

在不知道负荷曲线的情况下，根据最大负荷的利用小时数 T_{max} 和功率因数，即可从表 10-1 中找出 τ 值，用以计算全年的能量损耗。

三个负荷点的供电线路如图 10-2 所示。由图可知，线路的总能量损耗就等于各段线路能量损耗之和，即

$$\Delta A = \left(\frac{S_1}{U_a}\right)^2 R_1 \tau_1 + \left(\frac{S_2}{U_b}\right)^2 R_2 \tau_2 + \left(\frac{S_3}{U_c}\right)^2 R_3 \tau_3$$

式中，S_1、S_2、S_3 分别为各段的最大负荷功率；τ_1、τ_2、τ_3 分别为各段的最大负荷损耗时间。

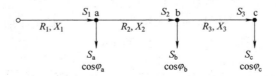

图 10-2　三个负荷点的供电线路

为了求各线段的 τ，须先算出各线段的 $\cos\varphi$ 和 T_{max}。如果已知各点负荷的最大负荷的利用小时数分别为 T_{max*a}、T_{max*b} 和 T_{max*c}，各点最大负荷同时出现，且分别为 S_a、S_b 和 S_c，则有

$$\cos\varphi_1 = \frac{S_a\cos\varphi_a + S_b\cos\varphi_b + S_c\cos\varphi_c}{S_a + S_b + S_c}$$

$$\cos\varphi_2 = \frac{S_b\cos\varphi_b + S_c\cos\varphi_c}{S_b + S_c}$$

$$\cos\varphi_3 = \cos\varphi_c$$

$$T_{max1} = \frac{P_a T_{max*a} + P_b T_{max*b} + P_c T_{max*c}}{P_a + P_b + P_c}$$

$$T_{max2} = \frac{P_b T_{max*b} + P_c T_{max*c}}{P_b + P_c}$$

$$T_{max3} = T_{max*c}$$

知道了 $\cos\varphi$ 和 T_{max}，就可从表 10-1 中找出适当的 τ 值。

变压器绕组中能量损耗的计算与线路的相同；变压器的铁损按全年投入运行的实际小时数来计算。

例 10-1　考虑图 10-3 所示的网络，变电所低压母线上的最大负荷为 40MW，$\cos\varphi = 0.8$，$T_{max} = 4500h$。试求线路及变压器中全年的能量损耗。线路和交压器的参数如下：

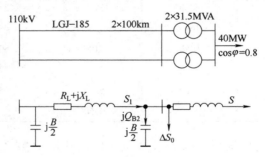

图 10-3　例 10-1 的输电系统及其等效电路

线路（每回）：$r_0 = 0.165\Omega/\text{km}$，$x_0 = 0.409\Omega/\text{km}$，$b_0 = 2.82\times10^{-6}\text{S}/\text{km}$；

变压器（每台）：$\Delta P_0 = 38.5\text{kW}$，$\Delta P_\text{S} = 148\text{kW}$，$I_0\% = 0.8$，$U_\text{S}\% = 10.5$。

解：最大负荷时变压器的绕组功率损耗

$$\Delta S_\text{T} = \Delta P_\text{T} + jQ_\text{T} = 2\left(\Delta P_\text{S} + j\frac{U_\text{S}\%}{100}S_\text{N}\right)\left(\frac{S}{2S_\text{N}}\right)^2$$

$$= 2\times\left(148 + j\frac{10.5}{100}\times31500\right)\times\left(\frac{40/0.8}{2\times31.5}\right)^2\text{kVA}$$

$$= (186 + j4167)\text{kVA}$$

变压器的铁心功率损耗

$$\Delta S_0 = 2\left(\Delta P_0 + j\frac{I_0\%}{100}S_\text{N}\right) = 2\times\left(38.5 + j\frac{0.8}{100}\times31500\right)\text{kVA}$$

$$= (77 + j504)\text{kVA}$$

线路末端充电功率

$$Q_\text{B2} = -2\frac{b_0 l}{2}U^2 = -2.82\times10^{-6}\times100\times110^2\text{Mvar} = -3.412\text{Mvar}$$

等效电路中用以计算线路损耗的功率

$$S_1 = S + \Delta S_\text{T} + \Delta S_0 + jQ_\text{B2}$$

$$= (40 + j30 + 0.186 + j4.167 + 0.077 + j0.504 - j3.412)\text{MVA}$$

$$= (40.263 + j31.259)\text{MVA}$$

线路上的有功功率损耗

$$\Delta P_\text{L} = \frac{S_1^2}{U^2}R_\text{L} = \frac{40.263^2 + 31.259^2}{110^2}\times\frac{1}{2}\times0.165\times100\text{MW} = 1.7715\text{MW}$$

已知 $T_\text{max} = 4500\text{h}$ 和 $\cos\varphi = 0.8$，从表 10-1 中查得 $\tau = 3150\text{h}$，假定变压器全年投入运行，则变压器中全年能量损耗

$$\Delta A_\text{T} = 2\Delta P_0\times8760 + \Delta P_\text{T}\times3150$$

$$= (77\times8760 + 186\times3150)\text{kWh} = 1260420\text{kWh}$$

线路中全年能量损耗

$$\Delta A_\text{T} = \Delta P_\text{L}\times3150 = (1771.5\times3150)\text{kWh} = 5580225\text{kWh}$$

输电系统全年的总能量损耗

$$\Delta A_\text{T} = \Delta A_\text{L} = (1260420 + 5580255)\text{kWh} = 6840645\text{kWh}$$

用最大负荷损耗时间计算能量损耗，其准确度不高，ΔP_max 的计算，尤其是 τ 值的确定都是近似的，而且还不可能对由此而引起的误差作出有根据的分析。因此，这种方法只适用于电力网的规划设计中的计算。对于已运行电网的能量损耗计算，此方法的误差太大不宜采用。

2. 等效功率法

仍以图 10-1 所示的简单网络为例，在给定的时间 T 内的能量损耗

$$\Delta A = 3\int_0^T I^2 R\times10^{-3}\text{d}t = 3I_\text{eq}^2 RT\times10^{-3} = \frac{P_\text{eq}^2 + Q_\text{eq}^2}{U^2}RT\times10^{-3} \tag{10-6}$$

式中，I_{eq}、P_{eq} 和 Q_{eq} 分别表示电流、有功功率和无功功率的等效值。

$$I_{eq} = \sqrt{\frac{1}{T}\int_0^T I^2 dt} \tag{10-7}$$

当电网的电压恒定不变时，P_{eq} 与 Q_{eq} 也有与式（10-7）相似的表达式。由此可见，所谓等效值实际上也是一种方均根值。

电流、有功功率和无功功率的等效值可以通过各自的平均值表示为

$$\begin{cases} I_{eq} = G I_{av} \\ P_{eq} = K P_{av} \\ Q_{eq} = L Q_{av} \end{cases} \tag{10-8}$$

式中，G、K 和 L 分别称为负荷曲线 $I(t)$，$P(t)$ 和 $Q(t)$ 的形状系数。

引入平均负荷后，可将能量损耗公式改写为

$$\Delta A = 3G^2 I_{av}^2 RT \times 10^{-3} = \frac{RT}{U^2}(K^2 P_{av}^2 + L^2 Q_{av}^2) \times 10^{-3} \tag{10-9}$$

利用式（10-9）计算能量损耗时，平均功率可由给定运行时间 T 内的有功电量 A_P 和无功电量 A_Q 求得

$$P_{av} = \frac{A_P}{T}, \quad Q_{av} = \frac{A_Q}{T}$$

形状系数 K 由负荷曲线的形状决定。对各种典型的持续负荷曲线的分析表明，形状系数的取值范围为

$$1 \le K \le \frac{1+\alpha}{2\sqrt{\alpha}} \tag{10-10}$$

式中，α 是最小负荷率。

取形状系数平均值的二次方等于其上、下限值二次方的平均值，即

$$K_{av}^2 = \frac{1}{2} + \frac{(1+\alpha)^2}{8\alpha} \tag{10-11}$$

用形状系数的平均值 K_{av} 代替它的实际值进行能量损耗计算，当 $\alpha > 0.4$ 时，其最大可能的相对误差不会超过 10%。当负荷曲线的最小负荷率 $\alpha < 0.4$ 时，可将曲线分段，使对每一段而言的最小负荷率大于 0.4，这样就能保证总的最大误差在 10% 以内。

对于无功负荷曲线的形状系数 L 也可以作类似的分析。当负荷的功率因数不变时，L 与 K 相等。

利用等效功率进行能量损耗计算时，运行周期 T 可以是日、月、季或年。

例 10-2 某元件的电阻为 10Ω，在 720h 内通过的电量为 $A_P = 80200\text{kWh}$ 和 $A_Q = 40100\text{kvarh}$，最小负荷率 $\alpha = 0.4$，平均运行电压为 10.3kV，功率因数接近不变。求该元件的能量损耗。

解：先计算平均功率：

$$P_{av} = \frac{A_P}{T} = \frac{80200}{720}\text{kW} = 111.4\text{kW}$$

$$Q_{av} = \frac{A_Q}{T} = \frac{40100}{720}\text{kvar} = 55.7\text{kvar}$$

当 $\alpha = 0.4$ 时，$K_{av} = L_{av} = 1.055$。利用式（10-9），并以 K_{av} 和 L_{av} 分别代替 K 和 L，可得能量损耗为

$$\Delta A = \frac{RT}{U^2}(K_{av}^2 P_{av}^2 + L_{av}^2 Q_{av}^2) \times 10^{-3}$$

$$= \frac{10 \times 720}{10.3^2} \times 1.055^2 \times (111.4^2 + 55.7^2) \times 10^{-3} \text{kWh}$$

$$= 1171.77 \text{kWh}$$

用等效功率法计算能量损耗，原理易懂，方法简单，所要求的原始数据也不多。对于已运行的电网进行网损的理论分析时，可以直接从电度表取得有功电量和无功电量的数据，即使不知道具体的负荷曲线形状，也能对计算结果的最大可能误差作出估计。这种方法的另一个优点是能够推广应用于任意复杂网络的能量损耗计算。

10.1.3　降低网损的技术措施

电力网的能量损耗不仅耗费一定的动力资源，而且占用一部分发电设备容量。因此，降低网损是电力企业提高经济效益的一项重要任务。为了降低电力网的能量损耗，可以采取各种技术措施。例如，改善网络中的功率分布；合理组织运行方式；调整负荷；对原有电网进行电压改造，简化网络结构等。现择要简介如下。

1. 提高用户的功率因数，减少线路输送的无功功率

实现无功功率的就地平衡，不仅改善电压质量，对提高电网运行的经济性也有重大作用。在图 10-1 所示的简单网络中，线路的有功功率损耗为

$$\Delta P_L = \frac{P^2}{U^2 \cos^2 \varphi} R$$

如果将功率因数由原来的 $\cos\varphi_1$ 提高到 $\cos\varphi_2$，则线路中的功率损耗可降低

$$\delta_{P_L}(\%) = \left[1 - \left(\frac{\cos\varphi_1}{\cos\varphi_2} \right)^2 \right] \times 100 \tag{10-12}$$

当功率因数由 0.7 提高到 0.9 时，线路中的功率损耗可减少 39.5%。

装设并联无功补偿设备是提高用户功率因数的重要措施。对于一个具体的用户，负荷离电源点越远，补偿前的功率因数越低，安装补偿设备的降损效果也就越大。对于电力网来说，配置无功补偿容量需要综合考虑实现无功功率的分地区平衡、提高电压质量和降低网络功率损耗这三个方面的要求，通过优化计算来确定补偿设备的安装地点和容量分配。

为了减少对无功功率的需求，用户应尽可能避免用电设备在低功率因数下运行。许多工业企业都大量地使用异步电动机。异步电动机所需要的无功功率可用下式表示。

$$Q = Q_0 + (Q_N - Q_0) \left(\frac{P}{P_N} \right)^2 = Q_0 + (Q_N - Q_0)\beta^2 \tag{10-13}$$

式中，Q_0 为异步电动机空载运行时所需的无功功率；P_N 和 Q_N 分别为额定负载下运行时的有功功率和无功功率；P 为电动机的实际机械负荷；β 为受载系数。

式（10-13）中的第一项是电动机的励磁功率，它与负载情况无关，其数值占 Q_N 的 60%~70%。第二项是绕组漏抗中的损耗，与受载系数的二次方成正比。受载系数降低时，电动机所需的无功功率只有一小部分按受载系数的二次方而减小，而大部分则维持不变。因

此受载系数越小，功率因数越低。额定功率因数为 0.85 的电动机，如果 $Q_0 = 0.65Q_N$，当受载系数为 0.5 时，功率因数将下降到 0.74。

为了提高功率因数，用户所选用的电动机容量应尽量接近它所带动的机械负载，在技术条件许可的情况下，采用同步电动机代替异步机，还可以让已装设的同步电动机运行在过励磁状态等。

2. 改善网络中的功率分布

在由非均一线路组成的环网中，功率的自然分布不同于经济分布。电网的不均一程度越大，两者的差别也就越大。为了降低网络的功率损耗，可以在环网中引入环路电势进行潮流控制，使功率分布尽量接近于经济分布。对于环形网络也可以考虑开环运行是否更为合理。为了限制短路电流或满足继电保护动作选择性要求，需将闭式网络开环运行时，开环点的选择要有利于降低网损。

低压配电网络一般采取闭式网络接线，按开式网络运行。为了限制线路故障的影响范围和避免线路检修时大范围停电，在配电网络的适当地点安装有分段开关和联络开关。在不同的运行方式下，对这些开关的通断状态进行优化组合，合理安排用户的供电路径，可以达到平衡支路潮流、消除过载、降低网损和提高电压质量的目的。

3. 合理地确定电力网的运行电压水平

变压器铁心中的功率损耗在额定电压附近大致与电压的二次方成正比，当网络电压水平提高时，如果变压器的分接头也作相应的调整，则铁损将接近于不变。而线路的导线和变压器绕组中的功率损耗则与电压的二次方成反比。

必须指出，在电压水平提高后，负荷所取用的功率会略有增加。在额定电压附近，电压提高 1%，负荷的有功功率和无功功率将分别增大 1% 和 2%，这将稍微增加网络中与通过功率有关的损耗。

一般来说，对于变压器的铁损在网络总损耗所占比重小于 50% 的电力网，适当提高运行电压就可以降低网损，电压在 35kV 及以上的电力网基本上属于这种情况。但是，对于变压器铁损所占比重大于 50% 的电力网，情况则正好相反。大量统计资料表明，在 6~10kV 的农村配电网中变压器铁损在配电网总损耗中所占的比重可达 60%~80%，甚至更高。这是因为小容量变压器的空载电流较大，农村电力用户的负荷率又比较低，变压器有许多时间处于轻载状态。对于这类电力网，为了降低功率损耗和能量损耗，应适当降低运行电压。

无论对于哪一类电力网，为了经济的目的提高或降低运行电压水平时，都应将其限制在电压偏移的容许范围内。当然，更不能影响电力网的安全运行。

4. 组织变压器的经济运行

在一个变电所内装有 $n(n \geq 2)$ 台容量和型号都相同的变压器时，根据负荷的变化适当改变投入运行的变压器台数，可以减少功率损耗。当总负荷功率为 S 时，并联运行的 k 台变压器的总损耗为

$$\Delta P_{T(k)} = k\Delta P_0 + k\Delta P_S \left(\frac{S}{kS_N}\right)^2$$

式中，ΔP_0 和 ΔP_S 分别为一台变压器的空载损耗和短路损耗；S_N 为一台变压器的额定容量。

由上式可见，铁心损耗与台数成正比，绕组损耗则与台数成反比。当变压器轻载运行时，绕组损耗所占比重相对减小，铁心损耗的比重相对增大，在某一负荷下，减少变压器台

数，就能降低总的功率损耗。为了求得这一临界负荷值，我们先写出负荷功率为 S 时，$k-1$ 台并联运行的变压器的总损耗

$$\Delta P_{\mathrm{T}(k-1)} = (k-1)\Delta P_0 + (k-1)\Delta P_{\mathrm{S}}\left[\frac{S}{(k-1)S_{\mathrm{N}}}\right]^2$$

使 $\Delta P_{\mathrm{T}(k)} = \Delta P_{\mathrm{T}(k-1)}$ 的负荷功率即是临界功率，其表达式为

$$S_{\mathrm{er}} = S_{\mathrm{N}}\sqrt{k(k-1)\frac{\Delta P_0}{\Delta P_{\mathrm{S}}}} \tag{10-14}$$

当负荷功率 $S > S_{\mathrm{er}}$ 时，宜投入 k 台变压器并联运行；当 $S < S_{\mathrm{er}}$ 时，并联运行的变压器可减为 $k-1$ 台。

应该指出，对于季节性变化的负荷，使变压器投入的台数符合损耗最小的原则是有经济意义的，也是切实可行的。但对一昼夜内多次大幅度变化的负荷，为了避免断路器因过多的操作而增加检修次数，变压器则不宜完全按照上述方式运行。此外，当变电所仅有两台变压器而需要切除一台时，应有相应的措施以保证供电的可靠性。

5. 对原有电网进行技术改造

随着城市的发展，生产和人民生活用电不断增长，负荷密度明显增大，配电网络的负荷越来越重，不但能量损耗很大，而且也难以保证电压质量。为了满足日益增加的对电力的需求，极有必要适时地对原有配电网络进行改造，例如增设电源点、提升线路电压等级、增大导线截面等，这些措施都有极为明显的降损效果。

在改建旧电网时，将 110kV 或 220kV 的高电压直接引入负荷中心、简化网络结构、减少变电层次，不仅能大量地降低网损，而且是扩大供电能力、提高供电可靠性和改善电压质量的有效措施。

此外，通过调整用户的负荷曲线、减小高峰负荷和低谷负荷的差值、提高最小负荷率、使形状系数接近于 1，也可降低能量损耗。

10.2 火电厂间有功功率负荷的经济分配

10.2.1 耗量特性

反映发电设备（或其组合）单位时间内能量输入和输出关系的曲线，称为该设备（或其组合）的耗量特性。锅炉的输入是燃料（t 标准煤/h），输出是蒸汽（t/h），汽轮发电机组的输入是蒸汽（t/h），输出是电功率（MW）。整个火电厂的耗量特性如图 10-4 所示，其横坐标为电功率（MW），纵坐标为燃料（t 标准煤/h）。水电厂耗量特性曲线的形状也大致如此，但其输入是水（m³/h）。为便于分析，假定耗量特性连续可导（实际的特性并不都是这样）。

耗量特性曲线上某点的纵坐标和横坐标之比，即输入与输出之比称为比耗量 $\mu = F/P$，其倒数 $\eta = F/P$，表示发电厂的效率。耗量特性曲线上某点切线的斜率称为该点的耗量微增率 $\lambda = \mathrm{d}F/\mathrm{d}P$，它表示在该点运行时输入增量对输出增量之比。以输出电功率为横坐标的效率曲线和微增率曲线如图 10-5 所示。

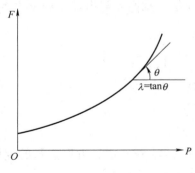

图 10-4　整个火电厂的耗量特性

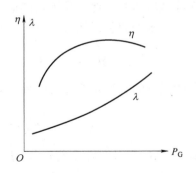

图 10-5　效率曲线和微增率曲线

10.2.2　等微增率准则

现以并联运行的两台机组间的负荷分配为例（见图 10-6）说明等微增率准则的基本概念。已知两台机组的耗量特性 $F_1(P_{G1})$、$F_2(P_{G2})$ 和总的负荷功率 P_{LD}。假定各台机组燃料消耗量和输出功率都不受限制，要求确定负荷功率在两台机组间的分配，使总的燃料消耗为最小。这就是说，要在满足等式约束

$$P_{G1}+P_{G2}-P_{LD}=0$$

的条件下，使目标函数

$$F=F_1(P_{G1})+F_2(P_{G2})$$

为最小。

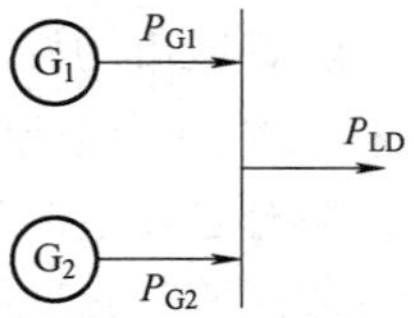

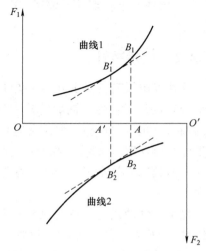

图 10-6　两台机组
并联运行

对于这个简单问题，可以用作图法求解。设图 10-7 中所示线段 $\overline{OO'}$ 的长度等于负荷功率 P_{LD}。在线段的上、下两方分别以 O 和 O' 为原点作出机组 1 和 2 的燃料耗量特性曲线 1 和 2，前者的横坐标 P_{G1} 自左向右计算，后者的横坐标 P_{G2} 自右向左计算。显然，在横坐标上任取一点 A，都有 $\overline{OA}+\overline{AO'}=\overline{OO'}$，即 $P_{G1}+P_{G2}=P_{LD}$。因此，都表示一种可能的功率分配方案。

如过点 A 作垂线分别交于两机组耗量特性曲线的点 B_1 和 B_2，则 $\overline{B_1B_2}=\overline{B_1A}+\overline{AB_2}=F_1(P_{G1})+F_2(P_{G2})=F$ 就代表了总的燃料消耗量。由此可见，只要在 $\overline{OO'}$ 上找到一点，通过它所作垂线与两耗量特性曲线的交点间距离为最短，则该点所对应的负荷分配方案就是最优的。图中的点 A' 就是这样的点，通过点 A' 所作垂线与两耗量特性曲线的交点为 B_1' 和 B_2'。在耗量特性曲线具有凸性的情况下，曲线 1 在点 B_1' 的切线与曲线 2 在点 B_2' 的切线相互平行。耗量曲线在某点的斜率即是该点的耗量微增率。由此可得结论：负荷在两台机组间分配时，如它们的燃料耗量微增率相等，即

$$\mathrm{d}F_1/\mathrm{d}P_{G1}=\mathrm{d}F_2/\mathrm{d}P_{G2}$$

则总的燃料消耗量将是最小的。这就是著名的等微增率准则。

图 10-7　负荷在两台机组间的经济分配

等微增率准则的物理意义是明显的。假定两台机组在微增率不等的状态下运行，且 $\mathrm{d}F_1/\mathrm{d}P_{G1} > \mathrm{d}F_2/\mathrm{d}P_{G2}$。我们可以在两台机组的总输出功率不变的条件下调整负荷分配，让 1 号机组减少输出 ΔP，2 号机组增加输出 ΔP。于是 1 号机组将减少燃料耗量 $\dfrac{\mathrm{d}F_1}{\mathrm{d}P_{G1}}\Delta P$，2 号机组将增加燃料耗量 $\dfrac{\mathrm{d}F_2}{\mathrm{d}P_{G2}}\Delta P$，而总的燃料耗量将可节约

$$\Delta F = \frac{\mathrm{d}F_1}{\mathrm{d}P_{G1}}\Delta P - \frac{\mathrm{d}F_2}{\mathrm{d}P_{G2}}\Delta P = \left(\frac{\mathrm{d}F_1}{\mathrm{d}P_{G1}} - \frac{\mathrm{d}F_2}{\mathrm{d}P_{G2}}\right)\Delta P > 0$$

这样的负荷调整可以一直进行到两台机组的微增率相等为止。不难理解，等微增率准则也适用于多台机组（或多个发电厂）间的负荷分配。

10.2.3 多个发电厂间的负荷经济分配

假定有 n 个火电厂，其燃料耗量特性分别为 $F_1(P_{G1})$，$F_2(P_{G2})$，$\cdots$，$F_n(P_{Gn})$，系统的总负荷为 P_{LD}，暂不考虑网络中的功率损耗，假定各个发电厂的输出功率不受限制，则系统负荷在 n 个发电厂间的经济分配问题可以表述为：在满足

$$\sum_{i=1}^{n} P_{Gi} - P_{LD} = 0 \tag{10-15}$$

的条件下，使目标函数

$$F = \sum_{i=1}^{n} F_i(P_{Gi})$$

为最小。

这是多元函数求条件极值的问题。可以应用拉格朗日乘数法来求解。为此，先构造拉格朗日函数

$$L = F - \lambda\left(\sum_{i=1}^{n} P_{Gi} - P_{LD}\right)$$

式中，λ 称为拉格朗日乘数。

拉格朗日函数 L 的无条件极值的必要条件为

$$\frac{\partial L}{\partial P_{Gi}} = \frac{\partial F}{\partial P_{Gi}} - \lambda = 0 \quad (i = 1, 2, \cdots, n)$$

或

$$\frac{\partial F}{\partial P_{Gi}} = \lambda \tag{10-16}$$

由于每个发电厂的燃料耗量只是该厂输出功率的函数，因此式（10-16）又可写成

$$\frac{\mathrm{d}F_i}{\mathrm{d}P_{Gi}} = \lambda \quad (i = 1, 2, \cdots, n) \tag{10-17}$$

这就是多个火电厂间负荷经济分配的等微增率准则。按这个条件决定的负荷分配是最经济的分配。

以上的讨论都没有涉及不等式约束条件。负荷经济分配中的不等式约束条件也与潮流计算的一样：任一发电厂的有功功率和无功功率都不应超出它的上、下限，即

$$P_{Gimin} \leqslant P_{Gi} \leqslant P_{Gimax} \tag{10-18}$$

$$Q_{Gimin} \leqslant Q_{Gi} \leqslant Q_{Gimax} \tag{10-19}$$

各节点的电压也必须维持在如下的变化范围内

$$U_{imin} \leqslant U_i \leqslant U_{imax} \tag{10-20}$$

在计算发电厂间有功功率负荷经济分配时，这些不等式约束条件可以暂不考虑，待算出结果后，再按式（10-18）进行检验。对于有功功率值越限的发电厂，可按其限值（上限或下限）分配负荷。然后，再对其余的发电厂分配剩下的负荷功率。至于约束条件式（10-19）和式（10-20）可留在有功负荷分配已基本确定以后的潮流计算中再行处理。

例 10-3　三个火电厂并联运行，各电厂的燃料耗量特性及功率约束条件如下：

$$F_1 = (4+0.9P_{G1}+0.0007P_{G1}^2)\,t/h,\ 100MW \leqslant P_{G1} \leqslant 200MW$$

$$F_2 = (3+0.32P_{G2}+0.0004P_{G2}^2)\,t/h,\ 120MW \leqslant P_{G2} \leqslant 250MW$$

$$F_3 = (3.5+0.3P_{G3}+0.00045P_{G3}^2)\,t/h,\ 150MW \leqslant P_{G3} \leqslant 300MW$$

当总负荷为 700MW 和 400MW 时，试分别确定发电厂间功率的经济分配（不计网损的影响）。

解： 1）按所给耗量特性得各厂的微增耗量特性为

$$\lambda_1 = \frac{dF_1}{dP_{G1}} = 0.3+0.0014P_{G1}, \quad \lambda_2 = \frac{dF_2}{dP_{G2}} = 0.32+0.0008P_{G2}$$

$$\lambda_3 = \frac{dF_3}{dP_{G3}} = 0.3+0.0009P_{G3}$$

令 $\lambda_1 = \lambda_2 = \lambda_3$，可解出

$$P_{G1} = 14.29MW+0.272P_{G2} = 0.643P_{G3}, \quad P_{G3} = 22.22MW+0.889P_{G2}$$

2）总负荷为 700MW，即 $P_{G1}+P_{G2}+P_{G3} = 700MW$。

将 P_{G1} 和 P_{G3} 都用 P_{G2} 表示，便得

$$14.29MW+0.572P_{G2}+P_{G2}+22.22MW+0.889P_{G2} = 700MW$$

由此可算出 $P_{G2} = 270MW$，已越出上限值，故应取 $P_{G2} = 250MW$。剩余的负荷功率 450MW 再由电厂 1 和电厂 3 进行经济分配。

$$P_{G1}+P_{G3} = 450MW$$

将 P_{G1} 用 P_{G3} 表示，便得

$$0.643P_{G3}+P_{G3} = 450MW$$

由此解出：$P_{G3} = 274MW$ 和 $P_{G1} = (450-274)MW = 176MW$，都在限值以内。

3）总负荷为 400MW，即 $P_{G1}+P_{G2}+P_{G3} = 400MW$。

将 P_{G1} 和 P_{G3} 都用 P_{G2} 表示，可得

$$2.461P_{G2} = 363.49MW$$

于是，$P_{G2} = 147.7MW$，$P_{G1} = 14.29MW+0.572P_{G2} = (14.29+0.572\times147.7)MW = 98.77MW$

由于 P_{G1} 已低于下限，故应取 $P_{G1} = 100MW$。剩余的负荷功率 300MW，应在电厂 2 和电厂 3 之间重新分配。

$$P_{G2}+P_{G3} = 300MW$$

将 P_{G3} 用 P_{G2} 表示，便得

$$P_{G2}+22.22MW+0.889P_{G2} = 300MW$$

由此可解出：$P_{G2} = 147.05MW$ 和 $P_{G3} = (300-147.05)MW = 152.95MW$，都在限值以内。

本例还可用另一种解法。由微增耗量特性解出各厂的有功功率同耗量微增率 λ 的关系

$$P_{G1}=\frac{\lambda-0.3}{0.0014}, \quad P_{G2}=\frac{\lambda-0.32}{0.0008}, \quad P_{G3}=\frac{\lambda-0.3}{0.0009}$$

对 λ 取不同的值，可算出各厂所发功率及其总和，然后制成表 10-2 和表 10-3（也可绘成曲线）。

利用表 10-2 可以找出在总负荷功率为不同的数值时，各厂发电功率的最优分配方案。用在表中数字绘成的等微增率特性示于图 10-8 中。根据等微增率准则，可以直接在图上分配各厂的负荷功率。

表 10-2　负荷的经济分配方案（一）

λ	0.43	0.44	0.45	0.46	0.47	0.48	0.49	0.50
P_{G1}/MW	100.00	100.00	107.14	114.29	121.43	128.57	135.71	142.86
P_{G2}/MW	137.50	150.00	162.50	175.00	187.50	200.00	212.50	225.00
P_{G3}/MW	150.00	155.56	166.67	177.78	188.89	200.00	211.11	222.22
ΣP_{Gi}/MW	387.50	405.56	436.31	467.07	497.82	528.57	559.32	590.08

表 10-3　负荷的经济分配方案（二）

λ	0.51	0.52	0.53	0.54	0.55	0.56	0.57	0.58
P_{G1}/MW	150.00	157.14	164.29	171.43	178.57	185.71	192.86	200.00
P_{G2}/MW	237.50	250.00	250.00	250.00	250.00	250.00	250.00	250.00
P_{G3}/MW	233.33	244.44	255.56	266.67	277.78	288.89	300.00	300.00
ΣP_{Gi}/MW	620.83	651.58	669.85	688.10	706.35	724.60	742.86	750.00

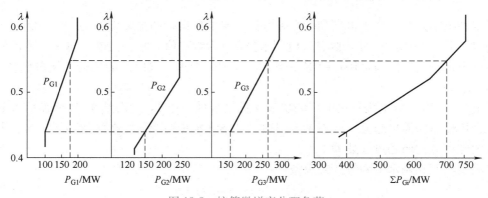

图 10-8　按等微增率分配负荷

10.2.4　计及网损的有功负荷经济分配

电力网络中的有功功率损耗是进行发电厂间有功负荷分配时不容忽视的一个因素。假定网络损耗为 P_L，则约束条件式（10-15）将改为

$$\sum_{i=1}^{n} P_{Gi}-P_L-P_{LD}=0 \qquad (10\text{-}21)$$

拉格朗日函数可写成

$$L = \sum_{i=1}^{n} F_i - \lambda \left(\sum_{i=1}^{n} P_{Gi} - P_L - P_{LD} \right)$$

于是函数 L 取极值的必要条件为

$$\frac{\partial L}{\partial P_{Gi}} = \frac{dF_i}{dP_{Gi}} - \lambda \left(1 - \frac{\partial P_L}{\partial P_{Gi}} \right) = 0$$

或

$$\frac{dF_i}{dP_{Gi}} \times \frac{1}{1 - \dfrac{\partial P_L}{\partial P_{Gi}}} = \frac{dF_i}{dP_{Gi}} \alpha_i = \lambda \quad (i = 1, 2, \cdots, n) \tag{10-22}$$

这就是经过网损修正后的等微增率准则。式（10-22）也称为 n 个发电厂负荷经济分配的协调方程式。式中，$\alpha_i = 1 \Big/ \left(1 - \dfrac{\partial P_L}{\partial P_{Gi}} \right)$ 称为网损修正系数；$\dfrac{\partial P_L}{\partial P_{Gi}}$ 称为网损微增率，表示网络有功损耗对第 i 个发电厂有功出力的微增率。

由于各个发电厂在网络中所处的位置不同，各厂的网损微增率是不一样的。当 $\partial P_L / \partial P_{Gi} > 0$ 时，说明发电厂 i 出力增加会引起网损的增加，这时网损修正系数 α_i 大于 1，发电厂本身的燃料耗量微增率宜取较小的数值。若 $\partial P_L / \partial P_{Gi} < 0$，则表示发电厂 i 出力增加将导致网损的减少，这时 $\alpha_i < 1$，发电厂的燃料耗量微增率宜取较大的数值。

10.3　水、火电厂间有功功率负荷的经济分配

10.3.1　一个水电厂和一个火电厂间负荷的经济分配

假定系统中只有一个水电厂和一个火电厂。水电厂运行的主要特点是，在指定的较短运行周期（一日、一周或一月）内总发电用水量 W_Σ 为给定值。水、火电厂间最优运行的目标是：在整个运行周期内满足用户的电力需求，合理分配水、火电厂的负荷，使总燃料（煤）耗量为最小。

用 P_T、$F(P_T)$ 分别表示火电厂的功率和耗量特性；用 P_H、$W(P_H)$ 分别表示水电厂功率和耗量特性。为简单起见，暂不考虑网损，且不计水头的变化。在此情况下，水、火电厂间负荷的经济分配问题可表述如下。

在满足功率和用水量两等式约束条件：

$$P_H(t) + P_T(t) - P_{LD}(t) = 0 \tag{10-23}$$

$$\int_0^r W[P_H(t)] dt - W_\Sigma = 0 \tag{10-24}$$

的情况下，使目标函数

$$F_\Sigma = \int_0^r F[P_T(t)] dt$$

为最小。

这是求泛函极值的问题，一般应用变分法来解决。在一定的简化条件下，也可以用拉格

朗日乘数法进行处理。

把指定的运行周期 τ 划分为 s 个更短的时段，即

$$\tau = \sum_{k=1}^{s} \Delta t_k$$

在任一时段 Δt_k 内，假定负荷功率、水电厂和火电厂的功率不变，并分别记为 $P_{\text{LD}*k}$，$P_{\text{H}*k}$ 和 $P_{\text{T}*k}$。这样，上述等式约束条件式（10-23）和式（10-24）将变为

$$P_{\text{H}*k} + P_{\text{T}*k} - P_{\text{LD}*k} = 0 \quad (k = 1, 2, \cdots, s) \tag{10-25}$$

$$\sum_{k=1}^{s} W(P_{\text{H}*k}) \Delta t_k - W_{\Sigma} = \sum_{k=1}^{s} W_k \Delta t_k - W_{\Sigma} = 0 \tag{10-26}$$

总共有 $s+1$ 个等式约束条件。目标函数为

$$F_{\Sigma} = \sum_{k=1}^{s} F(P_{\text{T}*k}) \Delta t_k = \sum_{k=1}^{s} F_k \Delta t_k$$

应用拉格朗日乘数法，为式（10-25）设置乘数 $\lambda_k (k = 1, 2, \cdots, s)$，为式（10-26）设置乘数 γ，构成拉格朗日函数

$$L = \sum_{k=1}^{s} F_k \Delta t_k - \sum_{k=1}^{s} \lambda_k (P_{\text{H}*K} + P_{\text{T}*k} - P_{\text{LD}*k}) \Delta t_k + \gamma \left(\sum_{k=1}^{s} W_k \Delta t_k - W_{\Sigma} \right)$$

上式的右端包含 $P_{\text{H}*k}$、$P_{\text{T}*k}$、$\lambda_k (k = 1, 2, \cdots, s)$ 和 γ 共 $3s+1$ 个变量。将拉格朗日函数分别对这 $3s+1$ 个变量取偏导数，并令其为零，便得下列 $3s+1$ 个方程。

$$\frac{\partial L}{\text{d} P_{\text{H}*k}} = \gamma \frac{\text{d} W_k}{\text{d} P_{\text{H}*k}} \Delta t_k - \lambda_k \Delta t_k = 0 \quad (k = 1, 2, \cdots, s) \tag{10-27}$$

$$\frac{\partial L}{\text{d} P_{\text{T}*k}} = \frac{\text{d} F_k}{\text{d} P_{\text{T}*k}} \Delta t_k - \lambda_k \Delta t_k = 0 \quad (k = 1, 2, \cdots, s) \tag{10-28}$$

$$\frac{\partial L}{\text{d} \lambda_k} = -(P_{\text{T}*k} + P_{\text{H}*k} - P_{\text{LD}*k}) \Delta t_k = 0 \quad (k = 1, 2, \cdots, s) \tag{10-29}$$

$$\frac{\partial L}{\text{d} \gamma} = \sum_{k=1}^{s} W_k \Delta t_k - W_{\Sigma} = 0 \tag{10-30}$$

式（10-29）和式（10-30）就是原来的等式约束条件。式（10-27）和式（10-28）可以合写成

$$\frac{\partial F_k}{\text{d} P_{\text{T}*k}} = \gamma \frac{\text{d} W_k}{\text{d} P_{\text{H}*k}} = \lambda_k \quad (k = 1, 2, \cdots, s)$$

如果所取时间段足够短，则认为任何瞬间都必须满足

$$\frac{\partial F}{\text{d} P_{\text{T}}} = \gamma \frac{\text{d} W}{\text{d} P_{\text{H}}} = \lambda \tag{10-31}$$

式（10-31）表明，在水、火电厂间负荷的经济分配也符合等微增率准则。

下面说明系数 γ 的物理意义。当火电厂增加功率 ΔP 时，耗煤增量为

$$\Delta F = \frac{\text{d} F}{\text{d} P_{\text{T}}} \Delta P$$

当水电厂增加功率 ΔP 时，耗水增量为

$$\Delta W = \frac{\mathrm{d}W}{\mathrm{d}P_{\mathrm{H}}}\Delta P$$

将两式相除并计及式（10-31）可得

$$\gamma = \frac{\Delta F}{\Delta W}$$

式中，ΔF 的单位是 t/h；ΔW 的单位为 $\mathrm{m^3/h}$；因此 γ 的单位为 t（煤）$/\mathrm{m^3}$（水）。这就是说，按发出相同数量的电功率进行比较，$1\mathrm{m^3}$ 的水相当于 $\gamma\mathrm{t}$ 煤。因此，γ 又称为水煤换算系数。

把水电厂的耗水量乘以 γ，相当于把水换成了煤，水电厂就变成了等效的火电厂。然后直接套用火电厂间负荷分配的等微增率准则，就可得到式（10-31）。

另一方面，若系统的负荷不变，让水电厂增发功率 ΔP，则忽略网损时，火电厂就可以少发功率 ΔP。这意味着用耗水增量 ΔW 来换取耗煤的节约 ΔF。当在指定的运行周期内总耗水量给定，并且整个运行周期内 γ 值都相同时，耗煤的节约为最大。这也是等微增率准则的一种应用。耗水微增率特性可从耗水量特性求出，它与火电厂的微增率特性曲线相似。

按等微增率准则在水、火电厂间进行负荷分配时，需要适当选择 γ 的数值。一般情况下，γ 值的大小与该水电厂在指定的运行周期内给定的用水量有关。在丰水期给定的用水量较多，水电厂可以多带负荷，γ 应取较小的值，因而根据式（10-31），耗水微增率就较大。由于耗水微增率特性曲线是上升曲线，较大的 $\mathrm{d}W/\mathrm{d}P_{\mathrm{H}}$ 对应较大的发电量和用水量。反之，在枯水期给定的用水量较少，水电厂应少带负荷。此时 γ 应取较大的值，使耗水微增率较小，从而对应较小的发电量和用水量。γ 值的选取应使给定的水量在指定的运行期间正好全部用完。

对于上述的简单情况，计算步骤大致如下：

1）给定初值 $\gamma^{(0)}$，这就相当于把水电厂折算成了等效火电厂。置迭代计数 $k=0$。

2）计算全部时段的负荷分配。

3）校验总耗水量 $W^{(k)}$ 是否同给定值 W_{Σ} 相等，即判断是否满足

$$|W^{(k)} - W_{\Sigma}| < \varepsilon$$

若满足则计算结束，打印结果，否则作下一步计算。

4）若 $W^{(k)} > W_{\Sigma}$，则说明 $\gamma^{(k)}$ 之值取得过小，应取 $\gamma^{(k+1)} > \gamma^{(k)}$；若 $W^{(k)} < W_{\Sigma}$，则说明 $\gamma^{(k)}$ 之值取得偏大，应取 $\gamma^{(k+1)} < \gamma^{(k)}$。然后迭代计数加 1，返回第 2）步，继续计算。

例 10-4　一个火电厂和一个水电厂并联运行。火电厂的燃料耗量特性为

$$F = (3 + 0.4P_{\mathrm{T}} + 0.00035P_{\mathrm{T}}^2)\,\mathrm{t/h}$$

水电厂的耗水量特性为

$$W = (2 + 0.8P_{\mathrm{H}} + 1.5 \times 10^{-3}P_{\mathrm{H}}^2)\,\mathrm{m^3/s}$$

水电厂的给定日用水量为 $W_{\Sigma} = 1.5 \times 10^7\,\mathrm{m^3}$。系统的日负荷变化如下：

0~8 时负荷为 350MW，8~18 时负荷为 700MW，18~24 时负荷为 500MW。火电厂容量为 600MW，水电厂容量为 450MW。试确定水、火电厂间的功率经济分配。

解：1）由已知的水、火电厂耗量特性可得协调方程式：

$$0.4 + 0.0007P_{\mathrm{T}} = \gamma(0.8 + 0.003P_{\mathrm{H}})$$

对于每一时段，有功功率平衡方程式为

$$P_T + P_H = P_{LD}$$

由上述两方程可解出

$$P_H = \frac{0.4 - 0.8\gamma + 0.0007P_{LD}}{0.003\gamma + 0.0007}$$

$$P_T = \frac{0.8\gamma - 0.4 + 0.0003\gamma P_{LD}}{0.003\gamma + 0.0007}$$

2）选 γ 的初值，例如取 $\gamma^{(0)} = 0.5$，按已知各个时段的负荷功率值 $P_{LD1} = 350\text{MW}$，$P_{LD2} = 700\text{MW}$ 和 $P_{LD3} = 500\text{MW}$，即可算出水、火电厂在各时段应分担的负荷为

$$P_{H1}^{(0)} = 111.36\text{MW}, \quad P_{T1}^{(0)} = 238.64\text{MW}$$
$$P_{H2}^{(0)} = 222.72\text{MW}, \quad P_{T2}^{(0)} = 477.28\text{MW}$$
$$P_{H3}^{(0)} = 159.09\text{MW}, \quad P_{T3}^{(0)} = 340.91\text{MW}$$

利用所求出的功率值和水电厂的耗水量特性计算全日的发电耗水量，即

$$\begin{aligned} W_{\Sigma}^{(0)} = & \left[(2 + 0.8 \times 111.36 + 1.5 \times 10^{-3} \times 111.36^2) \times 8 \times 3600 + \right. \\ & (2 + 0.8 \times 222.72 + 1.5 \times 10^{-3} \times 222.72^2) \times 10 \times 3600 + \\ & \left. (2 + 0.8 \times 159.09 + 1.5 \times 10^{-3} \times 159.09^2) \times 10 \times 3600 \right] \text{m}^3 \\ = & \ 1.5936858 \times 10^7 \text{m}^3 \end{aligned}$$

这个数值大于给定的日用水量，故宜增大 γ 值。

3）取 $\gamma^{(1)} = 0.52$，重作计算，求得

$$P_{H1}^{(1)} = 101.33\text{MW}, \quad P_{H2}^{(1)} = 209.73\text{MW}, \quad P_{H3}^{(1)} = 147.79\text{MW}$$

相应的日耗水量为

$$W_{\Sigma}^{(1)} = 1.462809 \times 10^7 \text{m}^3$$

这个数值比给定用水量小，γ 的取值应略为减小。若取 $\gamma^{(2)} = 0.514$，可算出

$$P_{H1}^{(2)} = 104.28\text{MW}, \quad P_{H2}^{(2)} = 213.56\text{MW}, \quad P_{H3}^{(2)} = 151.11\text{MW}$$

$$W_{\Sigma}^{(2)} = 1.5009708 \times 10^7 \text{m}^3$$

继续作迭代，将计算结果列于表 10-4。

表 10-4　迭代过程中系数 γ、各厂功率和总耗水量的变化情况

γ	P_{H1}/MW	P_{H2}/MW	P_{H3}/MW	W_{Σ}/m^3
0.50	111.36	222.72	159.09	1.5936858×10^7
0.52	101.33	209.73	147.79	1.4628090×10^7
0.514	104.28	213.56	151.11	1.5009708×10^7
0.51415	104.207	213.463	151.031	1.5000051×10^7

作四次迭代计算后，水电厂的日用水量已经很接近给定值，计算到此结束。

10.3.2　计及网损时若干个水、火电厂间负荷的经济分配

设系统中有 m 个水电厂和 n 个火电厂，在指定的运行期间 τ 内系统的负荷 $P_{LD}(t)$ 已知，第 j 个水电厂的发电总用水量也已给定为 $W_{j\Sigma}$。对此，计及有功网络损耗 $P_L(t)$ 时，水、

火电厂间负荷经济分配的目标是，在满足约束条件

$$\sum_{j=1}^{m} P_{Hj}(t) + \sum_{i=1}^{n} P_{Ti}(t) - P_L(t) - P_{LD}(t) = 0 \tag{10-32}$$

和

$$\int_0^\tau W_j(P_{Hj})\,\mathrm{d}t - W_{j\Sigma} = 0 \quad (j=1,2,\cdots,m) \tag{10-33}$$

的情况下，使目标函数

$$F_\Sigma = \sum_{i=1}^{n} \int_0^\tau F_i(P_{Ti})\,\mathrm{d}t \tag{10-34}$$

为最小。

仿照上一小节的处理方法，把运行周期划分为 s 个小段，每一个时间小段内假定各电厂的功率和负荷功率都不变，则式（10-32）~式（10-34）可以分别改写成

$$\sum_{j} P_{Hj*k} + \sum_{i} P_{Ti*k} - P_{L*k} - P_{LD*k} = 0 \quad (k=1,2,\cdots,s) \tag{10-35}$$

$$\sum_{k=1}^{s} W_{j*k}(P_{Hj*k})\Delta t_k - W_{j\Sigma} = 0 \quad (k=1,2,\cdots,m) \tag{10-36}$$

$$F_\Sigma = \sum_{i=1}^{n}\sum_{k=1}^{s} F_{i*k}(P_{Ti*k})\Delta t_k \tag{10-37}$$

设置拉格朗日乘数 $\lambda_k(k=1,2,\cdots,s)$ 和 $\gamma_j(j=1,2,\cdots,m)$，构造拉格朗日函数

$$L = \sum_{i=1}^{n}\sum_{k=1}^{s} F_{i*k}(P_{Ti*k})\Delta t_k - \sum_{k=1}^{s}\lambda_k\left(\sum_{j=1}^{m} P_{Hj*k} + \sum_{i=1}^{n} P_{Ti*k} - P_{L*k} - P_{LD*k}\right)\Delta t_k +$$
$$\sum_{j=1}^{m}\gamma_j\left[\sum_{k=1}^{s} W_{j*k}(P_{Hj*k})\Delta t_k - W_{j\Sigma}\right]$$

将函数 L 对 P_{Hj*k}、P_{Ti*k}、λ_k 和 γ_j 分别取偏导数，并令其等于零，便得

$$\frac{\partial L}{\partial P_{Hj*k}} = -\lambda_k\left(1 - \frac{\partial P_{L*k}}{\partial P_{Hj*k}}\right)\Delta t_k + \gamma_j\frac{\mathrm{d}W_{j*k}(P_{Hj*k})}{\mathrm{d}P_{Hj*k}}\Delta t_k = 0 \quad (j=1,2,\cdots,m;k=1,2,\cdots,s) \tag{10-38}$$

$$\frac{\partial L}{\partial P_{Ti*k}} = \frac{\mathrm{d}F_{i*k}(P_{Ti*k})}{\mathrm{d}P_{Ti*k}}\Delta t_k - \lambda_k\left(1 - \frac{\partial P_{L*k}}{\partial P_{Ti*k}}\right) + \Delta t_k = 0 \quad (j=1,2,\cdots,n;k=1,2,\cdots,s) \tag{10-39}$$

$$\frac{\partial L}{\partial \lambda_k} = -\left(\sum_{j=1}^{m} P_{Hj*k} + \sum_{i=1}^{n} P_{Ti*k} - P_{L*k} - P_{LD*k}\right)\Delta t_k = 0 \quad (k=1,2,\cdots,s) \tag{10-40}$$

$$\frac{\partial L}{\partial \gamma_j} = \sum_{k=1}^{s} W_{j*k}(P_{Hj*k})\Delta t_k - W_{j\Sigma} = 0 \quad (j=1,2,\cdots,m) \tag{10-41}$$

以上共包含 $(m+n+1)s+m$ 个方程，从而可以解出所有的 P_{Hj*k}、P_{Ti*k}、λ_k 及 γ_j。后两个方程即是等式约束条件式（10-35）和式（10-36）。而前两个方程则可以合写成

$$\frac{\mathrm{d}F_{i*k}(P_{Ti*k})}{\mathrm{d}P_{Ti*k}} \times \frac{1}{1-\dfrac{\partial P_{L*k}}{\partial P_{Ti*k}}} = \gamma_j\frac{\mathrm{d}W_{j*k}(P_{Hj*k})}{\mathrm{d}P_{Hj*k}} \times \frac{1}{1-\dfrac{\partial P_{L*k}}{\partial P_{Hj*k}}} = \lambda_k$$

上式对任一时段均成立，故可写成

$$\frac{\mathrm{d}F_i}{\mathrm{d}P_{Ti}} \times \frac{1}{1-\dfrac{\partial P_L}{\partial P_{Ti}}} = \gamma_j \frac{\mathrm{d}W_j}{\mathrm{d}P_{Hj}} \times \frac{1}{1-\dfrac{\partial P_L}{\partial P_{Hj}}} = \lambda \qquad (10\text{-}42)$$

这就是计及网损时，多个水、火电厂负荷经济分配的条件，也称为协调方程式。

和式（10-31）比较，式（10-42）除了添进网损修正系数以外，再没有什么差别。只是把等微增率准则推广应用到了更多个发电厂的情况。

10.4　无功功率负荷的经济分配

10.4.1　等微增率准则的应用

产生无功功率并不消耗能源，但是无功功率在网络中传送则会产生有功功率损耗。电力系统的经济运行，首先是要求在各发电厂（或机组）间进行有功负荷的经济分配。在有功负荷分配已确定的前提下，调整各无功电源之间的负荷分布，使有功网损达到最小，这就是无功功率负荷经济分布的目标。

网络中的有功功率损耗可表示为所有节点注入功率的函数，即

$$P_L = P_L(P_1, P_2, \cdots, P_n, Q_1, Q_2, \cdots, Q_n)$$

进行无功负荷经济分布时，除平衡机以外（因无功分布未定，总有功网损也未定），所有发电机的有功功率都已确定，各节点负荷的无功功率也是已知的，待求的是节点无功电源的功率。无功电源可以是发电机、同步调相机、静电电容器和静止补偿器等。假定这些无功功率电源接于节点 1，2，$\cdots$，m，其出力和节点电压的变化范围都不受限制，则无功负荷经济分配问题的数学表述为：在满足

$$\sum_{i=1}^{m} Q_{Gi} - Q_L - Q_{LD} = 0$$

的条件下，使 P_L 达到最小。条件式中 Q_L 是网络的无功功率损耗。

应用拉格朗日乘数法，构造拉格朗日函数为

$$L = P_L - \lambda \left(\sum_{i=1}^{m} Q_{Gi} - Q_L - Q_{LD} \right)$$

将 L 分别对 Q_{Gi} 和 λ 取偏导数并令其等于零，便得

$$\frac{\partial L}{\partial Q_{Gi}} = \frac{\partial P_L}{\partial Q_{Gi}} - \lambda \left(1 - \frac{\partial Q_L}{\partial Q_{Gi}} \right) = 0 \quad (i = 1, 2, \cdots, m)$$

$$\frac{\partial L}{\partial \lambda} = -\left(\sum_{i=1}^{m} Q_{Gi} - Q_L - Q_{LD} \right) = 0$$

共 $m+1$ 个方程。于是得到无功功率负荷经济分布的条件为

$$\frac{\mathrm{d}P_L}{\mathrm{d}Q_{Gi}} \times \frac{1}{1 - \dfrac{\partial Q_L}{\partial Q_{Gi}}} = \frac{\partial P_L}{\partial Q_{Gj}} \beta_i = \lambda \qquad (10\text{-}43)$$

式中，偏导数 $\partial P_L / \partial Q_{Gj}$ 是网络有功损耗对于第 i 个无功电源功率的微增率；$\partial Q_L / \partial Q_{Gi}$ 是无功

网损对于第 i 个无功电源功率的微增率；$\beta_i = 1/(1-\partial Q_L/\partial Q_{Gi})$ 称为无功网损修正系数。

对比式（10-22）和式（10-43）可以看到，这两个公式完全相似。式（10-43）是等微增率准则在无功功率负荷经济分配问题中的具体应用。式（10-43）说明，当各无功电源点的网损微增率相等时，网损达到最小。

实际上，在按等网损微增率分配无功负荷时，还必须考虑以下的不等式约束条件。

$$Q_{Gimin} \leqslant Q_{Gi} \leqslant Q_{Gimax}$$

$$U_{imin} \leqslant U_i \leqslant U_{imax}$$

在计算过程中，必须逐次检验这些条件，并进行必要的处理。最后的结果可能只有一部分电源点是按等微增率条件式（10-43）进行负荷分配，而另一部分电源点按限值或调压要求分配无功负荷。这样，对于 $Q_i = Q_{imax}$ 的节点，其 λ 值必然偏小；对于 $Q_i = Q_{imin}$ 的节点则相反，其 λ 值可能偏大。所以，在实际系统中各节点的 λ 值往往不会全部相等。

10.4.2　无功功率补偿的经济配置

上述无功负荷经济分配的原则也可以应用于无功补偿容量的经济配置。其差别仅在于：在现有无功电源之间分配负荷不需要支付费用，而增添补偿装置则要增加支出。设置无功补偿装置一方面能节约网络能量损耗，另一方面又要增加费用，因此无功补偿容量合理配置的目标应该是总的经济效益为最优。

在节点 i 装设补偿容量 Q_{Ci}，每年所能节约的网络能量损耗费以 $Q_{ei}(Q_{Ci})$ 表示。由于装设补偿容量 Q_{Ci}，每年需要支出的费用以 $Q_{di}(Q_{Ci})$ 表示，这部分年支出费用包括补偿设备的折旧维修费、投资的年回收费，以及补偿设备本身的能量损耗费用。折旧维修费和投资回收费一般是按补偿设备投资的一定百分比进行计算，补偿设备的功率损耗一般正比于其容量。如果补偿装置每单位容量的投资同总的装设容量无关，则年支出费用 $Q_{di}(Q_{Ci})$ 就同 Q_{Ci} 呈比例关系，即

$$Q_{di}(Q_{Ci}) = k_c Q_{Ci}$$

式中，比例系数 k_c 就是每单位无功补偿容量的年费用。在不同的地点安装每单位无功补偿装置所花的费用基本相同；而在同一个系统内各处网络能量损耗的成本也基本一致。所以比例系数 k_c 对于不同的节点都是相同的。

在节点 i 装设补偿设备 Q_{Ci}，所取得的费用节约为

$$\Delta Q_{ei}(Q_{Ci}) = C_{ei}(Q_{Ci}) - C_{di}(Q_{Ci})$$

不言而喻，无功补偿容量只应配给 $\Delta C_e > 0$ 的节点，而不应配给 $\Delta C_e < 0$ 的节点。而为了取得最大的经济效益，应按

$$\frac{\partial C_{ei}(Q_{Ci})}{\partial Q_{Ci}} = 0$$

即

$$\frac{\partial C_{ei}(Q_{Ci})}{\partial Q_{Ci}} = \frac{\partial C_{di}(Q_{Ci})}{\partial Q_{Ci}} = k_c \tag{10-44}$$

来确定应该配给的补偿容量。$\partial C_{ei}(Q_{Ci})/\partial Q_{Ci}$ 为网损节约对无功补偿容量的微增率，简称网损节约微增率。式（10-44）的含义是，对各补偿点配置补偿容量，应使每一个补偿点在装设最后一个单位的补偿容量时所得到的年网损节约折价恰好等于单位补偿容量所需的年费

用。在这种情况下，将能取得最大的经济效益。

按照式（10-44）所确定的经济补偿容量一般较大。在工程实际中，可能遇到的无功经济补偿的问题是在给定全电网总的补偿容量 $Q_{C\Sigma}$ 的条件下，寻求最经济合理的分配方案。此时，问题将变为：在满足

$$\Sigma Q_{Ci} - Q_{C\Sigma} = 0$$

的约束条件下，使总的费用节约

$$C_\Sigma = \sum_i \Delta C_{ei}(Q_{Ci})$$

达到最大。

选择乘数 λ_c，构造拉格朗日函数

$$L = \sum_i \Delta C_{ei}(Q_{Ci}) - \lambda_c(\Sigma Q_{Ci} - Q_{C\Sigma})$$

然后求函数 L 的极值，可得

$$\frac{\partial \Delta C_{ei}(Q_{Ci})}{\partial Q_{Ci}} = \frac{\partial[C_{ei}(Q_{Ci}) - C_{di}(Q_{Ci})]}{\partial Q_{Ci}} = \lambda_c$$

或

$$\frac{\partial \Delta C_{ei}(Q_{Ci})}{\partial Q_{Ci}} = \lambda_c + k_c = \gamma_c \tag{10-45}$$

补偿容量有限时，λ_c 总是正的，因此 $\lambda_c > \gamma_c$。式（10-45）表明，补偿容量应按网损节约微增率相等的原则，在各补偿点之间进行分配；分配的结果应当是所有补偿点的网损节约微增率都等于某一常数 γ_c，而一切未配置补偿容量之点的网损节约微增率都应小于 γ_c。

这里还要指出，由于无功补偿容量的经济分配是以年费用节约作为目标函数的，因此上述各式中的无功负荷并不是某一指定运行方式下的数值，而是无功负荷的年平均值。

以上的讨论没有涉及不等式约束条件。实际上，对电力系统进行无功补偿的目的是要在满足电压质量要求的条件下取得最好的经济效益。如果给定无功补偿容量的经济分配不能满足某些节点的调压要求，而经过技术经济分析又认为采用无功补偿是最为合理的调压手段时，则对这部分节点应按调压要求配给补偿容量，而对其余的补偿点仍按等微增率准则分配补偿容量。

在这里，顺便对无功补偿问题作一个简要的概括。前面从无功功率平衡、电压调整和经济运行这三个不同的角度讨论过无功补偿问题。一般来讲，这三个方面的要求是不会相互矛盾的，为满足无功功率平衡而设置的补偿容量必有助于提高电压水平，为减少网络电压损耗而增添的无功补偿也必然会降低网损。应该说，按无功功率在正常电压水平下的平衡所确定的无功补偿容量是必须首先满足的。不论实际能提供的补偿容量为多少，在考虑其配置方案时，都要以调压要求作为约束条件，按经济原则，即按式（10-45）进行分配。

10.5 小结

电力系统经济运行的目标是，在保证安全优质供电的条件下，尽量降低供电能耗（或成本）。

网损率是衡量电力企业管理水平的重要指标之一。减少无功功率的传送，合理组织电力

网的运行方式,改善网络中的潮流分布等都能降低网络的功率损耗。要了解这些技术措施的降损原理和应用条件。任一种降损措施的采用,都不应降低电能质量和供电的安全性。以提供充足、可靠和优质的电力供应为目的,对原有配电网络进行扩建和改造,也是降低网络损耗的有效措施。

负荷在两台机组间进行分配,当两机组的能耗(或成本)微增率相等时,总的能耗(或成本)将达到最小。这就是等微增率准则,是经典法负荷经济分配的理论依据。

在水、火电厂联合运行的系统中,可以通过水煤换算系数 γ 将水电厂折合成等效的火电厂,然后就像火电厂一样进行负荷分配。对每一个水电厂 γ 值的选取应使该水电厂在指定运行周期内的给定用水量恰好用完。

在有功负荷分布已确定的前提下,调整各无功电源的负荷分布,使网络有功损耗对各无功电源功率的微增率相等时,网络的有功损耗达到最小。在分配无功补偿容量时,如果各补偿点的网损节约对补偿容量的微增率都相等,则无功补偿的总经济效益为最优。这就是等微增率准则在无功功率的经济调度和无功补偿容量的经济配置中的应用。

要了解在计算过程中各种不等式约束条件的处理方法及其对计算结果的影响。

要了解网损修正系数在电厂间负荷经济分配中的意义和作用。

顺便指出,在电力系统的发电、输电、配电各环节都隶属于一个利益主体实行垄断经营的条件下,电力系统经济调度的目标将按照自上而下的统一安排来实现。

当前世界各国的电力工业正在大力推进市场化改革,我国也不例外。在电力市场条件下,发电厂和电力网将分别属于不同的利益主体,同一电力系统中许多发电厂也可能分别由多个独立核算单位负责经营。由于电能生产的特殊性,电力系统中的发电、输电、配电、用电各环节在运行中仍保持为物理上的统一整体,但在经营方面,参与电能交易的每一方都会追求本身的最大利益,这种情况下已不可能仅靠行政手段来实施电力系统的经济运行。在电力市场环境下,将运用经济杠杆,在有关法律法规的指导下,通过电能交易各方的平等有序的竞争和协调,逐步达到社会动力资源的有效利用和电能生产、输送和消费的优化分配。

10.6 复习题

10-1 何谓最大负荷损耗时间?它有何用处?

10-2 何谓发电机耗量特性?何谓比耗量?何谓耗量微增率?

10-3 何谓水煤换算系数?

10-4 在水火联合运行系统中,怎样应用等耗量微增率进行有功功率负荷分配?

10-5 无功功率负荷经济分配的前提是什么?目标和约束条件是什么?

10-6 怎样应用等微增率准则进行无功负荷的经济分配?

10-7 110kV 输电线路长为 120km,$r_1 = 0.17\Omega/km$,$x_1 = 0.4060/km$,$b_1 = 2.82 \times 10^{-6} S/km$。线路末端最大负荷 $S_{max} = (32 + j22) MVA$,$T_{max} = 4500h$,求线路全年电能损耗。

10-8 两台型号为 SFL$_1$-40000/110 的变压器并联运行,每台参数为:$\Delta P_0 = 41.5kW$,$I_0 = 0.7\%$,$\Delta P_S = 203.4kW$,$U_S = 10.5\%$。负荷 $S_{max} = (50 + j36) MVA$,$T_{max} = 4000h$,求全年电能损耗。

10-9 一台联系 110kV、35kV 和 10kV 三个电压级的三相三绕组变压器,型号为 SFSL$_1$-63000/110,容量比为 100/100/100,$\Delta P_0 = 84kW$,$I_0 = 2.5\%$,$\Delta P_{S(1-2)} = 410kW$,$\Delta P_{S(1-3)} = 410kW$,$\Delta P_{S(2-3)} = 260kW$,$U_{S(1-2)} = 10.5\%$,$U_{S(1-3)} = 18\%$,$U_{S(2-3)} = 6.5\%$。35kV 侧的负荷为 $S_{II max} = (36 + j33.75) MVA$,$T_{max} = 4500h$。

10kV 侧的负荷为 $S_{\text{II max}} = (10+\text{j}6) \text{MVA}$，$T_{\max} = 4000\text{h}$。求变压器的电能损耗。

10-10 两台 SJL_1-2000/35 型变压器并联运行，每台的数据为 $\Delta P_0 = 4.2\text{kW}$，$\Delta P_S = 24\text{kW}$。试求可以切除一台变压器的临界负荷值。

10-11 变电所装设两台变压器，一台为 SJL_1-12000/35 型，$\Delta P_0 = 4.2\text{kW}$，$\Delta P_S = 24\text{kW}$；另一台为 STL_1-4000/35 型，$\Delta P_0 = 6.8\text{kW}$，$\Delta P_S = 39\text{kW}$。若两台变压器并联运行时功率分布与变压器容量成正比，为减少损耗，试根据负荷功率的变化合理安排变压器的运行方式。

10-12 两个火电厂并联运行，其燃料耗量特性如下：$F_2 = (3+0.33P_{G2}+0.0004P_{G2}^2)\,\text{t/h}$，$340 \leqslant P_{G2} \leqslant 560\text{MW}$。系统总负荷分别为 850MW 和 550MW，试确定不计网损时各厂负荷的经济分配。

10-13 一个火电厂和一个水电厂并联运行。火电厂的燃料耗量特性为 $F = (3+0.4P_T+0.0005P_T^2)\,\text{t/h}$。水电厂的耗水量特性为 $W = (2+1.5P_H+1.5\times10^{-3}P_H^2)\,\text{m}^3/\text{s}$。水电厂给定的日耗水量为 $W_\Sigma = 2\times10^7\text{m}^3$。系统的日负荷曲线为：0~8 时，350MW；8~18 时，700MW；18~24 时，500MW。火电厂容量为 600MW，水电厂容量为 400MW。试确定系统负荷在两电厂的经济分配。

第 11 章　电力系统三相短路电流的实用计算

电力系统正常运行的破坏多半是由短路故障引起的。发生短路时，系统从一种状态剧变到另一种状态，并伴随产生复杂的暂态现象。电力系统三相短路实用计算主要是短路电流周期（基频）分量的计算，在给定电源电势时，实际上就是稳态交流电路的求解。本章的主要内容包括，基于节点方程的三相短路计算的原理和方法，短路发生瞬间和以后不同时刻短路电流周期分量的实用计算。本章着重讨论突然短路时的电磁暂态现象及对其进行分析的原理和方法，主要的内容有恒定电势源电路的短路过程分析，本章内容将为电力系统的短路电流实用计算和暂态分析准备必要的基础知识。

11.1　短路的一般概念

11.1.1　短路的原因、类型及后果

短路是电力系统的严重故障。所谓短路，是指一切不正常的相与相之间或相与地（对于中性点接地的系统）发生通路的情况。

产生短路的原因有很多，主要有如下几个方面：①元件损坏，例如绝缘材料的自然老化，设计、安装及维护不良带来的设备缺陷等；②气象条件恶化，例如雷击造成的闪络放电或避雷器动作，架空线路由于大风或导线覆冰引起电杆倒塌等；③违规操作，例如运行人员带负荷拉刀闸，线路或设备检修后未拆除接地线就加上电压等；④其他，例如挖沟损伤电缆，鸟兽跨接在裸露的载流部分等。

在三相系统中，可能发生的短路有：三相短路、两相短路、两相短路接地和单相接地短路。三相短路也称为对称短路，系统各相与正常运行时一样仍处于对称状态。其他类型的短路都是不对称短路。

电力系统的运行经验表明，在各种类型的短路中，单相短路占大多数，两相短路较少，三相短路的机会最少。三相短路虽然很少发生，但情况较严重，应给以足够的重视。况且，从短路计算方法来看，一切不对称短路的计算，在采用对称分量法后，都归结为对称短路的计算。因此，对三相短路的研究是有其重要意义的。

各种短路的示意图和代表符号见表 11-1。

表 11-1　各种短路的示意图和代表符号

短 路 种 类	示 意 图	短路代表符号
三相短路		$f^{(3)}$

（续）

短路种类	示意图	短路代表符号
两相短路接地	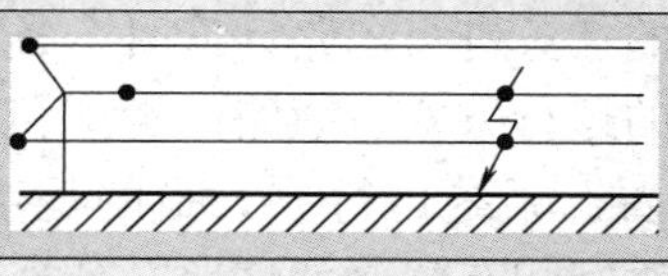	$f^{(1,1)}$
两相短路		$f^{(2)}$
单相接地短路	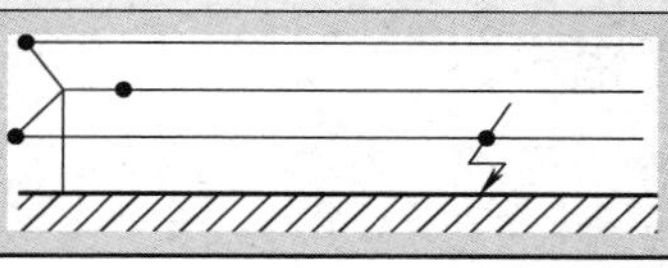	$f^{(1)}$

随着短路类型、发生地点和持续时间的不同，短路的后果可能只破坏局部地区的正常供电，也可能威胁整个系统的安全运行。短路的危险后果一般有以下五个方面：

1）短路故障使短路点附近的支路中出现比正常值大许多倍的电流，由于短路电流的电动力效应，导体间将产生很大的机械应力，可能使导体和它们的支架遭到破坏。

2）短路电流使设备发热增加，短路持续时间较长时，设备可能过热以致损坏。

3）短路时系统电压大幅度下降，对用户影响很大。系统中最主要的电力负荷是异步电动机，它的电磁转矩同端电压的二次方成正比，电压下降时，电动机的电磁转矩显著减小，转速随之下降。当电压大幅度下降时，电动机有可能停转，造成产品报废、设备损坏等严重后果。

4）当短路发生地点离电源不远而持续时间又较长时，并列运行的发电厂可能失去同步，破坏系统稳定，造成大片地区停电。这是短路故障的最严重后果。

5）发生不对称短路时，不平衡电流能产生足够的磁通，在邻近的电路内感应出很大的电动势，这对于架设在高压电力线路附近的通信线路或铁道信号系统等会产生严重的后果。

11.1.2　短路计算的目的

在电力系统和电气设备的设计和运行中，短路计算是解决一系列技术问题所不可缺少的基本计算，这些问题主要如下。

1）选择有足够机械稳定度和热稳定度的电气设备，例如断路器、互感器、瓷瓶、母线、电缆等，必须以短路计算作为依据。这里包括计算冲击电流以校验设备的电动力稳定度；计算若干时刻的短路电流周期分量以校验设备的热稳定度；计算指定时刻的短路电流有效值以校验断路器的断流能力等。

2）为了合理地配置各种继电保护和自动装置并正确整定其参数，必须对电力网中发生的各种短路进行计算和分析。在这些计算中不但要知道故障支路中的电流值，还必须知道电流在网络中的分布情况。有时还要知道系统中某些节点的电压值。

3）在设计和选择发电厂和电力系统电气主接线时，为了比较各种不同方案的接线图，确定是否需要采取限制短路电流的措施等，都要进行必要的短路电流计算。

4）进行电力系统暂态稳定计算，研究短路对用户工作的影响等，也包含一部分短路计算的内容。

此外，确定输电线路对通信的干扰，对已发生故障进行分析，都必须进行短路计算。

在实际工作中，根据一定的任务进行短路计算时，必须首先确定计算条件。所谓计算条件，一般包括短路发生时系统的运行方式、短路的类型和发生地点以及短路发生后所采取的措施等。从短路计算的角度来看，系统运行方式指的是系统中投入运行的发电、变电、输电、用电设备的多少以及它们之间相互联接的情况。计算不对称短路时，还应包括中性点的运行状态。对于不同的计算目的，所采用的计算条件是不同的。

11.2 恒定电势源电路的三相短路

11.2.1 短路的暂态过程

首先分析简单三相 $R\text{-}L$ 电路对称短路暂态过程。电路由有恒定幅值和恒定频率的三相对称电势源供电，电路如图 11-1 所示。短路前电路处于稳态，每相的电阻和电感分别为 $R+R'$ 和 $L+L'$。由于电路对称，只写出一相（a 相）的电势和电流为

$$\begin{cases} e = E_m \sin(\omega t + \alpha) \\ i = I_m \sin(\omega t + \alpha - \varphi') \end{cases} \tag{11-1}$$

式中，$I_m = \dfrac{E_m}{\sqrt{(R+R')^2 + \omega^2(L+L')^2}}$；$\varphi' = \arctan \dfrac{\omega(L+L')}{R+R'}$。

当 f 点发生三相短路时，这个电路即被分成两个独立的电路，其中左边的一个仍与电源相连接，而右边的一个则变为没有电源的短接电路。在短接电路中，电流将从它发生短路瞬间的初始值衰减到零。在与电源相连的左侧电路中，每相的阻抗已变为 $R+j\omega L$，其电流将要由短路前的数值逐渐变化到由阻抗 $R+j\omega L$ 所决定的新稳态值，短路电流计算主要是对这一电路进行的。

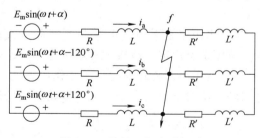

图 11-1 简单三相电路短路

假定短路在 $t=0$ 时刻发生，短路后左侧电路仍然是对称的，可以只研究其中的一相，例如 a 相。为此，我们写出 a 相的微分方程式为

$$Ri + L\frac{di}{dt} = E_m \sin(\omega t + \alpha) \tag{11-2}$$

式（11-2）的解就是短路的全电流，它由两部分组成：第一部分是式（11-2）的特解，它代表短路电流的强制分量；第二部分是式（11-2）对应的齐次方程为

$$Ri + L\frac{di}{dt} = 0$$

的一般解，它代表短路电流的自由分量。

短路电流的强制分量与外加电源电势有相同的变化规律，也是恒幅值的正弦交流，习惯上称为周期分量，并记 i_p。

$$i_p = I_{pm}\sin(\omega t + \alpha - \varphi) \tag{11-3}$$

式中，$I_{pm} = \dfrac{E_m}{\sqrt{R^2 + (\omega L)^2}}$ 是短路电流周期分量的幅值；$\varphi = \arctan\left(\dfrac{\omega L}{R}\right)$ 是电路的阻抗角；α 是电源电势的初始相角，即 $t = 0$ 时的相位角，也称为合闸角。

短路电流的自由分量与外加电源无关，它是按指数规律衰减的直流，也称为非周期电流，记为

$$i_{ap} = Ce^{pt} = C\exp(-t/T_a) \tag{11-4}$$

式中，$p = -R/L$ 是特征方程 $R + pL = 0$ 的根；$T_a = -1/p = L/R$ 是自由分量衰减的时间常数；C 是积分常数，由初始条件决定，它也是非周期电流的起始值 i_{ap0}。

这样，短路的全电流可以表示为

$$i = i_p + i_{ap} = I_{pm}\sin(\omega t + \alpha - \varphi) + C\exp(-t/T_a) \tag{11-5}$$

根据电路的开闭定律，电感中的电流不能突变，短路前瞬间（以下标 [0] 表示）的电流 $i_{[0]}$ 应等于短路发生后瞬间（以下标 0 表示）的电流 i_0。将 $t = 0$ 分别代入短路前和短路后的电流算式（11-1）和式（11-5），应得

$$I_m\sin(\alpha - \varphi') = I_{pm}\sin(\alpha - \varphi) + C$$

因此

$$C = i_{ap0} = I_m\sin(\alpha - \varphi') - I_{pm}\sin(\alpha - \varphi)$$

将此式代入式（11-5），便得

$$i = I_{pm}\sin(\omega t + \alpha - \varphi) + [I_m\sin(\alpha - \varphi') - I_{pm}\sin(\alpha - \varphi)]\exp(-t/T_a) \tag{11-6}$$

这就是 a 相短路电流的算式。如果用 $\alpha - 120°$ 或 $\alpha + 120°$ 去代替式（11-6）中的 α，就可以得到 b 相或 c 相短路电流的算式。

短路电流各分量之间的关系也可以用相量图表示（见图 11-2）。图中旋转相量 $\dot{E}_m$、$\dot{I}_m$ 和 $\dot{I}_{pm}$ 在静止的时间轴 t 上的投影分别代表电源电势、短路前电流和短路后周期电流的瞬时值。图中所示是 $t = 0$ 时的情况。此时，短路前电流相量 $\dot{I}_m$ 在时间轴上的投影为 $I_{pm}\sin(\alpha - \varphi') = i_{[0]}$，而短路后的周期电流相量 $\dot{I}_{pm}$ 的投影则为 $I_{pm}\sin(\alpha - \varphi') = i_{p0}$。一般情况下，$i_{p0} \neq i_{[0]}$。为了保持电感中的电流在短路前后瞬间不发生突变，电路中必须产生一个非周期自由电流，它的初值应为 $i_{[0]}$ 和 i_{p0} 之差。在相量图中短路发生瞬间相量差 $\dot{I}_m - \dot{I}_{pm}$ 在时间轴上的投影就等于非周期电流的初值。

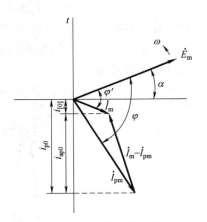

图 11-2　简单三相电路
短路时的相量图

由此可见，非周期电流初值的大小同短路发生的时刻有关，亦即与短路发生时电源电势的初始相角（或合闸角）α 有关。当相量差 $\dot{I}_m - \dot{I}_{pm}$ 与时间轴平行时，i_{ap0} 之值最大；而当它与时间轴垂直时，$i_{ap0} = 0$。在后一情况下，自由分量不存在，在短路发生瞬间短路前电流的瞬时值刚好等于短路后强制电流的瞬时值，电路从一种稳态直接进入另一种稳态，而不经历过渡过程。以上所说是一相的情况，对另外两相也可作类似的分析，当然 b 相和 c 相的电流相量应该分别落后于 a 相电流相量 120° 和 240°。三相短路时，只有短路电流的周期

分量才是对称的,而各相短路电流的非周期分量并不相等。可见,非周期分量有最大初值或零值的情况只可能在一相出现。

11.2.2 短路冲击电流

短路电流最大可能的瞬时值称为短路冲击电流,以 i_{im} 表示。

当电路的参数已知时,短路电流周期分量的幅值是一定的,而短路电流的非周期分量则是按指数规律单调衰减的直流,因此,非周期电流的初值越大,暂态过程中短路全电流的最大瞬时值也就越大。由前面的讨论可知,使非周期电流有最大初值的条件应为:①相量差 $\dot{I}_m-\dot{I}_{pm}$ 有最大可能值;②相量 $\dot{I}_m-\dot{I}_{pm}$ 在 $t=0$ 时与时间轴平行。这就是说,非周期电流的初值既同短路前和短路后电路的情况有关,又同短路发生的时刻(或合闸角 α)有关。在电感性电路中,符合上述条件的情况是:电路原来处于空载状态,短路恰好发生在短路周期电流取幅值的时刻(见图 11-3)。

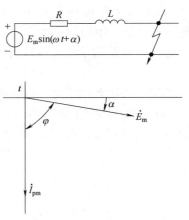

如果短路回路的感抗比电阻大得多,即 $\omega L \gg R$,就可以近似地认为 $\varphi \approx 90°$,则上述情况相当于短路发生在电源电势刚好过零值,即 $\alpha=0$ 的时刻。

将 $I_m=0$,$\varphi=90°$ 和 $\alpha=0$ 代入式(11-6),便得

$$i=-I_{pm}\cos\omega t+I_{pm}\exp(-t/T_a) \tag{11-7}$$

图 11-3 短路电流非周期分量
有最大可能值的条件

非周期分量有最大可能值的短路电流波形图如图 11-4 所示。由图可见,短路电流的最大瞬时值在短路发生后约半个周期出现。若 $f=50\mathrm{Hz}$,这个时间约为短路发生后 $0.01\mathrm{s}$。由此可得冲击电流的算式如下

$$i_m=I_{pm}+I_{pm}\exp(-0.01/T_a)=[1+\exp(-0.01/T_a)]I_{pm}=k_{im}I_{pm} \tag{11-8}$$

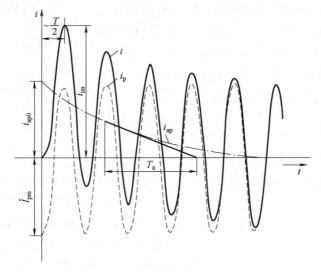

图 11-4 非周期分量有最大可能值的短路电流波形图

式中，$k_{im}=1+\exp(-0.01/T_a)$ 称为冲击系数，它表示冲击电流为短路电流周期分量幅值的多少倍。当时间常数 T_a 的数值由零变到无限大时，冲击系数的变化范围是 $1\le k_{im}\le 2$。在实用计算中，当短路发生在发电机电压母线时，取 $k_{im}=1.9$；短路发生在发电厂高压侧母线时，取 $k_{im}=1.85$；在其他地点短路时，取 $k_{im}=1.8$。

冲击电流主要用来校验电气设备和载流导体的电动力稳定度。

11.2.3　短路电流的最大有效值

在短路过程中，任一时刻 t 的短路电流有效值 I_t，是指以时刻 t 为中心的一个周期内瞬时电流的方均根值，即

$$I_t=\sqrt{\frac{1}{T}\int_{t-T/2}^{t+T/2}dt}=\sqrt{\frac{1}{T}\int_{t-T/2}^{t+T/2}(i_{pt}+i_{apt})^2dt} \tag{11-9}$$

式中，i_t，i_{pt} 和 i_{apt} 分别为 t 时刻短路电流及其周期分量和非周期分量的瞬时值。

在电力系统中，短路电流周期分量的幅值在一般情况下是衰减的（见图 11-5）。为了简化计算，通常假定：非周期电流在以时间 t 为中心的一个周期内恒定不变，因而它在时间 t 的有效值就等于它的瞬时值，即

$$I_{apt}=i_{apt}$$

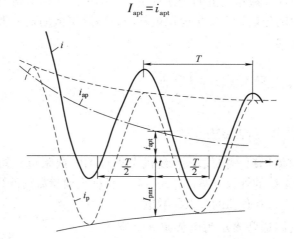

图 11-5　短路电流有效值确定

对于周期电流，也认为它在所计算的周期内是幅值恒定的，其数值即等于由周期电流包络线所确定的 t 时刻的幅值。因此，t 时刻的周期电流有效值应为

$$I_{pt}=\frac{I_{pmt}}{\sqrt{2}}$$

于是，式（11-9）便简化为

$$I_t=\sqrt{I_{pt}^2+I_{apt}^2} \tag{11-10}$$

短路电流的最大有效值出现在短路后的第一个周期。在最不利的情况下发生短路时 $i_{ap0}=I_{pm}$，而第一个周期的中心为 $t=0.01s$，这时非周期分量的有效值为

$$I_{ap}=I_{pm}\exp(-0.01/T_a)=(k_{im}-1)I_{pm} \tag{11-11}$$

将这些关系代入式（11-10），便得到短路电流最大有效值 I_{im} 的计算公式为

$$I_{im} = \sqrt{I_p^2 + \left[(k_{im}-1)\sqrt{2}I_p \right]^2} = I_p\sqrt{1+2(k_{im}-1)^2} \tag{11-12}$$

当冲击系数 $k_{im}=1.9$ 时，$I_{im}=1.62I_p$；当 $k_{im}=1.8$ 时，$I_{im}=1.51I_p$。

11.2.4　短路功率

有些情况下需要用到短路功率（也称为短路容量）的概念。短路容量等于短路电流的最大有效值同短路处的正常工作电压（一般用平均额定电压）的乘积，即

$$S_{im} = \sqrt{3}\,U_{av}I_{im} \tag{11-13}$$

用标幺值表示，且 $U_B=U_{av}$ 时，有

$$S_{*im} = \frac{\sqrt{3}\,U_{av}I_{im}}{\sqrt{3}\,U_B I_B} = \frac{I_{im}}{I_B} = I_{*im} \tag{11-14}$$

短路容量主要用来校验开关的切断能力。把短路容量定义为短路电流和工作电压的乘积，是因为一方面开关要能切断这样大的电流，另一方面，在开关断流时其触头应经受住工作电压的作用。在短路的实用计算中，常只用周期分量电流的初始有效值来计算短路功率。

从上述分析可见，为了确定冲击电流、短路电流非周期分量、短路电流的最大有效值以及短路功率等，都必须计算短路电流的周期分量。实际上，大多数情况下短路计算的任务也只是计算短路电流的周期分量。在给定电源电势时，短路电流周期分量的计算只是一个求解稳态正弦交流电路的问题。

11.3　短路电流计算的基本原理和方法

11.3.1　电力系统节点方程的建立

利用节点方程作故障计算，需要形成系统的节点导纳（或阻抗）矩阵。首先根据给定的电力系统运行方式制定系统的等效电路，并进行各元件标幺值参数的计算，然后利用变压器和线路的参数形成不含发电机和负荷的节点导纳矩阵 Y_N。

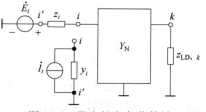

图 11-6　发电机和负荷等效
电路的接入

发电机作为含源支路通常表示为电势源 $\dot{E}_i$ 与阻抗 z_i 的串联支路，接于发电机端节点 i 和零电位点之间，电势源 $\dot{E}_i$ 的施加点 i' 称为电势源节点，而支路的端节点 i 则为无源节点（见图 11-6）。在建立节点方程时，经常将发电机支路表示为电流源 $\dot{I}_i(=\dot{E}_i/z_i)$ 和导纳 $y_i(=1/z_i)$ 的并联组合，电流源 $\dot{I}_i$ 的注入点 i 称为电流源节点，而节点 i' 则称为零电位点（短路点）。发电机和负荷等效电路的接入如图 11-6 所示。接入发电机支路后，矩阵 Y_N 中与机端节点 i 对应的对角线元素应增加发电机导纳 y_i。

有源支路用电流源表示时，最终形成的系统节点导纳矩阵 Y 与矩阵 Y_N 同阶。在需要利用已知电势进行短路计算时，是否需要增设电势源节点（如节点 i'）并相应扩大导纳矩阵的阶次，这取决于所选用的求解方法。

节点的负荷在短路计算中一般作为节点的接地支路并用恒定阻抗表示，其数值由短路前瞬间的负荷功率和节点实际电压算出，即

$$z_{\mathrm{LD}*k}=U_k^2/\dot{S}_{\mathrm{LD}*k} \quad 或 \quad y_{\mathrm{LD}*k}=U_k^2 \tag{11-15}$$

节点 k 接入负荷，相当于在矩阵 Y_{N} 中与节点 k 对应的对角元素中增加负荷导纳 $y_{\mathrm{LD}*k}$。

最后形成包括所有发电机支路和负荷支路的节点方程如下

$$YU=I \tag{11-16}$$

式中，矩阵 Y 与矩阵 Y_{N} 阶次相同，其差别只在于矩阵 Y_{N} 不含发电机和负荷；节点电流向量 I 中只有发电机端节点的电流不为零。有非零电流源注入的节点称为有源节点。

系统中的同步调相机可按发电机处理。在进行起始改暂态电流计算时，大型同步电动机、感应电动机以及以电动机为主要成分的综合负荷，特别是在短路点近处的这些负荷，必要时也可以用有源支路表示，并仿照发电机进行处理。

在电力系统短路电流的工程计算中，许多实际问题的解决（如电网设计中的电气设备选择）并不需要十分精确的结果，于是产生了近似计算的方法。在近似算法中主要是对系统元件模型和标幺参数计算作了简化处理。在元件模型方面，忽略发电机、变压器和输电线路的电阻，不计输电线路的电容，略去变压器的励磁电流（三相三柱式变压器的零序等效电路除外），负荷忽略不计或只作近似估计。在标幺参数计算方面，在选取各级平均额定电压作为基准电压时，忽略各元件（电抗器除外）的额定电压和相应电压级平均额定电压的差别，认为变压器电压比等于其对应侧平均额定电压之比，即所有变压器的标幺电压比都等于 1。此外，有时还假定所有发电机的电势具有相同的相位，加上所有元件仅用电抗表示，这就避免了复数运算，把短路电流的计算简化为直流电路的求解。

必须指出，在计算机已普遍应用的情况下，如果有必要，只要能提供短路计算所需的准确的原始数据，就能对短路进行更精确的计算，并不存在什么障碍。

例 11-1　在例 3-1 的电力系统中分别在节点 1 和节点 5 接入发电机支路，其标幺值参数为：$\dot{E}_1=\dot{E}_5=1.0$，$z_1=\mathrm{j}0.15$ 和 $z_5=\mathrm{j}0.22$。1）修改节点导纳矩阵；2）采用近似算法，略去线路的电阻和电容，取变压器的标幺电压比等于 1，重新形成节点导纳矩阵。

解：1）利用例 3-1 的计算结果，只需对节点 1 和节点 5 的自导纳作修正。

$$Y_{11}=-\mathrm{j}9.5238+\frac{1}{\mathrm{j}0.15}=-\mathrm{j}16.1905$$

$$Y_{55}=-\mathrm{j}5.4348+\frac{1}{\mathrm{j}0.22}=-\mathrm{j}9.9802$$

修正后的导纳矩阵为

$$Y=\begin{bmatrix} 0.0000 & 0.0000 & & & \\ -\mathrm{j}16.1905 & +\mathrm{j}9.0703 & & & \\ 0.0000 & 9.1085 & -4.9989 & -4.1096 & \\ +\mathrm{j}9.0703 & \mathrm{j}33.1002 & +\mathrm{j}13.5388 & +\mathrm{j}10.9589 & \\ & -4.9989 & 11.3728 & -6.3739 & \\ & +\mathrm{j}13.5388 & -\mathrm{j}31.2151 & +\mathrm{j}17.7053 & \\ & -4.1096 & -6.3739 & 10.4835 & 0.0000 \\ & +\mathrm{j}10.9589 & +\mathrm{j}17.7053 & -\mathrm{j}34.5283 & +\mathrm{j}5.6612 \\ & & & 0.0000 & 0.0000 \\ & & & +\mathrm{j}5.6612 & -\mathrm{j}9.9802 \end{bmatrix}$$

電力系统基础

2）按近似算法重新计算导纳矩阵各元素。

$$Y_{11} = -j16.1905, \quad Y_{12} = Y_{21} = j9.5238$$

$$Y_{22} = \frac{1}{j0.065} + \frac{1}{j0.08} + \frac{1}{j0.105} = -j15.3846 - j12.5 - j9.5238 = -j37.4084$$

$$Y_{23} = Y_{32} = -\frac{1}{j0.065} = j15.3846$$

$$Y_{24} = Y_{42} = -\frac{1}{j0.08} = j12.5$$

$$Y_{33} = \frac{1}{j0.065} + \frac{1}{j0.05} = -j15.3846 - j20 = -j35.3846$$

$$Y_{34} = Y_{43} = -\frac{1}{j0.05} = j20$$

$$Y_{44} = \frac{1}{j0.08} + \frac{1}{j0.05} + \frac{1}{j0.184} = -j12.5 - j20 - j5.4348 = -j37.9348$$

$$Y_{45} = Y_{54} = -\frac{1}{j0.184} = j5.4348, \quad Y_{55} = -j9.9802$$

将以上计算结果排成导纳矩阵

$$Y = \begin{bmatrix} -j16.1905 & j9.5238 & & & \\ j9.5238 & -j37.4084 & j15.3846 & j12.5000 & \\ & j15.3846 & -j35.3846 & j20.0000 & \\ & j12.5000 & j20.0000 & -j37.9348 & j5.4348 \\ & & & j5.4348 & -j9.9802 \end{bmatrix}$$

例 11-2　在电力系统中（见图 11-7），已知：发电机 $S_{G(N)} = 30MVA$，$U_{G(N)} = 10.5kV$，$X_{G(N)*} = 0.26$；变压器 T-1　$S_{T1(N)} = 31.5MVA$，$U_S\% = 10.5$，$k_{T1} = 10.5/121$；变压器 T-2　$S_{T2(N)} = 15MVA$，$U_S\% = 10.5$，$k_{T2} = 110/6.6$；电抗器　$U_{R(N)} = 6kV$，$I_{R(N)} = 0.3kA$，$X_R\% = 5$；架空线路长为 80km，每千米电抗为 0.4Ω；电缆线路长为 2.5km，每千米电抗为 0.08Ω。电缆线路的末端发生三相短路，已知发电机电势为 10.5kV。试分别按元件标幺参数的精确值和近似值计算短路点电流的有名值。

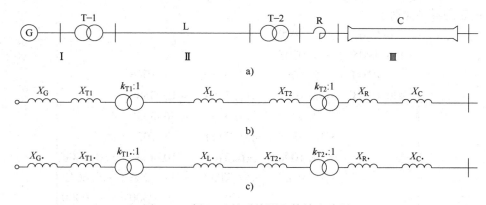

图 11-7　例 11-2 的系统图和等效电路图

254

解： 1）对各元件标幺参数作精确计算。

选基准功率 $S_B = 100MVA$，$U_{B(I)} = 10.5kV$，$U_{B(II)} = 121kV$，$U_{B(III)} = 7.26kV$，便可直接利用标幺值参数计算结果。发电机电势的标幺值为 $E = 10.5/10.5 = 1.0$，如图 11-8 所示。

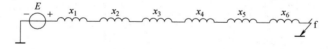

图 11-8　例 11-2 的简化系统图和等效电路图

电缆线路末端短路时，短路电流为

$$I_f = \frac{E}{X_\Sigma} I_{B(III)} = \frac{1}{X_\Sigma} I_{B(III)}$$

$$X_\Sigma = x_1 + x_2 + x_3 + x_4 + x_5 + x_6$$
$$= 0.87 + 0.33 + 0.22 + 0.58 + 1.09 + 0.38 = 3.47$$

$$I_{B(III)} = \frac{S_B}{\sqrt{3}\,U_{B(III)}} = \frac{100}{\sqrt{3} \times 7.26} kA = 7.95kA$$

2）对各元件标幺参数作近似计算。

仍选基准功率 $S_B = 100MVA$。基准电压等于平均额定电压，$U_{B(I)} = 10.5kV$，$U_{B(II)} = 115kV$，$U_{B(III)} = 6.3kV$。变压器的电压比为相邻两段平均额定 T-1 电压之比。各元件电抗的标幺值计算如下：

发电机的电抗　　　　　$x_1 = 0.26 \times \dfrac{100}{30} = 0.87$

变压器 T-1 的电抗　　　$x_2 = \dfrac{10.5}{100} \times \dfrac{100}{31.5} = 0.33$

架空线路的电抗　　　　$x_3 = 0.4 \times 80 \times \dfrac{100}{115^2} = 0.24$

变压器 T-2 的电抗　　　$x_4 = \dfrac{10.5}{100} \times \dfrac{100}{15} = 0.7$

电抗器的电抗　　　　　$x_5 = 0.05 \times \dfrac{6}{\sqrt{6} \times 0.3} \times \dfrac{100}{6.3^2} = 1.46$

电缆线路的电抗　　　　$x_6 = 0.08 \times 2.5 \times \dfrac{100}{6.3^2} = 0.504$

$$X_\Sigma = 0.87 + 0.33 + 0.24 + 0.7 + 1.46 + 0.504 = 4.104$$

$$I_{B(III)} = \frac{100}{\sqrt{3} \times 6.3} kA = 9.17kA$$

$$I_f = 9.17/4.104 kA = 2.24kA$$

可见，近似计算结果的相对误差只有 2.2%，在短路电流的工程计算中是容许的。

11.3.2　利用节点阻抗矩阵计算短路电流

假定系统中的节点 f 经过渡阻抗 z_f 发生短路。这个过渡阻抗 z_f 不参与形成网络的节点导纳（或阻抗）矩阵。图 11-9 所示方框内的有源网络代表系统正常状态的等效网络。

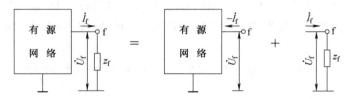

图 11-9　对称短路分析

现在保持故障处的边界条件不变，把网络的原有部分同故障支路分开（见图 11-9）。容易看出，对于正常状态的网络而言，发生短路相当于在故障节点 f 增加了一个注入电流 $-\dot{I}_f$（短路电流以流出故障点为正，节点电流则以注入为正）。因此，网络中任一节点 i 的电压可表示为

$$\dot{U}_i = \sum_{j \in G} Z_{ij}\dot{I}_j - Z_{if}\dot{I}_f \tag{11-17}$$

式中，G 为网络内有源节点的集合。

由式（11-17）可知，任一节点 i 的电压都由两项叠加而成。第一项是 Σ 符号下的总和，它表示当 $\dot{I}_f = 0$ 时由网络内所有电源在节点 i 产生的电压，也就是短路前瞬间正常运行状态下的节点电压，这是节点电压的正常分量，记为 $U_i^{(0)}$。第二项是当网络中所有电流源都断开，电势源都短接时，仅由短路电流 $\dot{I}_f$ 在节点 i 产生的电压，这就是节点电压的故障分量。上述两个分量的叠加，就等于发生短路后节点 i 的实际电压，即

$$\dot{U}_i = \dot{U}_i^{(0)} - Z_{if}\dot{I}_f \tag{11-18}$$

式（11-18）也适用于故障节点 f，于是有

$$\dot{U}_f = \dot{U}_f^{(0)} - Z_{ff}\dot{I}_f \tag{11-19}$$

式中，$\dot{U}_f^{(0)} = \sum_{j \in G} Z_{fj}\dot{I}_j$ 是短路前故障点的正常电压；Z_{ff} 是故障节点 f 的自阻抗，也称为输入阻抗。

式（11-19）也可以根据戴维南定理直接写出，与这个方程相适应的等效电路如图 11-10 所示。式（11-19）含有两个未知量 $\dot{U}_f$ 和 $\dot{I}_f$，需要根据故障点的边界条件再写出一个方程才能求解。这个条件是

$$\dot{U}_f - Z_f\dot{I}_f = 0 \tag{11-20}$$

由式（11-19）和式（11-20）可解出

$$\dot{I}_f = \frac{\dot{U}_f^{(0)}}{Z_{ff} + z_f} \tag{11-21}$$

而网络中任一节点的电压为

$$\dot{U}_i = \dot{U}_i^{(0)} - \frac{Z_{if}}{Z_{ff} + z_f}\dot{U}_f^{(0)} \tag{11-22}$$

任一支路（见图 11-11）的电流为

$$\dot{I}_{pq} = \frac{k\dot{U}_p - \dot{U}_q}{z_{pq}} \tag{11-23}$$

对于非变压器支路，令 $k = 1$ 即可。

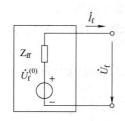

图 11-10 有源两端网络

图 11-11 支路电流的计算

从式（11-21）和式（11-22）可以看到，式中所用到的阻抗矩阵元素都带有列标 f。这就是说，如果网络在正常状态下的节点电压为已知，为了进行短路计算，只需利用节点阻抗矩阵中与故障点 f 对应的一列元素。因此，尽管采用了阻抗型的节点方程，但是并不需要作出全部阻抗矩阵。在短路的实际计算中，一般只需形成网络的节点导纳矩阵，并根据具体要求，用第 3 章所讲的方法求出阻抗矩阵的某一列或某几列元素即可。在应用节点阻抗矩阵进行短路计算时，我们都将采用这种算法。

在不要求精确计算的场合，可以不计负荷电流的影响。在形成节点导纳矩阵时，所有节点的负荷都略去不计，短路前网络处于空载状态，各节点电压的正常分量的标幺值都取作等于 1。这样，式（11-21）和式（11-22）便分别简化成

$$\dot{I}_{f}=\frac{1}{Z_{ff}+z_{f}} \tag{11-24}$$

$$\dot{U}_{i}=1-\frac{Z_{if}}{Z_{ff}+z_{f}} \tag{11-25}$$

金属性短路时 $z_{f}=0$，因此只要知道节点阻抗矩阵的有关元素就可以进行短路计算了。

图 11-12 所示为对称短路简化计算的原理框图。

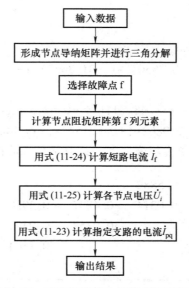

图 11-12 对称短路简化计算的原理框图

例 **11-3**　在例 11-1 的电力系统中节点 3 发生三相短路（见图 11-13），试用节点阻抗矩阵计算短路电流及网络中的电流分布。线路的电阻和电容略去不计，变压器的标幺电压比等于 1。

解：1）对例 11-1 解答 2）所得矩阵 Y 进行三角分解，形成因子表。

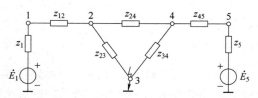

图 11-13　例 11-3 的电力系统等效网络

应用附录 B 的式（B-31）计算因子矩阵各元素

$$d_{11} = Y_{11} = -j16.1905$$

$$u_{12} = Y_{12}/d_{11} = j9.5238/(-j16.1905) = -0.5882$$

$$u_{13} = u_{14} = u_{15} = 0$$

$$d_{12} = Y_{22} - u_{12}^2 d_{11}$$
$$= -j37.4084 - (-0.5882)^2 \times (-j16.1905)$$
$$= -j31.8062$$

$$u_{23} = Y_{23}/d_{22} = j15.3846/(-j31.8062) = -0.4837$$

$$u_{24} = Y_{24}/d_{22} = j12.5/(-j31.8062) = -0.3930, u_{25} = 0$$

$$d_{33} = Y_{33} - u_{23}^2 d_{22} = -j35.3846 - (-0.4837)^2 \times (-j31.8062) = -j27.9431$$

$$u_{34} = (Y_{34} - u_{23}u_{24}u_{22})/d_{33}$$
$$= [j20 - (-0.4837) \times (0.3930) \times (-j31.8062)]/(-j27.4931)$$
$$= -0.9321$$

$$u_{35} = 0$$

$$d_{44} = Y_{44} - u_{24}^2 d_{22} - u_{34}^2 d_{33}$$
$$= -j37.9348 - (-0.3930)^2 \times (-j31.8062) - (-0.9321)^2 \times (-j27.9431)$$
$$= -j8.7441$$

$$u_{45} = Y_{45}/d_{44} = j5.4348/(-j8.7441) = -0.6215, u_{25} = 0$$

$$d_{55} = Y_{55} - u_{45}^2 d_{44} = -j9.9802 - (-0.6215)^2 \times (-j8.7441) = -j6.6023$$

将 u_{ij} 存放在上三角的非对角线部分，对 d_{ii} 取其倒数存放在对角线位置，使得因子表为

j0.0618	−0.5882			
	j0.0314	−0.4837	−0.3930	
		j0.0358	−0.9321	
			j0.1144	−0.6215
				j0.1515

2）计算节点阻抗矩阵第 3 列的元素。

采用 3.3 节所讲的方法，套用式（3-35）、式（3-36）和式（3-37），取 $j = 3$，计及 $u_{ij} =$

l_{ji}，可得

$$f_1 = f_2 = 0, \quad f_3 = 1, \quad f_4 = -u_{34}f_3 = 0.9321$$

$$f_5 = -u_{45}f_4 = 0.6215 \times 0.9321 = 0.5793$$

$$h_1 = h_2 = 0, \quad h_3 = 1/d_{33} = j0.0358$$

$$h_4 = f_4/d_{44} = 0.9321/(-j8.7441) = j0.1066$$

$$h_5 = f_5/d_{55} = 0.5793/(-j6.6023) = j0.0877$$

$$Z_{53} = h_5 = j0.0877$$

$$Z_{43} = h_4 - u_{45}Z_{53} = j0.1066 - (-0.6215) \times j0.0877 = j0.1611$$

$$Z_{33} = h_3 - u_{34}Z_{43} = j0.0358 - (-0.9321) \times j0.1611 = j0.1860$$

$$Z_{23} = -u_{23}Z_{33} - u_{24}Z_{43} = 0.4837 \times j0.1860 + 0.3930 \times j0.1611 = j0.1533$$

$$Z_{13} = -u_{12}Z_{23} = 0.5882 \times j0.1533 = j0.0902$$

3）短路电流及网络中电流分布计算。

因网络中没有负荷，系统处于空载，各节点电压均与发电机电势相等，即 $\dot{U}_i^{(0)} = 1.0$。

$$\dot{I}_f = \dot{U}_3^{(0)}/Z_{33} = 1/j0.1860 = -j5.3766$$

$$\dot{U}_1 = \dot{U}_1^{(0)} - Z_{13}\dot{I}_f = 1 - j0.0902 \times (-j5.3766) = 0.5152$$

$$\dot{U}_2 = \dot{U}_2^{(0)} - Z_{23}\dot{I}_f = 1 - j0.1533 \times (-j5.3766) = 0.1758$$

$$\dot{U}_4 = \dot{U}_4^{(0)} - Z_{43}\dot{I}_f = 1 - j0.1611 \times (-j5.3766) = 0.1336$$

$$\dot{U}_5 = \dot{U}_5^{(0)} - Z_{53}\dot{I}_f = 1 - j0.0877 \times (-j5.3766) = 0.5282$$

$$\dot{I}_{54} = \frac{\dot{U}_5 - \dot{U}_4}{z_{45}} = \frac{0.5282 - 0.1336}{j0.184} = -j2.1445$$

$$\dot{I}_{43} = \frac{\dot{U}_4 - \dot{U}_3}{z_{34}} = \frac{0.1336 - 0}{j0.05} = -j2.6720$$

$$\dot{I}_{23} = \frac{\dot{U}_2 - \dot{U}_3}{z_{23}} = \frac{0.1758 - 0}{j0.065} = -j2.7046$$

$$\dot{I}_{12} = \frac{\dot{U}_1 - \dot{U}_2}{z_{12}} = \frac{0.5152 - 0.1758}{j0.105} = -j3.2321$$

$$\dot{I}_{24} = \frac{\dot{U}_2 - \dot{U}_4}{z_{24}} = \frac{0.1758 - 0.1336}{j0.08} = -j0.5275$$

为了进行比较，现将利用例 11-1 解答 1）的矩阵 $\boldsymbol{Y}$ 所进行计算的部分结果列写如下。

$$Z_{53} = -0.0006 + j0.0941, \quad Z_{43} = -0.0002 + j0.1659$$

$$Z_{33} = 0.0090 + j0.1917, \quad Z_{23} = -0.0023 + j0.1599$$

$$Z_{13} = -0.0013 + j0.0896$$

$$U_3^{(0)} = 1.0250, \quad I_f = 5.3404$$

故障前短路点电压高于发电机电势，是考虑了线路电容的缘故。从短路电流的数值可见，近似计算结果的相对误差还不到 1%。

11.3.3 利用电势源对短路点的转移阻抗计算短路电流

在电力系统短路的实际计算中，有时需要知道各电源提供的短路电流，或者按已知的电源电势直接计算短路电流。在这种情况下，电势源对短路点的转移阻抗就是一个很有用的概念。对于一个多电源的线性网络（见图 11-14a），根据叠加原理总可以把节点 f 的短路电流表示成

$$\dot{I}_f = \sum_{i \in G} \dot{E}_i / z_{fi} \tag{11-26}$$

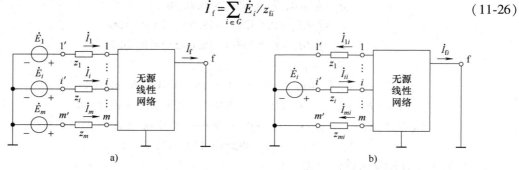

图 11-14　叠加原理的应用

式中，G 是有源支路的集合；$\dot{E}_i$ 为第 i 个有源支路的电势；z_{fi} 为第 i 个电势源对短路点 f 的转移阻抗。为了与节点阻抗矩阵的非对角线元素（互阻抗）相区别，本章中转移阻抗用小写字母 z 表示。

根据式（11-27）（见图 11-14b），当网络中只有电势源 i 单独存在，其他电源电势都等于零时，电势 $\dot{E}_i$，与短路点电流 $\dot{I}_{fi}$ 之比即等于电源 i 对短路点 f 的转移阻抗 z_{fi}，也就是电势源节点 i' 和短路点 f 之间的转移阻抗；电势 $\dot{E}_i$ 与电源支路 m 的电流 $\dot{I}_{mi}$ 之比即等于电源 i 和电源 m 之间的转移阻抗 z_{mi}，也就是电势源节点 i' 和电势源节点 m' 之间的转移阻抗。

利用节点阻抗矩阵可以方便地计算转移阻抗。当电势源 $\dot{E}_i$ 单独存在时，相当于在节点 i 单独注入电流 $\dot{I}_i = \dot{E}_i / z_i$，这时在节点 f 将产生电压 $\dot{U}_{fi}^{(0)} = z_{fi} \dot{I}_i$，若将节点 f 短路，便有电流 $\dot{I}_{fi} = \dot{U}_{fi}^{(0)} / z_{ff}$。于是可得

$$z_{fi} = \frac{\dot{E}_i}{\dot{I}_{fi}} = \frac{z_{ff}}{z_{fi}} z_i \tag{11-27}$$

同理可以得到电势源 i 和电势源 m 之间的转移阻抗为

$$z_{im} = z_i z_m / z_{im} \tag{11-28}$$

通过电流分布系数计算转移阻抗也是一种实用的方法。对于图 11-14a 所示的系统，令所有电源电势都等于零，只在节点 f 接入电势 $\dot{E}$，使产生电流 $\dot{I}_f = \dot{E} / z_{ff}$。这时各电源支路电流对电流 $\dot{I}_f$ 之比便等于该电源支路对节点 f 的电流分布系数（见图 11-15）。电源 i 的电流分布系数为

$$c_i = \dot{I}_i / \dot{I}_f$$

电流分布系数也可以利用节点阻抗矩阵进行计算。节点 f 单独注入电流 $-\dot{I}_f$ 时，第 i 个电势源支路的端节点 i 的电压为 $\dot{U}_i = -Z_{if} \dot{I}_f$，而该电源支路的电流为 $\dot{I}_i = -\dot{U}_i / z_i$（见图 11-15）。由此可得

$$c_i = \frac{\dot{I}_i}{\dot{I}_f} = \frac{Z_{if}}{z_i} \tag{11-29}$$

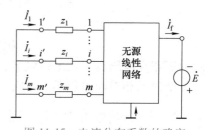

图 11-15　电流分布系数的确定

对照式（11-27），计及 $Z_{if}=Z_{fi}$，这样便可得到计算转移阻抗的又一个公式

$$z_{fi}=\frac{Z_{ff}}{c_i} \qquad (11\text{-}30)$$

电流分布系数是说明网络中电流分布情况的一种参数，它只同短路点的位置、网络的结构和参数有关。对于确定的短路点网络中的电流分布是完全确定的。不仅电源支路，而且网络中所有支路都有确定的电流分布系数。图 11-16a 表示某网络的电流分布情况。若令电势 $\dot{E}$ 的标幺值与 Z_{ff} 的标幺值相等，便有 $\dot{I}_f=1$，各支路电流标幺值即等于该支路的电流分布系数，如图 11-16b 所示。分布系数实际上代表电流，它是有方向的，并且符合节点电流定律。例如，在节点 a 有 $\dot{I}_1+\dot{I}_2=\dot{I}_4$，便有 $c_1+c_2=c_4$。类似地，在节点 b 有 $c_3+c_4=c_f$。而短路点的电流分布系数则等于 1。

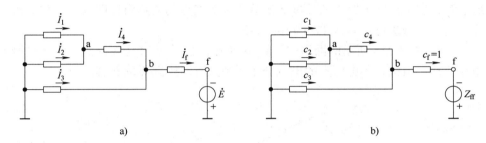

图 11-16　支路电流和分布系数

现在我们对节点间的互阻抗（节点阻抗矩阵的非对角线元素）和转移阻抗的概念作些比较，以明确它们之间的区别。图 11-17 所示方框内的网络代表经过无源化处理的某系统的等效网络，即原网络中的电势源均被短接，电流源均被断开。

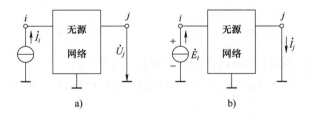

图 11-17　互阻抗和转移阻抗的比较

节点 i 单独注入电流 $\dot{I}_i$ 时，在节点 j 产生的电压 $\dot{U}_j$ 与电流 $\dot{I}_i$ 之比即等于节点 i、j 之间的互阻抗 Z_{ji}（见图 11-17a）。

节点 i 单独施加电势 $\dot{E}_i$ 时，该电势与其在节点 j 产生的短路电流 $\dot{I}_j$ 之比即等于节点 i、j 之间的转移阻抗 Z_{ji}（见图 11-17b）。

确定互阻抗时，采用的是某节点的注入电流和另一节点的电压。确定转移阻抗时，采用的是某节点的施加电势和另一节点的短路电流。

互阻抗在任何一对节点之间均有定义。零电位节点对任何节点的互阻抗都等于零。转移阻抗只在电势源节点和短路点之间，或电势源节点与电势源节点（无源化的电势源节点的电位为零也相当于短路点）之间才有实际意义。

　　互阻抗和转移阻抗也有共同之处，它们都是网络中某处的电压（电势）与另一处电流的复数比例系数，具有阻抗的量纲，但不代表实际的阻抗，即使网络中不存在负电阻元件，互阻抗和转移阻抗都可能出现负的实数部分。

　　对于不太复杂的电力系统，在制定等效电路并完成元件参数计算后，并不需要形成节点导纳矩阵（或阻抗矩阵），可以直接对原网络进行等效变换求得转移阻抗。一种做法是，通过电源支路等效合并和网络变换，把原网络简化成一端接等效电势源另一端接短路点的单一支路，该支路的阻抗即等于短路点的输入阻抗，也就是等效电势源对短路点的转移阻抗，然后通过网络还原，并利用电流分布系数的概念，最后算出各电势源对短路点的转移阻抗。进行网络变换还可以采取另一种方法：在保留电势源节点和短路点的条件下，通过原网络的等效变换逐步消去一切中间节点，最终形成以电势源节点（含零电位节点）和短路点为顶点的全网形电路，这个最终电路中联接电势源节点和短路点的支路阻抗即为该电源对短路点的转移阻抗。具体的做法可参看例 11-4 和例 11-5。

　　例 11-4　在图 11-18a 所示的网络中，a、b 和 c 为电源点，f 为短路点。试通过网络变换求得短路点的输入阻抗，各电源点的电流分布系数及其对短路点的转移阻抗。

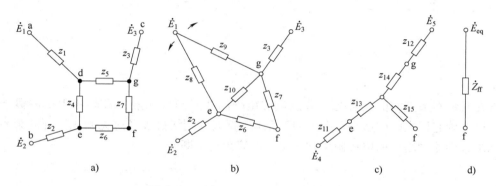

图 11-18　例 11-4 的网络及其变换过程

　　解：1）进行网络变换计算短路点的输入阻抗，步骤如下：

　　第 1 步，将 z_1、z_4 和 z_5 组成的星形电路化成三角形电路，其两边的阻抗为 z_8、z_9 和 z_{10}（见图 11-18b）。

$$z_8 = z_1 + z_4 + z_1 z_4 / z_5, \quad z_9 = z_1 + z_5 + z_1 z_5 / z_4, \quad z_{10} = z_4 + z_5 + z_4 z_5 / z_1$$

　　第 2 步，将 z_8 和 z_9 支路在节点 a 分开，分开后每条支路都带有电势 $\dot{E}_1$，然后将 z_8 和 z_2 合并，得

$$z_{11} = \frac{z_8 z_2}{z_8 + z_2}, \quad \dot{E}_4 = \frac{\dot{E}_1 z_2 + \dot{E}_1 z_8}{z_8 + z_2}$$

将 z_9 和 z_3 合并，得

$$z_{12} = \frac{z_9 z_3}{z_9 + z_3}, \quad \dot{E}_5 = \frac{\dot{E}_1 z_3 + \dot{E}_3 z_9}{z_3 + z_9}$$

　　第 3 步，将由 z_6、z_7 和 z_{10} 组成的三角形电路化成由 z_{13}、z_{14} 和 z_{15} 组成的星形电路。

$$z_{13} = \frac{z_6 z_{10}}{z_6 + z_7 + z_{10}}, \quad z_{14} = \frac{z_7 z_{10}}{z_6 + z_7 + z_{10}}, \quad z_{15} = \frac{z_6 z_7}{z_6 + z_7 + z_{10}}$$

第 4 步，将阻抗为 $z_{11}+z_{13}$，电势为 $\dot{E}_4$ 的支路同阻抗为 $z_{12}+z_{14}$，电势为 $\dot{E}_5$ 的支路合并，得

$$\dot{E}_{eq}=\frac{\dot{E}_4(z_{12}+z_{14})+\dot{E}_5(z_{11}+z_{13})}{z_{13}+z_{14}+z_{11}+z_{13}}$$

$$z_{16}=\frac{(z_{12}+z_{14})(z_{11}+z_{13})}{z_{12}+z_{14}+z_{11}+z_{13}}$$

最后，可得短路点的输入阻抗为

$$Z_{ff}=z_{15}+z_{16}$$

短路电流为

$$\dot{I}_f=\dot{E}_{eq}/Z_{ff}$$

电势 $\dot{E}_{eq}$ 实际上就是短路发生前节点 f 的电压 $\dot{U}_{fi}^{(0)}$。

2）逆着网络变换的过程，计算电流分布系数和转移阻抗，其步骤如下。

第 1 步，短路点的电流分布系数

$$c_f=1$$

电流分布系数相当于电流，z_{16} 中的电流将按与阻抗成反比的原则分配到原来的两条支路，于是可得

$$c_5=\frac{z_{16}}{z_{12}+z_{14}}c_f,\quad c_4=\frac{z_{16}}{z_{11}+z_{13}}\quad \text{或}\quad c_4=c_f-c_5$$

第 2 步，将 c_4 和 c_5 也按同样的原则分配到原来的支路，由此可得

$$c_2=\frac{z_{11}}{z_2}c_4,\quad c_8=\frac{z_{11}}{z_8}c_4\quad \text{或}\quad c_8=c_4-c_2$$

$$c_3=\frac{z_{12}}{z_3}c_5,\quad c_9=\frac{z_{12}}{z_9}c_5\quad \text{或}\quad c_9=c_5-c_3$$

电源点 a 的电流分布系数为

$$c_1=c_8+c_9$$

第 3 步，各电源点对短路点的转移阻抗为

$$z_{fa}=Z_{ff}/c_1,\quad z_{fb}=Z_{ff}/c_2,\quad z_{fc}=Z_{ff}/c_3$$

第 4 步，短路电流为

$$\dot{I}_f=\frac{\dot{E}_1}{z_{fa}}+\frac{\dot{E}_2}{z_{fb}}+\frac{\dot{E}_3}{z_{fe}}$$

顺便指出，如果节点 c 不是电势源节点，而是零电位点，则解题过程仍然一样，只在演算过程的有关算式中令 $\dot{E}_3=0$ 即可。

例 11-5　网络图同上例，试通过网络变换直接求出各电源点对短路点的转移阻抗。

解：通过星网变换，将电源点和短路点以外的一切节点统统消去，在最后所得的网络中，各电源点同短路点之间的支路阻抗即为该电源点对短路点的转移阻抗。变换过程如图 11-19 所示，现说明如下：

第 1 步，将图 11-18a 中所示由 z_2、z_4、z_6 和由 z_3、z_5、z_7 组成的星形电路分别交换成由 z_8、z_9、z_{10} 和 z_{11}、z_{12}、z_{13} 组成的三角形电路（见图 11-19a），从而消去节点 e 和 g。

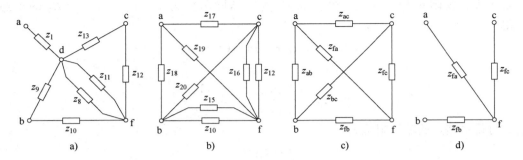

图 11-19 某网络的变换过程

$$z_9 = z_2 + z_4 + z_2 z_4 / z_6, \quad z_{10} = z_2 + z_6 + z_2 z_6 / z_4$$

$$z_8 = z_4 + z_6 + z_4 z_6 / z_2, \quad z_{13} = z_3 + z_5 + z_3 z_5 / z_7$$

$$z_{12} = z_3 + z_7 + z_3 z_7 / z_5, \quad z_{11} = z_5 + z_7 + z_5 z_7 / z_3$$

第 2 步，将 z_8 和 z_{11} 合并为

$$z_{14} = \frac{z_8 z_{11}}{z_8 + z_{11}}$$

然后，将由 z_1、z_9、z_{13} 和 z_{14} 组成的 4 支路星形电路变换成以节点 a、b、c 和 f 为顶点的完全网形电路，从而消去节点 d，网形电路的 6 条主路阻抗分别为

$$z_{15} = z_9 z_{14} Y_\Sigma, \quad z_{16} = z_{13} z_{14} Y_\Sigma, \quad z_{17} = z_1 z_{13} Y_\Sigma$$

$$z_{18} = z_1 z_9 Y_\Sigma, \quad z_{19} = z_1 z_{14} Y_\Sigma, \quad z_{20} = z_9 z_{13} Y_\Sigma$$

$$Y_\Sigma = \frac{1}{z_1} + \frac{1}{z_9} + \frac{1}{z_{13}} + \frac{1}{z_{14}}$$

第 3 步，计算各电源点对短路点的转移阻抗

$$z_{fa} = z_{19}, \quad z_{fb} = \frac{z_{10} z_{15}}{z_{10} + z_{15}}, \quad z_{fc} = \frac{z_{12} z_{16}}{z_{12} + z_{16}}$$

例 11-6 在例 11-1 的电力系统中，仍在节点 3 发生三相短路，试求短路点的输入阻抗和各电源支路对短路点的电流分布系数和转移阻抗。输电线路的电阻和电容略去不计，各变压器的标幺电压比等于 1。

解：1）利用网络变换法求解。

系统等效电路如图 11-20a 所示。对各支路电抗进行标号，根据前例已知条件有

$$x_1 = 0.15, \quad x_2 = 0.105, \quad x_3 = 0.08, \quad x_4 = 0.184,$$

$$x_5 = 0.22, \quad x_6 = 0.065, \quad x_7 = 0.05$$

第 1 步，将 x_3、x_6 和 x_7 组成的三角形电路变换成 x_8、x_9 和 x_{10} 组成的星形电路，即

$$x_8 = \frac{x_3 x_6}{x_3 + x_6 + x_7} = \frac{0.08 \times 0.065}{0.08 + 0.065 + 0.05} = \frac{0.0052}{0.195} = 0.0267$$

$$x_9 = \frac{x_3 x_7}{x_3 + x_6 + x_7} = \frac{0.08 \times 0.05}{0.195} = 0.0205$$

$$x_{10} = \frac{x_6 x_7}{x_3 + x_6 + x_7} = \frac{0.065 \times 0.05}{0.195} = 0.0167$$

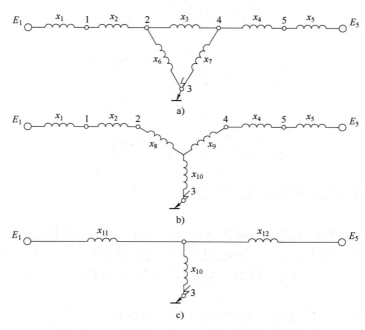

图 11-20   例 11-6 的系统等效电路和网络变换过程

第 2 步，将 x_1、x_2 和 x_8 串联组成 x_{11}，将 x_5、x_4 和 x_9 串联组成 x_{12}，即

$$x_{11} = 0.15 + 0.105 + 0.0267 = 0.2817$$

$$x_{12} = 0.22 + 0.184 + 0.0205 = 0.4245$$

第 3 步，将 x_{11} 和 x_{12} 并联组成 x_{13}，即

$$x_{13} = \frac{x_{11}x_{12}}{x_{11}+x_{12}} = \frac{0.2817 \times 0.4245}{0.2817 + 0.4245} = 0.1693$$

短路点的输入阻抗为

$$Z_{33} = j(x_{13} + x_{10}) = j(0.1693 + 0.0167) = j0.1860$$

第 4 步，计算电流分布系数，即

$$c_3 = 1$$

$$c_1 = \frac{x_{12}}{x_{11}+x_{12}} c_3 = \frac{0.4245}{0.7062} = 0.6011$$

$$c_5 = \frac{x_{11}}{x_{11}+x_{12}} c_3 = \frac{0.2817}{0.7062} = 0.3989$$

第 5 步，计算转移阻抗，即

$$z_{31} = \frac{Z_{33}}{c_1} = \frac{j0.1860}{0.6011} = j0.3094$$

$$z_{35} = \frac{Z_{33}}{c_5} = \frac{j0.1860}{0.3989} = j0.4663$$

2）利用节点阻抗矩阵进行计算。

例 11-3 的计算结果已给出 $Z_{33} = j0.1860$，$Z_{13} = j0.0902$，$Z_{53} = j0.0877$。因此，

$$c_1 = \frac{Z_{13}}{z_1} = \frac{j0.0902}{j0.15} = 0.6013$$

$$c_5 = \frac{Z_{33}}{z_5} = \frac{j0.0877}{j0.22} = 0.3986$$

$$z_{31} = \frac{Z_{33}}{c_1} = \frac{j0.1860}{0.6013} = j0.3093$$

$$z_{35} = \frac{Z_{33}}{c_5} = \frac{j0.1860}{0.3986} = j0.4666$$

11.4 起始次暂态电流和冲击电流的实用计算

起始次暂态电流就是短路电流周期分量（指基频分量）的初值。只要把系统所有的元件都用其次暂态参数代表，次暂态电流的计算就同稳态电流的计算一样了。系统中所有静止元件的次暂态参数都与其稳态参数相同，而旋转电机的次暂态参数则不同于其稳态参数。

在突然短路瞬间，同步电机（包括同步电动机和调相机）的次暂态电势保持着短路发生前瞬间的数值。根据同步发电机简化相量图 11-21 可知，取同步发电机在短路前瞬间的端电压为 $U_{[0]}$，电流为 $I_{[0]}$ 和功率因数角为 $\varphi_{[0]}$，利用下式即可近似地算出次暂态电势值，即

$$E_0'' \approx U_{[0]} + x'' I_{[0]} \sin\varphi_{[0]} \tag{11-31}$$

在实用计算中，汽轮发电机和有阻尼绕组的凸极发电机的次暂态电抗可以取为 $x'' = x_d''$。

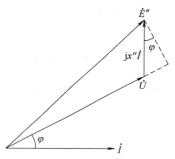

图 11-21　同步发电机简化相量图

假定发电机在短路前额定满载运行，$U_{[0]} = 1$，$I_{[0]} = 1$，$\sin\varphi_{[0]} = 0.53$，$x'' = 0.13 \sim 0.20$，则有

$$E_0'' \approx 1 + (0.13 \sim 0.20) \times 1 \times 0.53 = 1.07 \sim 1.11$$

如果不能确知同步发电机短路前的运行参数，则近似地取 $E_0'' = 1.05 \sim 1.1$ 亦可。不计负载影响时，常取 $E_0'' = 1$。

电力系统的负荷中包含大量的异步电动机。在正常运行情况下，异步电动机的转差率很小（$s = 2\% \sim 5\%$），可以近似地当作依同步转速运行。根据短路瞬间转子绕组磁链守恒的原则，异步电动机也可以用与转子绕组的总磁链成正比的次暂态电势以及相应的次暂态电抗来代表。异步电动机次暂态电抗的额定标幺值可由下式确定。

$$x'' = 1/I_{st} \tag{11-32}$$

式中，I_{st} 是异步电动机启动电流的标幺值（以额定电流为基准），一般为 $4 \sim 7$，因此近似地可取 $x'' = 0.2$。

图 11-22 所示为异步电动机的次暂态参数简化相量图。由图可得，次暂态电势的近似计算公式为

$$E_0'' \approx U_{[0]} - x'' I_{[0]} \sin\varphi_{[0]} \tag{11-33}$$

式中，$U_{[0]}$、$I_{[0]}$ 和 $\varphi_{[0]}$ 分别为短路前异步电动机的端电压、电流以及电压和电流间的相

位差。

异步电动机的次暂态电势 E'' 要低于正常情况下的端电压。在系统发生短路后，只当电动机端的残余电压小于 E''_0 时，电动机才会暂时地作为电源向系统供给一部分短路电流。

由于配电网络中电动机的数目很多，要查明它们在短路前的运行状态是困难的，而且电动机所提供的短路电流数值不大，因此，在实用计算中，只有对短路点附近能显著地供给短路电流的大型电动机才按式（11-32）和式（11-33）算出次暂态电抗和次暂态电势。其他的电动机，则看作是系统负荷节点中综合负荷的一部分。综合负荷的参数需由该地区用户的典型成分及配电网典型线路的

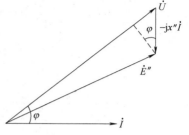

图 11-22　异步电动机的次暂态
参数简化相量图

平均参数来确定。在短路瞬间，这个综合负荷也可以近似地用一个含次暂态电势和次暂态电抗的等效支路来表示。以额定运行参数为基准，综合负荷的电势和电抗的标幺值约为 $E''=0.8$ 和 $x''=0.35$。次暂态电抗中包括电动机电抗 0.2 和降压变压器以及馈电线路的估计电抗 0.15。

由于异步电动机的电阻较大，在突然短路后，由异步电动机供给的电流的周期分量和非周期分量都将迅速衰减（见图 11-23），而且衰减的时间常数也很接近，其数值为百分之几秒。

在实用计算中，负荷提供的冲击电流可以表示为

$$i_{im \cdot LD} = k_{im \cdot LD}\sqrt{2}\,I''_{LD} \qquad (11\text{-}34)$$

式中，I''_{LD} 为负荷提供的起始次暂态电流的有效值，通过适当选取冲击系数 $k_{im \cdot LD}$ 可以把周期电流的衰减估计进去。对于小容量的电动机和综合负荷，取 $k_{im \cdot LD}=1$；容量为 $200\sim500\mathrm{kW}$ 的异步电动机，取 $k_{im \cdot LD}=1.3\sim1.5$；容量为 $500\sim1000\mathrm{kW}$ 的异步电动机，取 $k_{im \cdot LD}=1.5\sim1.7$；

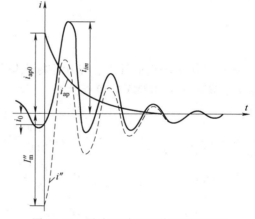

图 11-23　异步电动机短路电流波形图

容量为 1000kW 以上的异步电动机，取 $k_{im \cdot LD}=1.7\sim1.8$。同步电动机和调相机冲击系数之值和相同容量的同步发电机的大约相等。

这样，计及负荷影响时短路点的冲击电流为

$$i_{im} = k_{im}\sqrt{2}\,I'' + k_{im \cdot LD}\sqrt{2}\,I''_{LD} \qquad (11\text{-}35)$$

式中的第一项为发电机提供的冲击电流。

例 11-7　试计算图 11-24a 所示电力系统在 f 点发生三相短路时的冲击电流。系统各元件的参数如下。

发电机 G：60MVA；$x''_d=0.12$。调相机 SC：5MVA，$x''_d=0.2$。变压器 T-1：31.5MVA，$U_s\%=10.5$；T-2：20MVA，$U_s\%=10.5$；T-3：7.5MVA，$U_s\%=10.5$。线路 L-1：60km；L-2：20km；L-3：10km。各条线路电抗均为 0.4Ω/km。负荷 LD-1：30MVA；LD-2：18MVA；

LD-3：6MVA。

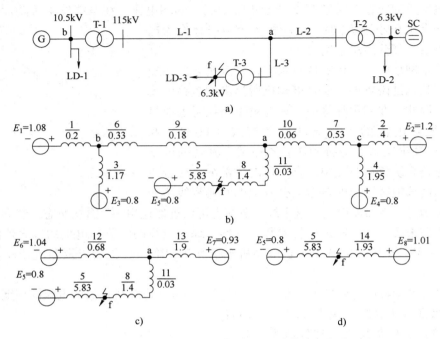

图 11-24　例 11-7 的电力系统及其等效网络

解：先将全部负荷计入，以额定标幺电抗为 0.35，电势为 0.8 的电源表示。

1）选取 $S_B = 100MVA$ 和 $U_B = U_{av}$，算出等效网络（见图 11-24b）中的各电抗的标幺值如下：

发电机 $\qquad\qquad x_1 = 0.12 \times \dfrac{100}{60} = 0.2$

调相机 $\qquad\qquad x_2 = 0.2 \times \dfrac{100}{5} = 4$

负荷 LD-1 $\qquad\quad x_3 = 0.35 \times \dfrac{100}{30} = 1.17$

负荷 LD-2 $\qquad\quad x_4 = 0.35 \times \dfrac{100}{18} = 1.95$

负荷 LD-3 $\qquad\quad x_5 = 0.35 \times \dfrac{100}{60} = 5.83$

变压器 T-1 $\qquad\quad x_6 = 0.105 \times \dfrac{100}{31.5} = 0.33$

变压器 T-2 $\qquad\quad x_7 = 0.105 \times \dfrac{100}{20} = 0.53$

变压器 T-3 $\qquad\quad x_8 = 0.105 \times \dfrac{100}{7.5} = 1.4$

线路 L-1 $\qquad\qquad x_9 = 0.4 \times 60 \times \dfrac{100}{115^2} = 0.18$

线路 L-2
$$x_{10} = 0.4 \times 20 \times \frac{100}{115^2} = 0.06$$

线路 L-3
$$x_{11} = 0.4 \times 10 \times \frac{100}{115^2} = 0.03$$

取发电机的次暂态电势 $E_1 = 1.08$。调相机按短路前额定满载运行，可得
$$E_2 = U + x''_d I = 1 + 0.2 \times 1 = 1.2$$

2）进行网络化简。

$$x_{12} = (x_1 // x_3) + x_6 + x_9 = \frac{0.2 \times 1.17}{0.2 + 1.17} + 0.33 + 0.18 = 0.68$$

$$x_{13} = (x_2 // x_4) + x_7 + x_{10} = \frac{4 \times 1.95}{4 + 1.95} + 0.53 + 0.06 = 1.9$$

$$x_{14} = (x_{12} // x_{13}) + x_{11} + x_8 = \frac{0.68 \times 1.9}{0.68 + 1.9} + 0.03 + 1.4 = 1.93$$

$$E_6 = \frac{E_1 x_3 + E_3 x_1}{x_1 + x_3} = \frac{1.08 \times 1.17 + 0.8 \times 0.2}{0.2 + 1.17} = 1.04$$

$$E_7 = \frac{E_2 x_4 + E_4 x_2}{x_2 + x_4} = \frac{1.2 \times 1.95 + 0.8 \times 4}{4 + 1.95} = 0.93$$

$$E_8 = \frac{E_6 x_{13} + E_7 x_{12}}{x_{12} + x_{13}} = \frac{1.04 \times 1.9 + 0.93 \times 0.68}{0.68 + 1.9} = 1.01$$

3）起始次暂态电流的计算。

由变压器 T-3 方面供给的为
$$I'' = \frac{E_8}{x_{14}} = \frac{1.01}{1.93} = 0.523$$

由负荷 LD-3 供给的为
$$I''_{LD3} = \frac{E_5}{x_5} = \frac{0.8}{5.83} = 0.137$$

4）计算冲击电流。

为了判断负荷 LD-1 和 LD-2 是否供给冲击电流，先验算一下节点 b 和 c 的残余电压。

a 点的残余电压为
$$U_a = (x_8 + x_{11}) I'' = (1.4 + 0.03) \times 0.523 = 0.75$$

线路 L-1 的电流为
$$I''_{L1} = \frac{E_6 - U_a}{x_{12}} = \frac{1.04 - 0.75}{0.68} = 0.427$$

线路 L-2 的电流为
$$I''_{L2} = I'' - I''_{L1} = 0.523 - 0.427 = 0.096$$

b 点残余电压为
$$U_b = U_a + (x_9 + x_6) I''_{L1} = 0.75 + (0.18 + 0.33) \times 0.427 = 0.97$$

c 点残余电压为
$$U_c = U_a + (x_{10} + x_7) I''_{L2} = 0.75 + (0.06 + 0.53) \times 0.096 = 0.807$$

因 U_b 和 U_c 都高于 0. 8，所以负荷 LD-1 和 LD-2 不会变成电源而供给短路电流。因此，由变压器 T-3 方面来的短路电流都是发电机和调相机供给的，可取 $k_{im}=1.8$。而负荷 LD-3 供给的短路电流则取冲击系数等于 1。

短路处电压级的基准电流为

$$I_B = \frac{100}{\sqrt{3} \times 6.3} \text{kA} = 9.16 \text{kA}$$

短路处的冲击电流为

$$
\begin{aligned}
i_{im} &= (1.8 \times \sqrt{2} I'' + \sqrt{2} I''_{LD3}) I_B \\
&= (1.8 \times \sqrt{2} \times 0.523 + \sqrt{2} \times 0.137) \times 9.16 \text{kA} \\
&= 13.97 \text{kA}
\end{aligned}
$$

在近似计算中，考虑到负荷 LD-1 和 LD-2 离短路点较远，可将它们略去不计。把同步发电机和调相机的次暂态电势都取作 $E''=1$，此时短路点的输入电抗（负荷 LD-3 除外）为

$$
\begin{aligned}
X_{ff} &= [(x_1+x_6+x_9)//(x_2+x_7+x_{10})]+x_{11}+x_8 \\
&= [(0.2+0.33+0.18)//(4+0.53+0.06)]+0.03+1.4 = 2.05
\end{aligned}
$$

因而，由变压器 T-3 方面供给的短路电流为

$$I'' = 1/2.05 = 0.49$$

短路处的冲击电流为

$$
\begin{aligned}
i_{im} &= (1.8 \times \sqrt{2} I'' + \sqrt{2} I''_{LD3}) I_B \\
&= (1.8 \times \sqrt{2} \times 0.49 + \sqrt{2} \times 0.137) \times 9.16 \text{kA} \\
&= 13.20 \text{kA}
\end{aligned}
$$

这个数值较前面算得的约小 6%。因此，在实际计算中采用这种简化是容许的。

11.5 短路电流计算曲线及其应用

11.5.1 计算曲线的概念

在工程计算中，常利用计算曲线来确定短路后任意指定时刻短路电流的周期分量。对短路点的总电流和在短路点邻近支路的电流分布计算，计算曲线具有足够的准确度。

根据发电机阻尼绕组突然三相短路分析，具体参见参考文献 [8] 第 5 章的内容，短路电流的周期分量可表示为

$$
\left\{
\begin{aligned}
I_{p*d} &= \frac{E_{q[0]}}{x_d} + \left(\frac{E'_{q[0]}}{x'_d} - \frac{E_{q[0]}}{x_d}\right) \exp\left(-\frac{t}{T'_d}\right) + \left(\frac{E''_{q0}}{x''_d} - \frac{E'_{q[0]}}{x'_d}\right) \exp\left(-\frac{t}{T''_d}\right) + \frac{x_{ad}\Delta v_{fm}}{x_d \gamma_f} F(t) \\
I_{p*q} &= -\frac{E''_{d0}}{x'_q} \exp\left(-\frac{t}{T''_q}\right)
\end{aligned}
\right.
\tag{11-36}
$$

$$I_p = \sqrt{I^2_{p*d} + I^2_{p*q}} \tag{11-37}$$

从上述公式可见，短路周期电流是许多参数的复杂函数。这些参数包括：①发电机的各种电抗和时间常数以及反映短路前运行状态的各种电势的初值；②说明强励效果的励

磁系统的参数；③短路点离机端的距离；④时间 t。

在发电机（包括励磁系统）的参数和运行初态给定后，短路电流将只是短路点距离（用从机端到短路点的外接电抗 x_e 表示）和时间 t 的函数。我们把归算到发电机额定容量的外接电抗的标幺值与发电机纵轴次暂态电抗的标幺值之和定义为计算电抗，并记为

$$x_{js} = x''_d + x_e \qquad (11\text{-}38)$$

这样，短路电流周期分量的标幺值可表示为计算电抗和时间的函数，即

$$I_{p*} = f(x_{js}, t) \qquad (11\text{-}39)$$

反映这一函数关系的一组曲线就称为计算曲线（见图 11-25）。为了方便应用，计算曲线也常作成数字表。

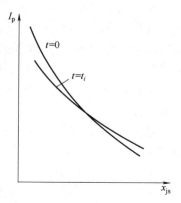

图 11-25　计算曲线示意图

11.5.2　计算曲线的制作条件

现在介绍根据我国电力系统实际情况绘制的计算曲线。考虑到我国的发电厂大部分功率是从高压母线送出，制作曲线时选用了图 11-26 所示的典型接线。短路前发电机额定满载运行，50%的负荷接于发电厂的高压母线，其余的负荷功率经输电线送到短路点以外。

在短路过程中，负荷用恒定阻抗表示，即

$$z_{LD} = \frac{U^2}{S_{LD}}(\cos\varphi + j\sin\varphi) \qquad (11\text{-}40)$$

式中，取 $U = 1$ 和 $\cos\varphi = 0.9$。

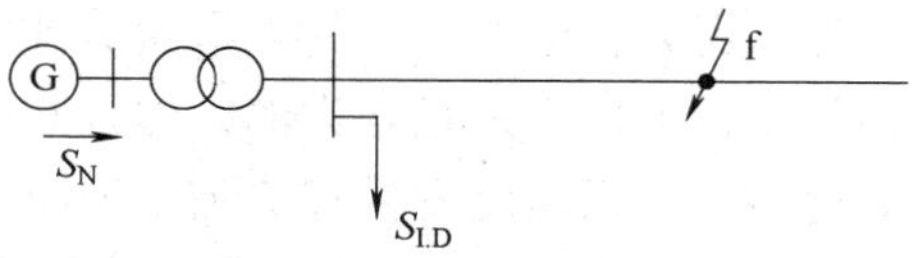

发电机都配有强行励磁装置，强励峰值电压

图 11-26　制作计算曲线的典型接线图

取为额定运行状态下励磁电压的 1.8 倍。励磁系统等效时间常数 T_e，对于汽轮发电机取为 0.25s，对于水轮发电机取为 0.02s。

由于我国制造和使用的发电机组型号繁多，为使计算曲线具有通用性，选取了容量从 12～200MW 的 18 种不同型号的汽轮发电机作为样机。对于给定的计算电抗值 x_{js} 和时间 t，分别算出每种发电机的周期电流值，取其算术平均值作为在该给定 x_{js} 和 t 值下汽轮发电机的短路周期电流值，并用以绘制汽轮发电机的计算曲线。对于水轮发电机则选取了容量从 12.5MW 至 225MW 的 17 种不同型号的机组作为样机，用同样的方法制作水轮发电机的计算曲线。上述计算曲线以数字表的形式列于附录 D。

计算曲线只作到 $x_{js} = 3.45$ 为止。当 $x_{js} \geq 3.45$ 时，可以近似地认为短路周期电流的幅值已不随时间改变，直接按下式计算即可

$$I_{P*} = 1/x_{js} \qquad (11\text{-}41)$$

11.5.3　计算曲线的应用

在制作计算曲线所采用的网络（见图 11-26）中只含一台发电机，且计算电抗又与负荷支路无关。而电力系统的实际接线是比较复杂的，在应用计算曲线之前，首先必须把略去负荷支路后的原系统等效网络通过变换化成只含短路点和若干个电源点的完全网形电路，并略去所有电源点之间的支路（因为这些支路对短路处的电流没有影响），便得到以短路点为中

心以各电源点为顶点的星形电路。然后对星形电路的每一支分别应用计算曲线。

实际的电力系统中，发电机的数目是很多的，如果每一台发电机都用一个电源点来代表，计算工作将变得非常繁重。因此，在工程计算中常采用合并电源的方法来简化网络。把短路电流变化规律大体相同的发电机尽可能多地合并起来，同时对于条件比较特殊的某些发电机给予个别的考虑。这样，根据不同的具体条件，可将网络中的电源分成为数不多的几组，每组都用一个等效发电机来代表。这种方法既能保证必要的计算精度，又可大量地减少计算工作量。

是否容许合并发电机的主要依据是：估计它们的短路电流变化规律是否相同或相近。这里的主要影响因素有两个：一个是发电机的特性（指类型和参数等），另一个是对短路点的电气距离。在离短路点甚近时，发电机本身特性对短路电流的变化规律具有决定性的影响。如果短路点非常遥远，发电机到短路点之间的电抗数值甚大，发电机的参数不同所引起的短路电流变化规律差异将极大地削弱。因此，与短路点的电气距离相差不大的同类型发电机可以合并，远离短路点的同类型发电厂可以合并，直接接于短路点的发电机（或发电厂）应予以单独考虑。网络中功率为无限大的电源应该单独计算，因为它提供的短路电流周期分量是不衰减的。

现举两个例子说明上述原则的应用。图 11-27 所示为某发电厂的主接线图，所有名称相同的元件的参数都是一样的。当 f_1 点发生短路时，用一个发电机来代替整个发电厂并不会引起什么误差，因为全厂的发电机几乎是处在相同的情况之下。当短路发生在 f_2 点时，这样的代替在实用上还是容许的，但是有一些误差，因为发电机 G-2 比另外两台发电机离短路点要远些。如果短路发生在 f_3 点，则发电机 G-2 应该单独处理，而另外两台仍可合并成一台。又例如在图 11-28 所示的系统中，在 f 点发生三相短路时，发电机 G-1 必须作个别处理，发电机 G-2 也应作个别处理，而其余的所有发电厂都可以按类型进行合并，即按火电厂和水电厂分别合并。

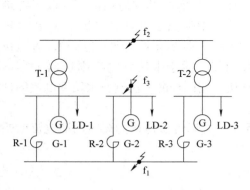

图 11-27　发电厂的主接线图

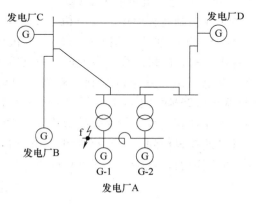

图 11-28　电力系统接线图

应用计算曲线法的具体计算步骤如下。

1）绘制等效网络。

① 选取基准功率 S_B 和基准电压 $U_B = U_{av}$；

② 发电机电抗用 x''_d，略去网络各元件的电阻、输电线路的电容和变压器的励磁支路；

③ 无限大功率电源的内电抗等于零；

④ 略去负荷。

2）进行网络变换。

接前面所讲的原则，将网络中的电源合并成若干组，例如，共有 g 组，每组用一个等效发电机代表。无限大功率电源（如果有的话）另成一组。求出各等效发电机对短路点的转移电抗 $x_{fi}(i=1,2,\cdots,g)$ 以及无限大功率电源对短路点的转移电抗 x_{fs}。

3）将前面求出的转移电抗按各相应的等效发电机的容量进行归算，便得到各等效发电机对短路点的计算电抗。

$$x_{jis}=x_{fi}\frac{S_{Ni}}{S_B} \quad (i=1,2,\cdots,g) \tag{11-42}$$

式中，S_{Ni} 为第 i 台等效发电机的额定容量，即由它所代表的那部分发电机的额定容量之和。

4）由 x_{js1}，x_{js2}，$\cdots$，x_{jsg} 分别根据适当的计算曲线找出指定时刻 t 各等效发电机提供的短路周期电流的标幺值 I_{pt1*}，I_{pt2*}，$\cdots$，I_{ptg*}。

5）网络中无限大功率电源供给的短路周期电流是不衰减的，并由下式确定。

$$I_{ps*}=\frac{1}{x_{fs}} \tag{11-43}$$

6）计算短路电流周期分量的有名值。

第 i 台等效发电机提供的短路电流为

$$I_{pti}=I_{pti*}I_{Ni}=I_{pti*}\sqrt{\frac{S_{Ni}}{\sqrt{3}\,U_{av}}} \tag{11-44}$$

无限大功率电源提供的短路电流为

$$I_{pS}=I_{pS*}I_B=I_{pS*}\frac{S_B}{\sqrt{3}\,U_{av}} \tag{11-45}$$

短路点周期电流的有名值为

$$I_{pt}=\sum_{i=1}^{g}I_{pti*}\frac{S_{Ni}}{\sqrt{3}\,U_{av}}+I_{pS*}\frac{S_B}{\sqrt{3}\,U_{av}} \tag{11-46}$$

式中，U_{av} 应取短路处电压级的平均额定电压；I_{Ni} 为归算到短路处电压级的第 i 台等效发电机的额定电流；I_B 为对应于所选基准功率 S_B 在短路处电压级的基准电流。

例 11-8 在图 11-29a 所示的电力系统中，发电厂 A 和 B 都是火电厂，各元件的参数如下：

发电机 G-1 和 G-2：每台 31.25MVA；$x_d''=0.13$。发电厂 B：235.3MVA，$x_d''=0.3$。变压器 T-1 和 T-2：每台 20MVA，$U_S\%=10.5$。线路 L：2×100km，每回 0.4Ω/km。试计算 f 点发生短路时 0.5s 和 2s 的短路周期电流。分以下两种情况考虑：1）发电机 G-1，G-2 及发电厂 B 各用一台等效机代表；2）发电机 G-2 和发电厂 B 合并为一台等效机。

解：1）制定等效网络及进行参数计算。

选取 $S_B=100$MVA，$U_B=U_{av}$。计算各元件参数的标幺值。

发电机 G-1 和 G-2　　$x_1=x_2=0.13\times\frac{100}{31.25}=0.416$

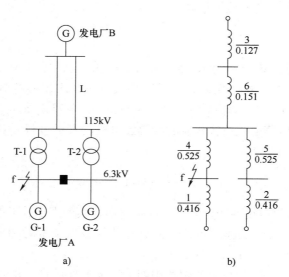

图 11-29　例 11-8 的电力系统接线图及其等效网络

变压器 T-1 和 T-2　　$x_4 = x_5 = 0.105 \times \dfrac{100}{20} = 0.525$

发电机 B　　　　　　$x_3 = 0.3 \times \dfrac{100}{235.3} = 0.127$

线路 L　　　　　　　$x_6 = \dfrac{1}{2} \times 0.4 \times 100 \times \dfrac{100}{115^2} = 0.151$

将计算结果标注于图 11-29b 中。

2）计算各电源对短路点的转移电抗和计算电抗。

① 发电机 G-1，G-2 和发电厂 B 各用一台等效机代表。

发电机对短路点的转移电抗为

$$x_{f2} = 0.416 + 0.525 + 0.525 + \frac{(0.416 + 0.525) \times 0.525}{0.127 + 0.151} = 3.243$$

发电厂 B 对短路点的转移电抗为

$$x_{f3} = 0.127 + 0.151 + 0.525 + \frac{(0.127 + 0.151) \times 0.525}{0.416 + 0.525} = 0.958$$

发电机 G-1 对短路点的转移电抗 $x_{f1} = 0.416$。

各电源的计算电抗如下

$$x_{js2} = x_{f2} \times \frac{31.25}{100} = 1.013, \quad x_{js3} = x_{f3} \times \frac{235.3}{100} = 2.254, \quad x_{js1} = 0.13$$

② 发电机和发电厂 B 合并，用一台等效机表示时 $x_{f(2//3)} = (0.416 + 0.525) // (0.127 + 0.151) + 0.525 = 0.74$，计算电抗为

$$x_{js(2//3)} = 0.74 \times \frac{31.25 + 235.3}{100} = 1.97$$

3）查汽轮发电机计算曲线数字表，将结果记入表 11-2 中。

表 11-2　短路电流计算结果

时间/s	电流值	短路电流来源				短路点总电流/kA	
		G-1	G-2	B	G-2 与 B 合并	1	2
0.5	标幺值	3.918	0.944	0.453	0.515	23.693	23.800
	有名值/kA	11.220	2.704	9.768	12.58		
2	标幺值	2.801	1.033	0.458	0.529	20.856	20.942
	有名值/kA	8.022	2.958	9.876	12.92		

4）计算短路电流的有名值。

归算到短路处电压级的各等效机的额定电流分别为

$$I_{N1} = I_{N2} = \frac{31.25}{\sqrt{3} \times 6.3} kA = 2.864 kA$$

$$I_{N3} = \frac{235.3}{\sqrt{3} \times 6.3} kA = 21.564 kA$$

利用式（11-44）和式（11-46）算出各电源送到短路点的实际电流值及其总和，将结果列入表 11-2 中。表中短路点总电流的两列数值分别对应于例题所给的两种计算条件。

对比两种条件下所得计算结果可知，将发电机 G-2 同发电厂 B 合并为一台等效机是适宜的。

例 11-9　电力系统接线图如图 11-30a 所示。试分别计算 f_1 点和 f_2 点三相短路时 0.2s 和 1s 的短路电流。各元件型号及参数如下：

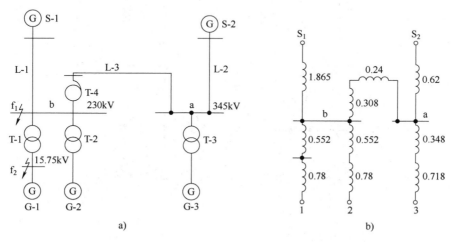

图 11-30　例 11-9 的电力系统接线图及其等效网络

发电机 G-1 和 G-2：水轮发电机，每台 257MVA，$x''_d = 0.2004$。发电机 G-3：汽轮发电机，412MVA，$x''_d = 0.296$。变压器 T-1 和 T-2：每台 260MVA，$U_s\% = 14.35$。变压器 T-3：420MVA，$U_s\% = 14.6$。变压器 T-4：260MVA，$U_s\% = 8$。线路 L-1：240km，$x = 0.411\Omega/km$。线路 L-2：230km，$x = 0.321\Omega/km$。线路 L-3：90km，$x = 0.321\Omega/km$。系统 S-1 和 S-2：容量

无限大，$x = 0$。

解：1）参数计算及网络化简。

① 选 $S_B = 1000\text{MVA}$，$U_B = U_{\text{av}}$，作等效网络并计算其参数，所得结果记于图 11-30b 中。

② 进行网络化简。作星网变换消去图 11-30b 中的节点 a，算出发电机 G-3 到母线 b 的电抗为

$$x_{3b} = 0.718 + 0.348 + 0.24 + 0.308 + \frac{(0.718 + 0.348) \times (0.24 + 0.308)}{0.62} = 2.556$$

系统 S-2 到母线 b 的电抗为

$$x_{S2b} = 0.62 + 0.24 + 0.308 + \frac{0.62 \times (0.24 + 0.308)}{0.718 + 0.348} = 1.487$$

这样，便得到图 11-31a 所示的等效网络。

再将系统 S-1 和 S-2 合并，可得

$$x_{Sb} = 1.865 // 1.487 = 0.827$$

简化后的网络如图 11-31b 所示。

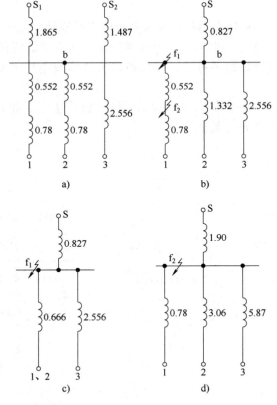

图 11-31　例 11-9 的等效网络化简

2）转移电抗和计算电抗的计算。

① 短路发生在 f_1 点。发电机 G-1 和 G-2 可以合并为一台等效机，它对短路点的转移电抗为

$$x_{f(1//2)} = \frac{1}{2} \times 1.332 = 0.666$$

计算电抗为

$$x_{js(1//2)} = 0.666 \times \frac{2 \times 257}{1000} = 0.342$$

发电机 G-3 的计算电抗为

$$x_{js3} = x_{3b} \times \frac{412}{1000} = 1.053$$

② 短路发生在 f_2 点。对于发电机 G-1 是直接机端短路，必须单独计算。发电机 G-2、G-3 以及系统 S 对短路点 f_2 的转移电抗可从图 11-31b 所示的等效网络用星网变换消去节点 b 求得，利用附录 C 中的式（C-2），有

$$x_{f2} = 1.332 \times 0.552 \times \left(\frac{1}{1.332} + \frac{1}{0.552} + \frac{1}{2.556} + \frac{1}{0.827} \right) = 3.06$$

$$x_{f3} = 2.556 \times 0.552 \times \left(\frac{1}{1.332} + \frac{1}{0.552} + \frac{1}{2.556} + \frac{1}{0.287} \right) = 5.87$$

$$x_{fS} = 0.827 \times 0.552 \times \left(\frac{1}{1.332} + \frac{1}{0.552} + \frac{1}{2.556} + \frac{1}{0.287} \right) = 1.90$$

各电源的计算电抗为

$$x_{js1} = 0.78 \times \frac{257}{1000} = 0.200, \quad x_{js2} = 3.06 \times \frac{257}{1000} = 0.786$$

$$x_{js3} = 5.87 \times \frac{412}{1000} = 2.418$$

3）查计算曲线数字表求出短路周期电流的标幺值。

对于发电机 G-1 和 G-2 用水轮发电机计算曲线数字表，对发电机 G-3 用汽轮发电机计算曲线数字表，系统提供的短路电流直接用转移电抗按式（11-43）计算。所得结果记入表 11-3 中。

4）计算短路电流的有名值。

① f_1 点短路时，归算到短路点电压级的各电源的额定电流分别为

$$I_{N1} + I_{N2} = \frac{2 \times 257}{\sqrt{3} \times 230} kA = 1.290 kA$$

$$I_{N3} = \frac{412}{\sqrt{3} \times 230} kA = 1.034 kA$$

基准电流为

$$I_B = \frac{1000}{\sqrt{3} \times 230} kA = 2.510 kA$$

② f_2 点短路时，归算到短路点电压级的各电源的额定电流分别为

$$I_{N1} = I_{N2} = \frac{257}{\sqrt{3} \times 15.75} kA = 9.421 kA$$

$$I_{N3} = \frac{412}{\sqrt{3} \times 15.75} kA = 15.103 kA$$

基准电流为

$$I_B = \frac{1000}{\sqrt{3} \times 15.75} kA = 36.657 kA$$

利用式（11-44）~式（11-46）即可算出各电源送到短路点的电流实际值及其总和，所得结果记于表11-3中。

表 11-3　短路电流计算结果

			G-1	G-2	G-3	系统 S	短路点总电流/kA
f₁ 点短路	0.2s	标幺值	2.68	2.68	0.908	1.209	
		有名值/kA	3.457	3.457	0.939	3.035	7.431
	1s	标幺值	2.745	2.745	1.001	1.209	
		有名值/kA	3.541	3.541	1.035	3.035	7.611
f₂ 点短路	0.2s	标幺值	3.856	1.307	0.404	0.526	
		有名值/kA	36.327	12.313	6.102	19.282	74.024
	1s	标幺值	3.563	1.520	0.424	0.526	
		有名值/kA	33.567	14.320	6.404	19.282	73.573

11.6　短路电流周期分量的近似计算

在短路电流的最简化计算中，可以假定短路电路联接到内阻抗为零的恒电势电源上。因此，短路电流周期分量的幅值不随时间变化而变化，只有非周期分量是衰减的。

计算时略去负荷，选定基准功率 S_B 和基准电压 $U_B = U_{av}$，算出短路点的输入电抗的标幺值 X_{ff*}，而电源的电势标幺值取作1，于是短路电流周期分量的标幺值为

$$I_{p*} = 1/X_{ff*} \tag{11-47}$$

有名值为

$$I_p = I_{p*} I_B = I_B/X_{ff*} \tag{11-48}$$

相应的短路功率为

$$S = S_B/X_{ff*} \tag{11-49}$$

这样算出的短路电流（或短路功率）要比实际的大些。但是它们的差别随短路点距离的增大而迅速地减小。因为短路点越远，电源电压恒定的假设条件就越接近实际情况，尤其是当发电机装有自动励磁调节器时，更是如此。利用这种简化的算法，可以对短路电流（或短路功率）的最大可能值作出近似的估计。

在计算电力系统的某个发电厂（或变电所）内的短路电流时，往往缺乏整个系统的详细数据。在这种情况下，可以把整个系统（该发电厂或变电所除外）或它的一部分看作是一个由无限大功率电源供电的网络。例如，在图11-32所示的电力系统中，母线c右的部分实际包含许多发电厂、变电所和线路，可以表示为经一定的电抗 x_S 接c点的无限大功率电源。如果在网络中的母线c发生三相短路，该部分系统提供的短路电流 I_S 或短路功率

S_S 是已知的，则无限大功率电源到母线 c 之间的电抗 x_S 可以利用式（11-48）或式（11-49）推算出来，即

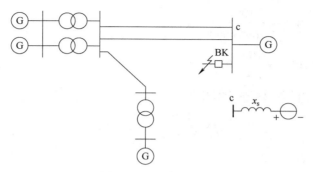

图 11-32　电力系统图

$$x_{S*} = \frac{I_B}{I_S} = \frac{S_B}{S_S} \tag{11-50}$$

式中，I_S 和 S_S 都用有名值；x_{S*} 是以 S_B 为基准功率的电抗标幺值。

如果连上述短路电流的数值也不知道，那么，还可以从与该部分系统连接的变电所装设的断路器的切断容量得到极限利用的条件来近似地计算系统的电抗。例如，在图 11-32 中，已知断路器 BK 的额定切断容量，即认为在断路器后发生三相短路时，该断路器的额定切断容量刚好被充分利用。这种计算方法将通过例 11-11 作具体说明。

例 11-10　在图 11-33a 所示的电力系统中，三相短路分别发生在 f_1 点和 f_2 点，试计算短路电流周期分量，如果：1）系统对母线 a 处的短路功率为 1000MVA；2）母线 a 的电压为恒定值。各元件的参数如下。

线路 L：40km，$x = 0.4\Omega/km$。变压器 T：30MVA，$U_S\% = 10.5$。电抗器 R：6.3kV，0.3kV，$x\% = 4$。电缆 C：0.5km，$x = 0.08\Omega/km$。

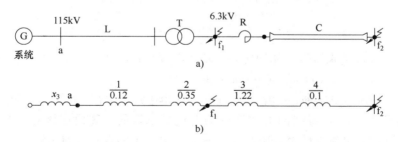

图 11-33　例 11-10 的电力系统接线图及其等效网络

解：取 $S_B = 100$MVA，$U_B = U_{av}$。先计算第一种情况。

系统用一个无限大功率电源代表，它到母线 a 的电抗标幺值为

$$x_S = \frac{S_B}{S_S} = \frac{100}{1000} = 0.1$$

各元件的电抗标幺值分别计算如下：

线路 L：$x_1 = 0.4 \times 400 \times \dfrac{100}{115^2} = 0.12$

变压器 T：$x_2 = 0.105 \times \dfrac{100}{30} = 0.35$

电抗器 R：$x_3 = 0.04 \times \dfrac{100}{\sqrt{3} \times 6.3 \times 0.3} = 1.22$

电缆 C：$x_4 = 0.08 \times 0.5 \times \dfrac{100}{6.3^2} = 0.1$

在网络的 6.3kV 电压级的基准电流为

$$I_B = \frac{100}{\sqrt{3} \times 6.3} \mathrm{kA} = 9.16 \mathrm{kA}$$

当 f_1 点短路时，有

$$X_{ff} = x_S + x_1 + x_2 = 0.1 + 0.12 + 0.35 = 0.57$$

短路电流为

$$I = \frac{I_B}{X_{ff}} = \frac{9.16}{0.57} \mathrm{kA} = 16.07 \mathrm{kA}$$

当 f_2 点短路时，有

$$X_{ff} = x_S + x_1 + x_2 + x_3 + x_4 = 0.1 + 0.12 + 0.35 + 1.22 + 0.1 = 1.89$$

短路电流为

$$I = \frac{9.16}{1.89} \mathrm{kA} = 4.85 \mathrm{kA}$$

对于第二种情况，无限大功率电源直接接于母线 a，即 $x_S = 0$。所以，在 f_1 点短路时，有

$$X_{ff} = x_1 + x_2 = 0.12 + 0.35 = 0.47, \quad I = \frac{9.16}{0.47} \mathrm{kA} = 19.49 \mathrm{kA}$$

在 f_2 点短路时，有

$$X_{ff} = x_1 + x_2 + x_3 + x_4 = 0.12 + 0.35 + 1.22 + 0.1 = 1.79$$

$$I = \frac{9.16}{1.79} \mathrm{kA} = 5.12 \mathrm{kA}$$

比较以上的计算结果可知，如把无限大功率电源直接接于母线 a，则短路电流的数值在 f_1 点短路时会增大 21%，而在 f_2 点短路时只增大 6%。

例 11-11 在图 11-34a 所示的电力系统中，三相短路发生在 f 点，试求短路后 0.5s 的短路功率。连接到变电所 C 母线的电力系统的电抗是未知的，装设在该处（115kV 电压级）的断路器 BK 的额定切断容量为 2500MVA。火力发电厂 1 的容量为 60MVA，$x = 0.3$；水力发电厂 2 的容量为 480MVA，$x = 0.4$；线路 L-1 的长度为 10km；L-2 的长度为 6km；L-3 的长度为 3×24km；各条线路的电抗均为每回 $0.4\Omega/\mathrm{km}$。

解：1）取基准功率 $S_B = 500$MVA，$U_B = U_{av}$。算出各元件的标幺值电抗，注明在图 11-34b 所示的等效网络中。

2）根据变电所 C 处断路器 BK 的额定切断容量的极限确定未知系统的电抗。近似地认为断路器的额定切断容量 $S_{N(BK)}$ 即等于 k 点三相短路时与短路电流周期分量的初值相对应的短路功率。

在 k 点发生短路时，发电厂 1 和 2 对短路点的转移电抗为

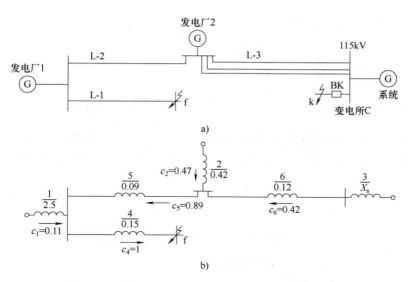

图 11-34 例 11-11 的电力系统接线图及其等效网络

$$x_{k(1/\!/2)} = \left[(x_1+x_5)/\!/x_2\right]+x_6 = \left[(2.5+0.09)/\!/0.42\right]+0.12 = 0.48$$

在短路开始瞬间，该两发电厂供给的短路功率为

$$S_{k(1/\!/2)} = \frac{S_B}{x_{k(1/\!/2)}} = \frac{500}{0.48}\text{MVA} = 1042\text{MVA}$$

因此，未知系统供给的短路功率应为

$$S_{kS} = S_{N(BK)} - S_{k(1/\!/2)} = (2500-1042)\text{MVA} = 1458\text{MVA}$$

故系统的电抗应为

$$x_S = \frac{S_B}{S_{kS}} = \frac{500}{1458} = 0.34$$

3）简化等效网络，求对短路点 f 的组合电抗。其步骤如下：

$$x_7 = x_S + x_6 = 0.34+0.12 = 0.46$$
$$x_8 = x_7/\!/x_2 = 0.46/\!/0.42 = 0.22$$
$$x_9 = x_8 + x_5 = 0.22+0.09 = 0.31$$
$$x_{10} = x_9/\!/x_1 = 0.31/\!/2.5 = 0.28$$
$$X_{ff} = x_{10} + x_4 = 0.28+0.15 = 0.43$$

4）用分布系数法求各电源对短路点的转移电抗，并把转移电抗换算为计算电抗。

发电厂 1 的分布系数为 $\quad c_1 = \dfrac{x_{10}}{x_1} = \dfrac{0.28}{2.5} = 0.11$

支路 5 的分布系数为 $\quad c_5 = 1-c_1 = 1-0.11 = 0.89$

发电厂 2 的分布系数为 $\quad c_2 = \dfrac{x_8}{x_2}c_5 = \dfrac{0.22}{0.42}\times 0.89 = 0.47$

系统的分布系数为 $\quad c_6 = \dfrac{x_8}{x_7}c_5 = \dfrac{0.22}{0.46}\times 0.89 = 0.43$

系统对短路点 f 的转移电抗为 $\quad x_{fs}=\dfrac{X_{ff}}{c_6}=\dfrac{0.43}{0.43}=1.00$

发电厂 1 的计算电抗为 $\quad X_{js1}=\dfrac{X_{ff}}{c_1}\times\dfrac{S_{N1}}{S_B}=\dfrac{0.43}{0.11}\times\dfrac{60}{500}=0.47$

发电厂 2 的计算电抗为 $\quad X_{js2}=\dfrac{X_{ff}}{c_2}\times\dfrac{S_{N2}}{S_B}=\dfrac{0.43}{0.47}\times\dfrac{480}{500}=0.88$

5）由汽轮发电机和水轮发电机的计算曲线数字表分别查得短路发生后 0.5s 发电厂 1 和 2 提供的短路电流标幺值为 $I_{1*}=1.788$ 和 $I_{2*}=1.266$。因此，待求的短路功率为

$$S_f=I_{1*}S_{N1}+I_{2*}S_{N2}+\frac{S_B}{x_{fs}}$$

$$=\left(1.788\times60+1.266\times480+\frac{500}{1.00}\right)MVA$$

$$=1215MVA$$

11.7 小结

本章着重讨论了计算短路电流周期分量的原理和方法，主要介绍了基于节点阻抗矩阵的算法和利用转移阻抗的算法。这些方法对于简单和复杂系统都适用。

对于比较简单的网络，并不需要建立节点方程，可以直接通过网络的等效变换求得短路点的输入阻抗和电源点对短路点的转移阻抗。

特别要注意互阻抗（节点阻抗矩阵的非对角线元素）和转移阻抗的联系和区别。互阻抗和转移阻抗都表示异处电压（电势）与电流之比，互阻抗通过模拟开路试验求得，转移阻抗则通过模拟短路试验求得。两者都具有阻抗的量纲，若将前者（即互阻抗）称为开路转移阻抗，则后者可称为短路转移阻抗。

计算曲线是反映短路电流周期分量、计算电抗与时间的函数关系的一簇曲线。计算曲线可以用来确定短路后不同时刻的短路电流，使用时，要先将转移电抗换算成计算电抗。

在大规模电力系统中，只要知道系统同某局部网络连接点上的短路容量，就可以进行该局部网络短路电流的近似计算，这是工程计算中常用的一种方法。

11.8 复习题

11-1 什么叫短路合闸角？它与自由电流有什么关系？

11-2 什么叫短路冲击电流？计算冲击电流的目的是什么？怎样计算短路冲击电流？

11-3 分别解释短路电流最大有效值和短路功率。怎样计算？有何作用？

11-4 利用转移阻抗的概念进行短路计算的要点是什么？转移阻抗和互阻抗的区别是什么？

11-5 什么是电流分布系数？它有什么用处？它与转移阻抗有什么关系？

11-6 什么是计算曲线？它有什么用处？制作计算曲线的条件是什么？

11-7 供电系统如图 11-35 所示，各元件参数如下。

线路 L：长为 50km，$x=0.4\Omega/km$

图 11-35　习题 11-7 供电系统

变压器 T：$S_N = 10\text{MVA}$，$U_S = 10.5\%$，$k_T = 110/11$

假定供电点电压为 106.5kV，保持恒定，当空载运行时变压器低压母线发生三相短路。试计算：

1）短路电流周期分量，冲击电流、短路电流最大有效值及短路功率等的有名值。

2）当 A 相非周期分量电流有最大或零初始值时，相应的 B 相及 C 相非周期电流的初始值。

11-8　上题系统若短路前变压器满载运行，低压侧运行电压为 10kV，功率因数为 0.9（感性），试计算非周期分量电流的最大初始值，并与上题空载短路进行比较。

11-9　某系统的等效电路如图 11-36 所示，已知各元件的标幺参数如下：$E_1 = 1.05$，$E_2 = 1.1$，$x_1 = x_2 = 0.2$，$x_3 = x_4 = x_5 = 0.6$，$x_6 = 0.9$，$x_7 = 0.3$。试用网络变换法求电源对短路点的等效电势和输入电抗。

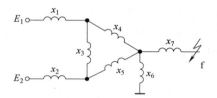

图 11-36　习题 11-9 系统的等效电路

11-10　在题 11-9 图所示的网络中，已知：$x_1 = 0.3$，$x_2 = 0.4$，$x_3 = 0.6$，$x_4 = 0.3$，$x_5 = 0.5$，$x_6 = 0.2$。1）试求各电源对短路点的转移电抗；2）求各电源及各支路的电流分布系数。

11-11　系统接线如图 11-37 所示，已知各元件参数如下。

发电机 G：$S_N = 60\text{MVA}$，$x_d'' = 0.14$，变压器 T：$S_N = 30\text{MVA}$，$U_S = 8\%$

线路 L：$l = 20\text{km}$，$x = 0.38\Omega/\text{km}$

试求 f 点三相短路时的起始次暂态电流，冲击电流、短路电流最大有效值和短路功率等的有名值。

图 11-37　习题 11-11 系统接线图

11-12　系统接线如图 11-38 所示，已知各元件参数如下。

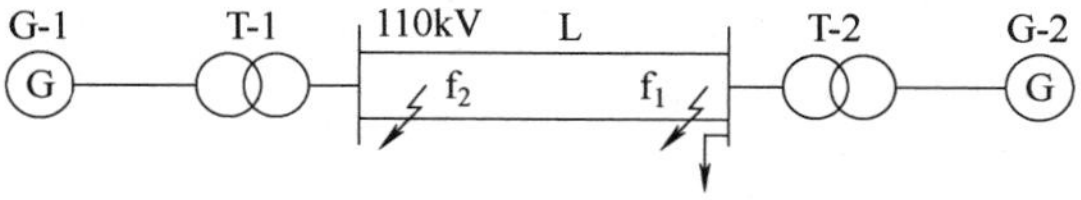

图 11-38　习题 11-12 系统接线图

发电机 G-1：$S_N = 60\text{MVA}$，$x_d'' = 0.15$；发电机 G-2：$S_N = 150\text{MVA}$，$x_d'' = 0.2$

变压器 T-1：$S_N = 60\text{MVA}$，$U_S = 12\%$；变压器 T-2：$S_N = 90\text{MVA}$，$U_S = 12\%$

线路 L：每回路 $l = 80\text{km}$，$x = 0.4\Omega/\text{km}$；负荷 LD：$S_{LD} = 120\text{MVA}$，$x_{Ld}'' = 0.35$。试分别计算 f_1 点和 f_2 点发生三相短路时起始次暂态电流和冲击电流的有名值。

11-13　系统接线如图 11-39 所示，已知各元件参数如下。发电机 G-1、G-2：$S_N = 60\text{MVA}$，$U_N =$

10.5kV，$x''=0.15$；变压器 T-1、T-2：$S_N=60MVA$，$U_S=10.5\%$；外部系统 S：$S_N=300MVA$，$x''_S=0.5$。系统中所有发电机均装有自动励磁调节器。f 点发生三相短路，试按下列三种情况计算。I_0、$I_{0.2}$ 和 I_∞，并对计算结果进行比较分析。

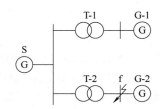

图 11-39　习题 11-13 系统接线图

1）发电机 G-1、G-2 及外部系统 S 各用一台等效机代表。

2）发电机 G-1 和外部系统 S 合并为一台等效机。

3）发电机 G-1、G-2 及外部系统 S 全部合并为一台等效机。

11-14　在如图 11-40 所示网络中，已知条件如下。发电机：$S_N=50MVA$，$x'_d=0.33$，无阻尼绕组，装有自动励磁调节器；变压器：$U_S=10.5\%$。f 点发生三相短路时，欲使短路后 0.2s 的短路功率不超过 100MVA，问变压器允许装设的最大容量是多少？

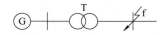

图 11-40　习题 11-14 简单系统图

11-15　在如图 11-41 所示的系统中，已知：断路器 B 的额定切断容量为 400MVA；变压器容量为 10MVA，短路电压 $U_S=7.5\%$。试求 f 点发生三相短路时起始次暂态电流的有名值。

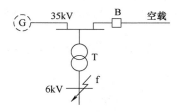

图 11-41　习题 11-15 图所示的系统

第 12 章　电力系统元件的序阻抗和等效电路

对称分量法是分析不对称故障的常用方法。根据对称分量法，一组不对称的三相量可以分解为正序、负序和零序三相对称的三相量。在不同序别的对称分量作用下，电力系统的各元件可能呈现不同的特性。本章将着重讨论发电机、变压器、输电线路和负荷的各序参数，特别是电网元件的零序参数及等效电路。

12.1　对称分量法在不对称短路计算中的应用

12.1.1　不对称三相量的分解

在三相电路中，对于任意一组不对称的三相相量（电流或电压），可以分解为三组三相对称的相量，当选择 a 相作为基准相时，三相相量与其对称分量之间的关系（如电流）为

$$\begin{bmatrix} \dot{I}_{a(1)} \\ \dot{I}_{a(2)} \\ \dot{I}_{a(0)} \end{bmatrix} = \frac{1}{3} \begin{bmatrix} 1 & a & a^2 \\ 1 & a^2 & a \\ 1 & 1 & 1 \end{bmatrix} \begin{bmatrix} \dot{I}_a \\ \dot{I}_b \\ \dot{I}_c \end{bmatrix} \tag{12-1}$$

式中，运算子 $a = e^{j120°}$，$a^2 = e^{j240°}$，且有 $1 + a + a^2 = 0$；$\dot{I}_{a(1)}$、$\dot{I}_{a(2)}$、$\dot{I}_{a(0)}$ 分别为 a 相电流的正序、负序和零序分量，并且有

$$\begin{cases} \dot{I}_{b(1)} = a^2 \dot{I}_{a(1)}, \dot{I}_{c(1)} = a\dot{I}_{a(1)} \\ \dot{I}_{b(2)} = a\dot{I}_{a(2)}, \dot{I}_{c(2)} = a^2 \dot{I}_{a(2)} \\ \dot{I}_{b(0)} = \dot{I}_{c(0)} = \dot{I}_{a(0)} \end{cases} \tag{12-2}$$

由上式可以作出三相量的三组对称分量，如图 12-1 所示。

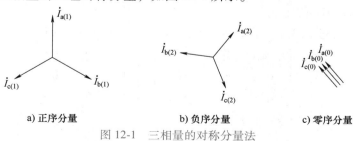

a) 正序分量　　　　　b) 负序分量　　　　　c) 零序分量

图 12-1　三相量的对称分量法

可以看到，正序分量的相序与正常对称运行下的相序相同，而负序分量的相序则与正序相反，零序分量则三相同相位。

将一组不对称的三相量分解为三组对称分量，这种分解如同派克变换一样，也是一种坐

标变换。把式（12-1）写成

$$\boldsymbol{I}_{120} = S\boldsymbol{I}_{abc},\ \dot{I}_{c(2)} = a^2 \dot{I}_{a(2)} \tag{12-3}$$

矩阵 S 称为对称分量变换矩阵。当已知三相不对称的相量时，可由上式求得各序对称分量。已知各序对称分量时，也可以用反变换求出三相不对称的相量，即

$$\boldsymbol{I}_{abc} = \boldsymbol{S}^{-1}\boldsymbol{I}_{120} \tag{12-4}$$

式中

$$\boldsymbol{S}^{-1} = \begin{bmatrix} 1 & 1 & 1 \\ a^2 & a & 1 \\ a & a^2 & 1 \end{bmatrix} \tag{12-5}$$

展开式（12-4）并计及式（12-2），有

$$\begin{cases} \dot{I}_a = \dot{I}_{a(1)} + \dot{I}_{a(2)} + \dot{I}_{a(0)} \\ \dot{I}_b = a^2 \dot{I}_{a(1)} + a\dot{I}_{a(2)} + \dot{I}_{a(0)} = \dot{I}_{b(1)} + \dot{I}_{b(2)} + \dot{I}_{b(0)} \\ \dot{I}_c = a\dot{I}_{a(1)} + a^2 \dot{I}_{a(2)} + \dot{I}_{a(0)} = \dot{I}_{c(1)} + \dot{I}_{c(2)} + \dot{I}_{c(0)} \end{cases} \tag{12-6}$$

电压的三相相量与其对称分量之间的关系也与电流的一样。

12.1.2 序阻抗的概念

我们以一个静止的三相电路元件为例来说明序阻抗的概念。如图 12-2 所示，各相自阻抗分别为 z_{aa}、z_{bb}、z_{cc}；相间互阻抗为 $z_{ab} = z_{ba}$，$z_{bc} = z_{cb}$，$z_{ca} = z_{ac}$。当元件通过三相不对称的电流时，元件各相的电压降为

$$\begin{bmatrix} \Delta\dot{U}_a \\ \Delta\dot{U}_b \\ \Delta\dot{U}_c \end{bmatrix} = \begin{bmatrix} z_{aa} & z_{ab} & z_{ac} \\ z_{ba} & z_{bb} & z_{bc} \\ z_{ca} & z_{cb} & z_{cc} \end{bmatrix} \begin{bmatrix} \dot{I}_a \\ \dot{I}_b \\ \dot{I}_c \end{bmatrix} \tag{12-7}$$

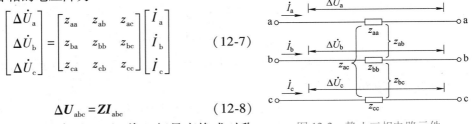

图 12-2　静止三相电路元件

或写为

$$\Delta\boldsymbol{U}_{abc} = \boldsymbol{Z}\boldsymbol{I}_{abc} \tag{12-8}$$

应用式（12-3）、式（12-4）将三相量变换成对称分量，可得

$$\Delta\boldsymbol{U}_{120} = \boldsymbol{S}\boldsymbol{Z}\boldsymbol{S}^{-1}\boldsymbol{I}_{120} = \boldsymbol{Z}_{sc}\boldsymbol{I}_{120} \tag{12-9}$$

式中，$\boldsymbol{Z}_{sc} = \boldsymbol{S}\boldsymbol{Z}\boldsymbol{S}^{-1}$ 称为序阻抗矩阵。

当元件结构参数完全对称，即 $z_{aa} = z_{bb} = z_{cc} = z_s$，$z_{ab} = z_{bc} = z_{ca} = z_m$ 时

$$Z_{sc} = \begin{bmatrix} z_s - z_m & 0 & 0 \\ 0 & z_s - z_m & 0 \\ 0 & 0 & z_s + 2z_m \end{bmatrix} = \begin{bmatrix} z_{(1)} & 0 & 0 \\ 0 & z_{(2)} & 0 \\ 0 & 0 & z_{(0)} \end{bmatrix} \tag{12-10}$$

为一对角线矩阵。将式（12-9）展开，得

$$\begin{cases} \Delta\dot{U}_{a(1)} = z_{(1)}\dot{I}_{a(1)} \\ \Delta\dot{U}_{a(2)} = z_{(2)}\dot{I}_{a(2)} \\ \Delta\dot{U}_{a(0)} = z_{(0)}\dot{I}_{a(0)} \end{cases} \tag{12-11}$$

式（12-11）表明，在三相参数对称的线性电路中，各序对称分量具有独立性。也就是说，当电路通以某序对称分量的电流时，只产生同一序对称分量的电压降。反之，当电路施加某序对称分量的电压时，电路中也只产生同一序对称分量的电流。这样，我们可以对正序、负序和零序分量分别进行计算。

如果三相参数不对称，则矩阵 Z_{SC} 的非对角元素将不全为零，因而各序对称分量将不具有独立性。也就是说，通以正序电流所产生的电压降中，不仅包含正序分量，还可能有负序或零序分量。这时，就不能按序进行独立计算。

根据以上的分析，所谓元件的序阻抗，是指元件三相参数对称时，元件两端某一序的电压降与通过该元件同一序电流的比值，即

$$\begin{cases} z_{(1)} = \Delta \dot{U}_{a(1)} / \dot{I}_{a(1)} \\ z_{(2)} = \Delta \dot{U}_{a(2)} / \dot{I}_{a(2)} \\ z_{(0)} = \Delta \dot{U}_{a(0)} / \dot{I}_{a(0)} \end{cases} \tag{12-12}$$

$z_{(1)}$、$z_{(2)}$ 和 $z_{(0)}$ 分别称为该元件的正序阻抗，负序阻抗和零序阻抗。电力系统每个元件的正、负、零序阻抗可能相同，也可能不同，视元件的结构而定。

12.1.3　对称分量法在不对称短路计算中的应用

现以图 12-3 所示的简单电力系统的单相短路为例来说明应用对称分量法计算不对称短路的一般原理。

一台发电机接于空载输电线路，发电机中性点经阻抗 z_n 接地。在线路某处 f 点发生单相（例如 a 相）短路，使故障点出现了不对称的情况。a 相对地阻抗为零（不计电弧等电阻），a 相对地电压 $\dot{U}_{fa} = 0$，而 b、c 两相的电压 $\dot{U}_{fb} \neq 0$，$\dot{U}_{fc} \neq 0$（见图 12-4a）。此时，故障点以外的系统其余部分的参数（指阻抗）仍然是对称的。

现在原短路点人为地接入一组三相不对称的电势源，电势源的各相电势与上述各相不对称电压大小相等、方向相反，如图 12-4b 所示。这种情况与发生不对称故障是等效的，也就是说，网络中发生的不对称故障

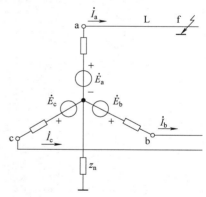

图 12-3　简单电力系统的单相短路

可以用在故障点接入一组不对称的电势源来代替。这组不对称电势源可以分解成正序、负序和零序三组对称分量，如图 12-4c 所示。根据叠加原理，图 12-4c 所示的状态可以当作是图 12-4d~f 三个图所示状态的叠加。

图 12-4d 所示的电路称为正序网络，其中只有正序电势在作用（包括发电机的电势和故障点的正序分量电势），网络中只有正序电流，各元件呈现的阻抗就是正序阻抗。图 12-4e 和 f 所示的电路分别称为负序网络和零序网络。因为发电机只产生正序电势，所以，在负序和零序网络中，只有故障点的负序和零序分量电势在作用，网络中也只有同一序的电流，元件也只呈现同一序的阻抗。

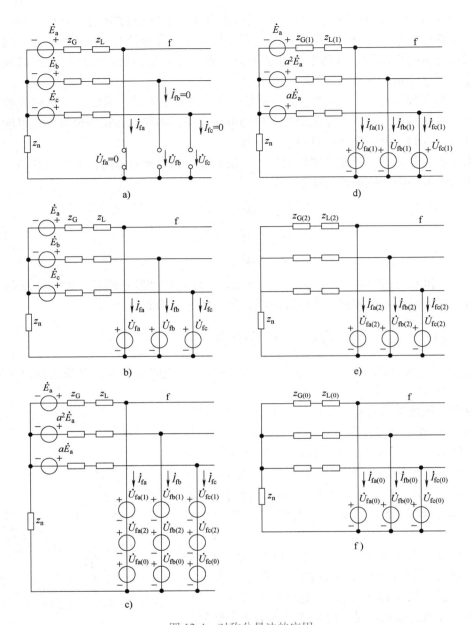

图 12-4 对称分量法的应用

根据这三个电路图，可以分别列出各序网络的电压方程式。因为每一序都是三相对称的，只需列出一相便可以了。在正序网络中，当以 a 相为基准相时，有

$$\dot{E}_{a} - (z_{G(1)} + z_{L(1)})\dot{I}_{fa(1)} - z_{n}(\dot{I}_{fa(1)} + \dot{I}_{fb(1)} + \dot{I}_{fc(1)}) = \dot{U}_{fa(1)}$$

因为 $\dot{I}_{fa(1)} + \dot{I}_{fa(1)} + \dot{I}_{fc(1)} = \dot{I}_{fa(1)} + a^{2}\dot{I}_{fa(1)} + a\dot{I}_{fa(1)} + a\dot{I}_{fa(1)} = 0$，正序电流不流经中性线，中性点接地阻抗 z_{n} 上的电压降为零，它在正序网络中不起作用。这样，正序网络的电压方程可写成

$$\dot{E}_{a} - (z_{G(1)} + z_{L(1)})\dot{I}_{fa(1)} = \dot{U}_{fa(1)}$$

负序电流也不流经中性线，而且发电机的负序电势为零，因此，负序网络的电压方程为

$$0-(z_{G(2)}+z_{L(2)})\dot{I}_{fa(2)}=\dot{U}_{fa(2)}$$

对于零序网络，由于 $\dot{I}_{fa(0)}+\dot{I}_{fb(0)}+\dot{I}_{fc(0)}=3\dot{I}_{fa(0)}$，在中性点接地阻抗中将流过 3 倍的零序电流，产生电压降。计及发电机的零序电势为零，零序网络的电压方程为

$$0-(z_{G(0)}+z_{L(0)}+3z_{n})\dot{I}_{fa(0)}=\dot{U}_{fa(0)}$$

根据以上所得的各序电压方程式，可以绘出各序的一相等效网络（见图 12-5）。必须注意，在一相的零序网络中，中性点接地阻抗必须增大为原来的 3 倍。这是因为接地阻抗 z_n 上的电压降是由 3 倍的一相零序电流产生的，从等效观点来看，也可以认为是一相零序电流在 3 倍中性点接地阻抗上产生的电压降。

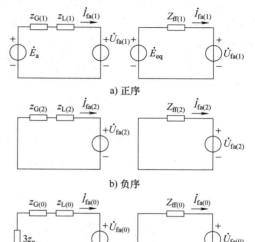

a）正序

b）负序

c）零序

图 12-5　等效网络

虽然实际的电力系统接线复杂，发电机的数目也很多，但是通过网络化简，仍然可以得到与以上相似的各序电压方程式

$$\begin{cases}\dot{E}_{eq}-Z_{ff(1)}\dot{I}_{fa(1)}=\dot{U}_{fa(1)}\\0-Z_{ff(2)}\dot{I}_{fa(2)}=\dot{U}_{fa(2)}\\0-Z_{ff(0)}\dot{I}_{fa(0)}=\dot{U}_{fa(0)}\end{cases}\qquad(12\text{-}13)$$

式中，$\dot{E}_{eq}$ 为正序网络中相对于短路点的戴维南等效电势；$Z_{ff(1)}$、$Z_{ff(2)}$、$Z_{ff(0)}$ 分别为正序、负序和零序网络中短路点的输入阻抗；$\dot{I}_{fa(1)}$、$\dot{I}_{fa(2)}$、$\dot{I}_{fa(0)}$ 分别为短路点电流的正序、负序和零序分量；$\dot{U}_{fa(1)}$、$\dot{U}_{fa(2)}$、$\dot{U}_{fa(0)}$ 分别为短路点电压的正序、负序和零序分量。

式（12-13）说明了不对称短路时短路点的各序电流和同一序电压间的相互关系，它对各种不对称短路都适用。根据不对称短路的类型可以得到三个说明短路性质的补充条件，通常称为故障条件或边界条件。例如，单相（a 相）接地的故障条件为 $\dot{U}_{fa}=0$、$\dot{I}_{fb}=0$、$\dot{I}_{fc}=0$，用各序对称分量表示可得

$$\begin{cases}\dot{U}_{fa}=\dot{U}_{fa(1)}+\dot{U}_{fa(2)}+\dot{U}_{fa(0)}=0\\\dot{I}_{fb}=a^{2}\dot{I}_{fa(1)}+a\dot{I}_{fa(2)}+\dot{I}_{fa(0)}=0\\\dot{I}_{fc}=a\dot{I}_{fa(1)}+a^{2}\dot{I}_{fa(2)}+\dot{I}_{fa(0)}=0\end{cases}\qquad(12\text{-}14)$$

由式（12-13）和式（12-14）的 6 个方程，便可解出短路点电压和电流的各序对称分量。

综上所述，计算不对称故障的基本原则就是，把故障处的三相阻抗不对称表示为电压和电流相量的不对称，使系统其余部分保持为三相阻抗对称的系统。这样，借助对称分量法并利用三相阻抗对称电路各序具有独立性的特点进行分析计算，其过程就可得到简化。

12.2　同步发电机的负序和零序电抗

同步发电机在对称运行时，只有正序电势和正序电流，此时的发电机参数就是正序参数。前几章已讨论过的 x_d、x_q、x_d'、x_d''、x_q'' 等均属于正序电抗。

当发电机定子绕组中通过负序基频电流时，它产生的负序旋转磁场与正序基频电流产生的旋转磁场转向正好相反，因此，负序旋转磁场同转子之间有两倍同步转速的相对运动。负序电抗取决于定子负序旋转磁场所遇到的磁阻（或磁导）。由于转子纵横轴间不对称，随着负序旋转磁场同转子间的相对位置的不同，负序磁场所遇到的磁阻也不同，负序电抗也就不同。图 12-6a 和 b 分别表示负序旋转磁场对正转子纵轴和横轴时确定负序电抗的等效电路。由图可见，$x_{2d} = x''_d$ 和 $x_{2q} = x''_q$。对于无阻尼绕组电机，图中代表阻尼绕组的支路应断开，于是有 $x_{2d} = x'_d$ 和 $x_{2q} = x_q$。因此，负序电抗将在 x''_d 和 x''_q（对于无阻尼绕组电机则在 x'_d 和 x_q）之间变化。

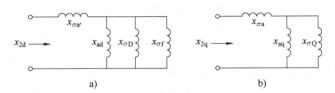

图 12-6 确定发电机负序电抗的等效网络

实际上，当系统发生不对称短路时，包括发电机在内的网络中出现的电磁现象是相当复杂的。定子绕组的负序电流所产生的负序旋转磁场将在转子各绕组感生两倍同步频率的电流。转子倍频电流所建立的倍频脉振磁场又可以分解为两个不同转向、相对于转子以两倍同步转速旋转的磁场。其中同转子转向相反的旋转磁场相对于定子的负序旋转磁场是静止的，并且起着削弱负序气隙磁场的作用，转子各绕组（或转子本体）的阻尼作用越强，定子负序电流产生的气隙磁通被抵消得就越多，负序电抗值也就越小。另一个与转子转向相同的旋转磁场相对于定子以三倍同步速旋转，它将在定子绕组内感应出三倍同步频率的正序电势。如果定子绕组及其外电路的连接状态允许三倍频率电流流通，那么，三倍基频的正序电势将产生三倍基频的正序电流。而且，由于故障处的三相不对称，因此在三倍基频的正序电势作用下，网络中还要出现三倍基频的负序电流。这项电流通入定子绕组又将在转子各绕组感生四倍基频的电流。转子纵横轴间的不对称，将导致发电机还产生五倍基频的正序电势。这样，基频负序电流便在定子绕组中派生一系列奇次谐波电流，在转子绕组中派生一系列偶次谐波电流。

高次谐波电流的大小同转子纵横轴间不对称的程度有关。当转子完全对称时，由定子基频负序电流所感生的转子纵横轴向的脉振磁场被分别分解为两个转向相反的旋转磁场以后，正转磁场恰好互相抵消，只剩下对定子负序磁场相对静止的反转磁场，它与定子负序磁场相互平衡，这样就不会在定子电路中出现高次谐波电流。

顺便指出，在不对称短路的暂态过程中，定子的非周期自由电流将在定子绕组中派生一系列的偶次谐波自由电流，在转子绕组中派生一系列的奇次谐波自由电流。这些高次谐波电流也是由转子纵横轴间的不对称引起的。

由此可见，在发生不对称短路时，发电机转子纵横轴间的不对称，导致定、转子绕组无论是在稳态还是在暂态过程中，都将出现一系列的高次谐波电流，这就使对发电机序参数的分析变复杂了。为使发电机负序电抗具有确定的含义，我们取发电机负序端电压的基频分量与负序电流基频分量的比值，作为计算电力系统基频短路电流时发电机的负序阻抗。

根据比较精确的数学分析，对于同一台发电机，在不同种类的不对称短路中，负序电抗并不相同，其计算公式列于表 12-1。

表 12-1　发电机负序电抗的计算公式

短路种类	负序电抗
单相短路	$x_{(2)}^{(1)} = \sqrt{\left(x_d'' + \dfrac{x_{(0)}}{2}\right)\left(x_q'' + \dfrac{x_{(0)}}{2}\right)} - \dfrac{x_{(0)}}{2}$
两相短路	$x_{(2)}^{(2)} = \sqrt{x_d'' x_q''}$
两相短路接地	$x_{(2)}^{(1.1)} = \dfrac{x_d'' x_q'' + \sqrt{x_d'' x_q'' (2x_{(0)} + x_d'')(2x_{(0)} + x_q'')}}{2x_{(0)} + x_d'' x_q''}$

表中的 $x_{(0)}$ 为发电机的零序电抗。当同步发电机经外接电抗 x_e 短路时，表中的 x_d''、x_q'' 和 $x_{(0)}$ 应分别以 $x_d'' + x_e$，$x_q'' + x_e$ 和 $x_{(0)} + x_e$ 代替，这时，转子纵横轴间不对称的程度将被削弱。当纵横轴向的电抗接近相等时，表中三个公式的计算结果差别很小。电力系统的短路故障一般发生在线路上，所以在短路电流的实用计算中，同步发电机本身的负序电抗可以认为与短路种类无关，并取为 x_d'' 和 x_q'' 的算术平均值，即

$$x_{(2)} = \frac{1}{2}(x_d'' + x_q'') \tag{12-15}$$

对于无阻尼绕组凸极机，取为 x_d' 和 x_q 的几何平均值，即

$$x_{(2)} = \sqrt{x_d' x_q} \tag{12-16}$$

作为近似估计，对于汽轮发电机及有阻尼绕组的水轮发电机，可采用 $x_{(2)} = 1.22 x_d''$；对于无阻尼绕组的发电机，可采用 $x_{(2)} = 1.45 x_d'$。如无电机的确切参数，也可按表 12-2 取值。

表 12-2　同步电机负序和零序电抗的典型值

电机类型	$x_{(2)}$	$x_{(0)}$	电机类型	$x_{(2)}$	$x_{(0)}$
汽轮发电机	0.16	0.06	无阻尼绕组水轮发电机	0.45	0.07
有阻尼绕组水轮发电机	0.25	0.07	同步调相机和大型同步电动机	0.24	0.08

注：均为以电机额定值为基准的标幺值。

当发电机定子绕组通过基频零序电流时，由于各相电枢磁势大小相等，相位相同，且在空间相差 120° 电角度，它们在气隙中的合成磁势为零，所以，发电机的零序电抗仅由定子绕组的等效漏磁通确定。但是零序电流所产生的漏磁通与正序（或负序）电流所产生的漏磁通是不同的，其差别与绕组结构型式有关。零序电抗的变化范围大致是 $x_{(0)} = (0.15 \sim 0.6) x_d''$。

12.3　变压器的零序等效电路及其参数

12.3.1　普通变压器的零序等效电路及其参数

变压器的等效电路表征了一相一二次绕组间的电磁关系。不论变压器通以哪一序的

电流，都不会改变一相一二次绕组间的电磁关系，因此，变压器的正序、负序和零序等效电路具有相同的形状。图 12-7 所示为不计绕组电阻和铁心损耗时变压器的零序等效电路。

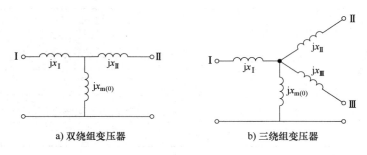

a) 双绕组变压器　　　　　　　b) 三绕组变压器

图 12-7　变压器的零序等效电路

变压器等效电路中的参数不仅与变压器的结构有关，有的参数也与所通电流的序别有关。变压器各绕组的电阻，与所通过的电流的序别无关。因此，变压器的正序、负序和零序的等效电阻相等。

变压器的漏抗，反映了一二次绕组间磁耦合的紧密情况。漏磁通的路径与所通电流的序别无关。因此，变压器的正序、负序和零序的等效漏抗也相等。

变压器的励磁电抗，取决于主磁通路径的磁导。当变压器通以负序电流时，主磁通的路径与通以正序电流时完全相同。因此，负序励磁电抗与正序的相同。由此可见，变压器正、负序等效电路及其参数是完全相同的。

变压器的零序励磁电抗与变压器的铁心结构密切相关。图 12-8 所示为三种常用的变压器铁心结构及零序励磁磁通的路径。

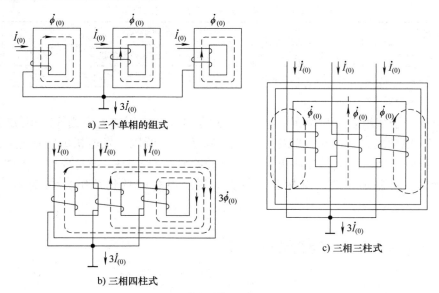

a) 三个单相的组式

b) 三相四柱式

c) 三相三柱式

图 12-8　三种常用的变压器铁心结构及零序励磁磁通的路径

对于由三个单相变压器组成的三相变压器组，每相的零序主磁通与正序主磁通一样，都有独立的铁心磁路（见图 12-8a）。因此，零序励磁电抗与正序的相等。对于三相四柱式（或五柱式）变压器，零序主磁通也能在铁心中形成回路，磁阻很小，因而零序励磁电抗的数值很大。以上两种变压器，在短路计算中都可以当作 $x_{m(0)} \approx \infty$，即忽略励磁电流，把励磁支路断开。

对于三相三柱式变压器，由于三相零序磁通大小相等、相位相同，因而不能像正序（或负序）主磁通那样，一相主磁通可以经过另外两相的铁心形成回路。它们被迫经过绝缘介质和外壳形成回路（见图 12-8c），遇到很大的磁阻。因此，这种变压器的零序励磁电抗比正序励磁电抗小得多，在短路计算中，应视为有限值，其值一般用实验方法确定，大致是 $x_{m(0)} = 0.3 \sim 1.0$。

12.3.2 变压器零序等效电路与外电路的联接

变压器的零序等效电路与外电路的联接，取决于零序电流的流通路径，因而与变压器三相绕组联接形式及中性点是否接地有关。在不对称短路中，零序电压（或电势）是施加在相线和大地之间的。根据这点，我们可从以下三个方面来讨论变压器零序等效电路与外电路的联接情况。

1）当外电路向变压器某侧三相绕组施加零序电压时，如果能在该侧绕组产生零序电流，则等效电路中该侧绕组端点与外电路接通；如果不能产生零序电流，则从电路等效的观点，可以认为变压器该侧绕组与外电路断开。根据这个原则，只有中性点接地的星形接法（用 YN 表示）绕组才能与外电路接通。

2）当变压器绕组具有零序电势（由另一侧绕组的零序电流感生的）时，如果它能将零序电势施加到外电路上去并能提供零序电流的通路，则等效电路中该侧绕组端点与外电路接通，否则与外电路断开。据此，也只有中性点接地的 YN 接法绕组才能与外电路接通。至于能否在外电路产生零序电流，则应由外电路中的元件是否提供零序电流的通路而定。

3）在三角形接法的绕组中，绕组的零序电势虽然不能作用到外电路，但能在三相绕组中形成零序环流，如图 12-9 所示。此时，零序电势将被零序环流在绕组漏抗上的电压降所平衡，绕组两端电压为零。这种情况与变压器绕组短接是等效的。因此，在等效电路中该侧绕组端点接零序等效中性点（等效中性点与地同电位时则接地）。

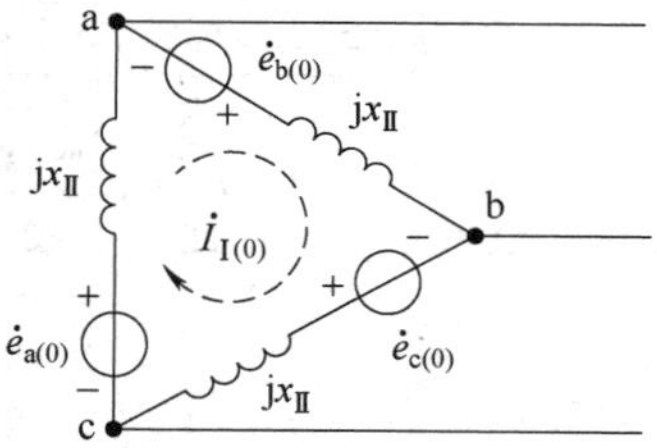

图 12-9　YN 接法变压器三角形的零序环流

根据以上三点，变压器零序等效电路与外电路的联接，一般可用图 12-10 所示的开关电路来表示。

上述各点及开关电路也完全适用于三绕组变压器。

顺便指出，由于三角形接法的绕组漏抗与励磁支路并联，不管何种铁心结构的变压器，一般励磁电抗总比漏抗大得多，因此，在短路计算中，当变压器有三角形接法绕组时，都可以近似地取 $x_{m(0)} \approx \infty$。

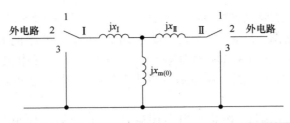

变压器绕组接法	开关位置	绕组端点与外电路的联接
Y	1	与外电路断开
YN	2	与外电路接通
d	3	与外电路断开，但与励磁支路并联

图 12-10　变压器零序等效电路与外电路的联接

12.3.3　中性点有接地阻抗时变压器的零序等效电路

当中性点经阻抗接地的 YN 接法绕组通过零序电流时，中性点接地阻抗上将流过三倍零序电流，并且产生相应的电压降，使中性点与地有不同电位（见图 12-11a）。因此，在单相零序等效电路中，应将中性点阻抗增大为三倍，并同它所接入的该侧绕组的漏抗相串联，如图 12-11b 所示。

应该注意，图 12-11b 中所示的参数包括中性点接地阻抗，都是折算到同一电压级（同一侧）的折算值。同时，变压器中性点的电压，也要在求出各绕组的零序电流之后才能求得。

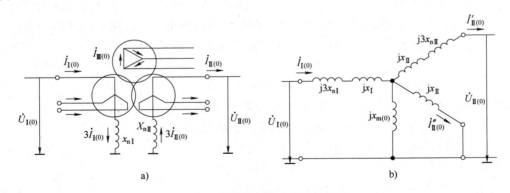

图 12-11　变压器中性点经阻抗接地

12.3.4　自耦变压器的零序等效电路及其参数

自耦变压器中两个有直接电气联系的自耦绕组，一般是用来联系两个直接接地的系统的。中性点直接接地的自耦变压器的零序等效电路及其参数、等效电路与外电路联接的情况、短路计算中励磁电抗 $x_{m(0)}$ 的处理等，都与普通变压器的相同。但应注意，由于两个自耦绕组共用一个中性点和接地线，因此，我们不能直接从等效电路中已折算的电流值求出中性点的入地电流。中性点的入地电流，应等于两个自耦绕组零序电流实际有名值之差的三倍（见图 12-12a），即 $\dot{I}_n = 3(\dot{I}_{I(0)} - \dot{I}_{II(0)})$。

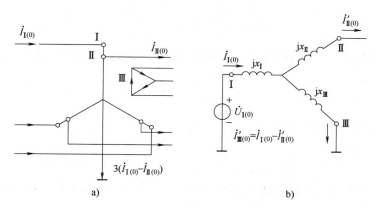

图 12-12　中性点直接接地自耦变压器及其零序等效电路

当自耦变压器的中性点经电抗接地时，中性点电位不像普通变压器那样，只受一个绕组的零序电流影响，而是要受两个绕组的零序电流影响。因此，中性点接地电抗对零序等效电路及其参数的影响，也与普通变压器不同。

图 12-13a 所示为三绕组自耦变压器及其折算到 I 侧的零序等效电路。将 III 侧绕组开路（即三角形开口），并设中性点电压为 $\dot{U}_n$，绕组端点对地电压为 $\dot{U}_{I(0)}$，$\dot{U}_{II(0)}$，绕组端点对中性点电压为 $\dot{U}_{In}$，$\dot{U}_{IIn}$，U_{un}，于是有

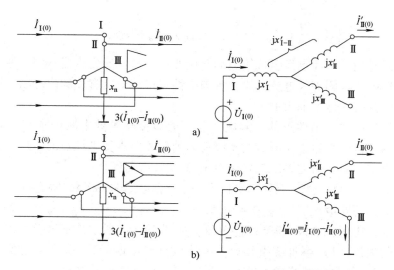

图 12-13　中性点经电抗接地自耦变压器及其零序等效电路

$$\begin{cases} \dot{U}_{I(0)} = \dot{U}_{I(0)} + \dot{U}_n \\ \dot{U}_{II(0)} = \dot{U}_{IIn} + \dot{U}_n \end{cases} \tag{12-17}$$

若 I、II 侧间的变比为 $k_{12} = U_{IN}/U_{IIN}$，则可以得到归算到 I 侧的等效电抗

$$jx'_{\text{I}} + jx'_{\text{II}} = jx'_{\text{I-II}} = \frac{\dot{U}_{\text{I}(0)} - \dot{U}_{\text{II}(0)}}{\dot{I}_{\text{I}(0)}} = \frac{(\dot{U}_{\text{In}} + \dot{U}_{\text{n}}) - (\dot{U}_{\text{IIn}} + \dot{U}_{\text{n}})k_{12}}{\dot{I}_{\text{I}(0)}}$$

$$= \frac{\dot{U}_{\text{In}} - \dot{U}_{\text{IIn}}k_{12}}{\dot{I}_{\text{I}(0)}} + \frac{\dot{U}_{\text{n}}(1 - k_{12})}{\dot{I}_{\text{I}(0)}}$$

上式等号右边第一项是变压器直接接地时 I - II 间归算到 I 侧的等效电抗，即

$$\frac{\dot{U}_{\text{In}} - \dot{U}_{\text{IIn}}k_{12}}{\dot{I}_{\text{I}(0)}} = jx_{\text{I-II}}$$

而 $\dfrac{\dot{U}_{\text{n}}}{\dot{I}_{\text{I}(0)}} = \dfrac{j3x_{\text{n}}(\dot{I}_{\text{I}(0)} - \dot{I}_{\text{II}(0)})}{\dot{I}_{\text{I}(0)}} = j3x_{\text{n}}(1 - k_{12})$，于是

$$jx'_{\text{I-II}} = jx_{\text{I-II}} + j3x_{\text{n}}(1 - k_{12})^2 = jx_{\text{I}} + jx_{\text{II}} + j3x_{\text{n}}(1 - k_{12})^2 \qquad (12\text{-}18)$$

若将 II 侧绕组开路，则自耦变压器相当于一台 YN，d 接法的普通变压器。其折算到 I 侧的等效电抗为

$$jx'_{\text{I}} + jx'_{\text{III}} = jx'_{\text{I-III}} = jx_{\text{I-III}} + j3x_{\text{n}} = jx_{\text{I}} + jx_{\text{III}} + j3x_{\text{n}} \qquad (12\text{-}19)$$

若将 I 侧绕组开路，也是一台 YN，d 接法的普通变压器，折算到 I 侧的等效电抗为

$$jx'_{\text{II}} + jx'_{\text{III}} = jx'_{\text{II-III}} = jx_{\text{II-III}} + j3x_{\text{n}}k_{12}^2 = jx_{\text{II}} + jx_{\text{III}} + j3x_{\text{n}}k_{12}^2 \qquad (12\text{-}20)$$

由式（12-18）~式（12-20）即可求得各绕组折算到 I 侧的等效漏抗分别为

$$\begin{cases} x'_{\text{I}} = \dfrac{1}{2}(x'_{\text{I-II}} + x'_{\text{I-III}} - x'_{\text{II-III}}) = x_{\text{I}} + 3x_{\text{n}}(1 - k_{12}) \\[2mm] x'_{\text{II}} = \dfrac{1}{2}(x'_{\text{I-II}} + x'_{\text{II-III}} - x'_{\text{I-III}}) = x_{\text{II}} + 3x_{\text{n}}k_{12}^2(k_{12} - 1) \\[2mm] x'_{\text{III}} = \dfrac{1}{2}(x'_{\text{I-III}} + x'_{\text{II-III}} - x'_{\text{I-II}}) = x_{\text{III}} + 3x_{\text{n}}k_{12} \end{cases} \qquad (12\text{-}21)$$

从上式可以看到，中性点经阻抗接地的自耦变压器与普通变压器不同，零序等效电路中包括三角形侧在内的各侧等效电抗，均含有与中性点接地电抗有关的附加项，而普通变压器则仅在中性点电抗接入侧增加附加项。

与普通变压器一样，中性点的实际电压也不能直接从等效电路中求得。对于自耦变压器，只有求出两个自耦绕组零序电流的实际有名值后才能求得中性点的电压，它等于两个自耦绕组零序电流实际有名值之差的三倍乘以 x_{n} 的实际有名值。

例 12-1 有一自耦变压器，其铭牌参数为：额定容量 120000kVA；额定电压 220/121/11kV；折算到额定容量的短路电压 $U_{\text{S}(\text{I-II})}\% = 10.6$，$U_{\text{S}(\text{I-III})}\% = 36.4$，$U_{\text{S}(\text{II-III})}\% = 23$。若将其高压倒三相短路接地，中压侧加以 10kV 零序电压，如图 12-14a 所示，则试求下列情况下各绕组和中性点流过的电流：1）第 III 绕组开口，中性点直接接地；2）第 III 绕组接成三角形，中性点直接接地；3）第 III 绕组接成三角形，中性点经 12.5Ω 电抗接地。

解：先计算各绕组的等效电抗。

$$U_{\text{SI}}\% = \frac{1}{2}(U_{\text{S}(\text{I-II})}\% + U_{\text{S}(\text{I-III})}\% - U_{\text{S}(\text{II-III})}\%) = \frac{1}{2} \times (10.6 + 36.4 - 23) = 12$$

$$U_{\text{SII}}\% = \frac{1}{2}(U_{\text{S}(\text{I-II})}\% + U_{\text{S}(\text{II-III})}\% - U_{\text{S}(\text{I-III})}\%) = \frac{1}{2} \times (10.6 + 23 - 36.4) = -1.4$$

$$U_{S\mathrm{III}}\% = \frac{1}{2}(U_{S(\mathrm{I}-\mathrm{III})}\% + U_{S(\mathrm{II}-\mathrm{III})}\% - U_{S(\mathrm{I}-\mathrm{II})}\%) = \frac{1}{2}\times(36.4+23-10.6) = 24.4$$

归算到 121kV 侧的各绕组等效电抗为

$$x_{\mathrm{I}} = \frac{U_{S\mathrm{I}}\%}{100}\times\frac{U_N^2}{S_N}\times 10^3 = \frac{12}{100}\times\frac{121^2}{120000}\times 10^3\Omega = 14.6\Omega$$

$$x_{\mathrm{II}} = \frac{U_{S\mathrm{II}}\%}{100}\times\frac{U_N^2}{S_N}\times 10^3 = \frac{-1.4}{100}\times\frac{121^2}{120000}\times 10^3\Omega = -1.7\Omega$$

$$x_{\mathrm{III}} = \frac{U_{S\mathrm{III}}\%}{100}\times\frac{U_N^2}{S_N}\times 10^3 = \frac{24.4}{100}\times\frac{121^2}{120000}\times 10^3\Omega = 29.8\Omega$$

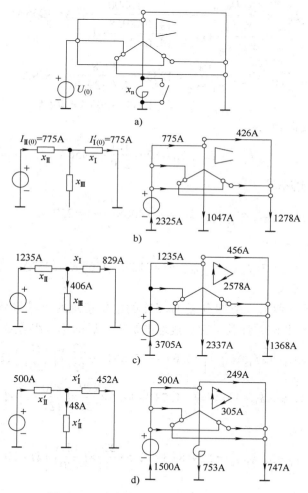

图 12-14　自耦变压器零序电流计算结果

1）第Ⅲ绕组开口、中性点直接接地时，其等效电路如图 12-14b 所示。121kV 侧的零序
电流为

$$I_{\mathrm{II}(0)} = \frac{U_{S\mathrm{II}(0)}}{x_{\mathrm{I}}+x_{\mathrm{II}}} = \frac{10000}{14.6-1.7}\mathrm{A} = 775\mathrm{A}$$

220kV 侧零序电流的实际值为

$$I_{\text{I}(0)} = I'_{\text{I}(0)} k_{21} = 775 \times \frac{121}{220} \text{A} = 426 \text{A}$$

自耦变压器公共绕组的电流为

$$I_{\text{II}(0)} - I_{\text{I}(0)} = (775 - 426) \text{A} = 349 \text{A}$$

经接地中性点的入地电流为

$$I_{\text{n}} = 3(I_{\text{II}(0)} - I_{\text{I}(0)}) = 3 \times 349 \text{A} = 1047 \text{A}$$

计算结果如图 12-14b 所示。

2）第Ⅲ绕组接成三角形、中性点直接接地时，其等效电路如图 12-14c 所示。由图有

$$I_{\text{II}(0)} = \frac{U_{\text{II}(0)}}{\dfrac{x_{\text{I}} x_{\text{III}}}{x_{\text{I}} + x_{\text{III}}} + x_{\text{II}}} = \frac{10000}{\dfrac{14.6 \times 29.8}{14.6 + 29.8} - 1.7} \text{A} = 1235 \text{A}$$

$$I'_{\text{I}(0)} = I_{\text{II}(0)} \frac{x_{\text{III}}}{x_{\text{I}} + x_{\text{III}}} = 1235 \times \frac{29.8}{14.6 + 29.8} \text{A} = 829 \text{A}$$

$$I'_{\text{III}(0)} = I_{\text{II}(0)} - I'_{\text{I}(0)} = (1235 - 829) \text{A} = 406 \text{A}$$

220kV 侧零序电流的实际值

$$I_{\text{I}(0)} = I'_{\text{I}(0)} k_{21} = 829 \times \frac{121}{220} \text{A} = 456 \text{A}$$

绕组Ⅲ中零序电流的实际值

$$I_{\text{III}(0)} = \frac{1}{\sqrt{3}} I'_{\text{III}(0)} k_{23} = \frac{1}{\sqrt{3}} \times 406 \times \frac{121}{11} \text{A} = 2578 \text{A}$$

中性点入地电流的实际值

$$I_{\text{n}} = 3(I_{\text{II}(0)} - I_{\text{I}(0)}) = 3 \times (1235 - 456) \text{A} = 2337 \text{A}$$

计算结果如图 12-14c 所示。

3）第Ⅲ绕组接成三角形、中性点经 12.5Ω 的电抗接地时，其等效电路如图 12-14d 所示。等效电路中归算到Ⅱ侧并计及中性点接地电抗影响后的各绕组等效电抗为

$$x'_{\text{I}} = x_{\text{I}} + 3 x_{\text{n}} (1 - k_{12}) k_{21}^2 = \left[14.6 + 3 \times 12.5 \times \left(1 - \frac{220}{121} \right) \left(\frac{121}{220} \right)^2 \right] \Omega = 5.3 \Omega$$

$$x'_{\text{II}} = x_{\text{II}} + 3 x_{\text{n}} k_{12} (k_{12} - 1) k_{21}^2 = \left[-1.7 + 3 \times 12.5 \times \frac{220}{121} \times \left(\frac{220}{121} - 1 \right) \times \left(\frac{121}{220} \right)^2 \right] \Omega$$

$$= 15.2 \Omega$$

$$x'_{\text{III}} = x_{\text{III}} + 3 x_{\text{n}} k_{12} k_{21}^2 = \left[29.8 + 3 \times 12.5 \times \frac{220}{121} \times \left(\frac{121}{220} \right)^2 \right] \Omega = 50.4 \Omega$$

于是有

$$I_{\text{II}(0)} = \frac{U_{\text{II}(0)}}{x'_{\text{II}} + \dfrac{x'_{\text{I}} x'_{\text{III}}}{x'_{\text{I}} + x'_{\text{III}}}} = \frac{10000}{15.2 + \dfrac{5.3 \times 50.4}{5.3 + 50.4}} \text{A} = 500 \text{A}$$

$$I'_{\text{I}(0)} = I_{\text{II}(0)} \frac{x'_{\text{III}}}{x_{\text{I}} + x'_{\text{III}}} = 500 \times \frac{50.4}{5.3 + 50.4} \text{A} = 452 \text{A}$$

$$I_{\text{I}(0)} = I'_{\text{I}(0)}k_{21} = 452 \times \frac{121}{220}\text{A} = 249\text{A}$$

$$I'_{\text{III}(0)} = I_{\text{II}(0)}\frac{x'_{\text{I}}}{x'_{\text{I}} + x'_{\text{III}}} = 500 \times \frac{5.3}{5.3 + 50.4}\text{A} = 48\text{A}$$

$$I_{\text{III}(0)} = \frac{1}{\sqrt{3}}I'_{\text{III}(0)}k_{23} = \frac{1}{\sqrt{3}} \times 48 \times \frac{121}{11}\text{A} = 305\text{A}$$

$$I_{\text{n}} = 3(I_{\text{II}(0)} - I_{\text{I}(0)}) = 3 \times (500 - 249)\text{A} = 753\text{A}$$

$$U_{\text{n}} = I_{\text{n}}x_{\text{n}} = 753 \times 12.5\text{V} = 9.4\text{kV}$$

计算结果如图 12-14d 所示。

12.4 架空输电线路的零序阻抗及其等效电路

输电线路的正、负序阻抗及等效电路完全相同，这里只讨论零序阻抗。当输电线路通过零序电流时，由于三相零序电流大小相等、相位相同，因此，必须借助大地及架空地线来构成零序电流的通路。这样，架空输电线路的零序阻抗与电流在地中的分布有关，精确计算是很困难的。

12.4.1 "单导线-大地" 回路的自阻抗相互阻抗

图 12-15a 所示为一 "单导线-大地" 回路。导线 aa 与大地平行，导线中流过电流 i_{a}，经由大地返回。设大地体积无限大，且具有均匀的电阻率，则地中电流就会流经一个很大的范围，这种 "单导线-大地" 的交流电路，可以用卡松（Carson）线路来模拟，如图 12-15b 所示。卡松线路就是用一虚拟导线 ee 作为地中电流的返回导线。该虚拟导线位于架空线 aa 的下方，与 aa 的距离为 D_{ae}。D_{ae} 是大地电阻率 ρ_{e} 的函数。适当选择 D_{ae} 的值，可使这种线路计算所得的电感值与试验测得的值相等。

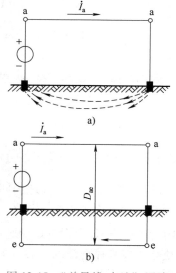

用 r_{a} 和 r_{e} 分别代表单位长度导线 aa 的电阻及大地的等效电阻。r_{a} 可按式第 2 章式（2-1）计算。大地电阻 r_{e} 是所通交流电频率的函数，可用卡松的经验公式计算

$$r_{\text{e}} = \pi^2 f \times 10^{-4} = 9.87f \times 10^{-4}\Omega/\text{km} \tag{12-22}$$

对于 $f = 50\text{Hz}$

$$r_{\text{e}} \approx 0.05\Omega/\text{km} \tag{12-23}$$

图 12-15 "单导线-大地" 回路

L_{a} 和 L_{e} 分别代表导线 aa 和虚拟导线 ee 单位长度的自感，M 代表导线 aa 和虚拟导线 ee 间单位长度的互感。可以求得 "单导线-大地" 回路单位长度的电感为

$$L_{\text{s}} = L_{\text{a}} + L_{\text{e}} - 2M = 2 \times 10^{-7}\left[\left(\ln\frac{2l}{D_{\text{s}}} - 1\right) + \left(\ln\frac{2l}{D_{\text{se}}} - 1\right) - 2\left(\ln\frac{2l}{D_{\text{ae}}} - 1\right)\right]$$

$$= 2\times10^{-7}\ln\frac{D_{ae}^2}{D_s D_{se}}\mathrm{H/m} = 2\times10^{-7}\ln\frac{D_e}{D_s}\mathrm{H/m} \tag{12-24}$$

式中，D_{se} 是虚拟导线 ee 的自几何均距；$D_e = D_{ae}^2/D_{se}$ 代表地中虚拟导线的等效深度，它是大地电阻率 $\rho_e(\Omega\cdot m)$ 和频率 $f(\mathrm{Hz})$ 的函数，即

$$D_e = 660\sqrt{\frac{\rho_e}{f}}\, m \tag{12-25}$$

这样，"单导线-大地"回路的自阻抗为

$$z_s = r_a + r_e + \mathrm{j}\omega L_s = r_a + r_e + \mathrm{j}2\pi f_N\times2\times10^{-4}\ln\frac{D_e}{D_s}$$

$$= \left(r_a + r_e + \mathrm{j}0.1445\lg\frac{D_e}{D_s}\right)\Omega/\mathrm{km} \tag{12-26}$$

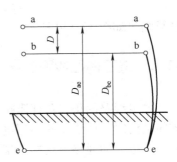

图 12-16　两个平行的"单导线-大地"回路

如果有两根平行长导线都以大地作为电流的返回路径，也可以用一根虚拟导线 ee 来代表地中电流的返回导线，这样就形成了两个平行的"单导线-大地"回路，如图 12-16 所示。记两导线轴线间的距离为 D，两导线与虚拟导线间的距离分别为 D_{ae} 和 D_{be}。两个回路之间单位长度的互阻抗 z_m 可以这样求得：当一个回路通以单位电流时，在另一个回路单位长度上产生的电压降，在数值上即等于 z_m。

$$z_m = r_e + \mathrm{j}0.0628\times\left[\left(\ln\frac{2l}{D}-1\right)-\left(\ln\frac{2l}{D_{ae}}-1\right)-\left(\ln\frac{2l}{D_{be}}-1\right)+\left(\ln\frac{2l}{D_{se}}-1\right)\right]$$

$$= \left(r_e + \mathrm{j}0.1445\lg\frac{D_{ae}D_{be}}{D D_{se}}\right)\Omega/\mathrm{km} \tag{12-27}$$

由于虚拟导线 ee 远离导线 aa 和 bb，故有 $\dfrac{D_{ae}D_{be}}{D_{se}} = D_e$，上式可简写成

$$z_m = \left(r_e + \mathrm{j}0.1445\lg\frac{D_e}{D}\right)\Omega/\mathrm{km} \tag{12-28}$$

12.4.2　三相输电线路的零序阻抗

图 12-17 所示为以大地为回路的三相输电线路，地中电流返回路径仍以一根虚拟导线表示。这样就形成了三个平行的"单导线-大地"回路。若每相导线半径都是 r，单位长度的电阻为 r_a，而且三相导线实现了整循环换位。当输电线路通以零序电流时，在 a 相回路每单位长度上产生的电压降为

$$\dot{U}_{a(0)} = z_s \dot{I}_{a(0)} + z_m \dot{I}_{b(0)} + z_m \dot{I}_{c(0)}$$

$$= (z_s + 2z_m)\dot{I}_{a(0)} \tag{12-29}$$

因此，三相线路每单位长度的一相等效零序阻抗为

$$z_{(0)} = \dot{U}_{a(0)}/\dot{I}_{a(0)} = z_s + 2z_m \tag{12-30}$$

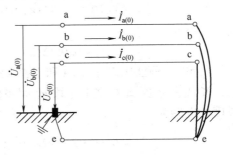

图 12-17　以大地为回路的三相输电线路

采用式（12-30）与采用式（12-10）所得的结果相同，因为整循环换位的输电线路是一个静止的三相对称元件。

将 z_s 和 z_m 的表达式（12-26）和式（12-28）代入式（12-30），并用三相导线的互几何均距 D_{eq} 代替式（12-28）中的 D，便得

$$z_{(0)} = r_a + 3r_e + j0.1445 \lg \frac{D_e^3}{D_s D_{eq}^2}$$

$$= \left(r_a + 3r_e + j0.4335 \lg \frac{D_e}{D_{sT}} \right) \Omega/\mathrm{km} \qquad (12\text{-}31)$$

式中，$D_{sT} = \sqrt[3]{D_s D_{eq}^2}$ 称为三相导线组的自几何均距。

因三相正（负）序电流之和为零，故由式（12-30）或直接由式（12-10）可以得到输电线路正（负）序等效阻抗为

$$z_{(1)} = z_{(2)} = z_s - z_m = \left(r_a + j0.1445 \lg \frac{D_{eq}}{D_s} \right) \Omega/\mathrm{km}$$

上式与第 2 章的公式完全相同。

比较上式与式（12-31）可以看到，输电线路的零序阻抗比正序阻抗大。一方面由于三倍零序电流通过大地返回，大地电阻使线路每相等效电阻增大；另一方面，由于三相零序电流同相位，每一相零序电流产生的自感磁通与来自另两相的零序电流产生的互感磁通是互相助增的，这就使一相的等效电感增大。

由于输电线路所经地段的大地电阻率一般是不均匀的，因此，零序阻抗一般要通过实测才能得到较为准确的数值。在一般的计算中，可以取 $D_e = 1000\mathrm{m}$ 并按式（12-31）进行计算。

12.4.3 平行架设的双回输电线路的零序阻抗及等效电路

平行架设的双回线路都通过零序电流时，任一回线路与一相导线交链的磁通中不仅有另外两相零序电流产生的互感磁通，还有另一回路三相零序电流产生的互感磁通，并且双回路都以大地作为零序电流的返回通路。平行线路 I 和 II 之间每单位长度的一相等效互阻抗可以利用式（12-28）计算，但要用线路 I 和线路 II 的导线之间的互几何均距 $D_{\mathrm{I-II}}$ 来代替该式中的 D，即

$$z_{\mathrm{I-II}(0)} = 3\left(r_e + j0.1445 \lg \frac{D_e}{D_{\mathrm{I-II}}} \right) \Omega/\mathrm{km} \qquad (12\text{-}32)$$

上式右方出现系数 3 是因为线路之间的互阻抗电压降是由三倍的一相零序电流产生的。

线路 I 和 II 之间的互几何均距 $D_{\mathrm{I-II}}$ 等于线路 I 中每一导线（设其位置为 a_1、b_1、c_1）到线路 II 中每一导线（设其位置为 a_2、b_2、c_2）的所有九个轴间距离连乘积的九次方根，即

$$D_{\mathrm{I-II}} = \sqrt[9]{D_{a_1 a_2} D_{a_1 b_2} D_{a_1 c_2} D_{b_1 a_2} D_{b_1 b_2} D_{b_1 c_2} D_{c_1 a_2} D_{c_1 b_2} D_{c_1 c_2}} \qquad (12\text{-}33)$$

现在讨论平行双回路的零序阻抗。图 12-18a 表示两端都共母线的双回输电线路。这两回线路的电压降分别为

$$\begin{cases} \Delta \dot{U}_{\mathrm{I}(0)} = \Delta \dot{U}_{(0)} = Z_{\mathrm{I}(0)} \dot{I}_{\mathrm{I}(0)} + Z_{\mathrm{I-II}(0)} \dot{I}_{\mathrm{II}(0)} \\ \Delta \dot{U}_{\mathrm{II}(0)} = \Delta \dot{U}_{(0)} = Z_{\mathrm{II}(0)} \dot{I}_{\mathrm{II}(0)} + Z_{\mathrm{I-II}(0)} \dot{I}_{\mathrm{I}(0)} \end{cases} \qquad (12\text{-}34)$$

式中，$\dot{I}_{\mathrm{I}(0)}$ 和 $\dot{I}_{\mathrm{II}(0)}$ 分别为线路 I 和 II 中的零序电流；$Z_{\mathrm{I}(0)}$ 和 $Z_{\mathrm{II}(0)}$ 分别为不计两回线路间

互相影响时线路 I 和 II 的一相零序等效阻抗；$Z_{I-II(0)}$ 为平行线路 I 和 II 之间的零序互阻抗。

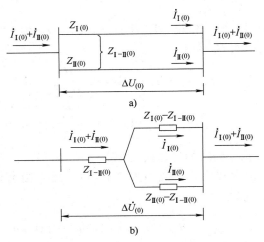

图 12-18   双回平行输电线路的零序等效电路

式（12-34）可改写为

$$\begin{cases} \Delta \dot{U}_{(0)} = (Z_{I(0)} - Z_{I-II(0)}) \dot{I}_{I(0)} + Z_{I-II(0)} (\dot{I}_{I(0)} + \dot{I}_{II(0)}) \\ \Delta \dot{U}_{(0)} = (Z_{II(0)} - Z_{I-II(0)}) \dot{I}_{II(0)} + Z_{I-II(0)} (\dot{I}_{I(0)} + \dot{I}_{II(0)}) \end{cases} \tag{12-35}$$

根据式（12-35），可以绘出双回平行输电线路的零序等效电路，如图 12-18b 所示。如果双回路完全相同，即 $Z_{I(0)} = Z_{II(0)} = Z_{(0)}$，则 $\dot{I}_{I(0)} = \dot{I}_{II(0)}$，此时，计及平行回路间相互影响后每一回路一相的零序等效阻抗为

$$Z'_{(0)} = Z_{(0)} + Z_{I-II(0)} \tag{12-36}$$

由此可见，平行线路间互阻抗使输电线路的零序等效阻抗增大了。

12.4.4 架空地线对输电线路零序阻抗及等效电路的影响

图 12-19 所示为有架空地线的单回输电线路零序电流的通路。线路中的零序电流入地之后，由大地和架空地线返回，此时，地中电流 $\dot{I}_c = 3\dot{I}_{(0)} - \dot{I}_g$。我们不妨设想架空地线也由三相组成，每相电流 $\dot{I}_{g0} = \dot{I}_g / 3$。这样，架空地线的影响可以按平行架设的输电线路来处理，所不同的是架空地线电流的方向与输电线路零序电流的方向相反。据此，可以作出有架空地线的输电线路的等效零序阻抗示意图（见图 12-20a）。

根据图 12-20a，可以列出输电线路和架空地线的电压降方程，注意到架空地线两端接地，可得

$$\begin{cases} \Delta \dot{U}_{(0)} = Z_{(0)} \dot{I}_{(0)} - Z_{gm0} \dot{I}_{g0} \\ \Delta \dot{U}_{g0} = Z_{g0} \dot{I}_{g0} - Z_{gm0} \dot{I}_{(0)} = 0 \end{cases} \tag{12-37}$$

式中，$Z_{(0)}$ 为无架空地线时输电线路的零序阻抗；Z_{g0} 为架空地线-大地回路的自阻抗；Z_{gm0} 为架空地线与输电线路间的互阻抗。

由式（12-37）可以解出

$$\Delta \dot{U}_{(0)} = \left(Z_{(0)} - \frac{Z_{gm0}^2}{Z_{g0}} \right) \dot{I}_{(0)} = Z_{(0)}^{(g)} \dot{I}_{(0)}$$

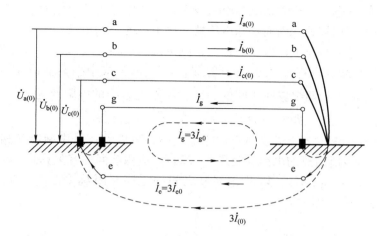

图 12-19　有架空地线的单回输电线路零序电流的通路

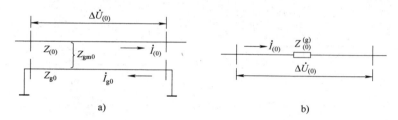

图 12-20　有架空地线的输电线路的等效零序阻抗

式中

$$Z_{(0)}^{(g)} = Z_{(0)} - \frac{Z_{gm0}^2}{Z_{g0}} \tag{12-38}$$

这就是具有架空地线的三相输电线路每相的等效零序阻抗。

由于一相等效电路中 $\dot{I}_{g0} = \dot{I}_g/3$，用式（12-26）算出的 Z_{g0} 的单位长度值应乘以 3，即

$$Z_{g0} = 3\left(r_g + r_e + \mathrm{j}0.1445\lg\frac{D_e}{D_{sg}}\right) \Omega/\mathrm{km} \tag{12-39}$$

式中，r_g 为架空地线单位长度的电阻；D_{sg} 为架空地线的自几何均距。

利用式（12-28）可以求得 Z_{gm0} 的单位长度值为

$$Z_{gm0} = 3\left(r_e + \mathrm{j}0.1445\lg\frac{D_e}{D_{L-g}}\right) \Omega/\mathrm{km} \tag{12-40}$$

式中，D_{L-g} 为线路和架空地线间的互几何均距（见图 12-21），即

$$D_{L-g} = \sqrt[3]{D_{ag}D_{bg}D_{cg}} \tag{12-41}$$

式（12-38）表明，架空地线能使输电线路的等效零序阻抗减小。良导体架空地线（如钢芯铝线）的电阻较小，地线电流与导线电流接近于反相，地线电流产生的互感磁通将使与导线交链的总磁通明显减少，从而减小

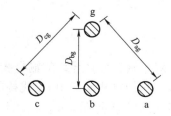

图 12-21　导线和架空线的布置

输电线路的等效零序电抗。钢质地线的电阻较大，地线中电流的数值较小，其相位相对于导线电流相位也偏离反相较远，因而对输电线路零序电抗的影响不大。

若输电线路杆塔上装设了两根架空地线，则可以用一根等效的架空地线来处理。即等效电路和计算公式的形式仍不变，只是在计算 Z_{g0}、Z_{gm0} 的公式中将架空地线的自几何均距改为 $D'_{sg} = \sqrt{D_{sg} d_{g_1g_2}}$，$d_{g_1g_2}$ 为两架空地线间的距离；将架空地线的电阻改为 $r'_g = r_g/2$；将架空地线与输电线路间的互几何均距改为 $D'_{L-g} = \sqrt[6]{D_{ag_1} D_{bg_1} D_{cg_1} D_{ag_2} D_{bg_2} D_{cg_2}}$。

对于具有架空地线的平行架设的双回输电线路，可以看作是由两组三相输电线路和一组（两根）架空地线所组成的电路（见图 12-22a）。应用前面的有关算式，求得这三部分的零序自阻抗 $Z_{I(0)}$、$Z_{II(0)}$、Z_{g0}，以及各部分之间的零序互阻抗 $Z_{I-II(0)}$、Z_{gm0I}、Z_{gm0II}。由图 12-22a 写出电压降方程为

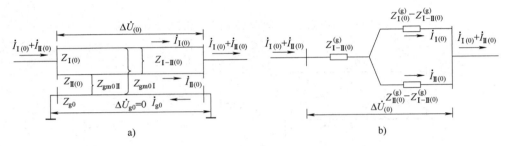

图 12-22　有架空线的双回输电线路及其零序等效电路

$$\begin{cases} \Delta \dot{U}_{(0)} = Z_{I(0)} \dot{I}_{I(0)} - Z_{I-II(0)} \dot{I}_{II(0)} - Z_{gm0I} \dot{I}_{g0} \\ \Delta \dot{U}_{(0)} = Z_{II(0)} \dot{I}_{II(0)} + Z_{I-II(0)} \dot{I}_{I(0)} - Z_{gm0II} \dot{I}_{g0} \\ 0 = Z_{g0} \dot{I}_{g0} - Z_{gm0I} \dot{I}_{I(0)} - Z_{gm0II} \dot{I}_{II(0)} \end{cases} \tag{12-42}$$

从上列方程式中消去 $\dot{I}_{g0}$，经整理之后得

$$\begin{cases} \Delta \dot{U}_{(0)} = Z^{(g)}_{I(0)} \dot{I}_{I(0)} + Z^{(g)}_{I-II(0)} \dot{I}_{II(0)} \\ \Delta \dot{U}_{(0)} = Z^{(g)}_{II(0)} \dot{I}_{II(0)} + Z^{(g)}_{I-II(0)} \dot{I}_{I(0)} \end{cases} \tag{12-43}$$

式中，$Z^{(g)}_{I(0)} = Z_{I(0)} - \dfrac{Z^2_{gm0I}}{Z_{g0}}$，$Z^{(g)}_{II(0)} = Z_{II(0)} - \dfrac{Z^2_{gm0II}}{Z_{g0}}$，$Z^{(g)}_{I-II(0)} = Z_{I-II(0)} - \dfrac{Z_{gm0I} Z_{gm0II}}{Z_{g0}}$，它们分别为计及架空地线影响后线路 I、II 的零序自阻抗和互阻抗。

由式（12-43）可以绘出零序等效电路，如图 12-22b 所示。

若两平行线路的参数相同，即 $Z_{I(0)} = Z_{II(0)} = Z_{(0)}$，且架空地线对两线路的相对位置也是对称的，即 $Z_{gm0} = Z_{gm0II} = Z_{gm0}$，则计及架空地线影响后每回输电线路的一相等效零序阻抗为

$$Z'^{(g)}_{(0)} = Z'_{(0)} - 2 \frac{Z^2_{gm0}}{Z_{g0}} \tag{12-44}$$

对于具有分裂导线的输电线路，在实用计算中，仍采用上述的方法和公式，只要用分裂导线一相的自几何均距 D_{sb} 代替单导线线路的自几何均距 D_s，用一相分裂导线的重心代替单导线线路的导线轴即可。

在短路电流的实用计算中，常可忽略电阻，近似地采用下列公式计算输电线路每一回路

每单位长度的一相等效零序电抗：

无架空地线的单回线路 $\qquad x_{(0)} = 3.5x_{(1)}$；

有钢质架空地线的单回线路 $\qquad x_{(0)} = 3x_{(1)}$；

有良导体架空地线的单回线路 $\qquad x_{(0)} = 2x_{(1)}$；

无架空地线的双回线路 $\qquad x_{(0)} = 5.5x_{(1)}$；

有钢质架空地线的双回线路 $\qquad x_{(0)} = 4.7x_{(\mathrm{II})}$；

有良导体架空地线的双回线路 $\qquad x_{(0)} = 3x_{(\mathrm{II})}$，

其中 $x_{(1)}$ 为单位长度的正序电抗。

例 12-2 图 12-23 所示为具有两根架空地线且双回路共杆塔的输电线路导线和地线的相对位置。设两回线路完全相同，每相导线采用 LGJ-150 钢芯铝线，架空地线采用 GJ-70 钢绞线，$f = 50\text{Hz}$，大地电阻率 $\rho_e = 2.85\times10^2\Omega\cdot\text{m}$。各导线间的距离为

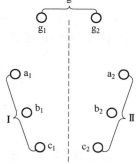

$$D_{a_1b_1} = D_{b_1c_1} = 3.06\text{m}；\quad D_{a_1c_1} = 2\times3.06\text{m} = 6.12\text{m}；\quad D_{a_1a_2} = 6.9\text{m}；$$

$D_{b_1b_2} = 5.7\text{m}$；

$$D_{c_1c_2} = 4.5\text{m}；\quad D_{a_1b_2} = 6.98\text{m}；\quad D_{c_1c_2} = 8.28\text{m}；\quad D_{b_1c_2} = 5.92\text{m}；$$

$$D_{a_1g_1} = 4.25\text{m}；\quad D_{b_1g_1} = 7.05\text{m}；\quad D_{b_1b_2} = 5.7\text{m}；$$

$$D_{c_1g_1} = 10\text{m}；\quad D_{a_2g_1} = 6.76\text{m}；\quad D_{b_2g_1} = 8.52\text{m}；\quad D_{c_2g_1} = 10.87\text{m}；$$

$d_{g_1g_1} = 4\text{m}$。试计算输电线路的零序阻抗。

图 12-23 架空地线和导线的布置

解： 1）先求未计架空地线及另一回线路影响时单回路的零序阻抗 z_0。

由手册查得 LGJ-150 的导线外径为 17mm，电阻 $r_a = 0.21\Omega/\text{km}$。线路三相导线的互几何均距

$$D_{eq} = \sqrt[3]{D_{a_1b_1}D_{b_1c_1}D_{a_1c_1}} = \sqrt[3]{2\times3.06^3}\text{m} = 3.86\text{m}$$

等效深度：$D_e = 660\sqrt{\dfrac{\rho_e}{f}} = 660\sqrt{\dfrac{2.85\times10^2}{50}}\text{m} = 1576\text{m}$

导线的自几何均距：$D_s = 0.9r = 0.9\times\dfrac{17}{2}\times10^{-3}\text{m} = 7.65\times10^{-3}\text{m}$

每回线路三相导线组的自几何均距

$$D_{sT} = \sqrt[3]{D_sD_{eq}^2} = \sqrt[3]{7.65\times10^{-3}\times3.86^2}\text{m} = 0.48\text{m}$$

于是可得

$$z_{(0)} = r_a + 3r_e + \text{j}0.4335\lg\dfrac{D_e}{D_{sT}}$$

$$= \left(0.21 + 3\times0.05 + \text{j}0.4335\lg\dfrac{1576}{0.48}\right)\Omega/\text{km} = (0.36 + \text{j}1.52)\Omega/\text{km}$$

2）计算不计架空地线影响时每回线路的零序阻抗 z_0'。

两回线路间的互几何均距

$$D_{\mathrm{I}\text{-}\mathrm{II}} = \sqrt[9]{D_{a_1a_2}D_{a_1b_2}D_{a_1c_2}D_{b_1a_2}D_{b_1b_2}D_{b_1c_2}D_{c_1a_2}D_{c_1b_2}D_{c_1c_2}}$$

$$= \sqrt[9]{6.9\times6.98\times8.28\times6.98\times5.7\times5.92\times8.28\times5.92\times4.5}\text{m} = 6.5\text{m}$$

两线路间的零序互阻抗

$$z_{\text{I-II}(0)} = 3\left(r_e + j0.1445\lg\frac{D_e}{D_{\text{I-II}}}\right) = 3\times\left(0.05 + j0.1445\lg\frac{1576}{5.6}\right)\Omega/\text{km}$$
$$= (0.15 + j1.03)\,\Omega/\text{km}$$

于是可得

$$z'_{(0)} = z_{(0)} + z_{\text{I-II}(0)} = (0.36 + j1.52 + 0.15 + j1.03)\,\Omega/\text{km} = (0.51 + j2.55)\,\Omega/\text{km}$$

3）求计及架空地线及另一回线路影响后每一线路的零序阻抗 $z'^{(g)}_{(0)}$。

由手册可查得 GJ-70 在各种工作电流时的参数，现取

$$r_g = 2.29\,\Omega/\text{km}, \quad D_{sg} = 5.52\times10^{-3}\,\text{m}$$

两根架空地线的自几何均距

$$D'_{sg} = \sqrt{D_{sg}d_{g_1g_2}} = \sqrt{5.52\times10^{-3}\times4}\,\text{m} = 1.49\times10^{-1}\,\text{m}$$

架空地线的零序自阻抗

$$z_{g0} = 3\times\left(\frac{1}{2}r_g + r_e + j0.1445\lg\frac{D_e}{D'_{sg}}\right)$$
$$= 3\times\left(\frac{1}{2}\times2.29 + 0.05 + j0.1445\lg\frac{1576}{1.49\times10^{-1}}\right)\Omega/\text{km}$$
$$= (3.6 + j1.75)\,\Omega/\text{km}$$

架空地线与线路间的互几何均距

$$D'_{\text{L-g}} = \sqrt[6]{D_{a_1g_1}D_{b_1g_1}D_{c_1g_1}D_{a_1g_2}D_{b_1g_2}D_{c_1g_2}}$$
$$= \sqrt[6]{4.25\times7.05\times10\times6.76\times8.52\times10.87}\,\text{m} = 7.57\,\text{m}$$

架空地线与线路间的零序互阻抗

$$z_{gm0} = 3\left(r_e + j0.1445\lg\frac{D_e}{D'_{\text{L-g}}}\right) = 3\times\left(0.05 + j0.1445\lg\frac{1576}{7.57}\right)\Omega/\text{km}$$
$$= (0.15 + j1.01)\,\Omega/\text{km}$$

于是可得

$$z'^{(g)}_{(0)} = z'_0 - 2\frac{z^2_{gm0}}{z_{g0}} = \left[0.51 + j2.55 - 2\times\frac{(0.15 + j1.01)^2}{3.6 + j1.75}\right]\Omega/\text{km}$$
$$= (0.89 + j2.19)\,\Omega/\text{km}$$

12.5 架空输电线路的零序电纳

12.5.1 无架空地线时输电线路的零序电纳

输电线路零序电容的计算原理和方法与计算正序电容的相似，也是用镜像法来处理大地的影响。当三相导线分别带有电荷 $+q_{a(0)}$，$+q_{b(0)}$，$+q_{c(0)}$ 时，三相导线的镜像导线上就分别存在电荷 $-q_{a(0)}$、$-q_{b(0)}$、$-q_{c(0)}$，这样就构成了六导体系统。对整循环换位的三个线段分别计算导线 a 的对地电压，然后取其平均值，可得

$$u_{a(0)} = \frac{1}{3}\times\frac{1}{2\pi\varepsilon_0}\left(q_{a(0)}\ln\frac{H_1H_2H_3}{r^3} + q_{b(0)}\ln\frac{H_{12}H_{23}H_{31}}{D_{12}D_{23}D_{31}} + q_{c(0)}\ln\frac{H_{12}H_{23}H_{31}}{D_{12}D_{23}D_{31}}\right)$$

假定在整个换位循环的各段中有 $q_{a(0)} = q_{b(0)} = q_{c(0)}$，则有

$$u_{a(0)} = \frac{3q_{a(0)}}{2\pi\varepsilon_0}\ln\sqrt[9]{\frac{H_1 H_2 H_3 (H_{12} H_{23} H_{31})^2}{r^3 (D_{12} D_{23} D_{31})^2}} = \frac{3q_{a(0)}}{2\pi\varepsilon_0}\ln\frac{D_m}{r_{eqT}} \qquad (12\text{-}45)$$

式中，$D_m = \sqrt[9]{H_1 H_2 H_3 (H_{12} H_{23} H_{31})^2}$ 为三相导线与它们的
镜像之间的互几何均距；$r_{eqT} = \sqrt[9]{r^3 (D_{12} D_{23} D_{31})^2} = \sqrt[3]{r D_{eq}^2}$
为三相导线的等效半径。

r_{eqT} 的算式与计算分裂导线正序电容时的公式相
似。因为各相的零序电压大小和相位都相等，可以
把三相线路看成是具有等效半径为 r_{eqT} 的三分裂导线、
带有总电荷 $+3q_{a(0)}$、距离地面高度为 $\frac{1}{2}D_m$ 的单相输电
线路（见图 12-24）。由图 12-24 也可以得到采用
式（12-45）的结果。

求得 $u_{a(0)}$ 之后，便可求得输电线路的一相等效电容

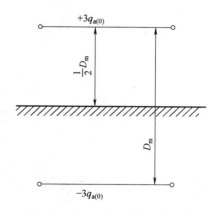

图 12-24　输电线路零序电容计算图

$$C_{(0)} = \frac{q_{a(0)}}{v_{a(0)}} = \frac{2\pi\varepsilon_0}{3\ln\dfrac{D_m}{r_{eqT}}} = \frac{0.02412}{3\lg\dfrac{D_m}{r_{eqT}}}\times 10^{-6}\text{F/km} \qquad (12\text{-}46)$$

当 $f_N = 50\text{Hz}$ 时，一相等效零序电纳

$$b_{(0)} = 2\pi f_N C_{(0)} = \frac{7.58}{3\lg\dfrac{D_m}{r_{eqT}}}\times 10^{-6}\text{S/km} \qquad (12\text{-}47)$$

12.5.2　架空地线对输电线路零序电纳的影响

当存在架空地线时，其影响可以用架空地线及其镜像来考虑。图 12-25 所示为具有一根
架空地线的情况。如前所述，为计算输电线路的零序电压，可以把整循环换位的三相输电线
路看成是具有等效半径 r_{eqT}、带有电荷 $+3q_{a(0)}$ 的单导线的单相线路。同样，把架空地线看成
是带有电荷 $+3q_{g0} = q_g$ 的单导线。这样，我们便可以建立图 12-26 所示的计算模型。应用第 2
章相关知识可以求得

$$v_{a(0)} = \frac{3}{2\pi\varepsilon_0}\left(q_{a(0)}\ln\frac{D_m}{r_{eqT}} + q_{g0}\ln\frac{H_{L-g}}{D_{eqg}}\right) \qquad (12\text{-}48)$$

架空地线的电位为零，即

$$v_{g(0)} = \frac{3}{2\pi\varepsilon_0}\left[q_{g0}\ln\frac{D_m}{r_{eqg}} + q_{a(0)}\ln\frac{H_{L-g}}{D_{eqg}}\right] = 0 \qquad (12\text{-}49)$$

上两式中，$D_{eqg} = \sqrt[3]{D_{ag} D_{bg} D_{cg}}$ 为三相导线与地线间的互几何均距；$H_{L-g} = \sqrt[3]{H_{ag} H_{bg} H_{cg}}$ 为三相导
线与架空地线镜像间的互几何均距；r_{eqg} 为架空地线的等效半径，对于单根架空地线，它等
于地线的计算半径。由式（12-49）解出

$$q_{g0} = -\frac{q_{a(0)}\ln(H_{L-g}/D_{eqg})}{\ln(D_{mg}/r_{eqg})}$$

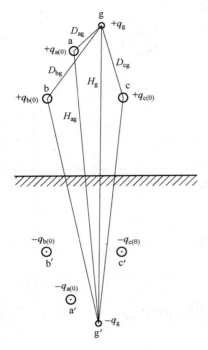

图 12-25 导线、地线及其
镜像间的相对位置

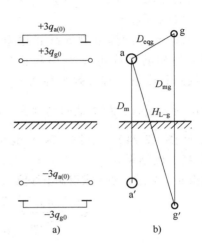

图 12-26 具有架空地线的
输电线路零序电容计算图

将其代入式（12-48），得

$$v_{a(0)} = \frac{3q_{a(0)}}{2\pi\varepsilon_0}\left\{\ln\frac{D_m}{r_{eqT}} - \frac{\left[\ln(H_{L\text{-}g}/D_{eqg})\right]^2}{\ln(D_{mg}/r_{eqg})}\right\} \tag{12-50}$$

于是可以得到具有一根架空地线的输电线路一相等效零序电容

$$C_{(0)}^{(g)} = \frac{q_{a(0)}}{v_{a(0)}} = \frac{2\pi\varepsilon_0}{3\left\{\ln\dfrac{D_m}{r_{eqT}} - \dfrac{\left[\ln(H_{L\text{-}g}/D_{eqg})\right]^2}{\ln(D_{mg}/r_{eqg})}\right\}} = \frac{0.02412}{3\left\{\lg\dfrac{D_m}{r_{eqT}} - \dfrac{\left[\lg(H_{L\text{-}g}/D_{eqg})\right]^2}{\lg(D_{mg}/r_{eqg})}\right\}} \text{F/km} \tag{12-51}$$

当 $f_N = 50\text{Hz}$ 时，一相零序电纳

$$b_{(0)}^{(g)} = 2\pi f_N C_{(0)}^{(g)} = \frac{7.58\times10^{-6}}{3\left\{\lg\dfrac{D_m}{r_{eqT}} - \dfrac{\left[\ln(H_{L\text{-}g}/D_{eqg})\right]^2}{\ln(D_{mg}/r_{eqg})}\right\}} \text{S/km} \tag{12-52}$$

比较式（12-46）和式（12-51）可知，架空地线使零序电容增大。这是因为与大地相连接的架空地线比大地更接近导线，因而使输电线对地电容增大。应该指出，地线对零序电容的影响与地线对零序电抗的影响不同，它仅取决于地线的计算直径及地线与导线间的相对位置，与地线所用的材料无关。

对于具有两根架空地线的单回线路、平行架设的双回线路以及具有分裂导线的线路等输电线路的零序等效电容（或电纳）计算，其原理和计算过程与上述相同，都是利用镜像法为基础来导出算式。也可以直接套用式（12-46）和式（12-51），只是式中的等效半径和各个几何均距要根据具体情况来计算。

例 12-3 　有一具有两根架空地线的单回输电线路，导线采用 LGJ-120，架空地线采用 GJ-50，导线、地线以及它们的镜像之间的相对位置如图 12-27 所示，几何尺寸如下：

$D_{ab} = D_{bc} = 4\text{m}$；$H_1 = 20\text{m}$，$H_{12} = 20.4\text{m}$，

$H_{13} = 21.6\text{m}$；$D_{ag} = 4.37\text{m}$，$D_{bg} = 4.75\text{m}$，

$D_{cg} = 7.44\text{m}$；$d_{g12} = 5\text{m}$，$H_{ag'} = 24.1\text{m}$，

$H_{bg'} = 24.2\text{m}$；$H_{cg'} = 24.6\text{m}$，

$H_{g1} = 28\text{m}$；$H_{g12} = 28.4\text{m}$，

试计算这一线路的零序等效电纳。

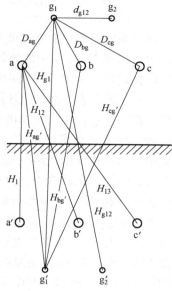

解：由手册查得 LGJ-120 的计算半径 $r = 7.6\text{mm}$；GJ-50 的计算直径 $d_g = 8.9\text{mm}$。于是三相导线间的互几何均距

$$D_{eg} = 1.26 D_{ab} = 1.26 \times 4\text{m} = 5.04\text{m}$$

三相导线组的等效半径

$$r_{eqT} = \sqrt[3]{r D_{eg}^2} = \sqrt[3]{7.6 \times 10^{-3} \times 5.04^2}\,\text{m} = 0.58\text{m}$$

三相导线与它们的镜像间的互几何均距

$$D_m = \sqrt[9]{H_1^3 H_{12}^2 H_{23}^2 H_{31}^2}$$
$$= \sqrt[9]{20^3 \times 20.4^2 \times 20.4^2 \times 21.6^2}\,\text{m} = 20.5\text{m}$$

图 12-27　具有架空地线的输电
线路及其镜像间的相对位置

架空地线的等效半径

$$r_{eqg} = \sqrt{\frac{1}{2} d_g d_{g12}} = \sqrt{\frac{1}{2} \times 8.9 \times 10^{-3} \times 5}\,\text{m} = 0.15\text{m}$$

三相导线与架空地线间的互几何均距

$$D_{eqg} = \sqrt[6]{D_{ag1} D_{bg1} D_{cg1} D_{ag2} D_{bg2} D_{cg2}} = \sqrt[6]{4.37^2 \times 4.75^2 \times 7.44^2}\,\text{m} = 5.37\text{m}$$

三相导线与架空地线镜像间的互几何均距为

$$H_{L-g} = \sqrt[6]{H_{ag'1} H_{bg'1} H_{cg'1} H_{ag'2} H_{bg'2} H_{cg'2}} = \sqrt[6]{24.1^2 \times 24.2^2 \times 24.6^2}\,\text{m} = 24.3\text{m}$$

架空地线与其镜像间的互几何均距为

$$D_{Mg} = \sqrt[4]{H_{g1}^2 H_{g12}^2} = \sqrt[4]{28^2 \times 28.4^2}\,\text{m} = 28.2\text{m}$$

应用式（12-52）可以求得一相的等值本序电纳为

$$b_{(0)}^{(g)} = \frac{7.58}{3\left\{ \lg \dfrac{D_m}{r_{eqT}} - \dfrac{[\lg(H_{L-g}/D_{dqg})]^2}{\lg(D_{mg}/r_{eqg})} \right\}} \times 10^{-6}$$

$$= \frac{7.58}{3\left\{ \lg \dfrac{20.5}{0.58} - \dfrac{[\lg(24.3/5.37)]^2}{\lg(28.2/0.15)} \right\}} \times 10^{-6}\,\text{S/km} = 1.86 \times 10^{-6}\,\text{S/km}$$

当不计地线的作用时，有

$$b_{(0)} = \frac{7.58}{3\lg \dfrac{D_m}{r_{eqT}}} \times 10^{-6} = \frac{7.58}{3\lg \dfrac{20.5}{0.58}} \times 10^{-6}\,\text{S/km} = 1.63 \times 10^{-6}\,\text{S/km}$$

12.6 综合负荷的序阻抗

电力系统负荷主要是工业负荷。大多数工业负荷是异步电动机。由电机学可知，异步电动机可以用图 12-28 所示的等效电路来表示（图中略去了励磁支路的电阻）。异步电动机的正序阻抗就是图示中机端呈现的阻抗。可以看到，它与电动机的转差 s 有关。在正常运行时，电动机的转差与机端电压及电动机的受载系数（即机械转矩与电动机额定转矩之比）有关。在短路过程中，电动机端电压下降，将使转差增大。要准确计算电动机的正序阻抗较为困难，因为电动机的转差与它的端电压有关，而端电压是随待求的短路电流的变化而变化的。

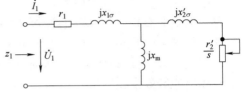

图 12-28 电动机正序阻抗的等效电路

在短路的实际计算中，对于不同的计算任务制作正序等效网络时，对综合负荷有不同的处理方法。在计算起始次暂态电流时，综合负荷或者略去不计，或者表示为有次暂态电势和次暂态电抗的电势源支路，视负荷节点离短路点电气距离的远近而定。在应用计算曲线来确定任意指定时刻的短路周期电流时，由于曲线制作条件已计入负荷的影响，因此，等效网络中的负荷都被略去。

在上述两种情况以外的短路计算中，综合负荷的正序参数常用恒定阻抗表示，即

$$z_{\mathrm{LD}} = \frac{U_{\mathrm{LD}}^2}{S_{\mathrm{LD}}} (\cos\varphi + \mathrm{j}\sin\varphi)$$

式中，S_{LD} 和 U_{LD} 分别为综合负荷的视在功率和负荷节点的电压。假定短路前综合负荷处于额定运行状态且 $\cos\varphi = 0.8$，则以额定值为基准的标幺阻抗为

$$z_{\mathrm{LD}} = 0.8 + \mathrm{j}0.6$$

为避免复数运算，又可用等效的纯电抗来代表综合负荷，其值为

$$z_{\mathrm{LD}} = \mathrm{j}1.2 \tag{12-53}$$

分析计算表明，综合负荷分别用这两种阻抗值代表时，所得的计算结果极为接近。

异步电动机是旋转元件，其负序阻抗不等于正序阻抗。当电动机端施加基频负序电压时，流入定子绕组的负序电流将在气隙中产生一个与转子转向相反的旋转磁场，它对电动机产生制动性的转矩。若转子相对于正序旋转磁场的转差为 s，则转子相对于负序旋转磁场的转差为 $2-s$。将 $2-s$ 代替图 12-28 中的 s，便可得到图 12-29 所示的确定异步电动机负序阻抗的等效电路。可以看到，异步电动机的负序阻抗也是转差的函数。

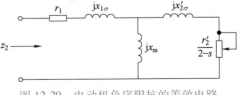

图 12-29 电动机负序阻抗的等效电路

当系统发生不对称短路时，作用于电动机端的电压可能包含正、负、零序分量。此时，正序电压低于正常值，使电动机的驱动转矩减小，而负序电流又产生制动转矩，从而使电动机转速下降，转差增大。当异步电动机的转差在 $0 \sim 1$ 之间（即同步转速到停转之间）变化时，由等效电路（见图 12-29）可见，转子的等效电阻将在 $r_2'/2 \sim r_2'$ 之间变化。但是，从电动机端看进去的等效阻抗却变化不太大。为了简化计算，实用上常略去电阻，并取 $s=1$ 时，即以转子静止（或启动初瞬间）状态的阻抗模值作为电动机的负序电抗，其标幺值由式（11-18）确定，也就是认为异步电动机的负序

电抗同次暂态电抗相等。计及降压变压器及馈电线路的电抗，则以异步电动机为主要成分的综合负荷的负序电抗可取为

$$x_{(2)} = 0.35 \tag{12-54}$$

它是以综合负荷的视在功率和负荷接入点的平均额定电压为基准的标幺值。

因为异步电动机及多数负荷常常接成三角形，或者接成不接地的星形，零序电流不能流通，故不需要建立零序等效电路。

12.7 电力系统各序网络的制定

如前所述，应用对称分量法分析计算不对称故障时，首先必须作出电力系统的各序网络。为此，应根据电力系统的接线图、中性点接地情况等原始资料，在故障点分别施加各序电势，从故障点开始，逐步查明各序电流流通的情况。凡是某一序电流能流通的元件，都必须包括在该序网络中，并用相应的序参数和等效电路表示。根据上述原则，我们结合图 12-30 来说明各序网络的制定。

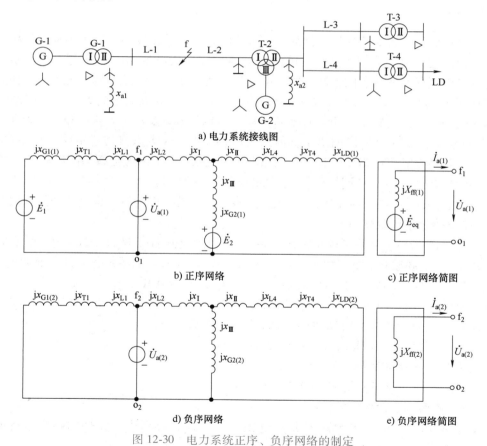

图 12-30　电力系统正序、负序网络的制定

12.7.1 正序网络

正序网络就是通常计算对称短路时所用的等效网络。除中性点接地阻抗、空载线

路（不计导纳）以及空载变压器（不计励磁电流）外，电力系统各元件均应包括在正序网络中，并且用相应的正序参数和等效电路表示。例如，图 12-30b 所示的正序网络就不包括空载的线路 L-3 和变压器 T-3。所有同步发电机和调相机，以及个别的必须用等效电源支路表示的综合负荷都是正序网络中的电源。此外，还需在短路点引入代替故障条件的不对称电势源中的正序分量。正序网络中的短路点用 f_1 表示，零电位点用 o_1 表示。从 $f_1 o_1$ 即故障端口看正序网络，它是一个有源网络，可以用戴维南定理简化成图 12-30c 所示的形式。

12.7.2　负序网络

负序电流能流通的元件与正序电流的相同，但所有电源的负序电势为零。因此，把正序网络中各元件的参数都用负序参数代替，并令电源电势等于零，而在短路点引入代替故障条件的不对称电势源中的负序分量，便得到负序网络，如图 12-30d 所示。负序网络中的短路点用 f_2 表示，零电位点用 o_2 表示。从 $f_2 o_2$ 端口看进去，负序网络是一个无源网络。经化简后的负序网络如图 12-30e 所示。

12.7.3　零序网络

在短路点施加代表故障边界条件的零序电势时，由于三相零序电流大小及相位相同，因此它们必须经过大地（或架空地线、电缆包皮等）才能构成通路，而且电流的流通与变压器中性点接地情况及变压器的接法有密切的关系。为了更清楚地看到零序电流流通的情况，图 12-31a 所示为电力系统三线接线图，图中箭头表示零序电流流通的方向。相应的零序网络也画在同一图上。比较正（负）序和零序网络可以看到，虽然线路 L-4 和变压器 T-4 以及负荷 LD 均包括在正（负）序网络中，但因变压器 T-4 中性点未接地，不能流通零序电流，所以它们不包括在零序网络中。相反，线路 L-3 和变压器 T-3 因为空载不能流通正（负）序电流而不包括在正（负）序网络中，但因变压器 T-3 中性点接地，故 L-3 和 T-3 能流通零序电流，所以它们应包括在零序网络中。从故障端口 $f_0 o_0$ 看零序网络，也是一个无源网络。简化后的零序网络如图 12-31c 所示。

例 12-4　图 12-32a 所示的输电系统，在 f 点发生接地短路，试绘出各序网络，并计算电源的等效电势 E_{eq} 和短路点的各序输入电抗 $X_{ff(1)}$、$X_{ff(2)}$ 和 $X_{ff(0)}$。系统各元件参数如下：

发电机：$S_N = 120 MVA$，$U_N = 10.5 kV$，$E_1 = 1.67$，$x_{(1)} = 0.9$，$x_{(2)} = 0.45$

变压器 T-1：$S_N = 60 MVA$，$U_s\% = 10.5$，$k_{T1} = 10.5/115$

变压器 T-2：$S_N = 60 MVA$，$U_s\% = 10.5$，$k_{T2} = 115/6.3$

线路 L 每回路：$l = 105 km$，$x_{(1)} = 0.4$，$x_{(0)} = 3 x_{(1)}$

负荷 LD-1：$S_N = 60 MVA$，$x_{(1)} = 1.2$，$x_{(2)} = 0.35$

负荷 LD-2：$S_N = 40 MVA$，$x_{(1)} = 1.2$，$x_{(2)} = 0.35$

解：1）参数标幺值的计算。

选取基准功率，$S_B = 120 MVA$ 和基准电压，$U_B = U_{av}$，计算出各元件的各序电抗的标幺值（计算过程从略）。计算结果标于各序网络图中。

2）制定各序网络。

正序和负序网络，包含了图中所有元件（见图 12-32b 和 c）。因零序电流仅在线路 L 和变压器 T-1 中流通，所以零序网络只包含这两个元件（见图 12-32d）。

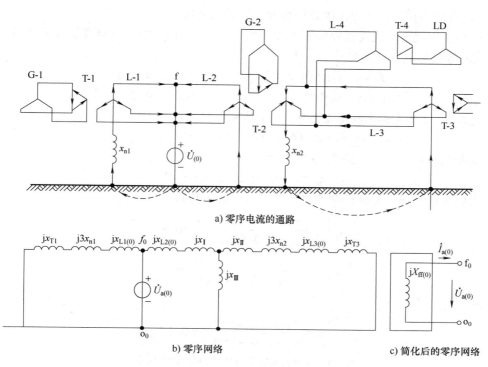

a) 零序电流的通路

b) 零序网络

c) 简化后的零序网络

图 12-31　电力系统零序网络的制定

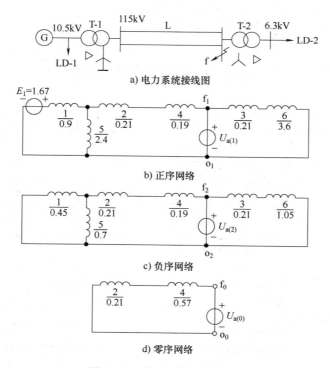

a) 电力系统接线图

b) 正序网络

c) 负序网络

d) 零序网络

图 12-32　输电系统及其序网

3）进行网络化简，求正序等效电势和各序输入电抗。

正序和负序网络的化简过程如图 12-33 所示。对于正序网络，先将支路 1 和 5 并联得支路 7，它的电势和电抗分别为

$$E_7 = \frac{E_1 x_5}{x_1 + x_5} = \frac{1.67 \times 2.4}{0.9 + 2.4} = 1.22, \quad x_7 = \frac{x_1 x_5}{x_1 + x_5} = \frac{0.9 \times 2.4}{0.9 + 2.4} = 0.66$$

将支路 7、2 和 4 相串联得支路 9，其电抗和电势分别为

$$x_9 = x_7 + x_2 + x_4 = 0.66 + 0.21 + 0.19 = 1.06, \quad E_9 = E_7 = 1.22$$

将支路 3 和支路 6 串联得支路 8，其电抗为

$$x_8 = x_3 + x_6 = 0.21 + 3.6 = 3.81$$

将支路 8 和支路 9 并联得等效电势和输入电抗分别为

$$E_{eq} = \frac{E_9 x_8}{x_9 + x_8} = \frac{1.22 \times 3.81}{1.06 + 3.81} = 0.95$$

$$x_{ff(1)} = \frac{x_8 x_9}{x_8 + x_9} = \frac{3.81 \times 1.06}{3.81 + 1.06} = 0.83$$

对于负序网络，有

$$x_7 = \frac{x_1 x_5}{x_1 + x_5} = \frac{0.45 \times 0.7}{0.45 + 0.7} = 0.27$$

$$x_9 = x_7 + x_2 + x_4 = 0.27 + 0.21 + 0.19 = 0.67$$

$$x_8 = x_3 + x_6 = 0.21 + 1.05 = 1.26$$

$$x_{ff(2)} = \frac{x_8 x_9}{x_8 + x_9} = \frac{1.26 \times 0.67}{1.26 + 0.67} = 0.44$$

对于零序网络，有

$$x_{ff(0)} = x_2 + x_4 = 0.21 + 0.57 = 0.78$$

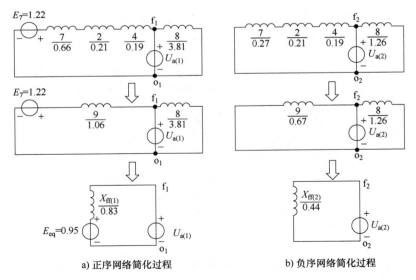

a) 正序网络简化过程　　　　　b) 负序网络简化过程

图 12-33　正序和负序网络的化简过程

12.8 小结

对称分量法是分析电力系统不对称故障的有效方法。在三相参数对称的线性电路中，各序对称分量具有独立性。

电力系统各元件零序和负序电抗的计算是本章的重点。某元件的各序电抗是否相同，关键在于该元件通以不同序的电流时所产生的磁通将遇到什么样的磁阻，各相之间将产生怎样的互感影响。各相磁路独立的三相静止元件的各序电抗相等，静止元件的正序电抗和负序电抗相等。由于相间互感的助增作用，架空输电线的零序电抗要大于正序电抗，架空地线的存在又使输电线的零序电抗有所减小。

变压器的各序漏抗相等，变压器的零序励磁电抗则同其铁心结构有关。旋转电机的各序电抗互不相等。

制定序网时，某序网络应包含该序电流通过的所有元件，负序网络的结构与正序网络相同，但为无源网络。

三相零序电流同大小同相位，必须经过大地（或架空地线、电缆包皮等）形成通路。制定零序网络时，应从故障点开始，仔细查明零序电流的流通情况。变压器的零序等效电路只能在 YN 侧与系统的零序网络联接，d 侧和 Y 侧都同系统断开，d 侧还需自行短接。在一相零序网络中，中性点接地阻抗需以其三倍值表示。零序网络也是无源网络。

12.9 复习题

12-1 发生不对称短路时，发电机定转子绕组会产生哪些谐波？

12-2 发电机负序阻抗怎么确定？它同短路类型有什么关系？

12-3 变压器零序励磁阻抗与变压器的铁心结构有何关系？

12-4 变压器零序等效电路及其与外电路的连接与变压器接线方式有什么关系？

12-5 中性点经阻抗接地的自耦变压器的零序等效电路应如何处理？

12-6 怎样制定电力系统的负序和零序等效网络？它们各有什么特点？

12-7 110kV 架空输电线路长为 80km，无架空地线，导线型号为 LGJ-120，计算半径 $r = 7.6$mm，三相水平排列，相间距离为 4m，导线离地面 10m，虚拟导线等效深度为 1000m，求输电线路的零序等效电路及参数。

12-8 系统接线如图 12-34 所示，已知各元件参数如下。发电机 G：$S_N = 30$MVA，$x''_d = x_{(2)} = 0.2$；变压器 T-1：$S_N = 30$MVA，$U_S = 10.5\%$，中性点接地阻抗 $z_n = j10\Omega$；线路 L：$l = 60$km，$x_{(1)} = 4\Omega/$km，$x_{(0)} = 3x_{(1)}$；变压器 T-2：$S_N = 30$MVA，$U_S = 10.5\%$；负荷：$S_{LD} = 25$MVA。试计算各元件电抗的标幺值，并作出各序网络。

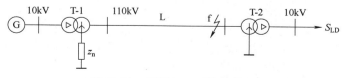

图 12-34 习题 12-8 系统接线图

12-9 在如图 12-35 所示网络中，已知各元件参数如下。线路：$l = 150\text{km}$，$x_{(1)} = 0.4\Omega/\text{km}$，$x_{(0)} = 3x_{(1)}$；变压器：$S_\text{N} = 90\text{MVA}$，$U_{\text{S}(1-2)} = 8\%$，$U_{\text{S}(2-3)} = 18\%$，$U_{\text{S}(1-3)} = 23\%$，中性点接地阻抗 $z_\text{n} = \text{j}30\Omega$。线路中点发生接地短路，试作出零序网络并计算出参数值。

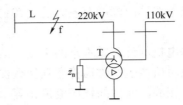

图 12-35 习题 12-9 系统网络图

12-10 电力系统接线如图 12-36 所示，f_1 点发生接地短路，试作出系统的正序、负序及零序等效网络图。图中 1~17 为元件编号。

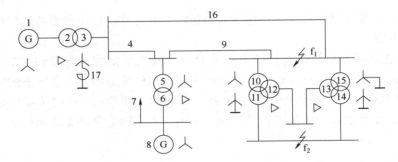

图 12-36 习题 12-10 电力系统接线图

12-11 在如图 12-36 所示的电力系统中，若接地短路发生在 f_2 点，试作系统的零序网络。

12-12 在如图 12-37 所示的电力系统网络中，输电线平行共杆塔架设，若在一回线路中段发生接地短路，试作出断路器 B 闭合和断开两种情况下的零序等效网络。

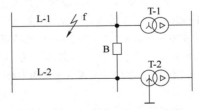

图 12-37 习题 12-12 电力系统网络

第 13 章　电力系统不对称故障的分析和计算

简单故障是指电力系统的某处发生一种故障的情况。简单不对称故障包括单相接地短路、两相短路、两相短路接地、单相断开和两相断开等。本章的主要内容包括简单不对称故障的分析计算方法，出现不对称故障时电流和电压在网络中的分布计算和基于节点阻抗矩阵的复杂系统不对称故障计算方法等。

13.1　简单不对称短路的分析

应用对称分量法分析各种简单不对称短路时，都可以写出各序网络故障点的电压方程式（12-13）。当网络的各元件都只用电抗表示时，上述方程可以写成

$$
\begin{cases}
\dot{E}_{eq} - jX_{ff(1)}\dot{I}_{fa(1)} = \dot{U}_{fa(1)} \\
-jX_{ff(2)}\dot{I}_{fa(2)} = \dot{U}_{fa(2)} \\
-jX_{ff(0)}\dot{I}_{fa(0)} = \dot{U}_{fa(0)}
\end{cases}
\tag{13-1}
$$

式中，$\dot{E}_{eq} = \dot{U}_f^{(0)}$，即短路发生前故障点的电压。这三个方程式包含了 6 个未知量，因此，只有根据不对称短路的具体边界条件写出另外三个方程式才能求解。

下面将对各种简单不对称短路逐个地进行分析。

13.1.1　单相（a 相）接地短路

单相接地短路时，故障处的三个边界条件（见图 13-1）为

$$
\dot{U}_{fa} = 0, \quad \dot{I}_{fb} = 0, \quad \dot{I}_{fc} = 0
$$

用对称分量表示为

$$
\dot{U}_{fa(1)} + \dot{U}_{fa(2)}\dot{U}_{fa(0)} = 0, \quad a^2\dot{I}_{fa(1)} + a\dot{I}_{fa(2)}\dot{I}_{fa(0)} = 0,
$$
$$
a\dot{I}_{fa(1)} + a^2\dot{I}_{fa(2)}\dot{I}_{fa(0)} = 0
$$

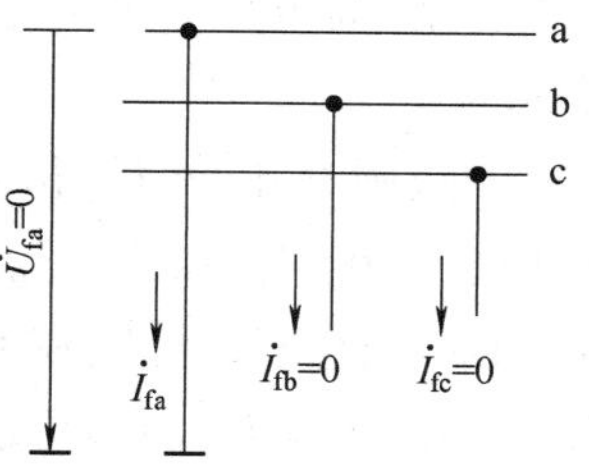

经过整理后便得到用序量表示的边界条件为

$$
\begin{cases}
\dot{U}_{fa(1)} + \dot{U}_{fa(2)} + \dot{U}_{fa(0)} = 0 \\
\dot{I}_{fa(1)} = \dot{I}_{fa(2)} = \dot{I}_{fa(0)}
\end{cases}
\tag{13-2}
$$

图 13-1　单相接地短路

联立求解方程组（13-1）及（13-2）可得

$$
\dot{I}_{fa(1)} = \frac{\dot{U}_f^{(0)}}{j(X_{ff(1)} + X_{ff(2)} + X_{ff(0)})}
\tag{13-3}
$$

式（13-3）是单相短路计算的关键公式。短路电流的正序分量一经算出，根据边界条件式（13-2）和方程组（13-1）即能确定短路点电流和电压的各序分量如下。

$$\begin{cases} \dot{I}_{fa(2)} = \dot{I}_{fa(0)} = \dot{I}_{fa(1)} \\ \dot{U}_{fa(1)} = \dot{U}_f^{(0)} - jX_{ff(1)}\dot{I}_{fa(1)} = j(X_{ff(1)} + X_{ff(0)})\dot{I}_{fa(1)} \\ \dot{U}_{fa(2)} = -jX_{ff(2)}\dot{I}_{fa(1)} \\ \dot{U}_{fa(0)} = -jX_{ff(0)}\dot{I}_{fa(1)} \end{cases} \tag{13-4}$$

电压和电流的各序分量也可以直接应用复合序网来求得。根据故障处各序量之间的关系，将各序网络在故障端口联接起来所构成的网络称为复合序网。与单相短路的边界条件式（13-2）相适应的复合序网如图 13-2 所示。用复合序网进行计算，可以得到与以上完全相同的结果。

利用对称分量的合成算式（12-6）可得短路点故障相电流为

$$\dot{I}_f^{(1)} = \dot{I}_{fa} = \dot{I}_{fa(1)} + \dot{I}_{fa(2)}\dot{I}_{fa(0)} = 3\dot{I}_{fa(1)} \tag{13-5}$$

或

$$\dot{I}_f^{(1)} = \frac{3\dot{U}_f^{(0)}}{j(X_{ff(1)} + X_{ff(2)} + X_{ff(0)})} \tag{13-6}$$

由上式可见，单相短路电流是短路点的各序输入电抗之和。$X_{ff(1)}$ 和 $X_{ff(2)}$ 的大小与短路点对电源的电气距离有关，$X_{ff(0)}$ 则与中性点接地方式有关。通常 $X_{ff(1)} \approx X_{ff(2)}$，当 $X_{ff(0)} < X_{ff(1)}$ 时，单相短路电流将大于同一点的三相短路电流。

短路点非故障相的对地电压为

$$\begin{cases} \dot{U}_{fb} = a^2\dot{U}_{fa(1)} + a\dot{U}_{fa(2)} + \dot{U}_{fa(0)} = j[(a^2-a)X_{ff(2)} + [(a^2-1)X_{ff(0)}]\dot{I}_{fa(1)} \\ \dot{U}_{fc} = a\dot{U}_{fa(1)} + a^2\dot{U}_{fa(2)} + \dot{U}_{fa(2)} = j[(a-a^2)X_{ff(2)} + [(a-1)X_{ff(0)}]\dot{I}_{fa(1)} \end{cases} \tag{13-7}$$

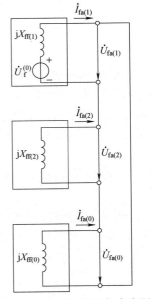

图 13-2　单相短路的复合序网

选取正序电流 $\dot{I}_{fa(1)}$ 作为参考相量，可以作出短路点的电流和电压相量图，如图 13-3 所示。图中 $\dot{I}_{fa(0)}$ 和 $\dot{I}_{fa(2)}$ 都与 $\dot{I}_{fa(1)}$ 方向相同、大小相等，$\dot{U}_{fa(1)}$ 比 $\dot{I}_{fa(1)}$ 超前 $90°$，而 $\dot{U}_{fa(2)}$ 和 $\dot{U}_{fa(0)}$ 都要比 $\dot{I}_{fa(1)}$ 落后 $90°$。

非故障相电压 $\dot{U}_{fb}$ 和 $\dot{U}_{fc}$ 的绝对值总是相等的，其相位差 θ_U 与比值 $X_{ff(0)}/X_{ff(2)}$ 有关。当 $X_{ff(0)} \to 0$ 时，相当于短路发生在直接接地的中性点附近，$\dot{U}_{fa(0)} \approx 0$，$\dot{U}_{fb}$ 与 $\dot{U}_{fc}$ 正好反相，即 $\theta_U = 180°$，电压的绝对值为 $\frac{\sqrt{3}}{2}U_f^{(0)}$。当 $X_{ff(0)} \to \infty$ 时，即为不接地系统，单相短路电流为零，非故障相电压上升为线电压，即 $\sqrt{3}U_f^{(0)}$，其夹角为 $60°$。只有 $X_{ff(0)} = X_{ff(2)}$ 时，非故障相电压即等于故障前正常电压，夹角为 $120°$。图 13-3 所示为 $X_{ff(0)} > X_{ff(2)}$ 的情况。

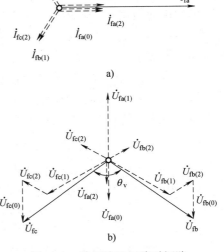

图 13-3　单相接地短路时短路处的电流和电压相量图

13.1.2 两相（b 相和 c 相）短路

两相短路时故障点的情况如图 13-4 所示。故障处的三个边界条件为
$$\dot{I}_{fa}=0, \quad \dot{I}_{fb}+\dot{I}_{fc}=0, \quad \dot{U}_{fb}=\dot{U}_{fc}$$
用对称分量表示为
$$\dot{I}_{fa(1)}+\dot{I}_{fa(2)}+\dot{I}_{fa(0)}=0$$
$$a^2\dot{I}_{fa(1)}+a\dot{I}_{fa(2)}+\dot{I}_{fa(0)}+a\dot{I}_{fa(1)}+a^2\dot{I}_{fa(2)}+\dot{I}_{fa(0)}=0$$
$$a^2\dot{U}_{fa(1)}+a\dot{U}_{fa(2)}+\dot{U}_{fa(0)}=a\dot{U}_{fa(1)}+a^2\dot{U}_{fa(2)}+\dot{U}_{fa(0)}$$
整理后可得

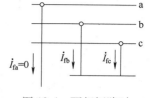

图 13-4　两相短路时
故障点的情况

$$\begin{cases} \dot{I}_{fb(0)}=0 \\ \dot{I}_{fa(1)}+\dot{I}_{fa(2)}=0 \\ \dot{U}_{fa(1)}=\dot{U}_{fa(2)} \end{cases} \tag{13-8}$$

根据这些条件，我们可用正序网络和负序网络组成两相短路的复合序网，如图 13-5 所示。因为零序电流等于零，所以复合序网中没有零序网络。

利用这个复合序网可以求出
$$\dot{I}_{fa(1)}=\frac{\dot{U}_f^{(0)}}{\mathrm{j}(X_{ff(1)}+X_{ff(2)})} \tag{13-9}$$
以及
$$\begin{cases} \dot{I}_{fb(2)}=-\dot{I}_{fa(1)} \\ \dot{U}_{fa(1)}=\dot{U}_{fa(2)}=-\mathrm{j}X_{ff(2)}\dot{I}_{fa(2)}=\mathrm{j}X_{ff(2)}\dot{I}_{fa(1)} \end{cases} \tag{13-10}$$
短路点故障相的电流为
$$\begin{cases} \dot{I}_{fb}=a^2\dot{I}_{fa(1)}+a\dot{I}_{fa(2)}+\dot{I}_{fa(0)}=(a^2-a)\dot{I}_{fa(1)}=-\mathrm{j}\sqrt{3}\,\dot{I}_{fa(1)} \\ \dot{I}_{fc}=-\dot{I}_{fb}=\mathrm{j}\sqrt{3}\,\dot{I}_{fa(1)} \end{cases}$$

$$\tag{13-11}$$

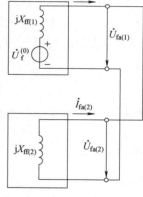

图 13-5　单相短路的复合序网

b、c 两相电流大小相等，方向相反。它们的绝对值为
$$I_f^{(2)}=I_{fb}=I_{fc}=\sqrt{3}\,I_{fa(1)} \tag{13-12}$$
短路点各相对地电压为
$$\begin{cases} \dot{U}_{fa}=\dot{U}_{fa(1)}+\dot{U}_{fa(2)}+\dot{U}_{fa(0)}=2\dot{U}_{fa(1)}=\mathrm{j}2X_{ff(2)}\dot{I}_{fa(1)} \\ \dot{U}_{fb}=a^2\dot{U}_{fa(1)}+a\dot{U}_{fa(2)}+\dot{U}_{fa(0)}=-\dot{U}_{fa(1)}=-\frac{1}{2}\dot{U}_{fa} \\ \dot{U}_{fc}=\dot{U}_{fb}=-\dot{U}_{fa(1)}=-\frac{1}{2}\dot{U}_{fa} \end{cases} \tag{13-13}$$

可见，两相短路电流为正序电流的 $\sqrt{3}$ 倍；短路点非故障相电压为正序电压的两倍，而故障相电压只有非故障相电压的一半而且方向相反。

两相短路时故障点的电流和电压相量图如图 13-6 所示。作图时，仍以正序电流 $\dot{I}_{fa(1)}$ 作为参考相量，负序电流与它方向相反。正序电压与负序电压相等，都比 $\dot{I}_{fa(1)}$ 超前 $90°$。

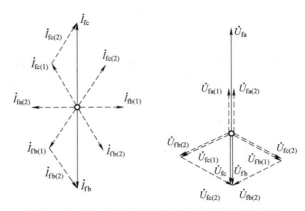

图 13-6　两相短路时故障点的电流和电压相量图

13.1.3　两相（b 相和 c 相）短路接地

两相短路接地时故障处的情况如图 13-7 所示。故障处的三个边界条件为

$$\dot{I}_{fa}=0, \quad \dot{U}_{fb}=0, \quad \dot{U}_{fc}=0$$

这些条件同单相短路的边界条件极为相似，只要把单相短路边界条件式中的电流换为电压，电压换为电流即可。

用序量表示的边界条件为

$$\begin{cases} \dot{I}_{fa(1)}+\dot{I}_{fa(2)}+\dot{I}_{fa(0)}=0 \\ \dot{U}_{fa(1)}=\dot{U}_{fa(2)}=\dot{U}_{fa(0)} \end{cases} \quad (13\text{-}14)$$

根据边界条件组成的两相短路接地的复合序网如图 13-8 所示。

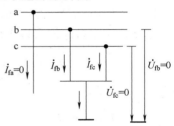

图 13-7　两相短路接地时
故障处的情况

由图可得

$$\dot{I}_{fa(1)}=\frac{\dot{U}_f^{(0)}}{j(X_{ff(1)}+X_{ff(2)}//X_{ff(0)})} \quad (13\text{-}15)$$

以及

$$\begin{cases} \dot{I}_{fa(2)}=-\dfrac{X_{ff(0)}}{X_{ff(2)}+X_{ff(0)}}\dot{I}_{fa(1)} \\[2mm] \dot{I}_{fa(0)}=\dfrac{X_{ff(2)}}{X_{ff(2)}+X_{ff(0)}}\dot{I}_{fa(1)} \\[2mm] \dot{U}_{fa(1)}=\dot{U}_{fa(2)}=\dot{U}_{fa(0)}=j\dfrac{X_{ff(2)}X_{ff(0)}}{X_{ff(2)}+X_{ff(0)}}\dot{I}_{fa(1)} \end{cases} \quad (13\text{-}16)$$

短路点故障相的电流为

$$\begin{cases} \dot{I}_{fb}=a^2\dot{I}_{fa(1)}+a\dot{I}_{fa(2)}+\dot{I}_{fa(0)}=\left(a^2-\dfrac{X_{ff(2)}+aX_{ff(0)}}{X_{ff(2)}+X_{ff(0)}}\right)\dot{I}_{fa(1)} \\[3mm] \dot{I}_{fc}=a\dot{I}_{fa(1)}+a^2\dot{I}_{fa(2)}+\dot{I}_{fa(0)}=\left(a-\dfrac{X_{ff(2)}+a^2X_{ff(0)}}{X_{ff(2)}+X_{ff(0)}}\right)\dot{I}_{fa(1)} \end{cases} \quad (13\text{-}17)$$

根据上式可以求得两相短路接地时故障相电流的绝对值为

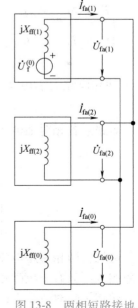

图 13-8　两相短路接地
的复合序网

$$I_f^{(1*1)} = I_{fb} = I_{fc} = \sqrt{3}\sqrt{1 - \frac{X_{ff(0)}X_{ff(2)}}{(X_{ff(0)}+X_{ff(2)})}}\, I_{fa(1)} \tag{13-18}$$

短路点非故障相电压为

$$\dot{U}_{fa} = 3\dot{U}_{fa(1)} = j\,\frac{3X_{ff(2)}X_{ff(0)}}{(X_{ff(2)}+X_{ff(0)})}\dot{I}_{fa(1)} \tag{13-19}$$

图 13-9 所示为两相短路接地时故障点的电流和电压相量图。作图时,仍以正序电流 $\dot{I}_{fa(1)}$ 作为参考相量, $\dot{I}_{fa(2)}$ 和 $\dot{I}_{fa(0)}$ 同 $\dot{I}_{fa(1)}$ 的方向相反。a 相三个序电压都相等,且比 $\dot{I}_{fa(1)}$ 超前 90°。

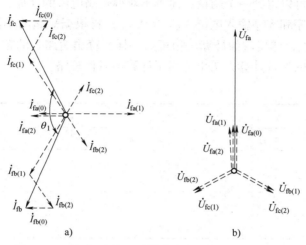

图 13-9　两相短路接地时故障点的电流和电压相量图

令

$$m^{(1*1)} = \sqrt{3}\sqrt{1 - \frac{X_{ff(0)}X_{ff(2)}}{(X_{ff(0)}+X_{ff(2)})^2}}$$

则
$$I_f^{(1*1)} = m^{(1*1)}I_{fa(\mathrm{II})}$$

$m^{(1*1)}$ 的数值与比值 $X_{ff(0)}/X_{ff(2)}$ 有关。当该比值为 0 或 ∞ 时, $m^{(1*1)}=\sqrt{3}$;当 $X_{ff(0)}=X_{ff(2)}$ 时, $m^{(1*1)}=1.5$。可见, $m^{(1*1)}$ 的变化范围有限。

$$1.5 \le m^{(1*1)} \le \sqrt{3}$$

两故障相电流相量之间的夹角也与比值 $X_{ff(0)}/X_{ff(2)}$ 有关。当 $X_{ff(0)}\to 0$ 时, $\dot{I}_{fb} = \sqrt{3}\dot{I}_{fa(1)}e^{-j150°}$, $\dot{I}_{fc} = \sqrt{3}\dot{I}_{fa(1)}e^{j150°}$,其夹角 $\theta_t = 60°$。当 $X_{ff(0)}\to\infty$ 时,即为两相短路, $\dot{I}_{fb}$ 与 $\dot{I}_{fc}$ 反相。

13.1.4　正序等效定则

以上所得的三种简单不对称短路时短路电流正序分量的算式(13-3)、式(13-9)和式(13-15)可以统一写成

$$\dot{I}_{fa(1)}^n = \frac{\dot{U}_f^{(0)}}{j(X_{ff(1)}+X_\Delta^{(n)})} \tag{13-20}$$

式中, $X_\Delta^{(n)}$ 表示附加电抗,其值随短路的型式不同而不同,上角标 (n) 是代表短路类型的符号。

式(13-20)表明了一个很重要的概念:在简单不对称短路的情况下,短路点电流的正

序分量与在短路点每一相中加入附加电抗 $X_{\Delta}^{(n)}$ 而发生三相短路时的电流相等。这个概念称为正序等效定则。

此外，从短路点故障相电流的算式（13-5）、式（13-12）和式（13-18）可以看出，短路电流的绝对值与它的正序分量的绝对值成正比，即

$$I_{f}^{n} = m^{(n)} I_{fa(1)}^{n} \tag{13-21}$$

式中，$m^{(n)}$ 为比例系数，其值视短路种类而异。

各种简单短路时的 $X_{\Delta}^{(n)}$ 和 $m^{(n)}$ 见表 13-1。

根据以上讨论，可以得到一个结论：简单不对称短路电流的计算，归根结底不外乎先求出系统对短路点的负序和零序输入电抗 $X_{ff(2)}$ 和 $X_{ff(0)}$，再根据短路的不同类型组成附加电抗 $X_{\Delta}^{(n)}$，将它接入短路点，然后就像计算三相短路一样，算出短路点的正序电流。所以，前面讲过的三相短路电流的各种计算方法也适用于计算不对称短路。

表 13-1　简单短路时的 $X_{\Delta}^{(n)}$ 和 $m^{(n)}$

短路类型 $f^{(n)}$	$X_{\Delta}^{(n)}$	$m^{(n)}$
三相短路 $f^{(3)}$	0	1
两相短路接地 $f^{(1*1)}$	$\dfrac{X_{ff(2)} X_{ff(0)}}{X_{ff(2)} + X_{ff(0)}}$	$\sqrt{3}\sqrt{1 - \dfrac{X_{ff(2)} X_{ff(0)}}{(X_{ff(2)} + X_{ff(0)})^2}}$
两相短路 $f^{(2)}$	$X_{ff(2)}$	$\sqrt{3}$
单相短路 $f^{(1)}$	$X_{ff(2)} + X_{ff(0)}$	3

例 13-1　对例 12-4 的输电系统，试计算 f 点发生各种不对称短路时的短路电流。

解：在例 12-4 的计算基础上，再算出各种不同类型短路时的附加电抗 $X_{\Delta}^{(n)}$ 和 $m^{(n)}$ 值，即能确定短路电流。

对于单相短路

$$X_{\Delta}^{(1)} = X_{ff(2)} + X_{ff(0)} = 0.44 + 0.78 = 1.22, \quad m^{(1)} = 3$$

115kV 侧的基准电流为

$$I_{B} = \frac{120}{\sqrt{3} \times 115} \text{kA} = 0.6 \text{kA}$$

因此，单相短路时

$$I_{fa(1)}^{(1)} = \frac{U_{f}^{(0)}}{X_{ff(1)} + X_{\Delta}^{(1)}} I_{B} = \frac{0.95}{0.83 + 1.22} \times 0.6 \text{kA} = 0.28 \text{kA}$$

$$I_{f}^{(1)} = m^{(1)} I_{fa(1)}^{(1)} = 3 \times 0.28 \text{kA} = 0.84 \text{kA}$$

对于两相短路

$$X_{\Delta}^{(2)} = X_{ff(2)} = 0.44, \quad m^{(2)} = \sqrt{3}$$

$$I_{fa(1)}^{(2)} = \frac{U_{f}^{(0)}}{X_{ff(1)} + X_{\Delta}^{(2)}} I_{B} = \frac{0.95}{0.83 + 0.44} \times 0.6 \text{kA} = 0.45 \text{kA}$$

$$I_{f}^{(2)} = m^{(2)} I_{fa(1)}^{(2)} = \sqrt{3} \times 0.45 \text{kA} = 0.78 \text{kA}$$

对于两相短路接地

$$X_{\Delta}^{(1*1)} = X_{ff(2)} // X_{ff(0)} = 0.44 // 0.78 = 0.28, \quad m^{(2)} = \sqrt{3}$$

$$m^{(1*1)} = \sqrt{3} \times \sqrt{1 - \left[X_{\mathrm{ff}(2)} X_{\mathrm{ff}(0)} / \left(X_{\mathrm{ff}(2)} + X_{\mathrm{ff}(0)} \right)^2 \right]}$$

$$= \sqrt{3} \times \sqrt{1 - \left[0.44 \times 0.78 / \left(0.44 + 0.78 \right)^2 \right]} = 1.52$$

$$I_{\mathrm{fa}(1)}^{(1*1)} = \frac{U_{\mathrm{f}}^{(0)}}{X_{\mathrm{ff}(1)} + X_{\Delta}^{(1*1)}} I_{\mathrm{B}} = \frac{0.95}{0.83 + 0.28} \times 0.6\mathrm{kA} = 0.51\mathrm{kA}$$

$$I_{\mathrm{f}}^{(1*1)} = m^{(1*1)} I_{\mathrm{fa}(1)}^{(1*1)} = 1.52 \times 0.51\mathrm{kA} = 0.78\mathrm{kA}$$

13.1.5　非故障处的电流和电压的计算

在电力系统的设计和运行工作中，除了要知道故障点的短路电流和电压以外，还要知道网络中某些支路的电流和某些节点的电压。为此，须先求出电流和电压的各序分量在网络中的分布。然后，将各对称分量合成以求得相电流和相电压。

对于比较简单的电力系统，可采用网络变换化简的方法进行短路计算，在算出短路点各序电流后，分别按照各个序网逆着简化的顺序，在网络还原过程中逐步算出各支路电流和有关各节点的电压。在负序和零序网络中利用电流分布系数计算电流分布也很方便。

为了说明各序电压的分布情况，画出了某一简单网络在发生各种不对称短路时各序电压的分布情况，如图 13-10 所示。电源点的正序电压最高，随着对短路点的接近，正序电压将逐渐降低，到短路点即等于短路处的正序电压。短路点的负序和零序电压最高。离短路点越远，节点的负序电压和零序电压就越低。电源点的负序电压为零。由于变压器是 YN，d 接法，零序电压在变压器三角形一侧的出线端已经降至零了。

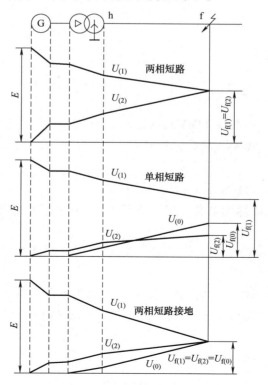

图 13-10　各种不对称短路时各序电压的分布情况

顺便指出，单相接地短路时，短路点的负序和零序电压与正序电压反相，图 13-10 中的电压是指其绝对值。

网络中各点电压的不对称程度主要由负序分量决定。负序分量越大，电压越不对称。比较图 13-10 中的各个图形可以看出，单相短路时电压的不对称程度要比其他类型的不对称短路时小些。不管发生何种不对称短路，短路点的电压最不对称，电压不对称程度将随着离短路点距离的增大而逐渐减弱。

上述求网络中各序电流和电压分布的方法，只有用于与短路点有直接电气联系的部分网络才可获得各序量间正确的相位关系。在由变压器联系的两段电路中，由于变压器绕组的联接方式，变压器一侧的各序电压和电流对另一侧可能有相位移动，并且正序分量与负序分量的相位移动也可能不同。计算时要加以注意。

例 13-2　在图 13-11a 的系统中，f 点两相短路接地，其参数如下：

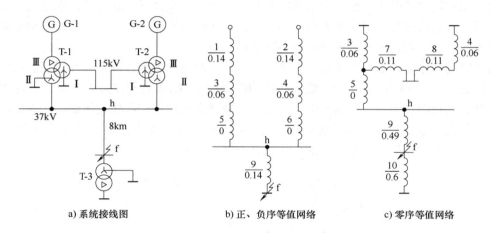

a) 系统接线图　　　b) 正、负序等值网络　　　c) 零序等值网络

图 13-11　例 13-2 的电力系统图及其等效网络

汽轮发电机 G-1、G-2：$S_{NG} = 60MVA$，$x''_d = x_{(2)} = 0.14$

变压器 T-1、T-2：$60MVA$，$U_{SI}\% = 11$，$U_{SII}\% = 0$，$U_{SIII}\% = 6$；T-3：$7.5MVA$，$U_S\% = 7.5$

8km 的线路：$x_{(1)} = 0.4\Omega/km$，$x_{(0)} = 3.5x_{(1)}$

试求 $t = 0s$ 时短路点故障相电流、变压器 T-1 接地中性线的电流和 37kV 母线 h 的各相电压。

解：1）选取 $S_B = 60MVA$，$U_B = U_{av}$，计算系统各元件的电抗标幺值。

2）制定系统的各序等效网络。

由于正序网络对于短路点对称，故变压器 T-1 和 T-2 在 115kV 侧的电抗不必画入网络中（见图 13-11b）。负序网络与正序的相同，只是电源电势为零。零序网络如图 13-11c 所示。

3）求各序输入电抗。

$$x_{ff(1)} = x_{ff(2)} = \frac{0.14 + 0.06}{2} + 0.14 = 0.24$$

在零序网络中将电抗 x_7、x_8 和 x_4 串联，得

$$x_{11} = 0.11 + 0.11 + 0.06 = 0.28$$

将电抗 x_{11} 和电抗 x_3 并联，得

$$x_{12} = x_{11}//x_3 = 0.28//0.06 = 0.05$$

将电抗 x_{12}、x_5 和 x_9 串联，得

$$x_{13} = 0.05 + 0.49 = 0.54$$

最后计算零序输入电抗，即

$$X_{ff(0)} = x_{10}//x_{13} = 0.6//0.54 = 0.28$$

4）计算两相短路接地时的 $X_\Delta^{(1*1)}$ 和 $m^{(1*1)}$。

$$X_\Delta^{(1*1)} = X_{ff(0)}//X_{ff(2)} = 0.28//0.24 = 0.13$$

$$m^{(1*1)} = \sqrt{3}\sqrt{1 - X_{ff(0)}X_{ff(2)}/(X_{ff(2)} + X_{ff(0)})}$$

$$= \sqrt{3}\sqrt{1 - 0.28 \times 0.24/(0.28 + 0.24)^2} = 1.50$$

5）计算 0s 时短路点的正序电流。

电源的电势可用次暂态电势，并取 $\dot{U}_f^{(0)} = \dot{E}'' = j1.0$，故

$$\dot{I}_{f(1)*} = \frac{\dot{U}_f^{(0)}}{j(X_{ff(1)} + X_\Delta^{(1*1)})} = \frac{j1.0}{j(0.24 + 0.13)} = 2.703$$

于是短路点故障相电流的有名值为

$$I_f^{(1*1)} = m^{(1*1)}I_{F(1)*}I_B = 1.50 \times 2.703 \times \frac{60}{\sqrt{3} \times 37}kA = 3.79kA$$

6）计算零序电流及其分布。

短路处的零序电流和负序电流分别为

$$\dot{I}_{f(0)*} = -\frac{X_{ff(2)}}{X_{ff(2)} + X_{ff(0)}}\dot{I}_{f(1)*} = -\frac{0.24}{0.24 + 0.28} \times 2.703 = -1.248$$

$$\dot{I}_{f(2)*} = -\frac{X_{ff(0)}}{X_{ff(2)} + X_{ff(0)}}\dot{I}_{f(1)*} = -\frac{0.24}{0.24 + 0.28} \times 2.703 = -1.455$$

通过线路流到变压器 T-1 绕组 II 的零序电流为

$$\dot{I}_{L(0)*} = -\frac{x_{10}}{x_{10} + x_{13}}\dot{I}_{f(0)*} = -\frac{0.6}{0.6 + 0.54} \times (-1.248) = -0.657$$

分配到变压器 T-1 绕组 I 的零序电流为

$$\dot{I}_{I(0)*} = -\frac{x_3}{x_3 + x_{11}}\dot{I}_{L(0)*} = -\frac{0.6}{0.06 + 0.28} \times (-0.657) = -0.116$$

因此，在变压器 T-1 的 37kV 侧接地中性线的电流为

$$I_{n(II)} = 3I_{L(0)*} \times \frac{60}{\sqrt{3} \times 37} = 3 \times 0.657 \times \frac{60}{\sqrt{3} \times 37}kA = 1.85kA$$

115kV 侧接池中性线电流为

$$I_{n(I)} = 3I_{1(0)*} \times \frac{60}{\sqrt{3} \times 115} = 3 \times 0.116 \times \frac{60}{\sqrt{3} \times 115}kA = 0.105kA$$

7）计算短路点各序电压及节点 h 的各序电压。

以短路点正序电流作参考相量，短路点的各序电压分别为

$$\dot{U}_{f(1)*} = j(X_{ff(0)} // X_{ff(2)})\dot{I}_{f(1)*} = j0.13 \times 2.703 = j0.35$$

$$\dot{U}_{f(2)*} = \dot{U}_{f(0)*} = \dot{U}_{f(1)*} = j0.35$$

37kV 母线 h 的各序电压为

$$\dot{U}_{h(1)*} = \dot{U}_{f(1)*} + jx_L\dot{I}_{f(1)*} = j0.35 + j0.14 \times 2.703 = j0.728$$

$$\dot{U}_{h(2)*} = \dot{U}_{f(2)*} + jx_L\dot{I}_{f(2)*} = j0.35 + j0.14 \times (-1.455) = j0.146$$

$$\dot{U}_{h(0)*} = \dot{U}_{f(0)*} + jx_{L(0)}\dot{I}_{L(0)*} = j0.35 + j0.49 \times (-0.657) = j0.028$$

因此，37kV 母线 h 的各相电压分别为

$$\dot{U}_{ha} = (\dot{U}_{h(0)*} + U_{h(1)*} + \dot{U}_{h(2)*})U_B/\sqrt{3} = j(0.028 + 0.728 + 0.146) \times 37/\sqrt{3}\,kV$$

$$= j0.902 \times 21.4kV = 19.30e^{j90°}\,kV$$

$$\dot{U}_{hb} = (\dot{U}_{h(0)*} + a^2\dot{U}_{h(1)*} + a\dot{U}_{h(2)*})U_B/\sqrt{3}$$

$$= j\left[0.028 + \left(1 - \frac{1}{2} - j\frac{\sqrt{3}}{2}\right) \times 0.728 + \left(-\frac{1}{2} + j\frac{\sqrt{3}}{2}\right) \times 0.146\right] \times 21.4kV$$

$$= (0.504 - j0.409) \times 21.4kV = 13.89e^{-j39.06°}\,kV$$

$$\dot{U}_{hc} = (\dot{U}_{h(0)*} + a\dot{U}_{h(1)*} + a^2\dot{U}_{h(2)*})U_B/\sqrt{3}$$

$$= j\left[0.028 + \left(-\frac{1}{2} - j\frac{\sqrt{3}}{2}\right) \times 0.728 + \left(-\frac{1}{2} - j\frac{\sqrt{3}}{2}\right) \times 0.146\right] \times 21.4kV$$

$$= 13.89e^{j219.06°}\,kV$$

图 13-12 所示为本例题的电流和电压相量图。

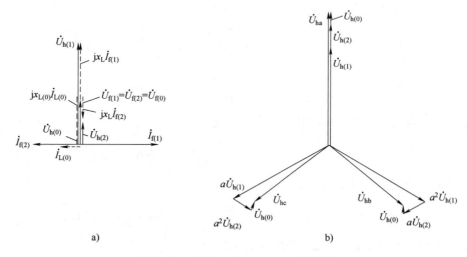

图 13-12　例 13-2 的电流和电压相量图

13.2　电压和电流对称分量经变压器后的相位变换

电压和电流对称分量经变压器后，可能要发生相位移动，这取决于变压器绕组的联接组

别。现以变压器的两种常用联接方式 Y，y0 和 Y，d11 来说明这个问题。

图 13-13a 表示 Y，y0 联接的变压器，用 A、B 和 C 表示变压器绕组 Ⅰ 的出线端，a、b 和 c 表示绕组 Ⅱ 的出线端。如果在 Ⅰ 侧施以正序电压，则 Ⅱ 侧绕组的相电压与 Ⅰ 侧绕组的相电压同相位，如图 13-13b 所示。如果在 Ⅰ 侧施以负序电压，则 Ⅱ 侧的相电压与 Ⅰ 侧的相电压也是同相位，如图 13-13c 所示。对这样联接的变压器，当所选择的基准值使 $k_* = 1$ 时，两侧相电压的正序分量或负序分量的标幺值分别相等，且相位相同，即

$$\dot{U}_{a(1)} = \dot{U}_{A(1)} \ , \quad \dot{U}_{a(2)} = \dot{U}_{A(2)}$$

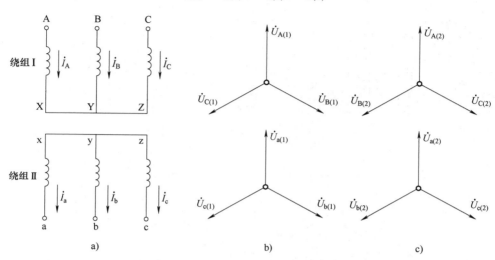

图 13-13　Y，y0 接法的变压器两侧正序、负序分量的相位关系

对于两侧相电流的正序及负序分量也存在上述关系。

当变压器接成 YN，yn0，而又存在零序电流的通路时，变压器两侧的零序电流（或零序电压）也是同相位的。因此，电压和电流的各序对称分量经过 Y，y0 联结的变压器时，并不发生相位移动。

Y，d11 联接法的变压器，情况则大不相同。图 13-14a 表示这种变压器的接线。如在 Y 侧施以正序电压，d 侧的线电压虽与 Y 侧的相电压同相位，但 d 侧的相电压却超前于 Y 侧相电压 30°，如图 13-14b 所示。当 Y 侧施以负序电压时，d 侧的相电压落后于 Y 侧相电压 30°，如图 13-14c 所示。变压器两侧相电压的正序和负序分量（用标幺值表示且 $k_* = 1$ 时）存在以下的关系。

$$\begin{cases} \dot{U}_{a(1)} = \dot{U}_{A(1)} \, e^{j30°} \\ \dot{U}_{a(2)} = \dot{U}_{A(2)} \, e^{-j30°} \end{cases} \tag{13-22}$$

电流也有类似的情况，d 侧的正序线电流超前 Y 侧正序线电流 30°，d 侧的负序线电流则落后于 Y 侧负序线电流 30°，如图 13-15 所示。当用标幺值表示电流且 $k_* = 1$ 时便有

$$\begin{cases} \dot{I}_{a(1)} = \dot{I}_{A(1)} \, e^{j30°} \\ \dot{I}_{a(2)} = \dot{I}_{A(2)} \, e^{-j30°} \end{cases} \tag{13-23}$$

Y，d 联结的变压器，在三角形侧的外电路中总不含零序分量。

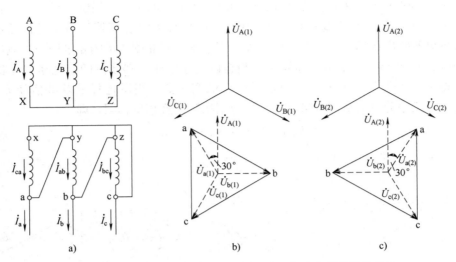

图 13-14　Y，d11 接法的变压器两侧正序、负序分量的相位关系

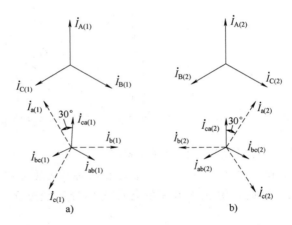

图 13-15　Y，d11 接法的变压器两侧电流正序、
负序分量的相位关系

由此可见，经过 Y，d11 接法的变压器由星形侧到三角形侧时，正序系统逆时针方向转过 30°，负序系统顺时针转过 30°。反之，由三角形侧到星形侧时，正序系统顺时针方向转过 30°，负序系统逆时针方向转过 30°。因此，当已求得星形侧的序电流 $\dot{I}_{A(1)}$、$\dot{I}_{A(2)}$ 时，三角形侧各相（不是各绕组）的电流分别为

$$\begin{cases} \dot{I}_a = \dot{I}_{a(1)} + \dot{I}_{a(2)} = \dot{I}_{A(1)} e^{j30°} + \dot{I}_{A(2)} e^{-j30°} \\ \dot{I}_b = a^2 \dot{I}_{a(1)} + a \dot{I}_{a(2)} = a^2 \dot{I}_{A(1)} e^{j30°} + a \dot{I}_{A(2)} e^{-j30°} \\ \dot{I}_c = a \dot{I}_{a(1)} + a^2 \dot{I}_{a(2)} = a \dot{I}_{A(1)} e^{j30°} + a^2 \dot{I}_{A(2)} e^{-j30°} \end{cases} \quad (13\text{-}24)$$

利用已知的三角形侧各序分量计算星形侧各相分量的公式，请读者自行列出。

例 13-3　在例 12-4 所示的网络中，f 点发生两相短路。试计算变压器 d 侧的各相电压和各相电流。变压器 T-1 是 Y，d11 接法。

解：在例 12-4 中已经算出了网络的各序输入电抗（见图 12-32 和图 12-33），这里直接利用这些数据。

取正序等效电势，即短路前故障点的电压 $\dot{E}_{eq} = \dot{U}_f^{(0)} = \mathrm{j}0.95$，短路点的各序电流分别为

$$\dot{I}_{f(1)} = \frac{\dot{U}_f^{(0)}}{\mathrm{j}(X_{ff(1)} + X_\Delta^{(2)})} = \frac{\mathrm{j}0.95}{\mathrm{j}(0.83 + 0.44)} = 0.75$$

$$\dot{I}_{f(2)} = -\dot{I}_{f(1)} = -0.75$$

短路点对地的各序电压为

$$\dot{U}_{f(1)} = \dot{U}_{f(2)} = \mathrm{j}X_{ff(2)}\dot{I}_{f(1)} = \mathrm{j}0.44 \times 0.75 = \mathrm{j}0.33$$

从输电线流向 f 点的电流为

$$\dot{I}_{L(1)} = \frac{\dot{E}_7 - \dot{U}_{f(1)}}{\mathrm{j}x_9} = \frac{\mathrm{j}(1.22 - 0.33)}{\mathrm{j}1.06} = 0.84$$

$$\dot{I}_{L(2)} = \frac{X_{ff(2)}}{x_9}\dot{I}_{f(2)} = -\frac{0.44}{0.67} \times 0.75 = -0.49$$

变压器 T-1 Y 侧的电流即是线路 L-1 的电流，因此 d 侧的各序电流为

$$\dot{I}_{Ta(1)} = \dot{I}_{L(1)}e^{\mathrm{j}30°} = 0.84^{\mathrm{j}30°}$$

$$\dot{I}_{Ta(2)} = \dot{I}_{L(2)}e^{-\mathrm{j}30°} = -0.49^{-\mathrm{j}30°}$$

短路处的正序电压加线路 L-1 和变压器 T-1 的阻抗中的正序电压降，再逆时针转过 30°，使得变压器 T-1 的 d 侧的正序电压为

$$\dot{U}_{Ta(1)} = [\dot{U}_{f(1)} + \mathrm{j}(x_2 + x_4)\dot{I}_{L(1)}]e^{\mathrm{j}30°}$$

$$= (\mathrm{j}0.33 + \mathrm{j}0.4 \times 0.84)e^{\mathrm{j}30°} = \mathrm{j}0.67e^{\mathrm{j}30°}$$

同样地，可得 d 侧的负序电压为

$$\dot{U}_{Ta(2)} = [\dot{U}_{f(2)} + \mathrm{j}(x_2 + x_4)\dot{I}_{L(2)}]e^{-\mathrm{j}30°}$$

$$= [\mathrm{j}0.33 + \mathrm{j}0.4 \times (-0.49)]e^{-\mathrm{j}30°} = \mathrm{j}0.13e^{-\mathrm{j}30°}$$

应用对称分量合成为各相量的算式，可得变压器 d 侧各相电压和电流的标幺值为

$$\dot{U}_{Ta} = \dot{U}_{Ta(1)} + \dot{U}_{Ta(2)} = \mathrm{j}0.67e^{\mathrm{j}30°} + \mathrm{j}0.13e^{-\mathrm{j}30°} = -0.27 + \mathrm{j}0.693 = 0.74e^{\mathrm{j}111.3°}$$

$$\dot{U}_{Tb} = a^2\dot{U}_{Ta(1)} + a\dot{U}_{Ta(2)} = a^2 \times \mathrm{j}0.67e^{\mathrm{j}30°} + a \times \mathrm{j}0.13e^{-\mathrm{j}30°} = 0.67 - 0.13 = 0.54$$

$$\dot{U}_{Te} = a\dot{U}_{Ta(1)} + a^2\dot{U}_{Ta(2)} = a \times \mathrm{j}0.67e^{\mathrm{j}30°} + a^2 \times \mathrm{j}0.13e^{-\mathrm{j}30°} = -0.27 - \mathrm{j}0.693 = 0.74e^{-\mathrm{j}111.3°}$$

$$\dot{I}_{Ta} = \dot{I}_{Ta(1)} + \dot{I}_{Ta(2)} = \mathrm{j}0.84e^{\mathrm{j}30°} - \mathrm{j}0.49e^{-\mathrm{j}30°} = 0.303 + \mathrm{j}0.665 = 0.73e^{\mathrm{j}65.5°}$$

$$\dot{I}_{Tb} = a^2\dot{I}_{Ta(1)} + a\dot{I}_{Ta(2)} = a^2 \times \mathrm{j}0.84e^{\mathrm{j}30°} - a \times 0.49e^{-\mathrm{j}30°} = -0.84 - \mathrm{j}0.49 = 1.33e^{-\mathrm{j}90°}$$

$$\dot{I}_{Te} = a\dot{I}_{Ta(1)} + a^2\dot{I}_{Ta(2)} = a \times \mathrm{j}0.84e^{\mathrm{j}30°} - a^2 \times 0.49e^{-\mathrm{j}30°} = -0.303 + \mathrm{j}0.665 = 0.73e^{\mathrm{j}114.5°}$$

换算成有名值时，电压的标幺值应乘以相电压的基准值 $U_{P*B} = 10.5/\sqrt{3}\,\mathrm{kV} = 6.06\,\mathrm{kV}$，电流的标幺值应乘以 10.5kV 电压级的基准电流 $\dot{I}_B = S_B/(\sqrt{3} \times 10.5) = 120/(\sqrt{3} \times 10.5)\,\mathrm{kV} = 6.6\,\mathrm{kV}$，所得的结果为

$$U_{Ta} = 4.48\,\mathrm{kV}, \quad U_{Tb} = 3.27\,\mathrm{kV}, \quad U_{Tc} = 4.48\,\mathrm{kV}$$

$$I_{Ta} = 4.82\,\mathrm{kA}, \quad I_{Tb} = 8.78\,\mathrm{kA}, \quad I_{Tc} = 4.82\,\mathrm{kA}$$

变压器 T-1 三角侧的电压（即发电机端电压）和电流的相量图如图 13-16 所示。

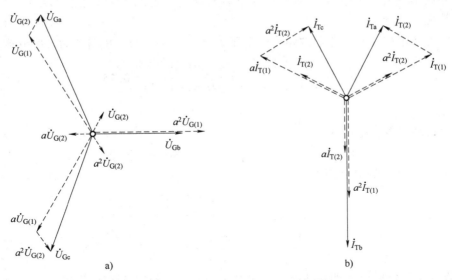

图 13-16　例 13-3 变压器 T-1 三角侧的电压和电流的相量图

13.3　非全相断线的分析计算

电力系统的短路通常也称为横向故障。它指的是在网络的节点 f 处出现了相与相之间或相与零电位点之间不正常接通的情况。发生横向故障时，由故障节点 f 同零电位节点组成故障端口。不对称故障的另一种类型是所谓纵向故障，它指的是网络中的两个相邻节点 f 和 f′（都不是零电位节点）之间出现了不正常断开或三相阻抗不相等的情况。发生纵向故障时，由 f 和 f′ 这两个节点组成故障端口。

本节将讨论纵向不对称故障的两种极端状态，即一相和两相断开的运行状态（见图 13-17）。造成非全相断线的原因有很多，例如某一线路单相接地短路后故障相开关跳闸；导线一相或两相断线；分相检修线路或开关设备以及开关合闸过程中三相触头不同时接通等。

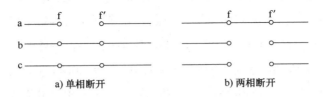

图 13-17　非全相断线运行

纵向故障同横向不对称故障一样，也只是在故障口出现了某种不对称状态，系统其余部分的参数还是三相对称的。可以应用对称分量法进行分析。首先在故障口 ff′ 插入一组不对称电势源来代替实际存在的不对称状态，然后将这组不对称电势源分解成正序、负序和零序分量。根据重叠原理，分别作出各序的等效网络（见图 13-18）。与不对称短路时一样，可以列出各序网络故障端口的电压方程式如下

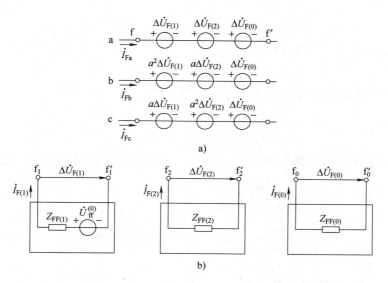

图 13-18　用对称分量法分析非全相运行

$$\begin{cases} \dot{U}_{ff'}^{(0)} - Z_{FF(1)} \dot{I}_{F(1)} = \Delta \dot{U}_{F(1)} \\ -Z_{FF(2)} \dot{I}_{F(2)} = \Delta \dot{U}_{F(2)} \\ -Z_{FF(0)} \dot{I}_{F(0)} = \Delta \dot{U}_{F(0)} \end{cases} \tag{13-25}$$

式中，$\dot{U}_{ff'}^{(0)}$ 是故障口 ff′ 的开路电压，即当 f、f′ 两点间三相断开时，网络内的电源在端口 ff′ 产生的电压；而 $Z_{FF(1)}$、$Z_{FF(2)}$、$Z_{FF(0)}$ 分别为正序网络、负序网络和零序网络从故障端口 ff′ 看进去的等效阻抗（又称故障端口 ff′ 的各序输入阻抗）。

对于图 13-19 所示系统，$\dot{U}_{ff'}^{(0)} = \dot{E}_N - \dot{E}_M$，$Z_{FF(1)} = z_{N(1)} + z_{L(1)} + z_{M(1)}$，$Z_{FF(2)} = z_{N(2)} + z_{L(2)} + z_{M(2)}$，$Z_{FF(0)} = z_{N(0)} + z_{L(0)} + z_{M(0)}$。这里应注意与同一点发生横向不对称短路时的情况相区别。

若网络各元件都用纯电抗表示，则式（13-25）可以写成

$$\begin{cases} \dot{U}_{ff'}^{(0)} - jX_{FF(1)} \dot{I}_{F(1)} = \Delta \dot{U}_{F(1)} \\ -jX_{FF(2)} \dot{I}_{F(2)} = \Delta \dot{U}_{F(2)} \\ -jX_{FF(0)} \dot{I}_{F(0)} = \Delta \dot{U}_{F(0)} \end{cases} \tag{13-26}$$

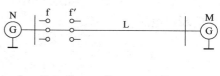

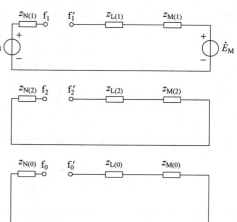

图 13-19　纵向故障的各序网络

式（13-26）包含了 6 个未知量，因此，还必须根据非全相断线的具体边界条件列出另外三个方程才能求解。以下分别就单相和两相断线进行讨论。

13.3.1 单相（a相）断线

故障处的边界条件（见图13-17a）为

$$\dot{I}_{Fa}=0, \quad \Delta\dot{U}_{Fb}=\Delta\dot{U}_{Fc}=0$$

这些条件与两相短路接地的条件完全相似。若用对称分量表示，则有

$$\begin{cases} \dot{I}_{F(1)}+\dot{I}_{F(2)}+\dot{I}_{F(0)}=0 \\ \Delta\dot{U}_{F(1)}=\Delta\dot{U}_{F(2)}=\Delta\dot{U}_{F(0)} \end{cases} \quad (13\text{-}27)$$

满足这些边界条件的复合序网如图13-20所示。由此可以算出故障处各序电流为

$$\begin{cases} \dot{I}_{F(1)}=\dfrac{\dot{U}_{ff}^{(0)}}{\mathrm{j}(Z_{FF(1)}+Z_{FF(2)}//Z_{FF(0)})} \\[3mm] \dot{I}_{F(2)}=-\dfrac{Z_{FF(0)}}{Z_{FF(2)}+Z_{FF(0)}}\dot{I}_{F(1)} \\[3mm] \dot{I}_{F(0)}=-\dfrac{Z_{FF(2)}}{Z_{FF(2)}+Z_{FF(0)}}\dot{I}_{F(1)} \end{cases} \quad (13\text{-}28)$$

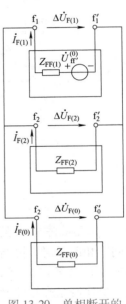

图13-20 单相断开的复合序网

非故障相电流为

$$\begin{cases} \dot{I}_{Fb}=\left(a^2-\dfrac{Z_{FF(2)}+aZ_{FF(0)}}{Z_{FF(2)}+Z_{FF(0)}}\right)\dot{I}_{F(1)} \\[3mm] \dot{I}_{Fc}=\left(a-\dfrac{Z_{FF(2)}+a^2Z_{FF(0)}}{Z_{FF(2)}+Z_{FF(0)}}\right)\dot{I}_{F(1)} \end{cases} \quad (13\text{-}29)$$

故障相的断口电压

$$\Delta\dot{U}_F=3\Delta\dot{U}_{F(1)}=\mathrm{j}\,\frac{3Z_{FF(2)}+Z_{FF(0)}}{Z_{FF(2)}+Z_{FF(0)}}\dot{I}_{F(1)} \quad (13\text{-}30)$$

故障口的电流和电压的这些算式，都与两相短路接地时的算式完全一样。

13.3.2 两相（b相和c相）断开

故障处的边界条件（见图13-17b）为

$$\dot{I}_{Fb}=\dot{I}_{Fc}=0, \quad \Delta\dot{U}_{Fa}=0$$

容易看出，这些条件与单相短路的边界条件相似。若用对称分量表示，则有

$$\begin{cases} \dot{I}_{F(1)}=\dot{I}_{F(2)}=\dot{I}_{F(0)} \\ \Delta\dot{U}_{F(1)}+\Delta\dot{U}_{F(2)}+\Delta\dot{U}_{F(0)}=0 \end{cases} \quad (13\text{-}31)$$

满足这样边界条件的复合序网如图13-21所示。故障处的电流

$$\dot{I}_{F(1)}=\dot{I}_{F(2)}=\dot{I}_{F(0)}=\frac{\dot{U}_{ff'}^{(0)}}{\mathrm{j}(Z_{FF(1)}+Z_{FF(2)}+Z_{FF(0)})} \quad (13\text{-}32)$$

非故障相电流

$$\dot{I}_F=3\dot{I}_{F(1)} \quad (13\text{-}33)$$

故障相的断口电压

$$\begin{cases} \Delta\dot{U}_{Fb} = j\left[(a^2-a)Z_{FF(2)} + (a^2-1)Z_{FF(0)}\right]\dot{I}_{F(1)} \\ \Delta\dot{U}_{Fe} = j\left[(a-a^2)Z_{FF(2)} + (a-1)Z_{FF(0)}\right]\dot{I}_{F(1)} \end{cases} \quad (13\text{-}34)$$

故障口的电流和电压的这些算式，同单相短路时的算式完全相似。

例 13-4 在图 13-22a 所示的电力系统中，平行输电线中的线路 I 首端单相断开，试计算断开相的断口电压和非断开相的电流。系统各元件的参数与例 12-4 的相同。每回输电线路本身的零序电抗为 $0.8\Omega/km$，两回平行线路间的零序互感抗为 $0.4\Omega/km$。

解：1）绘制各序等效电路，计算各序参数。

正、负序网络的元件参数直接取自例 12-4，对于零序网络采用消去互感的等效电路。

$$x_3 = x_4 = x_{I(0)} - x_{I-II(0)} = (0.8-0.4)\times105\times\frac{120}{115^2} = 0.38$$

$$x_8 = x_{I-II(0)} = 0.4\times105\times\frac{120}{115^2} = 0.38$$

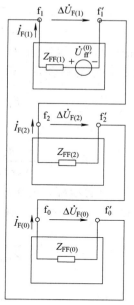

图 13-21 两相断开的复合序网

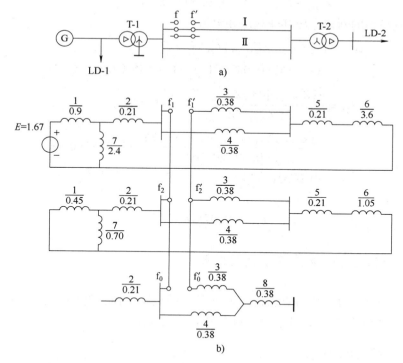

图 13-22 例 13-4 的电力系统及其单相断开时的复合序网

2）组成单相断开的复合序网（见图 13-22b），计算各序故障口输入电抗和故障口开路电压。

$$X_{FF(1)} = \left[(x_1/\!/x_7) + x_2 + x_5 + x_6\right]/\!/x_4 + x_3$$

$$= \left[(0.9/\!/2.4) + 0.21 + 0.21 + 3.6\right]/\!/0.38 + 0.38 = 0.734$$

$$X_{FF(2)} = \left[(0.45//0.7) + 0.21 + 0.21 + 1.05 \right] //0.38 + 0.38 = 0.692$$

$$X_{FF(0)} = x_3 + x_4 = 0.38 + 0.38 = 0.76$$

故障口的开路电压 $U_{ff'}^{(0)}$ 应等于线路 I 断开时线路 II 的全线电压降。先将发电机同负荷 LD-1 这两个支路合并，得

$$E_{eq} = \frac{1.67/0.9}{\frac{1}{0.9} + \frac{1}{2.4}} = 1.215, \quad x_{eq} = \frac{1}{\frac{1}{0.9} + \frac{1}{2.4}} = 0.655$$

$$U_{ff'}^{(0)} = \frac{E_{eq}}{x_{eq} + x_2 + x_4 + x_5 + x_6} x_4 = \frac{1.215}{0.655 + 0.21 + 0.38 + 0.21 + 3.6} \times 0.38 = 0.0914$$

3）计算故障口的正序电流。

设 $\dot{U}_{ff'}^{(0)} = j0.0914$，则

$$\dot{I}_{F(1)} = \frac{\dot{U}_{ff'}^{(0)}}{j(Z_{FF(1)} + Z_{FF(2)} // Z_{FF(0)})} = \frac{j0.0914}{j(0.734 + 0.692//0.76)} = 0.0835$$

$$\dot{I}_{F(2)} = -\frac{Z_{FF(0)}}{Z_{FF(2)} + Z_{FF(0)}} \dot{I}_{F(1)} = -\frac{0.76}{0.692 + 0.76} \times 0.0835 = -0.0437$$

$$\dot{I}_{F(0)} = -\frac{Z_{FF(2)}}{Z_{FF(2)} + Z_{FF(0)}} \dot{I}_{F(1)} = -\frac{0.692}{0.692 + 0.76} \times 0.0835 = -0.0398$$

4）计算故障相的断口电压和非故障相电流。

$$\Delta \dot{U}_F = j3(Z_{FF(2)} // Z_{FF(0)}) \dot{I}_{F(1)} U_B / \sqrt{3}$$

$$= j3 \times 0.362 \times 0.0835 \times 115 / \sqrt{3} \, kV = j6.02 \, kV$$

$$\dot{I}_{Fb} = \frac{-3Z_{FF(2)} - j\sqrt{3}(Z_{FF(2)} + Z_{FF(0)})}{2(Z_{FF(2)} + Z_{FF(0)})} \dot{I}_{F(1)} I_B$$

$$= \frac{-3 \times 0.692 - j\sqrt{3}(0.692 + 2 \times 0.76)}{2(0.692 + 0.76)} \times 0.0835 \times 0.6 \, kV$$

$$= -0.0751 e^{j61.6°} \, kV$$

同样地可以算出

$$\dot{I}_{Fc} = -0.0751 e^{-j61.6°} \, kA$$

13.4 应用节点阻抗矩阵计算不对称故障

第 11 章已经介绍过应用节点阻抗矩阵进行三相短路电流计算的方法。对于不对称故障计算，特别是采用计算机时，这也是一种非常有效的算法。

13.4.1 各序网络的电压方程式

不论是发生横向故障还是纵向故障，都可以从故障口把各序网络看成是某种等效的两端（一口）网络，如图 13-23 所示。正序网络是有源两端网络，负序和零序网络都是无源两端网络。端口的两个节点记为 f 和 k，横向故障时节点 k 即是零电位点；纵向故障时节点 k 就是故障口的另一个节点 f'。故障口的各序电流记为 $\dot{I}_{F(1)}$、$\dot{I}_{F(2)}$ 和 $\dot{I}_{F(0)}$，以流出节点 f（注

入节点k）为正。故障口的各序电压记为 $\dot{U}_{F(1)}$、$\dot{U}_{F(2)}$ 和 $\dot{U}_{F(0)}$，且 $\dot{U}_{F(q)} = \dot{U}_{f(q)} - \dot{U}_{k(q)}$（q 为表示序别的下标）。

仿照第 11 章所讲对称短路的分析方法，对于正序网络，发生故障可以看作是在故障口的节点 f 和 k 分别出现了注入电流 $-\dot{I}_{F(1)}$ 和 $\dot{I}_{F(1)}$。因此，任一节点 i 的正序电压

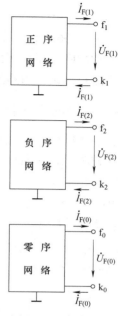

$$\dot{U}_{i(1)} = \sum_{j \in G} Z_{ij(1)} \dot{I}_j - Z_{if(1)} \dot{I}_{F(1)} + Z_{ik(1)} \dot{I}_{F(1)} = \dot{U}_{i(1)}^{(0)} - Z_{iF(1)} \dot{I}_{F(1)} \quad (13\text{-}35)$$

式中，$\dot{U}_{i(1)}^{(0)} = \sum_{j \in G} Z_{ij(1)} \dot{I}_j$；$Z_{iF(1)} = Z_{if(1)} - Z_{ik(1)}$。

式（13-35）表明，正序网络中任一节点的电压由两个分量组成。一个是 $\dot{U}_{i(1)}^{(0)}$，它代表在故障口开路（即 $\dot{I}_{F(1)} = 0$）时由网络中所有的电源在节点 i 产生的电压。考虑到在电力系统的正常运行中并无负序和零序电源，以后将省去 $\dot{U}_{i(1)}^{(0)}$ 中表示正序的下标（1）。另一个分量是 $-Z_{iF(1)} \dot{I}_{F(1)}$，它代表当网络中所有的电势源都短接，电流源都断开，只在故障口的节点 f 流出和在节点 k 注入电流 $\dot{I}_{F(1)}$ 时，在节点 i 产生的电压。不限定正序网络，我们称 $Z_{iF} = Z_{if} - Z_{ik}$ 为故障口 F 同节点 i 之间的互阻抗。

如果在故障口的节点 f 注入单位电流的同时在节点 k 流出单位电流，此外，网络中再无其他电源，则这时节点 i 的电压在数值上即等于互阻抗 Z_{iF}。横向故障时，k 为零电位节点，按照自阻抗和互阻抗的定义，零电位节点同任何节点的互阻抗都等于零，故有 $Z_{iF} = Z_{if}$，这就是节点 i 和故障点 f 间的互阻抗。纵向故障时 k 代表故障点 f'，便有 $Z_{iF} = Z_{if} - Z_{if'}$。

图 13-23　各序网络

式（13-35）适用于任何节点，对于故障口的两个节点 f 和 k 应有

$$\dot{U}_{f(1)} = \dot{U}_f^{(0)} - Z_{ff(1)} \dot{I}_{F(1)}$$
$$\dot{U}_{k(1)} = \dot{U}_k^{(0)} - Z_{kF(1)} \dot{I}_{F(1)}$$

因此

$$\dot{U}_{F(1)} = \dot{U}_{f(1)} - \dot{U}_{k(1)} = \dot{U}_f^{(0)} - \dot{U}_k^{(0)} - (Z_{ff(1)} - Z_{kF(1)}) \dot{I}_{F(1)} = \dot{U}_F^{(0)} - Z_{FF(1)} \dot{I}_{F(1)} \quad (13\text{-}36)$$

这就是正序网络故障口的电压方程式，它也可以根据戴维南定理直接写出。其中 $\dot{U}_F^{(0)}$ 是正序网络中故障口的开路电压。对于横向故障 $\dot{U}_F^{(0)} = \dot{U}_f^{(0)}$，这就是故障点 f 的正常电压。对于纵向故障 $\dot{U}_F^{(0)}$ 是故障口开路时节点 f 和 f' 的电压差。$Z_{FF(1)}$ 是正序网络从故障口看进去的等效阻抗，称为故障口的自阻抗，也称为输入阻抗。不限定正序网络，如果仅在故障口的节点 f 注入单位电流，同时在节点 k 流出单位电流，且在网络内再无其他电源，则在故障口产生的电压在数值上即等于故障口的自阻抗，即

$$Z_{FF} = Z_{fF} - Z_{kF} = Z_{ff} - Z_{fk} - Z_{kf} + Z_{kk} \quad (13\text{-}37)$$

横向故障时 $Z_{FF} = Z_{ff}$，它是故障点 f 的自阻抗。纵向故障时 $Z_{FF} = Z_{ff} + Z_{f'f'} - 2Z_{ff'}$。

对于正序网络的电压方程式论清楚以后，注意到负序和零序网络内部没有电源，套用式（13-35），可以写出网络中任一节点 i 的负序和零序电压为

$$\begin{cases} \dot{U}_{i(2)} = -Z_{iF(2)} \dot{I}_{F(2)} \\ \dot{U}_{i(0)} = -Z_{iF(0)} \dot{I}_{F(0)} \end{cases} \quad (13\text{-}38)$$

故障口的负序和零序电压分别为

$$\begin{cases} \dot{U}_{\mathrm{F}(2)} = -Z_{\mathrm{FF}(2)}\dot{I}_{\mathrm{F}(2)} \\ \dot{U}_{\mathrm{F}(0)} = -Z_{\mathrm{FF}(0)}\dot{I}_{\mathrm{F}(0)} \end{cases} \tag{13-39}$$

式（13-36）和式（13-39）实际上就是式（12-13）和式（13-25）的统一写法。为了求解不对称故障，还必须列写三个反映故障口边界条件的方程式。以下将对横向故障和纵向故障分别进行讨论。为不失一般性，我们把故障处的情况考虑得略为复杂一些。

13.4.2 横向不对称故障

1. 单相（a 相）接地短路

短路处的边界条件（见图 13-24）为

$$\dot{I}_{\mathrm{Fb}} = \dot{I}_{\mathrm{Fc}} = 0, \quad \dot{U}_{\mathrm{Fa}} - z_{\mathrm{f}}\dot{I}_{\mathrm{Fa}} = 0$$

用对称分量表示可得

$$\begin{cases} \dot{I}_{\mathrm{F}(1)} = \dot{I}_{\mathrm{F}(2)} = \dot{I}_{\mathrm{F}(0)} \\ (\dot{U}_{\mathrm{F}(1)} - z_{\mathrm{f}}\dot{I}_{\mathrm{F}(1)}) + (\dot{U}_{\mathrm{F}(2)} - z_{\mathrm{f}}\dot{I}_{\mathrm{F}(2)}) + (\dot{U}_{\mathrm{F}(0)} - z_{\mathrm{f}}\dot{I}_{\mathrm{F}(0)}) = 0 \end{cases} \tag{13-40}$$

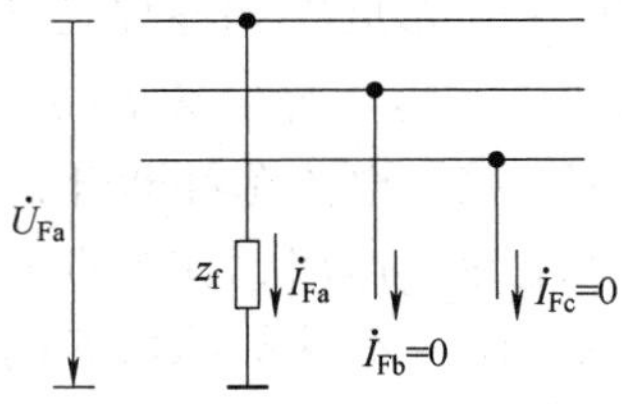

联立求解式（13-36）、式（13-39）和式（13-40）可得

$$\dot{I}_{\mathrm{F}(1)} = \frac{\dot{U}_{\mathrm{F}}^{(0)}}{Z_{\mathrm{FF}(1)} + Z_{\mathrm{FF}(2)} + Z_{\mathrm{FF}(0)} + 3z_{\mathrm{f}}} \tag{13-41}$$

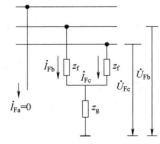

图 13-24　单相短路

求得故障口电流的各序分量后，利用式（13-35）和式（13-38）即可算出网络中任一节点电压的各序分量。支路 ij 的各序电流为

$$\dot{I}_{\mathrm{ij}(q)} = \frac{\dot{U}_{\mathrm{i}(q)} - \dot{U}_{\mathrm{j}(q)}}{Z_{\mathrm{ij}(q)}} \quad (q = 1, 2, 0) \tag{13-42}$$

对于零序网络中的互感支路组，可先算出消去互感的等效网络中的支路电流，经网络还原再求出互感支路的实际电流。

对于变压器支路，需要考虑非标准电压比时应计算支路电流。遇 Y，d 接法的变压器，还应计及电流和电压与正序、负序对称分量的相位移动。

算出电压和电流各序分量在网络中的分布后，再计算指定节点的各相电压和指定支路的各相电流就没有困难了。

由此可见，不对称短路和对称短路的计算步骤是一致的。首先是算出故障口的电流，接着算出网络中各节点的电压，由节点电压即可确定支路电流。所不同的是，要分别按三个序进行计算。

2. 两相（b 相和 c 相）短路接地

短路处的边界条件（见图 13-25）为

$$\dot{I}_{\mathrm{Fa}} = 0, \dot{U}_{\mathrm{Fb}} - z_{\mathrm{f}}\dot{I}_{\mathrm{Fb}} - z_{\mathrm{g}}(\dot{I}_{\mathrm{Fb}} + \dot{I}_{\mathrm{Fc}}) = 0$$

$$\dot{U}_{\mathrm{Fc}} - z_{\mathrm{f}}\dot{I}_{\mathrm{Fc}} - z_{\mathrm{g}}(\dot{I}_{\mathrm{Fb}} + \dot{I}_{\mathrm{Fc}}) = 0$$

将后两个条件用对称分量表示，得

$$a^2\dot{U}_{\mathrm{F}(1)} + a\dot{U}_{\mathrm{F}(2)} + \dot{U}_{\mathrm{F}(0)} - z_{\mathrm{g}}(a^2\dot{I}_{\mathrm{F}(1)} + a\dot{I}_{\mathrm{F}(2)} + \dot{I}_{\mathrm{F}(0)}) - 3z_{\mathrm{g}}\dot{I}_{\mathrm{F}(0)} = 0$$

$$a\dot{U}_{\mathrm{F}(1)} + a^2\dot{U}_{\mathrm{F}(2)} + \dot{U}_{\mathrm{F}(0)} - z_{\mathrm{g}}(a\dot{I}_{\mathrm{F}(1)} + a^2\dot{I}_{\mathrm{F}(2)} + \dot{I}_{\mathrm{F}(0)}) - 3z_{\mathrm{g}}\dot{I}_{\mathrm{F}(0)} = 0$$

整理后可得

图 13-25　两相短路接地

$$a^2(\dot{U}_{\mathrm{F}(1)}-z_{\mathrm{f}}\dot{I}_{\mathrm{F}(1)})+a(\dot{U}_{\mathrm{F}(2)}-z_{\mathrm{f}}\dot{I}_{\mathrm{F}(2)})+[\dot{U}_{\mathrm{F}(0)}-(z_{\mathrm{f}}+3z_{\mathrm{g}})\dot{I}_{\mathrm{F}(0)}]=0$$

$$a(\dot{U}_{\mathrm{F}(1)}-z_{\mathrm{f}}\dot{I}_{\mathrm{F}(1)})+a^2(\dot{U}_{\mathrm{F}(2)}-z_{\mathrm{f}}\dot{I}_{\mathrm{F}(2)})+[\dot{U}_{\mathrm{F}(0)}-(z_{\mathrm{f}}+3z_{\mathrm{g}})\dot{I}_{\mathrm{F}(0)}]=0$$

由此可以解出

$$\dot{U}_{\mathrm{F}(1)}-z_{\mathrm{f}}\dot{I}_{\mathrm{F}(1)}=\dot{U}_{\mathrm{F}(2)}-z_{\mathrm{f}}\dot{I}_{\mathrm{F}(2)}=\dot{U}_{\mathrm{F}(0)}-(z_{\mathrm{f}}+3z_{\mathrm{g}})\dot{I}_{\mathrm{F}(0)} \tag{13-43}$$

再有

$$\dot{I}_{\mathrm{F}(1)}+\dot{I}_{\mathrm{F}(2)}+\dot{I}_{\mathrm{F}(0)}=0 \tag{13-44}$$

联立求解式（13-36）、式（13-39）、式（13-43）和式（13-44）可得

$$\dot{I}_{\mathrm{F}(1)}=\cfrac{\dot{U}_{\mathrm{F}}^{(0)}}{Z_{\mathrm{FF}(1)}+z_{\mathrm{f}}+\cfrac{(Z_{\mathrm{FF}(2)}+z_{\mathrm{f}})(Z_{\mathrm{FF}(0)}+z_{\mathrm{f}}+3z_{\mathrm{g}})}{Z_{\mathrm{FF}(2)}+Z_{\mathrm{FF}(0)}+2z_{\mathrm{f}}+3z_{\mathrm{g}}}} \tag{13-45}$$

故障口电流的负序和零序分量分别为

$$\begin{cases}\dot{I}_{\mathrm{F}(2)}=-\dfrac{Z_{\mathrm{FF}(0)}+z_{\mathrm{f}}+3z_{\mathrm{g}}}{Z_{\mathrm{FF}(2)}+Z_{\mathrm{FF}(0)}+2z_{\mathrm{f}}+3z_{\mathrm{g}}}\dot{I}_{\mathrm{F}(1)}\\[3mm]\dot{I}_{\mathrm{F}(0)}=-\dfrac{Z_{\mathrm{FF}(2)}+z_{\mathrm{f}}}{Z_{\mathrm{FF}(2)}+Z_{\mathrm{FF}(0)}+2z_{\mathrm{f}}+3z_{\mathrm{g}}}\dot{I}_{\mathrm{F}(1)}\end{cases} \tag{13-46}$$

3. 两相（b 相和 c 相）短路

　　两相短路的边界条件如图 13-26 所示。两相短路可以作为两相短路接地时 z_{g} 趋于无限大的特例处理。因此，$\dot{I}_{\mathrm{F}(0)}=0$，故障口的正序和负序电流为

$$\dot{I}_{\mathrm{F}(1)}=-\dot{I}_{\mathrm{F}(2)}=\frac{\dot{U}_{\mathrm{F}}^{(0)}}{Z_{\mathrm{FF}(1)}+Z_{\mathrm{FF}(2)}+2z_{\mathrm{f}}} \tag{13-47}$$

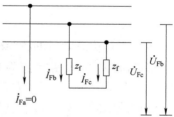

图 13-26　两相短路

13.4.3　纵向不对称故障

1. 单相（a 相）断开

　　设故障处 b 相和 c 相的阻抗为 z_{f}（见图 13-27），则边界条件为

$$\dot{I}_{\mathrm{Fa}}=0,\ \Delta\dot{U}_{\mathrm{Fb}}-z_{\mathrm{f}}\dot{I}_{\mathrm{Fb}}=0,\ \Delta\dot{U}_{\mathrm{Fc}}-z_{\mathrm{f}}\dot{I}_{\mathrm{Fc}}=0$$

容易看出，上述边界条件同 $z_{\mathrm{g}}=0$ 时两相短路接地的边界条件完全相似。因此，两相短路接地故障口的各序电流算式都可用于计算单相断开的故障口，只是故障口自阻抗和开路电压的计算不同而已。

2. 两相（b 相和 c 相）断开

　　设故障处 a 相的阻抗为 z_{f}（见图 13-28），则边界条件为

$$\dot{I}_{\mathrm{Fb}}=\dot{I}_{\mathrm{Fc}}=0,\ \Delta\dot{U}_{\mathrm{Fa}}-z_{\mathrm{f}}\dot{I}_{\mathrm{Fa}}=0$$

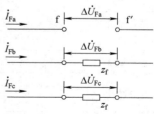

图 13-27　单相断开

这同单相短路的边界条件完全相似。因此，故障口各序电流的算式也同单相短路的一样，只须注意，横向故障和纵向故障时故障口自阻抗和开路电压的计算各有特点就可以了。

3. 串联补偿电容的非全相击穿

　　输电线路的串联补偿电容有可能发生单相或两相击穿，这也属于纵向不对称故障。这类故障也按非全相断开处理比较方便（见图 13-29）。

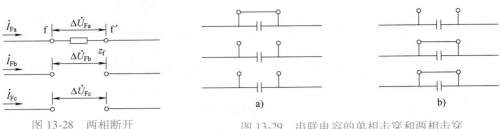

图 13-28 两相断开　　　　　　　　　　图 13-29 串联电容的单相击穿和两相击穿

13.4.4 简单不对称故障的计算通式

综上所述，无论是发生横向简单不对称故障还是纵向简单不对称故障，故障口正序电流的算式都可写成

$$\dot{I}_{F(1)} = \frac{\dot{U}_F^{(0)}}{Z_{FF(1)} + Z_\Delta} \tag{13-48}$$

负序和零序电流可以分别写成

$$\begin{cases} \dot{I}_{F(2)} = K_2 \dot{I}_{F(1)} \\ \dot{I}_{F(0)} = K_0 \dot{I}_{F(1)} \end{cases} \tag{13-49}$$

各种不对称故障时的故障附加阻抗 Z_Δ 和系数 K_2 及 K_0 的计算公式见表 13-2。

横向故障时，短路节点为 f，且

$$\dot{U}_F^{(0)} = \dot{U}_f^{(0)}, \quad Z_{FF(q)} = Z_{ff(q)} \quad (q=1,2,0)$$

纵向故障时，故障口节点号为 f 和 f′，且

$$\dot{U}_F^{(0)} = \dot{U}_f^{(0)} - \dot{U}_{f'}^{(0)}$$

$$Z_{FF(q)} = Z_{ff(q)} + Z_{f'f'(q)} - 2Z_{f'f(q)} \quad (q=1,2,0)$$

表 13-2　各种不对称故障时的故障附加阻抗 Z_Δ 和系数 K_2 及 K_0 的计算公式

故障类型	Z_Δ	K_2	K_0
单相短路	$Z_{FF(2)} + Z_{FF(0)} + 3z_f$	1	1
两相短路接地	$z_f + \dfrac{(Z_{FF(2)}+z_f)(Z_{FF(0)}+z_f+3z_g)}{Z_{FF(2)}+Z_{FF(0)}+2z_f+3z_g}$	$-\dfrac{Z_{FF(0)}+z_f+3z_g}{Z_{FF(2)}+Z_{FF(0)}+2z_f+3z_g}$	$-\dfrac{Z_{FF(0)}+z_f}{Z_{FF(2)}+Z_{FF(0)}+2z_f+3z_g}$
两相短路	$Z_{FF(2)} + 2z_f$	-1	0
单相断开	$z_f + \dfrac{(Z_{FF(2)}+z_f)(Z_{FF(0)}+z_f)}{Z_{FF(2)}+Z_{FF(0)}+2z_f}$	$-\dfrac{Z_{FF(0)}+z_f}{Z_{FF(2)}+Z_{FF(0)}+2z_f}$	$-\dfrac{Z_{FF(2)}+z_f}{Z_{FF(2)}+Z_{FF(0)}+2z_f}$
两相断开	$Z_{FF(2)} + Z_{FF(0)} + 3z_f$	1	1

例 13-5　对于例 11-7 的电力系统，试分别作 a 点两相短路接地和线路 L-1 在节点 a 侧单相断线计算。系统各元件参数同例 11-7，输电线 $x_{(0)} = 3x_{(1)}$，变压器 T-1 和 T-2 为 YN，d 接法，T-3 为 Y，d 接法，负荷 LD-3 略去。

解：1）a 点两相短路接地计算。

① 形成各序网节点导纳矩阵。

将图 11-18a 中的节点 b、a、c 分别改记为节点 1、2、3。利用例 11-7 已有的计算结果，计及线路 $x_{(0)} = 3x_{(1)}$，作出节点 2 短路时的各序网络，如图 13-30 所示。线路 L-3 和变压器 T-3 因无电流通过被略去。

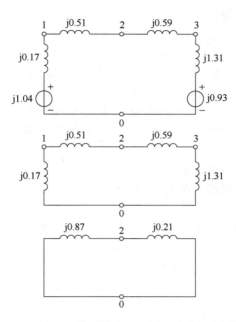

图 13-30 例 13-5 的系统节点 2 短路时的各序网络图

根据图中的数据，可得各序节点导纳矩阵如下

$$\boldsymbol{Y}_{(1)} = \boldsymbol{Y}_{(2)} = \begin{bmatrix} -j7.843 & j1.961 & 0 \\ j1.961 & -j3.656 & j1.695 \\ 0 & j1.695 & -j2.458 \end{bmatrix}$$

$$\boldsymbol{Y}_{(0)} = \begin{bmatrix} -j2.558 \end{bmatrix}$$

② 对导纳矩阵 $\boldsymbol{Y}_{(1)}$ 进行三角分解，形成因子表。

$$d_{11} = Y_{11} = -j7.483, \quad 1/d_{11} = j0.1275$$

$$u_{12} = Y_{12}/d_{11} = j1.961/(-j7.843) = -0.25$$

$$d_{22} = Y_{22} - u_{12}^2 d_{11} = -j3.656(-0.25)^2 \times (-j7.843) = -j3.166$$

$$1/d_{22} = j0.316$$

$$u_{23} = Y_{23}/d_{22} = j1.695/(-j3.166) = -0.535$$

$$d_{33} = Y_{33} - u_{23}^2 d_{22} = -j2.458 - (-0.535)^2 \times (-j3.166) = -j1.550$$

$$1/d_{33} = j0.645$$

将 u_{ij} 置于上三角的非对角线部分，取 d_{ij} 的倒数置于对角线上，便得如下因子表。

$$\begin{bmatrix} j0.1275 & -0.250 & 0 \\ & j0.316 & -0.535 \\ & & j0.645 \end{bmatrix}$$

导纳矩阵 $\boldsymbol{Y}_{(0)}$ 只有一阶，直接求其逆矩阵，得

$$Z_{(0)} = [\,\mathrm{j}0.391\,]$$

③ 短路发生在节点 2，在故障口开路的情况下求阻抗矩阵第 2 列元素及 $\dot{U}_2^{(0)}$。利用式 （3-36）~式 （3-38），可得

$$f_1 = 0, \quad f_2 = 1, \quad f_3 = -u_{23}f_2 = 0.535$$
$$h_1 = 0, \quad h_2 = f_2/d_{22} = \mathrm{j}0.316$$
$$h_3 = f_3/d_{33} = 0.535 \times \mathrm{j}0.645 = \mathrm{j}0.345$$
$$Z_{32} = h_3 = \mathrm{j}0.345$$
$$Z_{22} = h_3 - u_{23}Z_{32} = \mathrm{j}0.316 - (-0.536) \times \mathrm{j}0.345 = \mathrm{j}0.501$$
$$Z_{12} = 0 - u_{12}Z_{22} = -(-0.25) \times \mathrm{j}0.501 = \mathrm{j}0.125$$

于是有

$$Z_{FF(1)} = Z_{22} = \mathrm{j}0.501, \quad Z_{FF(2)} = Z_{FF(1)} = \mathrm{j}0.501, \quad Z_{FF(0)} = \mathrm{j}0.391$$

将接于节点 1 和节点 3 的电势源支路各化为等效的电流源支路，可得该两节点的注入电流分别为

$$\dot{I}_1 = \mathrm{j}1.04/\mathrm{j}0.17 = 6.118, \quad \dot{I}_3 = \mathrm{j}0.93/\mathrm{j}1.31 = 0.710$$
$$\dot{U}_F^{(0)} = U_2^{(0)} = Z_{21}\dot{I}_1 + Z_{23}\dot{I}_3 = \mathrm{j}0.125 \times 6.118 + \mathrm{j}0.345 \times 0.710 = \mathrm{j}1.011$$

④ 故障口各序电流计算。根据表 13-2，有

$$Z_\Delta = \frac{Z_{FF(2)} Z_{FF(0)}}{Z_{FF(2)} + Z_{FF(0)}} = \frac{\mathrm{j}0.501 \times \mathrm{j}0.391}{\mathrm{j}0.501 + \mathrm{j}0.391} = \mathrm{j}0.2173$$

$$K_2 = -\frac{Z_{FF(0)}}{Z_{FF(2)} + Z_{FF(0)}} = \frac{-\mathrm{j}0.391}{\mathrm{j}0.501 + \mathrm{j}0.391} = -0.4383$$

$$K_0 = -\frac{Z_{FF(2)}}{Z_{FF(2)} + Z_{FF(0)}} = \frac{\mathrm{j}0.501}{\mathrm{j}0.501 + \mathrm{j}0.391} = -0.5617$$

$$\dot{I}_{F(1)} = \frac{\dot{U}_F^{(0)}}{Z_{FF(1)} + Z_\Delta} = \frac{\mathrm{j}1.011}{\mathrm{j}0.501 + \mathrm{j}0.2173} = 1.407$$

$$\dot{I}_{F(2)} = K_2\dot{I}_{F(1)} = -0.4383 \times 1.407 = -0.6167$$

$$\dot{I}_{F(0)} = K_0\dot{I}_{F(1)} = -0.5617 \times 1.407 = -0.7903$$

2） 线路 L-1 在节点 a 侧单相断线计算。

① 形成各序网节点导纳矩阵。

设节点 2 和 4 构成故障口节点对，可作出线路 L-1 在节点 a 侧单相断线时的各序网络，如图 13-31 所示。

各序节点导纳矩阵如下

$$\boldsymbol{Y}_{(1)} = \boldsymbol{Y}_{(2)} = \begin{bmatrix} -\mathrm{j}7.843 & \mathrm{j}1.961 & 0 & 0 \\ \mathrm{j}1.961 & -\mathrm{j}1.961 & 0 & 0 \\ 0 & 0 & -\mathrm{j}2.458 & +\mathrm{j}1.695 \\ 0 & 0 & \mathrm{j}1.695 & -\mathrm{j}1.695 \end{bmatrix}$$

$$\boldsymbol{Y}_{(0)} = \begin{array}{c} 2 \\ 4 \end{array}\begin{matrix} 2 \qquad\qquad 4 \\ \begin{bmatrix} -\mathrm{j}1.149 & 0 \\ 0 & -\mathrm{j}1.408 \end{bmatrix}\end{matrix}$$

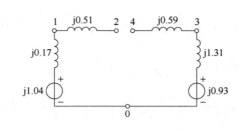

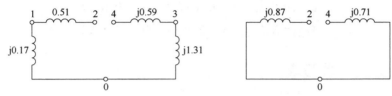

图 13-31　例 13-5 的系统线路 L-1 在节点 a 侧断线时的各序网络图

② 对导纳矩阵 $\boldsymbol{Y}_{(1)}$ 进行三角分解，形成因子表如下：

$$
\begin{bmatrix}
j0.1275 & -0.250 & 0 & 0 \\
 & j0.680 & 0 & 0 \\
 & & j0.407 & -0.690 \\
 & & & j1.9
\end{bmatrix}
$$

对导纳矩阵 $\boldsymbol{Y}_{(0)}$ 直接求其逆矩阵，得

$$
\boldsymbol{Z}_{(0)} = \begin{array}{c} 2 \\ 4 \end{array}
\begin{bmatrix}
j0.87 & 0 \\
0 & j0.71
\end{bmatrix}
\begin{array}{c} 2 \quad\quad 4 \end{array}
$$

③ 在故障口开路的情况下，求故障口的各序自阻抗和电压 $U_{\mathrm{F}}^{(0)}$。

利用式（3-36）~式（3-38）分别计算阻抗矩阵第 2 列和第 4 列的元素，可得

$$Z_{12} = j0.17, \ Z_{22} = j0.68, \ Z_{32} = Z_{42} = 0$$
$$Z_{14} = Z_{24} = 0, \ Z_{34} = j1.31, \ Z_{44} = j1.9$$

故障口自阻抗为

$$Z_{\mathrm{FF}(1)} = Z_{22} + Z_{44} - 2Z_{24} = j0.68 + j1.9 = j2.58$$
$$Z_{\mathrm{FF}(2)} = Z_{\mathrm{FF}(1)} = j2.58$$
$$Z_{\mathrm{FF}(0)} = Z_{22(0)} + Z_{44(0)} - 2Z_{24(0)} = j0.87 + j0.71 = j1.58$$

故障口开路电压为

$$\dot{U}_{\mathrm{F}}^{(0)} = \dot{U}_2^{(0)} - \dot{U}_4^{(0)} = Z_{21}\dot{I}_1 - Z_{43}\dot{I}_3$$
$$= j0.17 \times 6.118$$
$$- j1.31 \times 0.71 = j0.11$$

④ 故障口各序电流的计算，由表 13-2 可知，单相断路时有

$$Z_\Delta = \frac{Z_{\mathrm{FF}(2)} Z_{\mathrm{FF}(0)}}{Z_{\mathrm{FF}(2)} + Z_{\mathrm{FF}(0)}} = \frac{j2.58 \times j1.58}{j2.58 + j1.58} = j0.98$$

$$K_2 = -\frac{Z_{FF(0)}}{Z_{FF(2)} + Z_{FF(0)}} = \frac{j1.58}{j2.58 + j1.58} = -0.38$$

$$K_0 = -\frac{Z_{FF(2)}}{Z_{FF(2)} + Z_{FF(0)}} = \frac{j2.58}{j2.58 + j1.58} = -0.62$$

$$\dot{I}_{F(1)} = -\frac{\dot{U}_F^{(0)}}{Z_{FF(1)} + Z_\Delta} = \frac{j0.11}{j2.58 + j0.98} = -0309$$

$$\dot{I}_{F(2)} = K_2 \dot{I}_{F(1)} = -0.38 \times 0.0309 = -0.0117$$

$$\dot{I}_{F(0)} = K_0 \dot{I}_{F(0)} = -0.62 \times 0.0309 = -0.0192$$

13.5 复杂故障的计算方法

13.5.1 分析复杂故障的一般方法

所谓复杂故障是指网络中有两处或两处以上同时发生的不对称故障。电力系统中常见的复杂故障是某处发生不对称短路时，有一处或两处的开关非全相跳闸。

掌握了简单故障分析计算的原理和方法，复杂故障是不难处理的。简单故障时，系统中只有一处故障端口，可以分别就原系统的各序等效网络对故障端口进行戴维南等效，得到各序网络故障口的电压方程式，式中故障端口电压和电流的各序分量之间的关系则由具体的边界条件确定。对于多重故障，系统中存在多个故障端口，同样可以分别对原系统的各序等效网络实行多端口的戴维南等效，得到各序网络故障口的电压方程，并对每一处故障端口列写边界条件。但是，对多重故障列写边界条件时，为了正确地反映序分量和相分量之间的关系，在有些情况下，必须在序分量表示的边界条件中引入适当的移相系数（也称为移相算子），称带有移相系数的边界条件为通用边界条件。

13.5.2 不对称故障的通用边界条件

在前面的讨论中，凡属单相故障都假定发生在 a 相，两相故障都发生在 b 相和 c 相。单相故障时的故障相和两相故障时的非故障相通常称为特殊相。所谓特殊相，是指该相的状态有别于另外两相。我们把 a 相当作特殊相，同选取 a 相作为对称分量的基准相是一致的。在这种条件下，用对称分量表示的边界条件最为简单。

当网络中只有一处故障时，总可以把故障特殊相选为对称分量的基准相。当发生多处故障时，全网只能选定统一的基准相，例如单相接地短路，不管短路发生在哪一相，都以 a 相作为对称分量的基准相。当 a 相短路时，假定为金属性短路，边界条件为

$$\dot{I}_{F(1)} = \dot{I}_{F(2)} = \dot{I}_{F(0)}$$

$$\dot{U}_{F(1)} + \dot{U}_{F(2)} + \dot{U}_{F(0)} = 0$$

b 相短路时，$\dot{I}_{Fa} = \dot{I}_{Fb} = 0$ 和 $\dot{U}_{Fb} = 0$，用对称分量表示可得

$$a^2 \dot{I}_{F(1)} = a \dot{I}_{F(2)} = \dot{I}_{F(0)}$$

$$a^2 \dot{U}_{F(1)} = a \dot{U}_{F(2)} + \dot{U}_{F(0)} = 0$$

c 相短路时，$\dot{I}_{Fa} = \dot{I}_{Fb} = 0$ 和 $\dot{U}_{Fc} = 0$，或用对称分量表示为

$$a\dot{I}_{F(1)} = a^2 \dot{I}_{F(2)} = \dot{I}_{F(0)}$$
$$a\dot{U}_{F(1)} + a^2 \dot{U}_{F(2)} + \dot{U}_{F(0)} = 0$$

这种带有算子 a 和 a^2 的边界条件就能灵活地考虑特殊相和基准相不一致的情况。

多重故障分析中通常都选 a 相作为对称分量的基准相。分析表明，无论是单相故障还是相间故障，当 a 相为特殊相时，各序分量的移相系数都等于 1；b 相为特殊相时，正序、负序和零序分量的移相系数分别为 a^2、a 和 1；c 相为特殊相时，则各移相系数分别为 a、a^2 和 1。

还有一种情况也必须在边界条件中引入移相系数。发生多处故障时，故障可能出现在星形-三角形联结变压器的两侧，在建立边界条件时必须注意到不同序对称分量经过星形-三角形联结变压器后要发生不同的相位移动。现以图 13-32 所示情况为例。在 YN，d11 变压器 YN 侧的 f 点 a 相接地短路和 d 侧的 k 点 b、c 两相短路同时发生，选 a 相为对称分量基准相时，两处都没有必要引入因特殊相和基准相不一致而产生的移相系数。

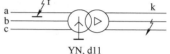

图 13-32　在 YN，d11 变压器
两侧同时发生故障

如果 Y 侧电压（电流）的各序分量的相位是符合实际的，则短路点 f 的边界条件为

$$\dot{U}_{f(1)} + \dot{U}_{f(2)} + \dot{U}_{f(0)} = 0$$
$$\dot{I}_{f(1)} = \dot{I}_{f(2)} = \dot{I}_{f(0)}$$

至于短路点 k，就必须在边界条件中反映由于 Yn，d11 接法变压器引起的相位移动，即

$$\dot{U}_{k(1)} e^{j30°} = \dot{U}_{k(2)} e^{-j30°}$$
$$\dot{I}_{k(1)} e^{j30°} + \dot{I}_{k(2)} e^{-j30°} = 0$$

在进行多重故障计算时，可以根据星形-三角形接法变压器的分布情况将整个系统的等效网络划分为不同的移相分区，只要指定其中的一个分区作为参考，就可依次确定各个分区的移相系数。

上述两种情况的移相系数在实际应用中可以合并成一个，以下论述中涉及的移相系数指的是合并后的移相系数。

从本章前几节对边界条件的论述中可以看到，不对称故障处的边界条件可以归纳成两种类型，一种是故障电流的各序分量（或乘以相应的移相系数后）相等，故障口电压的各序分量（或乘以相应移相系数后）之和为零；另一种是故障电流的各序分量（或乘以相应移相系数后）之和为零，故障口电压的各序分量（或乘以相应移相系数后）相等。组成复合序网时，与其对应的各序网络在故障口的联接方式便是串联接法和并联接法。

单相接地短路和两相断开时，复合序网由各序网络在故障口（经过故障处的阻抗）串联组成。因此，这类故障又称为串联型故障。

两相短路接地和单相断开时，复合序网由各序网络在故障口（经过故障处的阻抗）并联组成。因此，这类故障又称为并联型故障。

两相短路接地和单相断开时，复合序网由各序网络在故障口（经过故障处的阻抗）并联组成。因此，这类故障又称为并联型故障。两相短路可作为两相短路接地时 $z_g = \infty$ 的特例。

为了便于以后的讨论，串联型故障口的各量都赋以下标 S，并联型故障口的各量都赋以

下标 P。在引入移相系数后，这两类故障的边界条件方程式可以分别列写如下，对于串联型故障

$$\begin{cases} n_{S(1)}\dot{I}_{S(1)} = n_{S(2)}\dot{I}_{S(2)} = n_{S(0)}\dot{I}_{S(0)} \\ n_{S(1)}(\dot{U}_{S(1)} - z_S\dot{I}_{S(1)}) + n_{S(2)}(\dot{U}_{S(2)} - z_S\dot{I}_{S(2)}) + n_{S(0)}(\dot{U}_{S(0)} - z_S\dot{I}_{S(0)}) = 0 \end{cases} \quad (13\text{-}50)$$

对于并联型故障

$$\begin{cases} n_{P(1)}\dot{I}_{P(1)} + n_{P(2)}\dot{I}_{P(2)} + n_{P(0)}\dot{I}_{P(0)} = 0 \\ n_{P(1)}(\dot{U}_{P(1)} - z_P\dot{I}_{P(1)}) = n_{P(2)}(\dot{U}_{P(2)} - z_P\dot{I}_{P(2)}) = n_{P(0)}(\dot{U}_{P(0)} - z_{P0}\dot{I}_{P(0)}) = 0 \end{cases} \quad (13\text{-}51)$$

相应的通用复合序网分别如图 13-33 和图 13-34 所示。

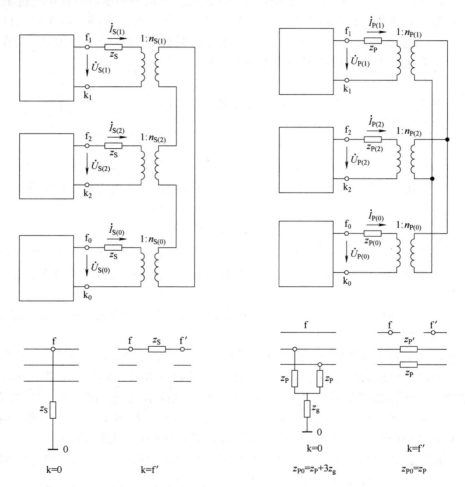

图 13-33 串联型故障通用复合序网　　　图 13-34 并联型故障通用复合序网

13.5.3　双重故障的分析计算

假定系统中发生了一处串联型故障和一处并联型故障。串联型故障口记为端口 S，它的两个节点为 s 和 s'；并联型故障口记为端口 P，它的两个节点为 p 和 p'。发生故障相当于从故障口分别向各序网络注入了故障电流的该序分量（见图 13-35）。

正序网络中任一节点 i 的电压为

$$\dot{U}_{i(1)} = \sum_{j \in G} Z_{ij(1)} \dot{I}_j - (Z_{is(1)} - Z_{is'(1)}) \dot{I}_{S(1)} - (Z_{ip(1)} - Z_{ip'(1)}) \dot{I}_{P(1)}$$

$$= \dot{U}_i^{(0)} - Z_{iS(1)} \dot{I}_{S(1)} - Z_{iP(1)} \dot{I}_{P(1)} \qquad (13\text{-}52)$$

式中，$\dot{U}_i^{(0)}$ 是正序网络中当故障端口都开路（即 $\dot{I}_{S(1)} = \dot{I}_{P(1)} = 0$）时，由网络内的电源在节点 i 产生的电压。不限于正序网络，$Z_{iS} = Z_{is} - Z_{is'}$ 和 $Z_{iP} = Z_{ip} - Z_{ip'}$ 分别为故障口 S 和 P 同节点 i 之间的互阻抗。

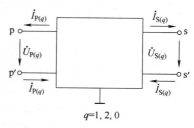

图 13-35 双重故障的端口

将式（13-52）应用于故障端口的两对节点，得

$$\dot{U}_{S(1)} = \dot{U}_{s(1)} - \dot{U}_{s'(1)} = (\dot{U}_s^{(0)} - \dot{U}_{s'}^{(0)}) - (Z_{sS(1)} - Z_{s'S(1)}) \dot{I}_{S(1)} - (Z_{sP(1)} - Z_{s'P(1)}) \dot{I}_{P(1)}$$

$$= \dot{U}_S^{(0)} - Z_{SS(1)} \dot{I}_{S(1)} - Z_{SP(1)} \dot{I}_{P(1)} \qquad (13\text{-}53)$$

$$\dot{U}_{P(1)} = \dot{U}_{p(1)} - \dot{U}_{p'(1)} = (\dot{U}_p^{(0)} - \dot{U}_{p'}^{(0)}) - (Z_{pS(1)} - Z_{p'S(1)}) \dot{I}_{S(1)} - (Z_{pP(1)} - Z_{p'P(1)}) \dot{I}_{P(1)}$$

$$= \dot{U}_P^{(0)} - Z_{PS(1)} \dot{I}_{S(1)} - Z_{PP(1)} \dot{I}_{P(1)} \qquad (13\text{-}54)$$

式中，$\dot{U}_S^{(0)}$ 和 $\dot{U}_P^{(0)}$ 分别为故障口 S 和 P 的开路电压；$Z_{SS} = Z_{ss} + Z_{s's'} - 2Z_{ss'}$ 和 $Z_{PP} = Z_{pp} + Z_{p'p'} - 2Z_{pp'}$ 分别为端口 S 和 P 的自阻抗；$Z_{PS} = Z_{SP} = Z_{ps} + Z_{p's'} - Z_{ps'} - Z_{p's}$ 称为端口 S 和端口 P 之间的互阻抗。如果网络内所有电势源都短接，电流源都断开，仅在端口 S 的节点 s 注入同时在节点 s' 流出单位电流时，在端口 P 产生的电压在数值上即等于 Z_{PS}。

由此可见，端口自阻抗和端口间互阻抗的物理意义同节点自阻抗和节点间互阻抗的物理意义是完全一致的。实际上，节点阻抗矩阵可以看作是端口阻抗矩阵的特例，如果把网络中每一个节点都同零电位点组成一个端口，这时的端口阻抗矩阵就是节点阻抗矩阵。

式（13-53）和式（13-54）可用矩阵合写为

$$\begin{bmatrix} \dot{U}_{S(1)} \\ \dot{U}_{P(1)} \end{bmatrix} = \begin{bmatrix} \dot{U}_S^{(0)} \\ \dot{U}_P^{(0)} \end{bmatrix} - \begin{bmatrix} Z_{SS(1)} & Z_{SP(1)} \\ Z_{PS(1)} & Z_{PP(1)} \end{bmatrix} \begin{bmatrix} \dot{I}_{S(1)} \\ \dot{I}_{P(1)} \end{bmatrix} \qquad (13\text{-}55)$$

还可简记为

$$U_{F(1)} = U_F^{(0)} - Z_{FF(1)} I_{F(1)}$$

这就同简单故障时的方程式完全一致了。式（13-55）也可看作是戴维南等效在两端口网络的推广。

同样地，可以写出负序和零序网络中任一节点 i 的电压计算公式：

$$\dot{U}_{i(q)} = -Z_{iS(q)} \dot{I}_{S(q)} - Z_{iP(q)} \dot{I}_{P(q)} \qquad (q = 2, 0) \qquad (13\text{-}56)$$

负序和零序网络故障口的电压方程可用矩阵形式分别写成

$$\begin{bmatrix} \dot{U}_{S(2)} \\ \dot{U}_{P(2)} \end{bmatrix} = - \begin{bmatrix} Z_{SS(2)} & Z_{SP(2)} \\ Z_{PS(2)} & Z_{PP(2)} \end{bmatrix} \begin{bmatrix} \dot{I}_{S(2)} \\ \dot{I}_{P(2)} \end{bmatrix} \qquad (13\text{-}57)$$

$$\begin{bmatrix} \dot{U}_{S(0)} \\ \dot{U}_{P(0)} \end{bmatrix} = - \begin{bmatrix} Z_{SS(0)} & Z_{SP(0)} \\ Z_{PS(0)} & Z_{PP(0)} \end{bmatrix} \begin{bmatrix} \dot{I}_{S(0)} \\ \dot{I}_{P(0)} \end{bmatrix} \qquad (13\text{-}58)$$

或简写为

$$U_{F(2)} = -Z_{FF(2)} I_{F(2)}$$

$$U_{F(0)} = -Z_{FF(0)} I_{F(0)}$$

式（13-55）、式（13-57）和式（13-58），再加上边界条件式（13-50）和式（13-51），就是求解两个故障口电流和电压各序分量所需要的全部方程式。这些方程式中总共包含了 12 个待求量。

实际计算时，也像在简单故障时的做法一样，先联解一部分方程，或者组成复合序网，以消去若干个未知量，降低联立方程的阶次。至于在 12 个未知量中，留下哪些，消去哪些，可根据不同的考虑，采取不同的处理方法。一种方法是模拟组成复合序网，将各序网络在并联型故障口并联，在串联型故障口串联。这样就消去了并联型故障口的各序电流和串联型故障口的各序电压，只留下并联型故障口的某序（一般是正序）电压和串联型故障口的某序（一般是正序）电流作为待求量。采用这种做法，最后要求解的方程式的阶次恰好等于故障的重数。其实，在应用计算机求解时，对上述方程组也可以不再作任何处理，就 12 阶线性方程直接求解，同时获得所有故障口电压和电流的各序分量，这样做还可以省去不少中间换算。

掌握了端口阻抗矩阵的概念，双重故障的分析计算方法也可以用来进行任意多重故障的计算。

13.6 小结

对于各种不对称短路，都可以对短路点列写各序网络的电势方程，根据不对称短路的不同类型列写边界条件方程。联立求解这些方程可以求得短路点电压和电流的各序分量。

简单不对称故障的另一种有效解法是，根据故障边界条件组成复合序网。在复合序网中短路点的许多变量被消去，只剩下正序电流一个待求量。

根据正序电流的表达式，可以归纳出正序等效定则，即不对称短路时，短路点正序电流与因在短路点每相加入附加电抗 $X_\Delta^{(n)}$ 而发生三相短路时的电流相等。

为了计算网络中不同节点的各相电压和不同支路的各相电流，应先确定电流和电压的各序分量在网络中的分布。在将各序分量组合成各相量时要特别注意，正序和负序对称分量经过 Y，d 联结的变压器时要分别转过不同的相位。

不对称短路分析计算的原理和方法同样适用于不对称断线故障。必须注意，横向故障和纵向故障的故障端口节点的组成是不同的。

为了统一各种不同类型故障数学模型的建立方法，引入了端口阻抗矩阵的概念。所谓端口，即是两个节点构成的节点对，两个节点的注入电流总是大小相等、符号相反。节点阻抗矩阵是端口阻抗矩阵的特例。节点阻抗矩阵元素的物理概念可以延伸到端口阻抗矩阵。

在研究复杂不对称故障时，为了处理好全系统对称分量基准相的统一性和各处故障特殊相的随意性，需要在故障边界条件方程中引入移相系数。对于发生在星形-三角形接法变压器两侧的故障，由于正序和负序分量经过变压器后会产生不同的相位移动，因此需要在边界条件中引入相应的移相系数。

无论对哪一类故障，本章都采用网络对故障口的电势方程和故障口边界条件方程联立求解的方法，求出故障口电流和电压的各序分量之后，再进行网络内电流和电压的分布计算。

本章与第 11 章一样，也是应用阻抗矩阵建立故障计算的数学模型。但是所有的方程式也只涉及与故障口节点号相关的节点阻抗矩阵元素。因此，在实际计算中只需要形成全系统的节点导纳矩阵，根据计算要求算出与故障口节点号相关的某几列节点阻抗矩阵元素即可，不必形成全系统的节点阻抗矩阵。

13.7 复习题

13-1 何谓复合序网？各种不对称故障的边界条件和复合序网结构是什么？

13-2 何谓正序等效定则？它有什么作用？

13-3 不对称短路时，各序电压在网络中分布有什么特点？

13-4 应用相量图分析 Y, d 接线变压器两侧相电压和电流的变化。

13-5 请从故障边界条件、复合序网和计算公式等方面，对非全相断线和简单不对称故障做比较分析。

13-6 何谓横向故障？何谓纵向故障？两者故障口组成有什么不同？分析方法和参数计算有什么区别？

13-7 简单系统如图 13-36 所示。已知元件参数如下。发电机：$S_N = 60MVA$，$x''_d = 0.16$，$x_{(2)} = 0.19$；变压器：$S_N = 60MVA$，$U_S = 10.5\%$。f 点分别发生单相接地、两相短路、两相短路接地和三相短路时，试计算短路点短路电流的有名值，并进行比较分析。

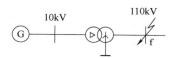

图 13-36 习题 13-7 简单系统

13-8 上题系统中，若变压器中性点经 30Ω 的电抗接地，试作上题所列各类短路的计算，并对两题计算的结果作分析比较。

13-9 简单系统如图 13-37 所示。已知元件参数如下。发电机：$S_N = 50MVA$，$x''_d = x_{(2)} = 0.2$，$E''_{[0]} = 1.05$；变压器：$S_N = 50MVA$，$U_S = 10.5\%$，Y, d11 接法，中性点接地电抗为 22Ω。f 点发生两相接地短路，试计算：

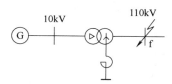

图 13-37 习题 13-9 简单系统

1）短路点各相电流及电压的有名值。

2）发电机端各相电流及电压的有名值，并画出其相量图。

3）变压器低压绕组中各绕组电流的有名值。

4）变压器中性点电压的有名值。

13-10 系统接线如图 13-38 所示。已知各元件参数如下。发电机 G：$S_N = 100MVA$，$x''_d = x_{(2)} = 0.18$；变压器 T-1：$S_N = 120MVA$，$U_S = 10.5\%$；变压器 T-2：$S_N = 100MVA$，$U_S = 10.5\%$；线路 L：$l = 140km$，$x_{(1)} = 0.4\Omega/km$，$x_{(0)} = 3x_{(1)}$。在线路的中点发生单相接地短路，试计算短路点入地电流及线路上各相电流的有名值，并作三线图标明线路各相电流的实际方向。

13-11 系统接线如图 13-39 所示。已知各元件参数如下。发电机 G：$S_N = 150MVA$，$x''_d = x_{(2)} = 0.17$；变压器 T-1：$S_N = 120MVA$，$U_S = 14\%$；变压器 T-2：$S_N = 100MVA$，$U_{S(1-2)} = 10\%$，$U_{S(2-3)} = 20\%$，$U_{S(1-3)} = 25\%$，中性点接地电抗为 50Ω；线路 L：$l = 150km$，$x_{(1)} = 0.41\Omega/km$，$x_{(0)} = 3x_{(1)}$。f 点发生单相接地短路，试计算：

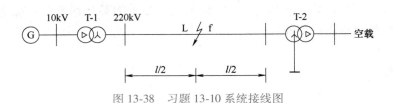

图 13-38　习题 13-10 系统接线图

1）自耦变压器 T-2 中性点入地电流的有名值。

2）短路点各相电压的有名值。

3）自耦变压器 T-2 中性点对地电压的有名值。

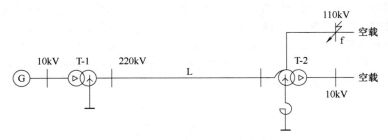

图 13-39　习题 13-11 系统接线图

13-12　若上题的自耦变压器中性点不接地，试计算短路点各相对地电压的有名值，说明为什么会有此结果，并结合本题和上题的计算结果对自耦变压器中性点接地方式下一个结论。

13-13　在如图 13-40 所示网络中，已知参数如下。系统 S：$S_N = 300MVA$，$x_{(1)} = x_{(2)} = 0.3$，$x_{(0)} = 0.1$；变压器 T：$S_N = 75MVA$，$U_S = 10.5\%$。欲使 f 点发生单相及两相接地短路时，短路处的入地电流相等，问系统中性点接地电抗应等于多少欧姆？

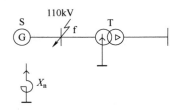

图 13-40　习题 13-13 所示网络

13-14　系统接线如图 13-41 所示，已知各元件参数如下。发电机 G：$S_N = 300MVA$，$x''_d = x_{(2)} = 0.22$；变压器 T-1：$S_N = 360MVA$，$U_S = 12\%$；变压器 T-2：$S_N = 360MVA$，$U_S = 12\%$；线路 L：每回路 $l = 120km$，$x_{(1)} = 0.4\Omega/km$，$x_{(0)} = 3x_{(1)}$；负荷：$S_{LD} = 300MVA$。当 f 点发生单相断开时，试计算各序组合电抗并作出复合序网。

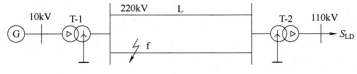

图 13-41　习题 13-14 系统接线图

13-15　系统接线如图 13-42 所示，各元件参数幺值如下：

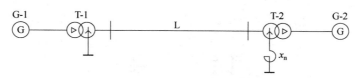

图 13-42　习题 13-15 系统接线图

发电机 G-1　　$x_{(1)} = x_{(2)} = 0.12$，$E = 1.05 \angle 0°$

发电机 G-2　　$x_{(1)} = x_{(2)} = 0.14$，$E = 1.05 \angle 0°$

变压器 T-1　　$x = 0.1$

变压器 T-2　　$x = 0.12$，$x_n = 0.2$；

线路 L　　　　$x_{(1)} = x_{(2)} = 0.5$，$x_{(0)} = 1.2$。

线路首端发生单相短路，试计算短路电流。

附　　录

附录 A　电感的计算

A.1　单根导线的电感

长度为 l 的圆柱形导线通以电流时，不仅在导线的外部，还在导线的内部产生磁通，因此，与导线交链的磁链也包括内部磁链 ψ_i 和外部磁链 ψ_e 两部分。相应地，导线的自感也由内电感 L_i 和外电感 L_e 组成。现在分别讨论这两部分电感的计算。

由于导线半径 r 远小于导线长度 l，在研究导线内部磁场时，不妨把导线看作是无限长线，它的磁场就是平行平面场。图 A-1 表示导线的横截面。假定电流 i 沿截面均匀分布。根据安培环路定律，取以导线轴线为中心，x 为半径的圆周作为积分路径，可得

$$\oint \boldsymbol{H}_x \mathrm{d}l = \frac{x^2}{r^2} i \tag{A-1}$$

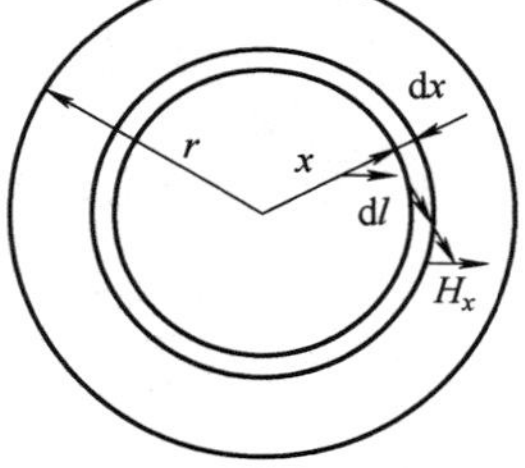

式中，$\boldsymbol{H}_x$ 为距离导线轴线 x 处的磁场强度。

由于磁场对称，距离导线轴线等距离点的磁场强度 $\boldsymbol{H}_x$ 均数值相等，且与 $\mathrm{d}l$ 相切，所以式（A-1）可改写为

$$2\pi x \boldsymbol{H}_x = \frac{x^2}{r^2} i$$

由此可得

$$\boldsymbol{H}_x = \frac{x^2}{2\pi r^2} \tag{A-2}$$

图 A-1　圆柱形长导线横截面

若导线材料的磁导率为 μ_w，则磁感应强度为

$$B_x = \mu_w H_x = \frac{\mu_w x_i}{2\pi r^2} \tag{A-3}$$

在距导线轴线 x 处取一宽度为 $\mathrm{d}x$、长度为 1 单位的面积，其中的磁通应为

$$\mathrm{d}\Phi_i = B_x \mathrm{d}x = \frac{\mu_w x_i}{2\pi r^2} \mathrm{d}x \tag{A-4}$$

磁通 $\mathrm{d}\Phi_i$ 所交链的导线匝数为 $\pi x^2 / \pi r^2$，故相应的磁链为

$$\mathrm{d}\psi_i = \frac{\pi x^2}{\pi r^2} \mathrm{d}\Phi_i = \frac{\mu_w x^3 i}{2\pi r^4} \mathrm{d}x \tag{A-5}$$

于是导线内部单位长度的总磁链为

$$\psi_i = \int_0^r \frac{\mu_w x^3 i}{2\pi r^4} \mathrm{d}x = \frac{\mu_w i}{8\pi} \tag{A-6}$$

对于非铁磁材料的导线，$\mu_w \approx \mu_0$，便有

$$\psi_i = \frac{\mu_0 i}{8\pi} \tag{A-7}$$

导线单位长度的内电感为

$$L_i = \frac{\mu_0}{8\pi} \tag{A-8}$$

现在计算与外部磁链有关的电感。从导线外一点来看，可以近似认为电流集中于导线的轴线上。取导线的轴线作为 y 轴，导线的一个端点作为原点（见图 A-2）。在导线外任取一点 P，其坐标为 (x, y)。根据比奥-沙瓦定律，在无限大均匀媒质中由电流微段 $i\mathrm{d}y_1$ 在其附近的点 P 所引起的磁感应强度分量 $\mathrm{d}\boldsymbol{B}$ 的数值与此电流微段 $i\mathrm{d}y_1$ 成正比，与由此微段到该点的距离 d 的二次方成反比，还与该距离矢径和微段 $\mathrm{d}y_t$ 方向间的夹角 a 的正弦成正比，即

$$\mathrm{d}\boldsymbol{B} = \frac{\mu i \mathrm{d}y_1 \sin a}{4\pi d^2}$$

由图 A-2 可以确定

$$d^2 = x^2 + (y_1 - y)^2$$

$$\sin a = \frac{x}{\sqrt{x^2 + (y_1 - y)^2}}$$

当周围介质是空气时，$\mu \approx \mu_0$，便得

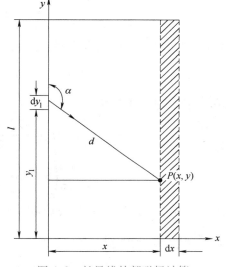

图 A-2　长导线外部磁场计算

$$\mathrm{d}\boldsymbol{B} = \frac{\mu_0 i x \mathrm{d}y_1}{4\pi \left[x^2 + (y_1 - y)^2 \right]^{3/2}} \tag{A-9}$$

整条导线在点 P 产生的磁感应强度为

$$\begin{aligned}
B_\mathrm{P} &= \frac{\mu_0 i}{4\pi} \int_0^l \frac{x \mathrm{d}y_1}{\left[x^2 + (y_1 - y)^2 \right]^{3/2}} = \frac{\mu_0 i}{4\pi x} \left[\frac{y_1 - y}{\sqrt{x^2 + (y_1 - y)^2}} \right]_0^l \\
&= \frac{\mu_0 i}{4\pi x} \left[\frac{l - y}{\sqrt{x^2 + (l - y)^2}} + \frac{y}{\sqrt{x^2 + y^2}} \right]
\end{aligned} \tag{A-10}$$

穿过面积 $l\mathrm{d}x$（图 A-2 中阴影部分）的磁通为

$$\mathrm{d}\boldsymbol{\varPhi}_\mathrm{e} = \mathrm{d}x \int_{fi}^l B_\mathrm{P} \mathrm{d}y$$

由于磁通 $\mathrm{d}\boldsymbol{\varPhi}_\mathrm{e}$ 与整条导线交链，因此匝数为 1，相应的磁链为

$$\begin{aligned}
\mathrm{d}\psi_\mathrm{e} = \mathrm{d}\boldsymbol{\varPhi}_\mathrm{e} &= \mathrm{d}x \int_0^l B_\mathrm{P} \mathrm{d}y = \frac{\mu_0 i \mathrm{d}x}{4\pi x} \int_0^l \left[\frac{l - y}{\sqrt{x^2 + (l - y)^2}} \right] \mathrm{d}y \\
&= \frac{\mu_0 i}{2\pi x} \left(\sqrt{x^2 + l^2} - x \right) \mathrm{d}x
\end{aligned}$$

因此，导线外部的总磁链为

$$\psi_e = \int d\psi_e = \frac{\mu_0 i}{2\pi} \int_r^\infty \left(\frac{\sqrt{x^2+l^2}}{x} - 1 \right) dx$$

$$= \frac{\mu_0 i}{2\pi} \left[\sqrt{x^2+l^2} - l \times \ln \frac{l+\sqrt{x^2+l^2}}{x} - x \right]_r^\infty$$

$$= \frac{\mu_0 i}{2\pi} \left[l \times \ln \frac{l+\sqrt{x^2+l^2}}{x} - \sqrt{x^2+l^2} + r \right] \tag{A-11}$$

当 $l \gg r$ 时，上式可简化为

$$\psi_e \approx \frac{\mu_0 i l}{2\pi} \left(\ln \frac{2l}{r} - 1 \right) \tag{A-12}$$

因此，每单位长度的外电感为

$$L_e = \frac{\psi_e}{il} = \frac{\mu_0}{2\pi} \left(\ln \frac{2l}{r} - 1 \right) \tag{A-13}$$

导线单位长度的电感为

$$L = L_i + L_e = \frac{\mu_0}{8\pi} + \frac{\mu_0}{2\pi} \left(\ln \frac{2l}{r} - 1 \right) = \frac{\mu_0}{2\pi} \left(\frac{1}{4} + \ln \frac{2l}{r} - 1 \right)$$

$$= \frac{\mu_0}{2\pi} \left(\ln e^{\frac{1}{4}} + \ln \frac{2l}{r} - 1 \right) = \frac{\mu_0}{2\pi} \left(\ln \frac{2l}{r'} - 1 \right) \tag{A-14}$$

式中，$r' = e^{\frac{1}{4}} r = 0.779r$ 是计及导线内部电感的等效半径，也称为圆柱形导线的自几何均距。

A.2 两平行导线间的互感

设两导线的半径均为 r，轴线间距离为 D（见图 A-3）。当导线 1 通以电流 i 时，所产生的外部磁通在离轴线距离为 $D-r$ 处开始与导线 2 部分地交链，直到距离大于或等于 $D+r$ 处才与整个导线 2 交链。为了便于计算，可以略去从 $D-r$ 至 D 这一部分磁通，而认为导线 1 的外部磁通从导线 2 的轴线开始即同整个导线 2 交链。这样，将式（A-11）的积分下限改取为 D，便得导线 1 的电流 i 对导线 2 产生的总互感磁链为

$$\psi_{21} = \int_D^\infty \frac{\mu_0 i}{2\pi} \left(\frac{\sqrt{x^2+l^2}}{x} - 1 \right) dx$$

$$= \frac{\mu_0 i}{2\pi} \left(l \times \ln \frac{l+\sqrt{D^2+l^2}}{D} - \sqrt{D^2+l^2} + D \right)$$

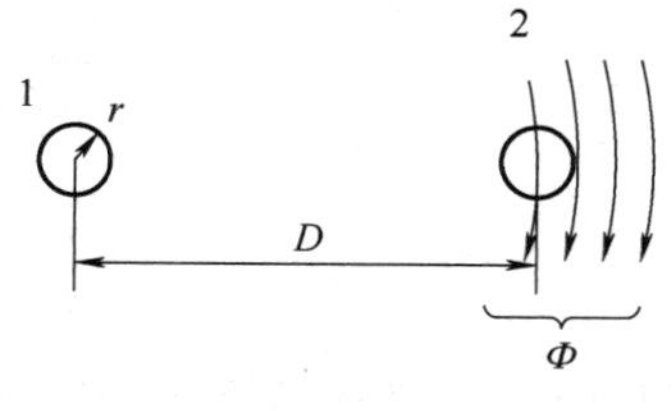

图 A-3 平行导线间的互感磁链

当 $l \gg D$ 时，则有

$$\psi_{21} \approx \frac{\mu_0 i}{2\pi} \left(\ln \frac{2l}{D} - 1 \right) \tag{A-15}$$

于是导线 1 对导线 2 每单位长度的互感为

$$M_{21} = \frac{\psi_{21}}{il} = M = \frac{\mu_0}{2\pi} \left(\ln \frac{2l}{D} - 1 \right) \tag{A-16}$$

不言而喻，导线 2 对导线 1 的互感 M_{12} 也等于 M。

A.3　复合导体的自感

设有一组复合导体由 n 根平行的圆柱形导线组成。导体的总电流为 i，每根导线的电流为 i/n。若导体当作一匝，则每根导线代表 $1/n$ 匝。现在讨论这种复合导体的自感计算。

记导线 k 的半径为 r_k，任两根导线 k、j 的轴线间距离为 d_{kj}，则与导线 k 交链的总磁通为

$$
\begin{aligned}
\Phi_k &= \frac{\mu_0 il}{2\pi n}\left[\left(\ln\frac{2l}{r'_k}-1\right)+\left(\ln\frac{2l}{d_{k1}}-1\right)+\cdots+\left(\ln\frac{2l}{d_{k*k-1}}-1\right)+\left(\ln\frac{2l}{d_{k*k+1}}-1\right)+\cdots+\left(\ln\frac{2l}{d_{kn}}-1\right)\right]\\
&= \frac{\mu_0 li}{2\pi n}\left[\left(\ln\frac{2l}{r'_k}-1\right)+\sum_{\substack{j=1\\j\neq k}}^{n}\left(\ln\frac{2l}{d_{kj}}-1\right)\right]\\
&= \frac{\mu_0 li}{2\pi}\left(\ln\frac{2l}{d'_{sk}}-1\right)
\end{aligned}
\tag{A-17}
$$

式中，$d'_{sk}=\sqrt[n]{r'_k d_{k1}\cdots d_{k*k-1} d_{k*k+1}\cdots d_{kn}}$。

同复合导体交链的总磁链为

$$
\psi=\frac{1}{n}\sum_{k=1}^{n}\Phi_k=\frac{\mu_0 il}{2\pi n}\sum_{k=1}^{n}\left(\ln\frac{2l}{d'_{sk}}-1\right)=\frac{\mu_0 il}{2\pi}\left(\ln\frac{2l}{D_s}-1\right)
\tag{A-18}
$$

其中

$$
D_s=\sqrt[n]{d_{s1} d'_{s2}\cdots d'_{sn}}=\sqrt[n^2]{(r'_1 d_{12} d_{13}\cdots d_{1n})\times(r'_2 d_{21} d_{23}\cdots d_{2n})\cdots(r'_n d_{n1} d_{n2}\cdots d_{n*n-1})}
\tag{A-19}
$$

式中，D_s 为复合导体的自几何均距，或几何平均半径。

于是复合导体每单位长度的自感为

$$
L=\frac{\psi}{il}=\frac{\mu_0}{2\pi}\left(\ln\frac{2l}{D_s}-1\right)
\tag{A-20}
$$

A.4　两组平行复合导体之间的互感

两组平行的复合导体 A 和 B 如图 A-4 所示，导体 A 由 n 根导线组成，设体 A 中的导线 k 与导体 B 中的导线 j' 的轴线间距离为 $D_{kj'}$。当导体 A 的总电流为 i，且其中每根导线的电流为 i/n 时，其对于导体 B 中的导线 j' 产生的总互感磁通为

$$
\Phi_{j'}=\frac{\mu_0 li}{2\pi n}\sum_{k=1}^{n}\left(\ln\frac{2l}{D_{kj'}}-1\right)=\frac{\mu_0 li}{2\pi}\left[\ln\frac{2l}{\sqrt[n]{D_{1j'} D_{2j'}\cdots D_{nj'}}}-1\right]
$$

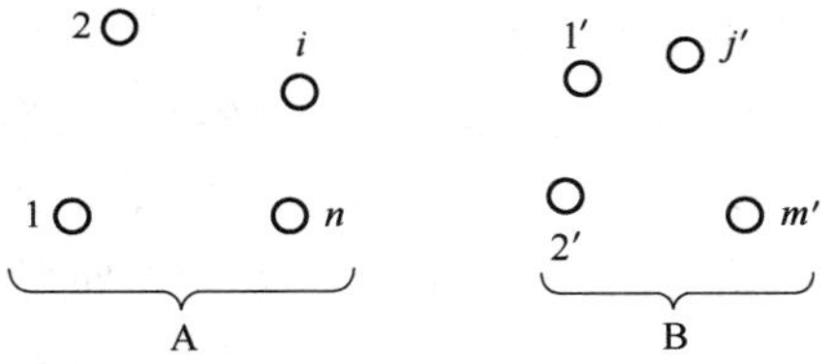

图 A-4　两组平行的复合导体

这样，导体 A 对导体 B 产生的总磁链为

$$
\psi_{BA}=\frac{1}{M}\sum_{j=1}^{m}\Phi_{j'}=\frac{\mu_0 li}{2\pi m}\sum_{j=1}^{n}\left[\ln\frac{2l}{\sqrt[n]{D_{1j'} D_{2j'}\cdots D_{nj'}}}-1\right]=\frac{\mu_0 li}{2\pi}\left(\ln\frac{2l}{D_m}-1\right)
\tag{A-21}
$$

其中

$$
D_m=\sqrt[nm]{(D_{11'} D_{21'}\cdots D_{n1'})(D_{12'} D_{22'}\cdots D_{n2'})\cdots(D_{1m'} D_{2m'}\cdots D_{mn'})}
\tag{A-22}
$$

式中，D_m 为两组复合导体间的互几何均距。

于是两组复合导体间每单位长度的互感为

$$M = \frac{\psi_{BA}}{il} = \frac{\mu_0}{2\pi}\left(\ln\frac{2l}{D_m}-1\right) \qquad (A\text{-}23)$$

从以上导出的公式可见，式（A-20）与式（A-14）、式（A-23）与式（A-16）的形式完全一样。实际上，式（A-20）和式（A-23）已分别包含了式（A-14）与式（A-16）。由于 $\mu_0 = 4\pi\times10^{-7}\text{H/m}$，式（A-20）和式（A-23）又可写成

$$L = 2\times10^{-7}\left(\ln\frac{2l}{D_s}-1\right)\text{H/m} \qquad (A\text{-}24)$$

$$M = 2\times10^{-7}\left(\ln\frac{2l}{D_m}-1\right)\text{H/m} \qquad (A\text{-}25)$$

附录B 线性方程组的直接解法

高斯消去法是直接求解线性方程组的有效方法，它的特点是演算迅速，又没有收敛性问题。因此，高斯消去法和以它为基础的各种算法在电力系统计算中得到了普遍的应用。

B.1 高斯消去法

1. 按列消元按行回代的算法

用高斯消去法解线性方程组可以采用不同的计算格式，各种格式并无实质性的不同。在这里将介绍按列消元按行回代的算法。

设有 n 阶线性方程组

$$\begin{cases} a_{11}x_1+a_{12}x_2+\cdots+a_{1n}x_n = b_1 \\ a_{21}x_1+a_{22}x_2+\cdots+a_{2n}x_n = b_2 \\ \vdots \\ a_{n1}x_1+a_{n2}x_2+\cdots+a_{nn}x_n = b_n \end{cases} \qquad (B\text{-}1)$$

或缩记为

$$AX = B \qquad (B\text{-}2)$$

求解的具体步骤如下：

1）若 $a_{11}\neq0$，从式（B-1）的第1式解出

$$x_1 = [b_1-(a_{12}x_2+\cdots+a_{1n}x_n)]/a_{11}$$

代入第2式~第 n 式以消去 x_1，便得到

$$\begin{cases} a_{11}x_1+a_{12}x_2+\cdots+a_{1n}x_n = b_1 \\ a_{22}^{(1)}x_2+\cdots+a_{2n}^{(1)}x_n = b_2^{(1)} \\ \vdots \\ a_{n2}^{(1)}x_2+\cdots+a_{nn}^{(1)}x_n = b_n^{(1)} \end{cases} \qquad (B\text{-}3)$$

式中，$a_{ij}^{(1)} = a_{ij}-\dfrac{a_{i1}}{a_{11}}a_{1j}$；$b_i^{(1)} = b_i-\dfrac{a_{i1}}{a_{11}}b_1(i = 2,3,\cdots,n;j = i,i+1,\cdots,n)$

2）若 $a_{22}^{(1)}\neq0$，从式（B-3）的第2式可解出

$$x_2 = [b_2^{(1)}-(a_{23}^{(1)}x_3+\cdots+a_{2n}^{(1)}x_n)]/a_{22}^{(1)}$$

代入第 3 式~第 n 式以消去 x_2，便得

$$\begin{cases} a_{11}x_1+a_{12}x_2+a_{13}x_3+\cdots+a_{1n}x_n=b_1 \\ a_{22}^{(1)}x_2+a_{23}^{(1)}x_3+\cdots+a_{2n}^{(1)}x_n=b_2^{(1)} \\ a_{33}^{(1)}x_3+\cdots+a_{3n}^{(1)}x_n=b_3^{(1)} \\ \qquad\qquad \vdots \\ a_{n3}^{(1)}x_3+\cdots+a_{nn}^{(1)}x_n=b_n^{(1)} \end{cases}$$

由此看来，只要 $a_{kk}^{(k-1)}\neq 0$，消元过程就可以继续下去，在做完第 k 步消元后，原方程组将变为

$$\begin{cases} a_{11}x_1+a_{12}x_2+\cdots+a_{1,k+1}x_{k+1}+\cdots+a_{1n}x_n=b_1 \\ a_{22}^{(1)}x_2+\cdots+a_{2,k+1}^{(1)}x_{k+1}+\cdots+a_{2n}^{(1)}x_n=b_2^{(1)} \\ \qquad\qquad \vdots \\ a_{k+1,k+1}^{(k)}x_{k+1}+\cdots+a_{k+1,n}^{(k)}x_n=b_{k+1}^{(k)} \\ \qquad\qquad \vdots \\ a_{n,k+1}^{(k)}x_{k+1}+\cdots+a_{nn}^{(k)}x_n=b_n^{(k)} \end{cases} \tag{B-4}$$

$$a_{ij}^{(k)}=a_{ij}^{(k-1)}-\frac{a_{ik}^{(k-1)}a_{kj}^{(k-1)}}{a_{kk}^{(k-1)}}=a_{ij}-\sum_{p=1}^{k}\frac{a_{ip}^{(p-1)}a_{pj}^{(p-1)}}{a_{pp}^{(p-1)}} \tag{B-5}$$

式中，$a_{ij}^{(2)}=a_{ij}^{(1)}-\dfrac{a_{i2}^{(1)}a_{2j}^{(1)}}{a_{22}^{(1)}}$；$b_i^{(2)}=b_i^{(1)}-\dfrac{a_{i2}^{(1)}b_2^{(1)}}{a_{22}^{(1)}}(i=3,4,\cdots,n;j=i,i+1,\cdots,n)$。

由于 $b_i^{(k)}$ 与 $a_{ij}^{(k)}$ 的算法相同，若把 b_i 记为 $a_{i,n+1}$，在利用式（B-5）时可把列标 j 一直取到 $n+1$。

在消元过程中，如遇 $a_{kk}^{(k-1)}=0$，可将尚待继续消元的那部分方程式重新排列次序，使第 k 个方程中 x_k 的系数不为零即可。经过 $n-1$ 次消元，最后得到的方程为

$$\begin{cases} a_{11}x_1+a_{12}x_2+\cdots+a_{1i}x_i+\cdots+a_{1n}x_n=b_1 \\ a_{22}^{(1)}x_2+\cdots+a_{2i}^{(1)}x_i+\cdots+a_{2n}^{(1)}x_n=b_2^{(1)} \\ \qquad\qquad \vdots \\ a_{ii}^{(i-1)}x_i+\cdots+a_{in}^{(i-1)}x_n=b_i^{(i-1)} \\ \qquad\qquad \vdots \\ a_{nn}^{(n-1)}x_n=b_n^{(n-1)} \end{cases} \tag{B-6}$$

式中，

$$a_{ij}^{(i-1)}=a_{ij}-\sum_{k=1}^{i-1}\frac{a_{ik}^{(k-1)}a_{kj}^{(k-1)}}{a_{kk}^{(k-1)}} \quad (i=1,2,\cdots,n;j=i,i+1\cdots,n+1) \tag{B-7}$$

消元的结果是把原方程组（B-1）演化成系数矩阵呈上三角形的方程组（B-6）。这两组方程组有同解。利用方程组（B-6）可以自下而上地逐个算出待求变量 x_n，x_{n-1}，$\cdots$，x_1，其计算通式为

$$x_i=\left(b_i^{i-1}-\sum_{j=i+1}^{n}a_{ij}^{(i-1)}x_j\right)\bigg/a_{ii}^{(i-1)} \quad (i=n,n-1,\cdots,1) \tag{B-8}$$

这个演算过程称为后退回代过程，简称回代过程。

2. 按行消元并逐行规格化的算法

在电力系统计算中，高斯消去法的另一种常用计算格式是按行消元并逐行规格化的算法。具体做法如下：

1）若 $a_{11} \neq 0$，则以 $1/a_{11}$ 乘方程组（B-1）中的第 1 式，使之规格化，得到

$$x_1 + a_{12}^{(1)} x_2 + \cdots + a_{1n}^{(1)} x_n = b_1^{(1)} \tag{B-9}$$

式中，$a_{1j}^{(1)} = a_{1j}/a_{11}(j=2,3,\cdots,n+1)$

2）对方程组（B-1）中的第 2 式作运算。首先进行消元，用 $-a_{21}$ 乘式（B-9）全式，再同方程组（B-1）的第 2 式相加，便得到

$$a_{22}^{(1)} x_2 + a_{23}^{(1)} x_3 + \cdots + a_{2n}^{(1)} x_n = b_2^{(1)}$$

式中，$a_{2j}^{(1)} = a_{2j} - a_{21} a_{1j}^{(1)} \quad (j=2,3,\cdots,n+1)$

假定 $a_{22}^{(1)} \neq 0$，用 $1/a_{22}^{(1)}$ 去乘上式，便得

$$x_2 + a_{23}^{(2)} x_3 + \cdots + a_{2n}^{(2)} x_n = b_2^{(2)}$$

式中，$a_{2j}^{(2)} = a_{2j}^{(1)}/a_{22}^{(1)} \quad (j=3,4,\cdots,n+1)$

这样，我们就得到了经过消元和规格化处理的第 2 个方程式。这种算法的消元过程是逐行进行的。对原方程组（B-1）中的第 i 个方程式的演算包括，先作 $i-1$ 次消元，利用已完成消元和规格化处理的 $i-1$ 个方程式依次消去 x_1，x_2，$\cdots$，x_{i-1}，然后作一次规格化计算，使 x_i 的系数变为 1。以 k 代表消元次数，逐次消元的计算通式为

$$a_{ij}^{(k)} = a_{ij}^{(k-1)} - a_{ik}^{(k-1)} a_{kj}^{(k)} \quad (k=1,2,\cdots,i-1;j=k+1,k+2,\cdots,n+1) \tag{B-10}$$

作完 $i-1$ 次消元后，规格化计算的公式为

$$a_{ij}^{(i)} = a_{ij}^{(i-1)}/a_{ii}^{(i-1)} \quad (j=i+1,i+2,\cdots,n+1) \tag{B-11}$$

按照上述步骤，对方程组（B-1）的全部方程式作完消元和规格化演算，便得到了以下方程组

$$\begin{cases} x_1 + a_{12}^{(1)} x_2 + a_{13}^{(1)} x_3 + \cdots + a_{1,n-1} x_{n-1} + a_{1n} x_n = b_1^{(1)} \\ \quad x_2 + a_{23}^{(2)} x_3 + \cdots + a_{2,n-1}^{(2)} x_{n-1} + a_{2n}^{(2)} x_n = b_2^{(2)} \\ \qquad\qquad\qquad\vdots \\ \qquad\qquad\qquad x_{n-1} + a_{n-1,n}^{(n-1)} x_n = b_{n-1}^{(n-1)} \\ \qquad\qquad\qquad\qquad x_n = b_n^{(n)} \end{cases} \tag{B-12}$$

式中的系数表达式为

$$a_{ij}^{(i)} = \left(a_{ij} - \sum_{k=1}^{i-1} a_{ik}^{(k-1)} a_{kj}^{(k)} \right)/a_{ii}^{(i-1)} \quad (i=1,2,\cdots,n-1;j=i+1,i+2,\cdots,n+1) \tag{B-13}$$

利用方程组（B-12），通过自下而上的回代计算，即可求得全部的未知变量，其计算通式为

$$x_i = b_i^{(i)} - \sum_{j=i+1}^{n} a_{ij}^{(i)} x_j (j=n,n-1,\cdots,1) \tag{B-14}$$

B.2 三角分解法

高斯消去法求解线性方程组的另一种常用算法是对方程式（B-2）的系数矩阵 $\boldsymbol{A}$ 进行三角分解。现将电力系统计算中常用的几种三角分解分别介绍如下。

1. 将非奇方阵 A 分解为单位下三角矩阵 L 和上三角矩阵 R 的乘积

高斯消去法的每一步演算都相当于进行矩阵的初等变换。以按列消元的算法为例，第一步消元时所用的初等矩阵为

$$\boldsymbol{L}_1^{-1} = \begin{bmatrix} 1 & & & \\ -l_{21} & 1 & & \\ \vdots & & \ddots & \\ -l_{n1} & & & 1 \end{bmatrix}$$

式中，$l_{i1} = a_{i1}/a_{11}$　$(i=2,3,\cdots,n)$

用 $\boldsymbol{L}_1^{-1}$ 左乘式（B-2）的两端，将结果展开便得到方程组（B-3）。以后的每一步消元都是对上次变换所得的结果再作一次初等变换。所用的变换矩阵都是单列单位下三角矩阵，第 k 步消元所用的矩阵为

$$\boldsymbol{L}_k^{-1} = \begin{bmatrix} 1 & & & & & \\ & \ddots & & & & \\ & & 1 & & & \\ & & -l_{k+1,k} & 1 & & \\ & & \vdots & & \ddots & \\ & & -l_{nk} & & & 1 \end{bmatrix} \tag{B-15}$$

式中，$l_{ik} = a_{ik}^{(k-1)}/a_{kk}^{(k-1)}$　$(i=k+1,\cdots,n)$ （B-16）

依次作完 $n-1$ 次变换后，便得到方程组（B-6）。若将方程组（B-6）的系数矩阵记为 $\boldsymbol{R}$，则其元素为

$$r_{ij} = a_{ij}^{(i-1)}　(i=1,2,\cdots,n;j=i,i+1,\cdots,n) \tag{B-17}$$

从演算过程可知

$$\boldsymbol{R} = \boldsymbol{L}_{n-1}^{-1}\boldsymbol{L}_{n-2}^{-1}\cdots\boldsymbol{L}_1^{-1}\boldsymbol{A}$$

因为初等矩阵非奇，故有

$$\boldsymbol{L}_1\boldsymbol{L}_2\cdots\boldsymbol{L}_{n-1}\boldsymbol{R} = \boldsymbol{A}$$

根据单列单位下三角矩阵的性质可知

$$\boldsymbol{L}_k = \begin{bmatrix} 1 & & & & & \\ & \ddots & & & & \\ & & 1 & & & \\ & & l_{k+1,k} & 1 & & \\ & & \vdots & & \ddots & \\ & & l_{nk} & & & 1 \end{bmatrix}$$

$$\boldsymbol{L} = \boldsymbol{L}_1\boldsymbol{L}_2\cdots\boldsymbol{L}_{n-1} = \begin{bmatrix} 1 & & & & \\ l_{21} & 1 & & & \\ l_{31} & l_{32} & 1 & & \\ \vdots & \vdots & \vdots & \ddots & \\ l_{n1} & l_{n2} & l_{n3} & \cdots & 1 \end{bmatrix}$$

这样，我们便得到

$$A = LR \qquad (B\text{-}18)$$

非奇方阵 A 被表示为矩阵 L 和 R 的乘积，这两个三角矩阵称为 A 的因子矩阵。

利用式（B-5）和式（B-7），不难确定两个因子矩阵的元素计算公式为

$$\begin{cases} l_{ij} = \left(a_{ij} - \displaystyle\sum_{k=1}^{j-1} l_{ik} r_{kj} \right) \Big/ r_{jj} \begin{pmatrix} i = 2,3,\cdots,n; \\ j = 1,2,\cdots,i-1 \end{pmatrix} \\ r_{ij} = a_{ij} - \displaystyle\sum_{k=1}^{i-1} l_{ik} r_{kj} \begin{pmatrix} i = 1,2,\cdots,n; \\ j = i,i+1,\cdots,n \end{pmatrix} \end{cases} \qquad (B\text{-}19)$$

从 l_{ij} 的计算公式可见，r_j 都作为除数出现，要使分解得以进行下去，必须有 $r_{jj} \neq 0$。为满足这个条件，要求矩阵 A 的各阶主子式都不等于零。如果矩阵 A 非奇，通过对它的行（或列）的次序的适当调整，这个条件是能满足的。

将 $A = LR$ 代入线性方程组（B-2），便得 $LRX = B$。这个方程又可以分解为以下两个方程

$$LF = B$$
$$RX = F$$

或者展开写成

$$\begin{bmatrix} 1 & & & & \\ l_{21} & 1 & & & \\ l_{31} & l_{32} & 1 & & \\ \vdots & \vdots & \vdots & \ddots & \\ l_{n1} & l_{n2} & l_{n3} & \cdots & 1 \end{bmatrix} \begin{bmatrix} f_1 \\ f_2 \\ f_3 \\ \vdots \\ f_n \end{bmatrix} = \begin{bmatrix} b_1 \\ b_2 \\ b_3 \\ \vdots \\ b_n \end{bmatrix} \qquad (B\text{-}20)$$

$$\begin{bmatrix} r_{11} & r_{12} & \cdots & r_{1n} \\ & r_{22} & \cdots & r_{2n} \\ & & \ddots & \vdots \\ & & & r_{nn} \end{bmatrix} \begin{bmatrix} x_1 \\ x_2 \\ \vdots \\ x_n \end{bmatrix} = \begin{bmatrix} f_1 \\ f_2 \\ \vdots \\ f_n \end{bmatrix} \qquad (B\text{-}21)$$

这两组方程式的系数矩阵都是三角形矩阵，其求解是极为方便的。先由方程组（B-20）自上而下地依次算出 $f_1, f_2, \cdots, f_n$，其计算通式为

$$f_i = b_i - \sum_{j=1}^{i-1} l_{ij} f_j \quad (i = 1,2,\cdots,n) \qquad (B\text{-}22)$$

这一步演算相当于消元过程中对原方程式右端常数向量所作的变换，只需用到下三角因子矩阵。容易看出，$f_i = b_i^{(i-1)}$。利用式（B-16），式（B-22）也可由式（B-7）直接获得。方程组（B-21）的求解属于回代过程，只需用到上三角因子矩阵以及经过消元变换的右端常数向量。因为方程组（B-21）就是方程组（B-6），其解法就不重复了。

2. 将非奇方阵 A 分解为单位下三角矩阵 L、对角线矩阵 D 和单位上三角矩阵 U 的乘积

如果 A 非奇，则上三角矩阵 R 的对角线元素都不等于零。矩阵 R 又可分解为对角线矩阵 D 和单位上三角矩阵 U 的乘积，即 $R = DU$，或展开写成

$$\begin{bmatrix} r_{11} & r_{12} & \cdots & r_{1n} \\ & r_{22} & \cdots & r_{2n} \\ & & \ddots & \vdots \\ & & & r_{nn} \end{bmatrix} = \begin{bmatrix} d_{11} & & & \\ & d_{22} & & \\ & & \ddots & \\ & & & d_{nn} \end{bmatrix} \begin{bmatrix} 1 & u_{12} & \cdots & u_{1n} \\ & 1 & \cdots & u_{2n} \\ & & \ddots & \vdots \\ & & & 1 \end{bmatrix}$$

比较两方的对应元素可得

$$d_{ii}=r_{ij},u_{ij}=r_{ij}/d_{ii} \quad (i=1,2,\cdots,n;j=i+1,\cdots,n) \tag{B-23}$$

由此可知

$$d_{ii}=a_{ii}^{(i-1)},u_{ij}=a_{ij}^{(i)} \tag{B-24}$$

这样便得

$$A=LDU \tag{B-25}$$

这种分解称为方阵 A 的一种 LDU 分解。若 A 的各阶主子式均不为零，则这种分解是唯一的。

利用式（B-19）和式（B-23），可得各因子矩阵的元素表达式如下：

$$\begin{cases} d_{ii}=a_{ii}-\displaystyle\sum_{k=1}^{i-1}l_{ik}u_{ki}d_{kk} & (i=1,2,\cdots,n) \\ u_{ij}=\left(a_{ij}-\displaystyle\sum_{k=1}^{i-1}l_{ik}u_{kj}d_{kk}\right)\Big/d_{ii} & \binom{i=1,2,\cdots,n-1}{j=j+1,\cdots,n} \\ l_{ij}=\left(a_{ij}-\displaystyle\sum_{k=1}^{j-1}l_{ik}u_{kj}d_{kk}\right)\Big/d_{jj} & \binom{i=2,3,\cdots,n}{j=1,2,\cdots,i-1} \end{cases} \tag{B-26}$$

将式（B-25）代入式（B-2），可得

$$LDUX=B$$

这个方程又可分解为以下三个方程组

$$\begin{cases} LF=B \\ DH=F \\ UX=H \end{cases} \tag{B-27}$$

方程组 $LF=B$ 展开后就是方程组（B-20），其解法如前所述。这组方程的求解相当于消元演算中对常数向量进行变换。方程组 $DH=F$ 可展开为

$$\begin{bmatrix} d_{11} & & & \\ & d_{22} & & \\ & & \ddots & \\ & & & d_{nn} \end{bmatrix}\begin{bmatrix} h_1 \\ n_2 \\ \vdots \\ h_n \end{bmatrix}=\begin{bmatrix} f_1 \\ f_2 \\ \vdots \\ f_n \end{bmatrix} \tag{B-28}$$

由此可得

$$h_i=f_i/d_{ii} \quad (i=1,2,\cdots,n) \tag{B-29}$$

根据式（B-22）和式（B-13）可知 $h_i=b_i^{(i)}$。因此，求解这组方程相当于对经消元变换后的右端常数向量作一次规格化演算。

方程组 $UX=H$ 展开后即为方程组（B-12），其解法就不重复了。

若 A 为对称矩阵，则应有

$$A^{\mathrm{T}}=A=LDU=(LDU)^{\mathrm{T}}=U^{\mathrm{T}}D^{\mathrm{T}}L^{\mathrm{T}}$$

当 A 的各阶主子式均不为零时，根据分解的唯一性，应有 $L^{\mathrm{T}}=U$ 或 $U^{\mathrm{T}}=L$。因此

$$A=LDL^{\mathrm{T}}=U^{\mathrm{T}}DU \tag{B-30}$$

利用方程组（B-26），计及 $u_{ij}=l_{ji}$，便得各因子矩阵的元素表达式为

$$\begin{cases} d_{ii}=a_{ii}-\sum_{k=1}^{i-1} l_{ik}^2 d_{kk}=a_{ii}-\sum_{k=1}^{i-1} u_{ki}^2 d_{kk} & (i=1,2,\cdots,n) \\[2mm] u_{ij}=\left(a_{ij}-\sum_{k=1}^{i-1} u_{ki}u_{kj}d_{kk}\right)\Big/ d_{ii} & \left(\begin{matrix} i=1,2,\cdots,n-1 \\ j=i+1,\cdots,n \end{matrix}\right) \\[2mm] l_{ij}=\left(a_{ij}-\sum_{k=1}^{j-1} l_{ik}l_{jk}d_{kk}\right)\Big/ d_{jj} & \left(\begin{matrix} i=2,3,\cdots,n \\ j=1,2,\cdots,i-1 \end{matrix}\right) \end{cases} \tag{B-31}$$

由于三角矩阵 U 和 L 互为转置，只需算出其中的一个即可。

3. 将非奇方阵 A 分解为下三角矩阵 C 和单位上三角矩阵 U 的乘积

若令 $LD=C$，则矩阵 C 仍为下三角矩阵，其元素为

$$\begin{cases} c_{ii}=d_{ii} & (i=1,2,\cdots,n) \\[2mm] c_{ij}=l_{ij}d_{jj} & \left(\begin{matrix} i=1,2,\cdots,n \\ j=1,2,\cdots,i-1 \end{matrix}\right) \end{cases} \tag{B-32}$$

这样便得

$$A=CU \tag{B-33}$$

这种分解也称为 Crout 分解。利用方程组（B-26）和方程组（B-32），可得因子矩阵的元素表达式如下

$$\begin{cases} c_{ij}=a_{ij}-\sum_{k=1}^{j-1} c_{ik}u_{kj} & \left(\begin{matrix} i=1,2,\cdots,n \\ j=1,2,\cdots,i \end{matrix}\right) \\[2mm] u_{ij}=\left(a_{ij}-\sum_{k=1}^{i-1} c_{ik}u_{kj}\right)\Big/ c_{ii} & \left(\begin{matrix} i=1,2,\cdots,n-1 \\ j=i+1,\cdots,n \end{matrix}\right) \end{cases} \tag{B-34}$$

用 Crout 分解求解线性方程组的算法，相当于按行消元逐行规格化的高斯消去法。不难验证：

$$c_{ij}=a_{ij}^{(j-1)},\ u_{ij}=a_{ij}^{(i)} \tag{B-35}$$

4. 因子表及其应用

在电力系统计算中，常有这样的情况，网络方程需要求解多次，每次只是改变方程右端的常数向量，而使用相同的系数矩阵。对线性方程组（B-2）的系数矩阵 A 进行三角分解，所得的下三角因子矩阵将用于消元运算，而上三角因子矩阵则用于回代运算。对于需要多次求解的方程组，可以把三角形因子矩阵的元素以适当的形式贮存起来以备反复应用。

对矩阵 A 作 LR 分解时，可把因子矩阵 L 和 R 的元素排列成

$$\begin{bmatrix} r_{11} & r_{12} & r_{13} & \cdots & r_{1n} \\ l_{21} & r_{22} & r_{23} & \cdots & r_{2n} \\ l_{31} & l_{32} & r_{33} & \cdots & r_{3n} \\ \vdots & \vdots & \vdots & \ddots & \vdots \\ l_{n1} & l_{n2} & l_{n3} & \cdots & r_{nn} \end{bmatrix}$$

作 Crout 分解时，把因子矩阵 C 和 U 的元素排列成

$$
\begin{bmatrix}
c_{11} & u_{12} & u_{13} & \cdots & u_{1n} \\
c_{21} & c_{22} & u_{23} & \cdots & u_{2n} \\
c_{31} & c_{32} & c_{33} & \cdots & u_{3n} \\
\vdots & \vdots & \vdots & \ddots & \vdots \\
c_{n1} & c_{n2} & c_{n3} & \cdots & c_{nn}
\end{bmatrix}
$$

作 LDU 分解时，把各因子矩阵的元素排列成

$$
\begin{bmatrix}
d_{11} & u_{12} & u_{13} & \cdots & u_{1n} \\
l_{21} & d_{22} & u_{23} & \cdots & u_{2n} \\
l_{31} & l_{32} & d_{33} & \cdots & u_{3n} \\
\vdots & \vdots & \vdots & \ddots & \vdots \\
l_{n1} & l_{n2} & l_{n3} & \cdots & d_{nn}
\end{bmatrix}
$$

矩阵 L 和 U 的对角元素都是 1，不必存放。如果系数矩阵 A 不必保留，则上述因子矩阵的元素正好占据矩阵 A 的对应元素的位置。因此，以上几种排列格式都可以称为矩阵 A 的因子表。

以按行消元逐行规格化的算法为例，这种算法需要保留矩阵 C 和 U 的元素。由于对角线元素 c_{ii} 在计算过程中都作为除数出现，在计算机中乘法要比除法省时间。因此，在实际使用的因子表中，对角线位置都是存放 c_{ii} 的倒数 $1/c_{ii}$。由于对称矩阵的因子矩阵 L 和 U 互为转置矩阵，在因子表中只保留上三角部分（或下三角部分），而对角线位置则存放矩阵 D 的对应元素的倒数。

例 B-1　用因子表求解方程组 $A = BX$。

$$
A = \begin{bmatrix}
a_{11} & a_{12} & a_{13} \\
a_{21} & a_{22} & a_{23} \\
a_{31} & a_{32} & a_{33}
\end{bmatrix} = \begin{bmatrix}
2 & 4 & -2 \\
1 & -1 & 5 \\
4 & 1 & -1
\end{bmatrix}
$$

右端的常数向量分别取为：1）$B = \begin{bmatrix} 6 & 0 & 2 \end{bmatrix}^{\mathrm{T}}$；2）$B = \begin{bmatrix} 4 & 5 & 3 \end{bmatrix}^{\mathrm{T}}$。

解：1）对系数矩阵 A 进行 Crout 分解，将计算结果作成因子表，利用方程组（B-34）分解 A 的第 1 行，得

$c_{11} = a_{11} = 2$，$1/c_{11} = 1/2$，$u_{12} = a_{12}/c_{11} = 2$，$u_{13} = a_{13}/c_{11} = -1$ 将 $1/2$、2、−1 记作因子表的第 1 行。

分解 A 的第 2 行，得

$$c_{12} = a_{21} = 1,\quad c_{22} = a_{22} - c_{21}u_{12} = -1 - 1 \times 2 = -3$$

$$1/c_{22} = -1/3,\quad u_{23} = (a_{23} - c_{21}u_{13})/c_{22} = [5 - 1 \times (-1)]/(-3) = -2$$

将 1、−1/3 和−2 记作因子表的第 2 行。

分解 A 的第 3 行，得

$$c_{31} = a_{31} = 4,\quad c_{32} = a_{32} - c_{31}u_{12} = 1 - 4 \times 2 = -7$$

$$c_{33} = a_{33} - c_{31}u_{13} - c_{32}u_{32} = -2 - 4 \times (-1) - (-7) \times (-2) = -12,\quad 1/c_{33} = -1/12$$

将 4、−7 和−1/12 记入因子表的第 3 行。最终得到的因子表为

$$\begin{bmatrix} 1/c_{11} & u_{12} & u_{13} \\ c_{21} & 1/c_{22} & u_{23} \\ c_{31} & c_{32} & 1/c_{33} \end{bmatrix} = \begin{bmatrix} 1/2 & 2 & -1 \\ 1 & -1/3 & -2 \\ 4 & -7 & -1/12 \end{bmatrix}$$

2）对常数向量为 $\boldsymbol{B} = \begin{bmatrix} 6 & 0 & 2 \end{bmatrix}^{\mathrm{T}}$ 的方程求解。

先作消元运算，得

$$b_1^{(1)} = b_1/c_{11} = 6/2 = 3, \quad b_2^{(2)} = (b_2 - c_{21}b_1^{(1)})/c_{22} = (0 - 1 \times 3)/(-3) = 1$$

$$b_3^{(3)} = (b_3 - c_{31}b_1^{(1)} - c_{32}b_2^{(2)})/c_{33} = [2 - 4 \times 3 - (-7) \times 1]/(-12) = 1/4$$

由回代演算可得

$$x_3 = b_3^{(3)} = \frac{1}{4}$$

$$x_2 = b_2^{(2)} - u_{23}x_3 = 1 - (-2) \times \frac{1}{4} = \frac{3}{2}$$

$$x_1 = b_1^{(1)} - u_{12}x_2 - u_{13}x_3 = 3 - 2 \times \frac{3}{2} - (-1) \times \frac{1}{4} = \frac{1}{4}$$

3）当常数向量 $\boldsymbol{B} = \begin{bmatrix} 4 & 5 & 3 \end{bmatrix}^{\mathrm{T}}$ 时，可解得

$$b_1^{(1)} = 2, \quad b_2^{(2)} = -1, \quad b_3^{(3)} = 1 = x_3$$

$$x_2 = 1, \quad x_1 = 1$$

例 B-2 用因子表求解下列方程

$$2x_1 + x_2 + 2x_3 = 5$$
$$x_1 + 3x_2 + 2x_3 = 6$$
$$2x_1 + 2x_2 + 4x_3 = 8$$

解：1）由于系数矩阵为对称矩阵，为节约机器内存，故可以只对系数矩阵的上三角部分形成因子表。

$$\begin{bmatrix} a_{11} & a_{12} & a_{13} \\ & a_{22} & a_{23} \\ & & a_{33} \end{bmatrix} = \begin{bmatrix} 2 & 1 & 2 \\ & 3 & 2 \\ & & 4 \end{bmatrix}$$

应用方程组（B-31）计算因子矩阵的各元素。第 1 行的元素为

$$d_{11} = a_{11} = 2, \quad \frac{1}{d_{11}} = \frac{1}{2}, \quad u_{12} = a_{12}/d_{11} = \frac{1}{2}, \quad u_{13} = a_{13}/d_{11} = 1$$

第 2 行的元素为

$$d_{22} = a_{22} - u_{12}^2 \times d_{11} = 3 - \left(\frac{1}{2}\right)^2 \times 2 = \frac{5}{2}, \quad \frac{1}{d_{22}} = \frac{2}{5}$$

$$u_{23} = (a_{23} - u_{12}u_{13}d_{11})/d_{11} = \left(2 - \frac{1}{2} \times 1 \times 2\right)\Big/\frac{5}{2} = \frac{2}{5}$$

第 3 行只有一个元素为

$$d_{33} = a_{33} - u_{13}^2 d_{11} - u_{23}^2 d_{22} = 4 - 1^2 \times 2 - \left(\frac{2}{5}\right)^2 \times \frac{5}{2} = \frac{8}{5},$$

$$\frac{1}{d_{33}} = \frac{5}{8}$$

最后求得因子表如下：

$$
\begin{bmatrix} 1/d_{11} & u_{12} & u_{13} \\ & 1/d_{22} & u_{23} \\ & & 1/d_{33} \end{bmatrix} = \begin{bmatrix} \dfrac{1}{2} & \dfrac{1}{2} & 1 \\ & \dfrac{2}{5} & \dfrac{2}{5} \\ & & \dfrac{5}{8} \end{bmatrix}
$$

2）对于有对称系数矩阵的线性方程组，利用上三角因子表解题时，可把式（B-22）改写为

$$
f_i = b_i - \sum_{j=1}^{i-1} u_{ji} f_i \quad (i = 1, 2, \cdots, n)
$$

回代公式为

$$
x_i = \frac{f_i}{d_{ii}} - \sum_{j=i+1}^{n} u_{ij} x_j \quad (i = n, n-1, \cdots, 1)
$$

对于题给方程，先作消元演算

$$
f_1 = b_1 = 5, \quad f_2 = b_2 - u_{12} f_1 = 6 - \frac{1}{2} \times 5 = \frac{7}{2}
$$

$$
f_3 = b_3 - u_{13} f_1 - u_{23} f_2 = 8 - 1 \times 5 - \frac{2}{5} \times \frac{7}{2} = \frac{8}{5}
$$

然后作回代计算可得

$$
x_3 = \frac{f_3}{d_{33}} = 1, \quad x_2 = \frac{f_2}{d_{22}} - u_{23} x_3 = \frac{7}{2} \times \frac{2}{5} - \frac{2}{5} \times 1 = 1
$$

$$
x_1 = \frac{f_1}{d_{11}} - u_{12} x_2 - u_{13} x_3 = \frac{5}{2} - \frac{1}{2} \times 1 - 1 \times 1 = 1
$$

附录 C　常用的网络等效变换

通过等效变换简化网络是电力系统短路计算的一个基本方法。等效变换的要求是网络未被变换部分的状态（指电压和电流分布）应保持不变。除了常用的阻抗支路的串联和并联以外，短路计算中用得最多的主要有两种：网络的星网变换和以戴维南定理为基础的有源网络等效变换。

C.1　星网变换

设网络的某一部分可以表示为由节点 1 和另外 $n-1$ 个节点组成的星形电路，节点 1 同这 $n-1$ 个节点中的每一个都有一条支路相接，支路之间没有互感（见图 C-1a）。通过星网变换可以消去节点 1，把星形电路变换为以节点 2，3，$\cdots$，n 为顶点的完全网形电路，其中任一对节点之间都有一条支路连接，如图 C-1b 所示。

由图 C-1a 根据基尔霍夫定律可得

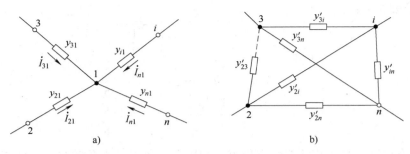

图 C-1 星网变换

$$\sum_{k=2}^{n} \dot{I}_{k1} = \sum_{k=2}^{n} y_{k1}(\dot{U}_k - \dot{U}_1) = 0$$

由此可以解出节点 1 的电压为

$$\dot{U}_1 = \sum_{k=2}^{n} y_{k1} \dot{U}_k / Y_\Sigma$$

式中，$Y_\Sigma = \sum_{k=2}^{n} y_{k1}$ 为以节点 1 为中心的星形电路所有支路导纳之和。

根据等效条件，如果保持变换前后节点 2，3，…，n 的电压不变，则自网络外部流向这些节点的电流也必须保持不变。对任一节点 i 有

$$y_{i1}(\dot{U}_i - \dot{U}_1) = \sum_{\substack{k=2 \\ k \neq i}}^{n} y'_{ik}(\dot{U}_i - \dot{U}_k)$$

将 $\dot{U}_1$ 的值代入，则上式左端可以变为

$$y_{i1}\left(\dot{U}_i - \sum_{k=2}^{n} y_{k1}\dot{U}_k \middle/ Y_\Sigma\right) = y_{i1}\left(\dot{U}_i \sum_{k=2}^{n} y_{k1}\dot{U}_k\right) \middle/ Y_\Sigma = y_{i1}\sum_{\substack{k=2 \\ k \neq i}}^{n} y_{k1}(\dot{U}_i - \dot{U}_k)/Y_\Sigma$$

于是可得

$$y_{i1} \sum_{\substack{k=2 \\ k \neq i}}^{n} y_{k1}(\dot{U}_i - \dot{U}_k)/Y_\Sigma = \sum_{\substack{k=2 \\ k \neq i}}^{n} y'_{ik}(\dot{U}_i - \dot{U}_k)$$

上式对任意电压值均成立，其左右端的任一同类项，如第 j 项的系数必须相等，即

$$y'_{ij} = y_{i1}y_{j1}/Y_\Sigma = y_{i1}y_{j1} \middle/ \sum_{k=2}^{n} y_{k1} \tag{C-1}$$

这就是变换后的等效网形电路中节点 i 和节点 j 之间的支路导纳计算公式。如果用阻抗表示则有

$$z'_{ij} = 1/y'_{ij} = z_{i1}z_{j1} \middle/ \sum_{k=2}^{n} 1/z_{k1} \tag{C-2}$$

式中，一个 m 条支路的星形电路可以等效成具有 m 个顶点的完全网形电路，这个完全网形电路共有 $m(m-1)/2$ 条支路。反过来，要将一个 m 个顶点的全网形电路变换成 m 条支路的星形电路，当 $m>3$ 时一般是不可能实现的。当 $m=3$ 时，可以实现星形电路和三角形电路的互相变换（见图 C-2），其变换公式为

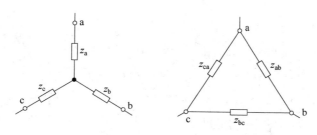

图 C-2　星形-三角形变换

$$\left.\begin{array}{l} z_{ab}=z_a+z_b+z_a z_b/z_c \\ z_{bc}=z_b+z_c+z_b z_c/z_a \\ z_{ca}=z_c+z_a+z_c z_a/z_b \end{array}\right\} \qquad (\text{C-3})$$

$$\left.\begin{array}{l} z_a=z_{ab}z_{ca}/(z_{ab}+z_{bc}+z_{ca}) \\ z_b=z_{bc}z_{ab}/(z_{ab}+z_{bc}+z_{ca}) \\ z_c=z_{ca}z_{bc}/(z_{ab}+z_{bc}+z_{ca}) \end{array}\right\} \qquad (\text{C-4})$$

如果支路参数用导纳（$y=1/z$）表示，则变换公式为

$$\left.\begin{array}{l} y_{ab}=y_a y_b/(y_a+y_b+y_c) \\ y_{bc}=y_b y_c/(y_a+y_b+y_c) \\ y_{ca}=y_c y_a/(y_a+y_b+y_c) \end{array}\right\} \qquad (\text{C-5})$$

$$\left.\begin{array}{l} y_a=y_{ab}+y_{ca}+y_{ab}y_{ca}/y_{bc} \\ y_b=y_{bc}+y_{ab}+y_{bc}y_{ab}/y_{ca} \\ y_c=y_{ca}+y_{bc}+y_{ca}y_{bc}/y_{ab} \end{array}\right\} \qquad (\text{C-6})$$

C.2　星形电路中心节点电流的移置

当星形电路中心节点存在注入电流时，在作星网变换前，先要进行中心节点电流的移置。现以图 C-3a 所示的网络为例加以说明。在作星网变换前，须将待消去的节点 1 的电流 $\dot{i}_1$ 分散移置到相邻的节点 2，3，$\cdots$，n 上去。根据等效的原则，移置前后自星形电路的外部（即网络的未变换部分）流向节点 2，3，$\cdots$，n 的电流应保持不变，节点 2，3，$\cdots$，n 的电压也应保持不变。对比图 C-3a 和图 C-3b，对任一节点 i 应有

$$\dot{i}_i-\dot{i}_{i1}=\dot{i}_i+\Delta\dot{i}_i^{(1)}-\dot{i}_{i1}' \quad (i=2,3,\cdots,n)$$

由此可得 $\Delta\dot{i}_i^{(1)}=-\dot{i}_{i1}+\dot{i}_{i1}'$。计及 $\sum\limits_{i=2}^{n}\dot{i}_{i1}'=0$，便有

$$\sum_{i=2}^{n}\Delta\dot{i}_i^{(1)}=-\sum_{i=2}^{n}\dot{i}_{i1}+\sum_{i=2}^{n}\dot{i}_{i1}'=\dot{i}_1$$

电流移置前后，节点 i、j 间的电压差应保持不变，即

$$\dot{U}_i-\dot{U}_j=\frac{\dot{i}_{i1}}{y_{i1}}-\frac{\dot{i}_{j1}}{y_{j1}}=\frac{\dot{i}_{i1}'}{y_{i1}}-\frac{\dot{i}_{j1}'}{y_{j1}}$$

由此可得

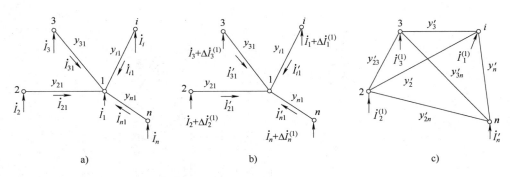

图 C-3　节点电流移置和星网变换

$$\frac{\Delta \dot{I}_i^{(1)}}{y_{i1}} = \frac{\Delta \dot{I}_j^{(1)}}{y_{j1}}$$

根据等比公式可知

$$\frac{\Delta \dot{I}_2^{(1)}}{y_{21}} = \frac{\Delta \dot{I}_3^{(1)}}{y_{31}} = \cdots = \frac{\Delta \dot{I}_n^{(1)}}{y_{n1}} = \frac{\sum\limits_{k=2}^{n} \Delta \dot{I}_k^{(1)}}{\sum\limits_{k=2}^{n} y_{k1}} = \frac{\dot{I}_1}{\sum\limits_{k=2}^{n} y_{k1}}$$

最后便可求得移置到节点 i 的电流

$$\Delta \dot{I}_i^{(1)} = \frac{y_{k1}}{\sum\limits_{k=2}^{n} y_{k1}} \tag{C-7}$$

式（C-7）中的上角标（1）表示电流来自节点 1。

C.3　有源网络的等效变换

　　假定某有源网络通过节点 a、b 和外部电路相接，根据戴维南定理，该有源网络可以用一个具有电势 $\dot{E}_{eq}$ 和阻抗 Z_{eq} 的等效有源支路来代替（见图 C-4）。等效电势 $\dot{E}_{eq}$ 等于外部电路断开（即 $\dot{I}=0$）时在节点 a、b 间的开路电压 $\dot{U}^{(0)}$，而等效阻抗 Z_{eq} 即等于所有电源的电势都为零时从 a、b 两节点看进去的总阻抗。

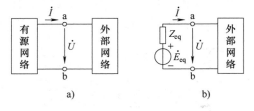

图 C-4　有源网络的等效变换

　　对于由 m 个并联的有源支路构成的有源网络，根据图 C-5 可以写出

$$\sum_{i=2}^{m} (E_i - \dot{U})/Z_i = \dot{I}$$

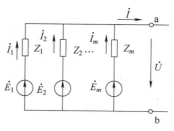

令 $\dot{E}_i = 0 (i = 1, 2, \cdots, m)$，便得

$$Z_{eq} = -\frac{\dot{U}}{\dot{I}} = \frac{1}{\sum\limits_{i=1}^{m} 1/Z_i} \qquad (C\text{-}8)$$

令 $\dot{I} = 0$，便得

$$\dot{E}_{eq} = \dot{U}^{(0)} = Z_{eq} \sum\limits_{i=1}^{m} \dot{E}_i / Z_i \qquad (C\text{-}9)$$

图 C-5　并联有源支路组成的网络

附录 D　短路电流周期分量计算曲线数字表

汽轮发电机计算曲线盘空字表见表 D-1，水轮发电机计算曲线数字表见表 D-2。

表 D-1　汽轮发电机计算曲线盘空字表（$X_{js} = 0.12 \sim 3.45$）

X_{js}	0s	0.01s	0.06s	0.1s	0.2s	0.4s	0.5s	0.6s	1s	2s	4s
0.12	8.963	8.603	7.186	6.400	5.220	4.252	4.006	3.821	3.344	2.795	2.512
0.14	7.718	7.467	6.441	5.839	4.878	4.040	3.829	3.673	3.280	2.808	2.526
0.16	6.763	6.545	5.660	5.146	4.336	3.649	3.481	3.359	3.060	2.706	2.490
0.18	6.020	5.844	5.122	4.697	4.016	3.429	3.288	3.186	2.944	2.659	2.476
0.20	5.432	5.280	4.661	4.297	3.715	3.217	3.099	3.016	2.825	2.607	2.462
0.22	4.938	4.813	4.296	3.988	3.487	3.052	2.951	2.882	2.729	2.561	2.444
0.24	4.526	4.421	3.984	3.721	3.286	2.904	2.816	2.758	2.638	2.515	2.425
0.26	4.178	4.088	3.714	3.486	3.106	2.769	2.693	2.644	2.551	2.467	2.404
0.28	3.872	3.705	3.472	3.274	2.939	2.641	2.575	2.534	2.464	2.415	2.378
0.30	3.603	3.536	3.255	3.081	2.785	2.520	2.463	2.429	2.379	2.360	2.347
0.32	3.368	3.310	3.063	2.909	2.646	2.410	2.360	2.332	2.299	2.306	2.316
0.34	3.159	3.108	2.891	2.754	2.519	2.308	2.264	2.241	2.222	2.252	2.283
0.36	2.975	2.930	2.736	2.614	2.403	2.213	2.175	2.156	2.149	2.109	2.250
0.38	2.811	2.770	2.597	2.487	2.297	2.126	2.093	2.077	2.081	2.118	2.217
0.40	2.664	2.628	2.471	2.372	2.199	2.045	2.017	2.004	2.017	2.099	2.184
0.42	2.531	2.499	2.357	2.267	2.110	1.970	1.946	1.936	1.956	2.052	2.151
0.44	2.411	2.382	2.253	2.170	2.027	1.900	1.879	1.872	1.899	2.006	2.119
0.46	2.302	2.275	2.157	2.082	1.950	1.835	1.817	1.812	1.845	1.963	2.088
0.48	2.203	2.178	2.069	2.000	1.879	1.774	1.759	1.756	1.794	1.921	2.057
0.50	2.111	2.088	1.988	1.924	1.813	1.717	1.704	1.703	1.746	1.880	2.027
0.55	1.913	1.894	1.810	1.757	1.665	1.589	1.581	1.583	1.635	1.785	1.953
0.60	1.748	1.732	1.662	1.617	1.539	1.478	1.474	1.479	1.538	1.699	1.884
0.65	1.610	1.596	1.535	1.497	1.431	1.382	1.381	1.388	1.452	1.621	1.819
0.70	1.492	1.479	1.426	1.393	1.336	1.297	1.298	1.307	1.375	1.549	1.734
0.75	1.390	1.379	1.332	1.302	1.253	1.221	1.225	1.235	1.305	1.484	1.596
0.80	1.301	1.291	1.249	1.223	1.179	1.154	1.159	1.171	1.243	1.424	1.474

（续）

X_{js}	0s	0.01s	0.06s	0.1s	0.2s	0.4s	0.5s	0.6s	1s	2s	4s
0.85	1.222	1.214	1.176	1.152	1.114	1.094	1.100	1.112	1.186	1.358	1.370
0.90	1.153	1.145	1.110	1.089	1.055	1.039	1.047	1.060	1.134	1.279	1.279
0.95	1.091	1.084	1.052	1.032	1.002	0.990	0.998	1.012	1.087	1.200	1.200
1.00	1.035	1.028	0.999	0.981	0.954	0.945	0.954	0.968	1.043	1.129	1.129
1.05	0.985	0.979	0.952	0.935	0.910	0.904	0.914	0.928	1.003	1.067	1.067
1.10	0.940	0.934	0.908	0.893	0.870	0.866	0.876	0.891	0.966	1.011	1.011
1.15	0.898	0.892	0.869	0.854	0.833	0.832	0.842	0.857	0.932	0.961	0.961
1.20	0.860	0.855	0.832	0.819	0.800	0.800	0.811	0.825	0.898	0.915	0.915
1.25	0.825	0.820	0.799	0.786	0.769	0.770	0.781	0.796	0.864	0.874	0.874
1.30	0.793	0.788	0.768	0.756	0.740	0.743	0.754	0.769	0.831	0.836	0.836
1.35	0.763	0.758	0.739	0.728	0.713	0.717	0.728	0.743	0.800	0.802	0.802
1.40	0.735	0.731	0.713	0.703	0.688	0.693	0.705	0.720	0.769	0.770	0.770
1.45	0.710	0.705	0.688	0.678	0.665	0.671	0.682	0.697	0.740	0.740	0.740
1.50	0.686	0.682	0.665	0.656	0.644	0.650	0.662	0.676	0.713	0.713	0.713
1.55	0.663	0.659	0.644	0.635	0.623	0.630	0.642	0.657	0.687	0.687	0.687
1.60	0.642	0.639	0.623	0.615	0.604	0.612	0.624	0.638	0.664	0.664	0.664
1.65	0.622	0.619	0.605	0.596	0.586	0.594	0.606	0.621	0.642	0.642	0.642
1.70	0.604	0.601	0.587	0.579	0.570	0.578	0.590	0.604	0.621	0.621	0.621
1.75	0.586	0.583	0.570	0.562	0.554	0.562	0.574	0.589	0.602	0.602	0.602
1.80	0.570	0.567	0.554	0.547	0.539	0.548	0.559	0.573	0.584	0.584	0.584
1.85	0.554	0.551	0.539	0.532	0.524	0.534	0.545	0.559	0.566	0.566	0.566
1.90	0.540	0.537	0.525	0.518	0.511	0.521	0.532	0.544	0.550	0.550	0.550
1.95	0.526	0.523	0.511	0.505	0.498	0.508	0.520	0.530	0.535	0.535	0.535
2.00	0.512	0.510	0.498	0.492	0.486	0.496	0.508	0.517	0.521	0.521	0.521
2.05	0.500	0.497	0.486	0.480	0.474	0.485	0.496	0.504	0.507	0.507	0.507
2.10	0.488	0.485	0.475	0.469	0.463	0.474	0.485	0.492	0.494	0.494	0.494
2.15	0.476	0.474	0.464	0.458	0.453	0.463	0.474	0.481	0.482	0.482	0.482
2.20	0.465	0.463	0.453	0.448	0.443	0.453	0.464	0.470	0.470	0.470	0.470
2.25	0.455	0.453	0.443	0.438	0.433	0.444	0.454	0.459	0.459	0.459	0.459
2.30	0.445	0.443	0.433	0.428	0.424	0.435	0.444	0.448	0.448	0.448	0.448
2.35	0.435	0.433	0.424	0.419	0.415	0.426	0.435	0.438	0.438	0.438	0.438
2.40	0.426	0.424	0.415	0.411	0.407	0.418	0.426	0.428	0.428	0.428	0.428
2.45	0.417	0.415	0.407	0.402	0.399	0.410	0.417	0.419	0.419	0.419	0.419
2.50	0.409	0.407	0.399	0.394	0.391	0.402	0.409	0.410	0.410	0.410	0.410
2.55	0.400	0.399	0.391	0.387	0.383	0.394	0.401	0.402	0.402	0.402	0.402
2.60	0.392	0.391	0.383	0.379	0.376	0.387	0.393	0.393	0.393	0.393	0.393

（续）

X_{js}	0s	0.01s	0.06s	0.1s	0.2s	0.4s	0.5s	0.6s	1s	2s	4s
2.65	0.385	0.384	0.376	0.372	0.369	0.380	0.385	0.386	0.386	0.386	0.386
2.70	0.377	0.377	0.369	0.365	0.362	0.373	0.378	0.378	0.378	0.378	0.378
2.75	0.370	0.370	0.362	0.359	0.356	0.367	0.371	0.371	0.371	0.371	0.371
2.80	0.363	0.363	0.356	0.352	0.350	0.361	0.364	0.364	0.364	0.364	0.364
2.85	0.357	0.356	0.350	0.346	0.344	0.354	0.357	0.357	0.357	0.357	0.357
2.90	0.350	0.350	0.344	0.340	0.338	0.348	0.351	0.351	0.351	0.351	0.351
2.95	0.344	0.344	0.338	0.335	0.333	0.343	0.344	0.344	0.344	0.344	0.344
3.00	0.338	0.338	0.332	0.329	0.327	0.337	0.338	0.338	0.338	0.338	0.338
3.05	0.332	0.332	0.327	0.324	0.322	0.331	0.332	0.332	0.332	0.332	0.332
3.10	0.327	0.326	0.322	0.319	0.317	0.326	0.327	0.327	0.327	0.327	0.327
3.15	0.321	0.321	0.317	0.314	0.312	0.321	0.321	0.321	0.321	0.321	0.321
3.20	0.316	0.316	0.312	0.309	0.307	0.316	0.316	0.316	0.316	0.316	0.316
3.25	0.311	0.311	0.307	0.304	0.303	0.311	0.311	0.311	0.311	0.311	0.311
3.30	0.306	0.306	0.302	0.300	0.298	0.306	0.306	0.306	0.306	0.306	0.306
3.35	0.301	0.301	0.298	0.295	0.294	0.301	0.301	0.301	0.301	0.301	0.301
3.40	0.297	0.297	0.293	0.291	0.290	0.297	0.297	0.297	0.297	0.297	0.297
3.45	0.292	0.292	0.289	0.287	0.286	0.292	0.292	0.292	0.292	0.292	0.292

表 D-2　水轮发电机计算曲线数字表（$X_{js} = 0.18 \sim 3.45$）

X_{js}	0s	0.01s	0.06s	0.1s	0.2s	0.4s	0.5s	0.6s	1s	2s	4s
0.18	6.127	5.695	4.623	4.331	4.100	3.933	3.867	3.807	3.605	3.300	3.081
0.20	5.526	5.184	4.297	4.045	3.856	3.754	3.716	3.681	3.563	3.378	3.234
0.22	5.055	4.767	4.026	3.806	3.633	3.556	3.531	3.508	3.430	3.302	3.191
0.24	4.647	4.402	3.764	3.575	3.433	3.378	3.363	3.348	3.300	3.220	3.151
0.26	4.290	4.083	3.538	3.375	3.253	3.216	3.208	3.200	3.174	3.133	3.098
0.28	3.993	3.816	3.343	3.200	3.096	3.073	3.070	3.067	3.060	3.049	3.043
0.30	3.727	3.574	3.163	3.039	2.950	2.938	2.941	2.943	2.952	2.970	2.993
0.32	3.494	3.360	3.001	3.892	2.817	2.815	2.822	2.828	2.851	2.895	2.943
0.34	3.285	3.168	2.851	2.755	2.692	2.699	2.709	2.719	2.754	2.820	2.891
0.36	3.095	2.991	2.712	2.627	2.574	2.589	2.602	2.614	2.660	2.745	2.837
0.38	2.922	2.831	2.583	2.508	2.464	2.484	2.500	2.515	2.569	2.671	2.782
0.40	2.767	2.685	2.464	2.398	3.361	2.388	2.405	2.422	2.484	2.600	2.728
0.42	2.627	2.554	2.356	2.297	2.267	2.297	2.317	2.336	2.404	2.532	2.675
0.44	2.500	2.434	2.256	2.204	2.179	2.214	2.235	2.255	2.329	2.467	2.624
0.46	2.385	2.325	2.164	2.117	2.098	2.136	2.158	2.180	2.258	2.406	2.575
0.48	2.280	2.225	2.079	2.038	2.023	2.064	2.087	2.110	2.192	2.348	2.527
0.50	2.183	2.134	2.001	1.964	1.953	1.996	2.021	2.044	2.130	2.293	2.482
0.52	2.095	2.050	1.928	1.895	1.887	1.933	1.958	1.983	2.071	2.241	2.438

（续）

X_{js}	0s	0.01s	0.06s	0.1s	0.2s	0.4s	0.5s	0.6s	1s	2s	4s
0.54	2.013	1.972	1.861	1.831	1.826	1.874	1.900	1.925	2.015	2.191	2.396
0.56	1.938	1.899	1.798	1.771	1.769	1.818	1.845	1.870	1.963	2.143	2.355
0.60	1.802	1.770	1.683	1.662	1.665	1.717	1.744	1.770	1.866	2.054	2.263
0.65	1.658	1.630	1.559	1.543	1.550	1.605	1.633	1.660	1.759	1.950	2.137
0.70	1.534	1.511	1.452	1.440	1.451	1.507	1.535	1.562	1.663	1.846	1.964
0.75	1.428	1.408	1.358	1.349	1.363	1.420	1.449	1.476	1.578	1.741	1.794
0.80	1.336	1.318	1.276	1.270	1.286	1.343	1.372	1.400	1.498	1.620	1.642
0.85	1.254	1.239	1.203	1.199	1.217	1.274	1.303	1.331	1.423	1.507	1.513
0.90	1.182	1.169	1.138	1.135	1.155	1.212	1.241	1.268	1.352	1.403	1.403
0.95	1.118	1.106	1.080	1.078	1.099	1.156	1.185	1.210	1.282	1.308	1.308
1.00	1.061	1.050	1.027	1.027	1.048	1.105	1.132	1.156	1.211	1.225	1.225
1.05	1.009	0.999	0.979	0.980	1.002	1.058	1.084	1.105	1.146	1.152	1.152
1.10	0.962	0.953	0.936	0.937	0.959	1.015	1.038	1.057	1.085	1.087	1.087
1.15	0.919	0.911	0.896	0.898	0.920	0.974	0.995	1.011	1.029	1.029	1.029
1.20	0.880	0.872	0.859	0.862	0.885	0.936	0.955	0.966	0.977	0.977	0.977
1.25	0.843	0.837	0.825	0.829	0.852	0.900	0.916	0.923	0.930	0.930	0.930
1.30	0.810	0.804	0.794	0.798	0.821	0.866	0.878	0.884	0.888	0.888	0.888
1.35	0.780	0.774	0.765	0.769	0.792	0.834	0.843	0.847	0.849	0.849	0.849
1.40	0.751	0.746	0.738	0.743	0.766	0.803	0.810	0.812	0.813	0.813	0.813
1.45	0.725	0.720	0.713	0.718	0.740	0.774	0.778	0.780	0.780	0.780	0.780
1.50	0.700	0.696	0.690	0.695	0.717	0.746	0.749	0.750	0.750	0.750	0.750
1.55	0.677	0.673	0.668	0.673	0.694	0.719	0.722	0.722	0.722	0.722	0.722
1.60	0.655	0.652	0.647	0.652	0.673	0.694	0.696	0.696	0.696	0.696	0.696
1.65	0.635	0.632	0.628	0.633	0.653	0.671	0.672	0.672	0.672	0.672	0.672
1.70	0.616	0.613	0.610	0.615	0.634	0.649	0.649	0.649	0.649	0.649	0.649
1.75	0.598	0.595	0.592	0.598	0.616	0.628	0.628	0.628	0.628	0.628	0.628
1.80	0.581	0.578	0.576	0.582	0.599	0.608	0.608	0.608	0.608	0.608	0.608
1.85	0.565	0.563	0.561	0.566	0.582	0.590	0.590	0.590	0.590	0.590	0.590
1.90	0.550	0.548	0.546	0.552	0.566	0.572	0.572	0.572	0.572	0.572	0.572
1.95	0.536	0.533	0.532	0.538	0.551	0.556	0.556	0.556	0.556	0.556	0.556
2.00	0.522	0.520	0.519	0.524	0.537	0.540	0.540	0.540	0.540	0.540	0.540
2.05	0.509	0.507	0.507	0.512	0.523	0.525	0.525	0.525	0.525	0.525	0.525
2.10	0.497	0.495	0.495	0.500	0.510	0.512	0.512	0.512	0.512	0.512	0.512
2.15	0.485	0.483	0.483	0.488	0.497	0.498	0.498	0.498	0.498	0.498	0.498
2.20	0.474	0.472	0.472	0.477	0.485	0.486	0.486	0.486	0.486	0.486	0.486
2.25	0.463	0.462	0.462	0.466	0.473	0.474	0.474	0.474	0.474	0.474	0.474
2.30	0.453	0.452	0.452	0.456	0.462	0.462	0.462	0.462	0.462	0.462	0.462
2.35	0.443	0.442	0.442	0.446	0.452	0.452	0.452	0.452	0.452	0.452	0.452
2.40	0.434	0.433	0.433	0.436	0.441	0.441	0.441	0.441	0.441	0.441	0.441
2.45	0.425	0.424	0.424	0.427	0.431	0.431	0.431	0.431	0.431	0.431	0.431

（续）

X_{js}	0s	0.01s	0.06s	0.1s	0.2s	0.4s	0.5s	0.6s	1s	2s	4s
2.50	0.416	0.415	0.415	0.419	0.422	0.422	0.422	0.422	0.422	0.422	0.422
2.55	0.408	0.407	0.407	0.410	0.413	0.413	0.413	0.413	0.413	0.413	0.413
2.60	0.400	0.399	0.399	0.402	0.404	0.404	0.404	0.404	0.404	0.404	0.404
2.65	0.392	0.391	0.392	0.394	0.396	0.396	0.396	0.396	0.396	0.396	0.396
2.70	0.385	0.384	0.384	0.387	0.388	0.388	0.388	0.388	0.388	0.388	0.388
2.75	0.378	0.377	0.377	0.379	0.380	0.380	0.380	0.380	0.380	0.380	0.380
2.80	0.371	0.370	0.370	0.372	0.373	0.373	0.373	0.373	0.373	0.373	0.373
2.85	0.364	0.363	0.364	0.365	0.366	0.366	0.366	0.366	0.366	0.366	0.366
2.90	0.358	0.357	0.357	0.359	0.359	0.359	0.359	0.359	0.359	0.359	0.359
2.95	0.351	0.351	0.351	0.352	0.353	0.353	0.353	0.353	0.353	0.353	0.353
3.00	0.345	0.345	0.345	0.346	0.346	0.346	0.346	0.346	0.346	0.346	0.346
3.05	0.339	0.339	0.339	0.340	0.340	0.340	0.340	0.340	0.340	0.340	0.340
3.10	0.334	0.333	0.333	0.334	0.334	0.334	0.334	0.334	0.334	0.334	0.334
3.15	0.328	0.328	0.328	0.329	0.329	0.329	0.329	0.329	0.329	0.329	0.329
3.20	0.323	0.322	0.322	0.323	0.323	0.323	0.323	0.323	0.323	0.323	0.323
3.25	0.317	0.317	0.317	0.318	0.318	0.318	0.318	0.318	0.318	0.318	0.318
3.30	0.312	0.312	0.312	0.313	0.313	0.313	0.313	0.313	0.313	0.313	0.313
3.35	0.307	0.307	0.307	0.308	0.308	0.308	0.308	0.308	0.308	0.308	0.308
3.40	0.303	0.302	0.302	0.303	0.303	0.303	0.303	0.303	0.303	0.303	0.303
3.45	0.298	0.298	0.298	0.298	0.298	0.298	0.298	0.298	0.298	0.298	0.298

参 考 文 献

［1］陈珩. 电力系统稳态分析［M］. 2 版. 北京：水利电力出版社，1995.

［2］李光琦. 电力系统暂态分析［M］. 2 版. 北京：水利电力出版社，1995.

［3］韩祯样，吴国炎，等. 电力系统分析［M］. 杭州：浙江大学出版社，1993.

［4］华智明，岳湖山. 电力系统稳态计算［M］. 重庆：重庆大学出版社，1991.

［5］陆敏政. 电力系统习题集［M］. 北京：水利电力出版社，1990.

［6］西安交通大学等六院校. 电力系统计算［M］. 北京：水利电力出版社，1978.

［7］南京工学院. 电力系统［M］. 北京：水利电力出版社，1979.

［8］何仰赞，温增银. 电力系统分析（上、下）［M］. 4 版. 武汉：华中科技大学出版社，2021.

［9］KUNDUR P. Power system stability and control［M］. New York：McGraw-Hill，1994.

［10］ANDERSON P M，FOUAD A A. 电力系统的控制与稳定［M］.《电力系统的控制与稳定》翻译组，译. 北京：水利电力出版社，1979.

［11］张钟俊. 电力系统电磁暂态过程［M］. 北京：中国工业出版社，1961.